KYNOS GROSSER HUNDEFÜHRER

The International Encyclopedia of Dogs

Herausgegeben von ANNE ROGERS CLARK
und ANDREW H. BRACE

Mit Beiträgen von Renée Sporre-Willes

Deutschsprachige Redaktion:

DR. DIETER FLEIG

KYNOS VERLAG

KYNOS
GROSSER
HUNDEFÜHRER

The International Encyclopedia of Dogs

Copyright © 1995 Mirabel Books Ltd. London

Titel englisch/amerikanische Originalausgabe:
THE INTERNATIONAL ENCYCLOPEDIA OF DOGS

Deutschsprachige Übersetzung:
Helga und Dieter Fleig

Umschlaggestaltung: Herbert Wolter

Titelfotos: Sally Anne Thompson

© Deutschsprachige Ausgabe
Kynos Verlag Dr. Dieter Fleig GmbH
D - 54570 Mürlenbach / Eifel, Am Remelsbach 30,
Telefon: 06594/653, Telefax: 06594/452

Erste Auflage 1995

ISBN-Nr: 3-929545-29-2

Separations by H & Y Printing Ltd., Hong Kong
Manufactured in Hong Kong

INHALTSVERZEICHNIS

HERKUNFT, KÖRPERBAU, AUFGABEN UND GENETIK DES HUNDES

Alle Hundefreunde und Züchter werden schnell herausfinden, daß ihr Verständnis einer bestimmten Hunderasse sich bedeutend verbessert, wenn sie über möglichst umfangreiche Informationen über die Welt des Hundes in Gegenwart und Vergangenheit verfügen. Wichtig zu wissen ist, wie der Hund entstand, sein historischer Ursprung und seine ursprünglichen Aufgaben, für die er gezüchtet wurde. Man muß wissen, wie die Züchter sich darum bemüht haben, bestimmte Hundetypen zu entwickeln, welch bedeutenden Einfluß die Genetik auf die breite Vielfalt von Hunderassen, die es heute gibt, ausübt.

DIE ENTSTEHUNG DES HUNDES

Heute besteht Übereinstimmung, daß die erste Tierart (Species) die der Mensch zum Haustier machte, der Hund ist, seine Domestikation vor etwa 10.000 bis 12.000 Jahren begann. Im allgemeinen geht man davon aus, daß der primitive Naturmensch auf einen Wurf Wolfswelpen stieß, sie mit nach Hause nahm, domestizierte und als Jagdgehilfen einsetzte. Moderne Forschungen legen nahe, daß die Domestikation aus einer Vielfalt von Gründen erfolgte, von denen die Hilfe bei der Jagd nur einer war. Auch bei primitiven heutigen

Der Deutsche Schäferhund hat wie alle anderen Hunderassen den Wolf zum Stammvater. Richtig ausgebildet zeigt diese Hunderasse einen zuverlässigen und soliden Charakter.

Volksstämmen trifft man verbreitet auf Haustierhaltung. Dies berechtigt zu der Annahme, daß die frühen »Wolfshunde« bereits auch als Familienmitglieder, Bettwärmer - aber selbst auch als Nahrung dienten.

Obwohl ursprünglich verschiedenartige Theorien über die Vorfahren des Hundes aufgestellt wurden, scheint heutzutage Übereinstimmung zu bestehen, daß der Hund - gleich welche Rasse - aus einer Form des Wolfes entstanden ist. Der Wolf, aber auch Kojote und Goldschakal, besitzen ebenso wie der Hund 39 Chromosomenpaare. Genetisch gesehen gibt es tatsächlich verhältnismässig wenige Unterschiede zwischen Wolf und Hund. Paarungen zwischen Wolf und Hund finden statt, bringen lebensfähige, fruchtbare Hybriden, da die Chromosomenzahl identisch ist, die Chromosomen beider Tiere untereinander verträglich sind.

VIELFALT DER HUNDERASSEN

Im Vergleich zu allen anderen Species gibt es bei Hunden hinsichtlich Rassen und Größen eine geradezu enorme Verschiedenartigkeit. Der Bernhardiner wiegt im allgemeinen mehr als die meisten Menschen, unterscheidet sich beträchtlich vom Chihuahua, der ja in einer kleinen Tasche Platz findet. Dennoch haben beide Hunde gleichartige Chromosomenformen, können untereinander gepaart werden, obwohl es dabei natürlich praktische Schwierigkeiten gibt.

Obgleich viele Hundezüchter häufig eine Jahrhunderte alte Geschichte ihrer Rasse vorgeben, ist die Wahrheit, daß in Jahren gerechnet viele Hunderassen verhältnismäßig jung sind. Allerdings findet man auf Gemälden des 16. Jahrhunderts Hunde, die modernen Toy Spaniel sehr ähnlich sind. Hunde, vergleichbar dem Saluki oder Afghanen, hat man auf alten assyrischen Wandbildern identifiziert, die über 4.000 Jahre alt sind. Trotzdem kann keine moderne Hunderasse ernsthaft den Anspruch erheben, in ununterbrochener Linie auf Hunde aus jenen alten Zeiten zurückzugehen.

Unzweifelhaft hat der Mensch über mehrere Jahrtausende Hunde für ganz bestimmte Aufgaben gezüchtet, hieraus entwickelte sich eine große Mannigfaltigkeit an Körperformen. Auf diese Art entstanden Windhund/Greyhoundtypen neben kleineren Hunden, die als Kindersatz dienten und vielen anderen Formen. Fest steht, kontrollierte Hundezucht nach Ahnentafeln ist eine verhältnismäßig moderne Entwicklung, geht kaum weiter zurück als bis zur Gründung des English Kennel Clubs im Jahre 1873, die bedeutend später erfolgte als die Einrichtung erster Zuchtbücher für Rinder und Pferde. Die meisten Rassezuchtvereine Englands wurden innerhalb von zwei Jahrzehnten nach der Gründung des Englischen Kennel Clubs aufgebaut.

Im engeren Sinn gehen damit die einzelnen Hunderassen nur bis auf die letzten Dekaden des 19. Jahrhunderts oder in die Anfangsjahre des 20. Jahrhunderts zurück. Nachgewiesen ist aber auch, daß bestimmte Typen von Hunden schon Jahrhunderte früher gezüchtet wurden, selbst wenn kein Nachweis an Hand überlieferter Ahnentafeln besteht. Damit kann zwar für bestimmte Hunderassen kein hohes Alter nachgewiesen werden, die Behauptung aber, daß es ganz bestimmte Typen von Hunden über Jahrhunderte gibt, ist völlig korrekt.

RASSEEINTEILUNG

Nach J.A. Peters im *Journal of the American Veterinary Medical Association* (1969) findet man die früheste Klassifikation von Hunderassen und -typen englischer Sprache in einer Veröffentlichung aus dem Jahre 1486. Sie beruht auf einer Untersuchung, die 70 oder 80 Jahre weiter zurückreicht. Diese Klassifikation umfaßte Windhunde, Jagdhunde, Bullenbeißer, Riesenhunde (Mastiffs) und Schoßhunde (Toys).

Bestimmt hatte es vieler Jahre bedurft, diese

Der English Foxhound ist ein Laufhund, durch seine tiefe melodische Stimme beim Verfolgen des Wildes überall bekannt. Diese Rasse wurde eigens für die Meutenjagd zu Pferde gezüchtet, stets folgen der Meute die Reiter.

Hundetypen herauszuzüchten, die Zucht erfolgte eindeutig für mannigfaltige Aufgaben. Die Vorfahren des modernen Saluki gehen wahrscheinlich bis etwa 7.000 v.Chr. zurück, stammen aus der Mittelmeerregion. Einige andere Windhunderassen wurden etwa 3.000 bis 4.000 v.Chr. für klare, jagdliche Aufgaben gezüchtet, sie kommen aus der gleichen geographischen Region wie der Saluki.

Andere Jagdhundarten (Hounds) jagten in erster Linie nach ihrer vorzüglichen Nase, weniger mit dem Auge, sind jüngeren Datums. Sie entstanden in verschiedenen Gegenden, wobei der Bloodhound wahrscheinlich ihre früheste Form ist. Die Vorfahren des Elkhound waren die Hunde der Wikinger, die Ahnen des Rhodesian Ridgeback eingeborene Hunde aus dem südafrikanischen Busch.

Alte Kampf- oder Kriegshunde sind aller Wahrscheinlichkeit nach die Vorfahren der heutigen Riesenrassen wie English Mastiff. Aus ihnen entstanden auch andere große Rassen wie die Deutsche Dogge und der Bernhardiner, deren Vorfahren möglicherweise die Molosser des römischen Weltreichs waren. Hunderassen wie Terrier und Schnauzer stammen von weitgehend unbekannten Vorfahren, ihre Aufgaben waren ebenso das Töten von Ratten wie auch die Jagd auf Raubzeug wie Fuchs, Dachs und Marder. Diese Hunde waren ursprünglich kleine, sehr aktive Tiere, erst in verhältnismäßig jüngerer Zeit entstanden hieraus (in einigen Fällen) »Ausstellungshunde«. Einige haben heute übergroße Köpfe oder einen ziemlich langen Rumpf, der sie für ihre ursprünglichen Aufgaben nicht mehr geeignet sein läßt.

Viele Arbeitshunderassen entstanden aus den Hütehunden; dabei muß man wissen, daß die Arbeit an der Herde zum Entstehen von zwei Hundetypen geführt hat. Hervorragende Hütehunde wie der Border Collie und der Kelpie entstanden in geographischen Bereichen, wo Raubtiere kaum irgendeine Bedeutung hatten. Im Gegensatz hierzu erwies sich in Zentraleuropa der Schutz der Herden wichtiger als die Hütearbeit. Diese Herdenschutzhunde waren in der Regel - aber nicht immer - von weißer Farbe, ihre Aufgabe bestand im Schutz der Herden gegen Beutegreifer wie Wolf und Bär. Im Westen der Vereinigten Staaten liegen die jährlichen Lämmerverluste durch Kojote, Bär, Puma, Luchs und Fuchs heute bei etwa einer Million Tieren. Verschiedene Schutzmaßnahmen wurden ergriffen, aber der Einsatz von Herdenschutzhunden wie Maremma, Anatolischer Schäferhund, Kuvasz und Pyrenäenberghund hat sich als besonders erfolgreich erwiesen, um die Läm-

Alte Kampf- oder Kriegshunde, wie sie diese Sauhatz zeigt, wurden wahrscheinlich bereits zu Zeiten der Römer aus den Riesenrassen gezüchtet. Man findet sie auf dem Boden der Villa Imperiale des Kaisers Maximilian aus dem vierten Jahrhundert n.Chr. in Casale, nahe dem Piazza Armerina in Sizilien abgebildet.

merverluste zu vermindern.

Einige Hunderassen entstanden in verschiedenen Teilen der Welt als Zwerghunde, häufig als Kindersatz. Der Chihuahua stammt von Hunden, die in den alten Maya-Territorien (heute Mexiko) lebten. Der Pekingese kommt aus China, viele Spitztypen von den alten nordischen, arktischen Hunden der Wikinger.

Viele der heute bekannten Jagdhunde (Pointer, Setter, Spaniel und Retriever) entstanden Anfang des 19. Jahrhunderts. Man findet in den einzelnen abgegrenzten Rassen - etwa in verschiedenen europäischen Pointerformen - wahrscheinlich die Nachkommenschaft der alten Hounds.

Auch schon vor der Gründung der Rassezuchtvereine waren einzelne Hunderassen allgemein bekannt, wurden in bestimmte Gruppen oder Kategorien eingeteilt. Die moderne Klassifikation der Hunderassen durch die Hundezuchtvereine ist von Land zu Land verschieden. Sie umfaßt in England die Gruppen Hounds, Gun Dogs, Terrier, Utility, Working und Toys. Diese vom English Kennel Club gebrauchte Klassifizierung ist nicht allgemein anerkannt, auch nicht in Nordamerika. Beispielsweise wird die Working-Gruppe in zwei Kategorien unterteilt, in Hütehunde sowie Schutz- und Zughunde. Zur Hütehundegruppe (Herding) gehören alle Rassen, die an Schafen und Rindern arbeiten, zum »Working« zählen alle anderen Ar-

beitshunde. In der Fédération Cynologique Internationale (FCI) besteht eine ausführlichere Gliederung in zehn verschiedene Gruppen. Die FCI ist die Zuchtorganisation, die mit Ausnahme von England und Nordamerika in dem größten Teil der Welt die Hundezucht bestimmt. Generell kann gesagt werden, daß alle Klassifikationen aufgrund der Vielfalt der Rassen und der kleinen Anzahl der zur Verfügung stehenden Gruppen bedeutende Abgrenzungsschwierigkeiten mit sich bringen.

KÖRPERBAU UND -FUNKTIONEN

Hunde sind Säugetiere, ihr Körperbau ähnelt dem anderer vierbeiniger Säugetiere. Das Skelettsystem verleiht dem Körper Festigkeit, besteht aus Knochen, die als Heber, Vorratsraum für Mineralien und der Blutbildung dienen. Lange Knochen bestimmen in erster Linie die Fortbewegung. Hierzu gehören am Vorderlauf Oberarmknochen, Elle und Speiche, am Hinterlauf Oberschenkel, Wadenbein und Schienbein. Der Schädel des Hundes zeigt stärkere Variationen als bei irgendeiner anderen Tierart (Species), vom zusammengedrückten (brachycephalen) Format der Bullrassen, bis zu den langen schlanken Köpfen der Windhunde. Auch in der Rutenlänge gibt es wichtige Unterschiede.

Das Kreislaufsystem des Hundes basiert auf einem Herzen mit vier Kammern ähnlich dem des Menschen. Das Herz unterliegt den gleichen Erbkrankheiten einschließlich offener Ductus Arteriosus und Mängeln im Bereich des Conotruncalseptums. Die Arterien bringen vom Herzen sauerstoffreiches Blut in den Kreislauf, die Venen tragen das sauerstoffarme Blut ins Herz zurück.

Das Verdauungssystem beginnt mit dem Fang, der beim Welpen 28 Milchzähne aufweist, die dann in der Jugend durch 42 endgültige Zähne ersetzt werden (12 Schneidezähne, 4 Fangzähne, 16 Prämolare und 10 Molare). Es folgen ein einfacher Magen, Dünndarm und Dickdarm - der Dickdarm gehört zu den kürzesten und einfachsten aller Haustiere. Man zählt den Hund zu den Fleischfressern (Carnivores). Bei ihm ist dies aber tatsächlich weniger ausgeprägt als bei der Katze. Sein Verdauungstrakt ist mehr der eines Allesfressers.

Das Fortpflanzungssystem des Wolfes ist bestimmt vom »Monoestrus«, das besagt, daß die Wölfin nur einmal jährlich heiß wird. Haushunde unterliegen in der Regel einem zweifachen jährlichen Sexualzyklus. Die Pubertät beginnt, wenn die Hunde etwa sechs bis neun Monate alt sind. Der Zyklus umfaßt eine Proöstrusperiode von et-

9

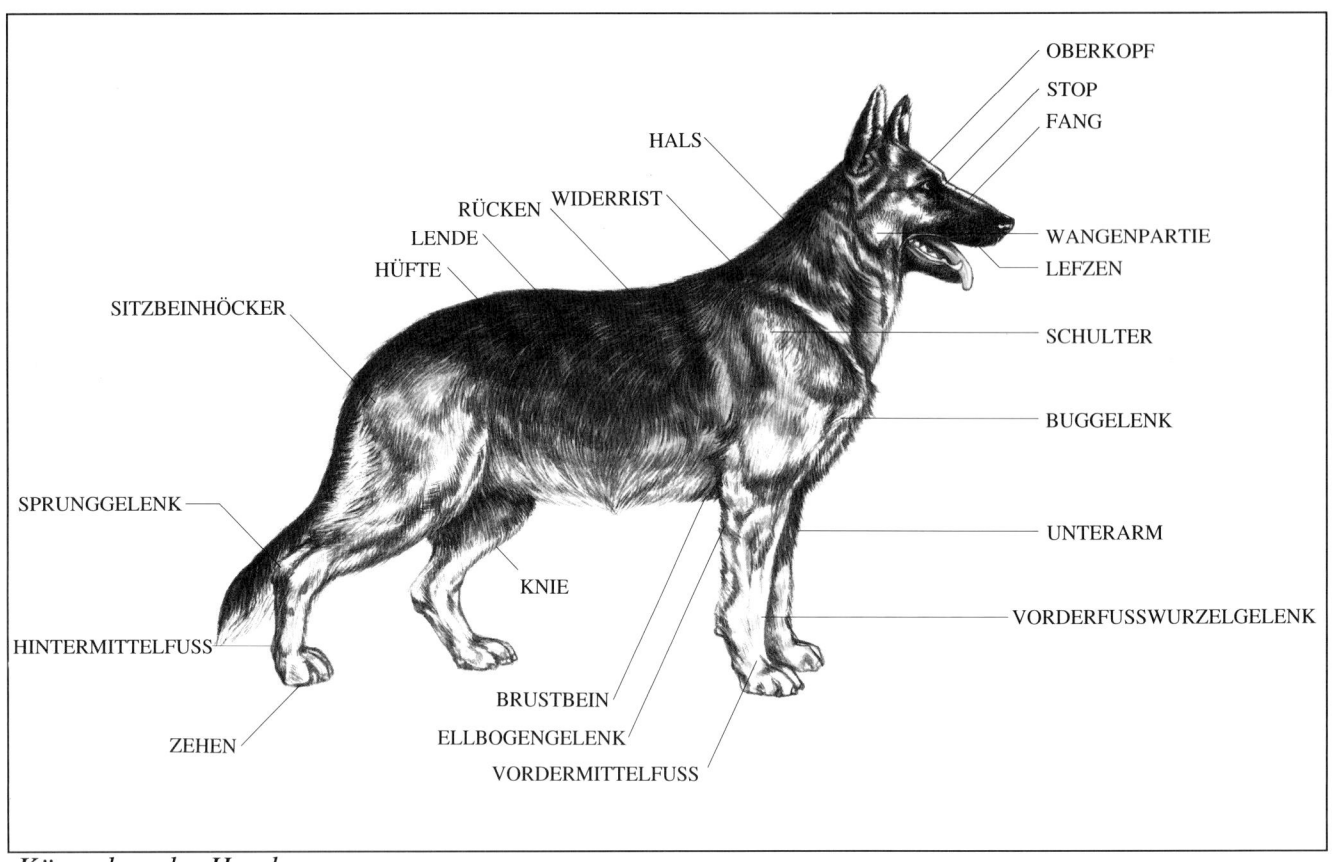

OBERKOPF
STOP
FANG
HALS
RÜCKEN
WIDERRIST
LENDE
HÜFTE
WANGENPARTIE
LEFZEN
SITZBEINHÖCKER
SCHULTER
BUGGELENK
SPRUNGGELENK
UNTERARM
KNIE
VORDERFUSSWURZELGELENK
HINTERMITTELFUSS
ZEHEN
BRUSTBEIN
ELLBOGENGELENK
VORDERMITTELFUSS

Körperbau des Hundes

wa neun Tagen, einen Oestrus zwischen fünf und fünfzehn Tagen und einen Metoestrus von achtzig bis neunzig Tagen. Die Trächtigkeit dauert im allgemeinen dreiundsechzig Tage. Beim Wolf beträgt die Wurfgröße im allgemeinen vier Welpen, beim Hund variiert sie über eine breitere Zahl. Allgemein wird die Wurfgröße positiv durch Körpergewicht und/oder Schulterhöhe beeinflußt. Während kleine Hunderassen einen bis vier Welpen bringen, haben große Rassen Welpenzahlen bis zu zweiundzwanzig. Beim Deutschen Schäferhund wurden bis zu 17 Welpen ermittelt, die Durchschnittswurfgröße der Rasse beträgt 7,7 Welpen.

ENTSTEHUNG VON RASSESTANDARDS

Hunderassen wurden ursprünglich für bestimmte Aufgaben gezüchtet, dabei je nach den Vorstellungen ihrer Anhänger bestimmte Merkmale, die allgemein erwünscht erschienen, herausgestellt und im Rassestandard festgelegt. Die sogenannten Zwerghunderassen (Toys), ursprünglich als Schoßhunde oder Kindersatz gezüchtet, sollten zur bequemen Haltung in der Wohnung klein sein, Haartyp und Haarlänge wurden nach »Schönheitsgesichtspunkten« festgelegt. Die meisten an-

deren Rassen waren für bestimmte Arbeitsaufgaben vorgesehen, entsprechend wurde der Körperbau auf die einzelnen vom Menschen gestellten Ziele ausgerichtet. Nur wenige Rassen sind das Werk einer einzelnen Züchterpersönlichkeit, die meisten Zuchtziele wurden von den Klubmitgliedern gemeinsam festgelegt. Der Deutsche Schäferhund zum Beispiel wurde entscheidend von seinem wichtigsten Förderer, dem Kavalleriemajor Max von Stephanitz bestimmt. Sein von ihm Ende der 1890er Jahre aufgestellter Rassestandard verlangte einen quadratischen Hund mit einer Schulterwinkelung von 90 Grad. Die Arbeitsfunktionen dagegen führten zur Entstehung eines etwas längeren Hundes mit einer Schulterwinkelung nahe bei 100 Grad.

In jüngeren Zeiten haben die Begründer bestimmter Hunderassen zunächst zu Papier gebracht, wie ihre Rasse aussehen sollte. Diese Niederschrift nannte man den Rassestandard. Jedes Einzeltier sollte immer mit diesem Standard verglichen, danach gerichtet werden. Die Verfasser dieser Standards besaßen allerdings meist keine besonders guten Kenntnisse in Anatomie, hieraus ergab sich über die Jahre, daß die Standards von Zeit zu Zeit überprüft, neu formuliert und verbessert werden mußten.

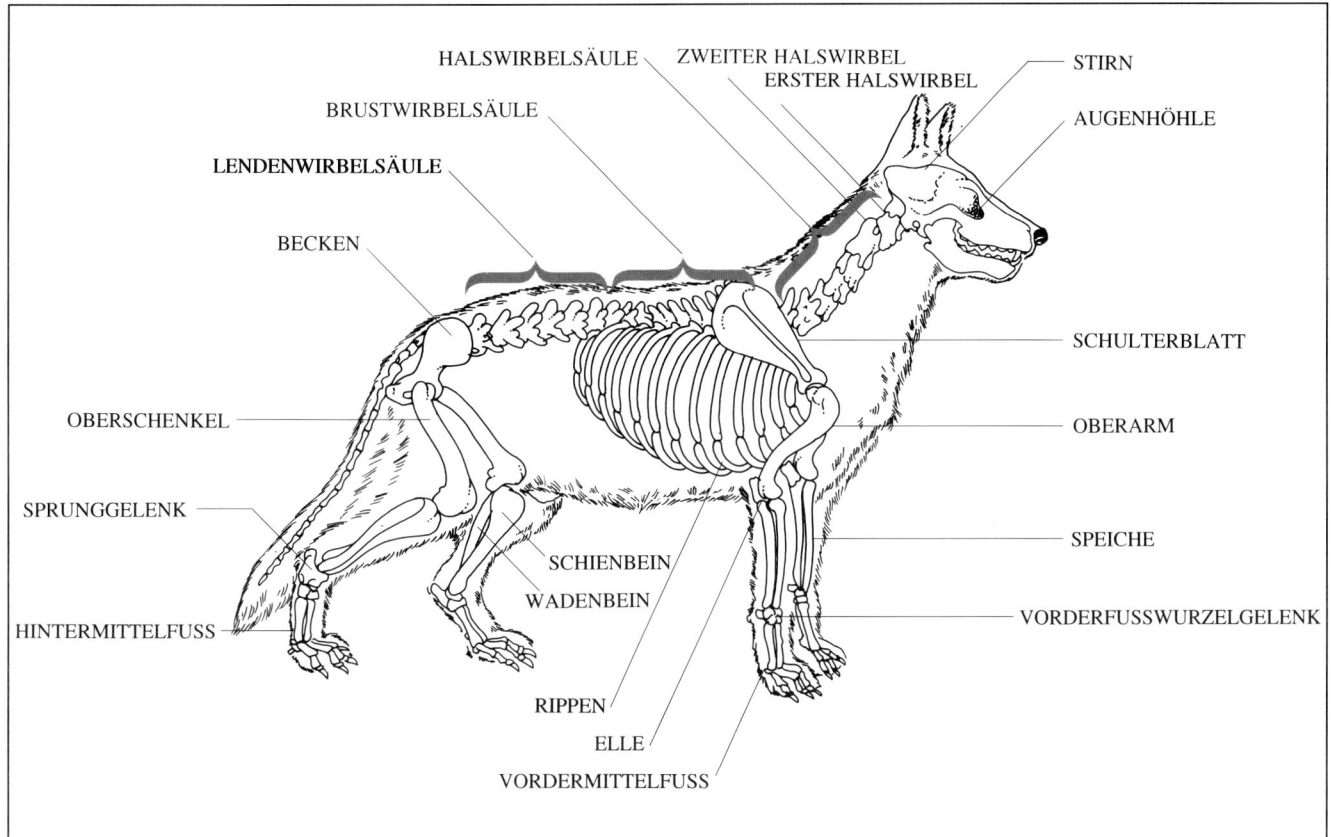

Skelett des Hundes

Die Hütehunde unterscheiden sich von den Herdenschutzhunden recht deutlich. Zur Abwehr von Raubtieren war ein Hund bestimmter Körpergröße erwünscht, beim Hütehund aber weniger gern gesehen, denn dieser brauchte viel Schnelligkeit und große Beweglichkeit. Hütehunde haben im allgemeinen ein Verhältnis 10:9, Körperlänge zu Schulterhöhe, Herdenschutzhunde zeigen in der Regel mehr quadratische Formen. Je nach geographischer Lage variiert das Haarkleid vom Kurzhaar des Kelpies, entstanden in heißen, trockenen Regionen Australiens bis zum mittellangen Haarkleid des Border Collies, der in der Kälte der schottischen Berge seine Arbeit verrichtet. Obwohl in erster Linie eine ästhetische Frage, erwies sich auch die Farbe für beide Typen von Hunden als wichtig. Herdenschutzhunde bevorzugte man im allgemeinen von weißer Farbe wie die der Schafe, die sie in der Regel beschützten, während man reinweiße Hütehunde weniger gern sah, denn bei schneebedeckten Weiden waren sie schwieriger zu identifizieren und kontrollieren.

Natürlich gibt es ähnliche Unterschiede im Charakter; so sind Hütehunde von früher Jugend an am Apportieren und Heranschleichen außerordentlich interessiert, während Herdenschutzhunde in ihrer Jugend mehr die »Kampfspiele« bevorzu-

gen. Wenn man Border Collies und Maremmas gemeinsam aufzieht, werden sie sich immer innerhalb ihrer eigenen Rassegruppen bewegen, denn sie haben unterschiedliche Instinkte und dementsprechend andere Welpenspiele. Herdenschutzhunde brauchen für ihre Aufgaben starke Territorialinstinkte, aber um sie erfolgreich erfüllen zu können, sollte man sie dadurch vorbereiten, daß man sie von früher Jugend an gemeinsam mit den Schafen hält. Wenn man im Gegensatz hierzu einen Hütehund mit Schafen aufzieht, entwickelt er dennoch kaum Herdenschutzinstinkte, weil seine Veranlagung einfach anders ist als die eines Komondors, Anatolischen Schäferhundes oder Maremmas.

KÖRPERGRÖSSE DER HUNDE

Jagdhunde wurden in verschiedenen Größen gezüchtet, vom relativ kleinen Spaniel bis zu mittelgroßen Settern, Retrievern und Pointern. Mit Ausnahme vom Pointer und dem relativ modernen Labrador besitzen die meisten in England gezüchteten Jagdhunde (beispielsweise Clumber Spaniel und Golden Retriever) ein Haarkleid mittlerer Länge, während verschiedene europäische Jagdhunde (beispielsweise Deutsch Drahthaar und

11

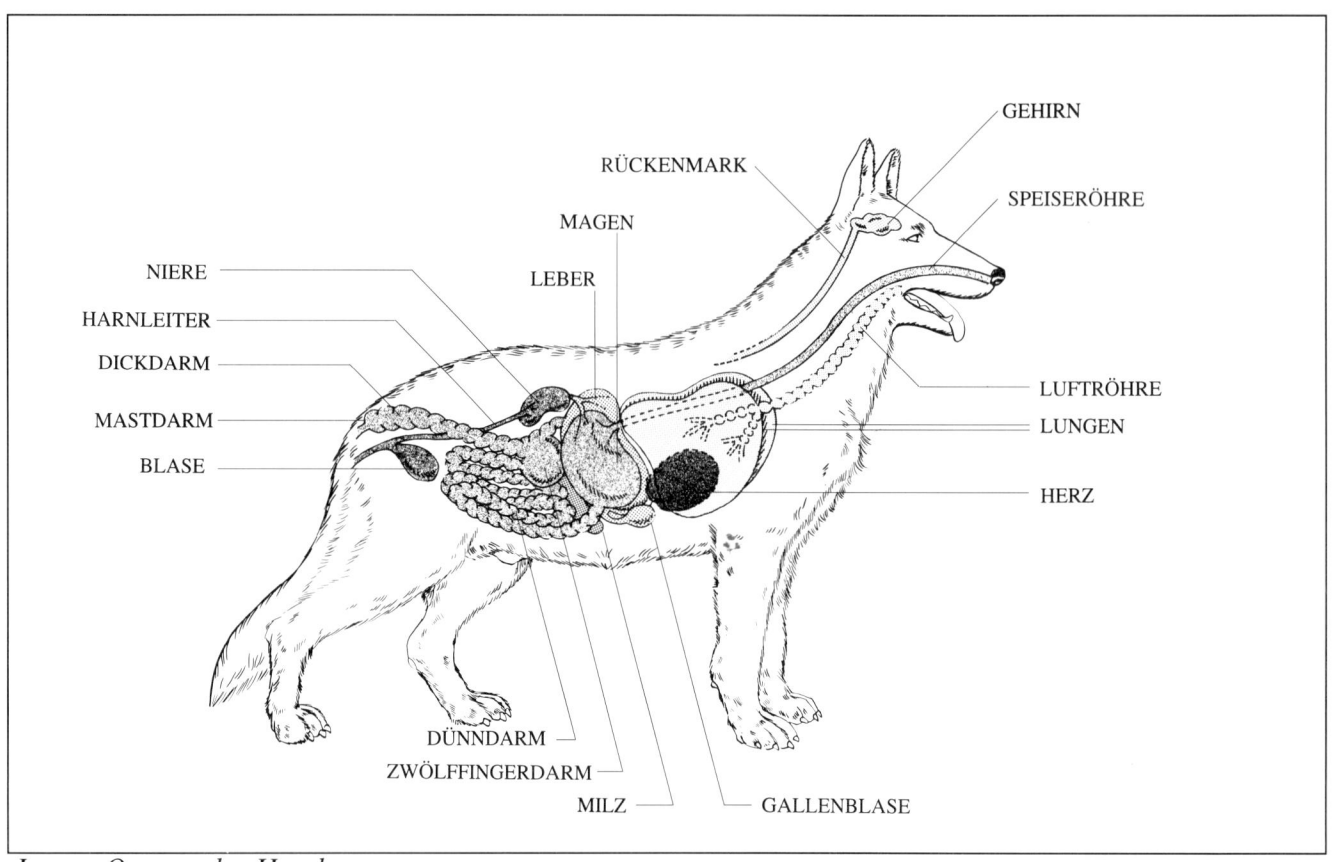

Innere Organe des Hundes

Deutsch Kurzhaar, Ungarischer Vizla und Weimaraner) kurzes oder drahthaariges Fell haben. Nahezu alle Jagdhunde haben einen Körperbau entwickelt, bei dem die Proportionen etwas länger als hoch sind (Proportion 10:9), bei relativ schlanken Rippen und begrenzter Brusttiefe. Die Farben sind recht unterschiedlich, denn sie wurden als relativ unbedeutend angesehen.

Windhunde entstanden entsprechend den Körperformen des Greyhounds für hohe Schnelligkeit beim Galopp. Erwünscht waren weder starke Knochen, noch viel Substanz, dagegen ein Rumpf, der Lunge und Herz viel Raum bot und ein sehr gutes Auge. Alle diese Rassen haben verhältnismäßig lange Läufe und sind im Lendenbereich stark hochgezogen (»tuck-up«).

Laufhunde (Hounds) sind in der Regel kurzhaarig, wurden züchterisch besonders im Hinblick auf erstklassige Nase ausgewählt; ihre Größe variiert je nach dem Wild, auf das sie jagen. Dabei war Schnelligkeit von weniger Wichtigkeit, mit Ausnahme der Foxhounds. Die meisten Hunde dieser Gruppe wurden in erster Linie auf Ausdauer gezüchtet.

Im allgemeinen sind Terrier kleine, etwa quadratische Hunde, haben nicht die schräge Schulterstellung, die von den meisten anderen Rassen verlangt wird. Ursprünglich wurden Terrier in allererster Linie unter der Erde, in Bauten, engen Röhren gebraucht, wo weniger Schnelligkeit als Geschicklichkeit erforderlich war.

Einige Hunderassen wurden eigens zum Kampf gegen Bullen oder Bären gezüchtet. Für diese Aufgabe forderte man kurzes Haar, kleine Ohren, ziemlich kurze Ruten, dabei kräftige Kiefer, häufig Vorbiß, damit der Hund sich verbeißen, aber dennoch gut atmen konnte. Diese Hunde waren von mittlerer Größe, beweglich, hatten eine gute Lauflänge und waren stark bemuskelt. Als diese grausamen und barbarischen »Sports« zurecht verboten wurden, entwickelten sich diese Rassen in keiner bestimmten Richtung, denn ihre Aufgabe war verschwunden. Aber Bull Terrier, Boxer, Bulldogs und American Pit Bull sind Nachkommen dieser ursprünglichen »Kampfhunderassen«. Natürlich war in solchen Hunden ein bestimmtes Kampfpotential züchterisch gefestigt. Nachdem sich ihre Aufgaben aber verändert hatten, mußten auch ihre Eigenschaften abgewandelt werden, für Aufgaben, für die sie gleichfalls gute Voraussetzungen mitbrachten. Da keine Kämpfe mehr stattfanden, wurde gleichzeitig auch die Beweglichkeit dieser Hunde weniger wichtig. Züchterische, menschliche Übertreibungen führten zu Extremty-

Ein Border Collie beim Hüten von Navajo Schafen im Monument Valley, Utah. Hütehunde wie diese wurden in kleiner oder mittlerer Größe gezüchtet, müssen schnell und außerordentlich beweglich sein.

pen wie dem heutigen Englischen Bulldog, der sich in jeder Hinsicht von seinen bullbeißenden Vorfahren beträchtlich unterscheidet.

NEUERE ZÜCHTUNGEN

Viele heute in der englischen Working Group aufgeführten Rassen sind verhältnismäßig neueren Datums. Der Deutsche Schäferhund entwickelte sich Ende des 19. Jahrhunderts aus einer recht bunten Mischung verschiedener Schäferhundeschläge. Der Dobermann entstand durch planmässige Kreuzungen etwa zur gleichen Zeit als Schutzhund, ihm folgte etwas später der Boxer.

Der Bull Terrier ist eine der Rassen, die Nachkommen der alten Bullen- und Bärenbeißer sind. Das Kampfpotential wurde in diesen Rassen verankert, aber ihre Aufgaben haben sich in heutiger Zeit völlig verändert. Diese Hunde bewähren sich als zuverlässige Familienhunde, sind besonders kinder- und menschenfreundlich.

Bei der Entwicklung einiger der modernen heutigen Hunderassen dienten ältere Rassen als Blutauffrischung, wurden zur Verbesserung des neuen Typs planmäßig eingekreuzt.

Die meisten Kreuzungen zur Entwicklung moderner Rassen erfolgten nach dem Rezept »Versuch und Irrtum«; Tiere, deren Paarungen erfolgreich verliefen, wurden erneut eingesetzt, um die nächste Generation zu zeugen, Fehlschläge wurden aus dem Zuchtprogramm ausgeschlossen. Erst im 20. Jahrhundert entstanden die Rassestandards, sie waren der Maßstab, nach dem die Rassen beurteilt wurden. Als Folge hiervon wurden die meisten Hunderassen primär auf sogenannte anatomische Vorzüge ausgerichtet, wobei häufig ihre Aufgaben ganz in Vergessenheit gerieten.

Beispielsweise zielten die Züchter des Berner Sennenhunds anfangs sorgfältig auf Spaltrachen und Doppelnasen, bildeten sich ein, ihre Hunde würden dadurch besonders furchterregend aussehen. Sie hatten keine Ahnung, daß solche Eigenschaften sich auf die Gesundheit der Hunde schädlich auswirken, mußten später dann diese Fehler wieder mühsam herauszüchten. Der Rassestandard verlangte einen Brustkorb, der »zumindest bis zum Ellbogen reichte«; theoretisch war demnach auch ein Brustkorb gestattet, der bis zum Boden herab hing. Im Bulldog-Standard forderte man einen Kopf, der so groß wie möglich sein sollte. Offensichtlich hatte man dabei völlig übersehen, daß eine solche Eigenschaft unvermeidlich einen hohen Prozentsatz von Kaiserschnittgeburten nach sich ziehen mußte.

Die meisten Rassestandards wurden in dem Land aufgestellt, in dem die Rasse entstanden war, dann mit zunehmender Verbreitung der Rasse einfach in andere Sprachen übersetzt. Die Zusammenarbeit der nationalen Rassezuchtvereine hat in jüngerer Zeit dazu geführt, daß viele Übersetzungsfehler in den Standards ausgemerzt wurden. Es dürfte viele Züchter geben, die noch heute danach streben, Hunde zu züchten, die dem Rasseideal entsprechen, obwohl schon auf den ersten Blick gesehen viele Merkmale gar nicht so positiv und gesund erscheinen.

Mit Leichtigkeit kann man argumentieren, daß der Hund über die letzten hundert Jahre mehr verändert wurde als in den Tausenden von Jahren vor diesem Jahrhundert. Viele dieser Anstöße zu Änderungen haben ihre Wurzeln im Ausstellungsring, im Streben der Züchter, Hunde einer bestimmten Rasse oder Typs zu züchten, die unbedingt im Ausstellungsring gewinnen. Dies gilt zwar nicht für alle Rassen, dennoch kann man sagen, daß heutige Vertreter bestimmter Rassen mit ihren Vorfahren einhundert Jahre zurück recht wenig Ähnlichkeit haben. Der moderne Chow Chow hat wenig Vergleichbares mit dem Chow des Jahres 1900, ebenso wenig ähnelt der moderne Bulldog seinen Vorfahren des Bullenkampfs. Im Kontrast hierzu unterscheidet sich der heutige Border Terrier kaum von jenen Hunden, aus denen ursprünglich die Rasse entstand. Man kann auch sagen, daß der heutige Deutsche Schäferhund in England, im Vergleich zu jenen Hunden, die 1918 nach England kamen, meist wesentlich besseres Wesen, athletischere Form und korrektere Funktionen aufweist. Die entscheidende Veränderung erfolgte tatsächlich erst in den letzten zwei Jahrzehnten.

In einigen Hunderassen besteht heute eine breite Kluft zwischen Hunden, die für die Arbeit eingesetzt und Hunden, die für den Ausstellungsring gezüchtet werden. Dies ist möglicherweise am deutlichsten in einigen - aber nicht allen - Jagdhunderassen. Die für die Arbeit eingesetzten Labrador Retriever sind meist kleiner, leichter und schneller als die Hunde im Ausstellungsring, es gibt aber - wie in allen Rassen - auch Ausnahmen von dieser Regel. Wenn weiterhin Arbeitshunde und Ausstellungshunde getrennt gezüchtet, kaum oder überhaupt nicht miteinander gepaart werden, dann werden sie in absehbarer Zeit als völlig verschiedene Rassetypen erscheinen, verschieden im Aussehen, Wesen, und in ihren zurückliegenden Ahnenreihen völlig abweichend.

EINFACHE GENETISCHE GESETZE

Hunde wurden in Vergangenheit wie Gegenwart auf eine Vielfalt von Eigenschaften und Merkmalen gezüchtet. Diese kann man, wie in Tabelle 1 dargestellt, in einzelne große Gruppen aufteilen.

Ehe wir diese einzelnen Gruppen näher untersuchen, müssen die Grundprinzipien der Erbgesetze erläutert werden. Die Erblichkeit einer bestimmten Eigenschaft wird in der Regel in einer Prozentzahl ausgedrückt; diese gibt an, in welcher Wahrscheinlichkeit Vorzüge oder Fehler der Elterntiere auf die Nachzuchten übertragen werden. Dies wieder ermöglicht Voraussagen über die Zeit, in der züchterische Fortschritte erreicht werden können. Allgemein ausgedrückt versteht man unter niedriger Erblichkeit Werte unter 20 %, mittlere reichen zwischen 20 und 40 %, hohe Werte liegen über 40 %, wobei sehr wenige Eigenschaften eine Erblichkeit von über 70 % aufweisen. Die Erblichkeitswerte beziehen sich auf Eigenschaften, die polygener Vererbung unterliegen, das sind Eigenschaften, die von mehreren Genen gemeinsam bestimmt sind. Dabei kann das Einzelgen nur einen minimalen Einfluß haben, aber gemeinsam beeinflussen die Gene die wichtigsten Merkmale. Man muß wissen, daß Eigenschaften in der Regel nicht allein (100 %) genetisch bestimmt sind, häufig werden sie auch von Umweltfaktoren wie Ernährung und Bewegung beeinflußt.

Obwohl im allgemeinen Erblichkeit in mathematischen Begriffen ausgedrückt wird, versteht ein Züchter die Terminologie besser in der Alltagssprache. Ist ein Merkmal zu 40 % erblich, bedeutet dies, daß auf die nächste Generation 40 % der Vorzüge - oder Fehler - der Eltern (im Vergleich zur Durchschnittspopulation) übertragen

Im ursprünglichen Bulldog Standard wurde ein möglichst großer Kopf verlangt, wobei man nicht berücksichtigte, daß ein großer Kopf zwangsläufig zu einem hohen Anteil von Kaiserschnittgeburten führen muß.

werden. Beträgt beispielsweise bei einer Hunderasse die Durchschnittsschulterhöhe 64 cm, entscheidet sich der Züchter für eine Paarung mit Elterntieren mit einer Schulterhöhe von 67 cm, beläuft sich der Vorzug der Eltern auf 67 minus 64 cm, also 3 cm. Beträgt dann die Erblichkeit nur 40 % von 3 cm, wird die Schulterhöhe der Nachzuchten im Durchschnitt bei 65,2 cm liegen.

Um nicht mißverstanden zu werden, diese Verallgemeinerung aus dem Gesamtbild einer Rasse realisiert sich im Einzelfall nicht genau so wie geplant. Aber über große Zahlen gerechnet sind die Erblichkeiten wichtig, lassen Aussagen über die Ergebnisse der Zuchtwahl zu.

Obgleich in der Haustierzucht allgemein bekannt, wurden für Hunde bisher nur wenige Erbwerte wirklich exakt ermittelt. Aber auch wenn die Hundezüchter solche Faktoren bisher ignorieren, ändert dies an den genetischen Gesetzen, die damit zusammenhängen, überhaupt nichts. Auf Eigenschaften mit niedriger Erblichkeit - beispielsweise Fruchtbarkeit - läßt sich, so geschickt der Züchter sein mag, sehr schlecht züchterisch Einfluß nehmen.

Auch wenn ein Züchter nur mit Hündinnen züchtet, die große Würfe bringen, bedeutet dies nicht zwingend, daß in seiner Zucht sich die Wurfgröße schnell verbessert, denn diese Eigenschaft ist niedrig erblich. Im Gegensatz hierzu bringt eine Auswahl auf Hunde großer Statur schnelle Verbesserungen der Schulterhöhe. Eine Eigenschaft wie Furcht ist hoch erblich, deshalb

muß auf Charakter und Wesen des Hundes sorgfältig geachtet werden. Ängstliche Hunde beißen viel häufiger als Hunde mit sicherem Wesen. Züchter sollten Tiere mit schlechtem Wesen unbedingt aus ihrer Zucht ausschließen. Anatomische Eigenschaften umfassen alle Merkmale des Körpers, sie sind häufig durch viele Gene von mittlerer Erblichkeit kontrolliert. So können körperliche Merkmale relativ schnell beeinflußt werden. Dies gilt natürlich ebenso bei der Paarung von anatomisch schlechten wie anatomisch guten Tieren.

Qualitative Merkmale wie Haarfarbe, Haartyp, Ohrenhaltung und ähnliches sind in ihrem Erbgang verältnismäßig einfach; nur wenige Gene sind für die Eigenschaft bestimmend, die meisten Erbgänge voll erforscht. Diese Merkmale nennt man auch Mendelsche Merkmale, nach dem österreichischen Mönch Gregor Mendel (1822 - 1884) dem Paten der modernen Wissenschaft der Genetik. Obgleich bei bestimmten Rassen oft recht wichtig, handelt es sich im allgemeinen um Merkmale, die für Gesundheit und Wohlbefinden des Hundes weniger entscheidend sind. In allererster Linie sind dies ästhetische Merkmale, deshalb sollten Züchter oder Richter solchen leicht zu verändernden Merkmalen nicht zu viel Gewicht beimessen.

Anomalien oder Defekte sind unerwünschte Merkmale, man sollte sie nach Möglichkeit vermeiden. Einige dieser Merkmale, etwa progressive Netzhautablösung - unterliegen dem Mendelschen Erbgang, werden nur von einem Gen kon-

TABELLE 1. EINZELNE MERKMALE DER HUNDEZUCHT

MERKMALART	TYPISCHE BEISPIELE	ERBLICHKEIT
Fitneß	Fruchtbarkeit, Wurfgröße, Lebensfähigkeit, Langlebigkeit	Niedrig
Wesen	Temperament, Arbeitsfähigkeit, Naturinstinkte	Niedrig bis mittel
Anatomie	Fast alle körperlichen Merkmale	Niedrig bis hoch
Einzelne Merkmale	Haarfarbe, Haartyp, Augenfarbe	Mendelsche Gesetze
Anomalien	Progressive Netzhautatrophie, Hüftgelenksdysplasie, erblicher Star	Einige folgen Mendelschen Gesetzen, andere sind polygen bestimmt

trolliert. Andere - darunter Hüftgelenksdysplasie und Osteochondritis Dissecans OCD (Knorpelmißbildung) - sind polygen, damit mehr oder weniger durch die Erblichkeit bestimmt. Hinzu kommen aber auch Umweltfaktoren wie Ernährung und Bewegung.

Züchter, die laufend Fitneßmerkmale verstärken, verbessern dabei Körperbau und Wesen, hoffen gleichzeitig das Auftreten von Erbkrankheiten zu minimieren. Fortschritte hängen in erster Linie von Erblichkeitsgrad der Eigenschaft ab, wie intensiv die Selektion erfolgt. Ist die Eigenschaft hoch erblich, sind die Fortschritte möglicherweise groß. Wichtig ist aber immer, daß die Züchter beste Zuchttiere auswählen, um zu züchten.

ZUCHTWAHL

Der alte Rat, man solle immer nur das Beste mit dem Besten paaren, beruht auf fundierten, genetischen Erkenntnissen. Wichtig ist aber immer, daß die Züchter auch wissen, was das Beste ist. Allzuhäufig denken Züchter, ihre eigenen Hunde wären die besten. Haben die Züchter dabei recht, werden sie natürlich in der Zucht mit diesen Hunden Fortschritte erzielen, irren sie aber, wird ihre Zucht

stark gehemmt. Das meiste, was man als gut ansieht, wird im Ausstellungsring bestimmt. Daraus folgt zwingend, daß Richter nur die besten Exemplare wählen dürfen, denn immer erfolgt die häufigste Zuchtwahl aus den Spitzengewinnern. Damit wird den Ausstellungsrichtern eine entscheidende Rolle eingeräumt. Verfügen sie nicht über solide Ausbildung und eigenes Wissen, werden sie unvermeidlich den falschen Hunden Spitzenplätze zusprechen, könnten dadurch die Rasse auf falsche Wege leiten. Das gleiche gilt natürlich für Richter, die Wesensmängel nicht erkennen oder ignorieren, dabei ängstlichen oder - noch schlimmer - überaggressiven Tieren einen Sieg zusprechen.

Natürlich sind Züchter in keiner Weise gezwungen, falschen Richterurteilen zu folgen, geschickte und erfahrene Züchter werden dies häufig auch nicht tun. Aber die meisten Hundezüchter befassen sich nur über verhältnismäßig kurze Zeitperioden (fünf bis sieben Jahre) mit der Hundezucht, viele folgen nur dem allgemeinen Trend, einfach, weil es ihnen an Wissen fehlt.

Ein Züchter - gleich welcher Hunderasse - muß seine eigene Vorstellung entwickeln, was er zu erreichen anstrebt. Um eine solche Vorstellung zu

TABELLE 2. EINZELNE MERKMALE UND IHRE ERBLICHKEIT

KATEGORIE	MERKMALE	ERBLICHKEIT (%)*
Reproduktion	Fruchtbarkeit	unter 15
	Tragedauer	40
	Wurfgröße	unter 20
Körperbau	Körperlänge	20 - 40
	Gewicht	20 - 40
	Länge Hintermittelfuß	30 - 60
	Widerristhöhe	40 - 60
Verhalten	Furcht	50
	Apportiertrieb (Welpe)	20
Anomalien	Ellbogenprobleme	40 - 60
	Hüftgelenksdysplasie (unterschiedlich je nach Rasse)	25 - 55
	Panosteitis (Wechsel in der Dichte langer Knochen)	20

* Die obigen Werte sind nur grobe Hinweise, gelten nicht für jede Hunderasse oder Hundepopulation. Sie beruhen auf Daten und Untersuchungen, die vorwiegend über andere Haustiere durchgeführt wurden.

gewinnen, muß der Züchter den Rassestandard wirklich verstehen, denn dieser zeigt das Idealbild, das er anstrebt. Dabei müssen aber immer Wesen wie Körperbau als gleich wichtig gesehen werden. Die überwiegende Mehrheit aller Hunde wird an Liebhaber verkauft, für sie ist ein guter Charakter - langfristig gesehen - viel wichtiger als reine körperliche Schönheit. Besitzer müssen mit dem Hund - wie er ist - leben, nicht mit den Preisen, die er gewonnen hat.

Natürlich gibt es keinen perfekten Hund, und in der Zucht werden auch immer Tiere eingesetzt, die bestimmte Fehler zeigen, aber auch besondere Vorzüge aufweisen. Deshalb muß der Hundezüchter ein Auswahlsystem nutzen, dem er auch in der Praxis zu folgen vermag. Grundprinzip aller Züchter muß das bedingungslose Ausmerzen nicht geeigneter Zuchttiere sein. Leider schlagen viele Züchter diese Forderung in den Wind.

Bei konsequnter Auswahl stellt der Züchter für eine Reihe wichtiger Eigenschaften des Hundes bestimmte Grenzwerte auf, die er keinesfalls zu unterschreiten bereit ist. Beispielsweise könnte er festlegen, nur mit Rüden zu züchten, die zumindest eine Schulterhöhe von 64 cm aufweisen, die gut gelagerte Schultern besitzen, breite, gut gewinkelte Hinterhand; Körperproportionen 10:9, Brusttiefe gleich halbe Schulterhöhe. Dies sind natürlich nur wenige Kriterien. Jetzt muß man jeden einzelnen Hund nach diesen selbst gewählten Standardanforderungen bewerten, alle Tiere, welche die Minimalforderungen jedes einzelnen Merkmals nicht erfüllen, werden aus der Zucht ausgeschieden. Auf diese Art entspricht jedes Einzeltier dann einem bestimmten züchterischen Mindestmaß.

Es ist völlig einleuchtend, je mehr Eigenschaften aufgeführt werden, je höher die Mindestanforderungen sind, um so wahrscheinlicher stellt der Züchter fest, daß alle Hunde in irgendeinem Punkt seinen Anforderungen nicht entsprechen. Aus diesem Grund ist es wichtig, daß die Züchter für jede Eigenschaft ein vernünftiges und plausibles Mindestmaß aufstellen, nur wirklich wichtige Eigenschaften in die Auswahl aufgenommen werden. So wäre es beispielsweise wenig vernünftig, ein in allen anderen Teilen herausragendes Tier nur deshalb auszuscheiden, weil etwa seine Augenfarbe etwas zu hell ist. Wenn er vernünftige Mindestanforderungen für eine beschränkte Anzahl erreichbarer Ziele aufstellt, wird der Züchter im Rahmen der Erblichkeit der ausgewählten Eigenschaften Fortschritte erzielen.

Bei den meisten Hunderassen werden nur etwa 10 % der Rüden, 30 % der Hündinnen für die Zucht eingesetzt. Damit wird mit einem hohen Prozentsatz von Hunden nicht gezüchtet. Es sollte auch nicht mit ihnen gezüchtet werden, ganz gleich, ob ein Züchter nun unbedingt von seinem »Lieblingshund« einen Welpen haben möchte.

Jede Hundezucht ist auch mit einem Quentchen Glück verbunden. Je besser aber das Wissen des Züchters, sein Verstehen des Standards, um so größer ist auch seine Fähigkeit, bei einzelnen Exemplaren der Rasse Vorzüge und Mängel zu erkennen, desto wahrscheinlicher ist sein Erfolg. Ein Züchter, der beispielsweise eine korrekt gelagerte Schulter nicht von einer steilen Schulter zu unterscheiden vermag, wird früher oder später in

Der Charakter seines Hundes und sein Körperbau sollten für den Züchter immer zumindest von gleicher Wichtigkeit sein. Dieser Bloodhound, zur Nachsuche bei der Jagd gezüchtet, ist ein großer, aber freundlicher Familienhund, der frühe Sozialisation und sehr viel menschlichen Kontakt braucht.

Schwierigkeiten geraten und mit falschen Tieren züchten. Demzufolge werden sich seine Nachzuchten in der Schulterstellung verschlechtern. Bei allen polygen bestimmten Merkmalen - das sind die meisten des anatomischen Aufbaus - liegt viel Wahrheit in dem Sprichwort, »daß Gleiches Gleiches bringt«. Züchtet man immer mit großen Tieren, wird die Rasse nach und nach merkbar größer. Züchtet man mit frühreifen Tieren, setzt Hunde ein, welche schon »fertig erscheinen«, während sie noch Jungtiere oder Jährlinge sind, wird die Rasse früher ausgereift sein. Solche Dinge treten immer wieder auf, weil die dabei maßgebenden Gene eine kollektive Macht ausüben, selbst wenn die einzelnen Gene in sich gar nicht besonders wichtig sind. Je höher eine bestimmte Eigenschaft erblich ist, je stärker darauf gezüchtet wird, um so erfolgreicher erweist sich die Auswahl, wenn man eine Rasse in einer bestimmten Richtung entwickeln möchte. Sehr häufig treten aber die erhofften Zuchterfolge nicht ein. Ursache dafür ist jedoch in der Regel, daß die Züchter nicht auf gleiche Merkmale züchten oder unterschiedliche Ziele verfolgen.

ERBKRANKHEITEN

Es gibt eine Reihe von Anomalien, die man als rassetypisch ansehen muß. Bei Rassen, bei denen Hüftgelenksdysplasie in erhöhtem Maße auftritt, verlangt man von den Züchtern, ihre Zuchttiere durch ein Röntgensystem kontrollieren zu lassen. In den meisten Ländern mit verantwortungsbewußten Rassezuchtvereinen gibt es derartige Kontrollsysteme. Mit Hunden, die nicht zumindest dem Rassedurchschnitt entsprechen, sollte man nicht züchten.

Wenn progressive Netzhautablösung (Progressive Retinaatrophy) in einer Rasse auftritt, sollten alle Zuchttiere über ihr ganzes Leben alle zwölf Monate einem Augentest unterworfen werden. Wird die Krankheit festgestellt, müssen diese Tiere aus der Zucht ausgeschlossen werden. Ein Züchter Deutscher Schäferhunde darf keinen Rüden einsetzen, der Haemophilia A trägt. Auf gleiche Art sollte kein Züchter Berner Sennenhunde Tiere verwenden, die nicht auf ihre Ellenbogen überprüft wurden. Dies alles sind notwendige Maßnahmen, die von Züchtern der entsprechenden Rassen getroffen werden müssen, wenn sie Welpen züchten möchten, die sie an andere verkaufen. Zurecht unterliegen sie offener Kritik, teilweise auch rechtlichen Konsequenzen, wenn sie Hunde mit Erbdefekten verkaufen.

Obgleich bei einigen Rassen die Erblichkeit

von HD nahezu 40 % beträgt, sind Fortschritte in der Kontrolle der Hüftgelenksdysplasie häufig nur langsam zu erreichen. In vielen Ländern liegt der Fehler nicht an der erblichen Natur der Hüftgelenksdysplasie oder Fehlern beim Röntgen. Ursächlich ist meist die Tatsache, daß obwohl es geröntgte Tiere mit guten Ergebnissen gibt, einige Züchter unverändert mit Hunden züchten, die wesentlich unter dem Rassedurchschnitt liegen, zeitweise auch stur Rüden einsetzen, die genetisch nachweislich schlechte Hüften vererben.

GENETISCHER EINFLUSS AUF DAS ZUCHTPOTENTIAL

Wenn man eine Paarung plant, muß man wissen, daß Rüde wie Hündin exakt gleichen Einfluß auf die Nachzuchten haben. Trotzdem kann ein Elternteil »bessere Gene« als der andere haben. Wenn man aber die Rassen insgesamt betrachtet, sind Rüden immer viel einflußreicher als Hündinnen. Dies liegt einfach daran, daß man viel weniger Rüden als Hündinnen braucht, deshalb bei Rüden schärfer selektieren kann. Bei den meisten Hunderassen stammt wahrscheinlich mehr als 70 % des Zuchtfortschritts aus der richtigen Auswahl der Rüden. Es ist zwar zweifelsfrei wahr, Hündinnen sind immer das Rückgrat eines Zwingers, ebenso wahr ist aber auch, daß sorgfältige Auswahl auf die allerbesten Rüden die größten Fortschritte bringt.

Bei genetisch den einfachen Mendelschen Gesetzen unterliegenden Eigenschaften bringt die Paarung von Gleich mit Gleich nicht notwendigerweise Gleiches. Paart man beispielsweise zwei Glatthaarchihuahua, können unter den Nachzuchten einige Langhaarchihuahua sein, nämlich wenn beide Elterntiere »Träger« des Langhaargens sind. Wenn man das Glatthaargen mit L bezeichnet, das Langhaargen l, können alle Glatthaarhunde genetisch entweder LL oder Ll sein. Langhaar haben immer den Code ll. Tabelle 3 zeigt die Ergebnisse der verschiedenen Paarungskombinationen. Dieses Beispiel ist auf die Vererbung von Kurzhaar und Langhaar ausgerichtet, diese Grundprinzipien gelten aber für alle Erbgänge, die den einfachen Mendelschen Gesetzen unterliegen.

Die in Tabelle 3 aufgezeigten Prozentsätze sind bei den Paarungen 1, 3 und 6 genau (100 %), bei den anderen drei Beispielen ergeben sich die genauen Prozentzahlen erst dann, wenn man eine ausreichende Anzahl von Tieren mit diesen Genkombinationen paart. Man muß dabei beachten, daß Kurzhaar gegenüber Langhaar dominant ist, also Langhaar völlig »maskiert«. Aus diesem

TABELLE 3. PAARUNGSERGEBNISSE LANG-HAAR/KURZHAAR (IN PROZENT DER NACH-KOMMENSCHAFT)

L = Kurzhaargen   *l* = Langhaargen

PAARUNG UND ELTERN	NACHKOMMEN (%)		
	LL (Kurzhaar)	*Ll* (Kurzhaar)	*ll* (Langhaar)
1 *LL x LL* (kurz x kurz)	100	0	0
2 *LL x Ll* (kurz x kurz)	50	50	0
3 *LL x ll* (kurz x lang)	0	100	0
4 *Ll x Ll* (kurz x kurz)	25	50	25
5 *Ll x ll* (kurz x lang)	0	50	50
6 *ll x ll* (lang x lang)	0	0	100

Grund erscheinen Tiere der Genkombination *LL* oder *Ll* äußerlich, was die Länge des Haarkleids angeht, identisch. Weiterhin muß man wissen, daß nur wenn das Gen *l* von *beiden Elterntieren* getragen wird, es zu Langhaarnachkommen kommen kann (Paarungen 4, 5 und 6). Die gebräuchlichste Paarung, die ein verborgenes rezessives Gen aufzeigt, ist die Paarung 4. Hierbei paart der Züchter - möglicherweise ohne es zu wissen - zwei *Trägertiere* miteinander, daraus entstehen dann im Durchschnitt 25 % Welpen, welche die rezessive Eigenschaft offen zeigen. Was Langhaar und Kurzhaar angeht, ist dies bei einer Reihe von Hunderassen durchaus akzeptabel, es gibt aber eine Reihe anderer Eigenschaften, die möglicherweise völlig unerwünscht sind. Derartige Merkmale gibt es in der Hundezucht viele, beispielsweise Haarfarbe, Augenerkrankungen und eine Vielfalt anderer Mängel.

ZUCHTMETHODEN

Allgemein versteht man unter einem Hundezüchter definitionsgemäß einen Menschen, der reinrassige Hunde züchtet. Für ihn besteht keine Möglichkeit von Einkreuzungen aus anderen Rassen, er hat aber die Auswahl, innerhalb der gleichen Rasse mit untereinander nicht verwandten Tieren (*Auskreuzung*) oder mit verwandten Tieren (*Inzucht*) zu züchten. In gewissem Sinne sind bei einer vorhandenen Hunderasse alle Hunde in irgendeiner Weise miteinander verwandt, weil sie letztendlich alle von den gleichen ursprünglichen Vorfahren abstammen.

Inzucht, in weniger extremen Formen Linienzucht genannt, ist für den Fortschritt der Rasse außerordentlich wirksam, hat aber auch immer ihre Probleme. Je mehr Hunde ingezüchtet sind - je enger verwandt die Zuchttiere untereinander sind - um so mehr Risiken treten auf. Das erste Risiko ist das Aufdecken verborgener Fehler. Wenn ein Züchter Hunde untereinander paart, die eng auf einen berühmten Vorfahren zurückgehen, und wenn dieser gemeinsame Vorfahre einige rezessive Merkmale besaß, dem Züchter bekannt oder nicht bekannt - ist die Wahrscheinlichkeit, daß Welpen, welche das rezessive Gen doppelt tragen, diesen Fehler aufzeigen, wesentlich größer. Das gleiche gilt auch für polygen vererbte Eigenschaften. Hatte beispielsweise der berühmte Vorfahre eine schlechte Schulterlage, führt Inzucht auf ihn dazu, daß bei den Welpen wahrscheinlich auch schlechte Schultern auftreten.

Aus diesem Grunde sollte man Inzucht nur auf besonders vorzügliche Ahnen betreiben, die wenig Fehler aufweisen, und - soweit man es weiß - keine wichtigen, nicht offen erkannten Fehler, die sich nach den Mendelschen Gesetzen vererben. Aber selbst unter diesem Vorbehalt gibt es noch weitere Inzuchtrisiken. Gerade mit Fitneß und Fortpflanzung zusammenhängende Eigenschaften sind zwar in ihrer Erblichkeit niedrig, werden aber meist von einer Genkombination bestimmt, die bei Inzucht Probleme bringen kann. Tatsache ist, daß stark ingezüchtete Hunde in der Regel weniger fruchtbar sind, kleinere Würfe hervorbringen, obwohl dies nicht immer der Fall sein muß.

Inzucht ist eine Methode, die man nicht leichtfertig unternehmen sollte, insbesondere nicht zu eng anlegen darf. Das in einigen Hunderassen vorhandene Zuchtmaterial bringt es jedoch mit sich, daß die Züchter die Paarung enger miteinander verwandter Tiere nicht umgehen können, einfach weil alle Hunde dieser Rasse hinten in ihren Ahnenreihen bestimmte Vorfahren gemeinsam haben. So gehen beispielsweise alle Boxer auf Lustig v. Dom, Berner Sennenhunde auf den Neufundländer Pluto v. Erlengut und Deutsche Schäferhunde auf Erich v. Grafenwerth zurück. Bei allen Hunden dieser Rassen sind daher diese Vorfahren immer zwingend vorhanden.

Die meisten Züchter versuchen Hunde miteinander zu paaren, die sich möglichst ähnlich sind, Paarung Typ zu Typ. Dies ist eine vernünftige Zuchtpolitik. Da aber alle Hunde auch Fehler haben, ist es wichtig, die Paarung von Hunden zu vermeiden, die beide den gleichen Fehler zeigen.

AUSWAHL EINES HUNDES

Es ist immer eine aufregende Angelegenheit, sich einen Hund in die eigene Familie zu holen. Hundebesitz bedeutet immer eine sehr große Verpflichtung. Die Gründe, weshalb man gerne einen Hund haben möchte, die Anforderungen der Familie und die Umwelt müssen deshalb sehr gründlich geprüft werden, ehe man sich endgültig entscheidet. Hundebesitz bedeutet immer eine Bindung der ganzen Familie.

Jede Familie, die sich einen Hund kaufen möchte, sollte sich deshalb einige Stunden zusammensetzen, nachstehende 20 Fragen gemeinsam beantworten. Wenn alle Familienmitglieder beisammen sind, werden sich viele weitere Fragen ergeben. Der daraus entstehende Dialog hilft, für das künftige Familienmitglied realistische Bedingungen zu schaffen.

FRAGEN FÜR DEN FAMILIENRAT

 1. Hat irgendein Familienmitglied schon zuvor einen Hund besessen?
 2. Ist immer jemand zu Hause?
 3. Soll der Hund im Haus leben?
 4. Steht ein eingezäunter Garten zur Verfügung?
 5. Leidet irgendein Familienmitglied unter Haustierallergien?
 6. Die ersten Kosten für einen Hund sind im Vergleich mit Unterhalt und Pflege niedrig. Kann die Familie ohne Schwierigkeiten die notwendigen Finanzen bereitstellen?
 7. Spielt die Größe des Hundes eine Rolle, wenn ja, welche?
 8. Möchte man lieber einen ruhigen oder zeitweise auch einen bellenden Hund?
 9. Welches Familienmitglied ist bereit, die regelmäßige Fellpflege des Hundes zu übernehmen?
10. Was sind die fünf wichtigsten Eigenschaften, die das neue Familienmitglied besitzen sollte?
11. Soll es ein Welpe sein, wenn ja, warum?
12. Wenn man lieber einen erwachsenen Hund möchte, welches Alter - ein Jahr, zwei Jahre?
13. Ist die Familie mit einem ausgewachsenen Hund der gewünschten Rasse vertraut?
14. Hat man sich mit einem Fachmann über die Eigenschaften der gewünschten Rasse beraten?
15. Hat man mit einem Tierarzt über Haltung, Pflege und Kosten eines gesunden Hundes gesprochen?
16. Gibt es Präferenzen für einen Rüden oder eine Hündin, wenn ja, warum?
17. Möchte man mit dem eigenen Hund züchten, wenn ja, kann man die Verantwortung dafür übernehmen?
18. Soll der Familienhund kastriert werden?
19. Wer erzieht das Tier, damit es mit Nachbarn und Umwelt keine Probleme gibt?
20. Besteht die echte Bereitschaft der gesamten Familie, Verantwortung für Haltung und Pflege des Hundes über eine lange Reihe von Jahren zu tragen?

Wenn man alle diese Fragen sorgfältig gemeinsam überprüft hat, auch danach alle unverändert einen Hund haben möchte, wird man sicherlich auch die damit verbundene Verantwortung übernehmen. All dies soll nicht abschrecken, die Freude an der Hundehaltung schmälern. Vielmehr wird das enge Band zwischen Hund und Familie um so stärker sein, je bewußter man an die Aufgabe herangeht.

AUSWAHL DER RASSE

Die Fotos und Rassebeschreibungen in diesem Buch werden bestimmt dazu beitragen, sich für viele Rassen zu interessieren. Dabei ist es wichtig, über die gewünschte Rasse soviel wie möglich in Erfahrung zu bringen, sie nach Möglichkeit auch selbst kennenzulernen. Hundeausstellungen, Gebrauchshundevorführungen und Hundefachzeitschriften sind wichtige Informationsquellen. Man sollte sich unbedingt die Zeit nehmen, eine Hundeausstellung zu besuchen. Je mehr Informationen man sammelt, um so überlegter wird die Auswahl der Rasse sein.

Führende Verlage - darunter im deutschsprachigen Raum der Kynos Verlag - bieten eine Fülle an Speziallliteratur über eine Vielzahl einzelner Hunderassen. Nicht unerwähnt sei *Kynos Atlas - Hunderassen der Welt*. Es ist immer ein viel kleineres Risiko, das falsche Spezialbuch zu kaufen, anstelle der falschen Hunderasse. Das Fachbuch ist nicht nur für den Kauf, sondern auch für das Verstehen der einzelnen Hunde immer eine gute Investition.

Die Rassezuchtvereine bieten Hundeliebhabern auf Anforderung Adressenmaterial über Züchter, bei denen man die Rasse hautnah erleben kann. Es empfiehlt sich immer, sich mehrere Zwinger anzusehen, ehe man sich abschließend entscheidet, wo man kauft. Die »Chemie« muß stimmen, das Gefühl entstehen, vom Züchter gut beraten und betreut zu sein.

RÜDE ODER HÜNDIN?

Auch diese Frage verdient sorgfältige Überlegung. Rüden nahezu aller Rassen sind meist etwas selbstbewußter, unabhängiger und etwas aktiver als Hündinnen. Viele Hundefreunde lieben dies, möchten deshalb am liebsten einen Rüden kaufen.

Im allgemeinen sind Hündinnen etwas sanfter, unterordnungsfreudiger und weniger anstrengend. Natürlich wird die Hündin zweimal jährlich heiß. Über den ganzen Zeitraum der Hitze muß sie sorgfältig überwacht werden, um unerwünschte Paarungen zu vermeiden. Bei der Haltung von Familienhunden ohne züchterische Interessen wird heute in vielen Ländern allgemein Kastration empfohlen. Läßt man Hündinnen vor ihrer ersten Hitze kastrieren, garantiert dies nahezu ein Leben ohne die Gefahr von Brustkrebs oder Gebärmutterentzündung.

Werden Rüden frühzeitig kastriert, reduziert dies ihren Drang, durch Beinchenheben ihr Territorium zu markieren, auf Suche nach Hündinnen umherzustreunen oder Konkurrenzkämpfe mit anderen Rüden auszutragen. Dieses Problem darf und soll aber auch nicht überbetont werden.

Gerade in den deutschsprachigen Ländern kommt man bisher auch bei der ganz überwiegenden Mehrzahl aller Hunde ohne Kastration oder Sterilisation gut zurecht.

AUSSTELLUNGSHUND ODER FAMILIENMITGLIED?

Auch ob man eines Tages seinen Hund auf Ausstellungen präsentieren möchte, sollte rechtzeitig überlegt werden. Nur sehr wenige Spitzenzwinger sind bereit, Ersthundehaltern einen sehr versprechenden Ausstellungshund zu verkaufen. Hierfür gibt es viele Gründe, in erster Linie haben die Züchter lange Jahre gebraucht, eine Spitzenlinie aufzubauen. Deshalb ist es völlig natürlich, daß sie besonders versprechende Junghunde in erster Linie an Käufer abgeben möchten, die über gewisse Erfahrungen in der Aufzucht, Erziehung und Haltung von Hunden verfügen.

Ob Ausstellungs- oder Familienhund, es muß immer sichergestellt werden, daß der Junghund einen guten Platz findet, nach Möglichkeit im Haus seines Besitzers lebt. Das Tier braucht auch genügend Platz, um sicheren Auslauf zu haben -

einen gut eingezäunten eigenen Garten - oder regelmäßige Spaziergänge an der Leine. Natürlich muß jeder Hund stubenrein erzogen werden, lernen, auf einfache Kommandos zu gehorchen, im Auto ohne zu stören mitzureisen, voll seinen Platz in der menschlichen Gesellschaft einzunehmen. Schritt für Schritt muß ein Hund in sein neues Leben eingeführt werden.

Ausstellungshunde, selbst bei kurzhaarigen, pflegeleichten Rassen, stellen gewisse Anforderungen, um immer in bester Kondition zu sein. Richtige Ernährung spielt für ein glänzendes, leuchtendes Haarkleid eine große Rolle, ebenso wichtig ist richtiges Bürsten und Kämmen, Freihalten des Hundes von Zecken, Flöhen, Hautentzündungen und Erkrankungen. Gerade langhaarige Rassen brauchen häufig, fachkundige Pflege, Waschen, Trocknen des Haarkleides. Wissen über gute Pflegetechnik ist wichtig. Besonders empfehlenswert hierzu als Fachliteratur: *Kynos Trimm- & Pflegefibel*.

Einige Rassen erfordern wöchentlich mehrere Stunden Pflege. Es gibt zwar auch die Möglichkeit, die Pflege einmal abzukürzen, dies gilt aber nie auf Dauer. Trimmrassen wie Pudel, Schnauzer und die meisten Terrier, stark behaarte Rassen wie Old English Sheepdog, Briard und Bouvier des Flandres, verlangen von ihren Besitzern eine gewisse Hingabe an ihre Pflege - für manche wird sie zu einem faszinierenden Hobby. Aber dieses Hobby fordert Woche für Woche richtig geplante Pflegezeiten. Läßt man das Haarkleid erst einmal verwahrlosen, naß, schmutzig, verfilzt sein, von

Der Besitz eines Ausstellungshundes fordert vom Besitzer zusätzliche Stunden für die wöchentliche Fellpflege und das Fitneßtraining.

Flöhen befallen, dann ist zuweilen die Arbeit eines ganzen Jahres verdorben. Man muß ganz von vorne anfangen.

FRAGE DEN FACHMANN!

Hat man die Auswahl für eine bestimmte Rasse, Alter und Geschlecht getroffen, könnten befreundete Hundebesitzer um Hilfe gebeten werden. Von den durch die FCI anerkannten Rassezuchtvereinen erhält man die richtige Züchterliste. Man muß sich darüber im klaren sein, beim Tierhandel findet man kaum gesunde, sorgfältig gezüchtete Hunde. Verantwortungsbewußte Züchter verkaufen grundsätzlich nur direkt an ihnen vertrauenswürdig erscheinende Hundebesitzer.

Man sollte die Mühe nicht scheuen, Hundeausstellungen zu besuchen, mit Züchtern ins Gespräch zu kommen, die genau den Hundetyp züchten, den man haben möchte. Verantwortungsbewußte Züchter führen nur zu gerne ein ausführliches Gespräch, wenn sie erst einmal mit der Präsentation ihrer Hunde im Ring fertig sind.

RASSEEIGENSCHAFTEN

Jede Rasse hat züchterisch gefestigte Eigenschaften. Jagdhunde wie Spaniel und Retriever lieben alle Aktivitäten im Freien, arbeiten mit Nase und Ohren, lassen sich meist leicht erziehen, sind, solange sie richtige Pflege und angemessenen Auslauf haben, vergleichsweise gesund. Unter den Jagdhunden gibt es zwei Gruppen: Windhunde - deren jagdliche Fähigkeiten in erster Linie auf außerordentlich gutem Sehvermögen begründet sind; Fährtenhunde, deren ausgeprägter Geruchssinn ihnen sowohl auf der Nachsuche wie beim Aufstöbern eine vorzügliche Arbeit ermöglicht. Diese Jagdhunde haben eine bestimmte Neigung zur Selbständigkeit, reagieren in erster Linie auf Sinneseindrücke von Auge oder Nase; man sollte sie schon in früher Jugend dazu erziehen, auf Kommando unbedingt zu kommen.

Alle Gebrauchshunde möchten gerne sinnvolle Arbeit leisten, sind gut zu erziehen, werden auch im allgemeinen, wenn sie richtig erzogen werden und genügend Platz und Auslauf haben, sehr gute Familienhunde.

Große Rassen wie Deutsche Dogge, Neufundländer, Pyrenäen Berghund und Bernhardiner haben im allgemeinen eine kürzere Lebenserwartung, stellen höhere Anforderungen an Fütterung und Pflege, eignen sich weniger zur Haltung auf der Etage oder in kleinen Häusern.

Terrier variieren in ihrer Größe vom König der Terrier - dem Airedale - bis zu den kleineren Rassen wie beispielsweise Norfolk und Norwich Terrier. Terrier sind aktiv, unternehmungslustig, haben meist eine gute Lebenserwartung. Es gibt sie in vielerlei Haarkleid - in Länge wie Struktur - viele erfordern beträchtliche Fellpflege. Zwerghunde - Toys - sind über Jahrhunderte als Familienhunde gezüchtet worden, in kleiner Gestalt scheinen sie sich dessen überhaupt nicht bewußt zu sein. Wahrscheinlich sind sie für eine junge Familie mit kleinen Kindern oder Planung zur Familienerweiterung nicht gerade die beste Wahl.

Wenn man sich Hunde aus der englisch/amerikanischen »Non-sporting Group« wählt, ist dies dem Einkauf in einem Warenhaus ähnlich. Vom hübschen kleinen Schipperke bis zu dem eleganten, eindrucksvollen clownartigen Großpudel gibt es hier für jeden Hundebesitzer einen interessanten Hund. Gerade in dieser Gruppe finden wir heute zwei neue Rassen, die viel Interesse finden. Sowohl der chinesische Shar-Pei wie der Shiba Inu sind sehr schnell populär geworden.

Hunde der Schäferhundegruppe haben über Jahrhunderte den Landwirten geholfen, ihre Herden zu hüten und zu begleiten. Diese Hunde scheinen am glücklichsten zu sein, wenn sie arbeiten dürfen, lassen sich verhältnismäßig leicht erziehen, lieben engen Kontakt zu ihrer Familie.

ZUCHTREGISTER

Es gibt viele Rassehunde, die bisher weder beim American Kennel Club, noch beim English Kennel Club eingetragen werden, denn einige Rassen haben ihre eigenen Register. Die Fédération Cynologique Internationale (FCI), die von den meisten Ländern der Welt die Eintragung der Rassehunde koordiniert, führt zwar kein eigenes Register, dies ist vielmehr ihren nationalen Mitgliedern vorbehalten. Die Liste der Rassehunde der FCI ist beträchtlich länger als die des Amerikanischen, Kanadischen oder Britischen Kennel Clubs, scheint sich täglich zu erweitern. Immer mehr neue Hunderassen werden anerkannt, da auch neue Länder mit eigenen nationalen Rassen Mitglieder werden. Der British Kennel Club erkennt zur Stunde 183 Hunderassen an.

Jeder nationale Zuchtverband führt sorgfältige Aufzeichnungen über das Zuchtgeschehen, bietet seinen Mitgliedern eigene Dienstleistungen an, organisiert Veranstaltungen wie Ausstellungen und Leistungsprüfungen für alle anerkannten Rassen. Alle diese Organisationen haben ihre eigenen Büros, Zuchtregister und eigenes Ausstellungsgeschehen. Diese Zentraladressen sind für Züchter,

*Man sollte immer praktische Überlegungen an-
stellen, ehe man sich für eine bestimmte Rasse
entscheidet. Riesenrassen wie beispielsweise dieser Bernhardiner haben eine kürzere Lebenserwartung, verlangen höhere Ausgaben für Fütterung und Pflege, werden bei den richtigen Menschen zu idealen Familienmitgliedern.*

Liebhaber wie interessierte Hundekäufer von
großem Wert. Diese Anschriften finden die Leser
am Ende dieses Buches.

VORBEREITUNGEN VOR DEM KAUF

Es ist wichtig, keinesfalls den Hundekauf zu über-
stürzen, Geduld gehört zu den wichtigsten Tugen-
den bei der Suche nach dem richtigen Hund. Oft
ist bei Bedarf nicht gerade ein guter Wurf zu finden. Manchmal gibt es auch keinen ausgewachsenen Hund zu kaufen, wenn die Familie ihre Vorbereitungen abgeschlossen, sich für die richtige
Rasse entschieden hat. Dies bedeutet aber in keiner Weise, daß für die Ankunft des Hundes nicht
schon Vorbereitungen getroffen werden könnten.

Wo zum Beispiel soll der Junghund wohnen?
Ein transportabler Hundekäfig gewährt ihm im
neuen Zuhause bequeme Unterkunft, ist gleichzeitig die sicherste Art, den Hund von seinem bishe-
rigen Zuhause ins neue Heim zu bringen, auch für
Transporte vom und zum Tierarzt. Man sollte
überprüfen, ob der Garten ausbruchsicher ist.

Wenn nicht, müssen alle Schlupflöcher und Zäune
repariert werden. Gibt es keine Zäune, braucht
man einen transportablen Hundeauslauf, so daß
sich der Welpe rechtzeitig daran gewöhnt, in seiner Bewegung eingeschränkt zu sein.

Zuweilen dauert es Wochen, Monate, zuweilen
sogar ein Jahr, um den richtigen Hund zu finden.
Es bedarf gegenseitigen Vertrauens zwischen
Züchter und Käufer. Der Käufer sollte Anatomie
und Charakter der Elterntiere kennen, eine gewisse Vorstellung über den genetischen Hintergrund
des ausgewählten Hundes haben. Je seltener die
Rasse, um so länger in der Regel die Wartezeit.
Hat man sich für eine Hunderasse mit einigen
genetischen Besonderheiten entschlossen, muß
man dies wissen. Beispielsweise gibt es bei
Nackthunden zuweilen Hunde mit ernsthaften Ge-
bißmängeln.

DIE RICHTIGE ABGABEZEIT

Die meisten erfahrenen Hundezüchter stimmen
darin überein, daß ein gut sozialisierter, korrekt
aufgezogener Welpe spätestens im Alter von zehn
Wochen sein neues Zuhause haben sollte. Bis zu
diesem Zeitpunkt wurde er zumindest zweifach
schutzgeimpft, kennt seinen Namen, hat manchmal bereits auch eine Vorstellung, sein eigenes
Lager sauber zu halten. Auch ist in diesem Alter
die geistige Entwicklung bei praktisch allen Hunderassen soweit fortgeschritten, daß sich die jungen Hunde schnell ihrem neuen Besitzer anschließen. Wenn der Welpe über mehr als zehn
Wochen bei seinen Wurfgeschwistern bleibt,
wächst er mehr auf Hunde als auf Menschen geprägt auf - dies ist für den Liebhaberhund immer
ein Nachteil. Maßgebende Verhaltensforscher treten heute weltweit für ein Abgabealter von sieben
bis acht Wochen ein.

Auch im Alter von zehn Wochen können Ausstellungsqualitäten nicht garantiert werden, aber
ein guter Züchter ist dann in der Lage, sich über
die positiven Merkmale, möglicherweise auch
über die weniger positiven, ein qualifiziertes Ur-
teil zu bilden. Die Fragen Vollständigkeit des Ge-
bisses, Zahnstellung, Wachstum und »Showmanship« lassen sich erst später bei weiterem Heranwachsen des Welpen beurteilen.

Kauft man sich einen älteren Hund, sollte man
alles darüber in Erfahrung bringen, wie der Hund
zuvor aufgezogen und gehalten wurde. Nur im
Zwinger aufgewachsene Welpen vertragen die
Umstellung auf das Haus meist weniger gut. Man
sollte einen Hund kaufen, der im Hause aufge-
wachsen ist, schon etwas Unterordnung gelernt

hat und gutes Wesen besitzt.

Junghund oder älterer Hund, keinesfalls sollte man den neuen Hausgenossen in persönlichen Zeiten von Streß oder Aufregung übernehmen. Ist der Hund beispielsweise ein Weihnachtsgeschenk, sollte er zwar zu Weihnachten angekündigt werden, keinesfalls aber früher als eine Woche nach dem Fest ins Haus kommen, wenn der Haushalt wieder auf Normalroutine umgestellt ist. Zuviel Aufregung verwirrt Tiere, macht ihnen eine Anpassung schwieriger. Hunde brauchen, wenn sie sich gut eingewöhnen sollen, immer eine streßfreie Umgebung.

RATSCHLÄGE VOM ZÜCHTER

Gute Züchter versorgen den Hundekäufer mit Ratschlägen über Fütterung, Haltung, Erziehung und Unterbringung, übergeben gleichzeitig einen kompletten Bericht über Schutzimpfungen und notwendige Ergänzungen. Von einem guten Züchter kann man auch erwarten, daß er vom Tag der Abgabe bis zum Tode des Hundes stets freundlich vernünftige Ratschläge und jede Unterstützung gewährt.

Gerade in den ersten drei Monaten ist der enge Kontakt zu allen Käufern besonders wichtig. Verantwortungsbewußte Züchter fühlen sich für jeden Welpen, den sie gezüchtet haben, voll verantwortlich und verhalten sich entsprechend.

KOSTEN DER HUNDEHALTUNG

Der Kaufpreis eines Hundes - sei er jung oder alt, groß oder klein, Ausstellungshund oder Liebhaberhund, Rüde oder Hündin - ist immer nur ein Bruchteil der tatsächlichen Kosten. Unterkunft, Haltung, Fütterung, Ausbildung, Tierarztkosten, Medikamente, Pflege und vieles mehr sind Faktoren, die man sich näher ansehen sollte, ehe man sich für den Hundekauf entscheidet. Dabei ist es immer ein Vorteil, bei einem Züchter von gutem Ruf zu kaufen. Bei ihm kann man sich nicht nur den fraglichen Welpen ansehen, sondern meist seine ganze Familie kennenlernen.

In ihrer Preisstellung haben Züchter recht verschiedenartige Gebräuche. Andrew Brace sieht nach seiner Erfahrung die Züchter als die besten an, die sagen: »Meine Welpen kosten soundsoviel. Ich bin bereit, dir aus sehr guter Zucht einen typischen, gut gebauten und gesunden Welpen zu verkaufen. Entwickelt sich der Welpe zu einem erstklassigen Ausstellungshund, würde es mich freuen. Aber in dieser Richtung kann ich dir keine Garantie geben«.

KAUF EINES AUSSTELLUNGSHUNDES

Ein Spitzenausstellungshund - wenn er überhaupt verkäuflich ist - wird praktisch zu nahezu jedem Preis gekauft, da er im Ausstellungsring seine Qualität unter Beweis gestellt hat. Dies gilt besonders für einen Hund, der im Besitz eines sehr guten Züchters steht. Wer immer sich einen Ausstellungshund von Spitzenqualität kaufen möchte, wird einen beträchtlichen Geldbetrag auf den Tisch legen müssen.

Der Kauf eines Junghundes als Familienhund mit Ausstellungschancen ist immer mit großen Risiken verbunden; der gute Rat eines Fachmanns kann dabei außerordentlich hilfreich sein. Ein Fachmann von gutem Ruf wird gerne Rat erteilen, wenn der Käufer ihn darum bittet. Geld und Zeit dürfen dabei nicht die maßgebende Rolle spielen. Es gibt keinen Grund für Lotteriespiele. Der nützlichste Rat lautet immer zu versuchen, den besten Hund zu kaufen, den man sich leisten kann, sich den besten Berater zu wählen, so viel Zeit wie möglich zu investieren, um sicherzustellen, daß der Kauf wirklich der bestmögliche ist. Hunde ausstellen ist ein faszinierender Sport, kann aber den ganzen Menschen in Anspruch nehmen. Und finanzieller Gewinn ist nur sehr selten zu erwarten.

Der Rat von Andrew Brace zur Auswahl eines Welpen als Ausstellungshund lautet, sich immer den Welpen im Alter zwischen sechs und acht Wochen anzusehen. In diesem Alter sehen die Welpen vieler Rassen wie eine Miniaturausgabe des ausgewachsenen Hundes aus, haben die Proportionen und Ausgewogenheit, die sie später auch für die Ausstellung qualifizieren. Ist dieses Alter überschritten, erfolgt das weitere Wachstum disproportional, einmal ist der Rücken zu lang, sieht der Hund überbaut aus, erscheint in der Front weich und ähnliches; erst voll ausgereift kehren die früheren versprechenden Formen wieder zurück. Welpen sollte man sich immer in freiem Spiel miteinander ansehen, nicht voneinander getrennt, etwa wenn sie als Einzelhund auf einem Tisch »aufgebaut werden«.

Wesentlich ist immer, daß der Welpe die besonderen Rassemerkmale aufweist - auch als Welpe muß er für seine Rasse typisch sein. Nach Möglichkeit sollte man bereits sein Wesen, eine starke Persönlichkeit erkennen können. Gesucht ist ein Welpe, der auffällt, ganz einfach, weil er gegenüber seinen Wurfgeschwistern eine bestimmte »Ausstrahlung« hat, die sich dann beim erwachsenen Hund zum »style« weiterentwickelt.

Zum Schluß das Wichtigste. Einmal angenommen, der Welpe hat Rassetyp und Ausgewogenheit - ohne perfekte Harmonie im äußeren Erscheinungsbild - wird er sich nie zu einem herausragenden Hund entwickeln. Besitzt er aber solche Harmonie, wird er auch im späteren Leben das Auge des Richters gefangennehmen.

EINTRAGUNG IM ZUCHTBUCH

Die Eintragungsbedingungen für Hunde beim jeweiligen nationalen Rassehundezuchtverband sind unterschiedlich. In den United States und Kanada werden alle reinrassig gezüchteten Hunde eingetragen, wenn ihre Eltern eingetragen sind. In diesen Ländern muß der Verkäufer beim Verkauf die Eintragung beantragen, ist die Eintragung bereits erfolgt, muß er die Eintragungsurkunde an den Käufer unterzeichnet weitergeben.

In England muß die Eintragung innerhalb von zwölf Monaten ab Geburt erfolgen. Die Voraussetzungen für die Eintragungen beim Kennel Club schafft der Züchter. Zum Zeitpunkt der Paarung werden von Rüden- wie Hündinnenbesitzer ein offizielles Formular des Kennel Clubs unterzeichnet, in dem die Einzelheiten der Paarung dokumentiert sind. Nach der Geburt des Wurfes muß dieses Formular vom Züchter vervollständigt, alle Details über Eltern und Welpen eingetragen werden, wobei die Welpen hinsichtlich Geschlecht und Farben genau beschrieben werden. Bereits zu diesem Zeitpunkt müssen die Welpen heute vom

Einen Welpen als Ausstellungshund wählt man am besten in einem Alter zwischen sechs und acht Wochen aus. Zu ganz bestimmten Zeiten sieht der Welpe wie eine Miniaturausgabe des erwachsenen Hundes aus. Unser Bild zeigt Ch. Potterdale Classic of Moonhill mit ihrem Welpen.

Züchter auch ihre Namen erhalten, während früher die Käufer ihre Welpen selbst eintragen lassen konnten, falls sie der Züchter noch nicht gemeldet hatte.

In den FCI-Ländern variieren die Eintragungsbedingungen von Land zu Land. Im allgemeinen ist es aber zwingendes Recht, daß das Zuchtgeschehen sorgfältig kontrolliert und dokumentiert wird, in aller Regel nur komplette Würfe etwa im Alter von acht Wochen eingetragen werden. Allgemein werden Wurfabnahmen durch den zuständigen Zuchtwart und mehrere Kontrollen der Würfe verlangt. Von Rasse zu Rasse unterschiedlich sind die Eintragungsvoraussetzungen, wobei die Zuchtbestimmungen in aller Regel Elterntiere mit schwereren erblichen Erkrankungen wie Hüftgelenksdysplasie, progressive Retinaatrophie und ähnlichem ausschließen.

WELPENAUSWAHL

Denke immer daran, der Hundekauf hat in aller Regel auf die nächsten zehn Jahre für das ganze Familienleben tiefgreifende Auswirkungen. Deshalb ist besondere Aufmerksamkeit geboten. Bestehen irgendwelche Zweifel, daß man den richtigen Züchter oder den richtigen Hund gefunden hat, sollte sich der Käufer in keiner Weise veranlaßt sehen, den falschen Hund zu kaufen. Mit dem Züchter sollte man immer im voraus klare Vereinbarungen treffen, wobei die genauen persönlichen Wünsche vom Käufer präzisiert werden sollten. Der Käufer darf in keiner Weise überrascht oder gekränkt sein, wenn ihm der Züchter endlose Fragen stellt. Jeder gewissenhafte Züchter braucht ein Maximum an Informationen über jedermann, dem er einen seiner Welpen anvertrauen soll.

Fühle Dich nicht verpflichtet, einen scheuen Welpen zu retten, sei Dir auch im klaren, daß ein aggressiver Welpe sich nicht notwendigerweise zum Macho entwickelt. Mit allen Wesensmerkmalen muß der Käufer eine lange Zeit leben, deshalb sollte er sich genügend Zeit für die Beobachtung der Welpen lassen, dem Züchter, der ja die Welpen seit ihrer Geburt genau beobachtet hat, alle Fragen stellen. Wenn immer möglich, sieht man sich die Welpen mit den Elterntieren an. Beim Vatertier ist dies nicht immer möglich. Unbedingt sollte man sich aber gründlich für die Mutter interessieren. Nach der Aufzucht des Wurfes ist sie wahrscheinlich nicht in Spitzenkondition. Wichtig ist aber, daß sie ein schöner Hund ist, besonders aber ein freundliches, selbstsicheres Wesen hat.

Nach dem Welpenkauf sollte man so früh wie

möglich den Junghund seinem Tierarzt zu einem Gesundheitstest vorstellen. Man bringt den Welpen immer in einer Tragetasche zum Tierarzt, bewahrt ihn dadurch vor jeder Infektionsgefahr. Natürlich muß der vom Züchter erhaltene Impfpaß mitgenommen werden. Nach Hause zurückgekehrt sollte man mit dem Züchter offen über den Besuch beim Tierarzt sprechen. Ergeben sich bei der tierärztlichen Überprüfung Mängel oder Fehler, welche den Welpen als unverkäuflich ausweisen, ist es das Recht des Käufers, den Welpen zurückzubringen und den Kaufpreis erstattet zu bekommen. Es wird dringend empfohlen, von diesem Recht auch Gebrauch zu machen. Zu viele verantwortungslose »Züchter« verlassen sich darauf, daß der Hund aus falschem Mitleid trotz gewichtiger Fehler ihm nicht zurück gegeben wird. Das begünstigt geradezu schlechte »Züchter«.

KAUF EINES ÄLTEREN HUNDES

Kauft man einen Hund mit sechs Monaten und älter, bedarf es immer einiger Zeit, bis er zum echten Familienmitglied wird. Je mehr man sich auf die Gewohnheiten des Hundes einzustellen vermag, um so schneller und leichter kann er sich anpassen. Für einen älteren Hund ist es außerordentlich wichtig, sorgfältig betreut zu werden. Selbst wenn man meint, der Hund habe sich schon weitgehend eingewöhnt, könnte eine fremde Stimme oder ein furchterregender Lärm ihn zur Flucht veranlassen - deshalb die ersten Monate Spazier-

Jeder Welpe hat seine eigene Persönlichkeit und eine individuelle genetische Zusammensetzung. Eine gute Gelegenheit zur Auswahl eines Welpens bietet sich, wenn man ihn im Spiel mit seinen Wurfgeschwistern beobachten kann.

gang nur an der Leine.

Bei älteren Hunden empfiehlt sich immer, 4 Wochen Probezeit zu vereinbaren. Nach diesem Zeitraum ist in der Regel klar zu erkennen, ob der Hund sich in sein neues Umfeld einfügt.

KAUF ÜBER WEITE ENTFERNUNGEN

Es gibt Zeiten, wo man an seinem eigenen Wohnort keinen passenden Hund kaufen kann. Der Kauf erfolgt dann zuweilen aufgrund von Telefongesprächen oder schriftlichen Vereinbarungen, in denen alle Anforderungen klar festgelegt sein sollten.

Von größter Wichtigkeit ist es, daß Käufer und Züchter sich gegenseitig vertrauen, ehrlich miteinander verfahren. Wenn irgend möglich sollte der Welpe in einem Auto abgeholt werden. Direkt nach der Ankunft muß der Hund dem Tierarzt vorgestellt werden, das Untersuchungsergebnis wird dem Verkäufer mitgeteilt.

Nur wenige Züchter sind bereit, Welpen an völlig Fremde zu verkaufen. Andrew Brace zum Beispiel ist der Auffassung, daß wenn man einen Welpenkäufer nicht dazu bewegen kann, sich seinen Welpen persönlich abzuholen, der Käufer wohl auch nicht zu großes Interesse haben kann, diesen Welpen zu bekommen. Sind schon die Mühen zuviel, wie wird es dann erst später sein!

WARNUNG!

Manche Hundekäufe erfolgen aus falschen Motiven. Als allererstes sollte man niemals einen Hund als Überraschungsgeschenk kaufen. Er könnte durchaus nicht willkommen sein, dann irgendwohin weitergegeben werden. Auch selbst wenn ein solches Geschenk sehr erwünscht ist, muß die Auswahl des Hundes immer eine gemeinsame Aufgabe bleiben.

Kinder und Hunde werden zwar oft unzertrennlich, es bedarf aber stets elterlicher Überwachung, um auch angemessene Haltung zu gewährleisten. Natürlich muß man immer solange Geduld haben, bis Kind und Welpe sich aneinander gewöhnt haben, sich die anfängliche Aufregung gelegt hat, ehe man strengere Kontrollen durchführt.

Welpen sind die köstlichsten Zeitvergeuder in der ganzen Welt! Manchmal begeistert sich eine Familie so sehr, daß sie sich für zwei Welpen entscheidet, meint, daß sich die Welpen untereinander Gesellschaft leisten sollten. Dies ist in gewissem Umfange richtig, man muß aber wissen, daß sich zwei Hunde nie so eng an den Besitzer anschließen wie einer.

Kann man sich der Verlockung nicht entziehen, muß man wissen, daß es sich als sehr viel besser erwiesen hat, zunächst einen Hund gut erzogen zu haben und diesen ersten Hund dann mit der Aufgabe zu betrauen, den zweiten - der natürlich später gekauft wird - mit zu erziehen.

HUNDE IN NOT

In unserer modernen Gesellschaft landen viele wunderbare Hunde ohne eigene Schuld in Tierheimen. Wenn Du über Erfahrung mit Hunden verfügst, einem solchen Tierheimhund ein gutes Zuhause bieten kannst, solltest Du Dich durchaus mit einem Tierheim in Verbindung setzen, Dir die Hunde ansehen. Seriöse Tierheime erteilen guten und ehrlichen Rat, lassen Hunde, so erforderlich, kastrieren. Nur wenige aber können über jeden Hund eine komplette Vorgeschichte liefern, denn die meisten Hundebesitzer sind über die Gründe, weshalb sie Hunde abgeben, nicht ehrlich. Trotzdem - man findet viele wirklich schöne, liebenswerte Familienhunde in den Zwingern unserer Tierheime.

Mitleid, der Wunsch, in der schnell wachsenden Not in unserer Welt zu helfen und ehrliche Tierliebe sind respektable Gründe, weshalb viele Haushunde aus Tierheimen übernommen werden. Wer immer diesen Weg wählt, sollte ihn nicht ohne Beratung durch seinen Tierarzt einschlagen, der sich den ausgewählten Hund sorgfältig ansehen sollte.

Tierfreunde finden eine Fülle an Anregungen und Erfahrungen über alles, was bei der Aufnahme von Tierheimhunden zu beachten ist, in dem Kynosbuch »Die Zweite Chance! Dein Hund aus dem Tierheim«. Ein Buch, das Hunden wie Tierfreunden hilft.

EIN HUND FÜRS LEBEN

Wieviel Hunde Du in Deinem Leben auch besitzen magst, jeder ist anders. Es gibt keine Tier-Mensch-Verbindung, die für beide so wichtig ist wie die zwischen Hund und Menschen. Die Wahl Deines Hundes liegt bei Dir. Hast Du Deine Wahl getroffen, ist es eine Entscheidung für das ganze Hundeleben. Erlebe mit Deinem Hund viel Freude, achte ihn, und er wird Dich nie im Stich lassen, Dich nie enttäuschen!

Kleine Kinder und Hunde können zu untrennbaren Freunden werden. Immer bedarf es aber sorgfältiger Überwachung.

GESUNDHEIT, PFLEGE UND FÜTTERUNG

Wenn man den neuen Welpen zu sich nach Hause holt, bedarf es sorgfältiger Vorbereitung. Die Verantwortung für Fütteung, Auslauf, Erziehung und tierärztlicher Versorgung muß im voraus innerhalb der Familie festgelegt werden.

SICHERHEITSBEREICHE

Ein Transportkäfig oder eine Flugkiste tragen wesentlich dazu bei, daß Welpe und Familie in Harmonie zusammenleben - er ist auch für die Erziehung zur Stubenreinheit nützlich. Ein solcher Käfig muß immer auch für den ausgewachsenen Hund groß genug sein. Hierdurch bereitest Du Deinem Hund seinen ureigenen Platz, wo er fressen und schlafen kann, der ihm völlige Sicherheit gegenüber Dienstboten und unruhigen Kindern bietet.

Dein Welpe braucht seinen eigenen Auslaufbereich. Im Idealfall wäre dies eine doppelte Einzäunung, die dem Hund Schutz gegen das Necken von Halbwüchsigen und zuviel Verkehrslärm bietet. Weiterhin hilft ein solcher Doppelzaun, den Hund so zu erziehen, daß er bei äußeren Ablenkungen nicht zuviel kläfft. Der zweite Zaun hält den Hund auch bei einem Ausbruchversuch zu-

Für einen neu gekauften Welpen bietet ein fester Karton (ohne Metallklammern) ein ideales erstes Lager. Dieser Norfolk Terrier Welpe frißt, schläft und findet in seinem komfortabel ausgestatteten Karton immer eine sichere Zuflucht.

rück, wenn etwa versehentlich die innere Tür nicht geschlossen wurde. Eine solche Einzäunung schützt auch willkommene Besucher vor einem ärgerlichen Hund, der seinen Bereich bewacht.

DIE ERSTEN TAGE ZUHAUSE

Wann ein Welpe in seine neue Umwelt kommt, hängt von einigen äußeren Umständen ab, im allgemeinen aber werden Welpen im Alter von sieben bis acht Wochen abgegeben. Die meisten Hundezuchtvereine schreiben ein Mindestabgabealter von acht Wochen vor. Verhaltensforscher haben bewiesen, daß die Erziehung in diesem frühen Alter sehr positive Wirkungen zeigt. Über die ersten Tage sollte übertriebenes Spielen und Liebkosen des Hundes durch Kinder unterbunden werden.

Jeder Welpenkauf sollte immer unter dem Vorbehalt erfolgen, daß eine tierärztliche Untersuchung einwandfreie Gesundheit bestätigt - nur wenige verantwortungsbewußte Züchter werden einem solchen Anliegen widersprechen. Natürlich muß man mit dem neuen Welpen so früh wie möglich den Tierarzt besuchen. Hier wird der Gesundheitszustand des Hundes festgestellt, auf Parasitenbefall kontrolliert, die weiteren Schutzimpfungen festgelegt. Bei einem solchen Besuch sollte man auch alle wichtigen Fragen einschließlich der tierärztlichen Beratungshonorare abklären.

Die meisten Hundezüchter geben einen klaren Futterplan für die Welpen mit. Selbst wenn die Ernährung etwas ungewöhnlich erscheint, sollte man sie zumindest für ein bis zwei Wochen beibehalten. Die Umgewöhnung bringt für einen Welpen viele Anpassungsprobleme, Futterumstellungen könnten leicht Durchfall auslösen.

ZÄHNE, SPIELZEUG UND ERZIEHUNG

Bereits im Alter von drei Monaten fallen die Welpenzähne aus, brechen die zweiten Zähne durch. Der neue Besitzer muß wissen, daß Welpen nur zu gerne Schuhe, Strümpfe, Mobiliar und alles mögliche ankauen. Wenn man einem Welpen eigenes Spielzeug überläßt, lenkt man seine Aufmerksamkeit von teuren Orientteppichen ab, ebenso von antiken Sesseln oder anderen wertvollen Gegenständen. Das Spielzeug muß man aber immer mit Verstand aussuchen.

So früh wie möglich sollte man den Welpen an

So früh wie möglich sollte man Welpen mit weichem Lederhalsband und Leine vertraut machen.

ein weiches Halsband und Leine gewöhnen, mit dem Heranwachsen muß das Halsband häufiger erneuert werden. Besonders wichtig ist, mit der Erziehung zur Unterordnung sehr früh zu beginnen, zu dieser Frage gibt es viele nützliche Bücher. Hat der Besitzer gelernt, seinen Welpen mit der Leine zu kontrollieren, ist die Grundimmunisierung des Impfprogrammes abgeschlossen, kann man seinen Junghund in sicheren Bereichen spazieren führen, hier trifft er auf Erwachsene, Kinder und andere Hunde. Eine solche Sozialisierung stärkt das Selbstvertrauen des Junghundes, bereitet ihn auf eine Umwelt vor, in der vor allem Menschen sich mit ihm befassen.

Kinder und Hunde bereiten viel Freude, es kann aber auch zu beträchtlichen Problemen kommen. Gemeinsames Aufwachsen mit einem Hund bietet dem Kind eine wertvolle Erfahrung, die Betreuung des Haustieres überträgt ihm eigene Verantwortung. Immer muß man aber Kindern klar machen, daß Hunde kein Spielzeug sind, vielmehr ein Lebewesen mit Gefühlen, die genau so sind wie die der Menschen. Die meisten Kinder sind vor einem Alter von sechs Jahren für einen Welpen noch nicht reif genug. Lebt der Hund bereits vor der Geburt des ersten Kindes in der Familie, bedarf es sorgfältiger Überwachung von Hund wie neuem Baby.

Entspringt der Wunsch, selbst zu züchten, nur dem Bestreben, damit die eigenen Kinder zu er-

ziehen, sollten die Hundebesitzer ernsthaft über das Schicksal solcher Welpen nachdenken - in aller Regel werden sie dann von allen Zuchtideen Abstand nehmen. Chirurgische Kastration ist bei Hunden eine recht zuverlässige Methode der Geburtenkontrolle. Sowohl die American Veterinary Medical Association wie der American Kennel Club empfehlen Sterilisation und Kastration zu jeder Zeit, wenn der Junghund erst einmal acht Monate alt ist. Mancher Tierarzt empfiehlt hier noch einen gewissen Aufschub, aber meistens erfolgt die Kastration der Hündin vor der ersten Hitzeperiode.

VORSORGE GEGEN KRANKHEITEN

Eine ganze Reihe von Infektionserkrankungen bedrohen Hunde, es gibt zahlreiche Impfstoffe, die den Hund schützen. Natürlich treten noch viele andere Erkrankungen auf, mit denen sich ein vernünftiger Hundehalter rechtzeitig vertraut machen sollte. Heute findet die Erforschung von Erbkrankheiten bei Hunden immer mehr Aufmerksamkeit. Da heute belastete Tiere aus der Zucht tatsächlich in beträchtlichem Umfang ausgeschaltet werden können, sollte dies bald zu gesunderen Hunden führen.

Tierärzte sind durch ihr Studium und ihre praktische Erfahrung in der Verhinderung von Erkrankungen so qualifiziert, daß sie dem Hundebesitzer klare Impfempfehlungen und die notwendigen

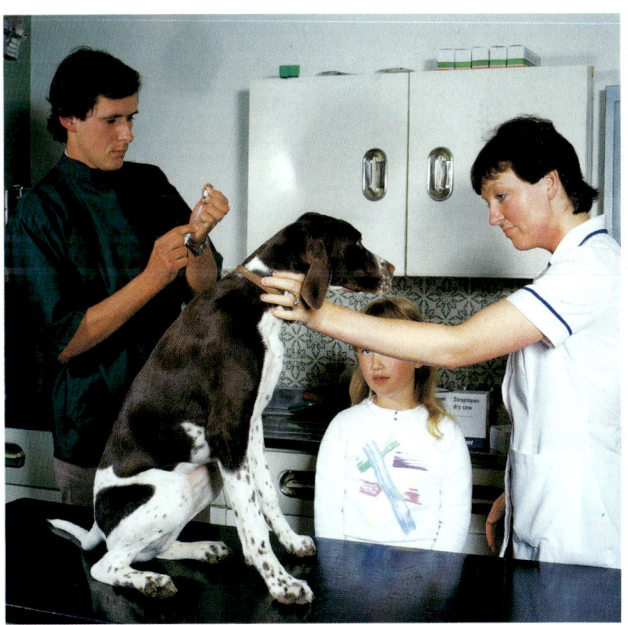

Der Tierarzt stellt ein Impfprogramm auf, empfiehlt alle notwendigen Schutzmaßnahmen gegen Infektionserkrankungen.

TABELLE 4. ERKRANKUNGEN UND ERFORDERLICHE GEGENMASSNAHMEN

ERKRANKUNG	SYMPTOME	URSACHE	WAS TUN?
Hundestaupe	Beginnt in der Regel im Atmungssystem, kann aber auch alle anderen Bereiche befallen.	Ein Virus, der unter Hunden übertragen wird.	Schutzimpfungen verfügbar, müssen jährlich erneuert werden. Wenn der Virus das Nervensystem angegriffen hat, gibt es selten eine Genesung.
Hundehepatitis	Fieber	Viruserkrankung	Immunisation
Flohbefall	Kratzen, entzündete Haut.	Flöhe leben im Hundefell, verursachen Juckreiz oder Allergien.	Anwendung von Insektenschutzmitteln, ungiftige Sterilisierer töten die erwachsenen Flöhe.
Magenumdrehung	Gasbildung, starke Magenauftreibung, Versuche des Ausbrechens.	Gasbildung, die den Magen erweitert und dreht, mögliche Verschiebung der Milz und anderer Organe.	Hunde mit großer Bauchhöhle werden als anfällig angesehen. Man achte auf die Wasseraufnahme, sollte keine Sojaprodukte füttern, immer nur kleine Mahlzeiten, immer nach der Fütterung Ruhezeiten. Bei Ausbruch sofortige Operation notwendig.
Herzwurmbefall	Atemschwierigkeiten, Schwellungen, Kollaps nach geringer Belastung.	Die Würmer befallen das Herz und wichtige Blutgefäße, lösen die Herzwurmerkrankung aus. Infektion, meist durch Moskitos verbreitet.	Mittel zur Larvenbekämpfung werden täglich oder einmal monatlich verabreicht, aber nur nach vorangegangenem Bluttest.
Zwingerhusten	Erbrechen, Fieber, Durchfall.	Entzündung von Magen und Darm (Gastroenteritis), ausgelöst durch Parvo- oder Coronavirus.	Verlorene Flüssigkeit muß ersetzt werden, Übelkeit und Durchfall kontrollieren. Parvovirusbefall in der Regel tödlich. Jährliche Schutzimpfung notwendig.
Bandwurm	Schlechtes Haarkleid, Gewichtsverlust.	Eine Wurmart durch Flöhe, andere durch Kaninchen übertragen.	Kontakt mit infiziertem Stuhl verbreitet die Infektion, deshalb müssen Ausscheidungen sorgfältig beseitigt werden. Der Hund sollte kein Fleisch von Wild fressen. Wirksame Medikamente stehen zur Verfügung.
Zecken	Fieber, Ausfluß aus Nase und Auge, Appetitverlust.	Zecken übertragen Infektionen wie Lyme Disease und Ehrlichiosis.	Nach Spaziergängen im Freien muß das Fell auf Zecken kontrolliert, diese entfernt werden.
Peitschen-, Haken- und Spulwürmer (Ascariden)	Flüssiger Stuhlgang, dünnes Haarkleid (Peitschenwürmer).	Würmer leben in den Därmen des Hundes.	Regelmäßige Stuhlkontrolle zur Diagnose. Ausscheidungen befallener Hunde sollten entfernt werden, so daß kein Kontakt anderer Hunde möglich ist.

Schutzmaßnahmen anraten können. Zusätzlich zu den auf Tabelle 4, Seite 30, enthaltenen Ratschlägen empfehlen sie möglicherweise auch noch Vorbeugemaßnahmen gegen andere Infektionen.

UNFALL

Nur zu leicht kommt es zu Unfällen, alle Hundebesitzer müssen die Ausläufe absolut frei von Harken, scharfen Gegenständen und Objekten aller Art halten, die Hunde möglicherweise herunterschlucken. Auch beim Spaziergang mit dem angeleinten Hund sollte der Hundebesitzer bei jedem streunenden Hund, der sich nähert, Vorsicht walten lassen. Am besten ist es, eine starre Haltung einzunehmen, bis man die Absichten des Streuners genau zu bestimmen vermag.

Alle Hundebesitzer sollten einen Erste-Hilfe-Kasten besitzen und an leicht zugänglichem Ort aufbewahren. Den Inhalt, der für den Hund erforderlich ist, bestimmt je nach Umfeld der Tierarzt.

Jeden Sommer sterben zahlreiche Hunde an Hitzschlag, weil sie in einem heißen Auto eingeschlossen waren. Bei Außentemperaturen von 26° C, kommt es leicht zu tödlichen 60° C innerhalb des Fahrzeugs. Ein Hitzschlag kann auch Hunde innerhalb und außerhalb des Hauses heimsuchen, wenn sie dem direkten Sonnenschein ausgesetzt sind. Hunde brauchen immer freien Zugang zu viel frischem Wasser.

Fängt ein Hund mit heraushängender Zunge an zu keuchen, erscheint er ruhelos, sollte er in einen kühlen Raum gebracht werden. Je nach Zustand kann man ihm Eiswürfel in den Fang geben, ihn mit kaltem Wasser abspritzen. Führen diese Maßnahmen nicht zur schnellen Besserung, muß man ihn zum nächstgelegenen Tierarzt bringen. Die beschriebenen äußeren Anzeichen und eine Körpertemperatur von über 40° C sind Vorzeichen eines bevorstehenden Hitzschlags.

ZAHNPFLEGE

Infektionen der Mundhöhle können zu ernsthaften Gesundheitsschäden führen, sollten unbedingt verhindert werden. Die tägliche Zahnpflege beginnt bereits mit dem Zahnwechsel des Welpen. Im Fachhandel kauft man Hundezahnbürsten und Hundezahnpasta, im allgemeinen mögen Hunde für Menschen bestimmte Zahnpflegemittel nicht. Am besten beginnt man damit, Zähne und Gaumen mit einem 5 x 5 cm großen Gazestück zu reinigen, das zuvor in 3 %iges Wasserstoffperoxid getaucht wurde. Wenn dies nicht gelingt, spielt man mit dem Hund, bringt dabei die eigenen Fin-

Zahnpflege ist für jeden Hund wichtig; mit speziellen Hundezahnbürsten und Hundezahnpasta kann man sich diese Aufgabe erleichtern.

ger in den Fang, massiert Gaumen und Zähne mit den nackten Fingern. Später kann man es mit der Gaze probieren, abschließend wird dann Wasserstoffperoxid hinzugesetzt.

Ausgewachsene Hunde brauchen möglicherweise professionelle Zahnpflege. Es gibt Ultraschallgeräte und Zahnschaber, mit denen der Fachmann Zahnstein entfernt, ehe dieser Zähne und Gaumen verletzt. Für die meisten Hunde reicht eine jährliche Kontrolle von Zähnen und Gaumen beim Tierarzt aus, ältere Hunde brauchen aber zuweilen häufigere Zahnpflege.

AUGENPFLEGE

Die Augen eines gesunden Hundes bereiten selten Probleme, man sollte sie aber regelmäßig reinigen. Bildet sich an den Augenlidern des Hundes an einem windigen Tag Ausfluß, sollte man das ganze Gesicht mit sauberem warmen Wasser abwaschen. Ist der Ausfluß dick oder für den Hund unangenehm, sollte man sofortigen tierärztlichen Rat einholen. Eine Verletzung oder Fremdkörper hinter dem dritten Augenlid können ernsthafte Schmerzen auslösen. Das Problem wird häufig noch dadurch verschlimmert, daß der Hund meist beginnt, sein Gesicht zu kratzen oder zu reiben.

Heute kann der Fachtierarzt alle Arten von Augenerkrankungen behandeln, beispielsweise erfolgreich in der Hornhaut steckende Dornen oder Splitter entfernen. Die Behandlung von Starerkrankungen ist reine Routine, selbst Linsen können durch künstliche Linsen ersetzt werden.

KREBSERKRANKUNG

Für Menschen wie Tiere wird die Krebserkrankung zu einem immer größeren Problem. Der Hundebesitzer muß unbedingt auf alle Anzeichen achten, die eine präzise Diagnose erfordern. *The American Veterinary Medical Association* hat eine nützliche Broschüre *Cancer in Animals* veröffentlicht, in der die ersten Warnnzeichen aufgeführt sind. Einige Mitgliedsländer der Fédération Cynologique Internationale veröffentlichten eigene Broschüren über diese Krankheit. Bekannte Anzeichen von Krebsgefahr bei Hunden sollten Hundebesitzer veranlassen, eine sofortige Untersuchung ihrer Hunde durchführen zu lassen.

1. Knoten oder Beulen, die nicht wie der vergehen oder wachsen.
2. Offene Wunden, die nicht heilen.
3. Gewichtsverlust.
4. Appetitverlust.
5. Bluten oder Ausfluß aus irgendeiner Körperöffnung.
6. Abstoßender Geruch.
7. Probleme beim Fressen oder Schlucken.
8. Verlust von Ausdauer oder Müdigkeit in der Bewegung.
9. Ständige Lahmheiten oder Steifheit.
10. Probleme beim Atemholen, Urinieren oder Kotabsetzen.

Eine Reihe anderer Krankheiten kann die eine oder andere Erscheinung auslösen, aber ohne daß man eine einleuchtende Erklärung gefunden hat, ist es ratsam, den Rat des Tierarztes einzuholen. Frühdiagnose und Frühbehandlung können Leben retten!

ERNÄHRUNG

Die Qualität des Futters und der genetische Aufbau bestimmen Gesundheitsstatus und Lebensdauer eines Hundes. Viele Futtermittelhersteller bieten eine Vielfalt von Einzelprodukten, die den Anforderungen und finanziellen Mitteln der meisten Hundefreunde entsprechen. Aber Werbung und Etiketteninformation richtig zu interpretieren kann selbst den erfahrenen Hundebesitzer verwirren. Wahrscheinlich ist hinsichtlich Futter und Ernährung ein Tierarzt oder erfahrener Züchter der beste Berater. Nachstehende Hinweise werden den Hundebesitzern helfen, bei der Fütterung ihrer Hunde die richtige Auswahl zu treffen.

Es gibt sieben Grundstoffe, die in einer Komplettnahrung immer enthalten sein müssen.

1. **Protein** muß zehn wichtige Aminosäuren enthalten, welche das Verdauungssystem des Hundes braucht. Fisch und Fleisch enthalten hochwertiges Protein. Einige Hundefuttermischungen bieten Fleisch oder Fleischnebenprodukte, beispielsweise Knochen, Sehnen, Hühnerköpfe, Füße, Hälse und Rücken. Diese Fleischnebenprodukte haben nur Protein niedrigerer Qualität, das nicht leicht verdaut werden kann.
2. **Fett** muß alle notwendigen Fettsäuren enthalten.
3. **Kohlehydrate** (Hundekuchen, Futterschrot, Toast, Cracker, u.a.) sollten den größten Teil der Kalorienanforderung abdecken. Das Protein entnimmt der Hund aus Fleisch, Eiern, Fisch, Käse und Milch und den Rest liefert Fett.
4. **Vitamine.** Hier gibt es Zusammenstellungen für Welpen, hart arbeitende Hunde, Ausstellungstiere, Zuchtrüden, tragende und säugende Hündinnen. Achtung! Viele Produkte der Futtermittelindustrie sind bereits voll vitaminisiert, zuviel Vitamine können schaden!
5. **Mineralien**
6. **Fasern** enthalten keine Nährstoffe, sind viel mehr Ballaststoffe, die eine gesunde Darmfunktion regulieren. Ernährungswissenschaftler empfehlen Zuckerrübenfruchtfleisch, ein Abfallprodukt der Zuckerindustrie, als ideale Faserquelle. Gerne wird dieses Produkt in Gewichtsreduktionsdiäten einbezogen, da es keine Kalorien enthält. Das Futter eines gesunden Hundes sollte etwa 4 % Fasern enthalten.
7. **Wasser**, zwar auf dieser Liste als letztes aufgeführt, aber für den Hund am allerwichtigsten.

Futtermittelhersteller können keine Futtermittel verkaufen, welche die Hunde nicht fressen. Tests haben ergeben, daß Hunde eine Rezeptur bevorzugen, bei der zusätzlich Salz, Fett und Protein beigefügt werden. Für Hunde, die an Herz- oder Lebererkrankungen leiden, empfehlen Tierärzte, diese Zusatzstoffe auf ein Minimum zu reduzieren. Experten raten auch, daß die meisten Menschen bei ihrer Ernährung gleichfalls diese Substanzen einschränken sollten, aber bisher ist noch nicht bewiesen, daß ein Übermaß tatsächlich gesunde Tiere schädigen würde.

WELPENNAHRUNG

Die meisten Welpen probieren erstmals im Alter von vier Wochen das Futter ihrer Mutter, wenn sie von ihrer Wurfkiste aus die Außenwelt erforschen. Die ernsthafte Entwöhnung von der Mutter beginnt etwa im Alter von vier Wochen, wird mit fünf bis sechs Wochen abgeschlossen. Heranwachsende Hunde brauchen größere Mengen aller Grundnahrungsmittel. Gute industriell hergestellte Welpenfuttermischungen enthalten leicht verdauliches Protein, in dem auch die zehn wichtigen Aminosäuren enthalten sind. Das Futter sollte ungefähr 26 % Rohprotein enthalten.

Viele Züchter bevorzugen zur Aufzucht selbst zusammengesetztes Futter. Darin müssen enthalten sein: hochwertiges tierisches Protein, leicht angekochte Cerealien, Pflanzenöl und eine Vitamin/Mineralstoffmischung. Am liebsten fressen Welpen Mischungen, wenn sie feucht, gut gekocht und handwarm gefüttert werden. Manchmal besteht die einzige Möglichkeit, einen Welpen an eine neue Ernährung zu gewöhnen, indem man ihm einfach etwas davon ins Mäulchen eingibt.

Welpen brauchen immer viel sauberes Wasser. Ernährungswissenschaftler empfehlen nach der Entwöhnung keine Milch. Die Züchter füttern etwa zwei Wochen eigene Spezialmischungen, wechseln dann zu industriell hergestellter Welpennahrung über.

Die Futtermenge muß den Anforderungen des Einzeltieres angepaßt werden, um Dickleibigkeit zu vermeiden. Jeder Gewichtsverlust, den man sich nicht erklären kann, könnte entweder auf eine Erkrankung hinweisen oder daß das Tier mehr Nahrung braucht.

FÜTTERUNG ERWACHSENER HUNDE

Die Nahrung, die ein ausgewachsener Hund zur Substanzerhaltung braucht, enthält ungefähr 16 % Rohprotein, im allgemeinen weniger Kohlehydrate und Fett. Aktive Hunde brauchen mehr Kalorien. Es gibt aber auch andere, die ein bequemes Leben lieben, ihre Futterschüssel gegenüber weiten Spaziergängen bevorzugen. Bei diesen Hunden muß die Futtermenge genau bestimmt, notfalls zur Gewichtsminderung verkleinert werden.

Wenn die Hunde herangewachsen sind, ist besonders eine Ausgewogenheit zwischen Auslauf und Ernährung notwendig. Fettleibigkeit mindert die Lebenserwartung, macht insbesondere das Hundeleben selbst weniger angenehm. Vernünftige Bewegung und kontrollierte Futteraufnahme sind wichtig, um das richtige Gewicht zu halten. Auf dem Markt gibt es Futtermischungen zur Gewichtsreduzierung, sie enthalten mehr Fasern und weniger Energie.

Hart arbeitende Hunde, Tiere die für Jagd, Polizeieinsatz und auch Spitzenform auf Ausstellungen gefüttert werden, brauchen Futtermittel mit

Bei der Aufzucht muß immer Ausgewogenheit zwischen Futter und Auslauf gewährleistet sein.

hohem Proteingehalt. Es gibt für diese Hunde Futtermischungen mit 30 % Rohprotein und kalorienreichem Fett. Einige Hundebesitzer und Aussteller ergänzen diese Futtermittel mit gutem Büchsenfleisch oder Frischfleisch.

FÜTTERUNG ALTER HUNDE

Der Nahrungsbedarf des Hundes verändert sich mit dem Älterwerden. Er braucht weniger Auslauf, entsprechend auch weniger Kalorien. Bei den meisten Hunden über fünf Jahren nehmen Nieren- und Herzfunktion ab. Fachleute glauben, daß diese Hunde Futterzusammensetzungen mit genügend, aber keinesfalls zuviel Protein, Phosphor und Salz brauchen, hierdurch verlangsamt sich diese Entwicklung. Begrenzte Proteinaufnahme muß immer von den wichtigen, leicht verdaulichen Aminosäuren begleitet sein. Im Zweifelsfall sollte man mit dem Tierarzt sprechen, sicherstellen, daß der ältere Hund alles in seinem Futter findet, was er wirklich braucht.

Dickleibigkeit verstärkt gerade beim alten Hund die Probleme. Schwächer werdende Muskeln und Gelenke und die Unfähigkeit, mit dem eigenen Gewicht zurechtzukommen, führen zu weniger Aktivität bei gleichzeitiger weiterer Gewichtszunahme.

Alte Hunde brauchen eine Mindestmenge leicht verdaulichen Fetts, Futter, in dem ausreichende Mengen der notwendigen Fettsäuren enthalten sind. Fett ist aber immer kalorienreich. Faserstoffe enthalten keine Kalorien, ältere Tiere haben aber einen weniger wirksamen Verdauungstrakt, sollten deshalb Fasern nur in mäßigem Umfang erhalten. Laufende Gewichtskontrollen helfen, Übergewicht zu vermeiden. Erhält der ältere Hund noch stets zwischen den Mahlzeiten kleine »Leckerchen«, müssen die zusätzlichen Kalorien bei der Berechnung der täglichen Nahrungsaufnahme berücksichtigt werden. Ältere Hunde haben sich an ihr Normalfutter gewöhnt, lehnen plötzlichen Wechsel ab, entsprechend vorsichtig muß die Nahrungsaufnahme nach und nach angepaßt werden.

ALTERSERSCHEINUNGEN

In höherem Alter tritt nach und nach eine Abschwächung der Sinnesleistungen von Sehen, Hören, Geschmack- und Geruchssinn auf. Genauso wichtig wie richtige Ernährung ist, daß sich die Familie auf das veränderte Verhalten des Tieres einrichtet. Ein alter Hund sollte immer besonders geschützt werden, wenn er außerhalb des vertrauten Gartens und der Wohnung unterwegs ist.

Grundsätzlich gehört der alte Hund angeleint. Besonders kleinen Kindern muß man beibringen, sich vorsichtig dem alten Hund zu nähern, denn ein blinder und zuweilen auch tauber Hund könnte erschreckt beißen. Verändert man die Stellung von Mobiliar in der Wohnung, muß der Hund auch hieran erst gewöhnt werden. Einen Veteranen sollte man vor Besuchern, die mit Hunden nicht vertraut sind, am besten in seinem Käfig schützen.

GESUNDHEITSPROBLEME

Entzündungen der Ohren oder Zähne können jeden Hund quälen. Besonders das Gebiß älterer Hunde sollte regelmäßig kontrolliert und gepflegt werden. Hunde mit Zahnweh nehmen häufig das Futter auf, lassen es aber in die Schüssel zurückfallen, pföteln an ihren Lefzen. Die meisten Hundebesitzer vermögen Ohrenschmerzen ihrer Hunde leicht zu erkennen, das Tier hält das kranke Ohr seitlich nach unten, kratzt daran. Wenn man unter dem Ohrlappen kontrolliert, stellt man häufig einen faulen Geruch, Ausfluß oder Schwellungen fest, man sollte dann sofort den Hund zum Tierarzt bringen.

Alte Hunde leiden häufig an Inkontinenz - der Unfähigkeit, Urin zu halten. Auch steigender Durst - begleitet von Nierenerkrankungen - kann die Kontrolle über das Urinieren mindern. Häufig werden die Schließmuskeln, welche die Urinpassage von der Blase regulieren, schwach, dabei kann es zum »Bettnässen« kommen. Zuweilen kann der Tierarzt helfen, wenn nicht, sollte man den Hund so häufig wie möglich nach draussen führen. Innerhalb des Hauses muß man den Hund auf Räumlichkeiten begrenzen, deren Böden sich leicht reinigen lassen. Beim Zoofachhandel erhält man leicht waschbare Betteinlagen, wasserdichte Überzüge, wodurch die empfindlichen Ellbogen und Fersengelenke vor harter Oberfläche geschützt werden.

Einige Hundefreunde haben einen erstaunlichen Toleranzgrad gegenüber Hunden, die Urin im ganzen Haus verträpfeln, andere wiederum finden eine solche Situation unerträglich. Ein alter Hund, der die Kontrolle über seine Blase verloren hat, leidet schon selbst schwer, jede Bestrafung wäre völlig unangemessen. Vierbeinige Lebensgefährten brauchen ebensoviel Hilfe und Unterstützung bei ihren Problemen wie alte Menschen. Besonders schätzen sie großzügige, zarte, liebende Fürsorge und persönliche Ansprache.

DER LETZTE SCHRITT

Das Wort Euthanasie kommt aus dem griechischen, bedeutet wörtlich *leichter Tod*. Tierärzte setzen sich dafür ein, Schmerzen und Leiden bei Tieren zu vermeiden und zu lindern, löschen ungern Leben aus. Manchmal gibt es aber keinen anderen Weg, um ein Tier wirklich von Schmerzen zu befreien. Wenn man sieht, wie am Ende der geliebte Hund in Frieden und völlig schmerzfrei einschläft, kann dies den Schmerz aller Familienmitglieder lindern. Und genau jetzt ist der Mensch gefragt! Da soll es doch Hundebesitzer geben, die einfach ihr altes, leidendes Tier beim Tierarzt abliefern - und so schnell wie möglich wieder verschwinden. Zu gerne möchten sie sich dem »Mitleiden« entziehen.

Und genau hier verläuft die Grenze zwischen Hundehaltern und Liebhabern. Wer seinen Hund wirklich liebt, der ist in seiner letzten Stunde an seiner Seite. »Bis daß der Tod Euch scheidet!« Der wahrhaft geliebte Familienhund erlebt seine letzte Sunde zu Hause, in seiner vertrauten Umwelt. Und der Tierarzt kommt ins Haus - als Helfer. Die moderne Medizin hat Medikamente entwickelt, die unseren Hunden den letzten Weg leichter machen. Ohne Todeskampf schläft der Hund neben seinen Menschen ein. Ein würdiger Tod, den Hundeliebhaber ihren Vierbeinern schulden. Ein letztes Dankeschön für ein langes, gemeinsames, erfülltes Leben.

HUNDEZUCHT

Die erste Frage, die sich der am Züchten interessierte Hundefreund stellen sollte, lautet: »Warum züchten?« Es gibt heute zahlreiche unerwünschte Hunde - einschließlich Rassehunden - die in Tierheimen auf einen Platz warten. Keinesfalls sollte man nur züchten, damit die eigenen Kinder das Wunder einer Geburt erleben, oder weil man gerne ein Jungtier seines eigenen Hundes haben möchte.

WAS MUSS BEACHTET WERDEN?

Der einzige wirkliche Grund, um einen Rüden mit einer Hündin zu paaren, besteht darin, hierdurch die Zucht zu verbessern. Deshalb muß jeder Rassehund auf seinen Wert als Zuchttier von einem Fachmann überprüft werden, entweder von einem erfahrenen Züchter oder einem Spezialrichter. Dabei wird das fragliche Tier genau mit dem Rassestandard verglichen, besonderer Nachdruck liegt auf gutem Wesen und Vermeiden jeglicher ernsthafter, disqualifizierender Fehler. Als nächstes müssen zumindest die ersten drei Generationen der Ahnentafel sorgfältig analysiert werden; dabei ermittelt man die Qualität der Vorfahren hinsichtlich Typ, Wesen und Gesundheit als Schlüsselmerkmale. Der dritte, besonders wichtige Ge-

Bei der Entscheidung, ob man mit seinem Rassehund züchten sollte, ist eine Beurteilung des Tieres durch einen Experten von äußerster Wichtigkeit. Dieser Ausstellungsrichter beurteilt einen Manchester Terrier auf der englischen Windsor Show.

sichtspunkt bei der Entscheidung betrifft Gesundheit, Alter und möglicherweise vorhandene Erbfehler des Zuchttiers.

Im allgemeinen sollte man mit einer Hündin vor 18 Monaten nicht züchten - das Idealalter liegt bei etwa zwei Jahren. Mit einer Hündin in einem Alter ab fünf Jahren sollte keinesfalls erstmals gezüchtet werden, es sei denn, es liegen ganz besondere Gründe vor. Das Risiko, die Hündin zu verlieren, wäre zu groß, die Geburt zu schmerzhaft und für eine ältere Hündin dramatisch, insbesondere wenn sie bis dahin ihr Leben als Familienhund verbrachte.

BEKÄMPFUNG VON ERBFEHLERN

Fast in allen Rassen muß heute jedes Zuchttier auf Hüftgelenksdysplasie geröntgt werden. Das Mindestalter für solche Untersuchungen liegt meist bei 18 Monaten. Bei dieser Gelegenheit sollten auch Kniescheibe (Patella) und Ellenbogen röntgenologisch untersucht werden. In anfälligen Rassen sollte schon früh eine Kontrolle der Augen auf progressive Retinaatrophie, Starerkrankungen und ausgefallene Sehnerven erfolgen. Auch ein Bluttest auf die *Von Willebrand* Erkrankung (Bluter) muß in den hierfür anfälligen Rassen periodisch erfolgen.

Es gibt in den einzelnen Hunderassen besondere Anfälligkeiten, hierüber wissen Tierärzte wie verantwortungsvolle Züchter sehr genau Bescheid. Generell sollte man nicht mit Hunden mit Epilepsie, großen Nabelbrüchen, nach innen gedrehten Augenlidern, Hautkrankheiten züchten, keinesfalls bei Vorliegen irgendwelcher Wesensmängel.

ZÜCHTERISCHE VERANTWORTUNG

Es ist entscheidend, daß an der Zucht Interessierte alle rassetypischen Gesundheitskontrollen durchführen, insbesondere auftretende Probleme klar erkennen und bei ihrer Zuchtplanung berücksichtigen. Das allerwichtigste - man muß verstehen, daß Hundezucht kein Geschäft ist, man in aller Regel kaum die aufgewandten Kosten abdecken kann. Auch sollte man die nun einmal mit der Hundezucht verbundenen Risiken nicht übersehen. Beispielsweise könnte sich die Situation ergeben, daß bei der Hündin ein Kaiserschnitt notwendig wird. Über Rüden sollte man wissen, daß bei züchterischer Verwendung sich der Rüde sehr leicht durch das Wecken des Sexualtriebes anschließend am liebsten »auf Freiersfüßen« bewegt.

FINANZIELLE VORAUSSETZUNGEN

Zunächst müssen einmal all die Untersuchungen auf Erbkrankheiten bezahlt, außerdem die Hündin eingehend vom Tierarzt untersucht und der Impfschutz auf aktuellen Stand gebracht werden. Aber auch noch weitere Kosten stehen ins Haus. Das sind einmal die Kosten, wenn man die Hündin zum Rüden bringt, bei künstlicher Besamung die Ausgaben für die Samenentnahme, versandte Samen und künstliche Befruchtung durch den Tierarzt.

Zum Zeitpunkt des Deckens ist die Deckgebühr fällig, je nach Deckvereinbarung kann es auch sein, daß die erste Wahl aus den Welpen beim Deckrüdenbesitzer liegt, alle Kosten bis zur Abholung des Jungtiers einschließlich Impfung und Entwurmung obliegen dabei dem Hündinnenbesitzer. Viele Verhaltensforscher und Fachleute raten, den Welpen etwa im Alter von sieben Wochen abzugeben, die Entscheidung darüber liegt aber weitgehend beim Züchter. Einige warten, bis der Welpe älter ist, sich mit anderen Hunden gut sozialisiert hat. Viele Rassezuchtvereine haben festgelegt, daß das früheste Abgabealter von Welpen bei acht Wochen liegt.

Auch bei der Hündin fallen verschiedene Kosten an. Möglicherweise bringt man die Hündin zur Frühdiagnose der Schwangerschaft bereits mit drei oder vier Wochen zum Tierarzt, der die Hündin palpiert, manche bevorzugen eine Ultraschalluntersuchung. Die tragende Hündin braucht in aller Regel eine Spezialfuttermischung. Treten Geburtsschwierigkeiten auf, müssen notfalls dem Tierarzt Nachtzuschläge oder Sonntagsgebühren bezahlt werden, möglicherweise auch Kosten für eine notwendig werdende Kaiserschnittgeburt.

Innerhalb von 24 Stunden nach der Geburt sollten Mutter und Welpen immer vom Tierarzt überprüft werden. Bei den Welpen könnten Erbdefekte auftreten, beispielsweise Spaltrachen, starker Nabelbruch und ähnliches. Meist gibt man der Hündin nach der Geburt noch eine zusätzliche Wehenspritze, um den Geburtskanal zu reinigen, eventuell noch die zurückgebliebenen Nachgeburten auszutreiben. Die entsprechende Spritze erfolgt intramuskulär und ist ausschließlich Sache des Tierarztes.

Im Alter von fünf Tagen müssen die Wolfskrallen entfernt werden, je nach Rassestandard ist auch ein Kupieren der Ruten fällig, was weitere Tierarztkosten auslöst. Wurmkuren erfolgen erstmals etwa mit zehn bis vierzehn Tagen, diese Wurmkuren werden während der Aufzucht mehrfach wiederholt. Wiederum fallen eine ganze Reihe von Geldausgaben an. Man sollte auch den ganzen Zeitaufwand sehen, der für den Züchter damit verbunden ist. Auf eine eigene Zucht zu verzichten ist deshalb häufig die klügste Entscheidung.

AUFZEICHNUNGEN

Verantwortungsbewußte Züchter zeichnen sorgfältig alles Wesentliche im Zusammenhang mit ihrer Zucht auf. Es gibt in vielen Ländern Vorschriften der Rassezuchtvereine, nach denen ein sogenanntes Zwingerbuch zu führen ist. Wichtig sind Zuchtdaten, klare Identifikation der Zuchttiere, Name und Adresse der Besitzer, Geburtstermin, Welpen nach Geschlecht gegliedert, an wen die Welpen verkauft wurden, Abgabe der Ahnentafel an die Besitzer, mögliche Krankheitserscheinungen, Abnahme des Wurfes durch den Klub.

Wer immer einen Wurf gezüchtet hat, muß bereit sein, die volle Verantwortung für seine Welpen zu übernehmen. Dies bedeutet, daß wenn sich die ursprüngliche Plazierung als fehlerhaft erweist, der Züchter immer bereit sein muß, den Welpen zurückzunehmen, in bessere Hände zu geben.

Der Bloodhound ist ein Jagdhund, der mit der Nase die Fährte verfolgt. Die üppigen Falten um Kopf und Hals werden damit begründet, dadurch intensiviere sich das Geruchsbild. In der Regel handelt es sich aber um reine Modeerscheinungen.

WARUM ZÜCHTEN?

Natürlich sollte nie der Ausstellungserfolg der einzige Grund einer Hundezucht sein. Der für jede Hunderasse festgelegte Rassestandard, der das perfekte Tier beschreibt, bezieht sich nicht alleine auf Schönheit, sondern darauf, daß das Tier die Aufgaben optimal zu erfüllen vermag, für die es gezüchtet wurde. Leider wird dies viel zu oft übersehen.

Es gibt enorme Unterschiede unter den Rassen. Großartige Vogeljäger sind Pointer, Setter, Spaniel; sie können Dank ihrer Passion, ihres Temperaments, ihrer vorzüglichen Läufe, Winkelung, Pfoten, fester Rückenlinie, kräftigem Fang und Jagdleidenschaft über viele Stunden jagen. Daneben gibt es Rassen wie den Pekingesen. Mit seinem ausdrucksstarken Gesicht, wunderschönem Fell, seinen Behängen und kurzen Läufen paßt dieser Hund in seinem Aussehen am besten in das beliebte Kindchenschema, wobei die kurzen Läufe dafür sorgen, daß er sich nie stromend zu weit vom Haus entfernt. Leistungsprüfungen stehen vielen Rassen offen, wobei die geistige Veranlalagung, Ausdauer und Geschicklichkeit im Apportieren und Springen getestet werden. Es gibt Hunde, die im Agilitysport antreten, Schutz- und Hütehunde, Polizei-, Drogenspür-, Rettungs- und Therapiehunde. Alle diese Hunderassen verlangen eine klare, auf die Aufgaben des Hundes abgestimmte Zucht.

Ausgewogenheit und Symmetrie des Pointers, gute Schrittlänge, hoch getragene Rute, weit offene Nasenflügel - dies alles macht den Pointer zum Aristokraten unter den Jagdhunden.

Rassestandards sind so abgefaßt, daß sie ein perfektes Exemplar genau beschreiben. Dieser Afghan Hound war auf Cruft's Best in Show Winner, kommt dem Rassestandard außerordentlich nahe, der im Afghanen »einen Aristokraten sieht, dessen Gesamterscheinung Würde und vornehme Zurückhaltung ausdrückt«.

RASSESTANDARDS

Es liegt im Verantwortungsbereich des Rassezuchtvereins im Ursprungsland der Rasse, den allein entscheidenden Rassestandard festzulegen, von Zeit zu Zeit auf den neuesten Stand zu bringen, eventuelle Unklarheiten neu zu definieren. Trotzdem bringt es die Organisation des Hundewesens mit sich, daß es zuweilen von Land zu Land gewisse Unterschiede gibt. Vielleicht waren die alten Hundezüchter nicht gerade von Einsicht über genetische Probleme geprägt, aber mit Sicherheit verstanden sie eine ganze Menge von Tieren. Die ursprünglich von ihnen aufgestellten Standards wurden niedergeschrieben, um das Portrait eines perfekten Exemplars, bei dem alles zusammenpaßt, vom anatomischen Aufbau bis zum Haarkleid, Farbe und Charakter, in Worte zu fassen, damit der Hund alle die Aufgaben zu erfüllen vermag, für die er gezüchtet wurde.

AUWAHL DES DECKRÜDEN

Hat sich der Hundefreund erst einmal entschieden, daß er sich die notwendige Zeit und das Geld zum Züchten leisten kann, muß er für seine Hündin den richtigen Zuchtpartner finden. Am besten nimmt man zunächst mit dem Züchter Kontakt

Hundeausstellungen, die von interessierten und erfahrenen Hundefreunden besucht werden, sind für die Suche nach dem geeigneten Deckrüden immer besonders geeignet. Die »Montgomery County Kennel Club Show« wird in den USA jedes Jahr abgehalten.

auf, von dem man die Hündin gekauft hat. Aller Wahrscheinlichkeit nach kann er einen guten Rat erteilen. Es ist auch sehr gut, den nationalen Rassezuchtverein und dessen Zuchtwarte um Rat zu bitten. In vielen Ländern haben die Zuchtvereine festgelegt, daß Voraussetzung für eine Zuchtverwendung bestimmte Ausstellungsqualifikationen, manchmal auch eine eigene Zuchtzulassung durch den Verein sind. In Rassezuchtvereinen findet man ohnedies in aller Regel interessierte und kenntnisreiche Rassespezialisten.

Mit einiger Ausdauer und kluger Auswahl findest Du sicher einen Rüdenbesitzer, der seinen Rüden für die Zucht mit Deiner Hündin freistellt. Aber dabei müssen immer sorgfältig die Gründe, die für die Verwendung gerade dieses Partners sprechen, abgewogen werden. Im übrigen sollte man alle Vereinbarungen zwischen Rüdenbesitzer und Züchter schriftlich niederlegen.

Als Züchter ist man verpflichtet, sich über jeden möglichen Deckrüden eingehendst zu informieren. Dabei unterliegt der Rüde genau den gleichen Tests und Kontrollen wie die Hündin.

Die Entscheidung für einen Rüden ist sowohl eine Sache des Auges, aber insbesondere auch des Verstandes. Einige Züchter verlassen sich alleine auf das Aussehen, während andere Züchter sich durch eine genaue Analyse der zwei Ahnenreihen auszeichnen. Die versprechendste Auswahl kann man nur treffen, wenn man alle Faktoren, alle Informationen genau prüft, sie untereinander abwägt. Ein Züchter muß sowohl eine sehr klare Vorstellung seiner Rasse haben als auch die Fähigkeit, vorauszuplanen, in welcher Weise er die-

se noch verbessern kann.

Um die richtige Entscheidung zu treffen, müssen Hundezüchter konkretes Wissen, auf wissenschaftlichen Erkenntnissen aufgebaut, besitzen. Eine Erstlingshündin läßt man am besten von einem erfahrenen Rüden decken, eine erprobte Zuchthündin kann man auch einem jungen, noch unerfahrenen Rüden zuführen.

ZUCHTMETHODEN

»Zucht heißt in Generationen denken!« Wer dieses Grundgesetz der Tierzucht außer acht läßt, wird langfristig immer scheitern.

Es gibt drei Grundsysteme, nach denen man den Zuchtpartner bestimmen kann. Welches System man wählt, hängt in erster Linie von dem Wissen und Können des Einzelzüchters ab. Die drei Systeme sind bekannt als Auskreuzung, Linienzucht und Inzestzucht.

AUSKREUZUNG

Bei diesem System paart man nicht verwandte Tiere der gleichen Rasse miteinander. Die Entscheidung beruht ausschließlich auf den körperlichen Merkmalen der Tiere, wobei nur die Qualität der Partner entscheidend ist.

Auskreuzung bedeutet aber nicht, daß man durch die Paarung einzelne Fehler ausbalancieren könnte. In aller Regel führt die Paarung einer kleinen Hündin mit einem großen Rüden nicht zu Nachkommen, die alle mittlere Größe haben. Mit einer kleinen Hündin erhält man vielmehr mit größter Wahrscheinlichkeit durch Zucht mit einem Rüden von korrekter Standardgröße die besten Nachkommen. Es wird dringend empfohlen, genau nachzuforschen, welche Welpen dieser Rüde bereits gezeugt hat, ob er sich dabei als dominant erwies, gerade die richtige Widerristhöhe besonders gut reproduzierte.

LINIENZUCHT

Die zweite Methode der Partnerwahl ist darauf gerichtet, mit dem perfektesten Exemplar zu züchten, das gleichzeitig innerhalb der ersten drei Generationen einen gemeinsamen erstklassigen Vorfahren in seiner Ahnenreihe zeigt. Diese Methode wird von den erfolgreichsten Züchtern häufig eingeschlagen. Sie ist natürlich nur dann versprechend, wenn alle wichtigen Faktoren in die Entscheidung mit einbezogen werden, also anatomischer Aufbau, Wesen und Gesundheit.

Eine bekannte und erfolgreiche Familie jeder

Hunderasse ist im allgemeinen den Züchtern sowohl hinsichtlich ihrer Vorzüge wie auch ihrer Schwächen bekannt. Bestimmt ist es nicht gut, bei dieser Paarung auf einen Ahnen zurückzuzüchten, der gerade die Fehler der Familie dokumentiert, etwa schlechte Pfoten, helle Augen, schlechtes Haarkleid oder falsche Kruppe oder Rutenansatz.

Bei dieser Methode müssen die Züchter immer bestrebt sein, die Stärken einer Familie zu nutzen, etwa Wesen, Intelligenz, korrekte Körpergröße und Langlebigkeit.

INZESTZUCHT

Die dritte Methode ist Inzestzucht, dabei werden Vater mit Tochter, Bruder mit Schwester oder Mutter mit Sohn gepaart. Beim Aufbau der verschiedenen Rassen war diese Methode natürlich von entscheidender Wichtigkeit, mit ihr vergrössert sich aber auch die züchterische Verantwortung geradezu dramatisch.

Inzestzucht wurde immer dazu benutzt, um verborgene, rezessive Gene einer Familie aufzudecken, beispielsweise helle Augen, falsche Zahnstellung, fehlerhaftes Haarkleid oder schlechtes Wesen. Aber natürlich werden auch verborgene Vorzüge sichtbar.

Jedenfalls muß man jeden aus Inzestzucht stammenden Wurf sorgfältig bewerten. Sind die Ergebnisse insgesamt schlecht, sollte man auch gut veranlagte und gesunde Welpen dieses Wurfes aus der Zucht ausschließen, sie als Familienhunde in die Hände von Nichtzüchtern abgeben.

Diese Zuchtmethode ist für den unerfahrenen Züchter eindeutig unbrauchbar, ebensowenig taugt sie für Züchter mit beschränkten finanziellen Mitteln. Sie kann in einer Rasse hervorragende Fortschritte auslösen, keinesfalls dürfen aber die Gefahren übersehen werden. Grundvoraussetzung ist immer fundiertes genetisches Wissen.

ALLGEMEINE VORBEREITUNGEN

Als nächstes wird mit dem Deckrüdenbesitzer schriftlich ein klarer Vertrag abgeschlossen. Es ist immer sehr viel sinnvoller, alle Einzelheiten auszudiskutieren als später über den Inhalt der mündlich getroffenen Vereinbarungen zu streiten. Zu diesen Einzelheiten gehört voraussichtliches Deckdatum, Klarstellung, daß der Hündinnenbesitzer sofort den Rüdenbesitzer informiert, wenn die Hündin heiß geworden ist. Zweckmäßig wäre natürlich die verbindliche Zusage, daß zum richtigen Termin auch der Rüde bereitsteht. Allerdings bringt es die Natur so mit sich, daß nie mit absoluter Sicherheit im voraus bestimmt werden kann, an welchem Tag der Hitze sich die Hündin tatsächlich decken läßt. Wichtig ist aber eben, daß der Deckrüdenbesitzer den Besuch ungefähr zeitlich einplanen kann.

Auch finanzielle Einzelheiten sollten schriftlich niedergelegt werden. Höhe der Deckentschädigung, wann diese fällig ist, welche Folgen es hat, wenn die Hündin leer bleibt, ob der Rüde in diesem Fall kostenlos bei der nächsten Hitze wieder zur Verfügung steht. Wird vereinbart, daß als Deckentschädigung ein Welpe gewünscht wird, muß die Rangordnung vereinbart werden, etwa erste oder zweite Wahl des Rüdenbesitzers. Alle diese Einzelheiten sollten im Kontrakt verankert sein, zweifach ausgefertigt und von Rüden- wie Hündinnenbesitzer unterschrieben ausgetauscht werden.

Als nächstes sollte man die Hündin einer kompletten tierärztlichen Untersuchung unterziehen. Viele Züchter beginnen bereits zwei oder drei Monate vor dem voraussichtlichen Decktermin, die Hündin planmäßig auf die Zucht vorzubereiten. Hierzu gehörten Kontrolle und Bekämpfung aller inneren und externen Parasiten, nicht zuletzt aber auch, daß die Hündin zum voraussichtlichen Decktermin in körperlicher Topkondition ist, keinesfalls zuviel Gewicht trägt.

Etwa einen Monat vor der Hitze sollte die Hündin gegen die verbreiteten Hundeseuchen wie Staupe, Hepatitis, Leptospirose, Parvovirose und Tollwut immunisiert werden. Dies schützt auch die Welpen über die ersten acht Wochen ihres Lebens.

In manchen Rassen empfiehlt sich ein Test auf Brucellosis, eine nahezu unheilbare, infektiöse Erkrankung, die spontan Abortus auslöst. Natürlich müssen die spezifischen Gesundheitsprobleme der Rasse bereits abgeklärt sein. In einigen Rassen umfaßt die Kontrolle bestimmte genetische Erkrankungen, eine Reihe von Augenuntersuchungen, in anderen wieder Untersuchungen auf Herz- und Lungenerkrankungen. Bei jungfräulichen Hündinnen sollte man auch auf Vaginaverengungen kontrollieren, die möglicherweise das Decken erschweren.

Bei einem Erstlingsrüden empfiehlt es sich grundsätzlich, ihn auf mögliche übertragbare Krankheiten untersuchen zu lassen, auch Qualität und Quantität der Spermien zu prüfen. Natürlich unterliegt der Rüde hinsichtlich Erbkrankheiten den gleichen Voruntersuchungen wie die Hündin.

Die meisten Hündinnen werden zweimal jährlich heiß, in der Regel im Frühjahr und im Herbst. Die Basenjirasse bildet hier eine Ausnahme, wird

meist nur einmal jährlich im Herbst heiß. Kleinhunde und Zwergrassen werden meist im Alter
von acht Monaten erstmals heiß, größere Rassen
später, bei einigen dauert es bis zu 14 oder 15
Monaten.

Es ist keinesfalls empfehlenswert, eine Hündin
bereits bei ihrer ersten Hitze decken zu lassen,
vielmehr sollte man immer bis zur zweiten warten, bis dahin ist sie körperlich und seelisch ausgereifter. Mit jeder Hitze wird die Schleimhaut
der Gebärmutter ein klein wenig dicker, dadurch
auch die Empfängnis - besser das Einnisten der
befruchteten Eier in der Schleimhaut - etwas
schwieriger. Jedenfalls ist es immer sehr viel besser, eine Hündin, wenn sie gesund ist, im Alter
von etwa zwei Jahren zum ersten Mal decken zu
lassen. Keinesfalls sollte man bis zu einem Alter
von vier oder fünf Jahren abwarten.

ANATOMIE UND PHYSIOLOGIE

Die Fortpflanzungsorgane des Rüden, Penis und
Hoden, liegen außerhalb des Körpers. Sie sind untereinander durch kleine Leitungen innerhalb des
Hundes verbunden. Die Hoden liegen im Hoden-
sack, einem doppelten Hautbeutel, der zwischen
den Hinterläufen liegt. In den Hoden entsteht
Sperma und das Sekret Testosteron, ein Hormon,
das für die männlichen Geschlechtsmerkmale entscheidend ist. Die Natur hat es so eingerichtet, daß
die Spermien außerhalb des Körpers kühl gelagert
sind, über längere Zeit vertragen sie keine Körpertemperatur. Der Penis ist in einen Hautschaft eingeschlossen, besteht aus weichem Gewebe, das
sich versteifen kann, und einem kleinen Zentral-
knochen. Am Penisschaft hinten liegt ein Bereich,
den man die Schwellkörper nennt. Schnell vergrößern die sich zu einer großen, harten Fläche,
wobei sich gleichzeitig der Penis vergrößert und
sehr steif wird. Dies - gemeinsam mit der sich zu-
sammenziehenden Scheidenmuskulatur der Hündin - sorgt dafür, daß während des Deckaktes die
beiden Tiere aneinander gekoppelt sind, man
nennt diesen Vorgang das »Knoten« oder »Hängen«.

Mit Ausnahme von Brustdrüsen und Vulva liegen die wichtigen Geschlechtsorgane der Hündin
im Hundekörper. Sie bestehen aus zwei Eierstök-
ken und Eileitern, zwei Gebärmutterhörnern, Muttermund und Scheide. Die zwei Eierstöcke liegen
hinter den Nieren, etwa in Höhe des letzten Rip-
penbogens. Die Eierstöcke erzeugen die Eier
(Ova) und ebenso die Hormone, welche die weib-
lichen Geschlechtsmerkmale bestimmen. Jeder
Eierstock hat durch einen kleinen Eileiter seine

Verbindung zum jeweiligen Gebärmutterhorn. Die
Gebärmutter der Hündin besteht aus zwei Hörnern, verläuft y-förmig oben im kurzen Hauptkör-
per, und in diesen zwei Hörnern entwickeln sich
dann die Embryonen. Der Muttermund oder Cer-
vix ist mit Ausnahme während der Hitze und der
Geburt fest verschlossen. Der Muttermund mündet in die Vagina, diese in die äußere Vulva. Die
Vulva besteht wiederum aus einem Gewebe, das
während der Hitze und dem Östrus an- und ab-
schwillt, dadurch den Deckakt und die Geburt erleichtert.

DER ZYKLUS DER HÜNDIN

Vier Stadien im Zyklus der Hündin lassen sich
unterscheiden: Proöstrus (Vorbrunst), Östrus
(Brunst), Metöstrus (Rückbildung) und Anöstrus
(Ruhepause). Der Zyklus beginnt mit dem Proöstrus, dabei schwillt die Vulva langsam an, es
kommt zu leicht blutigem Ausfluß. Dieses Stadium kann von drei bis zu achtzehn Tagen und mehr
dauern, im Durchschnitt sind es neun Tage. Der
blutige Ausfluß ist auf Blutandrang und Ausstos-
sen der die Gebärmutter auskleidenden Schleimhäute, dem Endometrium, zurückzuführen. Über
diese Zeit bereitet sich die Gebärmutter auf die
Aufnahme der Eier vor. Am Ende des Proöstrus
steht die Brunst (Östrus), während der die Hündin
»steht«. Im allgemeinen dauert diese etwa neun
Tage, aber wiederum gibt es einen Spielraum
zwischen drei Tagen und drei Wochen! Über
diese Zeit ist die Hündin deckbereit, kann eine
Befruchtung stattfinden. Bei einigen Hündinnen
dauert die Blutung fort, aber bei der großen
Mehrheit hört sie langsam auf, die Farbe hellt sich
nach und nach von Rot bis zu einer Strohfarbe
auf, dann ist die Hündin meist deckbereit. Die
Vulva schwillt dabei weiter an, wird aber recht
weich. Ab jetzt beginnt die Hündin zu flirten,
stellt sich dem Rüden, wenn dieser aufsteigt, daher der Begriff »Stehen«. Zu dieser Zeit zeigt die
Hündin »Flagge« - sie zieht die Rute hoch und
stellt sie seitwärts, weg von der Vulva. Dies erfolgt in Reaktion auf das Aufsteigen des Rüden
oder auch bereits, wenn die Hündin an der Rutenwurzel berührt oder gestreichelt wird.

Die Ovulation erfolgt meistens irgendwann
zwischen dem 10. und 14. Tag des Zyklus, zu diesem Zeitpunkt ist das Decken der Hündin am er-
folgversprechendsten. Alle diese Zeitangaben sind
aber immer Durchschnittswerte, entsprechen nicht
dem »individuellen Zeitrahmen« der Einzelhün-
din. Die Rückbildungsphase des Zyklus dauert in
der Regel etwa 60 Tage, in dieser Zeit lehnt die

Hündin Rüden ab. Anöstrus ist eine sexuelle Ruhepause, dauert etwa 90 Tage und mündet dann wieder im Proöstrus.

Alle diese Abläufe werden durch weibliche Hormone in den Eierstöcken bestimmt. Der Östrogenspiegel, der im allgemeinen den Proöstrus auslöst, beginnt etwa ein Monat zuvor langsam zu steigen, erreicht seinen Gipfel und fällt wieder ab, genau zum Zeitpunkt des Proöstrus. Ab dann steigt der Progesteronspiegel an, das sind die Hormone, die für den Erhalt der Trächtigkeit notwendig sind. Er erreicht seinen Gipfel und bleibt auf hohem Niveau bis die Geburt einsetzt oder eine eventuelle Scheinträchtigkeit endet. Der Luteinspiegel (LH) steigt plötzlich, wenn der Östrogenspiegel abfällt, der Progesteronspiegel ansteigt, und dieses Ansteigen stimuliert die Eierstöcke, die Eier abzugeben. Zwei oder drei Tage nach diesem Stimulans werden die Eier ausgestoßen, wandern durch die Eileiter in den Uterus. Es dauert weitere zwei bis drei Tage, während sie dort reifen, bis sie für eine mögliche Befruchtung durch die Millionen von Spermien bereitstehen, die sie umschwimmen, nachdem die Paarung stattgefunden hat, die gegen jedes Ei anstürmen. Ist ein Spermium in das reife Ei eingedrungen, hat es alle seine Chromosomen eingebracht, kann kein zweites Spermium in das gleiche Ei eindringen. Es gibt aber noch immer viele weitere Eier, die von anderen Spermien befruchtet werden können.

Eine oder zwei Paarungen mit einem Rüden bedeuten nicht zwangsläufig, daß die Befruchtung abgeschlossen ist. Keinesfalls darf der Züchter seiner Hündin Kontakt mit anderen Rüden ermöglichen, bis sie im Metöstrus tatsächlich jeden Kontakt anderer Rüden abweist, davor könnte sie versehentlich von einem zweiten Rüden gedeckt werden. In solchen Fällen kann kein Welpe eingetragen werden, denn es läßt sich nicht genau feststellen, wer der Vater des Einzelwelpen ist. Während einer Hitze ist es durchaus möglich, daß eine Hündin von einer ganzen Anzahl von Rüden befruchtet wird.

Der einfachste Weg, den richtigen Decktag zu ermitteln, besteht darin, daß man den Hunden gestattet, sich nach ihrer eigenen Zeituhr zu paaren. Die zweite Methode besteht in einer Analyse in Form eines Abstriches aus der Vagina. Hormonelle Einflüsse verursachen Veränderungen in Aussehen und Form der Epithelialzellen in der Scheide. Um aber genaue Ergebnisse zu erhalten, muß ab zweiter Hälfte des Proöstrus bis in den Östrus hinein eine ganze Serie von Abstrichen durchgeführt werden, einige Tierärzte können auch durch Kontrolle der Schleimhäute den besten Decktag

empfehlen. Durch einfache Bluttests (Progesteronbestimmung) läßt sich feststellen, ob die Ovulation der Hündin stattgefunden hat, indem man den plötzlichen Anstieg des Progesteronspiegels - gemeinsam mit dem LH-Anstieg - beobachtet. Gleichzeitig kann auch kontrolliert werden, ob der Progesteronspiegel hoch genug bleibt, um eine Schwangerschaft zu ermöglichen.

DER DECKAKT

In aller Regel wird die Hündin zum Decken zum Rüden gebracht. Vor der Paarung dürfen die Hunde weder gefüttert noch viel getränkt werden. Wenn Hündinnen beim Rüden immer in den gleichen Auslauf gebracht werden, weiß der erfahrene Rüde genau, wann und was zu tun ist. Wenn er sich jetzt in eine Ecke legt, keinerlei Interesse zeigt, liegt dies wahrscheinlich daran, daß er ihr ins Auge geblickt hat, dabei etwas spürte wie :»Okay, mein Junge! Einen Schritt näher - und ich werde dir den Kopf abreißen!« Es ist sicher, daß Tiere immer sehr viel mehr über den richtigen Zeitplan wissen als die beteiligten Menschen.

Für den Deckakt sollten immer zumindest drei Personen als Helfer bereitstehen. Einer kontrolliert die Hündin, die in Ausnahmefällen sogar mit Maulkorb versehen werden muß, der Zweite hilft dem Rüden - und der Dritte steht für Notfälle bereit. Der Helfer, der dem Rüden beisteht, muß sein Tier sehr genau kennen, auch muß der Rüde an Hilfe gewöhnt werden. Häufig manipuliert der Helfer die Vulva, erleichtert es dem Rüden, »sein Ziel zu finden«.

Bei einem jungen unerfahrenen Hund sollte man durchaus einige Zeit gestatten, daß er die Hündin umwirbt. Der Hund besteigt die Hündin von hinten, rutscht möglichst hoch auf den Rücken, beginnt langsam mit einigen ihren Weg suchenden Stößen. Hat er sein Ziel gefunden, stößt er häufiger, stützt sich auf seinen Hinterläufen ab. Meist ist dies von einem viel stärkeren Stoßen begleitet, manchmal geradezu von einem Springen. Hierbei wird der Penis voll ins Innere der Scheide gestoßen. Schnell erweitern sich die Schwellkörper, verbinden die Partner fest miteinander. Ist dies erreicht, hört der Rüde mit dem Stoßen auf, es kommt zur Ejakulation.

Das Hängen kann zwischen einer kurzen Zeit von wenigen Minuten bis zu 20 oder 30 Minuten dauern, das Liebespaar muß über diese Zeit durch die Menschen kontrolliert werden. Kurz nach der Verknotung dreht sich meist der Rüde selbst, indem er einen Lauf über den Rücken der Hündin hebt, so daß das Paar schließlich mit den Hinterteilen gegeneinander steht. Es ist durchaus erlaubt, dem Rüden bei dieser Wendung zu helfen. Diese Stellung ist die natürliche Methode, die den Tieren immer Schutz gewährt, auch während der Zeit, wo sie miteinander verbunden sind.

Man sollte die Hündin immer so abstützen, daß sie sich nicht setzen und den Rüden verletzen kann. Bei ganz kleinen Hunden kann man, wenn sie dies gewöhnt sind, die Paarung auf einem Tisch durchführen, alle mittleren oder größeren Hunde paaren sich auf dem Boden. Bei Größenunterschieden kann man mit aufgerollten Teppichen, Matten oder Tüchern den kleineren Hund stützen. Dabei muß aber immer der Untergrund sicher sein, nicht rutschig, so daß der Hund festen Stand hat. Während des Hängens dürfen Hunde nie gewaltsam getrennt werden, auch nicht im Fall einer unerwünschten Paarung. Hierbei könnte es zu schwersten Verletzungen kommen, welche die ganze Zuchtkarriere des Rüden zerstören können.

NACH DER PAARUNG

Der Samenerguß erfolgt in drei Abschnitten - die erste Flüssigkeit enthält wenige Spermien, hilft den Weg schlüpfrig zu machen, die zweite Flüssigkeit ist reich an Spermien, die dritte enthält auch noch einige Spermien, dient aber in erster Linie als Spülung, um das Sperma in Richtung Gebärmutter weiterzuleiten. Man geht davon aus, daß Sperma nur über 24 bis 36 Stunden lebensfähig bleibt.

Hat sich die Verknotung gelöst, sollte einer der Helfer sich um den Rüden kümmern, darauf achten, daß der Penis wieder korrekt in den Schaft zurückgleitet. Manchmal ist der Penis zu stark vergrößert. In Extremfällen kann man mit kalten, feuchten oder nassen Tüchern den Penis so abdecken, daß die Schleimhaut nicht austrocknet. Manchmal drehen sich Schaft oder Vorhaut nach innen, halten den Penis bei der Rückkehr fest. Dies kann für den Rüden recht schmerzhaft sein, sich auf sein künftiges Paarungsverhalten negativ auswirken. Man muß immer sehr darauf achten, daß der Penis - solange er noch vergrößert ist, keinesfalls verletzt wird. Käme es zu einer Verletzung, wäre die Blutung stark, ja lebensgefährlich. Jede Hilfestellung muß mit sauberen Händen erfolgen. Natürlich ist keine Paarung völlig steril, dennoch sind gewisse Vorkehrungen sehr angezeigt. Nach dem Einfahren des Penis sollte der Hund wieder in seine Box zurück gebracht werden, sich dort beruhigen und ausruhen.

Manchmal schwillt der Schwellkörper bereits an, ehe das Hängen zustande kommt. Sind die Helfer schnell genug, können die Hunde trotzdem so eng zusammengehalten werden, bis die Ejakulation abgeschlossen ist. Manche empfehlen, nach der Paarung das Hinterteil der Hündin zumindest über zehn Minuten nach oben zu halten, so daß den Spermien Zeit bleibt, sich auf die Reise zu begeben. Gleichzeitig kann ein in die Vagina eingeführter, mit Gummischutz bedeckter Finger die Hündin so stimulieren, daß sie ihrerseits durch eine Reihe von Kontraktionen der Samenflüssigkeit auf den richtigen Weg hilft. Bei normal verlaufender Paarung und korrektem Hängen erscheinen diese Manipulationen aber weitgehend überflüssig.

KÜNSTLICHE BESAMUNG

Kommt eine natürliche Paarung nicht zustande, kann ein geübter Tierarzt die Hündin künstlich besamen. Sind beide Tiere anwesend, wird das Ejakulat aufgefangen, vom Tierarzt mit einer Spezialröhre in die Gebärmutter eingeführt. Grundsätzlich sehen die Zuchtvereine für solche künstliche Besamungen eine Genehmigung vor. Eine solche Genehmigung sollte nur erfolgen, wenn damit erworbene Mängel ausgeglichen werden, keinesfalls sollte man dabei mangelnden Sexualtrieb überspielen.

Zur Überwindung großer Entfernungen hat die Wissenschaft es ermöglicht, die Befruchtung mit tiefgefrorenem Samen vorzunehmen. Bei den heute bestehenden Flugverbindungen kann tiefgefrorener Samen weltweit eingesetzt werden. Nach Samenentnahme und Tiefkühlung ist normalerweise der Samen über 20 Jahre lebensfähig.

Ehe man zur künstlichen Besamung schreitet, muß der Züchter sorgfältig abklären, was der Zuchtverein gestattet, unter allen Umständen einwandfreie Aufzeichnungen führen. Eine Reihe von Zuchtvereinen verbieten künstliche Besamung. Jahr für Jahr werden neue Rekorde über Altersfrische von Rüden aufgestellt. Eine solche Potenz ist ein Vorzug für die Rasse.

UNTERSUCHUNG AUF TRÄCHTIGKEIT

Die Durchschnittstragezeit einer Hündin beläuft sich auf 63 Tage. Die exakte Zeit läßt sich ziemlich genau bestimmen, wenn man Abstriche vorgenommen hat, den Termin weiß, wann der Metöstrus begann. Die Geburt kann bereits 57 Tage danach eintreten, man rechnet damit, daß in aller Regel die Ovulation sechs Tage vor Beginn des Metöstrus erfolgt.

Es gibt eine Reihe von Methoden, die Trächtig-

Trächtige Westi Hündin. Weiß man erst, daß die Hündin trägt, muß ihre Ernährung besonders sorgfältig zusammengestellt werden.

Heute bietet die Ultraschalluntersuchung eine recht zuverlässige Chance. Durch Ultraschalluntersuchung kann die Schwangerschaft schon recht früh bestätigt werden, Auswirkungen auf den Fötus sind bisher nicht bekannt geworden. Alle Schwangerschaftstests haben eines gemeinsam, sie ermöglichen keine zuverlässige Aussage, wann der Geburtstermin genau erfolgt. Die dritte Methode bietet das Röntgen. Theoretisch kann der Einsatz von Röntgenstrahlen in den Anfangswochen den Fötus schädigen, allgemein wird diese Methode erst nach 42 Tagen empfohlen. Röntgenuntersuchungen sind besonders hilfreich, da dadurch mögliche Geburtsschwierigkeiten sichtbar werden und zur Kontrolle nach der Geburt, ob nicht etwa noch irgendwelche Nachzügler ungeboren in der Hündin verblieben sind.

FÜTTERUNG IN DER TRAGEZEIT

Wurde die Trächtigkeit festgestellt, wird nach und nach die Nahrungsmenge auf das zweifache des Normalbedarfs angehoben. In der gesamten Tragezeit sollte hochwertiges Futter verwendet werden. Während der Schwangerschaft sollte man möglichst keine Medikamente einsetzen. Die abschließende Entscheidung über Medikamenteneinsatz liegt natürlich immer beim Tierarzt.

Mit fortschreitender Trächtigkeit und schwerer werdender Hündin ist es ratsam, die Mahlzeiten aufzuteilen, in weniger und oft, damit sich die Hündin wohlfühlt. Über die gesamte Zeit braucht die Hündin mäßigen Auslauf, man sollte sie aber nicht springen lassen. Muß man die Hündin anheben, sollte sie von unten gestützt werden, keinesfalls darf man mit Händen oder Fingern seitlich drücken. Kurz vor der Geburt sollten langhaarige Hunderassen getrimmt und gebadet werden. Bei brachycephalischen Rassen und einigen Zwerghunderassen, bei denen häufig der Kopf zu groß ist, um den Geburtskanal natürlich zu passieren, sollten rechtzeitig Absprachen für eine mögliche Kaiserschnittgeburt getroffen werden. Alle Rassen, die zu anormalen Größen oder Formen entwickelt wurden, haben zuweilen Geburtsprobleme, alle Vorsichtsmaßnahmen müssen ergriffen werden, um die Hündin zu schützen. Vorausplanung ist der erste Schritt!

Jeden Tag muß die Hündin auf Anzeichen von Scheidenausfluß kontrolliert werden, der ein Hinweis auf Probleme sein könnte. Man muß die Hündin auf jedes außergewöhnliche Verhalten beobachten, das irgendein Problem anzeigen könnte. Selbstverständlich sollte man den Terminkalender genau im Kopf haben, die normale Trächtigkeit

keit zu bestimmen. Im Vordergrund steht die Beobachtung des Verhaltens der Hündin.

Manchmal treten nach einer Tragezeit zwischen drei und vier Wochen Symptome morgendlicher Übelkeit auf. Manchmal verweigert die Hündin auch für kurze Zeit die Nahrung. Dies können recht verläßliche Hinweise auf eine vorhandene Schwangerschaft sein. Einige glauben, daß diese Futterverweigerung und gelegentliches Erbrechen dadurch ausgelöst werden, weil sich im Körpergewebe eingelagerte Wurmlarven lösen und in den Blutkreislauf geraten.

Andere Anzeichen sind geringfügige Schleimbildung in der Vagina, man kann auch den Bauchbereich abtasten. Eine Erfolg versprechende Palpation kann ein erfahrener Tierarzt am 28. Tag der vermutlichen Schwangerschaft vornehmen. Eine solche Untersuchung ist ausschließlich Sache des Tierarztes, denn die Föten könnten durch fehlerhafte Behandlung geschädigt werden.

Dieser Golden Retriever-Wurf besitzt eine Wurf-kiste, die genügend Raum bietet, Distanzleisten zum Welpenschutz, weichen und griffigen Fußbo-den und die Annehmlichkeiten einer Wärmelampe.

dauert 63 Tage, aber 59 Tage oder auch 65 sind keineswegs ungewöhnlich.

GUTE AUSRÜSTUNG

Weiß man, daß die Hündin trägt, sollte man alle notwendigen Vorbereitungen treffen. Als allerer-stes besorgt man sich eine Wurfkiste, bestimmt den richtigen Platz dafür. Am besten wird sie an einem ruhigen, zugfreien und warmen Platz auf-gestellt, und zwar so, daß man sie immer im Auge halten kann. Die Hündin braucht auch jemanden, der dafür sorgt, daß sie es richtig bequem hat, einen Menschen, der viele Stunden nahe bei ihr verbringt. Der Wurfraum muß groß genug für die Wurfkiste sein, diese wiederum ist so geräumig, daß Hündin wie Welpen sich in ihr bewegen kön-nen, auch noch genügend Platz für menschliche Hilfe bleibt.

Man kann Wurfkisten fertig kaufen, aber auch selbst bauen. Wichtig ist ein Rahmen mit später zu entfernenden Distanzleisten. Diese Leisten füh-ren rings um die Wurfkiste. Unter den Leisten bleibt ein sicherer Platz für die Neugeborenen, so daß eine etwas ungeschickte Mutter nicht verse-hentlich einen Welpen gegen die Wand quetscht. Die Seiten der Kiste müssen hoch genug sein, um die Welpen in der Kiste zu halten, gegen Zugluft zu schützen. Die eine Seite muß aber wiederum so niedrig sein, daß die Hündin bei Bedarf von Zeit zu Zeit ihre Welpen verlassen kann.

Als Einlage in der Wurfkiste wird häufig altes Zeitungspapier verwendet, zumindest während der Geburt und über die ersten Tage danach, wo die Hündin noch stärkeren Ausfluß zeigt. Nach und nach kann das Papier durch Stoffeinlagen ersetzt werden, die den Hunden bessere Standfläche beim Saugen geben, ihnen ermöglichen, umherzukrab-beln und nach und nach zu gehen. Ein Holzeinsatz mit einem großen Tuch umwickelt bietet eine perfekte Lösung. Wahrscheinlich versucht die Hündin, das Tuch aufzukratzen, aber das Holz hält es fest, und sie wird sich bald damit abfinden.

WÄRMEQUELLEN

Die Temperatur im Welpenlager muß bei 30° C oder sogar 32° C liegen, denn vor einem Alter von sieben bis zehn Tagen vermögen die Welpen ihre eigene Körperwärme nicht zu regulieren, deshalb brauchen sie eine Wärmequelle. Gute Möglichkei-ten bietet eine Infrarotwärmelampe mit Reflektor, wie sie auch zur Kükenaufzucht empfohlen wird. Bei Einsatz der Wärmelampe muß man vorsichtig sein, dafür sorgen, daß sie fest verankert ist, kei-nesfalls Feuer auslösen kann. Die Kabel müssen außerhalb der Reichweite von Hündin wie Welpen bleiben. Es gibt auch eigens für Tiere entwickelte Bodenheizungen. Sie sind im Holz eingelassen, alle Leitungen so abgedeckt, daß sie nicht zer-kratzt oder angekaut werden können. Auch ein Ölradiator hat sich als sichere Wärmequelle be-währt. Gleich wie man auch die Heizung einrich-tet, immer muß man dafür sorgen, daß für Hündin und Welpen ein Bereich in der Wurfkiste bleibt, in den sie sich zurückziehen können, falls es ihnen zu warm wird, Austrocknung droht. Die Wurfkiste muß unbedingt zugfrei stehen.

Zu den weiteren Gegenständen, die man braucht, gehören viele saubere, weiche Tücher (Biber), da erfahrungsgemäß die Welpen an gro-ben Tüchern ihre Ballen aufscheuern, außerdem eine Babywaage zum Wiegen der Welpen. In einem starken Karton werden die bereits gebo-renen Welpen während der Geburt ihrer Geschwister untergebracht, er dient auch für Zeiten, da die Wurfkiste gereinigt werden muß.

Man sollte einen Geburtshilfekasten bereitstellen, darin liegen eine Schere, ein blutstillender Stift, Bindfaden, Verbandmull, eine Uhr, ein Notizblock und ein Kugelschreiber, sterile Handschuhe, ein Augentropfer, ein Thermometer, Hundemilchersatz, Wasserstoffperoxid (3 %), Alkohol, Fütterungsfläschen, Brandsalbe und die Telefonnummer des Tierarztes.

DIE GEBURT

Es ist wichtig, schon eine Woche vor der Geburt die Hündin mit der Wurfkiste vertraut zu machen, so daß sie darin ihr normales Lager sieht. Im Freien sollte man sie immer gut im Auge halten. Da der Hund seiner Natur nach ein Höhlentier ist, könnte sie heimlich im Garten ihre eigene Höhle anlegen. Natürlich redet man ihr gut zu, sich ein Nest zu bauen, aber nur in der sauberen Wurfkiste, ausgepolstert mit alten Zeitungen, die sie nach Herzenslust zerkratzen und zerreißen darf.

Zweimal täglich wird die Körpertemperatur kontrolliert. Steigt die Temperatur über 39° C, muß man den Tierarzt rufen. Liegt die Temperatur auf 37° C oder darunter, kann man sich auf ein spannendes Ereignis vorbereiten. Ist die Temperatur um ein Grad gefallen, bleibt bis zur nächsten Messung konstant, ist es höchst wahrscheinlich, daß die Hündin innerhalb der nächsten 24 Stunden wirft. Man sollte den Tierarzt von der bevorstehenden Geburt unterrichten, so daß er im Notfall tätig werden kann. Es ist nahezu unerläßlich, daß der Züchterneuling während der ersten Geburt einen erfahrenen Helfer dabei hat. Anzeichen für eine in Kürze beginnende Geburt sind extreme Ruhelosigkeit, Nestbilden in der Wurfkiste, Zittern, der Wunsch auf menschliche Gesellschaft, Futterverweigerung, Zerreißen der Einlagen, Hecheln, sich mit der Vulva befassen, klarer schleimiger Ausfluß. Schließlich kommt es zu deutlich erkennbaren Wehen.

DIE EINZELNEN WEHENSTADIEN

Die Wehen lassen sich in drei Arten aufgliedern. Das erste Stadium, während sich die Geburtspassage erweitert und entspannt, kann für manche zur Ewigkeit werden. Tatsächlich dauert es aber nie länger als 48 Stunden. Das zweite Stadium beginnt mit ersten Anzeichen von Wehen, fällt mit der vollen Öffnung der Gebärmutter zusammen. Bestehen zu viele Ablenkungen, kann dieses Stadium von der Hündin durch eigenen Willen unter-

drückt werden. Aus diesem Grunde sollte man sie immer ruhig halten, nur der Züchter und vielleicht ein Helfer bleiben bei ihr. Die Wehen bringen die Welpen in den Geburtskanal. Jeder Welpe ist in einer Fruchtblase eingebettet, die durch die Nabelschnur mit der Plazenta verbunden ist; die Plazenta wiederum ist in der Gebärmutterwand verankert.

Mit den einsetzenden Preßwehen wird meist innerhalb einer halben Stunde der erste Welpe geboren, bei schwächeren Wehen kann es aber auch bis zu drei Stunden dauern. Die Zwischenabstände der einzelnen Geburten sind verschieden, 15 bis 20 Minuten Pause sind ein guter Durchschnitt, aber manchmal folgt ein Welpe sofort dem anderen. In der Regel kommen die Geburten abwechselnd aus den einzelnen Gebärmutterhörnern. Um sich dem anzupassen, wechselt auch die Hündin häufig ihre Lage von einer Körperseite zur anderen. Etwa nach der Hälfte der Geburt scheint es häufiger zu längeren Pausen zu kommen. Dies ist eine gute Gelegenheit, der Hündin etwas Wasser mit Glukose anzubieten, sie für einen kurzen Spaziergang nach draußen zu bringen. Solche kurzen Leinenspaziergänge sind auch eine gute Hilfe, wenn die Geburt unterbrochen ist. Man muß dabei aber immer die Hündin genau beobachten, nachts immer eine Taschenlampe mitnehmen, alles, was sie draußen hinterläßt, genau überprüfen. Was immer auch sein mag, setzen die aktiven Wehen über mehr als drei Stunden aus, sollte man sich mit dem Tierarzt beraten.

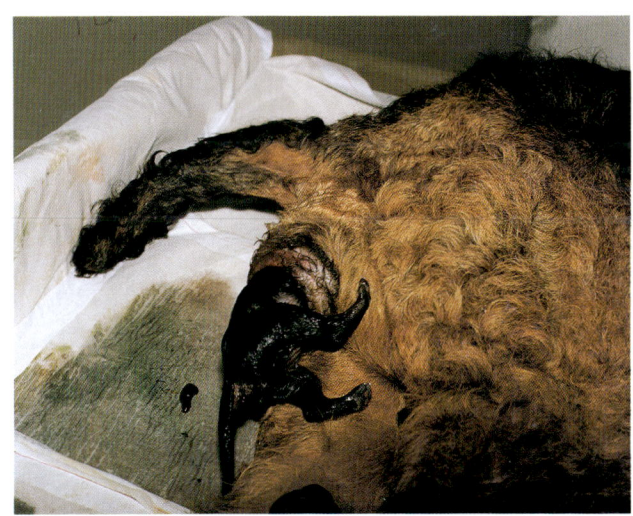

Steißgeburten sind bei Hunden ebenso verbreitet wie Geburten, bei denen zunächst der Kopf erscheint.

DER ABLAUF DER GEBURT

Das erste Zeichen des ankommenden Welpen ist meist eine kleine Blase, die aus der Vulva als Teil der Fruchtblase, in der Welpe und Flüssigkeit enthalten sind, austritt. Oft bricht die Blase auf, macht damit den Geburtskanal schlüpfrig. Ist die Blase erst offen, verbleibt wenig Zeit, in der man kontrollieren sollte, daß die Luftpassage des Welpen frei ist, er zu atmen beginnen kann.

Häufig werden Fruchtblase und Plazenta nicht gemeinsam ausgestoßen, dann ist es immer wichtig, sorgfältig darauf zu achten, daß die Plazenta nachkommt. Oft wird sie kurz vor der nächsten Geburt ausgestoßen. Wichtig ist das Durchzählen, denn eine zurückgebliebene Plazenta kann ernsthafte, ja sogar tödliche Infektionen in der Hündin auslösen. Manchmal ist es notwendig, den Welpen beim Anlegen an die Zitze zu helfen, denn das Saugen stimuliert neue Wehen bei der Hündin, beschleunigt den Geburtsprozeß. Es bewirkt auch den natürlichen Zufluß der Milch in die Milchkanäle. Der Ausstoß der Plazenta ist das dritte Wehenstadium, erfolgt aber oft gleichzeitig mit dem zweiten Stadium der Geburt. Kurz vor der bevorstehenden nächsten Geburt, sollte man die geborenen Welpen in einen neben der Wurfkiste stehenden Karton legen. Eine auf den Boden eingelegte, mit einem Tuch abgedeckte Wärmflasche hält die Welpen warm. Nach der Geburt werden sie dann der Hündin alle wiedergegeben.

GEBURTSHILFE

Wenn bei der Geburt menschliche Hilfe erforderlich wird, um den Welpen auszustoßen, muß diese sehr vorsichtig erfolgen. Zur Unterstützung der Wehen zieht man den Welpen ganz vorsichtig nach unten und vorn in Richtung Kopf der Hündin. Immer darf dieses Ziehen nur gleichzeitig mit den Wehen der Hündin erfolgen, so daß die Hündin die Bewegung verstärkt.

Ist die Fruchtblase geplatzt, zeigt sich das kleine Köpfchen als erstes, sollte man versuchen, Nase und Maul des Welpen zu reinigen, so daß er selbst mit dem Atmen beginnen kann. Steißgeburten - bei denen die Hinterläufe des Welpen als erstes erscheinen - sind fast ebenso häufig wie Geburten, bei denen zunächst der Kopf erscheint. Manchmal sind sie aber etwas schwieriger, wenn sich die kleinen Beinchen verhaken.

NACH DER GEBURT

Ist der Welpe geboren, muß er mit einem sauberen Frotteetuch völlig getrocknet werden, dabei achtet man darauf, daß aller Schleim von Nase und Maul entfernt wird. Die Nabelschnur muß abgetrennt werden, zuvor bindet man sie ungefähr in einem Abstand von 2,5 cm vom Welpenkörper ab. Keinesfalls darf man dabei an der Nabelschnur ziehen, hierdurch könnte man einen Nabelbruch auslösen. Die Nabelschnur wird dann nach Möglichkeit zwischen den Fingernägeln abgequetscht. Dies ist die gleiche Art, wie sonst im Normalfall die Hündin die Nabelschnur abkaut, dabei werden die Blutgefäße zusammengedrückt, was Blutungen verhindert. Hat man den Nabel abgebunden, kann man die Nabelschnur auch durchschneiden, der Rest wird entfernt. Man achte darauf, daß die Bindfadenenden kurz sind, so daß die Welpen sich keinesfalls mit den kleinen Krallen verfangen.

Von größter Wichtigkeit ist es, daß alle Welpen die sogenannte Kolostralmilch erhalten, diese ist etwas dicker und mehr gelblich gefärbt als die normale Milch. Die Kolostralmilch enthält viele Antikörper, die von den Welpen aufgenommen werden, sie für die ersten vier bis sechs Wochen gegen Infektionskrankheiten schützen. Durch kräftiges Lecken der Mutter oder durch das tüchtige Frottieren jedes Welpen kommt es alsbald zum ersten Stuhlgang, Meconium genannt. Dieser ist sehr dunkel mit gelben Verfärbungen, es ist der Inhalt des Darms vor der Geburt. Die junge Mutter muß ihre Welpen sauber halten, durch Lecken die Ausscheidungsorgane stimulieren.

Noch eine Reihe von Tagen nach der Geburt zeigt die Hündin Ausfluß und Blutung. Dies ist normal, verändert sich nach und nach zu einem mehr wässerigen, weniger blutigen Ausfluß und hört dann ganz auf. Sobald der Ausfluß weniger schmierig ist, kann man das Zeitungspapier in der Wurfkiste durch Material ersetzen, das sich täglich waschen läßt, den Welpen guten Halt bietet.

Die Körpertemperatur der Hündin bedarf laufender Überwachung, auch muß das Gesäuge nach der Geburt täglich eingehend kontrolliert werden. Während des aktiven Säugens steigt die Körpertemperatur etwas an, Kontrollmessungen erfolgen in den Zwischenperioden.

Man muß nach etwa drei bis vier Tagen die Krallen der Welpen kurz schneiden, dies auch wiederholen, so daß sie weder die Zitzen der Hündin zerkratzen, noch mit den kleinen Nägeln im Boden hängen bleiben. Die ersten zwei Wochen nach der Geburt sind für Hündin, Welpen und Züchter - wenn alles normal verläuft - eine recht ruhige Zeit, es macht viel Freude, die heranwachsenden Welpen zu beobachten.

AUFZUCHT UND ERZIEHUNG

Ein gesunder Wurf entwickelt sich nicht durch Zuschauen und Nichtstun, er fordert vielmehr sehr viel Zeit und Arbeit. Gleich ob ein Welpe für Ausstellungssiege, Unterordnungswettbewerbe, als Stöberhund, Retriever, als Blindenführhund oder für irgendeine der zahlreichen anderen Aufgaben gezüchtet wurde, immer ist es die unerläßliche Verantwortung des Züchters dafür zu sorgen, daß alle im Welpen steckenden Entwicklungschancen voll genutzt werden. Hoffentlich hat der Erstzüchter einen klugen und hilfreichen Berater gefunden, der ihm bei seinen Aufgaben zur Seite steht. Der Berater sollte mit dem Heranwachsen des Wurfes gute Ratschläge erteilen, seine eigenen Erfahrungen einbringen und auf den neuen Züchter übertragen, so daß alles erdenkbar Richtige für die Welpen getan werden kann.

Die Züchter sind voll verantwortlich, daß jeder Welpe in einem Wurf alle seine Anlagen entwickelt. Diese Alaskan Malamute Welpen machen mit Schnee ihre ersten Erfahrungen, werden später zu Schlittenhunden ausgebildet.

Wichtig ist, über alle Vorkommnisse im Wurf Aufzeichnungen zu führen, beispielsweise Gewichtstabellen, Zeitpunkt des Öffnens der Augen, Farbverteilung. Soft Coated Wheaten Welpen sind bei Geburt dunkel apricotfarben. Man kann kaum glauben, daß beim Heranwachsen sich ihre Farbe zu einer klaren, goldenen Weizenfarbe auflichtet.

AUFZEICHNUNGEN

Wie bereits im vorangegangenen Kapitel erwähnt, ist es außerordentlich wichtig, über alles im Zusammenhang mit Wurf und Aufzucht sorgfältig Protokoll zu führen. Das Gewicht jedes einzelnen Welpen wird während der ersten Woche täglich kontrolliert, dann die weiteren Gewichte wöchentlich festgehalten.

In der ersten Woche muß täglich die Körpertemperatur der Mutterhündin kontrolliert werden, um mögliche Infektionen rechtzeitig zu erkennen. Telefonnummern von Tierarzt und Berater sollten griffbereit sein.

Alle Aufzeichnungen aus dem Wurf bieten bei künftigen Würfen interessante Vergleichsmöglichkeiten. Immer ist es reizvoll, die eigenen Beurteilungen der Welpen während der Aufzucht mit der tatsächlichen späteren Entwicklung sorgfältig zu vergleichen.

DIE ERSTEN TAGE

In den ersten drei Wochen im Leben eines Welpen werden seine Überlebenschancen bestimmt. Von Geburt an sollten die Neugeborenen täglich ange-

Bei einem sehr großen Wurf sollten die Welpen abwechselnd angelegt werden, so daß jeder eine faire Chance an der Milchquelle hat. Dieser Australian Cattle Dog scheint seine Welpen recht gut aufgeteilt zu haben.

faßt werden, so daß bereits jetzt das Band Mensch-Hund geknüpft wird. Es ist wichtig, daß die Welpen so schnell wie möglich mit dem Saugen beginnen, so daß sie die schützende Immunität der Mutter aufnehmen. Alle Welpen werden mit geschlossenen Augen geboren, sie öffnen sich etwa zwischen dem zehnten und zwölften Tag, wobei meist Hündinnen die Augen etwa einen Tag früher öffnen als die Rüden. Bei der Geburt sind auch die Ohren geschlossen, die Welpen können zunächst nichts hören. Sie vermögen nur zu krabbeln, Wärme zu suchen, wollen nichts anderes als saugen und schlafen.

Einem Welpen, der unaufhörlich wimmert, ist es entweder zu heiß oder zu kalt, er hat nicht genügend zu fressen oder seine Mutter hat seine Ausscheidungen nicht stimuliert. Bei einem zu kalten Welpen wird der Verdauungsprozeß verlangsamt, was in recht kurzer Zeit den Tod auslösen kann. Man sollte in solchen Fällen sorgfältig die Körpertemperatur prüfen. Bei einem großen Wurf werden die Neugeborenen abwechselnd angelegt, so daß sie genügend Chancen haben. Sind die Welpen hungrig, gibt es industriell hergestellte Milchersatzstoffe, die ergänzend zum Saugen bei der Hündin gefüttert werden müssen. Überfütterung ist ebenso gefährlich wie zu wenig Nahrung. Ein Welpe, der im Schlaf zuckt, ist völlig normal, das Zucken ist ein Hinweis, daß alles in Ordnung ist.

Zweimal wöchentlich sollte man die kleinen Krallen schneiden, damit verhindert man, daß Gesäuge und Brust der Hündin zerkratzt wird. Nach dem Entwöhnen werden die Krallen nur noch einmal wöchentlich gekürzt.

Ist ein Wurf groß und sind alle Welpen von gleicher Farbe, lassen sich diese manchmal nur schwer unterscheiden, muß man jeden Einzelnen markieren. Bei Rassen mit langem Haar kann man an verschiedenen Stellen etwas Haar abschneiden, damit die Welpen deutlich erkennbar machen. Bei anderen Rassen wird oft auch Nagellack als Markierung verwendet.

ENTWÖHNEN DER WELPEN

Ein zweites wichtiges Entwicklungsstadium liegt zwischen der dritten und siebten Woche. Jetzt wird die Umwelt zum wichtigen Lebensbestandteil, denn jetzt können die Welpen sehen, hören und riechen. Fütterung mit fester Welpennahrung

So früh wie möglich sollte ein Fachmann sich den Wurf einmal ansehen. Am besten erfolgt dies nach einer Woche bis zehn Tagen. Gerade bei Shar-Pei Welpen ist dies besonders wichtig, denn in dieser Zeit haben sie doppelt soviel Haut wie sie brauchen, und recht schnell wachsen sie in ihr Fell hinein.

Bei einem großen Wurf gleicher Farbe wie bei diesen sechs Westie Welpen wird es notwendig, jeden Welpen besonders zu markieren.

kann bereits etwa mit drei Wochen beginnen. Erhält die Hündin eine schmackhafte Mahlzeit, stellt man ihre Schüssel mitten in die Wurfkiste. Die neugierigen Welpen werden sie untersuchen, bei Hunger mit dem eigenen Fressen beginnen.

Zahlreiche Züchter füttern als erstes mit Tartar, zweimal täglich aus der Hand, wobei das rohe, völlig magere Rindfleisch körperwarm aus der Hand gefüttert wird. In der weiteren Aufzucht kann man industriell angebotene Welpennahrung mit warmem Wasser mixen, mit Hüttenkäse, etwas Rindfleisch oder gekochten Eiern anreichern, hieraus erhält man eine recht brauchbare Nahrung. Milchmahlzeiten sind empfehlenswert, dabei muß aber die Milch durch industriell hergestellte Ersatzstoffe fettreicher gemacht werden. Naturgemäß saugen in diesem Alter noch immer die Welpen bei der Mutter. Anfänglich brauchen die Welpen vier Mahlzeiten täglich, immer zur gleichen Zeit. Es liegt weitgehend beim Hundebesitzer, die genaue Fütterungsroutine aufzubauen, wichtig ist aber immer, daß Tag für Tag die Fütterung zur gleichen Zeit und an gleicher Stelle erfolgt. Die Abendmahlzeit sollte nicht zu spät verabreicht werden.

Mittelgroße und kleine Hunderassen begnügen sich ab zwölf Monaten über das ganze Leben mit einer Mahlzeit täglich, aber Zwergrassen und Riesenrassen gedeihen mit zwei Mahlzeiten besser. Das Gewicht des Hundes im Verhältnis zu seiner Größe ist immer der bestimmende Faktor. Dickleibigkeit ist unerwünscht, kann gesundheitsschädigend sein. Besonders gefährlich ist, daß sie

Knochenbildung und Bänder des jungen Hundes schädigt.

Erste Wurmkontrollen erfolgen mit dem Entwöhnungsprozeß, also ab drei Wochen. Eine nochmalige Wurmkur muß erfolgen, ehe die Welpen abgegeben werden.

ZÄHNE UND SCHUTZIMPFUNGEN

Im Alter von etwa drei Wochen brechen die Milchzähne durch. Ab dieser Zeit verläßt die Hün-

Wird die Mutterhündin aus einer flachen Schüssel in der Wurfkiste gefüttert, werden die Welpen - wie diese kleinen Cavalier King Charles Spaniels - mitfressen. Meist kann man damit bereits in der dritten Woche beginnen.

din in bestimmten Abständen die Welpen - dies ist völlig natürlich. Die Zähne der Welpen werden auf richtige Gebißstellung kontrolliert. Erst etwa im Alter ab vier Monaten brechen die zweiten Zähne durch. Bis zu diesem Zeitpunkt sollten die Welpen daran gewöhnt sein, daß ihre Zähne laufend kontrolliert werden, zumindest zweimal wöchentlich, um sicherzustellen, daß die Welpenzähne richtig ausfallen. Gelegentlich müssen einige Welpenzähne vom Tierarzt gezogen werden, so daß die zweiten Zähne die richtige Position einnehmen können. Der ganze Zahnungsprozeß ist abgeschlossen, wenn etwa im Alter von sechs Monaten die großen Molare durchgebrochen sind.

Der Tierarzt bestimmt, wann die Welpen ihre ersten Schutzimpfungen erhalten. Schutzimpfungen sind lebenswichtig, denn es gibt eine Reihe von tödlichen Infektionserkrankungen, die von Welpe zu Welpe übertragen werden. Kommt der Welpe zu seinen neuen Besitzern, muß ihm mit der Ahnentafel ein Impfpaß mitgegeben werden, nach Möglichkeit auch Futterplan und genauer Bericht über bisher durchgeführte Sozialisation.

VOR DER ABGABE

Es ist Sache des Züchters, die Welpen vor der Abgabe schon so weit wie möglich zu sozialisieren. Auch erste Schritte zur Stubenreinheit werden eingeleitet. Läßt man den Welpen außerhalb seiner Wurfkiste umherlaufen, Kot und Urin absetzen, gewöhnt er sich an diesen Brauch. Ein Welpenauslauf innerhalb des Hauses mit einer nach draußen führenden Hundetür gibt dem Welpen Gelegenheit, ganz von selbst stubenrein zu werden. Bereits der Welpe sollte mit einem Käfig vertraut gemacht werden. Der Luftzirkulation wegen werden ausdrücklich Drahtkäfige empfohlen. Ein Käfig mit weicher Einlage, in einem Hundeauslauf im Haus aufgestellt, wird bald zu einem gemütlichen Zufluchtsort für einen Höhlen liebenden Caniden.

GRUNDERZIEHUNG

Welpen sind schon vor einem Alter von zehn Wochen recht lernfähig, sollten von Anfang an so viel wie möglich lernen. Bereits mit sechs oder sieben Wochen gewöhnt man sie an eine Leine, am besten aus Nylon. Keinesfalls sollte man ein Zughalsband wählen. Früh geübt erweist sich Erziehung zur Leinenführigkeit als sehr einfach. Der Welpe braucht einen einfachen, sich ihm einprägenden »Rufnamen«, sollte auf die Stimme seines Erziehers reagieren. Anfänglich lernt er nur einfache Kommandos wie »hier«, »nein« und »bleib«. Seine Belohnung besteht im tüchtigen Loben und kleinen Leckerbissen.

In diesem Alter liebt er alle möglichen Spiele, beispielsweise das Apportieren eines Spielzeuges oder eines Balls.

Möglichst früh sollte man Welpen auch an das Autofahren gewöhnen. Dabei ist es für Fahrer wie Welpen immer viel sicherer, wenn der Hund ausschließlich in einem Käfig transportiert wird. Wenn man sehr früh mit dem Autofahren beginnt, wird Autokrankheit selten zu einem Problem.

DIE VERANTWORTUNG DES ZÜCHTERS

Immer sollte der Züchter versuchen, das Wesen des ausgewachsenen Hundes bereits beim Welpen zu erkennen, ehe er ihn verkauft. Am besten verkauft man den Käufern den Welpen, der am meisten ihren Erwartungen entspricht. Dies vermindert die Wahrscheinlichkeit, daß ein Welpe zurückgegeben wird oder in einem Tierheim endet.

Dieser Afghanen Welpe lernt Sitzen auf Kommando. Schon in früher Jugend sollte man Welpen beibringen, einfache Kommandos auszuführen.

Ein möglicherweise aggressiv werdender Welpe darf keinesfalls an eine Familie mit kleinen Kindern verkauft werden. So früh wie möglich sollte ein solcher Hund kastriert werden. Ein scheuer, sich zurückziehender Welpe braucht ein ruhiges Zuhause, wo er keinesfalls auf kleine Kinder trifft.

Zwischen der dritten und siebten Lebenswoche entwickeln Welpengehirn und Nervensystem ihre volle Leistungsfähigkeit. Bereits jetzt bilden sich im Wurf Zuneigungen zu anderen Hunden, tägliches Anfassen und Spielen entwickelt eine starke Bindung zum Menschen. Dies ist die Periode, in der Welpen beginnen, eine Rangordnung aufzubauen. Jetzt muß der Züchter mit der Erziehung jedes Welpen beginnen. Wenn in dieser Entwicklungsstufe ein Welpe bereits zu seinem neuen Besitzer kommt, kann er es überleben. Aller Wahrscheinlichkeit nach bindet er sich dann aber ganz besonders an Menschen, interessiert sich nicht für Hunde, das Sexualverhalten fehlt.

Ein Abgeben des Welpen in dieser Zeit, kann den Hund außerdem später aggressiv werden lassen. Wichtig ist, daß er beim neuen Besitzer über *Welpenspielschulen* viel Kontakt mit anderen Hunden bekommt.

Obgleich sich die Aufmerksamkeit natürlich immer mehr auf die Welpen konzentriert, darf man die Mutterhündin keinesfalls vergessen. Die Hündin muß sauber und gepflegt gehalten werden, braucht lange Spaziergänge und ihre eigene Spielzeit. Wenn auch Mutter und Welpen viel Zeit gemeinsam verbringen, ist es besonders wichtig, daß jeder für sich menschliche Betreuung findet. Deshalb braucht man viel Zeit, die man den Tieren widmet, wenn man verantwortungsbewußt züchtet. Dieser Zeitaufwand muß wirklich schon im voraus einkalkuliert werden.

EINGEWÖHNEN IM NEUEN ZUHAUSE

Mit acht bis zehn Wochen sollten die Welpen bei ihren neuen Besitzern sein. Dadurch besteht für die Hunde genügend Zeit, sich eng ihren neuen Menschen anzuschließen, werden die Erziehung zur Stubenreinheit und für einfache Kommandos fortgesetzt. Wenn man einen Welpen in ein neues Heim mit Kindern bringt, kann dies für alle ein lohnendes Erlebnis werden. Man muß aber von Anfang an den Kindern beibringen, während dieses kritischen Entwicklungsalters freundlich und rücksichtsvoll mit ihm umzugehen.

Unbedingt müssen die Kinder dem Junghund genügend Zeit lassen, daß er für sich fressen, Knochen kauen und schlafen kann. Nie darf man

Diese English Setter beginnen bereits in den ersten Lebensmonaten eine eigene Rangordnung aufzubauen. Bereits im Alter von drei bis sieben Wochen ist es wichtig, daß der Mensch eingreift, dem Welpen seinen Platz im Rudel zuweist.

einem Kind die volle Verantwortung für einen Hund anvertrauen - Erwachsene können die Zusammenhänge besser übersehen. Da der Hund ein Meutetier ist, muß er rechtzeitig lernen, daß er in der Hierarchie seiner neuen Familie am Ende der Rangordnung steht, andere Familienmitglieder nicht dominieren darf.

Niemals darf die Mutter vergessen werden, wenn ihre Welpen besondere Aufmerksamkeit finden. Sie alle brauchen persönliche Betreuung, Pflege und Spielzeiten, um das Band vom Menschen zum Hund so stark wie möglich zu machen.

Der Junghund muß sozial akzeptables Verhalten lernen, hierauf müssen seine Erzieher mit freundlicher Bestimmtheit bestehen. Hunde müssen immer die Grenzen kennen, was erlaubt ist und was verboten.

Um dies richtig zu übertragen, bedarf es eindeutiger Kommandos und Zeichen. Immer wenn der Hund das Gewünschte tut, muß er tüchtig gelobt werden. Die Erziehung erfolgt freundlich, immer von beruhigendem Sprechen begleitet. Ein Hund erkennt auch menschliche Mißbilligung, reagiert entsprechend auf ein festes »nein« oder »pfui«. *Keinesfalls* darf man den Hund schlagen, weder mit der Hand, noch mit der berüchtigten zusammengerollten Zeitung. Man sollte ihn auch nicht anschreien oder durchschütteln oder seinen Kopf bedrohen. Besonders gewöhnt man ihn jetzt an lauten Lärm wie Donner oder laute Geräusche, immer sollte er selbstbewußt reagieren, darf sich keinesfalls scheu zeigen.

Ist der Besitzer außer Haus oder anderweitig stark beschäftigt, ist für den Welpen immer der Käfig der ideale Platz. Keinesfalls darf man aber den Käfig als eine Art Strafe mißbrauchen, und er sollte immer im täglichen Aufenthaltsbereich der Menschen stehen!

ERZIEHUNG ZUR STUBENREINHEIT

Mit etwas Aufmerksamkeit kann man jeden Hund innerhalb von zwei Wochen stubenrein erziehen. Ausdauer, Geduld und Konsequenz sind die Schlüsselworte jeder guten Erziehung. Immer sollte man den Hund zu gleichen Zeiten füttern, danach durch die gleiche Tür an die gleiche Stelle nach draußen bringen. Nach dem Aufwachen, nach dem Fressen und nach dem Spielen muß sich ein Welpe immer lösen. Die übrigen Zeiten sind etwas schwieriger vorauszusagen, aber durch seine Körpersprache, Schnüffeln und Kreisen zeigt der Welpe in aller Regel seine Absicht rechtzeitig an. Dann muß der Welpe sofort mit freundlichen Worten nach draußen gebracht, tüchtig gelobt werden, wenn er alles richtig gemacht hat.

Ein kleiner Welpe sollte direkt nach dem Aufwachen und sofort nach dem Fressen ins Freie gebracht werden. Anfangs muß man tagsüber (und nachts) dies sehr häufig wiederholen, aber mit dem Älterwerden gewinnt er mehr und mehr Kontrolle über seine Blase. Die Ausflüge nach draussen schrumpfen nach und nach auf drei- oder viermal täglich. Für eine erfolgreiche Erziehung ist das Lob für richtiges Tun immer das Wirksamste. Bei dieser Erziehung gibt es keinen kurzen Weg. Hat der Besitzer aber von Anfang an Geduld und

Ausdauer, zahlt sich dies sehr schnell durch einen erstklassig stubenreinen Hund aus.

Nie darf man es dem Welpen erlauben, sich im Hause zu lösen - die manchmal empfohlene Erziehung zum Lösen auf Zeitungspapier ist reine Zeitvergeudung, eine schlimme Angewohnheit. Wenn sich der Welpe trotzdem im Hause zu lösen beginnt, wird er schnell aufgenommen, man sagt ihm laut »nein!« und trägt ihn nach draußen zu der Stelle, wo er sofort, wenn er sein Geschäftchen erledigt hat, tüchtig gelobt wird.

Es ist völlig sinnlos, einen Hund für einen früheren Fehler zu bestrafen, Hunde haben keinen Sinn für Zeit, verbinden die Strafe nicht mit dem Fehlverhalten, es sei denn, man ertappt sie auf frischer Tat.

WEITERE ERZIEHUNG

Im Alter zwischen sieben und zwölf Wochen dehnt der Welpe laufend seinen Horizont aus, nimmt alle Eindrücke auf. Jetzt braucht er seinen endgültigen Namen, reagiert auf Ruf und seinen Besitzer mit Aufmerksamkeit und Interesse. Erziehung in diesem Zeitraum darf keinesfalls länger dauern als maximal zehn Minuten bis eine

Um bei der Stubenreinheit erfolgreich zu sein, sollte man immer den Welpen an den richtigen Ort bringen, dort tüchtig loben, wenn er sich gelöst hat.

viertel Stunde. Richtiges Tun wird durch sehr viel Lob belohnt. In diesem Alter besitzt der Welpe die allergrößte Lernfähigkeit, reagiert auf alles, was man ihm beibringt. Dies ist auch die wichtigste Zeit, in der eine feste Verbindung zwischen Mensch und Hund aufgebaut wird.

Zwischen zwölf und sechzehn Wochen erklären viele Hunde ihre Unabhängigkeit. Jetzt müssen Hundebesitzer und Hund entscheiden, wer der Boß ist. Über diese Zeit laufen die körperlichen und sozialen Entwicklungen parallel. Jetzt bekommt der Hund auch sein zweites Gebiß, man kann ihn als eine Art Teenager ansehen. Der Zahnwechsel bringt einige Ablenkungen, die Konzentrationszeit ist noch sehr kurz. Über die gesamte Zeit müssen die Junghunde immer nur freundlich behandelt werden.

Ab sechzehn Wochen wird der Erziehungsprozeß weiter ausgedehnt. Sind die Grundbegriffe der Erziehung noch nicht richtig verankert, sollte man nicht weitergehen, sondern zunächst diese festigen. Wichtig ist daran zu denken, daß bereits in den ersten sechzehn Wochen eines Hundelebens seine Sozialisation gegenüber Menschen wie Hunden stattfindet. Zeit und Mühe, die man in dieser Zeit aufwendet, lohnen sich immer! Wenn man in dieser Periode einem Junghund die richtigen Grundbegriffe beibringt, ist es recht wahrscheinlich, daß die nächsten zwölf Jahre oder mehr für Herrn und Hund ebenso angenehm wie interessant sein werden.

GEWÖHNUNG AN PFLEGE

Für jeden Welpen, dem Ausstellungschancen beigemessen werden, sollte man jetzt einige Zeit opfern, ihn auf einen Pflegetisch stellen, dabei die Zähne kontrollieren, Ohren reinigen und Nägel schneiden. Kurzhaarige Hunderassen werden mit einem feuchten Tuch abgerieben, erhalten danach mit einem Gummihandschuh mit Noppen, Hundehandschuh genannt, eine tüchtige Massage. Langhaarige Hunde müssen je nach Rasse getrimmt oder geschoren, je nach dem auch gewaschen und unter dem Fön gebürstet und getrocknet werden. Alle diese Maßnahmen führt man am besten auf dem Pflegetisch durch. Bei einigen Terrier Rassen ergibt sich auch gelegentlich die Notwendigkeit, die Ohrhaltung zu korrigieren, auch dies erfolgt immer auf dem Pflegetisch.

Keine dieser Behandlungen auf dem Pflegetisch darf jemals für Besitzer oder Hund zur Plage werden. Der Hund muß lernen, seine Pflege als angenehm zu empfinden. Der Besitzer wiederum sollte sich und seinen Hund für den richtigen Auftritt im Ausstellungsring vorbereiten. Dabei ist ein erfahrener Züchter mit Kenntnissen, wie die Rasse auf Ausstellungen präsentiert wird, für den Neuling eine unschätzbare Hilfe. Von ihm lernt er, den Hund so zu pflegen, daß es dem Hund Spaß macht, alles leicht und reibungslos abläuft. Wichtig ist bei Ausstellungshunden natürlich auch, daß man ihnen entsprechendes Laufen an der Leine, sich auf dem Tisch richtig zu zeigen beibringt. Wenn sich der Hundebesitzer jetzt viel Mühe mit dem Junghund gibt, wird dieser auch alles tun, um zu gefallen. Je mehr Hund und Herr lernen und gemeinsam tun, um so erfüllter wird die Beziehung Hund-Mensch sein.

VOM WELPEN ZUM JUNGHUND

Wenn der Welpe heranwächst, treten viele Veränderungen ein. Größe und Kraft mehren sich, die sexuelle Reife beginnt. Hündinnen können zu jeder Zeit ab einem Alter von acht Monaten in ihre erste Hitze kommen.

In vielen Ländern sind die Tierärzte der Meinung, daß eine Kastration vor der ersten Hitze erfolgen sollte. Die Kastration ist wahrscheinlich die beste Versicherung gegen Krebs einschließlich Brustkrebs im späteren Alter. Die Kastration ist in diesem Alter auch gefahrloser als nach der ersten oder zweiten Hitze. Der Körper einer Hündin entwickelt sich schneller, reift früher als der eines Rüden. Frühe Kastration beeinträchtigt deshalb in der Regel das weitere Wachstum nicht.

Natürlich dürfen Ausstellungshunde nicht kastriert werden, hier sollten ab der ersten Hitze sorgfältige Aufzeichnungen erfolgen. Anders als Hündinnen ist ein Rüde sexuell nicht völlig ausgereift, in der Körperentwicklung abgeschlossen, ehe er zumindest zwei Jahre alt, zuweilen sogar älter ist. Seine sexuelle Aktivität kann bereits im Alter von sechs Monaten beginnen. Manche Rüden decken bereits im Alter von acht bis neun Monaten. In diesem Alter wird leider ein Rüde bei Zuchtprüfungen von vielen Clubs als noch zu jung angesehen. Rüden, die für die Zucht nicht in Frage kommen, kann man gleichfalls kastrieren, dies wird in vielen Ländern empfohlen. Ist ein Hoden in der Bauchhöhle zurückgeblieben, sollte er jetzt entfernt werden, später könnte es zu einer Verkrebsung führen. Kleine Hunderassen erreichen ihre körperliche Reife früher als die größeren.

GRUNDAUSBILDUNG

Um zu einem angenehmen Mitbürger und Familienhund zu werden, braucht jeder Hund eine

Grunderziehung. Hunde lieben eine richtige Aufgabe. Genau wie Menschen werden sie gerne gelobt, fühlen sich am glücklichsten, wenn sie als nützlich geachtet werden. Dies ist völlig natürlich, denn letztendlich hat der Nutzen des Hundes ihn überhaupt erst zum Gesellschafter des Menschen gemacht.

Zu den Grundlektionen, die jeder Hund beherrschen sollte, gehören Fuß, Sitz, Bleib, Hier und Platz. Es gibt viele Ausbildungsvereine und Rassezuchtclubs, die bei der Ausbildung Hilfe leisten. Wenn ein Hundebesitzer seinen Hund ohne fremde Hilfe erziehen möchte, gibt es sehr viele gute Erziehungsbücher, die ihm richtige Anweisungen geben. (Kynos Verlag: Roger Mugford, Hundeerziehung 2000, John Rogerson, Hundeerziehung... tierisch gut, Heinz Gail, 1 x 1 der Hundeerziehung). Treten Verhaltensstörungen auf, sollte man beim Tierarzt Rat suchen, aber auch hier gibt es erstklassige Fachliteratur! (Kynos Verlag: *Dr. Roger Mugford*, Hunde auf der Couch, *Myrna M. Milani*, Die Unsichtbare Leine).

Schlecht erzogene Hunde sind immer eine Belastung, ähnlich schlecht erzogenen Kindern. Die Ausbildungszeiten für Junghunde müssen immer recht kurz sein, etwa fünf bis zehn Minuten am Anfang. Die Ausbildung sollte man nicht zur gleichen Zeit und an gleicher Stelle wie die Spielzeit abhalten. Sehr schnell lernen die Junghunde solche Unterschiede.

Wissenschaftliche Untersuchungen haben ergeben, daß Hunde ihre eigene »Flegelzeit« haben. Der genaue Zeitpunkt variiert von Rasse zu Rasse und je nach Geschlecht des Hundes. Hündinnen zeigen eine solche Flegelzeit meist etwas früher als Rüden. Derartige Verhaltensänderungen müssen klar erkannt werden, in dieser Zeit braucht der Hund besonders viel Zuwendung! Gibt es beim Hund eine Veranlagung in Richtung Scheu oder Aggression, tritt dies während dieses Flegelalters besonders stark hervor. Durch vernünftige Erziehung muß man dem entgegenwirken.

ZUSAMMENLEBEN MIT ANDEREN

Nicht nur der Hund muß ein guter Mitbürger sein, auch sein Herr. Ein Hundebesitzer, der seinen Hund auf dem Arm nimmt - soweit es Größe und Kraft erlauben - oder anordnet, daß er bei Annäherung von Fremden während eines Spaziergangs bei Fuß geht oder sich setzt, wird von seinen Mitbürgern als angenehmer Nachbar empfunden.

Menschen halten Hunde aus einer Vielfalt von Gründen. Was immer auch der Grund sein mag, die enge Bindung zwischen Mensch und Hund bringt dem Hundebesitzer eine persönliche Bereicherung. Im gegenseitigen Verstehen gewinnt der Mensch ein höheres Maß an Verantwortung, Kommunikation und Mitempfinden. Hundebesitzer sind der Natur näher, leben in Harmonie mit ihr. Ein altes amerikanisches Sprichwort sagt: »Gott hatte einen Freund - und dieser war ein Hund.«

Nicht nur Hunde, sondern auch die Hundebesitzer müssen lernen, gute Nachbarn zu sein, insbesondere, wenn sie mit ihrem Hund in der Öffentlichkeit auftreten.

HUNDE IM AUSSTELLUNGSRING

Hundeausstellungen wurden ins Leben gerufen, weil Jäger und Schäfer ihre eigenen Tiere im Vergleich zu denen der Großgrundbesitzer bewerten lassen wollten. Mit dem Entstehen verschiedener Hundetypen, die ganz bestimmte Aufgaben zu erfüllen hatten, wurde zur Festigung eines bestimmten Rassetyps planmäßige Hundezucht immer wichtiger. Züchter, die einen Hund mit ganz bestimmten wertvollen Eigenschaften zu züchten bemüht waren, hatten natürlich größtes Interesse, Hunde zu finden, die genau diese Eigenschaften besaßen, um sie in ihr Zuchtprogramm einzubauen.

DIE ERSTEN ANFÄNGE

Es gibt widersprüchliche Meinungen, wann nachweislich die erste Hundeausstellung stattfand. Bereits im Jahre 1775 organisierte der Jäger John Warde außerhalb der Jagdsaison Jagdhundeausstellungen, versuchte damit, den Kontakt mit anderen aufrecht zu erhalten, die seine Liebe zum *Foxhunting* teilten. Anfang des 19. Jahrhunderts gab es in vielen Gasthäusern Londons sogenannte »Pits«, in denen beispielsweise Wettbewerbe mit Hunden zum Töten der Ratten veranstaltet wurden. Solche Konkurrenzen regten die Wettinstinkte an, zweifelsohne fanden in bestimmten Baulichkeiten wie etwa der Westminster Pit auch Hundekämpfe statt.

Als 1835 solche barbarischen Veranstaltungen gesetzlich verboten wurden, entstand die Idee, Hundeausstellungen durchzuführen. Ausstellungshunde nannte man dabei *Fancy Pets*. Mitte des 19. Jahrhunderts begannen englische Hundezüchter, sich regelmäßig zu treffen, die Qualität ihrer Hunde zu vergleichen. Anfänglich dienten diese Treffen rein der gegenseitigen Information, später entwickelten sie sich aber immer mehr zu organisierten Wettbewerben.

Im Juni 1859 wurde in Newcastle-upon-Tyne eine sehr gut organisierte Geflügelschau abgehalten, angeschlossen waren erstmalig zwei Klassen für Hunde, eine für Setter, die andere für Pointer. Die treibende Kraft hinter diesen Neugründungen war Mister Pape, ein ortsansässiger Büchsenmacher. Im November 1859 veranstaltete Richard Brailsford in Birmingham eine Hundeausstellung, die bis auf den heutigen Tag als *Birmingham National* fortgesetzt wird.

Eine ideale Grundlage zur Verbesserung des Zuchtmaterials ist regelmäßiger Wettbewerb, wobei die besten Exemplare der Rasse von erfahrenen Hundekennern bewertet werden. So hatten die Hundezüchter im vergangenen Jahrhundert eine erstklassige Idee, die in heutiger Zeit international zu einer sehr populären Freizeitbeschäftigung wurde. Die ersten englischen Hundeausstellungen befaßten sich mit Jagdhunden - Vorstehhunden, Laufhunden und Terrier - aber bald kamen immer mehr Hunderassen dazu, natürlich auch die sehr populären Kleinhunderassen, die einzig und allein als Familienhunde und zum persönlichen Vergnügen gehalten werden.

Es ist interessant, über die ganze Zeit wurden Hundeausstellungen von allen Gesellschaftsschichten besucht, und bis zum heutigen Tage gehören diese Veranstaltungen zu den alle Klassen überspannenden Hobbys. In den ersten Jahren hielten die Züchter der Arbeiterklassen ihre Wettbewerbe in den Hinterhöfen von Brauereien und Gaststätten ab, während der Adel ähnliche Veranstaltungen in entsprechendem Umfeld organisierte. Heute haben alle Klassen zusammen gefunden.

Im Jahre 1873 wurde der British Kennel Club gegründet, im Juni des gleichen Jahres veranstaltete er im Crystal Palace London seine erste Ausstellung. Heute ist Cruft's Hundeausstellung die herausragende Ausstellung in England und der ganzen Welt. Unser Bild zeigt den Best in Show Winner 1991, Clumber Spaniel Ch. Raycroft Socialite.

1884 wurde der American Kennel Club gegründet. Seine wichtigste Ausstellung ist die alljährliche Westminster Show. Unser Bild zeigt den Yorkshire Terrier Ch. Cede Higgens als Westminster Best in Show Winner 1978, seine Richterin war Anne Rogers Clark (links).

Die FCI, größte koordinierende Körperschaft der Rassehundezuchtvereine weltweit wurde 1911 gegründet. Ihr jährliches Hauptereignis, die Welthundeausstellung - wird abwechselnd in verschiedenen Ländern abgehalten. Sie fand 1994 in Bern in der Schweiz statt und wurde von dem Siberian Husky Ch. Artic Blue's Red Senator gewonnen.

GRÜNDUNG DER ZUCHTVEREINE

Mit der Weiterentwicklung der Rassen fanden immer mehr und größere Ausstellungen statt. In England wurde 1873 der Kennel Club gegründet. Seine Aufgaben umfassen die Eintragung aller rassereinen Hunde und das Koordinieren und Überwachen aller Hundeausstellungen. Nachdem Hundeausstellungen immer populärer geworden waren, traten verschiedentlich Unregelmäßigkeiten - ja Skandale - auf. So erwies es sich als notwendig, eine Organisation zu gründen, die hier eine strikte Kontrolle ausübt, die notwendigen Regeln und Verordnungen erläßt. Treibende Kraft zur Gründung des Kennel Clubs war Sewallis Evelyn Shirley, im April 1873 war sein Traum erfüllt. Shirley wurde der erste *Chairman* des Kennel Clubs und hielt diese Stellung über 26 Jahre. Seine erste eigene Ausstellung veranstaltete *The Kennel Club* im Juni des gleichen Jahres, für die Veranstaltung im Crystal Palace in London gab es 975 Meldungen. Bald wurde das *Challenge Certificate* eingeführt, die höchste Bewertung, die ein Hund erringen kann. Solche CCs sind die Bausteine zum Championat des Hundes.

Im Jahre 1884 wurde der American Kennel Club gegründet, vier Jahre später kam es zur Gründung des Canadian Kennel Clubs. Die *Fédération Cynologique Internationale (FCI)* wurde erst 1911 gegründet, die Gründungsmitglieder waren Deutschland, Österreich, Belgien, Frankreich und Holland. Bei der FCI handelt es sich mehr um eine koordinierende als regierende Körperschaft, die FCI unterhält keinerlei eigene Zuchtbuchführung für Hunde. Jedes Jahr treten neue Mitglieder in diese Organisation ein, unter der Überschrift *Welthundeausstellung* die alljährlich immer in einem anderen Land abgehalten wird, konkurrieren die Hunde um den Titel *Weltsieger*.

UNTERSCHIEDLICHE ORGANISATIONEN

Wahrscheinlich der entscheidende Unterschied zwischen dem englischen und dem amerikanischen Kennel Club liegt darin, daß die englische Spitzenvereinigung noch immer als traditionsbewußter gesellschaftlicher Club der englischen Gentlemen fortbesteht, obgleich seit 1979 auch Frauen eine Vollmitgliedschaft eingeräumt wird. Der American Kennel Club ist kein gesellschaftlich ausgerichteter Verein, sondern eine riesige, nicht auf Gewinn ausgerichtete Organisation mit bezahlten Mitarbeitern und eine Körperschaft von etwa 300 Delegierten der vielen Hundeclubs quer durch die USA. Diese Delegierten wählen regelmäßig den Präsidenten und ein »Board of Directors«. Die Hauptfunktion des AKC ist die Zuchtbuchführung. Seine Aufgaben sind aber recht breit angelegt, geben der Organisation das Recht und auch den Einfluß, alle Aspekte der Hundezucht und des Hundesports zu kontrollieren. Nachdem die Ausstellungen immer größer werden, auch die Arbeit mit den Hunden immer mehr wächst, muß in dieser Hinsicht der AKC sehr viel mehr Leistung erbringen.

Beobachter in beiden Ländern stellen häufig die Frage, inwieweit diese zwei Kennel Clubs demokratisch aufgebaut sind. Keiner von beiden scheint so demokratisch wie beispielsweise die Kennel Clubs in Skandinavien, wo jedermann, der irgendwelche Funktionen ausüben möchte, erst einmal die Mitgliedschaft erwerben muß.

Heute finden in allen zivilisierten Ländern der Welt Hundeausstellungen statt. In jedem Land gibt es dabei ein einheitliches System, wobei aber von Land zu Land doch beträchtliche Unterschiede auftreten. So muß beispielsweise im United Kingdom ein Hund drei Challenge Certificates (CCs) unter drei verschiedenen Richtern gewinnen, um Champion zu werden. Zumindest eines dieser CCs muß errungen werden, wenn der Hund älter als ein Jahr ist. Das CC wird jeweils dem Rüden und der Hündin zugesprochen, den der Richter als den/die beste(n) ansieht. CCs gibt es nur auf Championship Ausstellungen, alle Hunde einer bestimmten Rasse konkurrieren gegeneinander, einschließlich auch der schon bestätigten Champions.

In den Vereinigten Staaten jedoch werden Championatspunkte nur in Konkurrenz zu Hunden gewonnen, die nicht Champions sind. Der beste Rüde und die beste Hündin werden als *Winners Dog* und *Winners Bitch* bestimmt. Diese Hunde treten dann zum Wettbewerb mit bereits ernannten Champions in der *Best of Breed Class* an. Es gibt kein Mindestalter für einen Champion in den USA, zu dem die letzten Championatspunkte gewonnen werden müssen. Auch das Punktesystem ist außerordentlich kompliziert. Für das Championat muß ein Hund mindestens 15 Punkte erreichen, wobei fünf die maximale Zahl einer Ausstellung sind. Die zu vergebenen Punkte auf den einzelnen Ausstellungen werden je nach Veranstaltungsort (es gibt verschiedene Zonen) festgelegt, weiter spielt die jeweilige Rasse und das Geschlecht des Hundes eine Rolle, ebenso die Anzahl der im Wettbewerb stehenden Konkurrenten.

Um amerikanischer Champion zu werden, muß der Hund zumindest zwei *Majors* (drei Punkte oder mehr) unter zwei verschiedenen Richtern ge-

wonnen haben. Die noch fehlenden Punkte können dann auch bei kleinerer Konkurrenz errungen werden. Wie in England ist die Mindestzahl der Ausstellungen für einen Titelgewinn auf drei festgelegt. Das amerikanische System wird aber noch dadurch weiter kompliziert, daß ein Hund seine eigene Punktzahl vergrößern kann, wenn er auf Gruppenebene siegt, wo er mit anderen Rassen der Gruppe in Konkurrenz steht. Auf diese Art kann es sein, daß ein Hund in seiner Rasse alleine ausgestellt wird, deshalb keinen Punkt erhält, dann aber rückt er in die Gruppe, später in den Wettbewerb um Best in Show vor. Glücklicherweise besiegt er dabei vielleicht Hunde, die ihrerseits bereits im Rassewettbewerb Punkte oder gar *Majors* gewonnen haben. Dabei erhält er die gleiche Punktzahl wie der Hund, den er besiegt hat, wobei aber der besiegte Hund seine Punkte behält.

In Kanada herrscht ein ähnliches System wie in den USA. In Kanada muß ein Hund zumindest einen Wettbewerber besiegen, für das Championat braucht er zehn Punkte.

In den FCI-Ländern wird das internationale Schönheitschampionat nur in der offenen Klasse, der Siegerklasse und der Gebrauchshundeklasse in Wettbewerb gestellt. Der beste Rüde und die beste Hündin aus diesen drei Klassen erhält das CACIB. Ein international Schönheitschampion muß viermal CACIB erringen, in drei verschiedenen Ländern unter drei verschiedenen Richtern. Zwischen dem ersten und letzten CACIB muß ein Mindestzeitraum von zwölf Monaten liegen.

Wichtig ist noch die Feststellung, daß CC wie

Richten einer Deutschen Dogge auf einer kanadischen Hundeausstellung. In Kanada gelten weitgehend gleiche Regeln auf Hundeausstellungen wie in den Vereinigten Staaten.

CACIB vom Richter nicht vergeben werden muß, wenn die Qualität der Wettbewerber nicht vorzüglich ist. Manchmal erweisen sich Richter als übermäßig generös, zögern zuwenig, diese Spitzenauszeichnung zurückzuhalten, wenn Hunde antreten, denen die absolute Klasse fehlt.

AUSSTELLUNGSARTEN

Es gibt verschiedene Niveaus der Hundeausstellungen, in allen Ländern stehen dabei die Championatsausstellungen an der Spitze. Eine ganze Anzahl von Hundeausstellungen gerade in den angelsächsischen Ländern haben auch gesellschaftliche Aspekte, sind weniger Zuchtschauen als Freizeitbeschäftigung. Da gibt es auf dieser niedrigeren Ebene Match Shows, Open Shows, Limited Shows, Sanction Shows, Primary Shows und Exemption Shows. Dies ist eine Art Hindernisrennen, Ausstellungssieger der höheren Ausstellungskategorien sind für die einfachen Ausstellungen nicht zum Wettbewerb zugelassen.

In Deutschland unterscheidet man internationale Rassehundezuchtschauen, allgemeine Rassehundezuchtschauen und Spezialzuchtschauen.

Unabhängig vom Schwierigkeitsgrad der Ausstellung gibt es im Ausstellungsring zwei Wettbewerbsarten - innerhalb der Rasse und innerhalb der Rassengruppe. Der Wettbewerb innerhalb der Rasse umfaßt in den verschiedenen Einzelklassen die Konkurrenz gegen Hunde gleicher Rasse, wobei es um Klassensiege, besten Rüden der Ausstellung, beste Hündin und eventuell auch Rassenbesten geht. Im Gruppenwettbewerb konkurrieren verschiedene der gleichen Gruppe angehörenden Rassen miteinander. Nehmen wir als Beispiel die *Terrier Group*. In diesem Wettbewerb treten alle Terrier von der jeweiligen Ausstellung an, die bereits innerhalb ihrer Rasse als *Best of Breed* (Rassebester) ausgezeichnet wurden. Später treten dann wiederum die Gruppensieger zum Wettbewerb um den besten Hund der Ausstellung an. Dabei gibt es folgende FCI-Gruppen: 1 - Hüte- und Treibhunde, 2 - Pinscher und Schnauzer, Molosser und Schweizer Sennenhunde, 3 - Terrier, 4 - Dachshunde, 5 - Spitze und Hunde vom Urtyp, 6 - Laufhunde und Schweißhunde, 7 - Vorstehhunde, 8 - Apportierhunde Stöberhunde, Wasserhunde, 9 - Gesellschafts- und Begleithunde, 10 - Windhunde.

Für den Neuling erhebt sich häufig die Frage - wie kann man eigentlich überhaupt einen Chihuahua gegenüber einer Deutschen Dogge richten? Mit dieser Frage werden wir uns noch näher beschäftigen.

DIE RASSESTANDARDS

Als erstes behandeln wir hier die Grundprinzipien des Wettbewerbs innerhalb einer Rasse. Jede Hunderasse brauchte vor ihrer Anerkennung durch die nationale Hundezuchtorganisation einen Rassestandard, in dem das Bild eines perfekten Hundes aufgezeichnet ist. In jedem Rassestandard werden die anatomischen wie charakterlichen Anforderungen an die Rasse detailliert dargestellt. Dabei sind die Erläuterungen jeder einzelnen Anforderung an ein perfektes Tier bei allen Rassen auf die Leistung und Aufgaben abgestimmt, wie sie von Anfang an gefordert wurden, weniger auf vorübergehende Modetrends. Die einzelnen Rassestandards erhält man von den nationalen Hundezuchtorganisationen, sie wurden in der Regel in den Büchern über Einzelrassen wörtlich übernommen.

Im Grundsatz ist der Rassestandard auf die Einzelbeschreibung folgender Merkmale abgestimmt: Allgemeine Erscheinung, charakteristische Merkmale, Wesen, Kopf und Schädel, Augen, Ohren, Fang, Hals, Vorderhand, Körper, Hinterhand, Pfoten, Rute, Bewegung/Gangwerk, Haar, Farbe, Größe und Fehler. In jüngeren Jahren wurde aus englischen Rassestandards die Aufzählung von Einzelfehlern herausgenommen, in einigen europäischen und amerikanischen Standards findet man immer noch eine Auflistung von disqualifizierenden Fehlern.

Über die Jahre wurden die Rassestandards überarbeitet, einander im Aufbau angeglichen oder einfach abgeändert, weil die internationalen Hundezuchtorganisationen versuchten, eine gewisse Einheitlichkeit zu erreichen. Auch in Rassezuchtvereinen, die ja meist von den Züchtern bestimmt sind, wurden Änderungswünsche erhoben, entstand zuweilen auch einiger Druck auf modische Änderungen. Die Vereinheitlichung auch der Sprache in den Standards hat gewisse Veränderungen gebracht.

Für den Hunderichter ist der Rassestandard das wichtigste Werkzeug. Ein Richter braucht ein gutes Auge für Qualität und Ausgewogenheit, ebenso wichtig ist Integrität und Charakterstärke. Hinzu tritt der Rassestandard, und damit hat er die Grundlage für alle Plazierungen der ihm vorgestellten Hunde. Glücklicherweise für die Hundeaussteller erlauben die Rassestandards dem Richter eine gewisse Freiheit der persönlichen Interpretation. Früher waren viele Originalstandards in der Art aufgebaut, daß zu einzelnen Merkmalen des Hundes ein bestimmter Prozentsatz einer Gesamtpunktzahl von 100 zugeschrieben wurde, was

DAS RICHTEN DES AMERICAN COCKER SPANIEL

Der Standard des American Cocker Spaniel ist ausgerichtet auf seine Arbeitsfähigkeit bei der Jagd. Einen ersten Eindruck gewinnt man von dem im Profil stehenden Hund, dabei werden Typ, Größe, Proportionen und Ausgewogenheit festgestellt. Danach betrachtet man das Profil in der Bewegung. Am schwierigsten ist immer, einen Hund mit kurzem Körper zu züchten, der sich dennoch flüssig bewegt.

Alle Einzelmerkmale des Hundes müssen mit dem Rassestandard verglichen werden. Eine Prüfung des Hundes auf dem Tisch kann nützlich sein, weil man dabei die Einzelheiten des anatomischen Aufbaus noch besser feststellen kann.

Wieder auf dem Boden zurück wird der Bewegungsablauf des Cockers beim Kommen wie Gehen genau festgestellt. Der Hund muß sich da-

bei aufrecht bewegen, kurzer Rücken mit gutem Vortritt und Schub, in gerader Linie muß der Boden mühelos überwunden werden. Im Idealfall wird der Cocker im schnellen Trab (kein Galopp) an ziemlich loser Leine vorgestellt.

Das rassetypische Tier ist immer frei von allen Übertreibungen. Richten ist immer ein Vergleich gegenüber dem Standard, muß jeden Fehler jedes Wettbewerbers erfassen. Der im Ring vorgestellte Cocker, so aufgebaut, daß er bei der Jagd erstklassige Arbeit leistet, auch im Wesen auf seine Arbeit ausgerichtet ist, wird dann auf den ersten Plätzen stehen, wenn sein Kopf, Haarkleid, Farbe und Größe in die vorgeschriebenen Limits paßt. Der Cocker muß immer die Fähigkeit und auch den Willen haben, seine jagdlichen Aufgaben zu erfüllen.

---

sich als viel zu formal erwies. Die heutige Form der Rassestandards ist hier sehr viel weniger starr, ermutigt den Richter, den ganzen Hund zu bewerten, ihn weniger in seine Einzelteile aufzugliedern.

Natürlich sind alle Rassestandards darum bemüht, ein Wortbild der Perfektion jeder Hunderasse aufzustellen. Leider ist dies alles sehr formell, insbesondere in den modernen, einheitlicheren Versionen. Einige Originalstandards erschienen häufig in ihrer Sprache recht blumig, dabei darf man aber nicht übersehen, daß bestimmte Ausdrücke gerade deshalb gewählt wurden, um die Nuancen sehr genau zu beschreiben. Beispielsweise wurden die Anforderungen an den Kopf eines Pekingesen von »groß« in »massiv« abgewandelt, dabei wurde aber das Gefühl für wirkliche Größe verloren. Da die neu formulierten Rassestandards von Generation zu Generation weitergereicht werden, besteht durchaus die Gefahr, daß wichtige Rassemerkmale auf diesem Wege verlorengehen.

DIE AUSWAHL DES SIEGERS

Der Nachteil schriftlich niedergelegter Rassestandards liegt darin, daß sie keinen Hinweis enthalten über das in Worten schwer zu Fassende, was jeder Richter bei seinen Spitzengewinnern erwartet - Charisma, Spitzenqualität, Präsenz! Wenn es ein Hund hat, wird es auch erkannt, dies ist das, was einen Spitzenhund ausmacht. Es scheint, sie haben eine Art *Aura*. Für den seine Aufgabe ernstnehmenden Richter ist das Finden, ja auch das Sehen,

genau eines solchen Hundes eines der vollkommensten Vergnügen.

Zu den Nachteilen schriftlich niederlegter Rassestandards gehört die Schwierigkeit, ganz bestimmte, kaum in Worten zu fassende Qualitäten festzulegen, die jeder Richter gerade bei den Spitzengewinnern sieht. Dieses Foto scheint das Charisma - die Starqualität - gerade des Fox Terriers auf der rechten Seite eingefangen zu haben.

Anne Rogers Clark war die Vorführerin von Ch. Karlena's Musical Rattler, dem Coonhound, der auf der Westminster Show am 8. und 9. Februar 1960 in New York Best of Breed wurde.

Zitieren wir Andrew Brace: »Die Erinnerung an einen wirklich herausragenden Hund verblaßt nie, und Hunde, ausgestattet mit dem Fluidum des Superhundes, gibt es nur sehr wenige. Der erste Hund, der auf mich einen solchen Eindruck machte, war der Bull Terrier Ch. Abraxas Audacity, er wurde auf Cruft's 1972 *Best in Show.* Ich weiß noch genau, wie er den »Großen Ring« betrat, als wäre es gestern gewesen. Ein strahlendes weißes Tier, mit einer wirklich perfekt erscheinenden Muskulatur, bei dennoch absolut wie gemeißelt wirkenden äußeren Linien. Er trat auf den roten Teppich, schüttelte sich ein- oder zweimal, schaute seiner Nase enlang und stolzierte durch die ganze Länge der riesigen Arena mit wedelnder Rute, in seinen Augen erkannte man eine Spur von Mutwillen. Er war die genaue Verkörperung dieser großartigen Hunderasse, er bestach durch seine Kondition, jeder einzelne Schritt spiegelte seine große Persönlichkeit. Es war bestimmt keine Überraschung, als er schließlich auf dem großartigen ersten Platz stand!

Von den ganz großen Hunden, die ich je richten durfte, hat mich keiner mehr beeindruckt, als der großartige Lhasa Apso Ch. Saxonsprings Fresno. Diese Hündin bestätigte wirklich den stolzen Satz, daß sie bereits zu ihren Lebzeiten eine Legende wurde. Ich hatte das Vergnügen, diese Hün-

din auf einer kleinen Ausstellung in Sheffield zu richten, damals war sie noch ein wenig mit ihrem Führer zusammenarbeitender Teenager. Aber vom ersten Augenblick an hatte sie den richtigen Blick, man erkannte sofort, daß sie etwas ganz besonderes war. Und als ich sie auf dem Tisch hatte, war es eine reine Freunde, sie abzutasten, einen perfekten Körper, bei dem alles paßte und ineinander überging. Trotz ihrer Eigenwilligkeit an diesem Tag machte ich sie zur *Best in Show.* Und nachdem sie bereits alle Rekorde gebrochen hatte, war es mir ein ganz besonderes Vergnügen, das Challenge Certificate und *Best of Breed* auf der Ausstellung zu überreichen, auf der sie sich endgültig vom Ausstellungsgeschehen zurückzog.«

Anne Rogers Clark hat lebhafte Erinnerungen an den besonderen Reiz, den sie in der Arbeit und beim Richten von Hunden empfand. Sie kommentiert: »Hunde richten ist wie.... Perlen in Austern entdecken - oder ein goldenes Nugget..... Die Aufregung kann man fühlen, wirklich - und Du erinnerst Dich genau daran, wenn Du auf den nächsten ganz großen Hund triffst. Mein erstes richtiges Erlebnis hatte ich noch ehe ich Richterin war, als Berufshundeführerin im Ring stand. Einer meiner Kunden, der große Pudelliebhaber Clarence Dillon war nach England gefahren, kaufte von einem berühmten Zwinger eine sehr versprechende schwarze Zwergpudelhündin. Er brachte sie nach den Vereinigten Staaten zurück. Da er zu dieser Zeit aber keinen regelmäßigen Vorführer hatte, saß diese Hündin über mehrere Monate in einem hübschen Zwinger, während er sich alle Vorführer ansah, die für sie in Frage kamen. Zu dieser Zeit war ich noch recht jung, aber in meinem Beruf schon weit vorangekommen, so war ich sehr erfreut, als ich gebeten wurde, mir seine Hunde anzusehen. Die Hündin war buchstäblich mit Haar zugewachsen, sah aber sehr versprechend aus. So nahm ich sie nach Hause, um sie näher kennenzulernen. Nach mehreren Tagen des Badens, Bürstens, Scherens und Formens war sie die allerschönste junge Zwergpudelhündin, die je jemand - einschließlich mir selbst - zu Gesicht kam. Und sie stand vor ganz großen Erfolgen. Im Jahre 1959 gewannen wir gemeinsam die Westminster Show, noch heute lebt ihr Blut in all ihren Nachkommen weiter. Hierzu gehört auch die Siegerin der *Non Sporting Group* 1995 auf Westminster, die Hündin Dunwalke's Ch. Fontclair Festoon.

Es gab noch sehr viel interessante Erlebnisse, dabei bereitete es immer neue Freude zu beobachten, wie Hunde ihr Schicksal im Ausstellungsring und als Zuchttiere krönten. Dies ist etwas, was einen an einem dunklen, verregneten Morgen munter aus dem Bett bringt, wenn man danach den ganzen Tag draußen im Freien unter bei weitem nicht gerade perfekten Konditionen richten muß. Der nächste Hund im Ring kann genau der sein, nach dem man immer Ausschau gehalten hat.« Völlig unabhängig, wie man einen Rassestandard liest, jedes Wort studiert, die Fähigkeit, echte Größe zu erkennen, ist eine Frage des Instinkts, wenn Du es so willst eine Gabe, die bei weitem nicht jedem geschenkt wurde.

WIE MAN RICHTER WIRD

Zu den am meisten gestellten Fragen in der Hundewelt gehört, wie man eigentlich Richter werden kann. Von Land zu Land gibt es hier geradezu drastische Unterschiede. Aber unabhängig von der Nationalität wäre es sicherlich für jeden undenkbar, an das Richten von Hunden zu denken, ehe er

Einige Richter kombinieren ihre Aktivitäten, stellen auch selbst auf Ausstellungen Hunde vor. Trotz all seiner Richterverpflichtungen führte Andrew Brace seinen Beagle Ch. Dialynne Toliver of Tragband in der Ausstellungssaison 1995 zum Championat.

oder sie sich das Wissen über die ausgewählte Rasse erworben hat, ebenso Kenntnisse über alle Kontrollen und Formalien im Ausstellungsring. Ehe man überhaupt etwas unternimmt, kann man zunächst als Ringsteward eines erfahrenen Richters vorzügliche praktische Erfahrung gewinnen. Dabei lernt man richtiges Verhalten im Ring, Erledigung der notwendigen Schreibarbeiten, etwa Führen des Richterbuches und des Berichts des Ringstewards. Der Kandidat lernt dabei auch mit einer bestimmten Autorität im Ringzentrum aufzutreten. In England kann man sich nicht selbst als Richter bewerben, künftige Richter werden vielmehr von einem Hundeverein eingeladen, als Richter tätig zu werden. Diese Rassezuchtvereine haben Listen möglicher Richter auf verschiedenen Ebenen, die niedrigste Liste enthält Namen von Kennern, die sich als erfolgreiche Züchter auszeichnen, von denen man annimmt, daß sie bereit sind, auf einer kleinen Ausstellung zu richten.

Möglicherweise erolgt dann nach fünf Jahren des Richtens auf dieser Ebene eine Einladung für eine Championshipausstellung. Hierzu bedarf es zunächst der Erlaubnis des Kennel Clubs, Challenge Certificates zu vergeben, deshalb muß der eingeladene Richter einen ausführlichen Fragebogen ausfüllen und vorlegen. Dieser wird sorgfältig von dem *Kennel Club Judges Committee* studiert, es werden auch die Meinungen der wichtigen Rassezuchtvereine eingeholt. Wenn alles in Ordnung geht, bestätigt der Kennel Club die ausgesprochene Einladung, aber nur diese. Es steht ihm auch völlig frei, ohne Angabe von Gründen die Zustimmung zu verweigern. Da in England die Richter immer nur für eine Ausstellung Genehmigung erhalten, bedarf es der gleichen Prozedur bei jeder zusätzlichen Rasse, die ein Richter richten möchte. Dieser langsame Prozeß erklärt deutlich, warum es im Jahr 1995 im United Kingdom nur eine einzige Persönlichkeit gab, der das Richten aller Hunderassen gestattet war.

In der Vergangenheit, also vor etwa 20 oder 30 Jahren, kamen die Richter aus den Kreisen der erfolgreichen Züchter und Hundevorführer. Die Ausstellungsleitungen luden sie ein, weil man ihre Erfahrung schätzte. Diese Persönlichkeiten mußten nicht sofort den gleichen Grad eigener Erfahrung nachweisen wie die heutigen Richter in England.

GROSSE RICHTER

Gerade die ältere Generation der Allround-Richter, die Hunde und alle Arten von Haustieren richteten, besaßen in ihren Reihen besonders interes-

Catherine Sutton beim Richten des »Best in Show« bei der Championship Show Windsor. Diese Richterin zeichnete sich durch profundes Wissen aus, gehörte zu den Angesehensten der Welt.

sante »Charaktere«. Darunter gab es sicherlich auch einige, deren Ruf die Vermutung nahe legt, daß sie für die heutigen Hundedachverbände kaum akzeptabel wären. Es gibt Geschichten über einige Richter, die Zigarren rauchend Hunde im Ring vorführten. Es ist auch wahr, daß Countess Howe einmal sogar aus dem Rollstuhl Labrador richtete, ihre Sieger durch Zeigen mit ihrem Gehstock auswählte. Noch in jüngerer Zeit traf man auf Allrounder wie Joe Braddon und Bill Siggers. Beide Persönlichkeiten besaßen eine Art sarkastischen Humor, der möglicherweise heutzutage nicht allen zusagen würde. Kein Zweifel besteht aber, daß ihr Wissen über alle Hunderassen umfassend war, sie das richtige Auge besaßen, einen großartigen Hund auch bereits als Junghund herauszustellen.

Die Reihe der britischen Allrounder wurde in den letzten paar Jahren traurigerweise immer kleiner. R.M. »Bobby« James erreichte weltweit Anerkennung für sein außergewöhnliches Auge, seine wunderbar verständlichen Richterberichte; Lily Turner hatte rabenschwarzes Haar, ein ständiges wohlwollendes Lächeln im Gesicht; Stanley Dangerfield verfügte über eine Figur wie ein Ladestock, besaß berühmte pastellfarbene Jackets; Herbert Essam trug immer eine Plastikorchidee und dazu passenden Schlips, noch lange, ehe dies modisch wurde; Catherine Sutton war in allem, was sie unternahm, von höchstem Wissen; Joe Cartledge verfügte immer über ein freundliches Wort für Neulinge und junge Hundefreunde; der strenge Gesichtsausdruck von Reg Gadsden verbarg die freundliche Seele, die sich dahinter versteckte; die allseits geliebte Allrounderin Judy DeCassem-

broot war immer sicher, daß sie das Richtige tat. Alle diese großen Persönlichkeiten und viele mehr verschwanden aus der englischen Hundeszene, sind kaum zu ersetzen.

Andere Richter wie die international hoch angesehene Gwen Broadley haben sich in voller körperlicher Frische zurückgezogen. Ihr Verlust wird schmerzlich empfunden, obgleich sie wie immer als ehrgeizige und erfolgreiche Labradorzüchterin weiter mit von der Partie ist. Möglicherweise ist es Skandinavien überlassen geblieben, populäre Allroundrichter hervorzubringen, die großes Wissen mit einer lebhaften Persönlichkeit vereinen. Wir denken als besonders gute Beispiele an Hans Lehtinen aus Finnland und an Ole Staunskjaer in Dänemark.

Der beliebteste, respektiertetste und angesehenste Richter in den Vereinigten Staaten war Alva Rosenberg, ein ruhiger Mann von wunderbarem Charakter. Er besaß für jeden Hund eine ruhige Hand, ein unglaublich gutes Gedächtnis über Hunde, die er einmal gerichtet und herausgestellt hatte. Sein Name wurde mit Qualität und Typ gleichgesetzt, Ziel aller Züchter war es, Hunde zu züchten, die Alva gefallen sollten. Ein anderer Richter, durch und durch Hundemann, war der Engländer Percy Roberts, der sich in den USA ansiedelte. Er wurde ein sehr berühmter Hundevorführer, importierte für seine amerikanischen Kunden gute Hunde, gewann auf der Westminster Show viermal *Best in Show* - ein Rekord! In seinem Ring herrschte völlige Ordnung. Wenn er die Hunde plaziert hatte, wußte jeder einzelne ganz genau, wo er stand und - warum er auf diesen Platz gekommen war.

Einige große Hundeverbände mögen danach streben, eine neue Generation von Richtern zu schaffen, die auf vielerlei Art geklont wirken. Dennoch bleibt die Hoffnung, daß es auch weiter einzelnen Persönlichkeiten erlaubt sein wird, sich zu entfalten, vorausgesetzt sie verfügen über das Wissen, die Integrität und die Hingabe, die nun einmal die Aufgabe eines Richters verlangt.

DAS AMERIKANISCHE SYSTEM

In den USA kann man sich als Richter bewerben, danach folgt eine Ausbildung durch erfahrene Richter auf praktischer Grundlage. Der amerikanische Kennel Club muß Spezialrichter für einzelne Rassen anerkennen, gestattet zuweilen erfahrenen Richtern mehr als eine Rasse gleichzeitig zu richten. Häufig handelt es sich dabei um eine Untergruppe ähnlicher Rassen, für die der Richter gleichzeitig zugelassen wird. Auf diese Art werden Züchter, Richter und künftige Hundevorführer praktisch geschult. Bei einer solchen Ausbildung zählen eigene Geschicklichkeit, Einfallsreichtum, gute Manieren und persönliche Fähigkeiten, nicht Anatomie und Qualitäten der eigenen Hunde.

Zum Vorteil aller verfeinert der AKC laufend das Richten im Ausstellungsring. James Edward Clark war der erste in den Vereinigten Staaten, der über eine bestimmte Hunderasse ein Seminar veranstaltete, um dazu beizutragen, Züchter und künftige Richter zu erziehen. Dieses Seminar wurde in Pittsburgh, Pennsylvania Anfang der 1960er Jahre abgehalten, es erwies sich als großes Lernerlebnis. Das Prinzip solcher Unterrichtsseminare wird fortgesetzt. Heutzutage werden in den Vereinigten Staaten viele Seminare über einzelne Hunderassen durchgeführt.

Der American Kennel Club hat damit begonnen, jährlich zwei *AKC Judges Institutes* abzuhalten. Diese Veranstaltungen sind außerordentlich populär, gehen jeweils über eine Woche. Alle Aspekte des Richtens werden geprüft, darunter wie man das Geschehen im Ring organisiert, Interpretation und Verstehen des Standards, allgemeine Regeln und Bestimmungen, Abfassen von schriftlichen und mündlichen Richterberichten, Beurteilung einer Klasse, Wiegen und Messen eines Hundes, richtiges Anfassen des Hundes beim Richten, alles Themen, die jeder Richter beherrschen muß. Dabei lernen häufig die Lehrer ebensoviel wie ihre Schüler. In den USA kann man sich als Richter für eine bestimmte Rasse bewerben, wenn man diese zumindest über zehn Jahre gezüchtet hat, wenigstens vier Würfe, in denen zumindest zwei Champions waren. Der Bewerber muß auch auf sechs *Sanction Match Shows* oder *Sweepstake Classes* die Rasse gerichtet, auf mindestens fünf AKC-Ausstellungen als Ringsteward gearbeitet haben. Alle diese Züchter müssen einen detaillierten und langen Fragebogen ausfüllen. Wird diese Bewerbung von dem *Board of Directors* des AKC gebilligt, muß sich der Bewerber in der fraglichen Rasse einer schriftlichen Prüfung unterziehen. Nach dieser Prüfung erfolgt mit dem Bewerber ein Interview durch einen Vertreter des AKC. In diesem Interview kann der Bewerber sein Wissen über die Rasse und seine Fähigkeiten als Richter unter Beweis stellen. Alle Ergebnisse werden dem *Board of Directors* unterbreitet. Sind die Ergebnisse positiv, wird dem Bewerber der Status eines vorläufigen Richters gewährt.

Ein solch vorläufiger Richter muß warten, bis er die Einladung eines Clubs zum Richten erhält. Fünfmal muß er bei solchen Richtertätigkeiten unter Beobachtung eines AKC-Repräsentanten stehen. Verläuft alles gut, wird dem Board ein entsprechender Bericht zur Genehmigung vorgelegt. Dieses Verfahren dauert etwa sechs Monate.

Hat man erst einmal eine Anzahl von Ausstellungen gerichtet, kann man sich auch als Richter für eine andere Rasse bewerben. Bewerber, die in einem anderen Land bereits Richter waren, in den USA leben, können bereits bei ihrer ersten Bewerbung sich für mehr als eine Rasse oder eine Gruppe anmelden. Das wachsende Interesse an Rassehunden und die Meldezahlen auf US-Ausstellungen bringen es mit sich, daß eine wachsende Anzahl von Richtern erforderlich wird, um die vielen alljährlichen Hundeausstellungen zu betreuen. Deshalb ist der AKC laufend bemüht, auf dem günstigsten Weg das Talent zu entdecken und zu honorieren, das nun einmal für erstklassiges Richten notwendig ist.

DAS KANADISCHE SYSTEM

In Kanada muß ein Richterkandidat zumindest einen Champion selbst gezüchtet haben, der sein Championat innerhalb der letzten zehn Jahre errang, zusätzlich einen zweiten, der zu irgendeinem Zeitpunkt Champion wurde. Die Bewerber müssen auch zumindest vier Würfe gezüchtet haben, Mitglied des Canadian Kennel Clubs sein. Zu den weiteren Anforderungen gehören zumindest 30 Stunden Arbeit als Ringsteward, in jeder Saison mindestens drei Stunden. Bewerber müssen auch zumindest innerhalb der letzten fünf Jahre auf fünf vom CKC anerkannten *Matches* gerichtet haben. Die Bewerber müssen alle Einzelheiten ihres Wissens über Hunde angeben, bei der Bewerbung ein schriftliches Examen ablegen. Die Ergebnisse werden an das Committee zur Bewertung eingereicht. Bei positiver Entscheidung darf der Bewerber eine Richterverpflichtung übernehmen, bei der er beobachtet wird. Nach dieser Hürde können bei den zugelassenen Rassen jede Anzahl von Verpflichtungen übernommen werden, bei drei Gelegenheiten erfolgt eine Beobachtung. Gibt es keine negativen Kommentare durch die überwachenden Richter, kommt der Bewerber auf die Liste der anerkannten Richter. Für die Wiederaufnahme auf diese Liste bedarf es jährlicher Antragstellung.

FCI RICHTER

Die in der FCI zusammengeschlossenen Länder legen im allgemeinen größten Wert auf gründliches Studium und Prüfungen, praktisch wie theoretisch. Häufig müssen Intensivkurse besucht werden, die gewährleisten, daß die Richterkandidaten in der hundlichen Grundanatomie recht versiert sind, noch ehe sie sich mit einem detaillierten Studium der Rassemerkmale und Typen befassen. Ein Lehrrichtersystem wurde aufgebaut, wobei die Richterkandidaten die Gelegenheit haben, Hunde zu beurteilen, Richterberichte zu schreiben, die gleichzeitig von einem erfahrenen Richter bewertet werden. Am Ende des Tages werden die Auffassungen der Richteranwärter geprüft, mit denen des amtierenden Richters verglichen, der dann beurteilt, ob der Anwärter schon bereits über genügend Wissen verfügt, diese Rasse zu beurteilen.

Bei der Beurteilung jeder Rasse basieren die Richter ihre Bewertung auf persönlichen Erfahrungen, die sie als Züchter und Aussteller gewonnen haben, dem dabei erreichten eigenen Qualitätsstandard und ihrem Wissen über den Rassestandard. Während aber dieser Standard ein Bild der Perfektion aufzeigt, ist die Auffassung jedes Richters über Qualität sehr stark von seinem eigenen Wissen und seinen Erfahrungen gefärbt.

Um ein Beispiel zu geben: Ist ein Richter selbst Züchter von Boxern, hat in seinen eigenen Blutlinien gerade größere Probleme mit hellen Augen, ist er durch eigenen Erfahrungen über die Schwierigkeiten, einen solchen Fehler wieder herauszuzüchten, strenger als Richter, die noch nie solche Probleme hatten.

DIE ERSTE AUSSTELLUNG

Den eigenen Hund gegen andere Hunde der gleichen Rasse in Wettbewerb zu stellen, dies ist immer der logische Anfang. Dabei gibt es in angel-

Erstmaliges Ausstellen eines Hundes kann zu einem großartigen, wenn auch manchmal nervenaufreibenden Erlebnis werden. Ein früher Start in jugendlichem Alter stärkt das Selbstvertrauen.

sächsischen Ländern im Ausstellungssystem eine Art Handikapsystem, wonach in den ersten Klassen nur Hunde in bestimmtem Alter zugelassen sind, bereits erzielte Ausstellungserfolge schliessen aus diesen Klassen aus, während im kontinentalen FCI-System die Klassenaufteilung vorwiegend auf das Alter der Hunde ausgerichtet ist.

Wichtig ist immer, daß der Neuling sich darüber von Anfang an im klaren ist, daß aller Wahrscheinlichkeit nach sein Hund kein Champion sein wird. Viele Besitzer von Liebhaberhunden wurden von Freunden geradezu zum Ausstellen überredet, man versicherte ihnen, ihr Hund sei ein sicherer Sieger. Solche Ratschläge anzunehmen, ist nicht immer klug. Wurde der Hund als Familienhund gekauft, hat er häufig kleine anatomische Mängel, die seiner Allgemeinerscheinung und seiner Tauglichkeit als vielgeliebter Familienhund in keiner Weise im Wege stehen, aber diese kleinen Fehler könnten sich durchaus im Ausstellungsring als Handikap erweisen.

Am besten fragt man den Züchter, ob der Welpe später ein gewisses Ausstellungspotential haben wird. Ist Dein Hund dann nicht deutlich über der Durchschnittsqualität der Rasse, macht es wenig Sinn, eine Ausstellungskarriere anzustreben. Viel besser sieht man in diesem Hund seinen geliebten Familienhund. Interessiert man sich trotzdem für Ausstellungen, sollte man hier als Zuschauer gewisse Erfahrungen machen, sich dann einen Hund kaufen, der echte Siegeschancen hat.

Während das Ausstellen zu einem wirklich fesselnden und angenehmen Hobby werden kann, ist es nicht besonders klug, mit einem zweitklassigen Tier für Ausstellungswettbewerbe Geld auszugeben. Der entscheidende Faktor für einen erfolgreichen Ausstellungshund ist der korrekte Rassetyp. Der Hund muß genau wie seine Rasse aussehen, er muß den Ring betreten und rufen: »Ich bin ein Boxer!« oder »Ich bin ein Pudel!« Daß man auf den ersten Blick einen bestimmten Rassetyp erkennt, hängt ebenso stark von den anatomischen Anforderungen des Rassestandards ab wie von Temperament und der Haltung des Einzeltieres. Weitere wichtige Voraussetzungen sind ein gesunder Körper und gutes Wesen, Kondition und richtiges Vorführen.

HANDLING IM RING

England und Europa bleibt weitgehend die dem begeisterten Amateur überlassene Provinz des Hundeausstellens. Die meisten Züchter präsentie-

ren im Ring ihre eigenen Hunde, haben viel Freude daran. Es gibt ganz wenige *Professional Handlers*, die ihren Lebensunterhalt damit verdienen, Hunde anderer Leute auf der Ausstellung zu präsentieren. Unübersehbar trifft man heute auch auf solche Experten in Europa häufiger. In den USA und in gewissem Umfang auch in Kanada bedarf es zum erfolgreichen Ausstellen eines Hundes der Überwindung riesiger Entfernungen. Dies ist die Geschäftsgrundlage der *Professional Handler*. Meist werden Hunde über mehrere Monate, zuweilen sogar Jahre, bei einem solchen Vorführer in Pension gegeben, der mit ihnen dann die ganzen Ausstellungen bereist, die Hunde dort präsentiert. Natürlich haben *Professional Handler* gegenüber Anfängern gewisse Vorteile. Jahrelange Erfahrung hat sie gelehrt, wie man gerade das Fell

---

AUSSTELLUNGSPERSPEKTIVEN

Um den Unterschied aufzuzeigen der einen guten Führer ausmacht, hier zwei Bilder des gleichen English Cocker Spaniel, der 1952 ein Spitzengewinner war. Auf dem linken Foto ist der Hund so aufgestellt, um alle seine Vorzüge zu zeigen. Er gewann auf der weltberühmten Morris und Essex Kennel Club Dog Show in den USA *Best of Breed* unter dem Rassespezialisten Raymond Beale. Das rechte Foto zeigt den gleichen Hund zehn Minuten später, vorgestellt von seinem Züchter und Besitzer Harry Anyon. Anyon hat dieses Foto gemacht, weil er meinte, das erste

Foto zeige einen englischen Cocker nicht so wie er es als korrekt findet. Man sieht auf beiden Fotos den gleichen Hund, aber völlig verschieden präsentiert.

Ch. Cartref Canyon, vorgestellt von Anne Rogers Clark, 1952 auf der Morris and Essex Kennel Club Show, wo dieser English Cocker Spaniel Best of Breed wurde.

Der gleiche Hund, zehn Minuten später. Hier wird der Hund von Züchter und Besitzer Harry Anyon vorgestellt, in der Art, wie nach seiner Auffassung ein English Cocker am besten gezeigt wird.

bestimmter Rassen am besten zurecht macht, wie man dabei Fehler verbirgt, Vorzüge herausstellt, was man am besten tut, damit in einer bestimmten Gangart der Hund den optimalen Eindruck macht. Aber wenige *Professional Handler* haben die Zeit, um die enge Verbindung aufzubauen, wie dies Amateurzüchter und Aussteller vermögen. Die Tatsache, daß Amateure mit ihren Ausstellungshunden 24 Stunden am Tag zusammenleben, bringt es mit sich, daß sie die Persönlichkeit ihrer Hunde sehr viel genauer kennen, wissen, worauf es bei ihnen im bestimmten Augenblick ankommt.

Wenn ein Hundebesitzer seinen eigenen Hund ausstellt, sollte er sich über seine eigenen Chancen klar sein. Es ist wirklich wichtig, immer Realist zu bleiben, genügend Kenntnisse über die Rasse zu haben, um selbst zu sehen, in welchen Bereichen der Hund Fehler hat, wo seine Vorzüge liegen. Ein Hundebesitzer muß auch so aufgeschlossen sein, daß er Vorzüge und Fehler der im Wettbe-

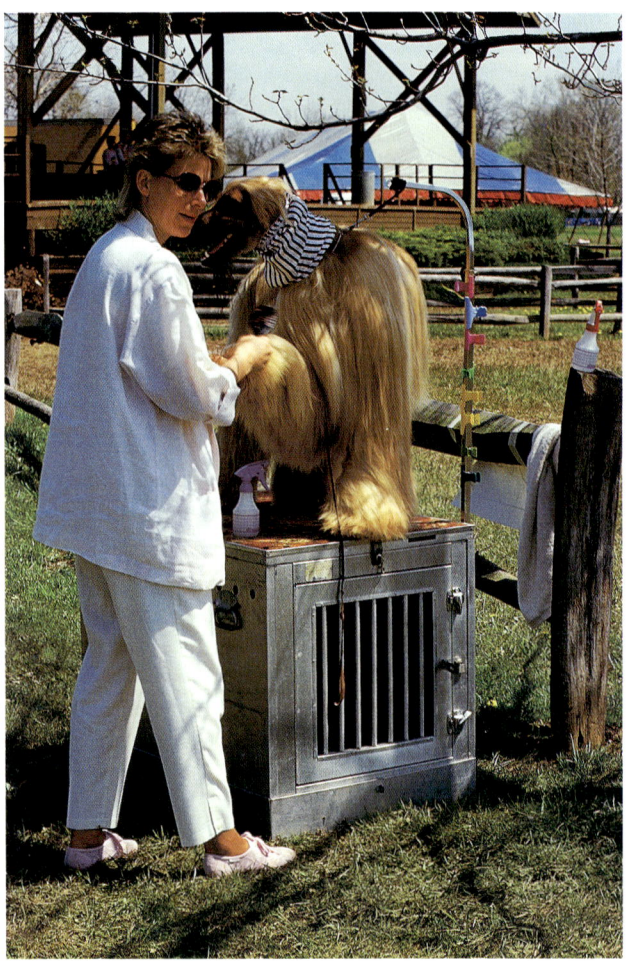

Erfolgreicher Wettbewerb im Ausstellungsring hat viel Arbeit und rassetypisches Wissen zur Voraussetzung. Dies zeigen die Ausstellungsvorbereitungen für diesen Afghanen.

werb stehenden Hunde erkennt. Hundeausstellen als gesellschaftliches Ereignis mag Freude machen, aber nur wenige Hundefreunde kommen damit zurecht, wenn sie immer wieder verlieren. Wenn sie ehrlich sind, wollen alle gewinnen. Aus diesem Grund ist es wichtig, mit dem besten Hund in den Ring zu gehen und zu versuchen, dieses Ziel zu erreichen.

VORBEREITUNG DES HUNDES

Jeder Ausstellungshund, so vorzüglich er im Sinne des Rassestandards sein mag, muß vorteilhaft präsentiert werden. Er sollte in Spitzenkondition sein, was ein laufendes Programm richtiger Fütterung, Pflege und Auslauf voraussetzt, gut zurecht gemacht (was man nicht erst am Tag vor der Ausstellung erreicht) und vorzüglich vorgestellt.

Allen Ausstellungshunden muß man beibringen, daß der ihnen fremde Richter auch ihre intimeren Körperteile berühren darf. Sie müssen sich auf Anforderung in optimaler Gangart bewegen, in der Lage sein, über längere Zeit die traditionelle Ausstellungspose der Rasse einzunehmen. Um dies zu erreichen, bedarf es vor der Ausstellung vieler Vorbereitungen. Nur wenigen Anfängern gelingt es, ohne Hilfe erfahrener Fachleute beim Ausstellen Erfolg zu haben.

HUNDEAUSSTELLUNGEN IN ALLER WELT

Das Richten einzelner Hunderassen erfolgt in vielen Ländern wie England, USA, Australien und Kanada in einzelnen Klassen. Dabei werden die Hunde gleichzeitig gegenüber ihrem Rassestandard wie auch gegenüber ihren Wettbewerbern beurteilt. Bei zehn Hunden zum Beispiel, die in der gleichen Klasse antreten, plaziert der Richter die siegenden Hunde in Rangordnung Erster, Zweiter, Dritter, Reserve. Aus den Siegern der einzelnen Klassen ergibt sich dann im weiteren Wettbewerb bester Rüde und beste Hündin, danach *Best of Breed*.

In den meisten Mitgliedsländern der FCI ist der Wettbewerb umfangreicher, findet grundsätzlich auf zwei verschiedenen Ebenen statt. Zunächst werden die Hunde alleine gegen den Rassestandard beurteilt. Jeder Hund erhält einen schriftlichen, detaillierten Richterbericht und eine Qualitätsnote. Die Wertnoten lauten Vorzüglich (V), Sehr Gut (SG), Gut (G), Genügend (Ggd), Nicht genügend (Nggd). Haben die einzelnen Hunde ihre Wertnote, werden noch mal alle Hunde, die als Erster oder Zweiter plaziert, mit Wertnote

Vorzüglich bewertet wurden, angesehen. Unter diesen Hunden werden dann die Siegeranwartschaften je nach Ausstellungsreglement erteilt, unterschiedlich für internationaler Champion und nationaler Champion. Schon auf den ersten Blick sieht man, daß dieses Richtsystem von Richtern, Ringhelfern, Hundezuchtvereinen und Ausstellungsleitungen wesentlich mehr Arbeit verlangt, aber es besitzt große Vorzüge. Vor allem erhält jeder Aussteller den schriftlichen Richterbericht.

In England und in den USA ist dies nicht der Fall, bleibt es immer eine Frage der Spekulation, warum ein Richter den einen oder anderen Hund nicht plaziert hat, der beispielsweise unter dem kontinentalen Wertnotensystem problemlos die Wertnote Vorzüglich erreicht hätte. Besonders wichtig ist auch, daß dem Hundebesitzer im Richterbericht Vorzüge wie Fehler seines Hundes detailliert aufgezeigt werden. Dies ist auch erzieherisch wertvoll, denn der Richterbericht fordert vom Richter Präzision und Wissen. Besonders ein neuer Aussteller lernt hierdurch schnell, Vorzüge und Gesamteindruck seines Hundes zu erkennen. Da beispielsweise gerade in Skandinavien diese Richterberichte das Wichtigste an den Ausstellungen wurden, haben sie sehr zu den schnellen Fortschritten beigetragen, welche in diesen Ländern sowohl in der Zucht wie beim Richten erzielt wurden.

In allen Ländern gewinnt man Championtitel nur im Wettbewerb gegenüber Hunden der gleichen Klasse, durch Zertifikate oder ein Punktsystem. Nur in den USA werden abschließende zusätzliche Punkte durch Erfolge im Gruppenwettbewerb erreicht. Beim Richten einer Rasse ergibt sich zwingend, daß es die wichtigste Aufgabe des Richters ist, das beste Exemplar der Rasse herauszustellen, aufgrund seiner Vorzüge und des korrekten Typs, seiner körperlichen und charakterlichen Gesundheit, immer nur abgewogen gegenüber dem Rassestandard.

Es ist wichtig, daß Richter und Hundefreunde sich bewußt werden, daß verschiedene Rassen unterschiedliches Temperament haben. Bei einigen Rassen kann das rassetypische Wesen durchaus von dem abweichen, was man im allgemeinen als »ideales Ausstellungswesen« sieht. Ein extrovertierter Charakter mit unermüdlichem *Showmanship* mag sowohl für den Richter wie auch die Zuschauer außerordentlich ins Auge stechen. Immer muß es aber die wichtigste Überlegung sein, ob das Wesen, das dieser Hund aufzeigt, für seine Rasse typisch ist.

Ist ein Hund *Rassenbester* geworden, konkurriert er anschließend in der entsprechenden Grup-

pe mit anderen *Best of Breed*-Gewinnern der gleichen Rassegruppe. Das Gruppenrichten ist seiner Natur nach sehr viel weniger eindeutig als das Richten der Hunde nach einem gemeinsamen Rassestandard. Die hier anzustellenden Vergleiche erfolgen nicht direkt. Anders ausgedrückt, der rassebeste Beagle wurde im Vergleich zum Beagle-Rassestandard ermittelt, der rassebeste Whippet wurde nach dem Whippet-Standard ausgewählt. Der Hund, der seinem Rasseideal am nächsten kommt, sollte - theoretisch gesehen - gewinnen.

Beim Richten einer Einzelrasse vergleicht der Richter alle Hunde auf Basis des gleichen Rassestandards. Beim Gruppenrichten jedoch ist es nicht möglich, gleiches mit gleichem zu vergleichen. Jeder Hund wird erneut gegenüber seinem eigenen Rassestandard gewertet, dann mit den anderen in Wettbewerb stehenden Rassen. Das Richterurteil basiert auf der Frage, welcher Hund seinem eigenen Rassestandard am allernächsten kommt.

Sind dann die Gruppengewinner festgelegt, kämpfen sie alle um den Titel *Best in Show* - und wiederum handelt es sich hier eben um eine Konkurrenz unterschiedlicher Rassen gegeneinander. Es ist eine traurige Tatsache, möglicherweise auch ein bedauernswerter Spiegel des Wissens einiger Richter, daß bestimmte Hunderassen in al-

Ein Zwergpudel auf dem Hindernisparcours bei einem Unterordnungswettbewerb.

ler Regel gegenüber anderen klare Vorteile haben. Dies liegt einfach daran, daß man sie für »bessere Gruppenhunde« hält, anders ausgedrückt, diese Hunde verfügen über mehr *Showiness* oder *Glamor* als andere. Im Grundsatz sollte jede Rasse in der Lage sein, Spitzenwettbewerbe zu gewinnen, vorausgesetzt, der Vertreter steht seinem eigenen Rassestandard näher als alle seine Wettbewerber.

SPEZIALWETTBEWERBE

Zur Förderung der Leistungsfähigkeit von Rassehunden hat der American Kennel Club für Jagdhunde, Arbeitshunde, Hütehunde und Terrier eigene Prüfungen gesponsert: Jagdhundeprüfungen, Herdenhundprüfungen, Schutzhundeprüfungen, Agilitytests. Für alle die Hunde, welche diese Prüfungen und Tests bestanden haben, wurde der Beweis erbracht, daß diese wunderschönen Jagd- oder Arbeitsrassen nicht nur anatomisch und wesensmäßig unverändert für ihre Arbeit gezüchtet sind, sondern auch tatsächlich diese Arbeiten bis zum heutigen Tage ausführen können.

Die AKC-Veranstaltungen umfassen Prüfungen wie *Beagle Trials, Coursing für Windhunde, Jagdprüfungen für Terrier und Dachshunde, alle Arten von Unterordnungswettbewerben, Arbeitsprüfungen für Retriever und Hüteveranstaltungen für Hütehunderassen.* Agilityprüfungen werden heute besonders stark gefördert, sie locken alle Rassen an. Viele Jagdhunderassen wie Deutsch Kurzhaar, Brittany Spaniel und Viszla haben *Dual Champions,* die sich bei der Jagd wie im Ausstellungsring ihr Championat geholt haben. Der kanadische Kennel Club und der englische Kennel Club veranstalten gleichzeitig Arbeitsprüfungen für Jagd- und Arbeitshunderassen. So sponsert der Kennel Club *Working, Field, Agility, Bloodhound und Obedience Trials.* Nach dem Reglement müssen Jagdhunde und Border Collies in England drei Championatsanwartschaften (CC) gewinnen, um *Show Champion* zu werden, dazu kommt noch eine Arbeitsprüfung, erst dann ist der Hund ein *Full Champion.*

In den meisten europäischen und skandinavischen Ländern gibt es seit Anfang des 20. Jahrhunderts Leistungsprüfungen für Jagdhunde und Gebrauchshunde. In allen FCI-Ländern werden diese von den nationalen Clubs durchgeführt. Die Einzelclubs bilden eigene Richter für die verschiedenen rassetypischen Prüfungen und Tests aus. In vielen FCI-Ländern ist es üblich, für die Qualifikation zum Ausstellungschampion bei den Jagd- und Gebrauchshunderassen eine zusätzliche Arbeitsprüfung zu verlangen. Für den Titel eines

Leistungschampions werden zuweilen auch bestimmte Ausstellungsqualifikationen verlangt.

International gesehen trifft man auf Richter, die sowohl Schönheits- wie Leistungsveranstaltungen richten, andere sind nur für Leistungsveranstaltungen zugelassen. Leistungsprüfungen und Tests werden einzig und allein nach der Vorstellung des Hundes auf der Prüfung bewertet, seine Anatomie spielt dabei grundsätzlich keine Rolle. Allerdings sollte im Idealfall der Hund mit der besten Anatomie auch die meiste Ausdauer und Leistungsfähigkeit besitzen, um seine Arbeit gut auszuüben. Bei Leistungsveranstaltungen achten die Richter auf besonders gute Nasenveranlagung, Wesen und Intelligenz, diese entscheiden die Prüfungen.

KLEINERE AUSSTELLUNGEN

Champions gewinnen ihre Titel nur auf Championatsausstellungen. Es gibt aber in verschiedenen Ländern Ausstellungen auf einer weniger anspruchsvollen Basis, welche von den Hundefreunden genutzt werden, um zunächst einmal eigene Erfahrungen zu gewinnen, wenn es für ihre Hunde noch nicht gerade ratsam erscheint, bereits auf höchstem Qualitätsniveau in den Wettbewerb einzutreten. Solche Ausstellungen gibt es in mannigfaltigen Formen. Einige sind einfach verkleinerte Ausgaben der Championatsausstellungen, andere sind sehr viel weniger formal. Manchmal kann man seinen Hund auch am Ausstellungstag anmelden, dies gilt beispielsweise für die englische *Exemption Show.* Es gibt Ausstellungen, die in ihrem Erlös rein wohltätigem Zweck zugute kommen, beispielsweise mit Dorffesten oder einer Landwirtschaftsausstellung verbunden sind.

Neben den Rassehunden gibt es auch zusätzliche Klassen, in denen man Titel wie »Hund mit der fröhlichsten Rute« oder »Hund, der seinem Besitzer am meisten ähnelt« gewinnen kann. Häufig findet man auch Mischlinge in der Konkurrenz solcher Klassen. Mancher erfahrene Aussteller betrachtet solche Veranstaltungen leicht als unter seiner Würde, aber sie bilden hervorragende Ausbildungsmöglichkeiten gerade für Junghunde, ehe deren Karriere ernsthaft beginnt.

Ganz gleich, bei welcher Ausstellung man mit seinem Hund antritt, immer ist es wichtig, das Ganze in richtigen Proportionen zu sehen. Eine *Perle der Weisheit* rät: »Es gibt immer wieder eine andere Ausstellung und auch immer wieder einen anderen Richter.« Noch viel wichtiger: »Der Hund, den Du am Abend mit nach Hause nimmst, ist genau der gleiche, mit dem Du am Morgen zur Ausstellung gekommen bist.«

AFFENPINSCHER

FCI-Gruppe 2, Standard Nr. 186
Ursprungsland: Deutschland
Zucht 1994: D 49, GB 94, USA 180

HERKUNFT UND RASSEGESCHICHTE

Selbst die Kenner, die sich schon über viele Jahre mit Kleinhunden beschäftigt haben, werden zustimmen, daß es über diese seltene Rasse recht wenig Informationen gibt, obwohl die Rasse wahrscheinlich schon seit 1600 bekannt ist. Wie schon die Sprachwurzeln zeigen, stammt die Rasse aus Deutschland, wo ihr Größenwachstum früher stärker war als heute erwünscht. Diese Hunde waren in den Ställen und Häusern in erster Linie als Rattenfänger eingesetzt. Die meisten Affenpinscher hatten eine Widerristhöhe von 30-35 cm, ihre Farben waren Schwarz, Rot/Schwarz oder Pfeffer/Salz.

Affenpinscher

Einige Liebhaber bevorzugten die kleineren Hunde, setzten sie in den Häusern als Mäusefänger ein. Nach alten Unterlagen soll es nahe Lübeck in Deutschland einen Züchter gegeben haben, der sich als erster darauf konzentrierte, diese hübsche kleine Rasse zu züchten. Zur gleichen Zeit gab es andere, die einen größeren Hund für die Rattenjagd anstrebten. Viele Hundeforscher glauben, daß diese Hunde die Vorgänger des heutigen Zwergschnauzers waren.

Diese *Schoßhunderasse*, englisch »Pet Dog«, mit ihrem affenähnlichen Gesichtsausdruck, minimalem Pflegebedarf und Intelligenz fand sehr schnell ihren Weg in die Herzen der Züchter. Angeblich hat man auch den holländischen Mops, damals außerordentlich populär, in diese Hunde eingekreuzt, auch Deutsche Glatthaarpinscher und eine andere Rasse, Deutscher Seidenpinscher genannt. Diese Einkreuzungen sind die Quelle der großen Farbenvielfalt.

Einige Gemälde alter Meister zeigen einen kleinen, rauhaarigen, bärtigen Hund, von dem man durchaus annehmen kann, daß es sich um einen frühen Affenpinscher handelte.

WESEN

Im Normalfall sind diese Hunde ruhig, neugierig und anpassungsfähig. Sie verteidigen aber ihre Besitzer und Wohnungen auch gegenüber dem größten Eindringling mit Nachdruck.

GESUNDHEIT

Für den Affenpinscher scheint es keine ernsthaften Gesundheitsprobleme zu geben. Wie bei allen Zwerghunden muß man aber auf seine zarten Knochen Rücksicht nehmen. Man darf ihn nicht von den Möbeln herunterspringen lassen, es könnte zu einem Knochenbruch führen.

Sein Haarkleid muß ordentlich und sauber gehalten werden, damit keine Hautprobleme auftreten. Außerdem müssen Gesicht und Augen täglich kontrolliert, wenn erforderlich abgewaschen und gereinigt werden. Man achte auch darauf, daß das dichte Haarkleid am Kopf das Gesichtsfeld nicht stört, auch muß das Haar gepflegt werden.

PFLEGE UND ERZIEHUNG

Der Affenpinscher braucht nicht mehr Pflege oder Erziehung als andere kleine Hunde. Mit der Unterordnung wie bei Fuß gehen und auf Ruf kommen, sollte man am besten früh beginnen.

Der affenähnliche Gesichtsausdruck ist das unverkennbare Merkmal der Rasse

ANPASSUNGSFÄHIGKEIT

Obwohl die Rasse über Jahrzehnte nur eine sehr kleine Anhängerschaft hatte, besitzt sie doch immer begeisterte Freunde. Einige Spitzenexemplare im Ausstellungsring haben vor kurzem zu einer Art Wiedergeburt der Rasse geführt, man sieht sie nun wieder häufiger. Die bequeme Pflege, schnelles Lernvermögen und sein rassetypischer Charme gegenüber seinem ganzen Umfeld haben dem Affenpinscher eine ganze Reihe neuer Liebhaber gebracht.

RASSEMERKMALE

Der heutige Affenpinscher hat eine Schulterhöhe von unter 25 cm, er besitzt ein hartes, dichtes Haarkleid, üppig, aber immer gepflegt aussehend. Schwarzloh, Silbergrau, Rot und andere Farbkombinationen treten auf. Das Rassemerkmal des Affenpinschers ist sein affenähnlicher Gesichtsausdruck, eine Folge der Kombination eines kleinen Kopfes mit starken Augenbrauen, zottigem, abstehendem Haarkleid an Kopf, Hals und Schultern. Die Ohren sind klein, hoch angesetzt, werden aufrecht getragen und runden das Bild ab.

A F G H A N E

FCI-Gruppe 10, Standard Nr. 228
Afghan Hound, Lévrier Afghan
Ursprungsland: Afghanistan/Great Britain
Zucht 1994: D 302, A 41, CH 16, GB 419,
USA 1.407

HERKUNFT UND RASSEGESCHICHTE

Der Afghane ist ein attraktiver Ausstellungshund, ein arroganter, unternehmenslustiger Familienhund, mit dem man immer wieder Überraschungen erlebt, dabei ein außerordentlich beweglicher Jäger. Er gehört zur Familie der Windhunde - der Hunde, die nach dem Auge jagen. Diese Gruppe reicht vom imposanten, stattlichen Irish Wolfhound bis zum schnellen Whippet - die Fachleute zählen hierzu auch das italienische Windspiel. Der Afghane liegt im mittleren Größenbereich dieser Familie. Im Vergleich zu anderen Windhunden hat er einen breiteren Körperbau und verglichen mit dem Prototyp Greyhound größere Pfoten. Gegenüber den anderen Windhundrassen ist der Afghane mehr kantig, im Rücken weniger aufgewölbt und nicht so biegsam.

Bis Ende des 19. Jahrhunderts war der Afghane in der westlichen Zivilisation weitgehend unbekannt. Zu diesem Zeitpunkt brachten britische Militärangehörige einige Exemplare mit nach Hause, führten sie auf kleineren Hundeausstellungen vor. Der erste Nachweis des Afghanen in Bildform findet man in den Arbeiten von Thomas Duer Broughton *Letters Written in a Mahretta Camp During the Year 1809*. Im Jahre 1813 wurde die-

Afghane

ses Buch in London veröffentlicht, zeigte auf einem Farbstich mit dem Titel *A Meenah of Jajurh* einen eingeborenen Soldaten mit einem recht kleinen Afghanen. Hierbei handelte es sich wahrscheinlich um einen der Hunde, die in Militärlagern als Wachhunde gehalten wurden.

Alles weiter Zurückliegende über den Ursprung des Afghanen liegt im Bereich von Vermutungen. Zwar wurden recht intensive Forschungen angestellt, die Rassegeschichte ist aber teilweise Mythos, teilweise Legende, was übrig bleibt, stammt aus der gemeinschaftlichen Geschichte verschiedener Windhunderassen aus Afghanistan und den umliegenden Ländern. Allgemein wird anerkannt, daß Afghane und Saluki Nachkommen eines gemeinsamen Vorfahren sind, möglicherweise auch miteinander gekreuzt wurden. Der Streit, wer zuerst da war, ist schon alt, wird wahrscheinlich auch kaum je gelöst.

Die Vielfalt beider Rassen ist mannigfaltig, wahrscheinlich mehr durch die geographische Lage als zuchtbegründet. Die Afghanen in den Niederungen von Süd- und Westafghanistan, weiter nach Iran oder Baluchistan haben im allgemeinen dünneres Haarkleid und ein schlankeres, mehr rennhundtypisches Aussehen, gleichen damit den Salukis dieser Region. In dem rauhen Felsengebirge von Hindu Kush dagegen sind die Afghanen im allgemeinen kürzer und kräftiger gebaut, haben zottigeres Fell. Aus diesem Gebiet - insbesondere aus den Bergen rund um Kabul - entstand die moderne Form des »Gebirgstyp«-Afghanen, mit dichter Behaarung und üppigem Kopfhaar. Die Entdeckung dieser zottigen Tiere hat den langandauernden Streit, wer der ältere Vertreter der Rassen ist, neu belebt - der kraftvoll gebaute, stark behaarte Afghane oder der dünn behaarte, leichter aufgebaute Saluki.

Im Jahre 1856 kaufte Lt. Col. Kullmar, Mitglied der Amerikanischen Botschaft in Kabul, einen Afghanen und begann mit Forschungen über die Rassegeschichte in seinem Ursprungsland. Er begegnete einem eingeborenen afghanischen General, der ihm erlaubte, seine historischen Archive zu nutzen. Dabei erfuhr er, daß der örtliche Sultan Muhamud Ghaznawe diese Rasse besonders schätzte. Auf seinen Feldzügen nutzte der Sultan Afghanen als Meldehunde, Wachhunde und Jagdhunde, sah in ihnen auch Glücksbringer (Lucky talismans). Er sprach von ihnen als *Tazi dogs*, nannte sogar eine Region nach ihnen. Der afghanische General schrieb auch: »In Afghanistan findet man zwei Typen des Tazi, den Langhaarigen - als außerordentlich rein und kostbar angesehen - und den Kurzhaarigen. Der langhaarige Tazi lebt im Norden und Nordwesten von Afghanistan, der kurzhaarige Tazi im allgemeinen im Osten, Süden und Westen des Landes.«

Ein Großteil der modernen Geschichte des Afghanen geht auf die Arbeit von Major Amps und seiner Frau Mary zurück. Kurz nach dem afghanischen Krieg 1919 wurden sie von ihrem Heimatland England in das Gebiet Kabul versetzt. Hier bauten sie im Hügelland Afghanistans ihren Zwinger »Ghazni« auf, und sie gewannen größten Einfluß bei der Entscheidung über die Zukunft der Rasse. Die von ihnen gezüchteten Sirdar of Ghazni und Khan of Ghazni findet man heute in den meisten Ahnenreihen der amerikanischen Afghanen; Mary Amps erforschte die Rasse und schrieb mit großer Sachkenntnis über diese Hunde. Später kehrte Familie Amps mit ihren Hounds nach England zurück, trat mit dem Zuchtmaterial aus dem Bestand von Bell-Murray in Wettbewerb, das mehr auf dem schlankeren, dünner behaarten »Wüstentyp« aufgebaut war. Bis zum Jahr 1926 fanden Afghanen beider Typen ihren Weg auch in die Vereinigten Staaten. Die Popularität der Rasse wurde maßgebend gefördert, als der Schauspieler Zeppo Marx und seine Frau sorgfältig ausgewähltes Zuchtmaterial aus England nach den USA importierten. Marion Florsheim verkaufte immer begleitet von ihren Afghanen Kriegsanleihen.

WESEN

Das exotische Aussehen, das üppige Haarkleid und das aristokratische Auftreten ziehen völlig natürlich große Aufmerksamkeit auf die Afghanen. Von ihrem königlichem Auftreten abgesehen schlägt in ihrer Brust ein Herz voll überschwenglicher, nicht unterdrückbarer Freude, für alle, die sie gut kennen, gepaart mit koboldartigem Humor. Fremden gegenüber verhält sich der Afghane reserviert und unnahbar, braucht einige Zeit, ehe er mit ihnen vertraut wird, seine Wachsamkeit verliert.

GESUNDHEIT

Afghanen sind eine gesunde Rasse, erreichen häufig ein Lebensalter über zehn Jahre. Zuweilen tritt in der Jugendzeit grauer Star auf, es werden auch wenige Fälle von Hüftgelenksdysplasie berichtet, sie sind aber selten.

PFLEGE UND ERZIEHUNG

Afghanen brauchen zur Erhaltung ihrer Fitneß täglich viel Auslauf. Wie Menschenhaar muß auch das Fell des Afghanen zumindest einmal wöchentlich gebürstet und gewaschen werden.

ANPASSUNGSFÄHIGKEIT

Afghanen passen sich erstaunlich gut an, sie sind flexibel und haben auch für Ungewöhnliches Verständnis. In erster Linie folgen sie dem Auge, es wurde aber auch bekannt, daß sie eine Fährte nachsuchen, apportieren und sogar hüten können. Charakteristisch für sie ist ihre Selbständigkeit auf der Jagd. Bei der Hetze über unterschiedliche Bodenverhältnisse sind sie unübertroffen.

Der Afghane wurde als schneller, selbständiger, auch kurze Wendungen meisternder Jagdhund gezüchtet. Die Rasse gehorcht mit Freude, erinnert aber auch häufig ihren Besitzer, daß sie selbständig denken kann.

RASSEMERKMALE

Im amerikanischen Standard ist der Afghane besonders gut charakterisiert: »Ein Aristokrat, in seinem ganzen Auftreten ein Hund von Würde und Unnahbarkeit, ohne irgendein Anzeichen von Unansehnlichkeit oder Grobheit. Sein Kopf wird stolz getragen, Augen in die Ferne gerichtet, als schaue er zurück in die Vergangenheit«. Für die Jagd muß er gut in die Ferne schauen können, betrachtet er etwas in der Nähe, muß er den Kopf zurückziehen.

Der amerikanische Standard reiht unter den besonderen Merkmalen der Rasse auf: exotischer, östlicher Ausdruck, große Pfoten und der Eindruck von etwas übertriebener Kniewinkelung, ausgelöst durch seine dichten Behänge. Hat man je einmal seinen atemberaubenden, freifließenden, mächtigen Trab und seinen federnden Galopp gesehen, wird man es nie vergessen.

Der Afghane unterscheidet sich durch seine quadratische, kantige äußere Linie von seinen Vettern Greyhound, Scottish Deerhound und dem Whippet, deren Körperformen geschmeidiger und runder wirken. Die Schulterhöhe des Afghanen liegt bei 63-68 cm, sein Gewicht bei 22-27 kg. Er darf keinen schweren Körper haben, die Hüftknochen sind deutlich sichtbar. Einfarbig, Schwarzlohfarben und Dominofarben (Sattel und Gesicht dunkel abgesetzt mit heller Befederung an den Läufen und Haarschopf). Weiße Markierungen am Kopf unerwünscht, weiße Brustabzeichen aber gestattet.

AÏDI / CHIEN D'ATLAS

Diese sehr seltene Rasse ist ein marokkanischer Herdenschutzhund, eng verwandt mit den europäischen Gebirgshunden. Er hat einen guten Ruf als Wachhund, wird aber in erster Linie für die Arbeit an der Herde eingesetzt.

Schulterhöhe etwa 52-62 cm. Der mittelgroße Aïdi hat ein rustikales Äußeres, ist kräftig aufgebaut. Ohren wie beim Border Collie halb hoch getragen, lange Rute.

Haarkleid mäßig lang mit Ausnahme Halspartie und Rute, wo es etwas länger, dick und in der Struktur etwas grob ist.

Farbe Weiß oder Cremefarben, aber auch Wolfsgrau oder Weiß mit grauen Flecken erlaubt.

FCI-Gruppe 2, Standard Nr. 247
Ursprungsland: Marokko

Aïdi

A I R E D A L E   T E R R I E R

FCI-Gruppe 3, Standard Nr. 007
Ursprungsland: Great Britain
Zucht 1994: D 1380, A 72, CH 84, GB 961,
USA 3.798

HERKUNFT UND RASSEGESCHICHTE

Die überwiegende Mehrzahl aller Terrier wurde in
England geschaffen, die meisten von ihnen in den
nördlichen Landesteilen gezüchtet und vollendet.
Der genaue Ursprung aller heutigen Terrierrassen
liegt weit zurück, sie alle stammen von dem alten,
drahthaarigen Black and Tan Terrier, der in der
Terrierzucht die Hauptrolle spielt. Zu dieser Frage
gibt es eine weitgehende Übereinstimmung, und
es ist anzunehmen, daß die *Black and Tans* selbst
Nachkommen jener alten Hundeschläge waren,
die in frühen Schriften als »teroure« (1570) und
»terrores« bezeichnet werden. Die alten Beschrei-
bungen lauten, daß es Hunde waren, die in früheren Zeiten zur Jagd auf Raubwild dienten.

Naturgemäß bestimmten geographische Lage
und damit das zu jagende Wild die in den einzelnen Gebieten gezüchteten Terrierrassen. Viele
Rassen leiten daher auch ihren Namen auf das
Zuchtgebiet zurück, in dem sie entstanden. Hierfür ist der Airedale Terrier ein geeignetes Beispiel.

Er entstand etwa 1840, wurde anfangs von den
Arbeitern der Textilindustrie und von den Berg-
leuten von West Riding in Yorkshire, England
gezüchtet, hierzu gehörten die Gemeinden Bingley, Otley und Shipley und noch kleinere Ort-
schaften entlang der Flüsse Aire und Wharfe. Ihre
Beliebtheit verdankt die Rasse ihrer Leidenschaft
für die Otterjagd, der Otter gehörte zu dem Jagd-
wild dieses Gebietes.

Die besondere Geschicklichkeit des Airedales
zeigt sich bei der Jagd am Ufer und im Wasser.
Seine besonderen Eigenschaften entwickelte er
durch Kreuzungen von Old English Black and
Tan, Irish und White English Terrier. Unter den
Vorfahren des Airedales spielt auch der Otterhound eine sehr wichtige Rolle, er stammt ja aus
einem Gebiet, in dem Otterhounds arbeiteten, gemeinsam mit einheimischen, recht scharfen Hunden, etwa von der Größe eines Foxterrier.

Broken-haired Terrier traten erstmals in den
1860er Jahren auf Landwirtschaftschauen im Bereich Yorkshire auf. So etwa um 1870 nannte man

Airedale Terrier

diese *Waterside, Bingley oder Wharfedale Terrier.*

Nach einem Treffen gleichgesinnter Liebhaber
am Rand der Ausstellung der Airedale Agricultural Society 1882 wurde durch offene Abstimmung
die Rasse als Airedale Terrier festgeschrieben.
Bereits im darauffolgenden Jahr gab es auf der
Birmingham National Show drei Klassen für
Airedale Terrier.

1886 wurde die Rasse im Kennel Club Stud
Book aufgenommen, es sind dreißig Eintragungen
verzeichnet, achtzehn von ihnen mit Abstam-
mungsnachweisen. Nach und nach wurde die Rasse auch außerhalb ihres Ursprungsgebietes bekannt. Durch planmäßige Zucht wurden die Airedales gleichförmiger, zeigten typische Terriermerkmale in Gestalt wie Typ, die meisten wogen
damals etwa 20 kg.

Für ihre Arbeit war die Länge ihrer Läufe besonders wichtig, nur durch lange Läufe konnten
sie durch die flachen Gewässer ohne zu schwimmen laufen, ohne Hilfe die Steinwälle Yorkshires
überklettern.

WESEN

Der Airedale heißt zurecht »König der Terrier«, er hat ein vorzügliches Wesen. Der Airedale ist ein intelligenter, unterordnungsfreudiger, außerordentlich verläßlicher und vielseitiger Hund, hat viele Aufgaben übernommen, von der Jagd über Bewachung, Sicherheitsaufgaben bis zum Familienhund. Leider wurde der Airedale auch in einigen europäischen Ländern auf Aggression abgerichtet, ein außerordentlich unerwünschtes Vorgehen, denn Aggression steht im Widerspruch zu seinem tatsächlichen Wesen.

GESUNDHEIT

Wie die Mehrheit aller Terrier ist auch der Airedale außerordentlich robust, es gibt nahezu keine Gesundheitsprobleme. Sein Besuch beim Tierarzt beschränkt sich auf Routineimpfungen und Kleinigkeiten. Airedales, mit denen man züchtet, sollten unbedingt zuvor auf Hüftgelenksdysplasie geröntgt werden.

PFLEGE UND ERZIEHUNG

Der Airedale gehört wahrscheinlich zu den am leichtesten erziehbaren Rassen innerhalb der Terriergruppe. Auf Erziehung reagiert er recht positiv, er lernt alle Einzelheiten der Grundausbildung schnell. Da die Rasse über zwei Haararten verfügt, weiche Unterwolle und hartes strukturiertes Deckhaar, ist regelmäßige Haarpflege wichtig. Am besten wird der Airedale - zumindest zweimal jährlich - meist im Frühjahr und Herbst - mit der Hand getrimmt. Diese Methode ist schmerzlos, entfernt alles tote Haar und hilft dabei, korrekte Farbe und Struktur des Haars aufrechtzuerhalten. Scheren, wenn auch schnell, ökonomisch und effektiv - zerstört systematisch sowohl die wunderschöne Farbe als auch die Haarstruktur. Airedales - richtig gepflegt - werfen kein Haar ab.

ANPASSUNGSFÄHIGKEIT

Der Airedale läßt sich ebenso leicht in der Stadt wie auf dem Land halten. Natürlich braucht er seiner Größe entsprechend Raum und Auslauf. Für Appartementbewohner sind dies allerdings nicht gerade ideale Hunde.

Von Geburt an sind sie mit viel Verstand begabt, geraten selten »unter die Füße ihrer Besitzer«. Airedales sind absolut zuverlässige Familienmitglieder, mit gut entwickeltem Schutzinstinkt, trotzdem sind sie keine unnötigen Kläffer.

Der Airedale ist ein Allzweckhund für sportliche Aufgaben jeder Art, seine Vielseitigkeit ist breit, so daß er sogar auch als Jagdhund eingesetzt werden kann. In Deutschland gehört die Rasse zu den anerkannten Gebrauchshunderassen.

RASSEMERKMALE

Mit Ausnahme der Gewichtsbestimmungen hat es gegenüber dem ursprünglichen Rassestandard sehr wenig Veränderungen gegeben. Wenn man von Größe und Farbe absieht, hat der Airedale sehr viele gleichartige Merkmale wie der Drahthaarfox, keines dieser Merkmale ist aber übertrieben ausgeprägt wie manchmal bei der anderen Rasse. Sein Ausdruck verrät Intelligenz und Schönheit.

Der Kopf ist langgestreckt, das Auge dunkel, voll Terrierausdruck. Wehrhaftes Gebiß mit Zähnen, die sich schraubstockartig schließen. Für den typischen Ausdruck ist korrekter Ohrenansatz wichtig. Die obere Linie der nach vorn gefaltet getragenen Ohren liegt oberhalb des Oberkopfniveaus. Die Ohren sind klein, müssen im richtigen Verhältnis zur Hundegröße stehen. Herabhängende jagdhundartige Ohren zerstören den rassetypischen Ausdruck.

Sehr gute Airedales haben einen langen, geschwungenen Hals, frei von Wammenbildung, der sich nach und nach verbreiternd ohne Übergang in den Rücken fortsetzt. Schultern lang, gut zurückgelegt. Front gerade, Ellenbogen sich parallel zum Körper bewegend.

Läufe mit runden Knochen, die in eine enge, katzenartige Pfote mit gut gepolsterten Ballen übergehen. Kurzer Rücken, gut aufgewölbter und tiefer Rippenkorb, mit viel Platz für Herz und Lungen. Kurze Lendenpartie. Oberlinie gerade, ohne irgendwelche Schwäche. Rute hoch angesetzt - entsprechend der Terrierregel »noch viel Hund hinter der Rute«. Rute in der Regel kupiert. Hinterhand lang und muskulös, Unterschenkel stark entwickelt, Sprunggelenke tief und von hinten gesehen parallel zueinander stehend.

Der Airedale muß symmetrisch, aufrecht und elegant wirken. Haarstruktur hart, drahtig und dicht. Körperfarbe Schwarz/Grizzle. Kopf und Ohren von leuchtender Lohfarbe, wobei die Ohren oft etwas dunkler sind. Auch die Läufe bis zur Schulter und Knie lohfarben, wobei eine ausgeprägte Mahagonifarbe bevorzugt wird. Schulterhöhe 58-61 cm, Hündinnen etwa 2,5 cm niedriger. Das Gewicht sollte im richten Verhältnis zu Schulterhöhe und Typ stehen, den Eindruck grosser Kraft und Substanz vermitteln, aber nicht zu Lasten der Qualität.

AKBASH

Der Akbash stammt von den weiten Ebenen der Türkei. Er ist ein großer Herdenschutzhund, dient vorwiegend dem Schutz der Schafe gegen Raubtiere.

In ihrem Ursprungsland ist die Rasse als sehr guter Wachhund bekannt, voller Selbstvertrauen, eigenständig arbeitend, Fremden gegenüber sehr mißtrauisch.

Schulterhöhe des Akbash 70-86 cm, trotzdem zeigt er elegantere Linien als die meisten großen Herdenschutzhunde dieser Art. Das Haarkleid muß weiß sein, flach am Körper anliegen. An Hals und Brust beträchtlich länger, bildet dort fast eine Art Mähne, auch an den Hosen und an der Rute lang. Manchmal ist der Akbash auch kurzhaarig. Bei beiden Schlägen wird Deckhaar und Unterwolle, letztere besonders dicht, gefordert.

Keine Anerkennung von FCI, KC, AKC.
Ursprungsland: Türkei

Rauhaariger Akbash

AKITA

FCI-Gruppe 5, Standard Nr. 255
Ursprungsland: Japan
Zucht 1994: D 113, A 6, CH 11, GB 654, USA 11.014

HERKUNFT UND RASSEGESCHICHTE

Die beliebteste japanische Hunderasse verdankt ihren Namen der Präfektur Akita in Nordjapan. Die Rasse ist etwa dreihundert Jahre alt, in ihrer heutigen Form ähnelt sie einem japanischen Hund, der in einem frühen japanischen Grabmal eingeschnitzt war. Ohren, Körperbau und charakteristische Rutenhaltung sind unverkennbar.

Der Akita ist die größte überlebende japanische Hunderasse. Im Juli 1931 erklärte die japanische Regierung den Akita zum japanischen Nationalhund und zum japanischen Nationalerbe.

In seinem Ursprungsland wird der Akita als Wachhund, Jagdhund auf Bär, Hirsch und Wildsau eingesetzt, arbeitet heute auch an Land wie im Wasser als Apporteur von Wassergeflügel. Bis zum Verbot dieses Mißbrauchs wurde der Akita auch als Kampfhund eingesetzt. Es war nicht ungewöhnlich, daß der Akita in japanischen Haushalten als Familienhund lebte, nach seinem Tod wurde häufig sein Fell in Erinnerung an den verstorbenen Hund im Hause aufgehängt.

Im Typ spiegelt der Akita sein nordisches Erbe, er zählt zu den sogenannten nordischen Spitzrassen. Seine Kopfform, aufrecht getragene Ohren, stark geringelte Rute, wunderschönes dickes und reiches Doppelfell lassen seine Familienzugehörigkeit klar erkennen. Der American Kennel Club klassifizierte im Oktober 1973 die Hunde als »Working Dogs«.

WESEN

Der Akita zeigt sich zuweilen anderen Hunden gegenüber recht aggressiv. Deshalb muß er von früher Jugend an entsprechend zur Unterordnung erzogen werden, die man auch über sein ganzes Leben aufrecht erhalten muß. Die Rasse ist zuweilen dickköpfig, aber auch sehr unterordnungsfreudig, wenn sich der Mensch in der Erziehung erst einmal durchgesetzt hat. Soll der Akita innerhalb der Familie gemeinsam mit Kindern leben, muß er bereits als Welpe integriert werden. Für sein Wohlbefinden braucht er viel Auslauf und Erziehung, beides wirkt sich positiv auf Intelligenz wie Integration aus. Man sollte sich aber klar vor Augen halten, daß der Akita in erster Linie ein Wachhund ist. Aufgrund seiner Größe und Kraft muß man ihm rechtzeitig unbedingten Gehorsam lehren, wenn er zum integralen Bestandteil des Familienlebens seiner Besitzer werden soll.

Die Rasse als solche hat bestimmt keinen schlechten Charakter - aber sie kann das Wesen zeigen, wofür sie einmal gezüchtet wurde. Man sollte auf Disziplin achten, selbst konsequent sein. Gegen Grobheit und Ungerechtigkeit könnten diese Hunde sich zur Wehr setzen.

Akita

GESUNDHEIT

Der Akita ist der Typ nordischer Hunde, den man allgemein als sehr natürlich ansieht - dadurch erfreut er sich im allgemeinen guter Gesundheit. Als Vorsichtsmaßnahme sollte Zuchtmaterial geröntgt werden, denn Hüftgelenksdysplasie tritt zuweilen in der Rasse auf.

Man sei sich aber darüber im klaren, nahezu alle Hunde dieser Größe - unabhängig von der Rasse - haben in verschiedenem Ausmaß eine gewisse Schwäche des Hüftgelenks. Fehlerhafte Schilddrüsenfunktion (Hypothyroidism) tritt in der Rasse auf, ebenso einige Formen erblicher Augenerkrankungen.

Man sollte immer von Züchtern guten Rufs kaufen, sie führen in der Regel über mehrere Generationen sorgfältig Buch über die Gesundheit ihrer Hunde. Wenn man bei verantwortungsbewußten Züchtern kauft, mindert dies die Wahrscheinlichkeit, einen kranken Welpen zu bekommen.

Durch sorgfältige Haut- und Fellpflege lassen sich beim Akita Hautprobleme auf ein Minimum reduzieren. Da der Akita ein sehr dickes, doppeltes Haarkleid hat, ist eine Haltung in warmem Klima - in oder außerhalb des Hauses - nicht immer das beste für ihn.

Bereits als Welpe muß der Akita sich an Zahnkontrolle gewöhnen, nur so läßt sich richtig überprüfen, ob der Zahnwechsel ordnungsgemäß verläuft. Empfehlenswert ist mit dem zweiten Gebiß auch entsprechende Zahnpflege, um die Zähne sauber zu halten, Mundgeruch zu vermeiden. Ebenfalls sollten die Nägel des Akitas wöchentlich ein wenig zurückgeschnitten werden, nur so viel, daß man mit dem Nagelschneider keinesfalls »ins Leben schneidet«. Werden die Nägel immer kurz gehalten, tritt nie die Situation auf, daß das Nagelschneiden den Hund verletzt, er gewöhnt sich an die Prozedur.

Bei dieser stehohrigen Rasse bereiten die Ohren im allgemeinen keine Probleme. Tritt aus der Ohröffnung dennoch Geruch aus oder schüttelt der Hund den Kopf, kratzt an den Ohren, sollte man den Tierarzt kontrollieren lassen.

PFLEGE UND ERZIEHUNG

Wie für nordische Hunde typisch, hat der Akita ein dickes, doppeltes Haarkleid, das bei warmem Wetter gewechselt wird, was man durch mildes Shampoo in warmem Bad beschleunigen kann. Man muß ihn danach aber sorgfältig bürsten und trocknen.

Unterordnungserziehung ist zwingend - der Hund muß rechtzeitig lernen, seinem Besitzer zu gehorchen.

Der Akita ist für seine Loyalität allgemein bekannt.

ANPASSUNGSFÄHIGKEIT

Da der Akita ein so großer Hund ist, braucht er entsprechenden Raum. In seiner Heimat Japan ist manchmal Platz recht knapp, wird ein einzelner Akita zuweilen auch in einem sehr kleinen Haus als Familienhund gehalten.

Er braucht einen Besitzer, der seinem Hund entgegenkommt, ihm genügend Spaziergänge oder kräftiges Spiel erlaubt. Ein japanischer Wissenschaftler hat geschrieben: »Der Charakter dieser Hunde erlaubt Rückschlüsse auf das alte japanische Volk, er ist asketisch, wachsam, treu, gutartig, freundlich und empfindsam, ganz wie sein Herr!«

RASSEMERKMALE

Der Akita ist groß, von Brustbein bis Hinterhand etwas länger als vom Widerrist zum Boden. Rüden werden allgemein 66-71 cm hoch, Hündinnen liegen um 2,5-5 cm darunter. In Vor- und Hinterhand ist der Akita mäßig gewinkelt.

Er besitzt einen großen, keilförmigen Kopf, aufrecht getragene, ausdrucksstarke Ohren, leicht nach vorn gestellt, nach vorne gefaltet reicht die Ohrspitze gerade bis zum Auge. Augen tiefliegend, erscheinen dreieckig.

Ein Akita hat schwere Knochen; ein dickes, doppeltes Haarkleid in verschiedenen Farben. Die Rückenlinie endet in einer gut angesetzten, richtig getragenen dicken, schweren Ringelrute.

Der weiße Akita mit schwarz durchpigmentierter Nase, Fang und Ballen wurde immer am meisten geschätzt. In Amerika ist diese Farbe heutzutage nicht mehr so beliebt.

Sie steht auf Ausstellungen im Wettbewerb mit einfarbig rot, gestromt und allen Farben auf weißem Grund.

Der Standard der Fédération Cynologique International unterscheidet sich geradezu dramatisch von den amerikanischen und englischen Versionen.

Der von Japan ausgehende FCI-Standard erlaubt keine Mehrfarbigkeit, wie sie in England und USA gestattet ist.

Über die ganze Welt hat der Akita sein majestätisches Auftreten und seine großartige Haltung, die ihn völlig unverwechselbar machen.

ALASKAN MALAMUTE

FCI-Gruppe 5, Standard Nr. 243
Ursprungsland: USA
Zucht 1994: D 182, A 36, CH 17, GB 68,
USA 4.855

HERKUNFT UND RASSEGESCHICHTE

Seit der Steinzeit ist der Einsatz dieser Hunde als Jagdhunde im hohen Norden Teil der Kultur der nordischen Völker. Der Alaskan Malamute wurde von einem nomadischen Stamm entwickelt. Dies waren fleißige und sehr geschickte Eskimos des Stammes der Mahlemuten, sie lebten im oberen Teil von Westalaska, von Sibirien entlang der Küste des Kotzebue Sound. Die Mahlemuten brauchten einen großen, starken Schlittenhund. Dabei kam es nicht auf hohe Schnelligkeit an, sondern auf Zugkraft, so daß sie ihn als Zugtier einsetzen konnten. In der harten und bitteren Kälte waren Hunde die einzigen Haustiere, die überleben konnten. Während des Sommers, wenn man mit Schlitten keine schweren Lasten transportieren konnte, arbeiteten die Malamutes als Meutehunde. Im 19. Jahrhundert berichteten europäische Forscher und russische Walfänger von den Hunden des Mahlemutstamms, sie seien wunderschön und besonders ausdauernd.

Alaskan Malamute

Als zwischen 1750 und 1900 die Weißen Alaska besiedelten, brauchten sie eine große Anzahl Hunde zur Jagd und für Zugarbeiten, der Typ spielte weniger eine Rolle. Hinzu kam, daß der aufblühende Sport von Schlittenhunderennen der Rasse Alaskan Malamute wenig günstig war. Vielfach wurden Einkreuzungen vorgenommen, um die Hunde schneller zu machen. Die Eskimos aber bewahrten den Typ ihrer Hunde, glücklicherweise entdeckten amerikanische Züchter die Rasse, an ihrer Spitze der legendäre »Short Seely«, ein Züchter in New Hampshire. Short Seely kaufte eine Anzahl guter Exemplare, züchtete mit ihnen mit viel Verstand und schickte einige davon mit Admiral Byrd auf seine antarktische Reise.

WESEN

Der Malamute ist ein echter Familienhund, liebt Menschen und besitzt ein freundliches, aufgeschlossenes Wesen. Er ist ein wunderbarer Familienhund, verträgt sich mit Kindern sehr gut. Am glücklichsten ist er, wenn er Schlitten oder kleine Handkarren ziehen darf, mit denen die Kinder der Familie zu ihrem Vergnügen fahren. Auch für Jogger ist der Malamute ein sehr guter Begleiter.

GESUNDHEIT

Wie es sich für eine natürliche Rasse gehört, ist der Alaskan Malamute recht gesund. Allerdings leidet die Rasse an einer Erkrankung, bei der das Knochenwachstum beeinträchtigt ist (Verzwergung genannt, Achondroplasie oder Chondrodystrophie). Vor jeder Zucht sollte das Hüftgelenk des Malamutes geröntgt werden. Zähne und Nägel brauchen das ganze Leben über Aufmerksamkeit und Pflege. Besonders sollte man darauf achten, daß diese Hunde nicht dickleibig werden.

PFLEGE UND ERZIEHUNG

Um dem Malamute eine richtige Aufgabe zu geben, ist Unterordnungserziehung sehr wichtig, auch braucht er ausreichend Bewegung. Viele Malamutebesitzer trainieren ihre Hunde für Gewichtziehwettbewerbe. Hierfür eignen sich diese Hunde sehr gut, sind in der Lage, Ladungen bis zu einer Tonne über kurze Distanzen zu ziehen. Dies sind keine Hunde für die Großstadt, sie brauchen genügend Auslauf, entweder am Schlitten, neben dem Jogger oder innerhalb eines eingezäunten Geländes. Ein gelangweilter Malamute kann recht laut und zerstörerisch werden.

Das Haarkleid ist schwer und einzigartig, hartes Deckhaar, schwere, plüschartige Unterwolle. Bei warmem Wetter unterliegt das Malamutehaar stärkerem Wechsel, es muß wöchentlich gebürstet und gesäubert werden. Parasiten (Flöhe und Zekken) können Hautprobleme auslösen, deshalb sollte man sorgfältig darauf achten, daß der Malamute frei von diesem Ungeziefer gehalten wird.

ANPASSUNGSFÄHIGKEIT

Der Malamute ist gut an kaltes Klima angepaßt, bevorzugt daher bei heißem, feuchtem Wetter einen kühlen Lagerplatz und Auslauf nicht gerade in der Mittagshitze. Für die Wohnungshaltung in der Stadt ist er nicht geeignet, da er einen großen Auslauf mit viel Bewegungsmöglichkeit im Spiel und beim Ziehen kleiner Wagen braucht.

RASSEMERKMALE

Eine substanzvolle, kraftvolle Hunderasse von guter Größe, Rüden haben eine Schulterhöhe von 64 cm, Gewicht etwa 38,5 kg, Hündinnen 59 cm, Gewicht 34 kg. Die Rasse hat kräftige Knochen, feste Pfoten und einen anatomisch korrekten Körperbau. Der Kopf ist groß und keilförmig, Augen bevorzugt dunkel, blau unerwünscht. Ohren aufrecht getragen, gut mit Fell bedeckt. Rute lang, buschig und über den Rücken gerollt getragen.

Zahlreiche Farben zulässig, in der Regel ein helles grau bis schwarz mit weißem Bauch, weissen Abzeichen im Gesicht, an den Pfoten und an den Läufen. Der Kopf hat häufig eine haubenartige Zeichnung oder zeigt Maske. Die Rasse hat eine stolze Haltung, verfügt über ein dickes doppeltes Haarkleid. Der Malamute darf keinerlei anatomische Fehler aufweisen, die ihn von schwerer Arbeit wie das Ziehen von Lasten durch Eis und Schnee behindern würde.

ALPENLÄNDISCHE DACHSBRACKE

FCI-Gruppe 6, Standard Nr. 254
Ursprungsland: Österreich
Zucht 1994: D 61, CH 28

Die Alpenländische Dachsbracke stammt aus den österreichischen Alpen, wo sie in erster Linie als Schweißhund für die Hirschjagd eingesetzt wird. Ihre Anhänger haben sie auch zur Jagd auf Fuchs und Hase erfolgreich ausgebildet, sowie zum Apportieren und Nachsuchen der Wundfährte. Ausserhalb ihrer Heimat ist die Rasse sehr selten.

Dieser Hund stammt von den ältesten Hunderassen, er ist robust und arbeitet im schwierigsten Terrain. In den 1880er Jahren wurde die Alpenländische Dachsbracke anerkannt, wird in erster Linie als Jagdhund gehalten und eingesetzt. Der Körperbau ist ausgesprochen rechteckig, mit kräftigen, ziemlich kurzen Läufen, aber nicht zu kurz, was bei der Arbeit hinderlich wäre. Schulterhöhe 36-38 cm. Kopfform ähnlich den osteuropäischen Laufhunden, also breiter Oberkopf, hochangesetzte Ohren, am Ansatz breit, keine Falten. Haut eng anliegend, von grober Struktur, etwa 2,5 cm lang. Farbe tiefrot, meist mit schwarzen Haarspitzen. Obwohl im Standard schwarzlohfarben nicht erlaubt ist, trägt die Rasse diese Farbe in ihren Genen, wie unser Foto zeigt.

Alpenländische Dachsbracke

AMERICAN ESKIMO DOG

Seit vielen Jahren haben die Amerikaner in und um die großen Städte die Vorläufer dieser neuen amerikanischen Rasse beobachtet. Vor dem Ersten Weltkrieg traf man häufig auf den deutschen Spitz, er wurde zumeist von deutschen Emigranten rund um New York City als Haushund gehalten. Diese kleinen weißen Hunde wurden immer zahlreicher, alles Nachkömmlinge des deutschen Großspitzes, des Wolfspitzes oder des Holländischen Keeshond, des weißen Pomeranian oder der italienischen Spitzrasse Volpino Italiano. Nach dem Zweiten Weltkrieg haben möglicherweise die Züchter auch Kreuzungen mit dem Japanischen Spitz vorgenommen.

Quer durch die Vereinigten Staaten wurden diese kleinen weißen Hunde nach und nach als »American Spitz« bekannt. Im Jahre 1917 erhielt die Rasse einen neuen Namen - American Eskimo Dog - auch *Eskie* als Kosename. Niemand scheint zu wissen, warum gerade dieser Name gewählt wurde, möglicherweise weil einige der eingeborenen amerikanischen Eskimos ihrerseits spitzartige Schlittenhunde züchteten. Der Eskie schien eine Miniaturausgabe dieser Hunde zu sein.

Im Jahre 1985 wurde der Eskimo Dog Club of America gegründet, sein Bestreben war Anerkennung der Rasse durch den American Kennel Club. Dieses Ziel wurde erreicht, heute gehört die Rasse in den USA zur »Non-Sporting Group«. Es handelt sich um die fünfte nordische Hunderasse, die für diese Gruppe zugelassen ist, die anderen sind Finnish Spitz, Keeshond, Shiba Inu und Chow Chow.

Der Eskie ist typisch für einen kleinen Hund, der als Haus-, Familien- und Wachhund gezüchtet wurde. Seinem warnenden Bellen als Signal für die Ankunft von Fremden folgt nie Aggression. Er ist wachsam, munter, intelligent und freundlich. Innerhalb der menschlichen Familie aller Altersstufen und Gesellschaftskreise ist der American Eskimo Dog sehr beliebt, Scheu tritt selten auf. Der Eskie erlernt auch leicht Kunststücke und Tricks, wie sie Menschen nun einmal Familienhunden gerne beibringen.

Ein bemerkenswert gesunder Hund, dessen Augen und Tränenkanäle aber beobachtet werden müssen. Das dicke doppelte Haarkleid der Rasse muß sauber und frei von Flöhen gehalten werden, um Hautkrankheiten zu vermeiden.

Als Haus- und Familienhund gezüchtet, wohnt der Eskie in der Regel innerhalb des Hauses. Erziehung zur Stubenreinheit und Bekanntmachen mit vielen Menschen sollten so früh wie möglich erfolgen. Der Eskie muß wöchentlich gepflegt, gebürstet, wenn notwendig gebadet werden; auch seine Zähne und Nägel sollte man regelmäßig überwachen.

Eskies gibt es in drei Größen. Toy: Schulterhöhe zwischen 23 und 30 cm; Miniature 30-38 cm, Standard 38-48 cm. Dies bedeutet, daß es Eskies in allen für das Haus geeigneten Größen und Klassen gibt. Die Hunde lieben Spaziergänge, brauchen genügend Bewegung, entweder an der Leine oder in einem sicher eingezäunten Garten.

Eskies haben immer ein weißes Haarkleid oder weiß mit biskuit- oder cremefarbenen Markierungen. Ihre Haut ist rosa oder grau. Als Pigment für Augenlider, Gaumen, Nase und Pfoten wird immer schwarz gewünscht.

Die äußere Form des Eskies ähnelt der der Spitzrassen, er ist etwas länger als seine Schulterhöhe, hat das typische nordische Spitzgesicht mit aufrecht getragenen dreieckigen Ohren und keilförmigem Kopf. Fang und Oberkopf etwa von gleicher Länge, gut getragener Hals, feste und gerade obere Linie, Rute gut angesetzt, in Erregung geringelt über dem Körper getragen. Gute Läufe und Pfoten ermöglichen dem Eskie freien, energiegeladenen Trab. Sein dickes Haarkleid sollte nicht getrimmt werden, mit Ausnahme des Kürzens von zu langem Haar aus den Pfoten und der Rückseite der Fußwurzel. Das Haarkleid ist weder

American Eskimo Dog

gekräuselt noch zeigt es Wellen; Unterwolle dick und fest, von härterem Deckhaar überlagert.

Keine anderen als die zuvor beschriebenen Farben sind erlaubt. Die Augenfarbe blau ist nicht gestattet; kein Eskie unter 23 cm und über 48 cm darf ausgestellt werden. Die Rasse hat viele An-hänger, sie hat sich bereits über lange Zeit bewährt.

Keine Anerkennung FCI oder KC,
Anerkannt: AKC,
Ursprungsland: Vereinigte Staaten

AMERICAN PIT BULL TERRIER

Für amerikanische Verhältnisse eine ziemlich alte Hunderasse! Seine Vorfahren wurden Mitte 1800 durch irische Immigranten über Boston in die Vereinigten Staaten eingeführt. Diese Hunde wurden mit Zuchtmaterial aus England und Schottland, das schon früher aus ihrem Heimatland angekommen war, mit den frühen Vorfahren des Englischen Staffordshire Bull Terrier gekreuzt.

American Pit Bulls wurden als Kampfhunde gezüchtet, ihre Qualitäten von den frühen Züchtern sehr geschätzt - die »blutigen Sportarten« spielten bei der Entstehung der Rasse eine wichtige Rolle. Diese Hunde haben einen sehr festen, eigenständigen Charakter, ihre Besitzer tragen eine besondere Verantwortung, diese Hunde sehr sorgfältig zu erziehen.

Aufgrund der charakterlichen Merkmale dieser Rasse gibt es in verschiedenen Ländern eigene Gesetze, die Haltung oder Zucht einschränken. Beispielsweise wurde 1991 in England die *Dangerous Dogs Act* verabschiedet, die den Import oder Besitz von Pit Bulls verbietet, es sei denn eine Ausnahmegenehmigung wurde gewährt. Das Gesetz verlangt Kastration des Hundes, unveränderbare Identifizierungsmerkmale etwa durch Tätowierung.

Die Besitzer brauchen eine eigene Haftpflichtversicherung, der Hund muß im Index »Exempted Dogs« eingetragen werden. Verlangt werden sichere Haltungsverhältnisse, in der Öffentlichkeit besteht Leinenzwang, Jugendliche unter 16 Jahren dürfen den Hund nicht ausführen.

Verstöße gegen das Gesetz führen zu Geld- oder Haftstrafe, in zahlreichen Fällen auch zur Tötung des Hundes.

Von Tierschutz wie vernünftigen Hundefreunden wird diese Art Gesetzgebung als völlig übertrieben abgelehnt.

Der American Pit Bull Terrier wiegt 16-27 kg, ist sehr muskelstark aufgebaut, tiefe Brust, gute Rippenwölbung. Haarkleid kurz, hart und glänzend; alle Farben und Farbkombinationen zulässig. Oberkopf flach, breit und ziegelförmig; Ohren natürlich belassen oder kupiert.

American Pit Bull Terrier sind ihrer Intelligenz und Loyalität wegen berühmt. Sie werden, trotz des unfairen Drucks, der manchmal auf diese Rasse ausgeübt wird, vorzügliche Familienhunde.

Aufgrund ihrer willensstarken Persönlichkeit bedarf diese Rasse unbedingt intensiver Unterordnungserziehung.

Keine Anerkennung durch FCI, KC oder AKC.
Ursprungsland: Vereinigte Staaten

American Pit Bull Terrier

AMERICAN STAFFORDSHIRE TERRIER

FCI-Gruppe 3, Standard Nr. 286
Ursprungsland: USA
Zucht 1994: D 715, A 140, CH 1, USA 1.367

HERKUNFT UND RASSEGESCHICHTE

Ein edler Terrier amerikanischer Herkunft, der erst vor relativ kurzer Zeit als eigene Rasse anerkannt wurde. Er geht auf die Hunde zurück, die zur Zeit des amerikanischen Bürgerkriegs für den »Sport des Hundekampfs« nach den USA importiert wurden. Die tiefen Wurzeln der Rasse liegen in den Kampfarenen von England und in den Pits von Amerika, gehen auf Anfang 1800 zurück, als die planmäßige Kreuzung von Bulldog und Terrier begann. Einer Vielzahl von Hunderassen wurde das Verdienst zugeschrieben, den *Amstaff* mit entwickelt zu haben, darunter Bull Terrier, Old English White Terrier, Black and Tan Terrier, Bulldog, Mastiff, Pointer, Dalmatiner und natürlich Staffordshire Bull Terrier. Als eigene Rasse erkannte der American Kennel Club den Staffordshire Terrier 1935 an. 1972 wurde der Name in American Staffordshire Terrier abgewandelt. 1974 nahm der AKC auch seinen englischen Vetter Staffordshire Bull Terrier in sein Zuchtbuch auf.

Vom alten Typ des Staffordshire Bull Terriers wichen die Amerikaner in verschiedenen Richtungen ab. Ihr Zuchtziel war weniger auf bestimmten Typ als in allererster Linie auf eine großartige Kampfmaschine ausgerichtet. Der in den USA entstandene Hund hat ein gewaltiges Stehvermögen, legendären Mut, Anpassungsfähigkeit und Intelligenz, ist jedoch in keiner Weise bösartig veranlagt. Der Kampfhundeursprung der Rasse hat Mut und Schutztrieb mit sich gebracht. Diese Kombination macht den *Amstaff* zu einem vorzüglichen Wachhund. Viele Hundeliebhaber haben die zahlreichen körperlichen und wesensmäßigen Vorzüge des *Amstaffs* schätzen gelernt. In der heutigen Ausstellungswelt des Hundes hat die Rasse einen sicheren Platz übernommen. Es gibt zahlreiche Exemplare, die gegen strengsten Wettbewerb Terriergruppe und Gesamtsieg auf Internationalen Ausstellungen errangen.

WESEN

Die Kenner der Rasse loben die leichte Erziehbarkeit dieser Hunde, ihre Anhänglichkeit an Familie und Freunde, ihre Eignung für Kinder. Zuweilen zeigen sie allerdings Katzen, Kaninchen und anderen Haustieren gegenüber leichte Aggression. Diese Hunde sind gegenüber allem, was sich ringsum ereignet, sehr aufmerksam. Nicht gerade auf Streit aus, nehmen sie aber Herausforderungen, die sich ihnen bieten, gerne an. Während des Zweiten Weltkriegs standen Poster diese Rasse als Symbol für amerikanischen Mut und Ausdauer.

GESUNDHEIT

Der *Amstaff* leidet an keinen Erbkrankheiten. Allerdings sind die Hunde anfällig für Allergien aufgrund von Streß oder Insektenstichen. Diese sollten nach Anweisung des Tierarztes durch Antihistamine behandelt werden. Ein nicht beschäftigter *Amstaff*, der über längere Zeiten des Tages im Zwinger leben muß, neigt aus Langeweile zu intensivem Belecken seiner Läufe, löst damit unangenehme Rötungen aus. Der Hund und seine Umwelt sollten stets sehr sauber gehalten werden.

Die Rasse genießt vermehrte, ihr gewidmete Zeit in Form von Spaziergängen, Unterordnungsausbildung und ganz einfach jede menschliche Gesellschaft. Wie bei allen muskulösen, aktiven Hunden sind korrekte Fütterung und ausgewogene Ernährung wichtig.

PFLEGE UND ERZIEHUNG

Diese Rasse braucht normale Haarpflege. Es empfiehlt sich eine Spezialerziehung zur Vermeidung von Aggressivität. Da dieser Hund sehr intelligent ist, lernt er alles, was ihm sein Besitzer vernünftig beibringt. Seiner Natur nach braucht dieser Hund immer eine feste Hand.

ANPASSUNGSFÄHIGKEIT

Die Rasse lebt glücklich in der Stadt und auf dem Land, fühlt sich ebenso wohl im Appartement wie auf großen Grundstücken.

RASSEMERKMALE

Muskulös und bemerkenswert beweglich, dabei weder hochläufig noch windhundartig. Schulterhöhe je nach Geschlecht 43-48 cm. Hals kräftig und mittellang, Brust tief und stark, gute Rippen-

American Staffordshire Terrier

wölbung, breite Front. Läufe gerade mit großen, runden Knochen, die auf gut aufgeknöchelten und kompakten Pfoten ruhen. Kraftvolle Kiefer sind sehr wichtig, sie zeichnen sich deutlich ab, sind gut bemuskelt. Die Zähne treffen als Scherengebiß aufeinander, sind stark und kräftig.

In den USA können die Ohren kupiert sein, natürliche Ohrhaltung wird aber bevorzugt, als Ro-

senohr oder halb aufrecht getragen. Kupierte Ohren sind kurz, aufrecht stehend. Ohransatz immer hoch. Haar kurz, glänzend und fest, in allen Farben, einfarbig, gefleckt oder mehrfarbig. Mehr als 80 Prozent weiß unerwünscht, ebenso schwarzlohfarben oder leberfarben. Augenränder, Nase und Lefzen sollten voll durchpigmentiert, nach Möglichkeit schwarz sein.

ANATOLISCHER HIRTENHUND

FCI-Gruppe 2, Standard Nr. 331
Coban Köpegi
Ursprungsland: Anatolia (FCI)
Zucht 1994: CH 6

Diese große molossertypische Rasse entstand in der Türkei, wurde ursprünglich als Herdenschutzhund eingesetzt. In England war die Rasse zunächst als Anatolian Karabash anerkannt, eine Entscheidung, die recht umstritten wurde. Einige Züchter erheben den Anspruch, daß der Karabash, ein falber Hund mit schwarzen Haarspitzen, der einzige anatolische Herdenschutzhund sei, Hunde anderer Farben nicht reinrassig wären.

Der anatolische Hirtenhund ist ein ruhiger und mutiger Hund, darf aber nie aggressiv sein. Man sollte aber seine ursprüngliche Aufgabe als Wächter respektieren und schätzen, wenn man sich einen solchen Hund zulegen will.

Sein Haarkleid ist kurz und dicht, hat dicke Unterwolle, erfordert wenig Pflege - einmal wöchentlich bürsten reicht in aller Regel aus. Wie alle Arbeitshunde dieser Größe braucht dieser aktive Hund viel Auslauf und auch geistige Anregungen, damit er nicht schwierig wird. Er genießt das Zusammenleben mit Menschen, fühlt sich aber im Freien wohler als in einem Stadthaus.

Der Anatolier hat einen großen Schädel, zwischen den Ohren breit und flach. Rüdenköpfe sind beachtlich breiter als bei Hündinnen. Der Fang beträgt ein Drittel der Gesamtlänge, Lefzen leicht hängend getragen, verursachen ein quadratisches Profil.

Nase, Lefzen und Augenlider schwarz. Augen ziemlich klein und tief eingesetzt, Ohren dreieckig geformt, an den Spitzen abgerundet und von mässiger Größe. Körperbau gut ausbalanciert, zeigt Kraft und Stärke, Bewegung flüssig und kraftvoll.

Für die Rasse typisch ist, daß der Kopf niedrig getragen wird, wodurch in der Bewegung Kopf, Hals und obere Linie auf einer Linie sind, den Eindruck vermitteln, der Hund schleiche sich an. Schulterhöhe 71-81 cm, Gewicht bis über 63,5 kg.

Anatolischer Hirtenhund

ANGLO-FRANÇAIS UND FRANÇAIS HOUNDS

Unter dieser Überschrift werden sieben der zweiundzwanzig französischen Laufhunderassen bei der FCI anerkannt. Es handelt sich um den Grand Anglo-Français Tricolore, Grand Anglo-Français Blanc et Orange, Français Tricolore, Français Blanc et Noir, Français Blanc et Orange und Anglo-Français de Petit Vénerie. Wie diese Rassenamen schon anzeigen sind diese französischen Laufhunde aus Kreuzungen zwischen dem English Foxhound und verschiedenen der sehr alten französischen Laufhunderassen entstanden. Diese Kreuzungen wurden verstärkt über das 19. Jahrhundert durchgeführt, aber auch schon früher versucht. Interessant ist, daß der English Foxhound ursprünglich aus der Zucht von französischen Laufhunderassen entstand. Vor 1957 hatten alle diese Kreuzungsrassen sehr lange Rassenamen, die alle die Rassen nannten, die in einer Meute zusammengefaßt wurden, wobei diese Meuten oft selbst zu einer Rasse wurden. 1957 entschied man sich dann dafür, all diese Unterarten mit Foxhoundblut »Anglo-Français« zu nennen.

Die größeren Typen der Anglo-Français und die Original Françaishounds (ohne Einkreuzung von Foxhounds) wurden vorwiegend als Meutehunde eingesetzt. Ihre Jagd galt Hirsch, Reh, Sau oder Fuchs. »Grand« besagt nicht unbedingt etwas über die Größe des Hundes, in den meisten Fällen bezieht es sich auf Meuten, die für die Jagd größeren Wildes eingesetzt wurden - »Chien de Grand Vénerie« - diese Hunde dienen zur Jagd in Form »Chasse-à-Courre«, was praktisch bedeutet, daß die Meute dem Wild folgt, um es zu töten. Die zweite Jagdform wird »Chasse-à-Tir« genannt, hierbei jagt ein oder mehrere Hunde, häufig auch ganze Meuten das Wild in Richtung auf die Jäger. Letztere Jagdart wird vorwiegend auf Sauen und Hasen angewandt. Die französische Bezeichnung für Laufhunde zur Jagd auf kleineres Wild lautet »Chiens de Petite Vénerie«, auch dies wurde in einigen Fällen zum Teil des Rassenamens, etwa beim Anglo-Français de Petite Vénerie.

Alle obigen Rassen werden praktisch ausschließlich zur Jagd eingesetzt, man findet sie sehr selten außerhalb der Jagdmeuten. Der französische Hound repräsentiert den sogenannten West Europäischen Houndtyp - die Hunde haben einen ziemlich langen, schmalen Kopf mit leicht konvexem Nasenrücken, niedrig angesetzte Hängeohren und einen sehr edlen Ausdruck. Alle beschriebene

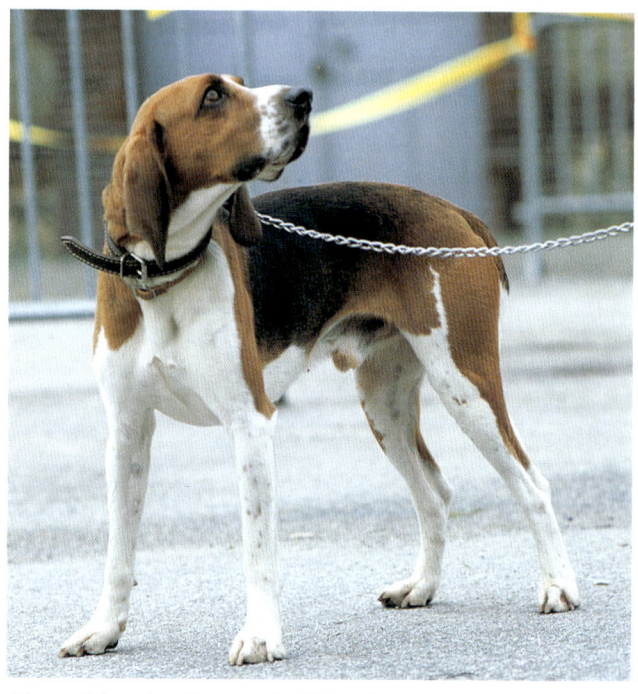

Grand Anglo-Français Tricolore

Rassen sind glatthaarig.

Schulterhöhe und Haarfarbe unterscheiden sich etwas: Grand Anglo-Français Tricolore; Schulterhöhe von etwa 60-70 cm, seine Farbe ist im Namen ausgedrückt. Grand Anglo-Français Blanc et Noir; Schulterhöhe von 62-72 cm, Farbe vorwiegend schwarz mit weißen Abzeichen und blaßlohfarbenen Markierungen. Grand Anglo-Français Blanc et Orange, Français Tricolore und Français Blanc et Orange messen alle etwa 60-70 cm Schulterhöhe, tragen die Farben, die ihr Name besagt. Français Blanc et Noir; Schulterhöhe von etwa 62-72 cm, Grundfarbe schwarz mit weißen Abzeichen und blaßlohfarbenen Markierungen. Anglo-Français de Petit Vénerie; Schulterhöhe von 46-58 cm, Farbe dreifarbig, weiß und schwarz oder weiß und orange.

Anerkannt: FCI-Gruppe 6, Standard Nr.:
Grand Anglo Français Tricolore 322
Grand Anglo Français Blanc et Noir 323
Grand Anglo Français Blanc et Orange 324
Français Tricolore 219
Français Blanc et Noire 220
Français Blanc et Orange 316
Anglo Français de Petit Vénerie 325
Ursprungsland: Frankreich

APPENZELLER SENNENHUND

FCI-Gruppe 2, Standard Nr. 46
Bouvier d'Appenzell, Appenzell Cattle Dog
Ursprungsland: Schweiz
Zucht 1994: D 60, A 13, CH 88

Der Appenzeller Sennenhund stammt aus dem Schweizer Kanton Appenzell. Man nimmt an, daß er auf die Treibhunde zurückgeht, welche die Römer im Lande hinterließen. Der heutige Appenzeller wurde 1898 anerkannt, wird noch immer als Treiberhund eingesetzt. Ein recht selbstbewußter Hund, furchtlos beim Schutz von Bauernhof oder Privathaus, seiner Familie gegenüber liebevoll und anhänglich, Fremden gegenüber etwas mißtrauisch.

Quadratisch gebaut, Schulterhöhe 50-56 cm, eng geringelte Rute, Ohren dicht an den Wangen anliegend. Haarkleid dicht, Farbe schwarz oder braun, mit symmetrischen lohfarbenen und weissen Abzeichen. Unerwünscht sind Glasauge, gerade Rute oder Knickrute, fehlende Unterwolle und andere Farben als oben erwähnt.

Appenzeller Sennenhund

ARIÈGEOIS

Der Ariègeois ist ein mittelgroßer französischer Laufhund, außerhalb Frankreichs ist er sehr selten. Er stammt aus der Region Ariège nahe der Pyrenäen im Süden. Dies ist eine der französischen Laufhunderassen, die nicht mit dem English Foxhound gekreuzt wurde, ihre Vorfahren sieht man im Gascon Saintongeois und im Grand Bleu de Gascogne.

Der Ariègeois dient vor allem der Jagd auf Kaninchen, Hasen und Fuchs. Eine robuste Rasse, bekannt für ihre gute Nasenveranlagung, auch heute noch ausschließlich als Jagdhund gehalten.

Schulterhöhe 53-60 cm, analog den meisten französischen Laufhunden ist sein Körper etwas länger gestreckt. Schmaler Kopf mit leicht konvexer Nasenpartie, niedrig angesetzte, gefaltet getragene Ohren, sehr edler Ausdruck.

Haarkleid kurz, glatt, Farbe Weiß mit großen schwarzen Flecken. Seine Ohren und die Seiten des Kopfes sollten immer schwarz mit hellohfarbenen Abzeichen sein.

Ariègeois

Anerkannt: FCI-Gruppe 6, Standard Nr. 020

AUSTRALIAN CATTLE DOG

FCI-Gruppe 1, Standard Nr. 287
Ursprungsland: Australien
Zucht 1994: D 6, USA 1.797

HERKUNFT UND RASSEGESCHICHTE

Der Australian Cattle Dog wurde als Helfer bei dem Aufbau der Rinderzucht in Australien gezüchtet. Aus anderen Ländern nach Australien importierte Arbeitshunde erwiesen sich anfänglich für kleine Bauern und Familienfarmen als brauchbar.

Aber etwa um 1813 nach einer großrahmigen Landreform gab es Hunderte von Großfarmen mit Weideland über Tausende Quadratmeilen, die alle uneingezäunt waren.

Es überrascht bestimmt nicht, daß die Kontrolle der Rinder über so große Besitztümer sich als recht schwierig erwies. Viele verschiedene Hunde wurden von den Treibern eingesetzt, aber es stellte sich schnell heraus, daß diese weder den hohen Temperaturen noch den weiten Entfernungen gewachsen waren.

Grundvoraussetzungen für den erwünschten Rinderhund war, daß er kräftig zubeißen konnte, über besonders hohe Ausdauer und Robustheit verfügte. Er mußte in der Lage sein, wildlebende Rinder zusammen zu treiben und vorwärts zu bewegen.

Die ersten Züchter führten wenige schriftliche Aufzeichnungen, daher gibt es verschiedenartige Meinungen, welche Rassen zum heutigen Australian Cattle Dog beitrugen.

Allgemein anerkannt ist jedoch, daß die Rasse aus Kreuzungen des Bluemerle Glatthaar Collies mit dem Dingo entstand, später noch Blut des Dalmatiners und des schwarzlohfarbenen Kelpie hinzukam.

Die hieraus hervorgegangenen Hunde erwiesen sich für die Grundstückseigentümer in Queensland als unersetzlich, wurden bald unter dem Namen *Queensland Blue Heelers* bekannt. 1893 begann Robert Kaleski planmäßig Blue Heelers zu züchten.

Viele Jahre später startete er mit ihnen auf Ausstellungen. 1902 entwarf Kaleski den ersten Rassestandard, der danach allgemein angenommen, vom Kennel Club of New South Wales 1903 offiziell bestätigt wurde. Dabei wurde der Rassename in Australian Cattle Dog abgewandelt.

WESEN

Der Cattle Dog ist ein robuster, harter Arbeitshund, Fremden gegenüber ziemlich zurückhaltend, seinen Besitzern gegenüber loyal, freundlich, aufgeschlossen, leicht erziehbar. Ein aufmerksamer, intelligenter Hund, immer bereit, Herrn und Eigentum zu schützen, und dennoch in der Ausbildung und in der Familie besonders liebenswert. Dieser Hund vermag so stark zuzubeißen, daß es viel zu gefährlich wäre, unkontrollierbare und besonders temperamentvolle Tiere noch zum Beißen zu ermutigen.

GESUNDHEIT

Der Australian Cattle Dog ist ein zäher und robuster Hund, im allgemeinen frei von irgendwelchen wichtigen Erbkrankheiten, einschließlich Hüftgelenksdysplasie und anderen Krankheiten, die so häufig größere Hunde befallen.

PFLEGE UND ERZIEHUNG

Cattle Dogs sind sehr aufgeweckt, können zuweilen auch dickköpfig sein. Deshalb ist es wichtig, sie von früher Jugend an zu lehren, Kommandos ihrer Besitzer zu beachten. Die Anforderungen an Pflege sind minimal.

ANPASSUNGSFÄHIGKEIT

Cattle Dogs werden wunderbare Wachhunde, ihren Freunden gegenüber sind sie geradezu extrem loyal. Aber auch vorzügliche Familienhunde werden aus ihnen, hier finden sie immer mehr Popularität. Sie fordern aber zu ihrem eigenen Wohlbefinden unbedingt in bestimmtem Umfang körperliche und geistige Betätigung. Werden ihre Fähigkeiten nicht genügend genutzt, könnten sie schwierig werden.

RASSEMERKMALE

Der Australian Cattle Dog verfügt über eine besonders hohe Beißkraft, hierfür braucht er einen breiten Schädel, der bessere Hebelwirkung ermöglicht als ein schmaler. Leichter, aber gut wahrnehmbarer Stop. Dieser ist damit begründet, daß bei solcher Kopfform der Hund vom Huf eines Stieres weniger leicht getroffen wird. Der

Fang, der sich zur Nase hin verschmälert, ist gut unter den Augen ausgefüllt. Kräftiger, tiefer Fang mittlerer Länge, sehr starker Unterkiefer und eng-anliegende Lefzen sind notwendig, um erfolgreich Rinder zu treiben und festzuhalten, wobei der Hund das Vieh im Fersenbereich beißt.

Australian Cattle Dogs sind bei Geburt weiß, meist mit schwarzen oder roten Flecken, je nach ihrer künftigen Körperfarbe. Der Hund färbt sich mit etwa drei Wochen weiter durch. Die Hautpigmentierung ist ist in der Regel der beste Hinweis über die künftige Farbe. Farben und Markierung des Cattle Dogs sind blau, blau gesprenkelt oder blau gefleckt, mit oder ohne schwarze, blaue oder lohfarbene Abzeichen am Kopf, auch rot gefleckt mit oder ohne dunklere rote Abzeichen am Kopf. Im Idealfall sollten die Kopfmarkierungen gleich-mäßig verteilt sein.

Für die Treiber auf den alten Rinderzügen hatte die Farbe ihrer Hunde großen praktischen Wert. Dunkle Hunde waren nachts nahezu unsichtbar, konnten eine große Herde Rinder kontrollieren, ohne dabei leicht gesehen zu werden. Eine heller gefärbte Rute gab dem Treiber Hinweise, wo sein Hund sich gerade befand. Sehr fahle Hunde waren nachts und tagsüber leichter zu sehen, wurden deshalb häufiger durch die Rinder getreten.

Der Australian Cattle Dog ist ein Musterbei-spiel einer gesunden Rasse ohne jegliche Übertrei-bungen. Gute Hunde sind in ihrer Knochen- und Körperstruktur sehr gut ausgewogen. Die Rasse ist für ein Maximum an Bewegung, ohne körper-liche Übertreibungen, und auf ein selbstsicheres Wesen gezüchtet.

Australian Cattle Dog

AUSTRALIAN KELPIE

FCI-Gruppe 1, Standard Nr. 293
Ursprungsland: Australien
Zucht 1994: CH 18

Der Kelpie ist eine australische Hunderasse, entwickelt und erhalten als arbeitender Schäferhund, der sich den geographischen und klimatischen Konditionen gut anzupassen vermag. Dies ist der einzige Hund, der in den riesigen, rauhen Landflächen Australiens Schafe zu meistern versteht. Es ist recht wahrscheinlich, daß der Australian Kelpie aus kurzhaarigen, steh- oder kippohrigen Hunden aus dem Grenzgebiet zwischen England und Schottland entstand, wahrscheinlich Hunden von Collietyp. Einige behaupten, diese Hunde wären mit dem Dingo gekreuzt worden - der intelligentesten und gerissensten Hundeart, die wir Menschen kennen. Und dies scheint die Erklärung, weshalb der Kelpie im Vergleich mit anderen Hunden eine so erstaunliche Robustheit und Ausdauer besitzt. Aber wie bei vielen anderen Hunderassen gibt es keine echten Aufzeichnungen über die wahre Entwicklungsgeschichte des Kelpies. Bei der Arbeit beißt der Kelpie nicht, man sollte es ihm auch nie gestatten, aber er bellt häufig, wenn er die Schafe zusammentreibt und hütet. Man behauptet, der Kelpie verrichte die Arbeit von sechs bis acht Reitern, daß ohne die Hilfe dieser Hunde die Kosten der australischen Wollernte so hoch lägen, daß sie unwirtschaftlich würde.

Der Kelpie ist ein außerordentlich munterer, arbeitsfreudiger und hochintelligenter Hund, von freundlichem, unterordnungsbereitem Wesen. Bei all seiner Energie und ausgeprägten Loyalität, seiner Hingabe an die Arbeit, scheint er praktisch unermüdlich. Er gehört zu den am sozialsten ausgerichteten Hunderassen der ganzen Species Hund, braucht Gesellschaft noch dringender als Nahrung. Die Fähigkeiten des Kelpies als arbeitender Schäferhund ist legendär, aber genau so leicht läßt er sich für Unterordnung oder Fährtenarbeit, als Ausstellungs- oder Familienhund erziehen. Ein Kelpiebesitzer braucht aber Geduld und Verständnis, denn zuweilen kann die Rasse eigenwillig sein. Der Kelpie ist wie die meisten australischen Rassen ein robuster Hund, frei von den Haupterbkrankheiten. Bei der Haltung als Haushund braucht er sehr viel Platz, seine Anhänglichkeit, Loyalität und Wachinstinkte sind hervorragend. Spezielle Haarpflege ist überflüssig.

Der Kelpie hat den typischen weichen Ge-

Australian Kelpie

sichtsausdruck des Schäferhunds, er braucht keinesfalls die Kieferkraft des Australian Cattle Dog.

Er ist mittelgroß, hat braune, mandelförmige Augen von Collietyp, leuchtend und intelligent mit aufmerksamem, aber freundlichen Ausdruck. Gerade der Kopf ist das Merkmal des Kelpies, er muß im richtigen Verhältnis zur Größe des Hundes stehen, breit und zwischen den mittelgroßen Stehohren leicht gewölbt. Fang etwas kürzer als Oberkopf, im Profil gesehen parallele Linien, getrennt durch einen ausgeprägten Stop, bei leicht gemeißelt wirkenden abgerundeten Wangen. Zähne gesund und kräftig, Scherengebiß, eng anliegende Lefzen.

Der Kelpie ist zwar nicht quadratisch, aber immer von mäßiger Länge. Gerade obere Linie, mehr tiefe als breite Brust. Kurze, dichte Unterwolle, wetterfestes Deckhaar mit hartem, dichtem, eng anliegendem Körperhaar. Farben: Rot, Rotlohfarben, Schwarz, Schwarzlohfarben, Schokolade, Falb und Rauchblau.

In Körperbau und Bewegung muß der Kelpie absolut harmonisch sein, nur dann verfügt er über die geforderte unermüdliche Ausdauer, wie sie ein Arbeitshund auf großen, offenen Flächen braucht. Schulterhöhe Rüden 46-50 cm, Hündinnen etwa 2,5 cm kleiner.

AUSTRALIAN SHEPHERD

HERKUNFT UND RASSEGESCHICHTE

Trotz seines Namens kommt der Australian Shepherd tatsächlich nicht aus Australien. Ursprünglich hatte man dies einmal angenommen, denn einige frühe Importe hielten sich auf ihrem Weg von Spanien nach den USA auf einige Zeit in Australien auf, daher die falsche geographische Zuschreibung. Richtig ist, daß etwa um 1875 baskische Schäfer in die USA auswanderten, dabei ihre Schäferhunde mit nahmen. In jenen Tagen entwickelte sich die Rasse zu dem, was man heute unter Australian Shepherd versteht.

1976 erkannten der Kanadische und der Mexikanische Kennel Club die Rasse voll an. Vor einigen Jahren vereinigten sich in den USA die Australian Shepherd Clubs, wurde ein eigener Standard aufgestellt. Ab 1991 wurden Australian Shepherds zu den Miscellaneous Classes zugelassen, erhielten dann am 01. Januar 1993 die offizielle Anerkennung durch den American Kennel Club. Nach dieser Anerkennung trat im amerikanischen Ausstellungsring praktisch über Nacht ein großer Zulauf ein, eine immer wachsende Anzahl trat in der Herding Group und beim Wettbewerb um Best in Show an. Die Eintragungszahlen in den USA im Jahre 1994 erreichten die stolze Ziffer von 5.906 Australian Shepherds. Glücklicherweise haben die Amerikanischen Züchter die Zweckbestimmung der Rasse dabei nicht vergessen, viele Hunde arbeiten noch immer an der Her-

de. Im Jahre 1994 meldeten die englischen Züchter 315 Welpen zur Eintragung an.

WESEN

Ursprünglich wurde die Rasse auf starken Hütetrieb und Herdenschutztrieb gezüchtet. Die Hunde schließen mit Fremden nicht auf Anhieb Freundschaft, halten sich zurück, richtig eingeführt werden aber Fremde anerkannt. Ihrer Natur nach ist diese Rasse verläßlich, ausdauernd, ein unabhängiger und nicht zu ermüdender Arbeiter, dabei dem Herrn völlig ergeben. Was immer man von diesen Hunden verlangt, versuchen sie auszuführen.

GESUNDHEIT

Der Australian Shepherd ist eine gesunde, robuste Rasse, relativ frei von Krankheiten. Zwei Augenerkrankungen treten auf - progressive Retinaatrophie und Collie eye anomaly. Bei beiden Erkrankungen handelt es sich um Erbdefekte an der Netzhaut. Für einen mittelgroßen Hund ist das Auftreten von Hüftgelenksdysplasie verhältnismäßig selten.

ANPASSUNGSFÄHIGKEIT

In dieser Rasse ist der Hütetrieb erblich stark gefestigt - einmal auf einem Gelände mit Schafen,

Enten oder Hühnern, macht sich der Hund sofort an die Arbeit. Das wetterfeste, in der Struktur mittelstarke Haar ermöglicht es dem Australian Shepherd, sich den verschiedenen Klima- und Wetterverhältnissen gut anzupassen. Die Hunde verfügen über die notwendige Ausdauer, um viele Stunden hart zu arbeiten, sie sind immer loyale Familienmitglieder.

PFLEGE UND ERZIEHUNG

Aufgrund ihrer Zucht auf Arbeitsleistung brauchen Australian Shepherds täglich viel Auslauf, um die richtige Bemuskelung aufzubauen und zu erhalten. Beim Einsatz als Herdenhunde erweist sich eine entsprechende Ausbildung als recht sinnvoll.

Bei Unterordnungsausbildung und ihren Wettbewerben zeichnen sich diese Hunde aus. Nach jedem Auslauf sollte das Fell geprüft werden, es bleiben alle Arten von Gestrüpp, Kletten und Samen im Haarkleid hängen, müssen, wenn vorhanden, beseitigt werden.

RASSEMERKMALE

Die Rasse tritt in vier Grundfarben auf: Bluemerle, Schwarz, Rotmerle und Rot, mit oder ohne weiße Markierungen, mit oder ohne lohfarbene Haarspitzen. Weiße Abzeichen auf dem Körper zwischen Widerrist und Rute, an den Seiten zwischen den Ellenbogen und auf Rücken und Hinterhand des Hundes sind nicht gestattet. Bei einer weißen Halskrause sollte diese sich nicht über den Widerrist ausdehnen. Der Körper des Hundes hat Substanz, mäßige Knochenstärke, natürliche oder kupierte Rute. Die Schulterhöhe liegt zwischen 46 und 58 cm. Ein guter Australian Shepherd ist intelligent und sehr aufmerksam, die Richter sollten jede Scheu schwer bestrafen. Auf Ausstellungen sollten Hunde mit Vor- oder Rückbiß über 2,5 mm oder Hunde mit weißen Körperflecken disqualifiziert werden.

Keine Anerkennung durch FCI
Anerkannt durch AKC und KC
Ursprungsland: USA

Australian Shepherd

AUSTRALIAN TERRIER

FCI-Gruppe 3, Standard Nr. 008
Ursprungsland: Australien
Zucht 1994: D 91, A 5, CH 7, GB 55, USA 484

HERKUNFT UND RASSEGESCHICHTE

Von Hause aus ist der Australian Terrier ein Au-
stralischer Hund, wobei die Rasse zweifelsohne
aus Zuchtmaterial entwickelt wurde, das aus Eng-
land stammte. Ursprünglich als *Broken-haired
Terrier* bekannt, ähnelt der Australian Terrier in
vielerlei Hinsicht dem ursprünglichen Typ des
Scotch Terriers, den man natürlich nicht mit dem
heutigen Scottish Terrier verwechseln darf. Früher
Cairn, kurzhaariger Skye und Dandie Dinmont
Terrier gehören gleichfalls zu den gemeinsamen
Ahnen. Der Australian Terrier hat viele ihrer
Qualitäten geerbt, darunter auch ein hartes
Haarkleid, weichen Kopfschopf und kräftige Kie-

Australian Terrier

fer. Später wurden noch Yorkshire Terrier und Irish Terrier eingekreuzt, um die gewünschte Farbe und Größe hervorzubringen. Kreuzungen mit anderen Rassen werden eindeutig nicht berichtet.

Das struppige und untersetzte Äußere des Australian Terriers paßt gut zu dem rauhen Gelände seiner Heimat. Hier wurde er zum Schutz der Bergwerke und als Hütehund eingesetzt. Am meisten wird seine Geschicklichkeit als Jagdhund auf Raubzeug hervorgehoben.

1887 wurde der Australian Terrier Club in Australien gegründet. Erstmals wurde die Rasse 1903 auf einer Ausstellung in Melbourne vorgestellt. Wenige Zeit später kam sie nach Großbritannien, wurde vom Englischen Kennel Club 1933 offiziell anerkannt. Es dauerte bis 1960, bis der Australian Terrier die Anerkennung des American Kennel Clubs fand.

Gerade in jüngerer Zeit hat sich der Typ der englischen Australian Terriers stark verbessert. Durch Importe mehrerer wichtiger Hunde aus Australien und Neuseeland wurde der Genpool ausgeweitet.

Heute sieht man im Ausstellungsring von England, den Vereinigten Staaten und den Skandinavischen Ländern Spitzentiere. Die aus Australien eingeladenen Richter haben häufig unterstrichen, auf welchem überraschend hohen Qualitätsstandard die Rasse in diesen Ländern steht.

WESEN

Der »Aussie«, wie man ihn liebevoll nennt, gehört zu den Kleinsten der Terrier Group. Er ist ein robuster, fröhlicher kleiner Bursche mit dem Mut eines viel größeren Hundes.

Der Aussie hat grenzenlose Energie, ist seinem Besitzer treu ergeben, zeigt allen Familienmitgliedern gegenüber sehr viel Liebe. Seine außergewöhnliche Intelligenz macht ihn zu einem gern gesehenen und seine Familie gut schützenden Gefährten.

GESUNDHEIT

Der Australian Terrier freut sich seines Lebens, hat besonders guten Gehör- und Geruchssinn, ist widerstandsfähig, gesund und sehr wirtschaftlich in seiner Ernährung. Ein langlebige Rasse, frei von irgendwelchen wichtigen Erbkrankheiten.

PFLEGE UND ERZIEHUNG

Wenig Ansprüche im Unterhalt, aber er braucht ein regelmäßiges Bad und gutes, kraftvolles Durchbürsten, um alles tote Haar zu entfernen. Alles unansehnliche Haar an den Ohren und rund um die Rute sollte entfernt, langes Haar an den Pfoten bis zu den Fußwurzelgelenken getrimmt werden. Auch die Nägel müssen kurz gehalten werden.

Der Australian Terrier läßt sich leicht sowohl für Unterordnungswettbewerbe wie auch einfach als gut erzogenen Haushund ausbilden.

ANPASSUNGSFÄHIGKEIT

Der Australian Terrier paßt sich allen Lebensumständen und Klimas an, lebt ebenso glücklich im städtischen Appartement wie draußen auf dem Land. Sehr loyal und liebevoll - ein vorzüglicher Gefährte der Kinder.

Dies ist ein kleiner Hund, der für sein Wohlbefinden wenig Mühe fordert, sich in alle Lebensumstände des modernen Menschenlebens einpaßt.

RASSEMERKMALE

Ein kleiner, gut ausgewogener Hund, ein echter Terriercharakter.

Kräftiger Fang von gleicher Länge wie sein flacher Oberkopf. Kleine dunkle Augen mit mutigem Ausdruck. Sein Körper ist lang, steht im richtigen Verhältnis zur Schulterhöhe, gerade obere Linie.

Nach dem Standard beträgt die Schulterhöhe 25 cm, das Gewicht etwa 6 kg.

Die Rippen weit nach hinten ausgedehnt, kräftige Lende, tiefe Flanken, Rute hoch angesetzt, traditionell kupiert, wodurch die äußere Linie recht ausgewogen wirkt. Gut gewinkelte Knie, Hinterläufe sehr kräftig und stark bemuskelt.

Der Australian Terrier hat doppeltes Haarkleid, hartes, dichtes, wetterfestes Deckhaar und weiche Unterwolle.

Beim Australian Terrier gibt es zwei Grundfarben: Blau (Silber oder dunkel) mit Lohfarben und einfarbig Rot (manchmal auch Sandfarben genannt).

Bei den Roten muß die Farbe sehr klar sein, keine Schattierung haben, darf nicht schmutzig wirken. Die Blaulohfarbenen sind blau, stahlblau oder dunkelgraublau, mit leuchtenden lohfarbenen Markierungen im Gesicht, an den Ohren, unter dem Körper, an den Unterläufen und Pfoten, sowie unter der Rute.

Je leuchtender die Farbe, je klarer abgesetzt, um so besser. Der *Topknot* (Haarschopf) kann blau, silber oder heller schattiert sein als die Kopffarbe.

AUSTRALIAN SILKY TERRIER

FCI-Gruppe 3, Standard Nr. 236
Ursprungsland: Australien
Zucht 1994: D 64, A 9, CH 43, GB 15,
USA 2.110

Der Ursprung des Australian Silky Terriers ist von Wolken der Ungewißheit verdeckt, es gibt nur wenige Berichte von irgendwelchen Bemühungen, diese Rasse aufzubauen. Ob die ersten Züchter tatsächlich eine neue Rasse entwickeln wollten, oder ob der Australian Silky Terrier mehr nur ein Zufallsprodukt war, fest steht, daß die Rasse in erster Linie aus Kreuzungen des Australian Terrier mit dem Yorkshire Terrier entstand, wobei möglicherweise noch andere Scottish Terrier-Typen mit vermischt wurden.

Obwohl die meisten australischen Hunderassen in erster Linie im Buschland entstanden, scheint es, daß der Silky Terrier in erster Linie als Stadtbewohner gezüchtet wurde, als Familienhund. Trotzdem ist die Rasse ein vorzüglicher Rattenfänger, vermag auch Schlangen zu töten, von denen es in Australien sehr viele gibt.

Kurz vor dem Jahr 1929 bemühte man sich darum, korrekte Gewichtseinteilungen für drei unter-einander verwandte Rassen vorzunehmen - Australian Terrier, Yorkshire Terrier und Australian Silky Terrier, bereits 1926 waren überarbeitete Standards veröffentlicht worden. Im Jahre 1932 kam es zu der Entscheidung, daß zum Schutz der drei Einzelrassen alle weiteren Kreuzungen verboten wurden.

Silkies sind unter einer Vielfalt von Namen bekannt geworden, darunter *Australian Terrier (Soft Coat)* und *Sydney Silky*. Ab 1955 wurden sie als *Australian Silky Terrier* anerkannt, der Australian National Kennel Council legte 1958 den Standard endgültig fest. Der ideale Australian Silky Terrier verbindet Attraktivität und Kleinheit eines Zwerghunds mit Wesen und Charakter des Terriers. Angestrebt wird eine verfeinerte und elegante äußere Linie, dabei soll der Hund kompakt und mäßig tief gestellt sein; ein munterer Hund mit gerader oberer Linie und kraftvollem, gesunden Bewegungsablauf. Die Krönung des Australian Silky Terriers ist sein gerades, weiches, wohlgepflegtes Seidenhaar.

Der Kopf muß kräftig sein, terriertypisch; er ruht auf einem etwas langen, feinen und elegant geschwungenen Hals, der sich wiederum harmonisch in die zurückgelagerten Schultern einfügt.

Australian Silky Terrier

Fang nicht so kräftig wie beim Australian Terrier, bei dem Oberkopf und Fang von gleicher Länge sind; er darf aber auch nicht so kurz sein wie beim Yorkshire Terrier. Widerristhöhe des Silky etwa 23 cm, Gewicht 4 kg.

Das Haarkleid ist gerade, von seidener Struktur, glänzend und leuchtend, sollte flach beidseits des Körpers herunterhängen; keine Unterwolle. Die Farben variieren von Graublau bis zu tief dunklem Blau mit leuchtend lohfarbenen Abzeichen und silberblauen oder falbem *Topknot*. Die Welpen werden schwarzlohfarben geboren, zwischen zwei und zwölf Monaten verändern sie die Farbe. Das Schwarz verwandelt sich in Blau oder Blaugrau, während die Lohfarbe bleibt. Je früher der Farbwechsel, um so heller die endgültige Farbe.

Der Australian Silky Terrier erfordert schon einige Pflege, angefangen vom regelmäßigen Baden zum tüchtigen Durchbürsten, um dem Haarkleid den erwünschten Seidenglanz zu geben. Das einzige notwendige Trimmen besteht im Entfernen von langem oder unordentlichem Haar an Pfoten, Ohren, Rute und Fang.

Der Australian Silky Terrier ist ein echter Einfamilienhund, ein aufmerksamer Wachhund, sehr gehorsam und ein recht gelehriger Schüler. Fremden gegenüber ist er abwehrend, bis er sie als in Ordnung befindet, danach ist er sofort bereit, den Gast zu akzeptieren.

Er neigt nicht zum Raufen, deshalb können von dieser Rasse so viele Hunde wie erwünscht zusammenleben. Geht es aber darum, sich selbst zu verteidigen, wird er zu einem recht energischen Fellbündel und weiß sich durchaus zu helfen.

Der Australian Silky Terrier läßt sich leicht erziehen, ist peinlich sauber. Seine Loyalität - gekoppelt mit viel Sinn für Spaß - seine Liebe und Freundlichkeit machen ihn für jede Familie zum Gewinn. Im Wettbewerb auf Ausstellungen wie Unterordnungswettbewerben erweist er sich als recht konkurrenzfähig.

AZAWAKH

FCI-Gruppe 10, Standard Nr. 307
Ursprungsland: Mali/Frankreich
Zucht 1994: D 22, A 2

Diese elegante Windhunderasse stammt aus Mali in Afrika - Frankreich gilt als Ursprungsland. Der Azawakh findet bei den Tuareg-Stämmen als Wachhund wie zur Jagd auf Antilopen Verwendung. Er ist mit Saluki wie Sloughi verwandt, im Vergleich zu diesen Rassen aber zurückhaltender.

Körperbau großrahmig und quadratisch, Schulterhöhe 60-74 cm. Ein sehr eleganter Hund, glattes, dünnes und leuchtendes Haarkleid zwischen dunklem bis fahlem rot oder gestromt. Gewünscht werden weiße Socken, zumindest weiße Abzeichen an allen vier Pfoten. Seit ihrer ersten Ankunft Anfang 1970 in Europa hat die Rasse ziemlich viel Interesse gefunden, sie ist aber unverändert noch immer sehr selten.

Azawakh

BALKANSKI GONIC/BALKAN LAUFHUND

Dieser Laufhund vom Balkan, in erster Linie aus dem früheren Jugoslawien stammend, ist in seinem Typ seit dem 19. Jahrhundert praktisch unverändert. Der Balkan-Laufhund wird ausschließlich für die Jagd eingesetzt, in erster Linie auf Hasen und Fuchs.

Seine Schulterhöhe liegt bei 44-54 cm. Rechteckiger Körperbau, gut bemuskelt, starke Knochen. Ähnlich wie viele andere aus dem Osten stammende europäische Laufhunde hat diese Rasse einen breiten Kopf mit flachem Oberkopf und dreieckigen Ohren, die ohne Faltenbildung, nicht zu lang, dicht an den Wangen anliegen.

Haarkleid kurz, hart und glänzend, leuchtende Lohfarbe mit schwarzem Sattel. Ehe im früheren Jugoslawien der Bürgerkrieg ausbrach, sah man diese Hunde in großer Zahl auf internationalen Ausstellungen.

FCI-Gruppe 6, Standard Nr. 150
Ursprungsland: Jugoslawien

Balkanski Gonic

BARBET

Eine französische Hunderasse, die man nur selten außerhalb Frankreichs sieht. Der Barbet ist ein aus dem Wasser apportierender Jagdhund. In ihm sieht man einen der frühesten Wasserhunde. Es wird angenommen, er sei der Stammvater mehrerer Hunderassen einschließlich beispielsweise des Pudels.

Im Körperbau sollte der Barbet mehr rechteckig als quadratisch sein, Schulterhöhe etwa 45-50 cm. Rute lang, nicht über dem Rücken getragen. Außerordentlich charakteristisch für die Rasse - und für alle sogenannten Wasserhunde - ist das wasserfeste, wollige, gewellte oder gelockte Haarkleid, das den ganzen Hundekörper bedeckt. Das Fell sollte natürlich belassen werden, nicht künstlich, ähnlich dem Pudel, geschoren oder mit der Schere bearbeitet werden. Die Farben des Barbets sind schwarz, grauschwarz, leberbraun oder weiß, mit oder ohne Flecken in diesen Farben.

FCI-Gruppe 8, Standard Nr. 105
Ursprungsland: Frankreich

Barbet

BARZOI

FCI-Gruppe 10, Standard Nr. 193
Ursprungsland: GUS
Zucht 1994: D 129, A 10, CH 34, GB 219,
USA 1.070

HERKUNFT UND RASSEGESCHICHTE

Eine ursprünglich russische Rasse - weltweit auch als *Russian Wolfhound* bekannt. Dieser große, exotisch aussehende Windhund mit seinem luxuriösen Haarkleid wurde in seiner Heimat für die Wolfsjagd gezüchtet, um ihn aufzuspüren, ihn hochzutreiben, zu hetzen und niederzuziehen, wo immer der Wolf sich versteckte.

Man nimmt an, die Rasse entstammt einem inzwischen ausgestorbenen Steppenwindhund, gekreuzt mit anderen Rassen.

Der Barzoi zeigt die typische Windhundsilhouette. Sein doppeltes Haarkleid hat ihn immer gegen den grimmigen russischen Winter geschützt.

Über die Jahre wurde die Rasse züchterisch verfeinert. Heute ist der Barzoi ein wunderschöner Hund mit fließenden Körperlinien, einem attraktiven Haarkleid in einer großen Vielfalt von Farben.

In jüngerer Zeit wurde der Barzoi in den USA zur Jagd auf Kojoten ausgebildet. Auf der Rennbahn hetzt er seit vielen Jahren hinter den künstlichen Hasen her, er hat damit unter Beweis ge-

Barzoi

stellt, daß er ein sehr begeisterter und tüchtiger Wettbewerber ist.

WESEN

Barzois sind freundlich, lieben ebenso das freie Spiel wie den Wettkampf auf der Rennbahn. So sehr sie ein Leben der Ruhe und Bequemlichkeit schätzen, so sehr brauchen sie wie jeder andere Windhund viel Bewegung und Training, um ihr wunderschönes, athletisches Aussehen zu bewahren.

Auslauf ohne Leine ist nicht zu empfehlen, denn wie alle Windhunde hetzen diese Hunde allem nach, was ihnen als Beute erscheint. Dabei haben die Barzois keinerlei Sinn für die eigene Sicherheit.

Beispielsweise werden sie fröhlich über belebte Verkehrsstraßen laufen, ohne die Autos zu beachten und Gefahren zu meiden.

GESUNDHEIT

Im großen und ganzen ist der Barzoi ein gesunder Hund. Es gibt aber Fälle von progressiver Retinaatrophie (Nachtblindheit), auch von Magenumdrehung.

Wie alle Windhunde ist auch der Barzoi gegen Anästhesie wie auch gewisse andere Medikamente besonders empfindlich. Auch mit Flohhalsbändern sollte man vorsichtig sein.

Keinesfalls darf man diesen Windhund auf Rasen bewegen, der frisch mit Düngemittel, Insektiziden oder Unkrautvernichtungsmittel behandelt wurde.

PFLEGE UND ERZIEHUNG

In der Ausbildung erweist sich der Barzoi als etwas eigenwillig, deshalb sollte die Erziehung früh, spätestens im Alter von zehn Wochen beginnen.

Bei der Größe dieser Hunde muß man dem Junghund jede Gelegenheit zur freien Bewegung gewähren, unangeleint, aber nur auf sicher eingezäuntem Gelände. Dies ist für sein Wachstum wie auch seine Erfahrungen wichtig. Man sollte sie weder in engen Zwingern einsperren noch gar an die Kette legen.

RASSEMERKMALE

Dieser große, prächtige Windhund hat eine Schulterhöhe von 65-70 cm (USA), 68-73 cm (GB), es werden auch Schulterhöhen von 82 cm und mehr gemessen. Der Barzoi hat kräftige Knochen, eine tiefe Brust, leicht gewölbte Lendenpartie, niedrig angeetzte lange Rute, im Trab oder Galopp stromlinienförmig hinter dem Hund getragen.

Der Kopf ist recht lang, mit ausgeprägtem *Roman Finish*. Scheren- oder Zangengebiß, häufiger tritt Prämolarenverlust auf. Augen dunkel.

In Ruhestellung werden die Ohren nach hinten gefaltet, am Hals anliegend getragen. In der Erregung sind die Ohren aufmerksam seitlich gestellt, noch immer gefaltet, aber niemals aufrecht stehend. Das den Körper fließend umhüllende doppelte Haarkleid gibt es in vielerlei Farben, es ist sehr dick. Die Rute ist stark behaart, ebenso Hals und Brust, Läufe stark befedert. Gesicht und Vorderseite der Läufe mit glattanliegendem Haar bedeckt.

B A S E N J I

FCI-Gruppe 5, Standard Nr. 043
Ursprungsland: Zentralafrika/Great Britain
Zucht 1994: D 6, A 1, CH 6, GB 89, USA 1.746

HERKUNFT UND RASSEGESCHICHTE

Der Basenji, bekannt geworden als Afrikas nicht bellender Hund, wird von seinen Anhängern als einzigartig in der Species Hund angesehen.

Es handelt sich um eine der ältesten Hunderas-sen. Hunde des Basenjityps wurden in den Gräbern der ägyptischen Pharaonen entdeckt, lassen sich bis 3.600 v.Chr. zurückdatieren.

Heute findet man Basenjis im Süden von Sudan und Zaire, wo sie als Jagdgehilfen in abgelegenen Wäldern bei den Eingeborenen leben.

Dabei dienen sie weniger zum Vorstehen oder Apportieren, helfen vielmehr den Treibern, das Wild in zwischen Bäumen aufgespannte Netze zu treiben.

In den 1930er Jahren wurden Basenjis nach

England importiert, kamen erstmals 1941 nach Amerika. Über die ersten zwanzig Jahre ging alles recht langsam, aber nach und nach wurden sie immer bekannter und geschätzter.

WESEN

Das Nichtbellen des Basenjis, seine angenehme Größe, kurzes glänzendes Haarkleid, Geruchsfrei-heit und sein angenehmes Wesen sind seine ausgeprägt positiven Eigenschaften. Hinzu kommen seine Kraft, Beweglichkeit, Ausdauer und Unabhängigkeit bei der Jagd, begleitet von einem kräftigen Gebiß. Allerdings kann dieses Gebiß Basenjis auch recht zerstörerisch werden lassen, wenn sie vereinsamt, gelangweilt oder vernachlässigt werden, es ihnen an genügend Bewegung und Beschäftigung fehlt.

Basenji

GESUNDHEIT

Alle Basenjis außerhalb von Afrika gehen auf nur etwa ein Dutzend Einzeltiere zurück.

Dieser sehr eingeschränkte Genpool führt dazu, daß einige Probleme auftreten. Wie bei allen Rassehunden führt eine so begrenzte Anzahl an Vorfahren zum Auftreten einiger unerwünschten Merkmale.

Unter Unterstützung durch den Basenji Club of America wurden 1987 und 1988 zwei Safaris nach Zaire unternommen. Dabei wurden unter ausdrücklicher Genehmigung des American Kennel Clubs vierzehn Basenjis zur Erweiterung des Genpools importiert.

Besondere Sorge bereiten das Fanconis Syndrom (eine Nierendegeneration), eine Verdauungsstörung des Dünndarms (IPSID genannt) und progressive Retinaatrophie. Enzymmangel - Pyravate Kinase Deficiency (PKD) - führte zu Anämie, ein besonders kritisches Problem. Sorgfältige Anämieteste und verantwortungsbewußte Zucht haben diese Krankheit nahezu eliminiert. Es bleibt zu hoffen, daß andere Erbkrankheiten ebenso effektiv bekämpft werden.

Ebenso wie beim Menschen sind auch für Hunde Reihenuntersuchungen und Diagnosen weltweit eingeführt worden, haben Krankheiten aufgedeckt.

Wahrscheinlich profitieren von diesen Forschungen Mensch und Tier gegenseitig.

PFLEGE UND ERZIEHUNG

Wer die elegante Erscheinung des Basenjis bewundert, seine fast katzenartige Mannieriertheit, seinen köstlichen Sinn für Humor, sollte bereit sein, diesem Hund genügend Zeit für Auslauf und Erziehung zu widmen, damit er all seine guten Eigenschaften entwickelt.

Der Basenji ist ein einzigartiger und charmanter Begleiter.

Im allgemeinen werden Basenjis nur einmal jährlich heiß, die Ausnahmen hiervon mehren sich jedoch. Etwa 90 % aller Würfe werden zwischen Oktober und Dezember geboren.

Die Hündinnen sind vorzügliche Mütter, ihre Wurfstärke liegt meist bei vier bis sechs Welpen.

Diese von Natur aus sehr sauberen Geschöpfe sind besonders leicht stubenrein zu erziehen, ihre übrige Erziehung erfordert Geduld, Beharrlich-

keit, Liebe und Humor. Vielleicht sind diese Hunde von Kindern gar nicht so verschieden.

ANPASSUNGSFÄHIGKEIT

Obwohl Basenjis mit der Nase jagen, haben sie als Windhunde durch ihre Geschicklichkeit auf der Rennbahn hinter dem künstlichen Hasen viel Anerkennung gefunden.

Zumeist wird der Basenji als Familienhund gehalten, aber auch viele andere Aktivitäten stehen ihm offen, wie Ausstellungswesen, Unterordnungsprüfungen, Agility und auch die Jagd.

RASSEMERKMALE

Mittelgroß und kurzhaarig, mit einem fuchsähnlichen Gesicht, besorgt in Falten gelegter Stirn, aufrecht getragenen Ohren, Rute geringelt wie eine Hefeschnecke.

Das bemerkenswerteste Merkmal ist jedoch, daß diese Hunde nicht bellen. Sie sind aber nicht etwa stumm, nur in aller Regel ruhig.

Die Basenjis verfügen über ein ganzes Repertoire an Klängen von einem wohligen, kehligen Krächzen bis zu einem sehnsüchtigen Wimmern, wenn sie sich einsam oder unglücklich fühlen.

Körperlich wohl ausbalanciert, elegant und aktiv, Schulterhöhe 40-43 cm, ermöglichen es diesen Hunden, auch ein Leben völlig ohne Luxus zu führen.

Mit dem neuen afrikanischen Blut kam in die Rasse eine alte afrikanische Farbe - tigergestreifte Stromung.

Zuvor waren die allgemein zulässigen Farben rot mit weiß, dreifarbig (schwarz mit lohfarbenen und weißen Abzeichen), sowie schwarzweiß. Stromung in verschiedener Ausprägung, begleitet von weißen Abzeichen, kann bei diesen Hunden sehr attraktiv wirken, erregte beträchtliches Interesse.

Möglicherweise kommt diese Farbe von den USA auch in andere Länder und wird dort akzeptiert.

Den begeisterten Basenjianhängern sollte man für alle ihre Initiativen, die sie aufgebracht haben, für ihre Mühen, diese einzigartige und bezaubernde Rasse auch für die künftigen Generationen zu bewahren, danken.

BASSET ARTÉSIEN NORMAND

FCI-Gruppe 6, Standard Nr. 034
Ursprungsland: Frankreich
Zucht 1994: D 19, CH 1

Der Basset Artésien Normand ist eine der sechs anerkannten französischen Basset-Rassen. Man glaubt, daß die Vorfahren dieser Hunde im Norden Frankreichs schon im 13. Jahrhundert als Meutehunde gearbeitet haben. Wie der Rassename schon anzeigt, entstammt dieser Basset einer Kreuzung zwischen den Bassets von Artois und aus der Normandie, die in 1850er Jahren vom Compte le Couteulx de Canteleu aus Ètrepagny und Louis Lane in Rouen durchgeführt wurden. Léon Verrier, gleichfalls aus Rouen, setzte ihr Werk fort, führte die Rasse im Jahre 1911 zur Anerkennung.

Aber auch über die nachfolgenden Jahrzehnte veränderte sich die Rasse langsam, wurde aber unverändert in erster Linie für die Jagd eingesetzt, außerhalb Frankreich aber nicht als Meute.

Der Basset Artésien Normand ist die eleganteste der Basset-Rassen, hat einen langen, schlanken

Basset Artésien Normand

Kopf, sehr tief angesetzte Ohren, die gefaltet getragen werden. Schulterhöhe 26-36 cm. Das Fell ist glatt und glänzend, Farbe meist dreifarbig, aber auch weiß mit orangen Flecken ist gestattet. Am verbreitetsten ist die Rasse in Europa, besonders in den skandinavischen Ländern.

BASSET BLEU DE GASCOGNE

FCI-Gruppe 6, Standard Nr. 035
Ursprungsland: Frankreich
Zucht 1994: D 8

Der blaugefleckte Basset aus der Gascogne in Frankreich war etwa 1890 nahezu ausgestorben, auch heute sieht man ihn außerhalb Frankreichs sehr selten. Insbesondere einem Züchter gelang die Aufgabe, die Rasse zu retten. Hierfür setzte er den heute ausgestorbenen Basset Saintongeois und den Grand Bleu de Gascogne ein. Wenn auch sehr selten geworden, hat die Rasse dennoch den alten Typ dabei gewahrt. Die Hunde werden in erster Linie zur Jagd auf kleineres Wild eingesetzt.

Der Basset Bleu de Gascogne ist elegant aufgebaut, Schulterhöhe 34-42 cm. Dieser Jagdhund hat einen langen, schmalen Kopf, sehr tief angesetzte Ohren, die gefaltet getragen werden. Das Haarkleid ist glatt, blau gesprenkelt mit schwarzen Flecken und lohfarbenen Abzeichen.

Basset Bleu de Gascogne

BASSET FAUVE DE BRETAGNE

FCI-Gruppe 6, Standard Nr. 036
Ursprungsland: Frankreich
Zucht 1994: CH 5, GB 23

Dieser Bassetschlag aus der Bretagne in Frankreich starb während des 19. Jahrhunderts nahezu aus. Die wenigen dem echten Typ entsprechenden Hunde wurden mit dem Grand Basset Griffon Vendéen und roten drahthaarigen Dachshunden gekreuzt, hierdurch die Rasse gerettet. Sie wird heute ausschließlich als Jagdhund eingesetzt. Die Schulterhöhe beträgt 32-36 cm, der Körperbau ist ziemlich robust, der Kopf mäßig kräftig, mit niedrig angesetzten Ohren und einem breiten Oberkopf, der kürzer als bei den anderen Basset-Rassen ist. Das Haarkleid ist drahtig, darf aber nicht üppig sein; Farbe jede Schattierung zwischen falb und rot. Die Rasse ist noch immer sehr selten, auf europäischen, insbesondere skandinavischen Hundeausstellungen trifft man sie zuweilen an.

Basset Fauve de Bretagne

BASSETS GRIFFON VENDÉEN

FCI-Gruppe 6, Ursprungsland: Frankreich
Petit Basset Griffon Vendéen, Standard Nr. 067
Zucht 1994: D 67, A 1, CH 3
Grand Basset Griffon Vendéen, Standard Nr. 033
Zucht 1994: D 13

Das Département Vendée an der Westküste Frankreichs ist die Heimat vier rauhhaariger Laufhunderassen. Sie sind alle zotthaarig, ähneln sich mit Ausnahme der Lauflänge. Der kleinste ist der Petit Basset Griffon Vendéen, gefolgt vom Grand Basset Griffon Vendéen, dann folgen Briquet Griffon Vendéen und Grand Griffon Vendéen. Das Wort »Griffon« beschreibt das zottige Drahthaar der Rasse. Von den beiden Bassetschlägen sieht man im größeren den Originaltyp.

Der Grand ist gegenüber dem Petit in Körper, Kopf, Ohren, Rute und Haarkleid länger. Beide Rassen dienen der Jagd auf Niederwild und Hirsch, außerhalb Frankreichs werden sie selten in Meuten geführt. Vor Jahrhunderten arbeiteten die kleinen auch wie Terrier unter der Erde. Heute ist der Petit aufgrund seiner Arbeitsleistung wie als Ausstellungshund in Nordamerika, Europa und

Grand Basset Griffon Vendéen

besonders hier in den Skandinavischen Länder ziemlich bekannt.

Die Bassets unterscheiden sich in der Schulterhöhe, Petit 33-39 cm, Grand 39-44 cm. Farbe, grau, dachsfarben, weiß oder rot. Dabei ist rot erlaubt, aber nicht erwünscht. Am verbreitetsten sind weiß/rot, grau, schwarz oder dachsfarben oder eine Kombination dieser Farben.

BASSET HOUND

FCI-Gruppe 6, Standard Nr. 163
Ursprungsland: Great Britain
Zucht 1994: D 114, A 12, CH 35, GB 1.158,
USA 18.043

HERKUNFT UND RASSEGESCHICHTE

Die Vorfahren des Basset Hounds sah man erstmals im 16. Jahrhundert in den Würfen französischer Hirschhunde. Ihren Wurfgeschwistern ähnelten sie in jedem Detail mit Ausnahme ihrer gehemmten Gliederentwicklung. Diese kurzläufigen Hounds gewannen einen Seltenheitswert, wurden untereinander gepaart, bis der »Basset Typ« des Hounds gefestigt war. Das französische Wort *Basset* bedeutet *tiefgestellt*. Nach und nach entstanden verschieden Basset Typen, einige sind inzwischen wieder ausgestorben. Der moderne Basset jedenfalls läßt sich auf den *Basset d'Artois* und auf den *Basset Normand* zurückführen.

1866 führte Lord Galway die Rasse nach England ein, kurz danach begeisterten sich zwei weitere prominente Hundezüchter, Lord Onslow und Sir Everett Millais, für die Rasse. In vielerlei Hinsicht kann man Everett Millais als den Vater der Rasse in England sehen; 1884 war er die treibende Kraft zur Gründung des Basset Hound Clubs. Die königliche Patronage von Queen Alexandra half sehr dabei, der Rasse Popularität zu gewinnen. 1886 wurden auf einer Londoner Hundeausstellung, auf der Millais selbst die Rasse richtete, nicht weniger als 120 Bassets vorgestellt. Millais erkannte rechtzeitig die Gefahren eines kleinen Genpools, und 1892 unternahm er die Einkreuzung von Bloodhounds, was in gewissem Umfang offensichtlich das Aussehen der Rasse veränderte. Noch heute lassen sich die Auswirkungen dieser Einkreuzung insofern erkennen, als der Basset viel schwerer und in der Haut loser erscheint als sein reinrassiges französisches Gegenstück, der *Basset Artésien Normand.*

Als Jagdhunde wurden die Bassets schnell populär, es gibt mehrere Meuten in England, die regelmäßig Hasen mit Bassets jagen. Der erste Weltkrieg forderte in England seinen Zoll von der Rasse, zwischen 1913 und 1923 wurden nur 23 Hounds eingetragen. Im Jahre 1921 wurde der Basset Hound Club England aufgelöst.

Dank der Bemühung der Brüder Heseltine, Mrs. Grew und Mrs. Elms wurde die Rasse vom Aussterben gerettet, erlitt aber einen zweiten schweren Rückschlag beim Ausbruch des Zweiten Weltkriegs. Mrs. Grew und Mrs. Elms unternahmen nach Einstellung der Feindlichkeiten erneut alle Anstrengungen. Ihnen zur Hilfe kam Miss Keevil. Sie alle brachten mit ihrer Begeisterung die Rasse durch eine schwierige Zeit. Zur Ergänzung des verbliebenen Zuchtmaterials wurden *Bassets Artésian Normand* importiert. Einer der Importe von Miss Keevil war *Grims Ulema de Barly*, dieser Import hatte in den 40er Jahren einen außerordentlich positiven Einfluß auf die Rasse. 1954 wurde der Basset Hound Club neu gegründet, nach und nach wuchs die Popularität des Basset Hounds. Geradezu dramatisch beeinflußt wurde dies durch die weltbekannte Anzeigenkampagne für »Hush Puppies«. Weitverbreitete Inzucht bedrohte erneut Mitte der 1950er Jahre die Rasse. Der Basset Hound Club importierte aus den Vereinigten Staaten den Zuchtrüden *Lyn Mar Acres Dauntless*, der sich für die Rasse als großes Geschenk erwies. Seit dieser Zeit erfolgten aus verschiedenen Ländern mehrere Importe, viele trugen dazu bei, die Qualität der Rasse zu erhalten, ermöglichten es ihr, regelmäßiger und erfolgreicher Wettbewerber im Ausstellungsring für *Best in Show* zu werden.

WESEN

Trotz des »Hush Puppy Images« ist der Basset von Hause aus ein Jagdhund, hat starke natürliche Instinkte und seinen eigenen Willen. Im allgemeinen ist er friedlich, vielleicht etwas dickköpfig, er darf weder Nervosität noch Aggression zeigen. Zeitweise kann er ziemlich lautstark werden, sein tönendes, volles Gebell durchdringt alle Wände.

GESUNDHEIT

Mit genügend Auslauf und vernünftig gefüttert sollte der Basset fit und gesund sein. Aber Vernachlässigen und Überfütterung kann zu Dickleibigkeit führen, möglicherweise Rückenprobleme auslösen. Bei einigen extremen Augenformen tritt zuweilen Entropium auf.

PFLEGE UND ERZIEHUNG

Der Basset läßt sich leicht pflegen, verlangt wenig mehr als regelmäßiges Bürsten, um totes Haar zu

Basset Hound

entfernen. Von früher Jugend an sollte er zur Unterordnung erzogen werden, da er ziemlich eigenwillig sein kann. Bricht sein Jagdinstinkt durch, verführt ihn eine heiße Spur, sollte der Hundebesitzer den Hund soweit erzogen haben, daß er auf Ruf zurückkommt.

ANPASSUNGSFÄHIGKEIT

Der Basset braucht sehr viel Auslauf. Am besten hält man ihn in einem Umfeld, wo er auf eigenem Gelände Auslauf findet, sich selbst in natürlicher Umgebung beschäftigt.

RASSEMERKMALE

Der Basset sollte viel Substanz haben, starke Knochen, verhältnismäßig tief gestellt sein bei mäßiger Körperlänge. Sein Kopf ist ziemlich lang, sollte nur mäßige Faltenbildung zeigen, am Oberkopf ist die Kopfhaut sehr lose.

Sein Fang ist ziemlich schlank, stark belefzt. Hautfalten, zusammen mit klugen braunen oder haselnußfarbenen Augen und den sehr langen Ohren, verleihen dem Basset einen sehr seriösen Ausdruck. Vorbrust gut ausgefüllt, Vorderläufe zeigen eine ausgeprägte Krümmung. Die Pfoten sind groß, haben starke Ballen, die Vorderläufe dürfen leicht auswärts gestellt sein. Obere Linie gerade, Rute hoch getragen, ähnlich einem Krummschwert. Hinterhand kräftig entwickelt und bemuskelt, so ausgeprägt, daß von hinten gesehen der Hund ein »*apple bottom*« zu haben scheint. Das Haarkleid ist glatt und dicht, am populärsten sind dreifarben oder zitronenfarben mit Lohfarbe und Weiß, aber alle anerkannten Houndfarben sind zulässig. Die Schulterhöhe des Basset liegt bei 39 cm.

BAYERISCHER GEBIRGSSCHWEISSHUND

FCI-Gruppe 6, Standard Nr. 217
Ursprungsland: Deutschland
Zucht 1994: A 118, CH 7

Diese Rasse entstand Mitte des 19. Jahrhunderts, wahrscheinlich aus Kreuzungen zwischen Hannoverschem Schweißhund und lokalen Schweißhunden der bayerischen und süddeutschen Gebirge. Grund für die Rasseentwicklung war, daß der Einsatz großer Laufhunde zur Gebirgsjagd verboten war, um so nötiger brauchte man einen guten Schweißhund. Das deutsche Wort *Schweiß* bedeutet *Blut*, beschreibt also, daß der Hund der blutigen Fährte folgt. Dies ist ein Unterschied gegenüber dem Englischen Bloodhound, dessen Namen mehr auf *von edlem und echtem Blut* zurückgeht, Rasseeinheit (*Thoroughbred*) anzeigt.

In aller Regel arbeitet der bayerische Gebirgsschweißhund an der Suchleine. Er wird ausschließlich als Jagdhund geführt, man sieht ihn selten in größerer Zahl auf allgemeinen Hundeausstellungen.

Schulterhöhe Rüden 50 cm, Hündinnen 45 cm. Der Körper ist ausgesprochen rechtwinklig, sollte nie den Eindruck vermitteln, hochläufig zu sein. Ohren groß und an der Wurzel breit, nie gefaltet getragen. Große Ohren werden als wichtig angesehen. Man geht davon aus, daß dadurch die Witterung auf der Nachsuche dicht an der Hundenase gehalten wird. Sein Haarkleid ist dick, aber glatt und glänzend. Farbe jede Schattierung von rot, von sehr dunklem tiefen rot bis zum hellen falb. Dunkelrot mit schwarzen Haarspitzen, insbesondere an Kopf, Ohren und Rute, sind sehr verbreitet.

Bayerischer Gebirgsschweißhund

BEAGLE

FCI-Gruppe 6, Standard Nr. 161
Ursprungsland: Great Britain
Zucht 1994: D 425, A 123, CH 66, GB 905,
USA 59.215

HERKUNFT UND RASSEGESCHICHTE

Der Beagle ist ein mit der Nase arbeitender Laufhund, wurde auf den britischen Inseln für die Meutenjagd in erster Linie auf Kaninchen und Hasen gezüchtet, wobei ursprünglich die Jäger zu Fuß der Meute folgten. In den alten keltischen, französischen und englischen Sprachen findet man für die Bedeutung »klein« sehr ähnliche Worte, nämlich *beag, beigh* und *begle*. Dies ist wahrscheinlich ursächlich für den Namen des kleinsten Laufhundes. Schriftliche Urkunden über die Rasse lassen sich bis zu Chaucer im 14. Jahrhundert zurückverfolgen, seit dieser Zeit hat sich der Beagle völlig natürlich frei von Einkreuzungen und Übertreibungen entwickelt. Die Jäger des 18. Jahrhunderts arbeiteten häufig mit kleinen Beagles, sie paßten in ihre Jagdtaschen, ihre kleine Gestalt brachte ihnen auch die Bezeichnung »Taschenbeagle« ein, womit die kleineren Exemplare oft bezeichnet werden.

Als der Wildreichtum in Teilen der Vereinigten Staaten und Kanada abnahm, konzentrierte sich das Jagdgeschehen mit dem Beagle mehr und mehr auf das Kaninchen. Während heute manchmal die Beagles in Meuten jagen, gefolgt von Jägern zu Pferde, erfolgte ursprünglich die Jagd zu Fuß, und im großen und ganzen gibt es diese Praxis noch heute. Übergroße Beagle wurden in einigen tropischen Ländern auch gemeinsam mit Harriers zur Jagd auf Wildkatzen eingesetzt. Der Harrier wurde speziell zur Hasenjagd gezüchtet und ist - kurz ausgedrückt - eine charakteristische kleinere Version des Foxhounds mit eingesenkter Profillinie (Dish-face).

Der Beagle wurde erstmals 1873 vom British Kennel Club anerkannt. Die damaligen im Ausstellungsring auftretenden Exemplaren waren für die Meute gezüchtete Hounds. Mit dem Rückgang der Jagd in England wurde ab der 1950er Jahre der Beagle als Familien- und Ausstellungshund wachsend populär, das gleiche gilt für die Vereinigten Staaten, wo aber auch bis zum heutigen Tage viele *Field Trials* abgehalten werden. Seine kompakte Größe, sein robuster Körperbau und angenehmes Wesen, haben diesem hübschen kleinen Jagdhund als Familienhund sehr große Popularität gebracht. Um so bedauerlicher ist es, daß genau die gleichen Qualitäten auch die Aufmerksamkeit von Tierversuchslabors auf die Rasse gelenkt haben. Dies wurde für alle Beaglezüchter weltweit zu einer ständigen Sorge. Kaufinteressenten müssen sorgfältigst geprüft werden, daß die Welpen nicht über skrupellose Zwischenkäufer in Laboratorien enden. Es gibt heute viele wissenschaftliche Einrichtungen, die unter sterilen Verhältnissen ihre eigenen Beagles züchten, sehr viel weniger Hunde werden aufgekauft. Dies löst aber das Problem der Laboropfer überhaupt nicht.

Gerade in jüngerer Zeit hat der Amerikanische Beagle beachtlich zum Fortschritt seines englischen Rassegenossen als Ausstellungshund beigetragen. Eine stattliche Anzahl von Züchtern importierte Rüden, die über den Atlantik in das Ursprungsland der Rasse reisten. Dies führte dazu, daß der Englische Beagle kompakter wurde, bessere Anatomie gewann. Er wurde im Fangbereich eleganter, gewann einen weicheren Ausdruck, geradere obere Linie und bessere Hinterhandwinkelung. Die *Smartness* der amerikanischen Importe hat den Beagle zu einem regelmäßigen Wettbewerber um den besten Hund aller Rassen gemacht. Seit den 1970er Jahren gibt es in England wesentlich mehr Sieger aus der Rasse in Gruppenwettbewerben und im Wettbewerb um Best in Show.

Die Tatsache, daß die Rasse in den USA in zwei verschieden großen Varietäten ausgestellt wird, machte den Schaden Amerikas zu Englands Gewinn. Die maximale Schulterhöhe der größeren Variety (38 cm) liegt um 2,5 cm unter dem englischen Maß. Noch immer besteht beim englischen Ausstellungsbeagle eine Tendenz zum obersten Limit der vom Rassestandard vorgeschriebenen Schulterhöhe. Dadurch gibt es immer viele Kaufinteressenten für amerikanische Spitzenbeagles, die im amerikanischen Ausstellungsring zu groß sind. Die maximale Schulterhöhe von 40,5 cm war für englische Züchter in vielen Fällen ein großer Gewinn, wird es auch wahrscheinlich langfristig bleiben.

WESEN

Der Beagle sollte immer munter und liebenswürdig, nie übellaunig sein, mit jeder Situation zurechtkommen. Er ist ein idealer Familienhund, ein perfekter Spielkamerad der Kinder. Ein Beagle beteiligt sich auch an den wildesten Spielen, erfreut sich an Bewegung jeder Art, bleibt tolerant und friedlich, ganz gleich, was kindliche Phantasie ihm antut.

Obgleich die Rasse nicht zum Wachhund gezüchtet ist, es ihr völlig an aggressiver Veranlagung fehlt, erfüllt sie dennoch ihre Rolle als Beschützer. Ihren Besitzer läßt sie schnell die Ankunft Fremder wissen, indem sie ihren einzigartigen »Standlaut« ertönen läßt.

GESUNDHEIT

Aufgrund seiner »mäßigen« körperlichen Größe blieb der Beagle weitgehend frei von verbreiteten Erbkrankheiten.

Hauptgrund für Tierarztbesuche ist in der Regel Dickleibigkeit, der Beagle ist von Natur aus gefräßig, seine Ernährung sollte immer vernünftig überwacht werden.

PFLEGE UND ERZIEHUNG

Beagle unterwerfen sich gerne einer sinnvollen Grunderziehung. Dabei ist es wichtig, ihm frühzeitig beizubringen, unbedingt auf Ruf zu kommen. Sollte seine »Jagdlust« durchbrechen, die immer unter der Oberfläche verborgen besteht, kann ohne Gehorsam einiges Unheil entstehen.

ANPASSUNGSFÄHIGKEIT

Aufgrund seines ausgeglichenen Wesens, handlicher Größe und leichter Fellpflege paßt sich der Beagle seiner Umwelt im Haus oder auch im Zwinger an. Seine Besitzer sollten den schlum-

Beagle

mernden Jagdinstinkt beachten, der über zahlreiche Generationen tief verwurzelt in der Rasse ruht. Ein einzelner Beagle, den man über längere Zeit isoliert allein hält, wird bald durch Müßiggang frustriert sein, kann dadurch recht zerstörerisch werden. In Gesellschaft mit dem Menschen oder einem anderen Hund blüht er auf und hat wenig Ansprüche.

RASSEMERKMALE

Da der Beagle ursprünglich als Jagdhund gezüchtet wurde, dem der Jäger zu Fuß folgte, ist seine Größe sehr wichtig. In den USA wird die Rasse in zwei Schlägen auf Ausstellungen präsentiert, Schulterhöhe bis 33 cm und Schulterhöhe 33-38 cm. In England liegt die erwünschte Mindestschulterhöhe bei 33 cm, die Höchstgrenze bei 40,5 cm, die Größen sind nicht unterteilt.

Der Kopf des Beagles sollte ziemlich lang sein, im Oberkopf leicht aufgewölbt, mäßig tief angesetzte Ohren, die gestreckt bis zum Ende der Nase reichen. Stop mäßig betont, Fang quadratisch geschnitten. Große, weit auseinanderstehende Augen, dunkelbraun oder haselnußfarben, welche den einzigartigen weichen, bittenden Gesichtsausdruck auslösen, der so wesentlich zum Charme des Beagles beiträgt.

Der Hals sollte lang genug sein, daß der Hund leicht der Fährte folgen kann. Schultern schlank und gut gewinkelt, Brustkorb breit und tief. Rücken kurz, muskulös und kraftvoll, gute Rippenwölbung, Bauch nicht zu sehr aufgezogen. Vorderläufe gerade mit starken Knochen, Vordermittelfuß kurz und gerade, Pfoten geschlossen, rund und fest, volle und harte Ballen. Hinterläufe stark bemuskelt, gute Kniewinkelung und Sprunggelenk tief angesetzt, von hinten gesehen völlig parallel stehend.

Rute (in der Hundesprache »Stern«) hoch angesetzt, aber nie über den Rücken gezogen oder von der Rutenwurzel nach vorne gestellt. Die Rutenspitze ist traditionell weiß.

In der Bewegung frei, vorne weit ausgreifend, ohne die Pfoten zu hoch zu heben, aus der Hinterhand guter Schub. Haarkleid kurz, dicht und wetterfest. Dreifarbig mit Decke ist im Ausstellungsring am populärsten, insbesondere in den Vereinigten Staaten, aber jede anerkannte Houndfarbe ist ebenfalls korrekt.

BEAGLE HARRIER

In Frankreich begannen die Kreuzungen von Beagle mit Harrier durch Baron Gerard Grandin de l'Epriever in den 1920er Jahren. Ziel war eine Kombination der besten jagdlichen Fähigkeiten zweier Rassen. Das Zuchtrezept lautete, aus jeder Kreuzung nur ein Geschlecht für die Zucht zu behalten, dieses Tier dann auf einen reinrassigen Beagle zurückzukreuzen, aus dieser Paarung erneut nur ein Geschlecht weiter zu verwenden. Dieser Nachkomme wurde dann mit einem Harrier gepaart, und so ging es dann weiter. Hieraus entstand ein sehr guter Jagdhund, vor allem für die Jagd auf Niederwild und Rehe.

Der Beagle Harrier sollte exakt in der Mitte seiner zwei Ausgangsrassen liegen, Schulterhöhe 45-50 cm. Die heutigen Ausstellungshunde liegen näher beim Harrier als beim Beagle. Haarkleid glatt, Farbe dreifarbig, in der Regel mit schwarzem Sattel.

FCI-Gruppe 6, Standard Nr. 290,
Ursprungsland: Frankreich

Beagle Harrier

BEARDED COLLIE

FCI-Gruppe 1, Standard Nr. 271
Ursprungsland: Great Britain
Zucht 1994: D 775, A 97, CH 63, GB 1.337,
USA 640

HERKUNFT UND RASSEGESCHICHTE

Historiker spekulieren darüber, der Bearded Collie
sei ein Nachkomme des Polski Owczarek Nizinny
aus Polen. Im 16. Jahrhundert gab es viel Handel
zwischen Schottland und Polen, dabei tauschten
polnische Seefahrer Nizinnyhunde gegen hochgeschätzte schottische Schafe. Diese polnischen
Hunde mischten sich mit den Hochlandcollies,
später wurden sie unter dem Namen Bearded Collie bekannt. *Highland Collie* ist einer von drei
oder vier verschiedenen Namen, welche die Hütehunde schottischer Schäfer trugen.

Die Geschichte des Beardie ist unvollständig
und nicht eindeutig dokumentiert, diese Rasse gehört aber zu den ältesten in ganz Großbritannien.
Es gibt einige Hinweise, wonach bereits bei der
römischen Invasion diese Rasse bestand, andere

Bearded Collie

Historiker haben abweichende Theorien aufgestellt. Es gibt britische Portraits und Schriftstücke etwa aus 1700, dort dargestellte Hunde ähneln dem heutigen Beardie.

Mit Sicherheit war der *Highland Collie* der Arbeitspartner der Schotten, bestimmt keine Ausstellungsrasse, die geschaffen wurde, um den Adligen zu gefallen.

Während des 17. und 18. Jahrhunderts setzten Viehzüchter diese Hunde als Treiberhunde ein. Das Treiben von Rindern und Schafen zum Markt quer durch die vom Wind gepeitschten Hügel Schottlands forderte die zweibeinigen Treiber wie ihre vierbeinigen Helfer. Bearded Collies waren schnelle Hunde, übten ihre Arbeit durch die Moore mit viel Geschick und Intelligenz aus.

Zwischen dieser Zeit und 1912, als der erste Rassestandard niedergelegt wurde, gibt es eine breite Lücke.

Viel später wurde die Rasse von einer englischen Lady wiederbelebt, als sie einen Hund dieser Rasse erwarb und ihn auf englischen Ausstellungen präsentierte. 1959 wurde ihre Hündin British Champion, und dieses Ereignis weckte neues Interesse an der Rasse.

Einige Zeit später fanden Beardies auch in Kanada und USA Erfolg und Popularität. In Rekordzeit wurde die Rasse vom Kanadischen wie Amerikanischen Kennel Club anerkannt. 1969 wurde der Bearded Collie Club of America gegründet, sieben Jahre später erkannte der AKC die Rasse an. Heute hat der Bearded Collie weltweit eine treue Gefolgschaft.

WESEN

Aufgrund seiner hohen Intelligenz und Arbeitsfreude müssen die Besitzer des Bearded Collie diesem Hund viel Beschäftigung bieten, gemeinsame Aufgaben ersinnen, die sie und die Hunde in Bewegung halten.

Bearded Collies sind anpassungsfähig, nicht nachtragend. Im Grunde sind Beardies die glücklichsten Hunde, tun auch immer alles, um dies deutlich zu zeigen, manchmal allerdings tritt ein Überschuß an Ausgelassenheit auf. Ganz bestimmt besitzen diese Hunde einen stark entwickelten, koboldartigen Sinn für Humor.

In der Rasse gibt es eine breite Verhaltensskala, von lieb und ruhig bis zum entgegengesetzten Extrem. Aus diesen Gründen passen diese Hunde nicht für jedermann. Keinesfalls ist dies ein Hund für Menschen, die einen Lebensgefährten suchen, der besonders ruhig ist. Beardies brauchen für ihr Wohlbefinden Aktivität.

GESUNDHEIT

Die Rasse ist verhältnismäßig frei von genetischen Erbkrankheiten. Die Zuchtverbände empfehlen aber röntgenologische Untersuchungen, um im Zuchtmaterial weitgehend die Gefahr, daß Hüftgelenksdysplasie auftritt, auszuschließen. In den USA, England wie Europa wurden Unterchungssysteme eingeführt, die auf eine nachhaltige Kontrolle des Hüftgelenksstatus aller Zuchttiere ausgerichtet sind.

In Amerika gibt es auch eine Empfehlung, Augenuntersuchungen durchzuführen, um das Auftreten von Erbkrankheiten wie progressive Netzhautatrophie oder Grauer Star auszuschliessen.

ANPASSUNGSFÄHIGKEIT

Der Bearded Collie besitzt einen erblich gefestigten Hütetrieb. Diese Eigenschaft macht ihn zu einem besonders angenehmen Familienhund, weil er immer versucht, seine »Herde« zusammen zu halten. Für ihn sind die Familienmitglieder Teile seiner Herde, die er beschützen und bewachen muß. Die Hunde gewöhnen sich bereitwillig an das Leben innerhalb der Familie, haben aber auch noch alle Veranlagungen zur Arbeit draußen im freien Gelände.

Es gibt viele Beardies mit einem sehr starken Hütetrieb. Aus seiner Geschichte heraus besitzt die Rasse auch unverändert Wachinstinkte als Treiberhund für Rinder. Dieser Hund ist durchaus in der Lage, sowohl Rinder zu treiben als Schafe zu hüten - ein ungewöhnliches Doppeltalent. Wenn man ihnen genügend menschlichen Kontakt, Gelegenheit zur Sozialisierung bietet, lassen sich Bearded Collies auch im Zwinger halten.

PFLEGE UND ERZIEHUNG

Mit der Erziehung sollte man so früh wie möglich beginnen, schlechte Gewohnheiten, wenn sie sich einmal durchgesetzt haben, lassen sich immer schwer beseitigen. Der Bearded Collie ist ein einfühlsamer, aber auch sensibler Hund. Er akzeptiert eine Ausbildung mit konsequenter Hand, harte Erziehungsmethoden aber zerbrechen ihn. Die Ausbilder müssen darauf achten, bei der Ausbildung ihrer Hunde zur Unterordnung die richtige Balance zu Freiheit und Spaß zu finden. Sie brauchen genügend Zeit für Spiel und freien Auslauf, ebensoviel Zeit für disziplinierte Erziehung. Hierdurch gewinnt man einen sehr unterordnungsfreudigen Hund.

Empfohlen wird, mit der Erziehung zur Stubenreinheit sofort zu beginnen, wenn der Welpe ins Haus kommt. Erfahrene Beardie Besitzer empfehlen, täglich mit diesem Hund zweimal eine halbe Stunde spazieren zu gehen oder mit ihm Ball zu spielen.

Der Bearded Collie verlangt spezielle Haarpflege - Besitzer nennen dieses System »Linebrushing«. Hierbei werden die einzelnen Haarschichten separat gebürstet, während der Hund auf der Seite liegt. Dabei bürstet der Pfleger von der Haut nach außen bis zum Ende des Haarschafts. Ein gut gepflegtes Fell braucht einmal wöchentlich diese Behandlung, außerdem nach jedem Bad und nach dem Trocknen. Man sollte diese Hunde nur wenn notwendig baden, dadurch konserviert man besser das natürliche Fett in Haut und Haar, erhält dadurch ein gesundes und gepflegtes Fell.

RASSEMERKMALE

Der Bearded Collie ist ein Hund mittlerer Größe, robust, aktiv und beweglich. Schulterhöhe beträgt 50-56 cm. Die Rasse hat doppeltes Haarkleid, weiche, plüschige Unterwolle und flaches, hartes, zottiges Deckhaar. Der Beardie ist ein völlig natürlich aussehender Arbeitshund, sein Haarkleid gibt ihm Schutz vor jedem nassen Wetter, Kälte und Wind, wie es nun einmal für die schottischen Moore wichtig ist. Bei Geburt ist die Farbe blau, schwarz, braun oder falb, mit oder ohne weiße Markierungen. Weiß erscheint nur als Blesse am Vorderkopf, an der Rutenspitze, Oberkopf, Brust, Läufen und Pfoten und rings um den Hals. Pigmente von Nase, Lefzen und Augenrändern sollten immer wie die ursprüngliche Hautfarbe sein.

Das Haarkleid muß immer natürlich wirken, ohne irgendwelche Spuren von Trimmen. Die Anhänger verlangen zurecht, daß diese Rasse völlig frei von künstlichen Veränderungen bleibt. Hierdurch bewahrt man auch unverändert die Arbeitsqualitäten der Rasse.

Bearded Collies haben einen elastischen, kraftvollen und ausgewogenen Gang. Als schnelle Hütehunderasse muß die Bewegung zeigen, daß es sich um einen geschmeidigen, beweglichen Hund handelt, der jederzeit seine Richtung ändern kann. Der Bearded Collie verfügt über eine zeitlose Schönheit, verbunden mit funktionaler Eleganz und Charme, wie sie nur wenige Hunderassen über die Jahrhunderte bewahrt haben. Dieses bemerkenswerte Tier wird seinen menschlichen Gefährten auch in den künftigen Jahrhunderten helfen und sie begeistern können.

BEAUCERON/BERGER DE BEAUCE

FCI-Gruppe 1, Standard Nr. 044
Ursprungsland: Frankreich
Zucht 1994: D 34, A 20, CH 64

Diese französische Hütehunderasse ist als Typ in Westeuropa über Jahrhunderte bekannt, gehört möglicherweise zu den Vorfahren des Dobermanns. Auch heute noch wird sie als Hüte- wie als Wachhund geschätzt, ist als sehr guter Arbeitshund bekannt.

Schulterhöhe 63-75 cm, Körper rechteckig, in Knochen und Substanz stärker als der Dobermann. Die Ohren wurden früher kupiert, die Rute aber lang gelassen. Die Afterklauen der Hinterläufe sollen stark entwickelt sein. Haarkleid kurz, aber nicht glatt. Farbe schwarzlohfarben, mit oder ohne graue Merlefleckung. Letzte Farbe nennt man Harlekin. Die Rasse ist ziemlich selten, aber die Meldeziffern auf Ausstellungen haben sich vergrößert.

Beauceron

BEDLINGTON TERRIER

FCI-Gruppe 3, Standard Nr. 009
Ursprungsland: Great Britain
Zucht 1994: D 84, A 2, GB 322, USA 228

HERKUNFT UND RASSEGESCHICHTE

Der Bedlington Terrier stammt wahrscheinlich aus der Grafschaft Northumberland. Früher war er unter den Namen *Rothbury, Rodbury* oder *Northumberland Fox Terrier* bekannt. Nachdem die ursprüngliche Aufgabe, die Arbeit unter der Erde auf Raubzeug, für die Rasse zurückging, bewährte sie sich immer mehr als Kaninchenjäger. Dies wandelte auch ihre Form und äußere Linien. Die kürzeren Läufe veränderten sich in lange, aus dem ursprünglich groben Rahmen wurde eine elegante äußere Linie, zu der zweifellos der Whippet seinen Beitrag leistete.

Die Rasse hat eine etwas bunte Geschichte. Das Erbe des Bedlingtons verband die Jagdpassion eines typischen Terriers mit der Schnelligkeit eines Windhundes, dadurch waren diese Hunde besonders bei Wilderern hochgeschätzt. Der Rasse

Bedlington Terrier

haftete ursprünglich der Ruf eines Zigeunerhundes an. Aber um die Jahrhundertwende herum eröffnete das elegante Aussehen und freundliche Wesen der Rasse den Zugang zu vielen adligen Landsitzen, sie wurden zum Gesellschafter der Vornehmen. Auf viele Art ist der Bedlington geradezu das klassische Beispiel, wie Hunde die »soziale Leiter« hinaufklettern; schnell kamen sie mit ihrem neuen Sozialstatus zurecht.

Der Bedlington unterscheidet sich betont gegenüber anderen Terriern, er hat seine eigene Körperform mit hochgezogenem Rücken und Hasenpfoten und besitzt ein ganz ungewöhnliches Haarkleid. Die Rasse braucht genügend Schnelligkeit, um ein Kaninchen einzufangen, sie ist bei weitem nicht so schafsähnlich, wie ihr Äußeres andeutet.

In seinem Herzen ist der Bedlington unverändert ein echter Terrier. Sein Haarkleid stellt an die Geschicklichkeit der Pflegesalons große Ansprüche, es ist wirklich eine Freude, einen superb getrimmten Bedlington sich anzusehen.

WESEN

Der Bedlington ist ein ziemlich ruhiger Hund, fügt sich gut ins Familienleben ein, wird zu einem angenehmen Hausgenossen, der recht liebevoll ist, die Launen seines Besitzers zu ertragen weiß. Bedlingtons sind keine »Troublemakers«, viel toleranter als die meisten anderen Terrier. Wenn nötig aber verteidigen sie Besitzer und Haus.

GESUNDHEIT

Die Züchter sind sich einer Erbkrankheit voll bewußt, bekannt als Kupfertoxicose, eine fehlende Kupferspeicherung mit progressiver Verschlechterung der Leberfunktion. Befallene Tiere können interessanterweise ein relativ normales Leben führen. Engagierte Züchter lassen ihre Zuchttiere untersuchen, führen Testpaarungen durch, um den Erbgang zu erforschen, tun alles, um dieses Problem zu lösen.

Aufgerissene oder verhornte Pfoten waren früher ein echtes Problem, treten aber heute nur noch selten in der Rasse auf. Wie die meisten Terrier sind Bedlingtons im allgemeinen außerordentlich robust, brauchen nur selten mehr als Routineuntersuchungen beim Tierarzt.

PFLEGE UND ERZIEHUNG

Bedlingtons sind leicht ordentlich und gepflegt zu halten, viel erreicht man durch einfaches Scheren, spart dabei die teuren Besuche im Pflegesalon.

Regelmäßige Fellpflege ist erforderlich, aber das Haar fällt dadurch nicht aus.

Das Fell ist dick, von flachsartiger Struktur. Der Schopf (Topknot), der regelmäßig getrimmt und gepflegt sein muß, gehört zu den charakteristischen Merkmalen der Rasse.

ANPASSUNGSFÄHIGKEIT

Als sportlicher Terrier braucht der Bedlington angemessenen Auslauf. Er gedeiht nur in enger menschlicher Gemeinschaft. Er eignet sich besonders für die Haltung im Haus, läßt sich leicht erziehen.

RASSEMERKMALE

Die ungewöhnliche Körperform des Bedlingtons, sein leichter, federnder Gang und seine elegante geschmeidige äußere Linie erwecken viel Interesse an der Rasse.

Der Kopf ist schmal, die Wangen flach, keine unterbrochenen Linien. Augenform dreieckig, Auge ausdrucksstark, dunkel, klein und leuchtend. Große Nasenlöcher, eng anliegende Lefzen und kräftiger Fang. Man sagt, die Ohren hätten die Form einer Haselnuß, sie liegen flach an den Wangen an. Obgleich im Ausdruck mild und freundlich, ist die Rasse nicht scheu.

Die Bewegung des Bedlingtons ist vornehm, federnd und in langsamer Gangart leicht. Die Vorderläufe stehen oben breiter als an den Pfoten, was eine sogenannte Hufeisenfront bewirkt. Anders als die meisten anderen Terrier hat der Bedlington Hasenpfoten mit langem, leicht nachgebenden Vordermittelfuß.

Der Hals ist lang, mündet in flache, gut zurückliegende Schultern. Der Körper ist ausgeprägt muskulös, beweglich, flachrippig und hat eine tiefe Brust. Der Rücken ist aufgezogen, Lendenpartie deutlich gerundet. Aus diesem Grund machen die Hinterläufe den Eindruck, als seien sie länger als die Vorderläufe. Sprunggelenk tiefgestellt, kraftvoll. Die Rute ist an der Wurzel dick, mäßig lang und verfeinert sich bis zur Spitze.

Farben blau, sandfarben, blaulohfarben, sandlohfarben und leberlohfarben. Die Lohfarbe (Tan) tritt an den Augen, im Ohrinnern, unter der Rute und geringfügig an der Innenseite der Läufe auf.

Im allgemeinen werden die Welpen schwarz oder braun geboren. Bedlingtons haben auf ihrem dicken flachsartigen Haarkleid einzelne Deckhaare. Rüden etwa 40 cm Schulterhöhe, Gewicht 8-10 kg. Hündinnen messen etwas weniger und sind leichter.

BELGISCHE SCHÄFERHUNDE

FCI-Gruppe 1, Standard Nr. 015
Ursprungsland: Belgien
Groenendael, Laekenois, Malinois, Tervueren
Zucht 1994: Groenendael D 88, A 20, CH 39,
USA 582
Laekenois CH 1,
Der Laekenois ist durch AKC nicht anerkannt
Malinois D 178, A 64, CH 138, USA 731
Tervueren D 100, A 27, CH 125, USA 493
Englische Zuchtzahlen liegen für 1994 nicht vor

HERKUNFT UND RASSEGESCHICHTE

Die Hunde der belgischen Schäfer unterlagen einer sehr ähnlichen historischen Entwicklung wie viele europäische Schäferhunderassen. Über die Jahrhunderte entstanden im heutigen Belgien besondere Typen, die den Spezialanforderungen dieser Schäfer entsprachen.

Diese kräftigen, robusten, beweglichen, intelligenten und loyalen Hunde waren von ihren Schäfern so hochgeschätzt, daß mit dem Rückgang der Schafsherden und damit Bedrohung der Hunderassen die Liebhaber sich fest zusammenschlossen, um formal korrekt einen entsprechenden Rassestandard aufzustellen. Ein solcher Standard wurde 1891 erarbeitet, damit war eine Gruppe von Hunderassen, heute als Belgische Schäferhunde weltweit anerkannt, geschaffen.

Bei der Sicherung der Rasse und dem Aufstellen des Standards waren sich die Liebhaber in den meisten Punkten wie Typ, Struktur, Wesen und anderen Rassenmerkmalen einig, nur zwei Bereiche war umstritten. Was war das richtige Haarkleid, welche Farbe sollte die Rasse haben? Im Genpool der Rasse gab es Langhaar, Kurzhaar, Rauhhaar oder Drahthaar, außerdem eine Vielfalt von Farben. Es gab Hunde mit schwarzem Fell, dunkelrot mit schwarzer Maske, grau mit schwarzer Maske. Glücklicherweise siegte der gesunde Menschenverstand, die Züchter stimmten überein, daß Eigenschaften wie Typ, Struktur, Wesen, Intelligenz, Arbeitsfähigkeit usw. das wichtigste waren, und der Genpool der ganzen Rasse erhalten bleiben muß. Hinsichtlich Haartyp und Farbe wurde eine Vielfalt toleriert und erlaubt.

Trotz dieser ursprünglichen Toleranz hat diese Frage über das letzte Jahrhundert die Entwicklung der Rasse belastet. Es kam zu vielen Veränderun-

Durch den American Kennel Club wurde dem Groenendael die Rassebezeichnung Belgian Sheepdog zuerkannt.

Der Laekenois wird vom AKC nicht anerkannt

gen und Entwicklungen in der Kombination von Haartyp und Farben, wie sie gestattet waren. Heute besteht aber bei den meisten Rassekennern Übereinstimmung, daß es eine Rasse Belgischer Schäferhund mit vier Varietäten gibt. Diese Varietäten tragen die Namen der Gebiete, aus denen sie stammen. Hochgeschätzt sind Groenendael, Laekenois, Malinois und Tervueren.

Der Groenendael ist ein langhaariger, einfarbig schwarzer Hund, etwas weiß wird gestattet.

Der Laekenois ist ein rauh- oder drahthaariger, falbfarbener oder grauer Hund.

Der Malinois ist kurzhaarig, Farben falb, rot oder braun (in einigen Ländern auch grau gestattet), er hat eine schwarze Maske und einen schwarzen Anflug über dem Körper. Der Tervueren ist ein langhaariger, falber oder dunkelroter Hund (einige Länder gestatten grau), auch er mit schwarzer Maske und schwarzen Grannenhaaren auf dem Körper.

Der Status einer einzigen Rasse mit vier Varietäten ist durch die FCI anerkannt, ebenso durch die meisten nationalen Zuchtorganisationen. Ausnahme ist der American Kennel Club (AKC), der nur drei Varietäten anerkennt: Groenendael, genannt Belgian Sheepdog, Tervueren, genannt Belgian Tervueren, Malinois, genannt Belgian Malinois. Der Laekenois ist vom AKC nicht anerkannt.

Um die Reinheit der drei Varietäten als separate Rassen zu schützen, gestattet der AKC keine Zucht mit verschiedenen Haartypen. Importe sind nur zugelassen, wenn drei Generationen Zucht im gleichen Haartyp nachgewiesen sind. Der AKC trägt die Welpen nach der Rasse-bezeichnung ihrer Eltern, nicht nach Haartyp und Farbe ein.

Seit 1994 sieht der Englische Kennel Club den Belgischen Schäferhund als eine Rasse an, dabei stehen alle Haartypen im gleichen Ring in Konkurrenz um den Rassebesten (BOB).

Es ist gestattet, alle vier Schläge untereinander zu züchten. Diese Entscheidung erfolgte zum großen Unwillen der Züchter Belgischer Schäferhunde in England, aber ihr Protest war vergeblich.

Das Aufrechterhalten einer Rasse mit vier verschiedenen Haartypen und Farbvarietäten durch den FCI und die übrigen Kennel Clubs der Welt hat natürlich zu sehr unterschiedlichen Regeln und Praktiken geführt. Grundsätzlich werden die Hunde nach Haartyp und Farbe, nicht nach den Rassenamen ihrer Eltern eingetragen.

Bei der Eintragung von Importen gibt es keine Einschränkungen. Zucht zwischen den einzelnen Schlägen wird zwar nicht allgemein befürwortet, aber unter bestimmten Umständen gestattet, auch recht verbreitet durchgeführt, um die wesentlichen Merkmale der Rasse wie Typ, Struktur und Charakter in jeder Varietät zu erhalten.

Malinois oder - nach Sprachregelung AKC - Belgian Malinois

Kopfstudie Tervueren

WESEN

Diese Hunderasse ist sehr intelligent, lebhaft und liebt die Bewegung, sie gedeiht besonders in einer aktiven Menschenfamilie.

Belgische Schäferhunde sind hervorragende Arbeitshunde, sei es in Unterordnung, auf Ausstellungen, an der Herde, bei Agility oder auf der Fährtensuche.

GESUNDHEIT

Belgische Schäferhunde sind in der Regel recht gesund, leben mehr als zehn Jahre. Der Genpool der Rasse ist verhältnismäßig frei von Erbkrankheiten. Es wird aber berichtet, daß gelegentlich Epilepsie, exzessive Scheu, Augenprobleme und Hüftgelenksdysplasie auftreten.

PFLEGE UND ERZIEHUNG

Belgische Schäferhunde brauchen früh die Sozialisierung mit Mensch und Tier. Von früher Jugend an muß man sie lehren, fremden Menschen oder außergewöhnlichen Situationen ohne Mißtrauen zu begegnen. Die Rasse ist vorzüglich in Unterordnung und hat einen natürlichen, ausgeprägten Hütetrieb.

ANPASSUNGSFÄHIGKEIT

Solange der Belgische Schäferhund genügend Raum für regelmäßige Bewegung hat, paßt er sich sowohl städtischen wie ländlichen Verhältnissen gut an.

RASSEMERKMALE

Unabhängig von der Varietät ist der Belgische Schäferhund ein außerordentlich eleganter, großrahmiger, quadratischer und natürlicher Hund, trägt seinen Kopf besonders stolz.

Mittelgroße Rasse, Rüden im Durchschnitt 64 cm Schulterhöhe, 27-32 kg Gewicht, Hündinnen im Durchschnitt 58 cm Schulterhöhe, 22,5-25 kg Gewicht.

Im allgemeinen sind Rüden deutlich größer als Hündinnen, sind in ihrem Äußeren imposanter. Hündinnen wiederum besitzen eine Eleganz und Feminität, wie man sie natürlich bei Rüden nie antrifft.

Im allgemeinen wechseln Rüden einmal jährlich, Hündinnen zweimal jährlich die Unterwolle. Dieses Merkmal kann aber zwischen den einzelnen Fellvarietäten unterschiedlich sein. Dies gilt auch für die Haarpflege, die bei keiner der Rassen schwierig oder besonders umfangreich ist.

Tervueren oder - nach Sprachregelung AKC - Belgian Tervueren

BERGAMASKER

FCI-Gruppe 1, Standard Nr. 194
Cane de Pastore, Bergamasco
Ursprungsland: Italien
Zucht 1994: CH 7

Diese alte Hütehunderasse trifft man außerhalb Italiens nur sehr selten an. Sie stammt aus dem Gebirge rund um die Stadt Bergamo, arbeitet aber auch in anderen Teilen des Landes an der Herde. Die Hunde sind Nachkommen asiatischer Hütehunde, man nimmt an, sie seien mit phoenizischen Händlern nach Italien gekommen. Mehrere dieser mittelgroßen Schäferhunderassen weisen im Typ Gemeinsamkeiten auf, Puli, Schapendoes, Gos d'Atura Catalan, Berger des Pyrénées und Polski Owczarek Nizinny. Obgleich die Schnüre oder Matten des großen Hirtenhunds Komodor recht ausgeprägt sind, wird diese Rasse in der Regel nicht als mit dem Bergamasker verwandt angesehen.

Einige Historiker vermuten, gemeinsame Vorfahren aller sei der Tibet Terrier, aber nur Bergamasker und Puli haben ein sehr stark vermattetes Haarkleid.

Der Bergamasker ist ein selbständiger Arbeitshund. Seine Körperform ist rechteckig, kraftvoll und sehr muskulös.

Die Schulterhöhe des Bergamaskers liegt bei 54-62 cm, sein Gewicht bei 27-37 kg. Sein Kopf sollte groß und recht lang sein.

Das auffälligste Merkmal der Rasse ist ihr Haarkleid, das weich, gewellt und sehr lang sein muß. Am längsten ist das Fell beim ausgewachsenen Hund in der Lendenpartie, wo es bis zum Boden reichen kann. Das Fell 'soll natürliche Matten bilden, nicht in Schnüre verflochten werden, sondern in flachen Streifen, etwa 2,5 cm breit. Voll abgeschlossen ist die Mattenbildung erst bei Hunden mit etwa fünf Jahren. Am Kopf und an den unteren Teilen der Läufe ist das Fell kürzer, weniger vermattet. Die Rute hat langes, zottiges Haar, das selten vermattet.

Farben sind alle Nuancen von grau, von hellgrau bis schwarzgrau. Einfarbig schwarz tritt selten auf, die Farbe ist aber gestattet.

Bergamasker

BERGER DE PICARDIE

FCI-Gruppe 1, Standard Nr. 176
Ursprungsland: Frankreich
Zucht 1994: D 33, A 8, CH 20

Diese französische, zotthaarige Hütehunderasse trägt ihren Namen nach der Region Picardie im Nordosten Frankreichs. Man nimmt an, daß es hier schon Schäferhunde dieses Typs seit dem 10. Jahrhundert gibt. Wahrscheinlich ist die Entstehung des Picardie mit der der beiden anderen französischen Hütehunderassen - Briard und Beauceron - eng verbunden. Alle drei Rassen wurden auf der ersten französischen Hundeausstellung im Jahre 1863 vorgestellt. Der Berger de Picardie ist seit 1923 anerkannt.

Im großen und ganzen gesehen ähneln sich die großen Schäferhunderassen in Nordeuropa weitgehend. Dies wird besonders deutlich, wenn man den Picardie beispielsweise mit den vier Varietäten des Belgischen Schäferhunds und den drei Niederländischen Hütehunderassen vergleicht.

Obgleich der Picardie in erster Linie für das Schafehüten eingesetzt wird, eine Aufgabe, die er in den Tälern des Flusses Somme noch heute mit sehr viel Geschicklichkeit ausübt, hält man ihn auch für einen recht guten Wachhund.

Er hat ein lebhaftes, spontanes Temperament. Auf den meisten großen europäischen Hundeausstellungen trifft man ihn heute an, aber nur in kleiner Zahl. Außerhalb Frankreichs ist die Rasse sehr selten.

Die Schulterhöhe des Berger de Picardie beträgt 55-65 cm. Er hat einen eindeutig rechtwinkligen Körperbau, einen langen, ziemlich schmalen Kopf mit hochangesetzten Steh- oder Kippohren. Seine Rute ist lang, das Haarkleid zottig, zuweilen in der Struktur drahtig, etwa 5 cm lang. Die Rasse sollte natürlich und rustikal aussehen.

Seine Farbe ist rot in jeder Schattierung, mit oder ohne schwarze Haarspitzen. Am verbreitetsten ist die Farbe falbgrizzle (grau). Auf diese Graufarbe trifft man nicht nur beim Picardie und Saluki, bei anderen Rassen beschreibt man sie als Wolf- oder Hasenfarben. Unter Grizzle versteht man an der Haarwurzel eine sehr helle Farbe, tiefere Färbung mittel und dunkel oder schwarze Farbe an der Haarspitze. Grizzle beschreibt damit ein Haar, das aus vier verschiedenen Farben oder Farbschattierungen besteht.

Berger de Picardie

BERGER DES PYRÉNÉES

FCI-Gruppe 1
Pyrenean Sheepdog
Ursprungsland: Frankreich
Standard Nr. 138 (à face rase)
Standard Nr. 141 (à poil long)
Zucht 1994: D 127, A 13, CH 18, GB 11

Die zwei Varietäten dieses kleinen französischen Schäferhundes stammen aus dem Pyrenäengebirge. Die eine Varietät ist langhaarig - *A Poil Long* - die andere ist im Gesicht kurzhaarig - *A Face Rase*. Das Haarkleid am Körper beider Varietäten ist nahezu von gleicher Länge, sieht immer zottig aus. Haarstruktur grob, mit Ausnahme der Rute, über der Lende und an den Läufen, wo das Haarkleid sehr lang, in der Struktur wolliger ist.

Der Berger des Pyrénées ist der alte Typ Schäferhund, welcher die Herde hütete, während seine großen Gefährten des Molossertyps als Herdenschutzhunde arbeiteten. Ein solche Kombination von Hunden, die zusammen arbeiten, gibt es durch ganz Europa und den Mittleren Osten schon über Jahrhunderte. Erst innerhalb der letzten zwanzig Jahre fand der Berger des Pyrénées als Familienhund steigendes Interesse. Diese Hunde sind sehr aktiv, stecken voller Energie, brauchen Beschäftigung mit einer nützlichen Aufgabe. Die Rasse ist bekannt wegen ihrer Beweglichkeit und ihrer sehr schnellen Reaktion auf Geräusche und jede Bewegung.

Widerristhöhe etwa 38-48 cm. Körperform rechteckig, gut bemuskelt, dabei aber nie schwer oder übertrieben kraftvoll. Kopf dreieckig, im Fang nicht zu lang. Ohren früher meist kupiert, Rute kupiert oder mit angeborener Stummelrute. Doppelte Wolfsklauen an den Hinterläufen sind typisch. Die Rasse gibt es allen in falben Farbschattierungen, mit oder ohne Stromung oder Tigerung. Alle Farben treten einfarbig oder mit kleinen weißen Markierungen auf. Großer Wert wird auf schwarzes Pigment gelegt.

Berger des Pyrénées

BERNER SENNENHUND

FCI-Gruppe 2, Standard Nr. 045
Ursprungsland: Schweiz
Zucht 1994: D 1.326, A 187, CH 668, GB 704, USA 1.594

HERKUNFT UND RASSEGESCHICHTE

Der Berner Sennenhund führt seine Ahnen auf die römische Invasion der Schweiz zurück, also vor über zweitausend Jahren. Caesars Molosser, grosse Wachhunde, wurden mit einheimischen Herdenschutzhunden gekreuzt. Diese Paarungen brachten Hunde, die sich den schwierigen Witterungsverhältnissen der Alpen anpaßten. Im Laufe der Zeit begannen die Weber von Bern, den Berner Sennenhund als Karrenhund einzusetzen, nach und nach wurden die Hunde zu Wächtern der Bauernhöfe und Herden. Für diese liebenswerten Hunde waren Markttage Arbeitstage, sie zogen kleine Karren mit Körben und Milchprodukten zum örtlichen Marktplatz.

Im Laufe des 19. Jahrhunderts wäre die Rasse nahezu ausgestorben, gemeinsame Bemühungen von Franz Schertenleib und Albert Heim jedoch, zwei bekannten Züchtern Ende des 19. Jahrhunderts, retteten die Rasse, und heute steigert sich ihre Popularität weltweit immer mehr.

Berner Sennenhund

WESEN

Ursprünglich war der Berner seiner Natur nach ein recht zurückhaltender Bauernhund, in der Anpassung seines Charakters wurden aber große Fortschritte erzielt. Heute haben diese Hunde ein sehr freundliches Wesen, sind ihrer Umwelt gegenüber recht aufgeschlossen.

GESUNDHEIT

Beim Berner treten Probleme mit Hüftgelenksdysplasie auf, alle Zuchttiere müssen röntgenologisch

überprüft werden. In einigen Linien tritt auch Magenumdrehung auf.

PFLEGE UND ERZIEHUNG

Der Berner Sennenhund arbeitet freudig beim Unterordnungstraining. Die dabei gewonnene Bewegung ist für Körper und Wesen wichtig. Sein Haarkleid ist dick, glänzend, erfordert regelmäßige wöchentliche Pflege. Auch Zähne und Krallen sollten wöchentlich kontrolliert werden. Keinesfalls darf man dem Berner erlauben, dickleibig zu werden.

ANPASSUNGSFÄHIGKEIT

In erster Linie eignet sich der Berner für die Haltung auf dem Lande. Er hat ein dickes Fell und fühlt sich bei heißem und feuchten Klima weniger wohl. Man kann ihn aber bei ausreichender Bewegung auch in der Stadt halten.

RASSEMERKMALE

Schulterhöhe USA: Rüden 62-70 cm, Hündinnen 57-65 cm. In England und FCI: Rüden 64-70 cm, Hündinnen 58-66 cm. Gewicht Rüden 36-48 kg, Hündinnen 34-41 kg. Kräftiger Körperbau, feste obere Linie, gute Läufe und Pfoten, kräftiger Fang mit breitem Oberkopf und kleineren, v-förmigen Ohren, hängend getragen. Rute dick, stark behaart, leicht aufrecht getragen. Grundfarbe tiefschwarz mit sattem braunroten Brand an den Wangen, über den Augen, an allen vier Läufen und auf der Brust. Weiße Abzeichen symmetrisch angeordnet, Brustmarkierung in Form eines Kreuzes, weiße Rutenspitze, weiße Blesse und weiße Zehen. Die dunklen Augen sind sehr ausdrucksstark, Wesen ausgeglichen und loyal.

BERNHARDINER

FCI-Gruppe 2, Standard Nr. 061
Ursprungsland: Schweiz
Zucht 1994: D 914, CH 222, GB 678, USA 6.063

HERKUNFT UND RASSEGESCHICHTE

Hoch in den Schweizer Alpen liegt das Hospiz des Großen St. Bernhard, der Ort, wo die berühmteste

Hunderasse der Welt - der Bernhardiner - entstand. Vor dem Bau des St. Bernhard Tunnels traten Reisende häufig ihren Weg in die Berge bei brillantem Sonnenschein an, fanden sich plötzlich auf dem Weg zum Paß in wildesten Schneestürmen. Die auf dem Hospiz lebenden Mönche hielten sich eigens Hunde, um verirrte Reisende aufzuspüren. Diese Mönche züchteten eine Hunderasse, die international große Bewunderung fand,

Kurzhaariger Bernhardiner

unausweichlich verbunden ist mit dem Faß Brandy, das diese Hunde angeblich um den Hals trugen, um jenen, die sie aufstöberten, eine erste Stärkung zu bringen.

Über den genauen Ursprung der Rasse, wie sie heute bekannt ist, wurden vielfältige Theorien aufgestellt. Die wahrscheinlichste darunter besagt, daß dies Nachkommen der großen mastiffähnlichen Hunde sind, die von den römischen Eroberern einmal in dieses Gebiet gebracht wurden. Das Valais in der Schweiz ist ein außerordentlich isoliert gelegenes Gebiet. So haben die Mönche ihre Hunde planmäßig über vierhundert Jahre aus diesen Vorfahren gezüchtet, und hieraus stammt auch der moderne Bernhardiner.

Man nimmt an, früher sei auch der Neufundländer in den Bernhardiner eingekreuzt worden. Das Ziel war dabei, dickeres Haarkleid und damit besseren Kälteschutz. Die Ergebnisse waren jedoch verheerend, denn jetzt bildeten sich Eisklumpen, die am Fell festfroren, damit den Hund mit viel mehr Gewicht belasteten. Aus diesem Grund wurde diese Zuchtrichtung schnell wieder aufgegeben. Die dunkel mahagonifarbenen Hunde mit weißen Markierungen wurden von den Mönchen eigens so gezüchtet, um Stola, Meßgewand und Schulterband der Mönche zu spiegeln, alles Bestandteile ihrer religiösen Gewänder. Am allerwichtigsten war aber natürlich immer die Fähig-

keit dieser Hunde, auch unter schwierigsten Witterungsbedingungen verirrte Reisende aufzuspüren.

Der berühmteste Bernhardiner aller Zeiten war ein Rüde namens *Barry*, 1800 geboren. Eine Geschichte rankt sich um ihn, danach fand er im Schnee einen kleinen Jungen, konnte diesen irgendwie dazu bringen, auf seinen Rücken zu klettern, dann schleppte er das Kind in Sicherheit. Es ist nachgewiesen, daß Barry das Leben von zumindest vierzig Menschen gerettet hat, sein Körper ist im naturgeschichtlichen Museum Bern präpariert und ausgestellt.

Im 19. Jahrhundert wurden auch eine Reihe Bernhardiner aus der Schweiz nach England exportiert. Viele hat man mit den hier sehr populären Mastiffs gekreuzt, wobei man hoffte, sie zu einer Art noch größerer und noch schwererer Mastiffs zu züchten.

Ein berühmter englischer Bernhardiner dieser Zeit war Plinlimmon, von ihm ist eine Widerristhöhe von 87,5 cm, ein Gewicht von 95 kg überliefert. Er wurde an einen Schauspieler in den USA für 7.000 $ verkauft, dann in vielen Theatern dieses Landes vorgestellt.

Nach und nach gewann die Rasse in England viel Popularität. Wie dies aber immer bei wachsender Popularität passiert, skrupellose Züchter wurden dadurch angelockt, sie züchteten aus-

Langhaariger Bernhardiner

schließlich, um hohe Preise zu erzielen, Geld zu verdienen. In einer Welle der Geschäftstüchtigkeit wurden die Hunde immer größer, schwerer und so riesig und ungesund, daß viele von ihnen Schwierigkeiten hatten, vom einen Ende des Ausstellungsrings zum anderen zu laufen.

Anfang des 20. Jahrhunderts begründeten Dr. George Inman und Mr. Ben Walmsley im englischen Cheshire ihren *Bowden Kennel*, der die Rasse in England beträchtlich in Anatomie und Gesundheit verbesserte. Als Dr. Inman starb, wurde der Zwinger aufgelöst, viele andere Züchter profitierten durch den Kauf von Zuchtmaterial aus dem Bowden Kennel. Seither hat die Rasse durch gelegentliche Importe profitiert, die heutigen Züchter leisten gute Arbeit, verbessern die Gesundheit der Rasse, unter Aufrechterhaltung ihres Typs. Es muß aber betont werden, daß zwischen den englisch-amerikanischen Bernhardinern und den kontinentalen Bernhardinern nicht unerhebliche Unterschiede im Typ bestehen.

WESEN

Für die Aufgabe, für die er gezüchtet wurde, mußte der Bernhardiner natürlich ein ruhiger, gutartiger, intelligenter, mutiger und absolut vertrauenswürdiger Hund sein.

Jegliche Anzeichen von Nervosität oder Aggression stehen im direkten Widerspruch zum Zuchtziel der Rasse.

GESUNDHEIT

Wie bei allen sehr großen Hunderassen können vorwiegend durch falsche Aufzucht und Ernährung Knochen- und Bänderprobleme entstehen, zuweilen auch Herzschäden auftreten.

Aufgrund des sehr offenen Augenlids tritt zuweilen Entropium auf, aber die Züchter bemühen sich heute sehr darum, das Auge gesund, frei von jeder Übertreibung zu halten.

PFLEGE UND ERZIEHUNG

Dieser Riese unter den Hunden mit seiner enormen Wachstumsrate braucht unbedingt korrekte Ernährung, andernfalls können in den wichtigen ersten Monaten unheilbare Dauerschäden auftreten.

Es ist dringend erforderlich, daß die Empfehlungen der Züchter hinsichtlich Ernährung und Pflege eingehalten werden.

Natürlich ist es für einen Hund dieser Größe wichtig, daß er richtig erzogen wird, das ausführt, was sein Besitzer von ihm verlangt. Ein ungehorsamer Bernhardiner kann sich als schwere Belastung erweisen. Richtige Grunderziehung ist wesentlich.

ANPASSUNGSFÄHIGKEIT

Obgleich der Bernhardiner nicht täglich längere Spaziergänge verlangt, braucht er dennoch für seine Entwicklung genügend Platz.

Bernhardiner sind deshalb bestimmt für einen Bewohner eines städtischen Appartements nicht die beste Wahl.

Der Bernhardiner ist ein verträglicher Hund, lebt glücklich mit seinen Artgenossen. Aber er ist auch ein vorzüglicher Lebensgefährte des Einhundbesitzers, vorausgesetzt sein Besitzer ist zu einer wirklichen Partnerschaft bereit.

Die Tatsache, daß diese Rasse unvermeidlich *sabbert*, empfiehlt sie sich nicht gerade für die besorgte Hausfrau.

RASSEMERKMALE

Der große und massive Kopf ist das Wahrzeichen des Bernhardiners. Man spricht davon, der Kopfumfang sollte mehr als die doppelte Länge der Strecke Nase zu Hinterhauptbein sein.

Der Fang ist kurz und quadratisch, die Wangen flach und tief. Die Lefzen sind lang, sollten aber nicht übertrieben herunterhängen.

Stop gut ausgeprägt, Oberkopf breit und oben etwas abgerundet, deutliche Augenwülste. Nase immer groß und schwarz, gut entwickelte Nasenlöcher.

Augen nicht zu nahe aneinander eingesetzt, das untere Augenlid hängt geringfügig, aber nicht zuviel, um Gesundheitsprobleme auszulösen.

Der englische Standard empfiehlt seit kurzem: »Augenlider vernünftig eng anliegend, ohne daß die Bindehaut übertrieben sichtbar wird«. Dadurch wird versucht, gesundheitswidrige Augen langsam wegzuzüchten.

Die Ohren des Bernhardiners haben mäßige Größe, liegen eng den Wangen an, sollten nicht zu stark behaart sein.

Hals kräftig, Wammenbildung, gute Hunde haben sehr starke Knochen. Rücken breit und gerade, gute Rippenwölbung, breite, stark bemuskelte Lendenpartie. Brust sehr tief und breit, sollte aber nicht tiefer als bis zu den Ellenbogen reichen. Rute ziemlich hoch angesetzt, darf nicht über den Rücken gerollt getragen werden.

Zwei Haarvarietäten: Varietät Langhaar, mittellanges gerades Deckhaar, reichlich Unterwolle, üppig im Bereich der Läufe und Rute.

Varietät Kurzhaar (Stockhaar), Deckhaar dicht, glatt anliegend, minimale Befederung an Keulen und Rute.

Grundfarbe Weiß mit kleineren oder größeren rotbraunen Platten (Plattenhunde) bis durchgehende rotbraune Decke über Rücken und Flanken (Mantelhunde). Gestromtes Rotbraun zulässig, dunkle Markierungen am Kopf erwünscht.

Was die Größe angeht, erwartet der Rassestandard bei Rüden 70-90 cm, bei Hündinnen 65-80 cm. Hunde, die das Höchstmaß überschreiten, sollen nicht abgewertet werden, sofern sie in ihrer Gesamterscheinung harmonisch wirken und sich elegant bewegen. Die Gangart des Bernhardiners sieht harmonischen, ausgreifenden Bewegungsablauf mit gutem Schub aus der Hinterhand vor.

BICHON À POIL FRISÉ

FCI-Gruppe 9, Standard Nr. 215
Ursprungsland: Belgien/Frankreich
Zucht 1994: D 122, CH 23, GB 2.647,
USA 11.363

HERKUNFT UND RASSEGESCHICHTE

Selbst die Rasseexperten räumen ein, daß die Geschichte des heutigen Bichon Frisé die am besten gelungene Zusammensetzung von Tatsachenberichten, Legenden und Vermutungen ist. Es fehlt an exakten Daten, und einen genauen Nachweis sind die heutigen führenden Züchter noch schuldig. Allerdings gibt es eine verbreitete Übereinstimmung, daß es einen kleinen, langhaarigen Hund - meist weiß - schon zu Zeiten Christi gab.

Es gibt mehrere Theorien im Hinblick auf die Vergangenheit dieser »kleinen, langhaarigen, oft weißen Hunde«. Einige Fachleute sehen in diesem Hund den direkten Nachkommen des Maltesers, der wieder auf einen spitzartigen Hund im südlichen Zentraleuropa zurückgeht, wie man ihn allgemein im Bereich des Mittelmeers antrifft. Ein europäischer Experte behauptet, daß die Menschen im südlichen Mittelmeerbereich eine Zwergrasse besaßen, die aus Kreuzungen zwischen Zwergspaniel und Zwergpudel oder mit Cayennehunden entstanden war. In diesen Rassen sieht er den Grundstock, aus dem sich der *Barbichon*, später *Bichon* genannt, entwickelte, und er sieht den Ursprung der Rasse in Italien.

Die Schwierigkeit, die wahrscheinlichste Abstammung zu ermitteln, beruht auf der Tatsache, daß diese »kleinen, langhaarigen, oft weißen Hunde« besonders reizvolle Qualitäten aufwiesen, die sie zum kostbaren Besitz ihrer Menschen machten. Im Laufe der geschichtlichen Entwicklung reisten Menschen immer mehr, sie nahmen diese Hunde mit, es entwickelten sich verschiedene Nachkommensfamilien. Diese Hunde hatten viele gemeinsame Merkmale, es gab aber auch auffällige Unterschiede.

Schließlich kann nicht übersehen werden, daß mehrere *Rassen* den Namen *Bichon* tragen, Hunde aus Teneriffa, Havanna, Bologna, von den Balearen, aus Peru, Hunde aus Holland. Und nach einer französischen frühen Veröffentlichung gibt es

Amerikanischer Bichon Frisé

auch noch den *kleinen Löwenhund von Buffon*. Eine andere Veröffentlichung in Paris enthält vier Kategorien: Malteser, Bologneser, Havaneser und Hunde aus Teneriffa. Beide französischen Publikationen stammen aus den 1930er Jahren.

Nach dem Ersten Weltkrieg zeigten französische wie belgische Züchter so aktives Interesse an der Rasse, daß sie diese *Bichon à Poil Frisé* oder *Tenerife Bichon* nannten. Sie sorgten dafür, daß ein Rassestandard aufgestellt wurde.

Diesen offiziellen Standard schrieb Madame Bouctovagnicz, Präsidentin des französischen Zwerghundeclubs, gemeinsam mit belgischen Freunden nieder, am 15. März 1933 wurde er anerkannt. Eine der Hauptschwierigkeiten bestand darin, der Rasse einen einzigen Namen zu geben.

Es gab heiße Diskussionen zur Namenswahl und schließlich frug Madame Nizet de Leemans, Vorsitzende der Standardkommission der Fédération Cynologique Internationale ihre Kollegen verzweifelt: »Wie sieht er eigentlich überhaupt aus?« Man sagte ihr, dies sei ein flauschiger, klei-

Englischer Bichon Frisé

126

ner weißer Hund. »Nun«, war ihre Antwort, »dann nennen wir ihn doch *Bichon Frisé* (flauschiger kleiner Hund)«. Und so geschah es.

1964 wurde in Amerika der Bichon Frisé Club of America begründet, der Rassestandard im Oktober 1988 anerkannt. Damit begann der Siegeszug der Rasse in den USA.

WESEN

Der Bichon Frisé ist ein verständiger kleiner Hund mit guten Manieren, verspielt und liebevoll. Der Rassestandard bezeichnet das heitere Wesen dieses Hundes als Charakteristikum, ermutigt Züchter und Besitzer, hier keinerlei Zugeständnisse zu machen.

GESUNDHEIT

Bei dieser Rasse sind keine Erbfehler bekannt. Im allgemeinen sind es gesunde Hunde, die nicht mehr brauchen als ihre normalen Schutzimpfungen.

PFLEGE UND ERZIEHUNG

Die einzige Einschränkung für den Liebhaberkreis besteht in der Tatsache, daß sie weiße Farbe trägt, getrimmt werden muß und laufende Haarpflege braucht. Wer sich diese Rasse wählt, muß Zeit für regelmäßiges Bürsten und periodisches Trimmen vorsehen.

Und aufgrund der Farbe dürfte auch regelmässiges Baden angezeigt sein. Die Häufigkeit ist abhängig von den Lebensumständen und dem Wunsch des Hundebesitzers, seinen Hund optimal zu präsentieren.

ANPASSUNGSFÄHIGKEIT

Denkt man an das ideale Wesen dieses Hundes, wird leicht verständlich, daß er eigentlich für alle Menschen jeden Alters und ein breites Spektrum von Lebensumständen paßt.

RASSEMERKMALE

Der ideale Bichon Frisé ist ein kompakter, kleiner weißer Hund, Schulterhöhe 24-29 cm. Von Brustbein bis Rumpfende ist der Hund um ein Viertel länger als seine Schulterhöhe. Die Brusttiefe sollte gleich groß sein wie der Abstand vom Brustbein zum Boden.

Von vorn gesehen bildet der Kopf einen weissen Kreis mit drei schwarzen Flecken, Nase und zwei runde, schwarze (oder dunkelbraune) Augen, die direkt nach vorne schauen. Schwarze Augen und schwarze Augenränder verstärken diesen Ausdruck wesentlich.

Der Kopf selbst besteht zu drei Teilen aus Fang gegenüber fünf Teilen Oberkopf. Die Linien zwischen Augen und Nase bilden ein gleichschenkliges Dreieck.

Die Lefzen sind schwarz, der Fang stumpf, Ohrleder kurz, v-förmig und ziemlich fein. Die Ohren sind, um das Gesicht einzurahmen, seitlich am Kopf höher angesetzt als die Augen. Korrektes Scherengebiß ist verlangt, Zahnfehler werden ernsthaft beanstandet.

Der Hals beträgt vom Hinterhauptbein bis zum Widerrist ein Drittel der Körperlänge. Er ist geschwungen, wird stolz getragen, dies ist für das allgemein gewünschte Bild der Rasse ein ganz wesentliches Merkmal.

Oberlinie gerade mit leichter Wölbung über der Lende. Rippen mäßig aufgewölbt, Brustkorb mässig tief und breit genug, um flüssige Bewegung zu erlauben.

Die Rute ist in gleicher Höhe wie die obere Linie angesetzt, stark behaart und wird über dem Rücken getragen. Schulter gut zurückgelagert (Winkel 45° Grad), Vorderläufe direkt unter dem Widerrist stehend. Die kräftig entwickelte Hinterhand entspricht in der Winkelung der der Vorhand.

Das Haarkleid des Bichon besteht aus zarter, dichter Unterwolle und gröberem, leicht gekräuseltem Deckhaar, das vom Körper absteht, dem Hund das Aussehen einer Puderquaste vermittelt. Drahtiges Haar unerwünscht, aber auch schwaches seidiges Haar oder fehlende Unterwolle sind ernsthafte Fehler.

In vielen Ländern wird das Haar entsprechend den natürlichen Körperkonturen getrimmt. Aber der Rassestandard der FCI verbietet ein Trimmen der Rasse.

In den Ländern, wo Trimmen zulässig ist, wird das Haar in allen Richtungen abgerundet, keinesfalls so kurz geschnitten, um quadratisch zu erscheinen. Die Behänge am Kopf des Bichon Frisé, Ohren und Rute werden alle lang gelassen, wobei der Kopf so getrimmt wird, daß er insgesamt rund erscheint.

Der Bewegungsablauf des Bichons ist frei und fließend bei geradem Rücken und etwas höher getragenem Kopf.

Der Bewegungsablauf ist von hinten wie vorn gesehen präzis und gleichmäßig, hinten mäßig breit. Flüssiger Bewegungsablauf mit gutem Vortritt und Schub sind erwünscht.

BILLY

Diese französische Hunderasse entstand in den 1870er Jahren auf Schloß Billy in Poitou. Die Rassen Billy, Grand Bleu de Gascogne und Poitevin sind die Repräsentanten der echten alten französischen Laufhunde, das heißt immer ohne Einkreuzung von Foxhoundblut. Der Billy selbst stammt aus drei sehr alten, inzwischen ausgestorbenen Rassen: Larye, Ceris und Montemboeufs.

Nach dem Zweiten Weltkrieg gab es nur noch einige wenige Billies, man paarte diese mit Poitevins, Porcelains und Harriers, daraus entstanden neue Meuten, die unter dem Originalnamen der Rasse geführt wurden. In der Regel jagen diese Meuten auf Reh und Hirsch, einige auch auf Schwarzwild.

Der Billy ist selbst in Frankreich. sehr selten geworden. Im internationalen Ausstellungsgeschehen bekommt man ihn kaum zu sehen.

Der Billy hat einen guten Körperbau, langer Kopf mit konvexem Nasenrücken. Schulterhöhe 58-66 cm. Bei französischen Laufhunden sind die Ohren höher angesetzt, allgemein werden sie nicht gefaltet getragen. Haarkleid glatt und fein, Farbe immer weiß mit sehr blassen zitronenfarbenen, orangefarbenen oder milchkaffeefarbenen Flecken. Ein typisches Merkmal sind ausgeprägt schwarze Augenlider.

FCI-Gruppe 6, Standard Nr. 025
Ursprungsland: Frankreich

Billy

BLOODHOUND

FCI-Gruppe 6, Standard Nr. 084
Chien de Saint-Hubert
Ursprungsland: Belgien
Zucht 1994: A 2, GB 81, USA 1.631

HERKUNFT UND RASSEGESCHICHTE

Der Bloodhound ist eine sehr alte Hunderasse, schon lange vor Christi Geburt gab es in Griechenland Hunde dieses Typs. Der Name der Rasse wurde von den Engländern geprägt, er hat mit der Nachsuche auf frischen Schweiß nichts zu tun. Die Rasse stand bei Mitgliedern der englischen Gesellschaft - den Blaublütigen - in hohem Ansehen, dies ist die Wurzel des Namens Bloodhound.

Der Bloodhound wurde immer als Schweißhund eingesetzt, und die üppigen Falten über Kopf und Hals halten für den Hund die Geruchspartikel der Fährte. Der Bloodhound ist durch Aufspüren verlorener Kinder, verwirrter älterer Menschen berühmt geworden, half zuweilen sogar einem Camper, der sich mangels Kompaß verirrt hatte.

WESEN

Niemals wurde der Bloodhound für Angriffe auf Menschen eingesetzt, vielmehr ist er ein freundlicher Familienhund. Welpen müssen früh sozialisiert werden. Der Bloodhound braucht, wenn er gedeihen soll, dringend menschliche Gesellschaft.

GESUNDHEIT

Nach innen drehende Augenlider können Probleme auslösen, bedürfen tierärztlicher Behandlung, wenn das Sehvermögen nicht geschädigt werden soll. Nach Augenkorrekturen dürfen Hunde nicht mehr ausgestellt werden. Zuchttiere müssen auf Hüftgelenksdysplasie geröntgt werden. Man sollte die Wasseraufnahme dieses Hundes kontrollieren, denn in der Rasse besteht eine Veranlagung zur Magenumdrehung. Hierbei dreht sich der Magen um die eigene Achse, aufgestautes Gas dehnt sich aus. Bei Magenumdrehung besteht immer Lebensgefahr, eine Operation ist schnellstens erforderlich. Durch unterbrochenen Blutkreislauf und andere Auswirkungen erfolgt sonst ein qualvoller Tod.

Die genaue Ursache der Magendrehung ist unbekannt, sie tritt bei Hunden, Menschen, Rindern und Schweinen auf. Es gibt eine Fülle an Theorien, danach ist die Erkrankung in bestimmten Linien besonders verbreitet, tritt besonders bei Hunden mit großem Mageninhalt auf. Es gibt nur wenige Vorbeugemaßnahmen. Am besten vermeidet man Nährstoffe, die Gase entwickeln, füttert lieber in mehreren kleinen als in einer großen Mahlzeit. Erscheint ein Hund aufgebläht, voll Gas, oder versucht er wiederholt ergebnislos auszuwürgen, bedarf er schnellster tierärztlicher Kontrolle.

PFLEGE UND ERZIEHUNG

Ihrer Natur nach sind Bloodhounds sehr reinliche Hunde, aber sie alle neigen zur Speichelbildung, verbreiten beim Kopfschütteln Speichel über größere Flächen. Bloodhounds sollte man nie unangeleint spazieren führen, nur in eingezäuntem Gelände frei laufen lassen. Bloodhounds lernen nie, daß Autos für sie gefährlich sind. Das natürliche kurze glatte Haarkleid läßt sich leicht pflegen. Mehrfaches Abreiben über die Woche mit einem nassen Tuch macht es völlig überflüssig, dieses Schwergewicht in eine Badewanne zu heben. Wöchentlich sollten die Nägel gefeilt oder geschnitten werden, denn lange Nägel führen zu einer wenig schönen flachen Pfote, eine Schwäche dieser Rasse. Die langen Hängeohren des Bloodhounds müssen wöchentlich gepflegt werden, denn sie tauchen in alles ein, und die tiefen Falten können Milben beherbergen und Ohrinfektionen tragen.

Gute Ernährung ist wichtig, aber man sollte immer lieber zwei oder mehrere kleine Mahlzeiten anstelle einer geben. Nach dem Fressen wenig Bewegung, am besten Schlaf.

ANPASSUNGSFÄHIGKEIT

Da der Bloodhound ein sehr großer Hund ist, oft mehr als 45 kg wiegt - Hündinnen fast ebenso viel - sollten ihre Besitzer Zeit, Platz und das notwendige Wissen haben, um ein Tier dieser Größe ordentlich zu halten.

RASSEMERKMALE

Eine stattliche Schulterhöhe von 58-68 cm, dünne, lose und empfindliche Haut, die sich in weichen Falten um den Hals legt, die wunderschöne tiefe Stimme - dies sind die wichtigsten Merkmale des

Bloodhound

Bloodhounds. Sein Kopf ist lang, Oberkopf und Fangpartie von gleicher Länge, Oberkopf weder grob noch schwer. Die Ohren sind sehr lang und werden hängend getragen, eine wichtige Hilfe bei der Arbeit auf der Fährte. Der Körper ist kraftvoll, tief und stark, solide und feste Rückenlinie. Rute lang, recht dick (nicht geschnürt wirkend), in der Bewegung fröhlich getragen. Der Hals muß lang genug sein, um auf der Fährte leicht den Boden zu erreichen. Augen tief eingesetzt und klar. In dieser Rasse gibt es Zahnprobleme - fehlerhafte Anordnung der Zähne und Vorbiß - gefordert wird ein normales, korrektes Scherengebiß. Farben schwarzlohfarben, leuchtend rot und leberfarben mit Lohfarbe. Kleine weiße Abzeichen auf den Pfoten oder an der Brust werden toleriert. Ein lockerer, schwingender Gang ist typisch, darf aber den Bewegungsablauf nicht beeinträchtigen.

BOLOGNESER

FCI-Gruppe 9, Standard Nr. 196
Ursprungsland: Italien
Zucht 1994: D 130, CH 14

Der Bologneser repräsentiert eine Hunderasse, die über Tausende von Jahren im Mittelmeerraum existiert. Er gehört zur Gruppe der in aller Regel weißen Kleinhunde, auch *Barbichon* genannt. Es besteht eine enge Verwandtschaft zum Malteser.

Wie schon der Name sagt, entstand die Rasse im Umkreis der italienischen Stadt Bologna. Ausserhalb Italiens ist die Rasse ziemlich selten. Der Körperbau des Bolognesers sollte ziemlich fein sein, seine Körperproportionen sind quadratisch. Schulterhöhe 25-30 cm. Fang kurz und kräftig. Haarkleid lang, vom Körper abstehend. Mit Ausnahme des Nasenrückens, wo die Behaarung kurz ist, ist der ganze Körper mit langen, gekräuselten Haaren bedeckt. Pigment an Nase, Lefzen und Augenlidern schwarz, andere Pigmentfarben fehlerhaft.

Der Gesamteindruck muß natürlich wirken, darf nicht künstlich geformt werden. Haarstruktur weich, aber nicht wollig. Farbe immer weiß, leichte, zitronenfarbene Markierungen im Ohrbereich werden toleriert. Ausgeglichenes, freundliches Wesen.

Bologneser

BORDER COLLIE

FCI-Gruppe 1, Standard Nr. 297
Ursprungsland: Great Britain
Zucht 1994: D 433, A 23, CH 66, GB 2.090

HERKUNFT UND RASSEGESCHICHTE

Über viele Generationen wurde der Border Collie aus Hunderassen wie Bearded Collie, Harlequins, Bobtailed Sheepdogs und Smithfields entwickelt. Wahrscheinlich findet man den ersten Hinweis auf einen Hund, der dem Border weitgehend ähnelt, in Dr. John Caius: *Treatise on English Dogges,* 1570 geschrieben. Der Autor beschreibt den *Shepherd's Dogge* als von mittlerer Größe, der auf den Befehl, drohende Faust oder schrillen Pfiff seines Meisters arbeitet, nach den Anweisungen seines Herrn die Schafe an die gewünschte Stelle bringt. Weitere Hinweise bestätigen, daß bereits Mitte 1700 ein Hund vom Typ Border Collie existierte.

Ihren Namen verdankt die Rasse dem Gebiet, in dem sie ursprünglich entstanden ist, dem Grenzgebiet zwischen England und Schottland. Es gibt viele Berichte, die zeigen, daß quer über die britischen Inseln und Europa ähnliche Hunde lebten, jeweils aber unter anderen Namen bekannt waren. Das erste große *Sheepdog Trial* fand 1873 in Bala, North Wales statt. Hierbei siegte ein Hund namens Tweed aus Schottland. Er gewann nicht nur das Trial, sondern erhielt auch den ersten Preis für den hübschesten Hund.

1906 wurde die *International Sheepdog Society (ISDS)* gegründet, ein erstes Zuchtbuch wurde 1955 veröffentlicht. Über viele Jahre blieben die Border Collies in England weitgehend unter der Oberhoheit der ISDS.

Mitte der 1960er Jahre begann der englische Kennel Club Border Collies in sein Register aufzunehmen. Im Jahre 1982 wurde auf *Cruft's Dog Show* das erste Challenge Certificate für Border Collies vergeben.

Viel früher bereits wurde der Border Collie als Arbeitshund nach Australien exportiert, dort viel bewundert. In Australien fand er schon viel früher als in England seinen Weg als Ausstellungshund, wurde ebenso in Neuseeland auf Ausstellungen populär.

In jüngeren Jahren stammten viele der siegenden englischen Ausstellungs-Border Collies aus von Australien importiertem Zuchtmaterial.

Der Border Collie besitzt bewundernswerte Fä-higkeiten und Begeisterung für die Arbeit an der Schafherde, etwas weniger für Rinder. Er ist in seinem Element, wenn er sich kauernd den Schafen annähert, losprescht, um sie wieder zurück auf den richtigen Weg zu bringen. Diese Hunde müssen außerordentlich geschmeidig und beweglich sein, brauchen viel Kraft, Substanz und Ausdauer, um als Arbeitshunde erfolgreich zu arbeiten. Im Jahre 1963 erkannte der Australian National Kennel Council für die Rasse einen Standard an. Seit dem 01. Oktober 1995 ist die Rasse auch in den USA für Wettbewerbe und Ausstellungen zugelassen.

WESEN

Der Border braucht laufend Beschäftigung und Anregungen, ist eine der intelligentesten aller Hunderassen, lernt schnell und ist außerordentlich arbeitswillig.

Er ist ein zuverlässiger und treuer Arbeitshund, beschützt seine Familie. Anderen Haustieren gegenüber ist er von recht freundlicher Natur.

GESUNDHEIT

Der Border Collie ist ein recht gesunder Hund, ohne wichtige Erbkrankheiten. Allerdings beunruhigte in jüngerer Zeit progressive Retinaatrophie die Züchter. Sie arbeiten hart daran, diese Augenkrankheit zu bekämpfen.

Weiterhin wurde in der Rasse Ceriodlipofuscinosis festgestellt, eine Gehirndegeneration aufgrund einer Stoffwechselschwäche. Diese Krankheit befällt Körper- und besonders Nervenzellen. Sie ist nicht ansteckend, tritt in der Regel nicht vor einem Alter des Tieres von 18 Monaten auf. Im Augenblick gilt diese Krankheit als unheilbar.

PFLEGE UND ERZIEHUNG

Wie die meisten Arbeitshunde braucht der Border Collie sehr viel aktive Bewegung und geistige Anregung. Er möchte seinem Herrn immer gefallen, lernt schnell und scheint manchmal sogar schneller zu denken als sein Besitzer.

Besonders bei Unterordnungsprüfungen, aber auch im neu aufkommenden Agility-Sport ist diese Rasse vorzüglich, dominiert die Wettbewerbe. Der Hund ist leicht zu pflegen, stellt wenig Ansprüche.

ANPASSUNGSFÄHIGKEIT

Der Border Collie muß ein recht ausgeglichenes Wesen haben, immer liebenswert und leicht zu kontrollieren. Er ist ein extrem intelligenter Hund, gut erziehbar. Immer hört er aufmerksam zu, versucht, das Gewünschte zu tun. Er ist ein außerordentlich populärer Wettbewerber, sowohl auf Ausstellungen wie Leistungsprüfungen. Der Border Collie wird auch vermehrt als Haushund gekauft, aber seine Freunde sollten sich klar darüber sein, daß dieser Hund sich nur dann sich richtig entfaltet, wenn ihm körperliche Bewegung und laufende geistige Anregungen gesichert sind.

RASSEMERKMALE

Der Border Collie sollte ein eleganter Hund sein, perfekt ausbalanciert, mit klaren äußeren Linien, die den Eindruck vermitteln, daß er fähig ist, über den ganzen Tag hart zu arbeiten. Wie die meisten Herdenhunde ist er etwas länger als hoch, in seiner mäßig breiten Brust und gewölbtem Rippen-korb hat er genügend Platz für Herz und Lungen. Von der Seite gesehen ist der Oberkopf flach, von gleicher Länge wie der mäßig kräftige Fang. Von oben gesehen sollte der Kopf keilförmig sein, unter den Augen leicht ausgemeißelt wirken.

Der gespannte Ausdruck des Borders vermittelt den Eindruck, daß er alles tun möchte, was sein Besitzer von ihm verlangt. Der australische Rassestandard fordert ein halbaufrecht getragenes Ohr, der englische gestattet unverändert das Stehohr. Unabhängig von der Haltung sollten die Ohen am Oberkopf breit auseinander angesetzt und sehr beweglich sein.

Das bevorzugte Haarkleid des Borders ist ein wasserfestes doppeltes Haar von mäßiger Länge, um die Halspartie herum bildet es eine üppige Mähne. Der Englische Standard gestattet auch Glatthaarhunde. Die Rasse gibt es in einer Vielfalt von Farben, dabei darf weiß nie überwiegen. Die gebräuchlichsten Farben sind schwarz, blau, schokoladenfarben, rot, bluemerle und schwarzlohfarben. Schulterhöhe 48-53 cm, Hündinnen etwa 2,5 cm kleiner.

Border Collie

BORDER TERRIER

FCI-Gruppe 3, Standard Nr. 010
Ursprungsland: Great Britain
Zucht 1994: D 149, A 36, CH 48, GB 2.766,
USA 720

HERKUNFT UND RASSEGESCHICHTE

Border Terrier wurden gezüchtet, um im Nord-osten Englands auf den großen Jagden gemeinsam mit Foxhounds zu jagen. Mit Sicherheit gab es diese Rasse schon vor Mitte des 18. Jahrhunderts. Damals malte Arthur Wentworth ein Portrait, auf dem auch zwei Border Terrier zu erkennen sind, *Earth Stopper to Tufnell Joliffe's Hounds.* Dieses Gemälde entstand etwa 1754.

In England besteht die Fuchsjagd zumindest seit 1219, damals erteilte King Henry III John Fitz-Robert die Erlaubnis, »eigene Hunde zur Jagd auf Füchse und Hasen in den Wäldern von Northumbria zu halten«. Diese Jagd war ur-sprünglich nicht Teil eines gesellschaftlichen, sportlichen Rituals, sondern zwingend notwendig, um das Töten von Lämmern zu unterbinden, von denen die Farmer im Grenzland für ihren Lebens-unterhalt abhängig waren. Fuchsjagd mit Hounds in Northumbria wäre ohne die Dienste eines klei-nen nützlichen Terriers unmöglich gewesen. Dies ist der klare Nachweis, daß es Anfang des 13. Jahrhunderts in dieser Region bereits Terrier ge-geben haben muß.

Die Geschichte des Border Terriers ist un-trennbar mit der Jagd in Northumbria verbunden. Anfang 1800 wurden die *Kielder Hounds* von dem außerordentlich snobistischen und jagdbegei-sterten Reporter Nimrod lobend erwähnt. Diese Hounds jagten für die Robson Familie, die dann 1857 mit ihrer Meute nach Byrness in Reedwater umzog. Ihre Hunde gingen in den Hounds im Be-sitz von John Dodd of Catcleugh auf. Die neue Meute wurde allgemein als *Reedwater Hounds* be-kannt.

1869 übernahm ein Verwandter von Jacob Robson - John Robson - die *Mastership of the Pack*, der Meutename wurde in *Border Fox-hounds* umgewandelt. Innerhalb dieser Meute und zwei Nachbarmeuten, den *Liddesdale* und den *North Tyne*, entstand der heutige Border Terrier. In dieser Gegend haben sowohl *Dandie Dinmont* wie auch *Bedlington*, ursprünglich als *Rothbury Terrier* bekannt geworden, ihre Heimat. Keine

dieser letzteren Rassen arbeitete aber mit den Hounds, trotzdem gibt es zweifelsfrei zwischen ihnen und dem Border Terrier eine nahe Ver-wandtschaft. Zur Meutejagd mit diesen drei Meuten verließ man sich ursprünglich auf die weißen *Redesdale Terrier*, die inzwischen ausge-storben sind, und die farbigen *Coquetdale Terrier*, die aufgrund ihrer engen Verbindung mit den Border Foxhounds danach als Border Terrier be-kannt wurden.

Erstmals erschienen die in diesem Bereich ge-züchteten Terrier auf den Hundeausstellungen, die von den neu aufgebauten *Agricultural Societies* Ende des 18. Jahrhunderts veranstaltet wurden. John Houliston versuchte 1895 für Border Terrier einen eigenen Club zu gründen, um ihre offizielle Anerkennung zu erreichen. Diese Versuche waren erfolglos, ebenso die 1914 erstmalige Antrags-tellung an den Kennel Club, den Border Terrier an-zuerkennen.

Im Jahre 1920 jedoch gelang es Captain Ha-milton Adams, den Kennel Club zu überzeugen. Captain Adams züchtete selbst Sealyhams in Eastbourne, Sussex und setzte sich dafür ein, daß alte Hunderassen gefördert und anerkannt wurden. Es wurde auch ein Rassestandard aufgestellt, der allerdings von den Züchtern ignoriert wurde. Die Rasse stand trotzdem vor einer neuen Karriere im Ausstellungsring.

Vor der Anerkennung gab es in Züchterkreisen verbreitet Ängste, die Rasse könnte als Arbeits-terrier ruiniert werden, wenn man den modischen Anforderungen des Ausstellungsrings Priorität ge-genüber den jagdlichen Eigenschaften einräumte. Um dies zu verhindern, stellte der neu gegründete Border Terrier Club seinen eigenen Rassestandard auf, der ursprünglich vom Kennel Club anerkann-te Standard dagegen wurde in aller Stille fallen gelassen.

Trotz dieser Fortschritte waren nicht alle Ras-seanhänger zufrieden, einige gründeten den nur kurzlebigen Northumberland Border Terrier Club. Dieser stand nicht nur in Opposition zum ersten Club, sondern ging sogar so weit zu versuchen, nicht in Northumberland wohnende Menschen daran zu hindern, sich mit der Rasse zu befassen. Mitte der 1920er Jahre vereinigten die zwei Verei-ne ihre Kräfte, brachten einen neuen Standard her-aus, der in allen wesentlichen Punkten bis zum heutigen Tage unverändert besteht.

Alle Rassezuchtvereine betonen unverändert

die Notwendigkeit, die hohen Arbeitsqualitäten der Rasse zu bewahren, einige Vereine geben eigene Arbeitszertifikate heraus, schreiben besondere Klassen für Arbeitshunde aus und unterstützen die Liebhaber bei der Ausbildung.

Heute ist die Rasse von allen maßgebenden Zuchtorganisationen der Welt anerkannt, in jüngeren Jahren steht sie in England unter den ersten zwanzig der populärsten Hunderassen. Besonders beliebt ist die Rasse auch in ganz Skandinavien, wo die Qualität der besten Hunde durchaus den Zuchtprodukten Englands ebenbürtig ist.

In anderen Teilen der Welt ist der Border noch weniger bekannt, sein äußeres Erscheinungsbild als Arbeitshund, sein Mangel an auf den ersten Blick erkennbarem Glamour, haben die Rasse bisher nur ihren echten Liebhabern vorbehalten.

WESEN

Border Terrier sind durchaus in der Lage, im Falle eines Streites sich selbst zu helfen, sind aber im Alltagsleben friedlich und gutmütig. Dies ist nicht zuletzt darauf zurückzuführen, daß von den besten

Border Terrier

Züchtern die ursprünglichen Arbeitsaufgaben der Rasse beachtet und als lebenswichtig für das Wohlergehen der Rasse respektiert werden.

Die Aufgabe des Border Terriers war die gemeinsame Jagd mit Foxhounds. Hatten sich die Füchse vor der Meute versteckt, war es Sache des Terriers, sie wieder aus dem Versteck zu holen.

Im Alltag laufen Border Terrier frei zwischen den Hounds, leben oft mit ihnen zusammen im gleichen Zwinger. Diese Terrier galoppieren auch neben den Reitern quer durch Kühe und Schafe, müssen immer in der Lage sein, mit völlig anderen Terriern auszukommen. Auf solchen Jagden ist kein Platz für einen Hund, der auch nur den leichtesten Anflug in Richtung eines »hysterischen Terrierwesens« zeigt, das manche im Ausstellungsring so bewundern.

Der jagdliche Hintergrund der Rasse bedeutet, daß diese Hunde immer bereit sind, sich auf weite Wege zu machen, wenn ihre Interesse erst geweckt wurde. Nur eine sehr sichere Einzäunung und ständige Wachsamkeit begrenzen einen entschlossenen Border Terrier.

GESUNDHEIT

Ein Terrier, der mitten im tiefen Winter mit Hounds durch wildes Moorgelände läuft, dort auf seinen Gegner im Kampf auf Leben und Tod trifft, muß schon außerordentlich robust sein.

Stark wachsende Popularität, die Massenzüchter und Hundehändler anzieht, könnte in Zukunft dem Border Terrier auch Gesundheitsprobleme einbringen. Aber private, sorgfältig auswählende Züchter werden auch in Zukunft die Gesundheit an die Spitze ihrer Prioritätenliste stellen.

ERZIEHUNG

Seine Besitzer sollten vom Border Terrier nie sofortigen, blinden Gehorsam erwarten; seine Aufgabe fordert von ihm eine ausgeprägte Selbständigkeit, eine Verbindung von Selbstvertrauen mit eigenen Initiativen.

Ruft man den Border Terrier auf größere Entfernung, wird er oft zum Ausdruck bringen, daß er im Augenblick zu beschäftigt ist, es leider einige Minuten dauert. In der Regel wird der Border Terrier zwar dem Kommando folgen, aber auf seiner Rückkehr könnte es an Stellen, die sein besonderes Interesse erwecken, zu zwei oder drei Umwegen kommen.

Border Terrier Besitzer werden an gemeinsamen Ausbildungsstunden mit ihrem Hund auf Basis der Gleichberechtigung Freude haben. Es bedarf anfänglich harter Arbeit, die sich aber später nachhaltig auszahlt.

ANPASSUNGSFÄHIGKEIT

Border Terrier haben die Veranlagung, aus allen Situationen, in die sie geraten, das beste zu machen. Diese Hunde sind bemerkenswert selbständig, passen sich aber gut den Besitzern an, gleich ob in einer Stadtwohnung oder draußen auf dem Land.

Ihr ausgeglichenes Wesen macht sie zum idealen Familienhund - sie lieben es genau so, zu Hause am offenen Feuer zu liegen, wie einen ausgedehnten Spaziergang durch Wald und Feld.

Sie zeigen sich erstklassig im Ausstellungsring, sind im Agilitysport vorzügliche Wettbewerber. Viele Border Terrier arbeiten sogar als Therapiehunde und als Helfer für Gehörlose.

RASSEMERKMALE

Sein breiter, kräftiger, otterähnlicher Kopf ist kurz, hat kraftvolle Kiefer, unterscheidet den Border nachdrücklich von allen anderen Terriern. Ebenso wichtig für den Kenner sind die für die Rasse typischen jagdhundartigen Körperproportionen, sein dicker, loser Pelz, doppeltes, wetterfestes Haarkleid und die kurze, unkupierte »Karottenrute«.

Der Ausdruck des Border Terriers verrät Freundlichkeit, aber auch unmißverständliches Selbstbewußtsein.

Die Augen sind dunkel, die Ohren fallen nach vorn, liegen den Wangen an. Seine Zähne sind ungewöhnlich groß und kräftig, treffen als Scherengebiß aufeinander. Der Hals ist kräftig, die Schultern ziemlich lang und gut zurückgelegt, wichtig für einen Terrier, der sowohl über schwieriges Gelände läuft als auch in räumlicher Enge unter der Erde arbeitet.

Die Schulterhöhe des Border Terriers liegt bei etwa 33 cm. Der Brustkorb ist ziemlich tief und schmal, keine aufgewölbten Rippen. Lendenpartie recht lang, beweglich und kraftvoll, Hinterhand stark und schlank, tiefstehende Sprunggelenke, dabei mäßige Hinterhandwinkelung.

Das Haarkleid, das nicht mit Messern, Scheren oder Schermaschinen getrimmt werden sollte, ist im Deckhaar hart, liegt über dichter, weicher Unterwolle eng am Körper an.

Die Farben des Border Terrier sind rot, weizenfarben, grau und lohfarben oder blau und lohfarben. Weiß unerwünscht, aber ein kleiner weißer Brustfleck erlaubt.

BOSANSKI OŠTRODLAKI GONIC-BARAK

Der bosnische drahthaarige Laufhund entstammt dem früheren Jugoslawien, er soll in seiner heutigen Form bis ins 9. Jahrhundert zurückgehen. Diese Hunde werden ausschließlich zur Jagd auf Sauen, Hasen und Fuchs gezüchtet.

Schulterhöhe etwa 46-56 cm. Körper nahezu rechteckig, stark bemuskelt, gute Knochen.

Osteuropäischer Laufhundtyp, also breiter Kopf mit flachem Oberkopf, dreieckigen, nicht zu langen Hängeohren, die ohne Faltung eng an den Wangen anliegen.

Fell drahtig mit dicker Unterwolle. Die Rasse wirkt zottig, Farbe meist blaß weizenfarben mit grauem Sattel.

FCI-Gruppe 6, Standard Nr. 155
Ursprungsland: Jugoslawien

Bosnischer drahthaariger Laufhund

BOSTON TERRIER

FCI-Gruppe 9, Standard Nr. 140
Ursprungsland: USA
Zucht 1994: D 42, A 9, CH 11, GB 137,
USA 16.453

HERKUNFT UND RASSEGESCHICHTE

Ein echt amerikanischer Hund! Der Boston Terrier gehört zu der Handvoll an Hunderassen, die in den Vereinigten Staaten entstanden sind. Im 20. Jahrhundert wurde diese Rasse in den USA zum großen Favoriten - als Familien- wie Ausstellungshund.

Der Boston Terrier ist ein glatthaariger Hund mit ganz präziser Fellmarkierung, er ist hübsch aufgebaut und in den USA als *Non-Sporting Dog* klassifiziert.

Die FCI führt die Rasse unter Gruppe 9, Sektion 11 als *kleine doggenartige Hunde*.

Die Rasse entstammt Kreuzungen zwischen Bulldog und Terrier, sie vereint den kurzen Kopf ihrer Bulldogahnen mit dem Schneid ihrer Terriervorfahren.

WESEN

Der Boston Terrier wurde für die Aufgaben gezüchtet, für die er heute besonders geschätzt ist, als Familienhund, Wachhund und *Mädchen für alles*. Mit Kindern verträgt er sich gut, wenn er mit ihnen gemeinsam aufwächst. Er liebt Spaziergänge und Autofahrten, ja alles, was auf dem Tagesplan steht, macht dem Boston Terrier Spaß.

GESUNDHEIT

Im allgemeinen ist die Rasse gesund, obwohl das hervorstehende Auge leicht verletzt werden kann. Aufgrund der Kurznasigkeit können Atemprobleme und Schnarchen auftreten. Es gibt auch Hautprobleme. Man sollte die Zähne sauberhalten, Nägel wöchentlich nachfeilen. Durch das natürlich aufrecht stehende Ohr sind Ohrenprobleme selten.

PFLEGE UND ERZIEHUNG

Besonders pflegeleicht, mehrfach wöchentliches Abreiben mit einem feuchten Tuch hält diesen

Boston Terrier

Hund sauber, Vollbad nur bei besonderer Verschmutzung. Der Boston Terrier lernt leicht jeden Trick, wenn sein Besitzer genügend Zeit und Geduld hat, ihm Kunststücke beizubringen.

ANPASSUNGSFÄHIGKEIT

Der Boston Terrier wurde mit großem Erfolg auf Anpassungsfähigkeit gezüchtet. Seine kleine Gestalt - 11 kg oder weniger - machen ihn besonders als Haushund geeignet.

RASSEMERKMALE

Klar abgegrenzte weiße Markierungen auf schwarzer oder gestromter Grundfarbe, kurzer Rücken mit leicht aufgewölbter Lendenpartie, kurze Rute und glattes Fell sind die Hauptmerkmale des Boston Terriers. Klassenaufteilung im Ausstellungsring nach Gewicht: unter 7 kg, 7-9 kg und 9-11 kg. Die Schulterhöhe ist im Rassestandard nicht festgelegt, in der Regel aber beträgt die Widerristhöhe bei Rüden etwa 38 cm, Hündinnen sind etwa um 2,5 cm kleiner. Besonderes Merkmal der Rasse ist ihr Kopf, quadratischer, kurzer Fang, nahezu quadratischer Oberkopf und ausgeprägter Stop. Ohren aufrecht stehend und fest, Augen außerordentlich ausdrucksstark. Brustkorb tief, Laufknochen weder schwer noch grob, Pfoten gut geformt. Bewegungsablauf schnell steppend, frei und mit gutem Stil. Der Boston Terrier ist eine Bereicherung für nahezu jedes Haus.

In den meisten Ländern wird verlangt, daß der Boston Terrier unkupierte Stehohren hat.

BOUVIER DES ARDENNES

Dieser robuste Viehtreiberhund wird allgemein als einer der originalen alten Typen belgischer Treibhunde angesehen. Gegenüber dem Bouvier des Flandres ist er kleiner, aber im Typ nicht weit entfernt. Er hat den Ruf eines sehr guten Wachhundes und aufmerksamen Hütehundes. Die Rasse gilt als außerordentlich selten. Einige behaupten, die Rasse stehe vor dem Aussterben.

Der Bouvier des Ardennes hat eine Widerristhöhe von etwa 57 cm. Körperbau quadratisch und kompakt, Ohren ziemlich groß, aufrecht stehend, nie kupiert.

Haarkleid am Körper hart und zottig, an den Läufen kürzer.

Jede Farbe zulässig, aber grauschwarz ist am verbreitetsten.

FCI-Gruppe 1, Standard Nr. 171
Ursprungsland: Belgien

Selbst in seinem Ursprungsland Belgien ist der Bouvier des Ardennes außerordentlich selten.

BOUVIER DES FLANDRES

FCI-Gruppe 1, Standard Nr. 191
Ursprungsland: Belgien/Frankreich
Zucht 1994: D 219, A 11, CH 48, GB 176,
USA 1.781

HERKUNFT UND RASSEGESCHICHTE

Der Bouvier des Flandres entstand im flandrischen Teil Belgiens. Häufig wurde dieser Hund dafür eingesetzt, kleine Karren zu ziehen oder Rinder zu treiben.

Der Name *Bouvier* bedeutet *Ochsentreiber*. Ende des Ersten Weltkriegs gab es nur noch wenige Vertreter der Rasse, ihre heutige Beliebtheit verdankt sie wenigen treuen Züchtern.

In den 1930er Jahren kam der Bouvier in die Vereinigten Staaten.

Aufgrund seiner Größe und seiner imposanten Gestalt eignet er sich besonders gut als Wachhund.

Neben seinen ursprünglichen Aufgaben findet er heute auch noch Einsatz als Blindenführhund wie auch bei der Polizei.

WESEN

Der Bouvier des Flandres ist ein guter Familienhund, freundlich mit Kindern, wenn er mit ihnen aufwächst. Er liebt die menschliche Gesellschaft.

GESUNDHEIT

Wie bei vielen großen Hunderassen gibt es beim Bouvier des Flandres auch Probleme mit Hüftgelenksdysplasie.

Im ureigensten Interesse sollten Hunde nur von Züchtern mit gutem Ruf gekauft werden, denen Gesundheit und gutes Wesen Hauptanliegen der Zucht ist. Verantwortungsbewußte Züchter führen Gesundheitsunterlagen über mehrere Generationen.

Auch Magenumdrehung kann zum Problem werden, daher empfiehlt man beim Bouvier, lieber zwei bis drei Mahlzeiten täglich als eine große zu verabreichen.

Nach dem Fressen sind Ruhepausen angezeigt. Bei der Fütterung achte man auf nicht blähende Futtermittel.

Nach den Bestimmungen in den meisten Ländern der Erde muß der Bouvier des Flandres natürliches Ohr haben, darf nicht kupiert werden.

PFLEGE UND ERZIEHUNG

Zähne, Krallen und Ohren sollten wöchentlich überprüft werden.

Das Haarkleid hat über den ganzen Körper eine mittlere Länge von 6,5 cm, erfordert entsprechend wöchentlich routinemäßiges Bürsten und Kämmen. Der Bart kann sich ziemlich breit und zottig auswachsen, sollte deshalb regelmäßig gewaschen und getrocknet werden. Vollbäder nur bei besonderer Verschmutzung. Durch regelmäßige Fellpflege wird ausfallendes Haar entfernt.

ANPASSUNGSFÄHIGKEIT

Seiner Größe entsprechend braucht der Hund genügend Raum zur Bewegung. Diese Rasse ist sehr arbeitsfreudig, ihre Sinne sollten durch Arbeit aktiv erhalten werden. Aus diesen Gründen eignet sich die Rasse besser für das Leben auf dem Lande.

RASSEMERKMALE

Der Bouvier des Flandres ist ein großer Hund, Widerristhöhe Rüden 70 cm, Hündinnen 67 cm. Durchschnittsgewicht der Rasse etwa 34-43 kg.

Der Bouvier ist quadratisch aufgebaut mit robustem Körper. Großer Kopf mit natürlich belassenen Ohren, in wenigen Ländern noch kupiert. Unter den dichten Augenbrauen leuchten die dunklen Augen hervor. Die Rute des Bouvier des Flandres ist kurz kupiert und er hat ein ziemlich zottiges Fell. Die Farben variieren von falb bis schwarz zu grau, gestromt, pfeffer/salz. Die Farben weiß und braun sind nicht zugelassen. Der Bouvier des Flandres ist ein zottiger, großer, wunderbarer Hund mit angenehmem Wesen.

Bouvier des Flandres

BOXER

FCI-Gruppe 2, Standard Nr. 144
Ursprungsland: Deutschland
Zucht 1994: D 2.669, A 192, CH 237, GB 8.360,
USA 30.629

HERKUNFT UND RASSEGESCHICHTE

Die Geschichte des Boxers reicht zurück bis zur Jahrhundertwende. 1895 kamen in München drei Männer zusammen, Elard König, K. Höpner und Friedrich Robert (aus Wien), sie selektierten kleine Bullenbeißer, Möpse, Bulldoggen, Bärenbeißer und Boxdoggen, die aus mannigfaltigen Kreuzungen entstanden waren und stellten 1895 einen ersten Rassestandard auf.

»Mühlbauers Flocki« war Nr. 1 im deutschen Boxerstammbuch. Sein Vater war ein reinrassiger englischer Bulldog. Flocki selbst spielte für die Zucht kaum eine Rolle, wohl aber seine Schwester »Blanka v. Angertor«, eine reinweiße Hündin. Sie wurde Mutter der Stammutter des Boxers Meta v.d. Passage, Grundfarbe weiß, geboren am 02.11.1898. Nahezu jeder gute Boxer unserer Welt kann auf diese Blutführung zurückverfolgt werden. Neben allen Qualitäten ist es das Erbe von Meta und ihren Vorfahren, daß bis zum heutigen Tage in Boxerwürfen immer wieder weiße Welpen geboren werden. Nach dem Standard ist im Ausstellungsring nicht mehr als ein Drittel weiße Abzeichen gestattet, reinweiße Welpen werden in aller Regel leider schon beim Züchter ausgemerzt, weil man in ihnen Erbträger der Taubheit vermutet.

Am 29. März 1896 wurde der *Boxer Club, Sitz München* gegründet, der erste Rassestandard 1895 erdacht, 1902 leicht abgewandelt veröffentlicht. Dies war bereits ein sehr detailliertes Dokument,

Boxer, gestromt

wenig Änderungen waren bis zum heutigen Tage erforderlich. Zu den führenden Persönlichkeiten, denen der Boxer maßgebende Fortschritte verdankt, gehörte Frau Friederun Stockmann. Ihr Zwinger »von Dom« - 1910 eingetragen - brachte Spitzenhunde hervor, die weltweit die Rasse prägten. Neben Deutschland waren auch England und die USA an der weiteren Entwicklung der Rasse beteiligt. Moderne Boxer in England haben heute im allgemeinen etwas mehr Eleganz und Verfeinerung gegenüber ihren mitteleuropäischen Rassegenossen erfahren, wo man den Boxerkopf noch immer als nahezu allein entscheidend ansieht,

wichtiger als irgend etwas anderes. In einigen Ländern werden bei der Rasse traditionsgemäß Rute wie Ohren kupiert, es gibt aber eine Vielzahl von Ländern, in denen heute Ohrenkupieren, teilweise auch Rutenkupieren, verboten ist.

WESEN

Der Boxer ist der beste »Menschenhund«. Er liebt das Zusammensein mit seiner menschlichen Familie, in ihrem Mittelpunkt zu stehen. Seiner Natur nach ist er ein aufgeschlossener, neugieriger und aktiver Hund. Boxer müssen immer ein ausgeglichenes Wesen haben. Zwar sollten sie - wenn notwendig - ihren Mann stehen, aber niemals aggressiv sein. Keinesfalls darf man in dieser natürlichen, edlen und aufgeschlossenen Rasse Nervosität oder Scheu tolerieren.

GESUNDHEIT

Besonders in England erlitt der Boxer einen Rückschlag, als die Erbkrankheit *progressive Axonopathie* (PA) entdeckt wurde, eine Erkrankung des peripheren und zentralen Nervensystems, die zu Lähmungen führt. Glücklicherweise haben sich die Züchter nachdrücklich daran gemacht, diese Krankheit auszumerzen. Aber bei der Zucht sollte noch immer sorgfältig die Ahnenreihe kontrolliert werden, daß sie keine möglichen Träger dieser Krankheit enthält. Gelegentlich treten bei der Ras-

se Herzerkrankungen auf, auch die Spondilose sei erwähnt. Zuchttiere werden in den meisten Ländern systematisch auf Hüftgelenksdysplasie überprüft. Insgesamt ist der Boxer aber dennoch eine relativ gesunde Hunderasse.

PFLEGE UND ERZIEHUNG

Seiner Natur nach ist der Boxer eine kraftstrotzende Hunderasse. Ein nicht richtig erzogener Hund kann später zu einer Belastung werden, deshalb wird dringend bereits bei Welpen gute Grunderziehung empfohlen. Intelligenz und Lernfähigkeit des Boxers sind so groß, daß sich diese Rasse in vielen Disziplinen der Unterordnung, Gebrauchshundearbeit und Fährtenarbeit auszeichnet. Einige Boxer haben sich auch als Blindenführhunde bewährt. Die Pflege der Rasse ist

Gelber Boxer mit natürlichen, unkupierten Ohren, wie sie heute in den meisten Ländern gefordert werden.

einfach, ordentliche Fellpflege kann mit einem Minimum an Aufwand erfolgen.

ANPASSUNGSFÄHIGKEIT

Der Boxer vermag sich buchstäblich jeder Umwelt anzupassen, wenn er Gesellschaft hat. Boxer vertragen sich gut mit anderen Hunden und Kindern, können auch in der Stadt ein fröhliches Leben führen, vorausgesetzt, sie haben genügend Bewegung und sind ordentlich erzogen.

RASSEMERKMALE

Das Schlüsselwort im Boxerstandard lautet »Adel«, die Rasse sollte immer ein stolzes Erscheinungsbild zeigen. Besonders ausgeprägt ist der Kopf mit harmonischen Größenverhältnissen, einem kurzen kraftvollen Fang, breitem und kräftigem Unterkiefer, ausgeprägtem Stop und leicht gewölbtem Oberkopf. Sie schaffen das klassische Boxerprofil. Noch werden in einigen Ländern wie USA, Südamerika und Kanada die Ohren allgemein kupiert, in den meisten anderen Ländern ist Kupieren aber verboten. Die Ohren haben angemessene Größe, eher klein als groß, fühlen sich dünn an. Sie sind weit auseinander an der höchsten Stelle des Oberkopfs seitlich angesetzt, liegen in Ruhestellung den Backen an.

Die Backenmuskeln sollen den kräftigen Kiefern entsprechen, ohne jedoch hervorzutreten. Die Augen sind dunkel und ausdrucksstark. Elegante Halslinie, obere Linie kurz und fest, einschließlich Lendenpartie breit und stark bemuskelt. Kruppe leicht geneigt, flach gewölbt und breit. Gut gewinkelte Hinterhand, stark bemuskelt, wobei sich die Muskulatur plastisch unter dem Fell abzeichnet.

Brusttiefe bis zu den Ellenbogen reichend, untere Linie leicht aufgezogen. Rute hoch angesetzt. Das Kupieren von Ruten ist in einigen Ländern wie Dänemark, Norwegen und Schweden verboten. Bewegungsablauf lebhaft, raumgreifend kraftvoll. Starke Knochen, Pfoten klein, rund geschlossen. Der Boxer steht fest auf allen Läufen und präsentiert sich in natürlicher Haltung.

Boxerfarben gelb oder gestromt, mit oder ohne weiße Abzeichen, die heute so beliebt scheinen, daß sie sich im Ausstellungsring fast als obligatorisch erweisen.

Einfarbige Hunde ohne weiße Abzeichen trifft man vielfach in Deutschland und zentraleuropäischen Ländern an, wo sie auf Ausstellungen Spitzenplätze einnehmen. Bei gestromten Hunden müssen sich Grundfarbe und Streifen deutlich voneinander abheben.

Bei viel zu vielen Boxern gehen die Farben ineinander über, so daß der Hund nahezu schwarz wirkt. Solche Farben sind bei einigen Liebhabern zwar populär, aber nach dem Rassestandard nicht korrekt. Schulterhöhe 53-63 cm.

BRACCO ITALIANO

FCI-Gruppe 7, Standard Nr. 202
Italienischer Vorstehhund
Ursprungsland: Italien
Zucht 1994: D 6, GB 6

Den Bracco Italiano nennt man auch den italienischen Vorstehhund. Wenn die Historiker über die alten Vorstehhunde berichten, mit denen auf das Vogelwild gejagt wurde, sprechen sie von schweren spanischen Jagdhunden. Man nimmt an, daß der spanische Vorstehhund Perdiguero Burgos und die Bracco Italiano die Rassen sind, die jenen alten Vorstehhunden am ähnlichsten sind. Man glaubt, der Bracco Italiano sei aus Kreuzungen zwischen Molosser und Windhunden, die phoenizische Handelsleute aus Ägypten nach Italien gebracht hatten - etwa vor 2.000 Jahren - entstanden.

Der Bracco Italiano ist ein sehr guter Jagdhund, er arbeitet aber nicht wie die englischen Vorstehhunde, welche die Felder in schnellem Galopp absuchen. Der Bracco dagegen sucht in einem ausgedehnten, elastischen Trab, Nase hoch in den Wind gerichtet. Aber er steht in gleicher Weise vor. In Italien wird der Bracco Italiano ausschließlich als Jagdhund verwendet, aber sein spektakuläres Aussehen, angenehmes Wesen und seine augenfesselnden Bewegungen haben ihn auch in den Ausstellungsring geführt.

Widerristhöhe 55-67 cm, Körper mehr rechtwinklig als quadratisch. Im Bauchbereich kaum hochgezogen. Widerrist und Hüfte auf gleicher Ebene, die Rückenlinie aber geringfügig niedriger. Kopf ziemlich lang und schmal mit ausgeprägtem Hinterhauptbein, markiertem Stop und hängender Belefzung. Ohren lang, gefaltet und tief angesetzt. Oberkopf und Nasenrücken im Profil gesehen leicht voneinander abweichend. Haarkleid glatt und fein, erwünschte Farben weiß mit kleiner Fleckung oder Schimmelung von zitronenfarben bis tief orange, meist mit großen Flecken auf dem Rücken und immer an den Kopfseiten und Ohren. Schwarze Pigmentierung wäre ein disqualifizierender Fehler.

Bracco Italiano

BRAQUE DE L'ARIÈGE

Dieser französische Vorstehhund entstand im 20. Jahrhundert durch Kreuzung der Braque Saint Germain, der Braque Français und örtlichen Jagdhundeschlägen im Bereich Ariège in den Pyrenäen. Diese örtlichen Jagdhunde sollen Nachkommen aus Kreuzungen des Perdigueiro de Burgos und der Bracco Italiano gewesen sein. Die Braque de l'Ariège wird ausschließlich für die Jagd gebraucht, ist sehr selten geworden. Im Typ variiert sie zwischen schwereren und eleganteren, schnelleren Hunden.

Schulterhöhe 60-67 cm, Körper rechtwinklig, kräftig, kompakt mit tief angesetzter und kupierter Rute.

Kopf kraftvoll aber nicht schwer, Ohren hoch angesetzt, dreieckig, an der Wurzel ziemlich breit, aber nicht gefaltet.

Haarkleid glatt, Farbe weiß mit kleinen Tupfen und großen Flecken, entweder orange, leber-, oder kastanienfarben. Die Flecken seitlich des Kopfes und an den Ohren sollten geschlossene Farbflächen bilden.

FCI-Gruppe 6, Standard Nr. 177
Ursprungsland: Frankreich

Braque de l'Ariège

BRAQUE D'AUVERGNE

Dieser kräftige, substanzvolle Vorstehhund wurde im Gebirgsbereich der Auvergne, mitten in Süd-

Braque d'Auvergne

frankreich, entwickelt, daher sein Name. Der genaue Ursprung ist nicht bekannt, aber sicherlich ist die Rasse eng mit der Braque Français verwandt.

Schulterhöhe 55-63 cm. Körperbau quadratisch, kraftvoll und muskulös. Recht langer Kopf mit gut ausgeprägtem Stop. Lefzen gut entwickelt, pendelnd getragen, eine kleine Halswamme ist typisch. Die Ohren dieser Rasse sind lang, stehen in einer Linie mit den Augen. Rute etwas mehr als zur Hälfte kupiert.

Haarkleid kurz, glänzend, bevorzugt weiß mit schwarzer bis bläulicher Sprenkelung, dazu große schwarze Flecken. Kopf und Ohren immer schwarz, Fleckung darf gesprenkelt sein.

Außerhalb Frankreichs trifft man auf die Braque d'Auvergne selten, mit Ausnahme großer europäischer Hundeausstellungen.

FCI-Gruppe 7, Standard Nr. 180
Ursprungsland: Frankreich

BRAQUE DU BOURBONNAIS

Vor zweihundert Jahren war dieser Vorstehhund recht bekannt. Wenn man bedenkt, wie häufig die Rasse an Popularität gewann und verlor, hat sie sich sehr gut gehalten - insbesondere in ihrer Arbeitsfähigkeit. Widerristhöhe etwa 48-57 cm, quadratischer Körper, gut bemuskelt, mit kräftigen, starkknochigen Läufen.

Oberkopf breit und gewölbt, Ohren ziemlich hoch angesetzt, dreieckig, am Ansatz breit, nicht gefaltet. Neben der Farbe ist das charakteristischste Merkmal der Rasse seine natürliche, sehr kurze Stummelrute, die nicht kupiert ist.

Glatthaarig, immer weiß mit Sprenkelung, fast einer feinen Tüpfelung mit leberbraun oder rotbraun. Ohren immer einfarbig.

FCI-Gruppe 7,
Standard Nr. 179
Ursprungsland: Frankreich

Braque du Bourbonnais

BRAQUE DUPUY

Diese sehr alte und seltene Hunderasse ist besonders elegant und typisch.

In einigen Schriften wird die Braque Dupuy als nach der französischen Revolution nahezu ausgestorben bezeichnet.

Im 20. Jahrhundert wurde die Rasse kaum erwähnt. Nur wenige haben sie noch gesehen.

Die Widerristhöhe der Rasse liegt bei 65-69 cm. Sie soll sehr elegant wirken, steht hoch auf den Läufen, hat einen langen schmalen Kopf mit nur leichtem Stop und konvexem Nasenrücken.

Haarkleid glatt, Farbe weiß mit kleinen kastanienfarbenen oder leberfarbenen Tupfen, wenigen großen Flecken der gleichen Farbe.

FCI-Gruppe 7, Standard Nr. 178
Ursprungsland: Frankreich

Die Braque Dupuy, abgebildet aus einem Farbdruck 1890, ist heute sehr selten, wenn nicht ausgestorben.

BRAQUES FRANÇAISES

Diese original französischen Vorstehhunde gibt es seit dem 15. Jahrhundert. Leider ließen sich die Jäger durch Vorstehhunde anderer Länder faszinieren, Ende des 19. Jahrhunderts konnte man die alten Braques Françaises kaum noch finden.

Als man an den Neuaufbau ging, stellte man fest, daß bei ähnlichen Rassemerkmalen zwei Typen entstanden waren, beide im Süden Frankreichs. Den etwas größeren Vorstehhund fand man im Südwestbereich Gascogne, den kleineren rund um die Pyrenäen. Heute haben beide Varietäten als Vorstehhunde einen sehr guten Ruf, nehmen auch mit großem Erfolg an *Field Trials* teil. Sie spüren das Wild im Galopp oder Trab auf, arbeiten sehr gründlich.

Auf europäischen größeren Hundeausstellungen trifft man sie an, außerhalb Frankreichs blieben sie weitgehend unbekannt. Der Gascogne hat eine Schulterhöhe von 56-69 cm, sein Körper ist rechteckig, gute Winkelung von Vor- und Hinterhand. Oberkopf nahezu flach mit leicht markiertem Hinterhauptbein, Oberkopf etwas länger als Fang. Lefzen hängend getragen, so daß der Fang quadratisch wirkt. Eine gewisse Neigung zu loser Haut und Wammenbildung ist akzeptabel. Ohren gleich hoch angesetzt wie Augen, lang genug, um bis zur Nasenspitze zu reichen.

Braques Français Typ Pyrénées,
Standard Nr. 134

Das Fell des Gascogne ist kurz, am Körper in seiner Struktur etwas grob, an Kopf und Ohren fein und glatt. Farbe weiß mit leberbrauner Sprenkelung oder ein oder mehrere große braune Körperflecken. Beidseits des Kopfes und an den Ohren immer einfarbig braun.

Der Typ Pyrénées ist kleiner, Widerristhöhe etwa 47-58 cm. In den meisten Punkten mit Ausnahme der Größe sieht der Typ Pyrénées weitgehend ebenso aus wie der Gascogne, es gibt aber einige Unterschiede. Der Oberkopf ist etwas breiter, das Hinterhauptbein nicht ebenso ausgeprägt. Auch die Lefzen sollten nicht so tief hängen, daß der Fang quadratisch wirkt. Ohren höher angesetzt, sollten nicht bis zur Nasenspitze reichen.

In der Färbung sollten beide Typen gleich sein, aber der Typ Pyrénées ist gewöhnlich auf dem Körper stärker braun gesprenkelt.

Anerkannt: FCI, Gruppe 7

Braque Français Typ Gascogne, Standard Nr. 133

BRAQUE SAINT-GERMAIN

Die Braque Saint-Germain ähnelt stark dem English Pointer, was nicht überrascht, denn der Pointer geht in erster Linie auf diese französische Rasse und einige andere zurück. Die Zucht geht etwa auf die 1830er Jahre zurück.

Die Braque Saint-Germain ist ein sehr tüchtiger Vorstehhund, wird ausschließlich zur Jagd gehalten.

Schulterhöhe 50-62 cm. Trotz ihrer Ähnlichkeit zum Pointer hat die Braque Saint-Germain nicht den klassischen Pointerkopf, denn ihr Nasenspiegel verläuft konvex, sie hat nur einen leichten Stop.

Haarkleid glatt, fein und leuchtend. Farbe immer weiß mit wenigen leuchtend orangefarbenen Flecken.

Die Flecken seitlich des Kopfes und an den Ohren müssen immer orangefarben sein.

FCI-Gruppe 7, Standard Nr. 115
Ursprungsland: Frankreich

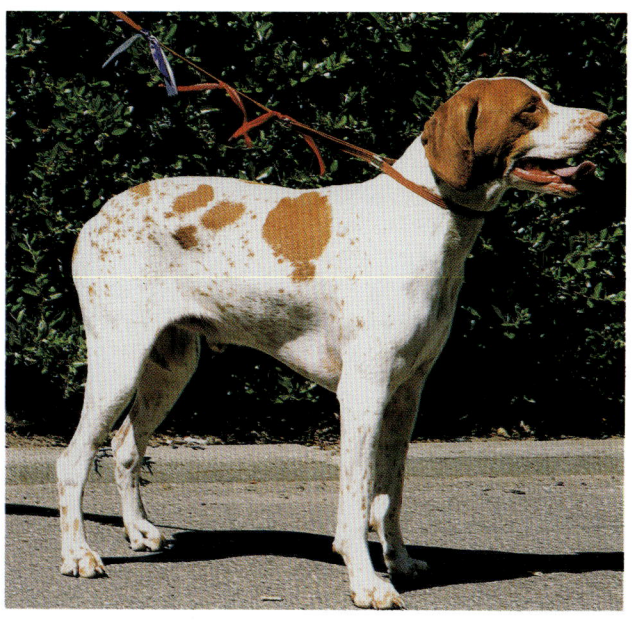

Braque Saint-Germain

BRIARD/BERGER DE BRIE

FCI-Gruppe 1, Standard Nr. 113
Ursprungsland: Frankreich
Zucht 1994: D 492, A 45, CH 48, GB 116,
USA 318

HERKUNFT UND RASSEGESCHICHTE

Man behauptet, die Geschichte des Briards lasse sich bis in die Tage von Kaiser Karl dem Großen zurückführen.

Die Rasse wird heute in erster Linie als Hütehund angesehen, es gibt aber über viele Generationen überlieferte französische Geschichten, die von Heldentaten, Heroismus und Mut berichten.

Die Vorfahren des Briards waren wahrscheinich rauhhaarige Schäferhunde, die von asiatischen Eindringlingen im Mittelalter auf ihren Kriegen mit nach Europa gebracht wurden.

Im Jahre 1863 gewann ein Briard namens *Charmante* die erste *Exposition de Paris*, besiegte alle gemeldeten Hütehunde. Vier Jahre später wurde der erste Rassestandard formuliert, 1909 gründete man in Frankreich den ersten Rassezuchtverein. In beiden Weltkriegen fand der Briard verbreitet Einsatz als Kriegshund.

Obgleich es in Englands *Dog World* eine Anzeige eines Pariser Briardzüchter aus dem Jahre 1937 gibt, finden wir keine schriftlichen Hinweise, daß die Rasse vor den 1960er Jahren nach England gekommen ist. Und dieses Zuchtmaterial kam über Irland ins Land.

In den Händen nur weniger Züchterpioniere erreichte der Briard in England nach und nach doch einige Popularität.

Die Arbeit dieser wenigen Züchterpioniere wurde besonders durch die Publizität begünstigt, welche die Familienbriards im Besitz der populären englischen Sängerin und Fernsehstar Cilla Black fanden.

In einigen Teilen Europas und in den USA wird die Rasse auch heute noch zweilen mit kupierten Ohren gezeigt.

Briard

WESEN

Der Briard ist ein Hund mit großem Herzen, seinem Besitzer gegenüber äußerst loyal und bereit, ihn mit seinem Leben zu verteidigen. Der Briard ist ein kluger, intelligenter Hund, fühlt sich auf eigenem Grund und Boden glücklich, hat wenig Wandertrieb.

Meist sind die Hunde Fremden gegenüber reserviert und ziemlich unabhängig. Wen sie aber einmal kennen, zu dem sind sie sehr liebevoll und treu. Aus vorstehenden Gründen ist der Briard aber für den Ersthundebesitzer nicht gerade ideal. Jedoch haben sich viele erfahrene Hundebesitzer, die das Wesen des Briards gut verstehen, voll dieser Rasse zugewandt.

GESUNDHEIT

Briards sind im allgemeinen eine robuste und problemfreie Rasse.

Allerdings tritt gelegentlich zentrale progressive Retinaatrophie auf, eine erbliche Augenerkrankung.

Verantwortungsbewußte Züchter arbeiten hart daran, nur Zuchtmaterial einzusetzen, das davon frei ist. Entsprechende Kontrollen werden durchgeführt. Es tritt auch Hüftgelenksdysplasie auf, aber auch hier bemühen sich die Züchter, das Zuchtmaterial sorgfältig zu überprüfen.

PFLEGE UND ERZIEHUNG

In vielen Bereichen erweist sich der Briard als außerordentlich leicht erziehbar. Diese Möglichkeiten sollte man nutzen! Für seine Gesundheit und Wohlbefinden sollte man sorgfältig auf Fellpflege achten, schnell verfilzt es stark, wenn man es nicht pflegt. Ein völliges Durchbürsten bis auf die Haut ist eine wichtige Pflegeroutine.

ANPASSUNGSFÄHIGKEIT

Der Briard schließt sich sozial engstens mit seiner Familie zusammen, entwickelt dabei starke Schutzinstinkte. Wenn man Körper und Geist genügend Übung und Bewegung gestattet, kann diese Rasse praktisch überall leben und gedeihen.

RASSEMERKMALE

Das Briardfell ist in seiner Struktur sehr trocken, lang und leicht gewellt, es hat eine feine und dichte Unterwolle.

Oberkopf und Fang sollten zwei gleiche Rechtecke bilden, jede Schwäche im Fangbereich wird als schwerer Fehler angesehen. In einigen Ländern werden die Ohren kupiert, dadurch aufrecht gestellt.

In Ländern mit Kupierverbot fallen die Ohren natürlich vorwärts nach unten und sind stark behaart. Die Nasenpartie sollte groß und quadratisch, immer schwarz sein.

Briardfarben sind falb, schwarz oder grau. Bei falben Hunden sind einzelne schwarze Haare zulässig, das Schwarz darf dabei aber nicht so stark auftreten, daß es den Eindruck von Abgrenzungslinien vermittelt - eine solche Zweifarbigkeit wird nicht akzeptiert.

Die Körperlänge ist etwas größer als die Widerristhöhe. Der Briard hat starke Knochen, ist gut bemuskelt. Gut gewinkelte Hinterhand, an der man doppelte Wolfskrallen als besonderes Merkal der Rasse antrifft.

Ein anderes geschätztes Rassemerkmal, das man leider heute immer weniger sieht, ist der Haken (*Crochet-Hook*) an der Rutenspitze, die immer etwa bis zum Sprunggelenk reichen sollte.

Der Bewegungsablauf des Briards ist mühelos, deckt viel Boden. Widerristhöhe 58-69 cm.

Der Briard muß in den meisten Ländern nach den Standardvorschriften unkupierte Ohren haben. Sie sollen gut behaart sein.

BRIQUET GRIFFON VENDÉEN

An der Westküste Frankreichs, in der Region Vendée, ist die Heimat von vier rauhhaarigen Laufhunderassen.

Diese vier Vendéenrassen sind schon sehr alt, entstanden alle aus der größten und seltensten von ihnen, dem *Grand Griffon Vendéen*. Schon in den gallierrömischen Zeiten waren große, rauhhaarige Laufhunde bekannt. Einer der Vorfahren dieser Vendéenhunde war der *Gris de St. Luis*, von dem man annimmt, daß er auf jene frühen gallierrömischen Hunde zurückgeht. Dieser St. Luis Hund wurde mit Laufhunden aus Poitou gekreuzt. Poitou ist ein Teil der Region Vendée, und man nimmt an, daß auch der Poitou eine der Vorfahren

des Grand Griffon Vendéen ist. Nach der französischen Revolution war die Rasse nahezu verschwunden, aber einige wenige Züchter pflegten sie weiter. Schließlich wurde 1907 ein eigener Zuchtclub aufgebaut, eine Wende erzielt.

Dies alles sind zotthaarige Laufhunde, in vielen Punkten einander ähnlich, mit Ausnahme der Länge ihrer Läufe. Die mittelgroße Rasse ist der *Briquet*, dieses Wort beschreibt die gleichen Eigenschaften wie das englische Wort *cobby*, nämlich quadratisch, kompakt gebaut.

Das französische Wort *griffon* wird bei allen zotthaarigen oder drahthaarigen Rassen verwendet.

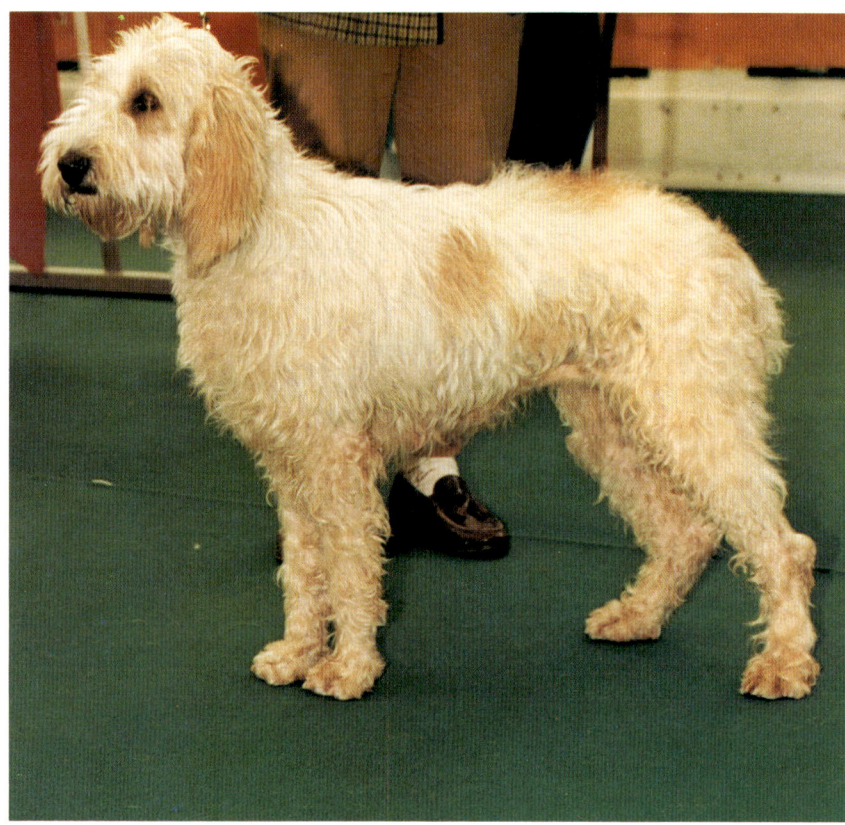

Der Briquet arbeitet in kleinen Meuten, jeweils immer nur zwei bis drei Paare. In Frankreich ist er noch relativ populär, man trifft ihn auf Ausstellungen in größeren Meldezahlen.

Die Vendéenlaufhunde sind als robuste, gut aufgebaute Jagdhunde bekannt. Leider weiß man von ihnen, daß sie sehr unabhängige Hunde sind, recht unruhig, sehr gierig, das Wild zu verfolgen und zu töten. Diese Eigenschaften haben, gemeinsam mit ihrer weniger schön klingenden Stimme als andere französische Hounds, wohl dazu beigetragen, ihren Ruf als Spitzenjagdhunde etwas schwerer auszubauen.

Widerristhöhe 48-55 cm, Farbe falb in jeder Variation, weiß mit grauen, orangen oder schwarzen Flecken oder dreifarbig.

FCI-Gruppe 6, Standard Nr. 019
Ursprungsland: Frankreich

Briquet Griffon Vendéen

B R O H O L M E R

Diese dänische doggenartige Rasse war früher allgemein bekannt. Ende des 19. Jahrhunderts glaubte man, die Rasse gerettet zu haben, nach dem Zweiten Weltkrieg schien sie endgültig ausgestorben.

Im Jahre 1974 machte sich der Dänische Kennel Club daran, sie neu aufzubauen. 1982 erlaubte die Fédération Cynologique International ihre Eintragung als anerkannte Hunderasse.

Widerristhöhe für Rüden über 75 cm, für Hündinnen über 70 cm. Körperbau rechteckig, mit typischem doggenartigen Bau.

Kopf groß und kraftvoll, breiter Oberkopf und Nasenrücken, im Profil gesehen parallel liegend, nur leichter Stop.

Fang nicht zu lang, herunterhängende Lefzen. Wamme gut entwickelt.

Haarkleid des Broholmers kurz, aber von rauher Struktur.

Farbe von hell- bis dunkelgelb mit schwarzer Maske, auch schwarz ist zugelassen.

FCI-Guppe 2, Standard 315,
Ursprungsland: Dänemark

Broholmer

B U L L D O G

FCI-Gruppe 2, Standard Nr. 149
Ursprungsland: Great Britain
Zucht 1994: D 112, A 7, CH 52, GB 2.038,
USA 11.357

HERKUNFT UND RASSEGESCHICHTE

Die Wurzeln des Bulldogs sind tief in englischer Erde verankert. In der ganzen Welt gilt diese Hunderasse als Symbol für Beharrlichkeit wie von Entschlossenheit und Zuverlässigkeit. Diese Eigenschaften sind echte Merkmale des Bulldogs, zweifellos ein Erbe der langen Rassegeschichte.

Über Jahrhunderte wird der Bulldog im Schrifttum erwähnt, allerdings nicht immer unter seinem heutigen Namen. Zu den ersten für die Rasse gebrauchten Namen gehört *Bandogge*. Dieser Begriff wurde 1576 von Dr. Caius - Leibarzt von Königin Elizabeth I - benutzt, dann 1586 von William Harrison in *Description of England*. Dieser Begriff wurde damals deshalb gewählt, weil

Bulldog

diese Hunde in der Regel mit *Bonds* gehalten wurden, nach Harrison's eigenen Worten: »Tagsüber wurden sie an Ketten und starken Bändern gehalten, damit sie niemanden verletzten. Dies ist ein riesiger Hund, dickköpfig, häßlich, eifrig, mit einem schweren Körper - und deshalb geringer Schnelligkeit. Ein Hund schrecklich und furchterregend anzusehen, oft sehr bösartig, schlimmer als irgendein archaischer oder korsischer Köter.«

In *King Henry VI, Act 1* erwähnt Shakespeare die Rasse: »Zur Nacht, wenn die Eulen kreischen, *Bandogges* heulen, Seelen wandern und Geister aus ihren Gräbern auferstehen«.

Auch Shakespeares Freund Ben Jonson erwähnt in seinem Stück *The Silent Woman*, 1609 erstmals aufgeführt, sowohl *Bulldogs* wie *Beardogs*. Es wird allgemein angenommen, daß dies das früheste Dokument über den heutigen Rassename sei.

Über die Jahre wurde der Bulldog aus einer Vielfalt von Gründen gehalten, als Hund des Metzgers zur Kontrolle ungestümer Ochsen, als Wachhund, als Jagdhund.

Die verbreitetste und sicherlich abstoßendste Aufgabe, welche dieser Rasse zugewiesen war, der die Rasse auch ihrem Bekanntheitsgrad verdankt, war der sogenannte »Sport« des Tierkampfs (Baiting). Unter *bait* verstand man ursprünglich das »Bändigen eines Tieres«. Als Gegner dieser Tierkämpfe dienten Bären, Bullen, Pferde, Affen und Löwen.

Der »Sport« bestand darin, ausgebildete Hunde auf diese Tiere zu hetzen, sie sollten sie überwältigen.

Beim sogenannten *Bullbaiting* war es Aufgabe des Bulldogs, die fleischige Nasenpartie des Bullen zu packen, ihn damit auf den Boden zu zwingen (»pin«).

Eine außerordentlich gefährliche Aufgabe, viele Hunde übten sie erfolgreich aus, auf den Ausgang der Kämpfe wurden stets hohe Wetten abgeschlossen.

Bereits Anfang des 13. Jahrhunderts wurde in England das *Bullbaiting* populär, zweihundert Jahre zuvor wurde bereits das *Bearbaiting* eingeführt.

Ende des 13. Jahrhunderts gab es in den meisten englischen Städten einen eigenen *Bull Ring*. Die Stadt Tutbury in Staffordshire war über fünf Jahrhunderte für ihre Tierkämpfe berühmt, erst der Duke of Devonshire beendete 1778 diese Grausamkeiten.

Natürlich werden diese Tierkämpfe heute übereinstimmend als grausame, inhumane Freizeitbelustigung angesehen.

Trotzdem ist es wichtig zu wissen, daß viele der Merkmale des Bulldogs, die von ihren Anhängern so bewundert werden, Ergebnis einer

Zucht sind, bei der man versuchte, Hunde für Tierkämpfe - also nicht für einen Ausstellungsring - zu züchten. Kurzer Fang und breiter Unterkiefer waren notwendig, um dem Hund einen schraubstockartigen Griff zu ermöglichen. Hatte er beim ersten Angriff sich nicht fest verbissen, hatte er selten eine zweite Chance.

Man züchtete beim Bulldog eine weit zurückliegende Nase, damit er immer noch frei atmen konnte, während er sich in die fleischerne Nase des Bullen verbissen hatte. Sehr viel des Äußeren des heutigen Bulldogs spiegelt noch die Aufgaben, für die er ursprünglich gezüchtet wurde.

Aber genauso ausgeprägt haben sich seine wesensmäßigen Eigenschaften erhalten, nicht zuletzt sein stoischer Gleichmut.

Ende des 19. Jahrhunderts wurde der Bulldog aber auch in der ganzen Welt zu einem beliebten Ausstellungshund. Dies gilt besonders für alle englischsprachigen Länder.

Schon ab Beginn des Ausstellungswesens hatte hier der Bulldog in den USA wie Kanada seinen festen Platz. Auch in Australien, Neuseeland und Südafrika fand nach der Jahrhundertwende der Bulldog viele Anhänger, dies gilt auch für viele andere Länder.

WESEN

Zurecht kann man sagen, daß es den Züchtern dieser Rasse gelungen ist, die positiven Wesensmerkmale zu erhalten, dabei das Aggressionsverhalten weitgehend zurückzudrängen.

Heute ist der Bulldog wahrhaftig ein idealer Familienhund. Er liebt menschliche Gesellschaft und seine Eignung als Spielgefährte der Kinder ist weltweit anerkannt.

Diese Rasse ist bestimmt nicht laut, dennoch warnt sie im allgemeinen rechtzeitig, wenn sich ein Fremder annähert.

Und das äußere Erscheinungsbild des Bulldogs reicht in aller Regel völlig aus, um jedem Eindringling den Mut zu nehmen.

Diese Rasse ist mehr als fähig, ihren Mann zu stehen, wenn sich eine gefährliche Situation ergibt. Aber sie ist gegenüber anderen Hunden kein Unruhestifter und wird sich in aller Regel einfach zurückziehen, wenn sie belästigt wird.

GESUNDHEIT

Dem Bulldog werden häufig viel mehr gesundheitliche Probleme angedichtet als wirklich vorhanden sind. Natürlich kann niemand sagen, die Rasse habe keine Gesundheitsprobleme, sie sind aber nicht so verbreitet, wie viele annehmen. Hitzeempfindlichkeit gehört zu den Hauptproblemen dieser Rasse.

Wie bei allen brachyzephalischen (kurzköpfigen) Hunden kann bei extrem heißen oder feuchten Wetter die Einschränkung der Atemwege Probleme mit sich bringen. Aber mit etwas gesundem Menschenverstand lassen sich Schwierigkeiten vermeiden, und die meisten Bulldogs genießen nach entsprechender Akklimatisation geradezu ein Bad in der Sonne.

Bulldogs unterliegen ziemlich stark Juckreiz, insbesondere bei heißem Wetter, deshalb sollte man bei irgendwelchen Anzeichen von Hautreizung tierärztlichen Rat einholen.

Zugegeben werden muß, daß ein übergroßer Prozentsatz an Bulldogwelpen nur durch Kaiserschnitt geboren wird.

PFLEGE UND ERZIEHUNG

Für einen Erziehungsfanatiker ist der Bulldog mit Sicherheit nicht die richtige Rasse. Er hat einen viel zu eigenwilligen Charakter, um aufs Wort, ohne es sich zu überlegen, Kommandos auszuführen. Der Rasse hängt der Ruf an, sie sei etwas langsam im Denken, was aber außerordentlich unfair ist. Man bedenke, sie sind nicht langsam, sondern sie denken wirklich.

Die meisten Bulldogs fahren lieber mit dem Auto, als daß sie spazierengehen. Von frühester Jugend an sollte man sie an die Leine gewöhnen, später könnte es sonst zu Schwierigkeiten führen.

Die einzige rassespezifische Vorsorge besteht im Pudern aller Gesichtsfalten und Runzeln, ebenso unter der Rute, insbesondere bei heißem Wetter, denn diese Körperbereiche werden leicht feucht, sind besonders empfindlich gegen Infektionen.

ANPASSUNGSFÄHIGKEIT

Kaum zu glauben, aber der Bulldog gehört zu den anpassungsfähigsten Hunderassen, seine Anforderungen an die äußeren Lebensumstände sind gar nicht so groß. Natürlich genießt er die Bequemlichkeiten des häuslichen Lebens, möchte aber nicht sehr viel mehr.

Der Bulldog braucht eigentlich nur wenig Platz, paßt sich durchaus einem Leben in einem Appartement an.

Gelegentlich liebt er einen Spaziergang im Park, aber lebt ebenso gerne in einem großen Haus mit Garten.

Die erste Priorität des Bulldogs ist, daß jemand ihn umsorgt, daß er immer menschliche Gesellschaft hat.

RASSEMERKMALE

Nach dem Rassestandard beträgt in England das Idealgewicht des Rüden 25 kg, Hündinnen 23 kg - in USA liegt das Idealgewicht von Rüden bei 23 kg, Hündinnen bei 18 kg. Fest steht, daß im allgemeinen wesentlich schwerere Bulldogs von Richtern nach vorne gestellt werden.

Der Kopf des Bulldogs ist besonders wichtig, etwa die Hälfte des Rassestandards befaßt sich mit den richtigen Kopfproportionen.

Kurzer Fang mit gut zurückliegender Nase gehören zu den wichtigsten Merkmalen, ebenso breiter vorbeißender Kiefer, der so wesentlich zum einmaligen, viel bewunderten Kopftyp beiträgt.

Die Augen sind dunkel, breit auseinanderstehend, ausgeprägter Stop. Oberkopf mit Furche vom Stop bis zum Hinterhauptbein.

Die Bulldogfront ist das zweite Rassencharakteristikum, die Schultern wirken an dem tiefen Brustkorb wie angeheftet, vermitteln den Eindruck von Kraft und Stabilität - wichtig, die Knochen der Vorderläufe sind kräftig und gerade.

Der leicht gewölbte Hals ist eher kurz als lang, geht in die nach oben gebogene Rückenlinie (»Roach Back«) über, ein weiteres wichtiges Rassemerkmal. Rute tief angesetzt, nach unten getragen.

Der englische Standard verlangt eine gerade Rute, der amerikanische duldet auch eine Korkenzieherrute. Bauchlinie aufgezogen, starke Rippenwölbung, tiefer Brustkorb. Bewegungsablauf schwer und gebunden.

Der Gang folgt mit kurzen, schnellen Schritten auf den Zehenspitzen, wobei die Hinterläufe dicht über den Boden gleiten. Beim Galopp wird immer die eine oder andere Schulter nach vorne gestellt. Die Bewegung wird als rollend charakterisiert.

Haarkleid kurz und gerade, alle Farben zulässig mit Ausnahme von schwarz und schwarz-lohfarben. Leberfarbene (Dudley) Nase disqualifiziert in den USA, ist in England und bei der FCI höchst unerwünscht.

Der Bulldogkopf gehört zu den wichtigsten Rassemerkmalen, nahezu der halbe Rassestandard beschreibt die einzelnen Anforderungen.

BULLMASTIFF

FCI-Gruppe 2, Standard Nr. 157
Ursprungsland: Great Britain
Zucht 1994: D 136, A 14, CH 29, GB 1.574,
USA 2.333

HERKUNFT UND RASSEGESCHICHTE

Der Bullmastiff ist eine verhältnismäßig junge
Hunderasse, sie wurde erst Ende des 19. Jahrhunderts durch Kreuzungen zwischen Mastiff (60 %)
und Bulldog (40 %) geschaffen. Auf großen Län-
dereien in England waren Wilddiebe zu einer Plage für die Wildhüter geworden, und dieser kräftige, bewegliche Hund sollte dem Jagdschutz ein
kompetenter Helfer sein. Die Aufgabe des Hundes
bestand darin, den Wilddieb herankommen zu las-
len, ihn anzuspringen, umzuwerfen und festzuhalten, nicht zu verletzen. Für diese Aufgabe strebte
man die gestromte Farbe an, da sie nachts den
Hund schlechter erkennen läßt. Mit wachsender
Popularität und Festigung des Typs wurden die
falbfarbenen Bullmastiffs mit dunkler Maske immer beliebter. Bis zum Jahre 1924 war die Rasse
so weit durchgezüchtet, daß sie in England offiziell anerkannt wurde. Der American Kennel Club
folgte im Jahre 1933.

WESEN

Der Bullmastiff ist ein furchtloser, loyaler und lie-
benswerter Hund. Für Haus und Hof ein vorzüglicher Wächter, für seine Menschen ein freundliches und anpassungsfähiges Familienmitglied.

Bullmastiff

GESUNDHEIT

Wie in den meisten großen Rassen tritt auch hier Hüftgelenksdysplasie auf. Magenumdrehungen und Krebserkrankungen gehören zu den häufigsten Ursachen eines vorzeitigen Todes. Weiterhin wird das Auftreten von Ekzemen, Haarausfall und Dermatitis berichtet.

PFLEGE UND ERZIEHUNG

Das kurze Haarkleid des Bullmastiffs läßt sich leicht pflegen, paßt sich bemerkenswert klimatischen Verhältnissen an. Man sollte sich bewußt sein, daß die eindrucksvolle Gestalt und Kraft der Rasse ihrer Aufgabe dient.

Bullmastiffs sind zugänglich, lassen sich gut erziehen. Es ist aber immer die Aufgabe ihrer Besitzer, ihre Fähigkeiten voll zu entwickeln.

ANPASSUNGSFÄHIGKEIT

Der Bullmastiff hat auf seinem Weg vom Schutzhund des Wildhüters zum erstklassigen Familienmitglied und Wachhund seine Anpassungsfähigkeit unter Beweis gestellt. Obwohl in der Regel ein eigenes Haus und etwas Garten ringsum zu empfehlen sind, kann ein Hundebesitzer auch als Bewohner eines Appartements einen Bullmastiff zufriedenstellend halten, vorausgesetzt er sorgt für genügend Auslauf.

RASSEMERKMALE

Der Bullmastiff ist ein kraftvoller Hund, muskulös, gut ausbalanciert, quadratisch geformt. Schulterhöhe Rüden 63,5-68,5 cm, Hündinnen 61-66 cm; Gewicht Rüden 50-59 kg, Hündinnen 41-50 kg. Substanzvolle Knochen von guter Stärke, gut entwickelte Muskulatur, kurzes dichtes Haarkleid.

Farben rot, falb oder gestromt, dunkle Maske bevorzugt. Der ausdrucksstarke Kopf ist für die Rasse charakteristisch. Proportion Fang zu Oberkopf eins zu drei. Mittelgroße, dunkle Augen, v-förmige Ohren, breit und hoch angesetzt, eng an den stark ausgeprägten Wangen anliegend. Beim aufmerksamen Hund bilden sich auf dem großen Oberkopf Falten. Nase breit und schwarz, Gebißstellung Zange oder leichter Vorbiß bevorzugt. Gute Winkelung von Vor- und Hinterhand. Die mittelgroßen Pfoten müssen rund und dick sein, die Rute hoch angesetzt, an der Wurzel kräftig, sich zur Spitze verjüngend. Das Bild des Bullmastiffs vereint aktive Kraft und Symmetrie, sein freies, ausgreifendes Gangwerk verstärkt den Eindruck von Stärke und Beweglichkeit. Dies ist eine völlig naturbelassene Hunderasse, in der weder Ohren noch Rute noch sonst etwas verändert werden muß.

Der Bullmastiff ist durch seinen ausdrucksstarken Kopf charakterisiert.

BULL TERRIER

FCI-Gruppe 3, Standard Nr. 011
Ursprungsland: Great Britain
Zucht 1994: D 501, A 57, CH 4, GB 1.917,
USA 1.200

HERKUNFT UND RASSEGESCHICHTE

Der Bull Terrier kann keine Ahnenreihe für sich in Anspruch nehmen, die wie bei den Windhunden über mehrere Jahrhunderte rasserein zurückführt. Erst in der ersten Hälfte des 19. Jahrhunderts begannen Liebhaber, den alten English Bulldog mit Terriern zu kreuzen. Ziel war ein leichterer, beweglicherer Hund, der sich sowohl zur Raubzeugbekämpfung wie für den Zweikampf in der Pit eignete. Mitte des 19. Jahrhunderts war dieser *Bull and Terrier* weitgehend bekannt, es gab aber bedeutende Unterschiede in Anatomie wie Gewicht. Der Bull Terrier wurde im Typ vereinheitlicht, als Schöpfer der Rasse wird weltweit heute James Hinks aus Birmingham anerkannt.

Bis zum heutigen Tage gibt es keine Größen- oder Gewichtsgrenze in der Rasse. Allgemein gesagt wiegen Ausstellungsrüden heute etwa 25-32 kg, Hündinnen 20-27 kg. Bereits vor der Jahrhundertwende wurde das breite Gewichtsspektrum

Bull Terrier

abgeändert, ein *Miniature Bull Terrier* offiziell als separate Rasse anerkannt. Sein Größenlimit beträgt 36 cm.

Im Laufe der Jahre wurde auch der farbige Bull Terrier anerkannt. Er entstand Anfang des 20. Jahrhunderts durch Einkreuzungen farbiger Staffordshire Bull Terrier. In den meisten Ländern der Welt einschließlich England konkurrieren Bull Terrier aller Farbschläge gegeneinander. Nur in den USA bestehen hier noch Probleme. Nach den Regeln des American Kennel Club werden Farbige und Weiße - selbst wenn sie aus dem gleichen Wurf stammen - noch heute als separate Rassen ausgestellt.

WESEN

Bull Terrier sind im allgemeinen sehr freundliche und wesensstarke Hunde, durchaus bereit zur Unterordnung. Sie scheinen über einen geradezu umwerfenden Sinn für Humor zu verfügen. Es sind fröhliche Hunde, allerdings in ihrem Wesen ziemlich dominant, dabei verbunden mit einem beträchtlichen Körpergewicht. Da sie sowohl in ihrem Willen wie in ihrer Muskulatur kraftvoll sind, sind sie möglicherweise für ältere oder unerfahrene Hundebesitzer nicht die allerbeste Wahl. Wie die meisten Terrierrassen haben sie vor praktisch keinem Gegner großen Respekt. Dies bedeutet, daß wenn sie einmal in einen Kampf verwickelt werden, sie in aller Regel nicht die ersten sind, die aufgeben.

GESUNDHEIT

Jede Hunderasse hat ihre eigenen Gesundheitsprobleme, Bull Terrier sind besonders hautempfindlich. Diese Hunde gedeihen nicht in Kälte und Feuchtigkeit, sie brauchen auch ein weiches Lager, um keine Liegeschwielen zu entwickeln. Bei weißen Bull Terriern tritt in sehr seltenen Fällen von Geburt an Taubheit auf. Es gibt auch neuere Forschungen, um erbliche Herzerkrankungen und in einzelnen Linien liegende Nierenprobleme zu bekämpfen. Abgesehen hiervon ist der Bull Terrier im allgemeinen eine gesunde Rasse, seine mittlere Lebenserwartung liegt bei etwa acht bis zehn Jahren.

PFLEGE UND ERZIEHUNG

Bull Terrier Welpen sollten so früh wie möglich mit Menschen, Hunden und anderen Tieren sozialisiert werden. Der Hundebesitzer muß dafür sorgen, daß jede Dominanz rechtzeitig unterbunden

wird. Bull Terrier sind nicht sehr leicht zu erziehen, denn sie haben ihren eigenen Willen, aber eine vernünftige Grundausbildung sollte keine Probleme bereiten. Es gibt auch Bull Terrier, die im Gebrauchshundesport wie insbesondere auch im Rettungshundewesen beachtliche Leistungen erbrachten.

ANPASSUNGSFÄHIGKEIT

Bull Terrier passen sich nahezu jedem persönlichen Lebensstil an. Es sind Hunde mit vorzüglichem Charakter, besonders gut mit Kindern. Am liebsten genießen sie ein bequemes Leben. Sie brauchen so viel Bewegung wie möglich, leben aber auch zufrieden, wenn sie den größten Teil ihrer Zeit Zuhause verbringen müssen, vorausgesetzt, sie haben menschliche Gesellschaft. Bull Terrier haben ein dünnes Haarkleid, lieben Wärme und Bequemlichkeit.

RASSEMERKMALE

Beim Bull Terrier gibt es keinerlei Standardvorschriften über Widerristhöhe oder Gewicht, gefordert wird ein kräftig und muskulös aufgebauter Hund. Dieser Hund sollte immer den Eindruck vermitteln, daß er für die Größe des Hundes über ein Maximum an Substanz verfügt, im Einklang mit Geschlecht und guter Anatomie. Sein Kopf ist einzigartig, von vorne gesehen sollte er eiförmig und völlig ausgefüllt wirken. Augen dunkel, ziemlich klein, dreieckig geformt. Natürliches Stehohr. Der Standard verlangt ein komplettes Scherengebiß, aber Spitzensieger hatten in dieser Hinsicht sowohl hinsichtlich Gebißstellung wie Vollständigkeit der Zähne einige Mängel. Gerade die aus der Rasse kommende Spezialrichter haben sich in dieser Frage ziemlich tolerant gezeigt. Hals kräftig bemuskelt, lang und geschwungen, gut gewinkelte Schultern, muskulös, aber ohne überladen zu wirken. Vorderläufe kräftig, starke Knochen, fester Vordermittelfuß, völlig parallel stehend. Pfoten rund, kompakt, Katzenpfoten. Körper gut gerundet, ausgeprägte Rippenwölbung, gute Brusttiefe, kurzer Rücken. Rute tief angesetzt, kurz, horizontal getragen. Hinterläufe gut bemuskelt und gewinkelt. In der Bewegung wie im Stand Hinterläufe völlig parallel. In der Bewegung frei und leicht, bodendeckend in der für die Rasse typischen munteren Art. Weiße Hunde reinweiß, Abzeichen am Kopf erlaubt. Bei farbigen Bull Terriern muß die Farbe immer überwiegen. Grundfarben weiß, falb, rot, gestromt, dreifarbig. Blau oder Leberfarben äußerst unerwünscht.

CA DE BESTIAR

Der Ursprung dieser spanischen Rasse, die man in erster Linie auf den balearischen Inseln antrifft,

Ca de Bestiar

liegt weitgehend im Dunkeln. Einige behaupten, sie sei sehr alt, andere, sie sei im 19. Jahrhundert aus verschiedenen Rassen auf der Insel Mallorca entstanden.

Diese Rasse wird in erster Linie auf den Farmen als Wachhund zum Schutz von Eigentum und Vieh eingesetzt. Dabei war die Arbeit immer viel wichtiger als das Aussehen. Wesensmäßig sind die Hunde Fremden gegenüber reserviert, auf Bedrohung zeigen sie Angst. Diese sehr robuste Rasse kann auch bei extremer Hitze arbeiten.

Widerristhöhe der Rasse 62-73 cm. Körper rechteckig, ziemlich hoch auf den Läufen. Kopfform dreieckig, Ohren und Rute bleiben unkupiert. Haarkleid entweder kurz und glatt oder lang (etwa 7 cm) und leicht gewellt. Farbe immer schwarz, etwas weiß an Brust und Pfoten erlaubt.

FCI-Gruppe 1, Standard Nr. 321
Ursprungsland: Spanien

CAIRN TERRIER

FCI-Gruppe 3, Standard Nr. 004
Ursprungsland: Great Britain
Zucht 1994: D 881, A 53, CH 193, GB 2.831,
USA 4.653

HERKUNFT UND RASSEGESCHICHTE

Eine ganze Anzahl von Illustrationen, die bis ins 15. Jahrhundert zurückreichen, portraitieren kleine, rauhhaarige Terrier, die dem heutigen Cairn Terrier sehr ähneln. So um 1790 traf man in den Highlands of Scotland kleine Terrier, man nannte sie *Short Haired or Little Skye Terriers*. Wahrscheinlich waren diese kleinen Hunde das Ergebnis von Kreuzungen zwischen dem alten *White Terrier* und dem alten *Black and Tan Terrier*, letzterer gilt ohnedies als Vater aller Terrier Rassen. Obgleich man diese Hunde im gesamten Gebiet schon seit Jahrhunderten auf Farmen und kleinen Gehöften kennt, kamen diese Terrier erst in den ersten Jahren des 20. Jahrhunderts auf Hundeausstellungen. Und erst zu diesem Zeitpunkt er-

hielten sie ihren Namen *Cairn Terrier*. Dieser lehnt sich an die Landschaft an, in der sie auf Fuchs, Otter und Dachs zur Jagd zogen.

Die weißen Hunde der alten Rassen wurden die Vorfahren des *West Highland White Terrier*. Cairn Terrier und Westie haben soviel miteinander gemeinsam, daß erst 1924 der Englische Kennel Club die allgemeine Praxis untersagte, Westies mit weißen Cairn Terriern zu kreuzen. Natürlich wurde der Cairn ursprünglich als rauhbeiniger und mutiger kleiner Jagdterrier gezüchtet, trotzdem wurde er dann aber in England wie Nordamerika einer der beliebtesten Familienhunde. Es ist interessant, daß der Cairn Terrier auf der weltberühmten Montgomery County All-Terrier Show in Pennsylvania, immer im Oktober abgehalten, häufig die höchste Meldezahl erzielt.

WESEN

Der Cairn ist ein wunderbarer Familienhund. Man darf aber nie übersehen, daß er von seiner Herkunft als *Sporting Terrier* ein außerordentlich ak-

161

tiver, beharrlicher und immer einsatzbereiter Hund ist. Sein Terriererbe macht ihn zum idealen Einzelhund im Haus, er ist auch mit Kindern sehr freundlich.

GESUNDHEIT

Der Cairn ist ein recht robuster, tapferer kleiner Terrier. Mit gesundem Menschenverstand läßt er sich sehr gut aufziehen. Es gibt aber in der Rasse einige erbliche Gesundheitsprobleme, darunter be-sonders die Patellaluxation. Am besten kauft man immer bei einem Züchter von gutem Ruf, der sein Zuchtmaterial in aller Regel durch Röntgenunter-suchungen auf erbliche Krankheiten überprüft hat. Auch die Hinterläufe haben eine Schwachstelle, in der Rasse tritt die Pertesdisease auf, eine Nekrose des Femurkopfes. Sie führt zu Lahmheiten, kann durch Röntgenuntersuchung identifiziert werden. Beim Cairn und anderen Terriern findet man zu-weilen auch den sogenannten *Löwenkiefer* (*Lion jaw*). Dies ist eine Mißbildung des Unterkiefers,

Cairn Terrier

beim Junghund im Alter von drei bis vier Monaten erkennbar. Dabei hat der Hund beim Fressen Schwierigkeiten durch Öffnen und Schließen des Fangs.

PFLEGE UND ERZIEHUNG

Das rauhe Haarkleid ist für einen Cairn typisch, deshalb sollte er nie mit der Schere (Ausnahme Pfoten) getrimmt werden, sondern ausschließlich mit Finger und Daumen. Dies ist weniger schwierig als daß es Zeit erfordert. Bei guter wöchentlicher Pflege sieht der Cairn immer ordentlich aus. Natürlich sollte man auch wöchentlich Zähne und Krallen überprüfen. Der Junghund wird von frühester Jugend ans Krallenschneiden gewöhnt, so daß er dies später auch akzeptiert. Häufiges Baden schadet der Härte des Haarkleids. Regelmäßiges Bürsten und Kämmen, danach Abreiben mit einem feuchten Tuch, sind alles, was für das Haarkleid auf Körper und Kopf erforderlich ist. Möglicherweise reinigt man Bauchunterseite und Läufe mit einem Schwamm, trocknet sie danach ab.

ANPASSUNGSFÄHIGKEIT

So klein, daß er in jedes Appartement paßt, so robust, daß er sich überall auch auf dem freien Land durchzusetzen vermag, fühlt sich der Cairn überall Zuhause, wo er Freund und Familienmitglied sein darf. Man muß darauf achten, daß er sich nicht aus dem Auslauf oder Garten gräbt, man denke

daran, die Rasse wurde ursprünglich für die Jagd unter der Erde gezüchtet, hat nichts verlernt.

RASSEMERKMALE

Der Cairn Terrier Rüde sollte bis 6 kg, die Hündin ein Pfund weniger wiegen. Für sein äußeres Erscheinungsbild muß das Haarkleid zottig wirken, es besteht aus hartem, längeren Deckhaar (etwa 5 cm) und üppiger, weicher Unterwolle. Die Rasse hat steil aufgerichtete Ohren, die immer frei von langem Haar gehalten werden müssen, so daß man ihre Form richtig sehen kann. Die Hunde haben kleine, intelligente, ziemlich dunkle Augen, große kräftige Zähne mit Scheren- oder Zangengebiß.

Der Cairn ist etwas länger als hoch, hat eine gerade obere Linie, eine unkupierte Rute, die fröhlich, aber nicht über den Rücken gezogen getragen wird. Vorderläufe gerade, die Vorderpfoten dürfen ganz leicht nach außen gestellt sein. Hinterläufe gut gewinkelt, guter Schub aus der Hinterhand. Oberkopf groß, Fangpartie nicht länger als Oberkopf; der ganze Kopf wird von hartem Deckhaar umrahmt, wodurch die Hunde den typischen Ausdruck gewinnen.

Cairns gibt es in einer Vielfalt von Farben, vom Welpen zum Erwachsenen verändert sich die Farbe meist drastisch. Erwünscht sind cremefarben bis tief rot, gestromt, hellgrau bis nahezu völlig schwarz. Die einzige verbotene Farbe ist weiß.

CANAAN DOG

Manchmal wird behauptet, der Canaan Dog sei ein freilebender Pariahhund des Mittleren Ostens. Dies ist eine Verwechslung mit den Mischlingen und Bastarden, die man im Mittleren Osten findet.

Der Canaan Dog ist ein eigener Hundetyp, der seit vorbiblischen Zeiten in der Wüste überlebt hat. Aufgrund alter Gemälde und Felszeichnungen erscheint es sehr wahrscheinlich, daß ein Hund ähnlicher Gestalt schon vor zweitausend oder mehr Jahren domestiziert und für verschiedene Aufgaben eingesetzt wurde.

In den 1930er Jahren begannen die Israelis, diese Hunde zu redomestizieren, entdeckten insbesondere ihre Qualitäten als Wachhunde, setzten sie ein, um die ersten jüdischen Ansiedlungen zu

schützen. Ein eigenes Zuchtprogramm wurde aufgebaut, wann immer möglich neues, freilebendes Zuchtmaterial einbezogen.

Auch heute wird diese Politik weiter verfolgt. Allerdings gibt es dabei immer wachsende Schwierigkeiten, auch ein striktes Programm der Tollwutbekämpfung durchzuführen. Tollwut und die sich immer weiter verbreitende Zivilisation haben dazu geführt, daß der echte, wilde Canaan Dog außerordentlich selten geworden ist.

Jahrhunderte natürlicher Selektion unter härtesten Wüstenbedingungen haben ein außerordentlich lebensfähiges, nahezu krankheitsfreies Tier von hoher Intelligenz geschaffen. Besonders scharf entwickelt sind Gehör, Auge und Geruchs-

Canaan Dog

sinn. Diese Hunde sind angenehme Begleiter, ihrer Familie gegenüber sehr loyal und liebevoll. Mittelgroß, Widerristhöhe 50-60 cm, für ihre Größe bemerkenswert kräftig und außerordentlich beweglich.

Doppeltes Haarkleid von mittlerer Länge in allen Schattierungen der Wüstenfarben mit weißen Abzeichen, auch schwarzweiß.

Obwohl diese Rasse vor fast dreißig Jahren bereits nach Amerika und Kanada eingeführt wurde, sich dort gut etabliert hat, ist sie in England und den meisten europäischen Ländern sehr selten.

Auf Crufts 1995 wurden aufgrund der kleinen Anzahl zwar keine eigenen Klassen eingerichtet, sie konkurrierten dort vielmehr in der Klasse »Any Variety Utility Not Separately Classified«.

FCI-Gruppe 5, Standard Nr. 273,
Ursprungsland:Mittlerer Osten

CANADIAN ESKIMO DOG

HERKUNFT UND RASSEGESCHICHTE

Die Eskimos züchteten diese Hunde aus einer Hunderasse der Ureinwohner namens *Qimmig*. Diese Rasse ist eng mit der Thule Kultur verbunden. Sie stammt aus den Küstengebieten Nordamerikas, ihrer Kraft und Ausdauer nach ist sie zwischen Malamute und Siberian Husky liegend eine vorzügliche Rasse.

Die heutige Zuchtbasis kanadischer Eskimohunde beruht in erster Linie auf durch die *Eskimo Dog Research Foundation* im Nordwestterritorium aufgebautem Zuchtmaterial. Ausgangsbasis waren Hunde, die von den Eskimos der Insel Baffin und den Halbinseln Boothia und Melville stammen. Dieser Eskimohund wurde wie so viele andere nordische Rassen vor allem als Zugtier entwickelt, ebenso als Jagdhund auf große Tiere wie Bär und Seehund. Er war das einzige domestizierte größere Tier, das dem rauhen nordischen Klima, Schnee, tiefsten Temperaturen und härtester Arbeit widerstehen konnte. Diese Rasse ist in ihrer Heimat ein vorzüglicher Arbeitshund.

WESEN

Wenn man ihr Wesen beurteilt, sollte man sich immer Ursprung und Aufgabe der Rasse vor Augen halten. Die heutigen Züchter betonen, wie liebevoll und gehorsam ihre Hunde sind, erkennen aber genauso an, daß sie sicherlich nicht für alle Hundefreunde und Haltungsverhältnisse geeignet

Canadian Eskimo Dog

sind. Dies ist eine Hunderasse, die geradezu begeistert auf jeden Anreiz reagiert, sei es Futter, Spiel, Arbeit oder Kampf.

GESUNDHEIT

Diese Hunderasse ist von wichtigen Gesundheitsproblemen relativ frei, man muß aber wissen, daß die Zucht, wie sie in Kanada wieder aufgebaut wurde, auf einem relativ kleinen Genpool beruht. Ihre Züchter sollten sorgfältig darauf achten, bei auftretenden Problemen sofort gegenzusteuern.

ANPASSUNGSFÄHIGKEIT

Eine Rasse, deren Überleben von Kraft, Unabhängigkeit und Meuteverhalten abhängig ist, eignet sich natürlich am besten für ein Zuhause, wo sie genügend Auslauf und Kontrolle findet. Obgleich ursprünglich ein Schlittenhund, der mit einem Minimum an Ernährung schwere Ladungen über lange Strecken bewegte, paßt der Canadian Eskimo Dog heute auch in den Ausstellungsring, wobei ihm seine natürliche Neugierde hilft. Angeborene Intelligenz und unabhängiges Wesen machen diese Hunde zu einer interessanten Aufgabe für Unterordnungserziehung.

RASSEMERKMALE

In seinem Gesamtbild ähnelt der Canadian Eskimo Dog anderen nordischen Hunden. Er ist kraftvoll aufgebaut, von mäßiger Größe; Läufe von mittlerer Länge vermitteln den Eindruck, daß diese Rasse nicht für Schlittenhunderennen, sondern für harte, substanzvolle Arbeit gezüchtet wurde. Sein keilförmiger Kopf und Stehohren sind typisch für die Familie der nordischen Hunde. Das schräg eingesetzte Auge bewirkt einen sehr ernsthaften Gesichtsausdruck.

Das Haarkleid besteht aus dichter Unterwolle mit dicken, geraden Deckhaaren. Die Rüden entwickeln um Hals und Schultern eine Mähne, die den Eindruck von Kraft noch unterstreicht.

Canadian Eskimo Dogs gibt es in einer Vielfalt von Farben und Mustern, keine bestimmte Farbe wird bevorzugt.

Keine Anerkennung durch FCI
Anerkennung nur durch Canadian Kennel Club

CÃO DE CASTRO LABOREIRO

Diese Rasse ist die am wenigsten bekannte von Portugals Hütehunden. Sie hat den Ruf eines sehr verläßlichen Wachhundes, kündigt Besucher mit eindrucksvollem Bellen an.

Cão de Castro Laboreiro

Die Herkunft der Rasse ist nicht geklärt, aber dieser Typ Arbeitshund ist im Gebiet der Castro Laboreiro seit Jahrhunderten bekannt. Obgleich die Rasse außerhalb Portugals unbekannt ist, trifft man sie auf örtlichen Hundeausstellungen im Ursprungsland an.

Der Körper des Cão de Castro Laboreiro sollte klar rechteckig sein, starke Rippenwölbung und breiter Rücken.

Widerristhöhe etwa 52-60 cm. Kopf recht kraftvoll mit breitem Oberkopf, Ohren und Rute naturbelassen.

Das Haarkleid liegt dicht an, ist etwa 5 cm lang und von rauher Struktur.

Farbe in der Regel dunkel gestromt, fast schwarz, auch alle Schattierungen von wolfsgrau zulässig.

FCI-Gruppe 2, Standard Nr. 170,
Ursprungsland: Portugal

CÃO DE AGUA

FCI-Gruppe 8, Standard Nr. 037
Portuguese Water Dog
Ursprungsland: Portugal
Zucht 1994: CH 21, GB 22, USA 792

HERKUNFT UND RASSEGESCHICHTE

Eine sehr alte Hunderasse, die von der Provinz Algarve in Portugal stammt. Der Cao de Agua war über Jahrhunderte der Helfer der Fischer. Zuhause am Wasser waren seine Einsatzmöglichkeiten mannigfaltig. Sie halfen, die Netze auszusetzen, Fischschwärme zusammenzuhalten, Botschaften zwischen den Booten zu befördern, nach aus den Netzen gesprungenen Fischen zu tauchen.

1983 wurde die Rasse vom American Kennel Club in der *Working Group* anerkannt. Auch der englische Kennel Club führt die Rasse in dieser Gruppe. Die einzigartige Löwenschur dieser Hunde wird in alten Büchern schon um 1500 beschrieben.

WESEN

Dies ist eine alte Arbeitshunderasse, sie hat auch gute Veranlagung zum Wachhund. Wenn man eine eigene Schutzfunktion nicht wünscht, sollte man bereits ab einem Alter von zehn Wochen die Hunde so erziehen, daß sie alle Fremden freundlich begrüßen, Abwehrreaktionen sollten unterbunden werden. Die Rasse kann aber sehr freundlich sein.

In der Familie sind die Hunde sehr angenehm, verhalten sich Kindern gegenüber sehr gut, wenn beide gemeinsam aufwachsen, man die Kinder richtig mit Hunden umzugehen gelehrt hat. Der Cão de Agua liebt Wasser und Apportieren, er ist ein intelligenter und williger Konkurrent bei allen Unterordnungswettbewerben.

Cão de Agua in Arbeitsschur

GESUNDHEIT

Als Erbkrankheiten treten progressive Retinaatrophie auf, Stoffwechselerkrankungen, Welpen, die ohne ein lebenswichtiges Enzym geboren werden, dadurch früh sterben, Hüftgelenksdysplasie und eine Hauterkrankung, die zu frühem Haarverlust führt. Mit Ausnahme der letzten Krankheit lassen sich alle anderen durch Bluttest, Röntgen oder Augenprüfung früh diagnostizieren. Man sollte die Welpen von verläßlichen Züchtern kaufen, denen an Gesundheit und Wohlergehen der Rasse liegt. Diese legen Kaufinteressenten gerne entsprechende Gesundheitszeugnisse vor.

Man muß die Ohren laufend überwachen, denn es kommt zu Ohrreizungen, wenn der Wasserhund seinem Lieblingssport, dem Schwimmen, nachgeht, Wasser in die Ohren eindringt. Auch Nagelpflege ist erforderlich, obgleich die Pfote groß und gespreizt ist, Zwischenzehenhaut auftritt, was die Wasserarbeit erleichtert.

PFLEGE UND ERZIEHUNG

Der Cão de Agua ist ein aktiver Hund, braucht genügend Auslauf in sicher eingefriedetem Grundstück oder auf langen Spaziergängen. Er liebt das Schwimmen mit seinem Besitzer, ist auch für Erziehung zur Unterordnung empfänglich. Das Fell muß häufig gebürstet werden, um es frei von Verfilzungen und Matten zu halten.

ANPASSUNGSFÄHIGKEIT

Der Cão de Agua ist in der Regel ein ruhiger Hund, der nur bellt, wenn es seine Aufgabe als Wachhund erforderlich macht. Er paßt sich in dem persönlichen Lebensstil an, möchte aber immer Mitglied der Familie sein.

RASSEMERKMALE

Den Cão de Agua gibt es in verschiedenen Farben und Haartypen, getrimmt wird er zum recht eleganten Gefährten. Er hat eine schöne Kopfhaltung, gute obere Linie und trägt seine natürliche Rute mit dem Pompon am Ende fröhlich.

Die Rasse ist auf mäßige Größe ausgerichtet, etwa 43-58 cm Widerristhöhe, insgesamt recht robust. Körper mit guter Substanz, mit festen und elastischen Muskeln. Körperlänge etwas mehr als Schulterhöhe, für die Körpergröße ein starker Kopf.

Das Fell haart nicht, ein Vorteil für alle jene, die an Allergieproblemen leiden. Alle Farben in Braun oder Schwarz, mit oder ohne weiße Abzeichen.

Das Haar wird getrimmt, entweder im typischen »Liontrim«, wobei Gesicht und das hintere Körperdrittel rasiert werden, der Rest des Haarkleids lang bleibt oder der Trimmstil für den Arbeitsretriever, wobei eine Art kurze Haardecke den gesamten Hund bedeckt. In beiden Fällen wird die Rute vom Ansatz an rasiert, am Ende bleibt der *Pompon*.

Es gibt zwei Haartypen, das gelockte, härtere, dichtere und vollere Haarkleid, das gewellte, was in der Berührung weniger hart ist, weiche Wellen bildet und bei dem die einzelnen Haare einen schimmernden Glanz aufweisen.

Cão de Agua in Löwenschur

CÃO DE FILA DE SÃO MIGUEL

Cão de Fila de São Miguel

Dieser portugiesische Treiberhund stammt von den Azoren Inseln im Atlantik.

Der Cão de Fila de São Miguel soll als Rasse schon sehr alt sein, von Rassen abstammen, die früher auf der iberischen Halbinsel bekannt waren.

Erst Mitte 1995 wurde die Rasse von der FCI anerkannt. Man sagt dieser Rasse nach, daß sie ein robuster Arbeitshund sei. Sie ist auch als scharfer und instinktsicherer Wachhund anerkannt.

Widerristhöhe des Cão de Fila de São Miguel 48-60 cm. Kompakter Körperbau, ähnelt einem schweren, etwas groben Boxer, aber ohne verkürzten Fang. In Spanien werden Rute wie Ohren kupiert.

Das Haarkleid soll kurz sein, Farbe gestromt, möglichst ohne weiße Abzeichen.

FCI-Gruppe 1, vorläufige Anerkennung 1995
Ursprungsland: Portugal

CÃO DA SERRA DE AIRES

Dieser portugiesische Schäferhund soll mit den pyrenäischen und katalanischen Schäferhunden eng verwandt sein. Sicherlich ist es wahr, daß es derartige alte Schäferhunde-Typen in vielen europäischen Ländern gibt.

Dies ist eine robuste Hunderasse, die auch Rinder hütet. Gerade in jüngeren Jahren hat die Rasse einen guten Ruf als Familienhund gewonnen. Man trifft sie ab und zu auf großen europäischen Hundeausstellungen an.

Der Cão da Serra de Aires ist als anhänglicher, loyaler, gehorsamer und sehr wachsamer Hund bekannt. Alle diese Merkmale gehören zum typischen Wesensbild eines Schäferhundes.

Widerristhöhe etwa 40-48 cm. Körper rechteckig, kräftig und muskulös.

Kopf breit, mit gut ausgeprägtem Stop und Hinterhauptbein. Ohren meist naturbelassen. Rute lang mit leichtem Bogen an der Rutenspitze.

Haarkleid ziemlich lang, zottig am Kopf, mit ausgeprägten Augenbrauen und Bart.

Farbe, jede Schattierung von falb, gelb, braun, grau oder schwarzlohfarben.

Cão da Serra de Aires

FCI-Gruppe 1, Standard Nr. 093
Ursprungsland: Portugal

CÃO DA SERRA DA ESTRELA

Die Rasse stammt aus dem Norden Portugals, sie trägt den Namen der Region, in der sie entstand. Man nimmt an, ihre Urahnen seien in erster Linie die alten römischen Molosser. In Portugal arbeiten sie als Herdenschutzhunde für Schafe und Ziegen.

Trotz des Mollossererbes ist der Estrela kein Hund mit sehr massiven Knochen, er sollte eher beweglich als schwer sein. Seinem Herrn gegenüber ist er außerordentlich loyal. Ein intelligenter und sehr mutiger Hund, der aber extrem eigenwillig sein kann.

Der Kopf ist lang und mächtig, Fang und Oberkopf von gleicher Länge. Oberkopf leicht aufgewölbt, Hinterhauptbein erkennbar. Der Fang verjüngt sich zwar, darf aber nie schmal oder spitz wirken. Nase und Augenlider schwarz, Gaumen gleichfalls stark schwarz pigmentiert. Augen bernsteinfarben, oval geschnitten. Augenwülste deutlich entwickelt, Ohren klein, dreieckig und an der Spitze abgerundet.

Der Estrela hat einen kurzen Rücken, hohen Widerrist und gute Rippenwölbung. Rüden Widerristhöhe 65-72 cm, Hündinnen 62-68,5 cm. Unter dem Hals bildet sich besonders bei Rüden oft eine dicke Haarschicht, eine Art Schutzmechanismus gegen angreifende Wölfe.

Die Rasse sollte sich im Trab frei und ausgreifend bewegen. Es gibt zwei Haartypen mit längerem oder kurzem Haar, jeweils mit Unterwolle. Farben falb, gestromt oder wolfsgrau. Schwarzer Fang ist immer sehr erwünscht.

FCI-Gruppe 2, Standard Nr. 173
Ursprungsland: Portugal

Cão da Serra da Estrela

CATAHOULA LEOPARD DOG

Der Ursprung des Catahoula ist in zahlreichen Legenden verborgen. Einige spekulieren, er sei ein Nachkomme von molosserähnlichen Kriegshunden. Hernando de Soto habe die Rasse in den Südosten der Vereinigten Staaten gebracht, sie dort grausam auf die Indianer gehetzt und später der Obhut seiner Opfer überlassen. Offensichtlich wurde auch Jagdhundeblut eingekreuzt, da dieser Hund gut auf der Fährte arbeitet. Catahoula Parish, das der Rasse den Namen gegeben hat, liegt im Nordosten von Louisiana.

Der Catahoula ist als *Schweinehund (Hog Dog)* bekannt geworden. Die Bevölkerung in diesem Gebiet ließ Schweine wild in den Lorbeerwäldern weiden. Beim jährlichen Zusammentreiben waren diese Schweine kaum wieder einzufangen. Der Catahoula erwies sich bei dieser Aufgabe als ausserordentlich hilfreich.

Ein einzelnes Schwein wurde von einem Hund ausgesucht, zum Kampf herausgefordert. Wenn die angegriffene Sau laut wurde, liefen die anderen Schweine herbei, um ihr zu helfen. Jetzt gab der Catahoula Fersengeld, rannte direkt in einen vorbereiteten Schweinepferch, führte erfolgreich die Schweine in die Falle und entkam mit einem großen Sprung über den hinteren Zaun aus dem Gatter. Moderne Catahoulas arbeiten heute mit Rindern wie Schweinen.

Aggressivität ist bei der Arbeit mit diesen Tieren eine Notwendigkeit. Der Catahoula ist aber auch durchaus in der Lage, Wild mit der Nase aufzuspüren und zu jagen.

Im Jahre 1979 wurde der Catahoula zum Staatshund Louisianas ernannt. Ein sehr eigenwilliger Herdenhund, entstanden nach einem Gesetz, daß nur die Tüchtigsten überleben. Er hat einen starken eigenen Willen. Widerristhöhe 50-65 cm, Gewicht 18-22 kg. Kurzes, dichtes Haarkleid, Farben entweder merle oder schwarz-lohfarben.

Die Rasse ist weder von FCI, KC noch AKC anerkannt.

Catahoula Leopard Dog

CAVALIER KING CHARLES SPANIEL

FCI-Gruppe 9, Standard Nr. 136
Ursprungsland: Great Britain
Zucht 1994: D 598, A 84, CH 99, GB 13.772

HERKUNFT UND RASSEGESCHICHTE

Es ist ganz unmöglich, die Herkunft dieses außerordentlich populären Cavalier King Charles Spaniels darzustellen, ohne den *King Charles Spaniel* zu erwähnen. Und damit ist man sofort mit der alten Frage konfrontiert, wer war zuerst da, »das Huhn oder das Ei«. King Charles Spaniel des einen oder anderen Typs gab es in England seit dem 16. Jahrhundert, sie entstammen von einer Vielfalt jagdlich eingesetzter Spaniels, bei denen zuweilen auch kleine Exemplare in den Würfen lagen. Diese wurden ihrer Seltenheit wegen aufgezogen, dann geplant untereinander gekreuzt, um *Toy Spaniels* hervorzubringen. In jener alten Zeit war die Rasse vorwiegend durch ihre Spanielahnen geprägt. Erst viel später begannen die Züchter der *Toy Spaniels* ihre Zucht auf eine ausgefallenere Kopfform zu konzentrieren, mit grosser Oberkopfwölbung und flachem Gesicht. Ob dies durch planmäßige Zucht innerhalb der Rasse oder Einkreuzung orientalischer Zwergrassen erfolgte, beispielsweise des Mopses, ist unklar. Je-

denfalls fand der neue Typ viel Interesse, und die Züchter versuchten, ihn weiter zu festigten.

Ihren Namen verdankt die Rasse King Charles II, der eine große Anzahl von *Toy Spaniels* hielt. Sein Tagebuchschreiber Samuel Pepys berichtet, der König habe viel mehr Zeit für das Spielen mit seinen Hunden verbracht, als sich um Staatsangelegenheiten zu kümmern.

Die Rasse wurde von der Aristokratie sehr geschätzt. Bereits Anfang des 19. Jahrhunderts wurde durch die Marlborough Familie in Blenheim Palace eine Linie kleiner, rotweißer Spaniels gezüchtet. Trotz ihres besonderen Rufs als Gesellschaftshunde der Ladys, sagt man diesen Hunden nach, daß sie sich auch draußen in der freien Natur völlig auf sich selbst gestellt, durchaus zu helfen wußten. Jedenfalls wurde der King Charles Spaniel in dieser Zeit eine Rasse mit immer mehr Übertreibungen, begann sich mehr und mehr vom ursprünglichen Typ des *Toy Spaniels* zu entfernen, wie man diesen auf vielen Gemälden der angesehenen alten Meister sehen kann.

Als nach dem Ersten Weltkrieg das Ausstellungswesen wieder begann, hatte der einzige Typ des King Charles Spaniels im Ring einen völlig flachgesichtigen Apfelkopf entwickelt. Bei einem Besuch in England war der wohlhabende Amerikaner Roswell Eldridge von diesen Hunden außer-

Blenheim Cavalier
King Charles Spaniel

ordentlich enttäuscht. Er konnte nicht mehr die Hunde kaufen, die denen auf den Gemälden der Künstler Steen, Metsu und Gainsborough ähnelten. Im Jahre 1926 stiftete er einen Spezialpreis von 25 Pfund (in jenen Tagen eine geradezu königliche Stiftung) für den besten *Blenheim King Charles Spaniel alten Typs*. Dieser Preis wurde über fünf Jahre ausgeschrieben. Meldungen zu diesem Spezialpreis wurden von den Fanatikern der Rasse mit Spott und Hohn bedacht.

Es sei dahingestellt, ob rein aus kommerziellen Interessen oder Überzeugung - es entstand immer mehr Begeisterung, Hunde zu züchten, die um den generösen Preis von Mr. Eldridge in Wettbewerb treten konnten. In den Jahren 1928, 1929 und 1930 gewann diesen Preis ein Rüde namens *Ann's Son*. Er wiederum wurde das Modell für einen neuen Rassestandard, den man jetzt für den »Cavalier King Charles Spaniel« aufstellte.

Im Jahre 1945 gewährte der Englische Kennel Club den Cavaliers eigene Eintragung, bereits im Jahre darauf wurden erste Challenge Certificates vergeben. Der erste Rassechampion Daywell Roger stammte aus einer Hündin, die von Ann's Son mit einer eigenen Tochter gezeugt wurde. Auch die erste Hündin, die ein CC gewann, war eine Enkelin von Ann's Son. Seit dieser Zeit haben die Cavalier King Charles Spaniels gigantische Popularität gewonnen, den King Charles mühelos überholt. Heute ist der Cavalier ein erstklassiger Ausstellungshund über die ganze Welt, von handlicher Größe, angenehmem Wesen, ein geradezu

perfekter Schoßhund.

Über viele Jahre war der Cavalier auch in den Vereinigten Staaten sehr populär, Spezialausstellungen brachten geradezu gigantische Meldezahlen. Aber der alte Cavalier King Charles Club Amerikas hat lang und hart darum gekämpft, der Rasse die Anerkennung durch den American Kennel Club zu verwehren. Erst zum 1. Januar 1996 wird die Rasse in den Vereinigten Staaten in den normalen Ausstellungswettbewerb eintreten.

WESEN

Diese Rasse ist der geborene Familien- und Schoßhund. Noch immer Nachkomme jagdlich geführter Spaniels, liebt er alle Aktivitäten sehr. Sein Wesen ist freundlich und liebevoll, Aggression oder Nervosität sind für ihn absolut atypisch. Der Cavalier freut sich über alles und jedes, kann zu gewissen Zeiten allerdings auch ziemlich laut werden.

GESUNDHEIT

Im großen und ganzen ist die Rasse gesund und robust, keine wichtigen Erbkrankheiten. In einigen Blutlinien wird von Herzstörungen berichtet. Mit religiösem Eifer überwachen die Züchter diese Erkrankung, von den Rassezuchtklubs übereinstimmend unterstützt. Manchmal treten auch Patellaluxation, ebenso Augenerkrankungen wie Retinadysplasie und erblicher Star auf.

Cavalier King Charles Spaniel gibt es in vier Farben. Von links nach rechts: Blenheim, Black-and-tan, Tricolor und Ruby.

PFLEGE UND ERZIEHUNG

Die Rasse ist sehr leicht zu unterhalten und zu erziehen. Das Haarkleid kann mit einer wöchentlichen Pflegesitzung in Topform gebracht werden, wobei man besonders auf die Ohren achten sollte. Unterordnungsübungen werden von den Hunden gern ausgeführt.

ANPASSUNGSFÄHIGKEIT

Cavaliers gedeihen besonders in häuslichem Umfeld, können aber auch notfalls in Gruppen in Zwingern leben. Als Rasse stellen sie wenig Anforderungen, solange als sie von Menschen oder Hunden sehr viel soziale Gesellschaft haben. Unter diesen Voraussetzungen passen sie sich allen Verhältnissen an.

RASSEMERKMALE

Der Cavalier ist ein Toyspaniel, darf als solcher nie schwer oder grob sein. Er sollte elegant und aktiv wirken, aufgeschlossenes Wesen haben, sich frei und fröhlich bewegen.

Sein Kopf ist wichtig, sollte zwischen den Ohren nahezu flach sein, ohne jegliche Aufwölbung. Stop flach, Fang verschmälert sich, ohne geschnürt zu wirken, sollte mäßig gut ausgepolstert sein. Augen groß, dunkel, rund, aber nicht hervortretend, breit auseinander eingesetzt. Ohren lang, stark befedert und recht hoch angesetzt. Der Ausdruck des Cavaliers zeigt Liebenswürdigkeit und Qualität.

Körperbau des Cavaliers quadratisch mit gerader oberer Linie, gute Rippenwölbung und Hinterhand mit guter Winkelung. Mäßig starke Knochen, der Hund darf weder plump noch schlank wirken. Rute gerade und leicht nach oben getragen, aber nicht über den Rücken gerollt. Besonders bei Rüden ist zu fröhliche Rutenhaltung ein Problem.

Die Rasse gibt es in vier Farben, Schwarzlohfarben, Ruby, Tricolor und Blenheim. Unter Blenheimfarbe versteht man ein reiches Kastanienrot auf perlweißem Untergrund. Gerade beim Blenheim wird eine rote Rautenbildung, zentral durch weiße Gesichtsblesse getrennt, besonders geschätzt, ist ein Rassemerkmal. Sowohl Dreifarbige wie Blenheims sollten in ihrer Körperfarbe genügend weiße Unterbrechung zeigen. Idealgewicht des Cavaliers 5,4-8 kg. Zum Ausreifen braucht der Cavalier Zeit, und eine interessante Eigenschaft der Rasse besteht darin, daß sie noch bis zu achtzehn Monaten in den Knochen etwas zu wachsen scheint. Auch Junghunde, die im Alter von zwölf Monaten noch leicht vorbeißen, haben am Schluß zuweilen ein korrektes Scherengebiß.

CESKOSLOVENSKY VLCÁK
TSCHECHOSLOWAKISCHER WOLFSHUND

Dieser Wolfhybride entstand in erster Linie durch Kreuzungen Deutscher Schäferhunde mit Wölfen, die nach dem Zweiten Weltkrieg durchgeführt wurden.

Der Tschechoslowakische Wolfshund ist etwas stärker im Körperbau, sonst nahezu identisch mit dem Wolfhybriden, dem holländischen Saarloos Wolfhond.

Angeblich hat sich die Rasse als Schäferhund bewährt. Schulterhöhe etwa 65 cm.

Im Aussehen ähnelt der Tschechoslowakische Wolfshund dem nordischen Wolf, sollte aber einen breiteren Kopf, substanzvolleren Körper und stärkere Knochen haben. Die Farbe ist wolfsfarben.

FCI-Gruppe 1, Standard Nr. 332
Ursprungsland: Tschechoslowakei

Tschechoslowakischer Wolfshund

CESKY TERRIER

FCI-Gruppe 3, Standard Nr. 246
Tschechischer Terrier
Ursprungsland: Tschechische Republik
Zucht 1994: D 39, GB 12

Der Cesky Terrier wurde nach dem Zweiten Welt-krieg von dem tschechischen Genetiker Frantisek Horak geschaffen. Horak war ein leidenschaftli-cher Jäger, hatte bereits vor dem Krieg Scottish Terrier gezüchtet. 1949 begann er mit seiner Zucht, kreuzte Scottish Terrier mit Sealyham Ter-rier. Sein Ziel war ein Jagdterrier, der im Körper-bau leichter als die Ausgangsrassen war, aber mit der selben Begeisterung unter der Erde jagte. Über zehn Jahre setzte er sein Zuchtprogramm fort, ehe er sich um eine Anerkennung der neuen Rasse be-mühte. 1963 sah man die neue Rasse als soweit gefestigt an, daß sie anerkannt wurde und ihren Rassenamen erhielt. Die neue Rasse fand viel Interesse, aber während der 1970er Jahre gab es ein Exportverbot der früheren tschechoslowaki-schen Regierung. Außerhalb ihres Ursprungslan-des wird die Rasse in erster Linie als Familien-hund gehalten, man trifft sie auf den meisten Aus-stellungen in den europäischen Ländern, aller-dings nur in kleiner Anzahl

Der Cesky Terrier hat eine Widerristhöhe von 27-35 cm. Er steht tief auf den Läufen, hat einen rechtwinkligen Körperbau und langen Hals. Der Kopf sollte kraftvoll und ziemlich lang sein, er hat Hängeohren, die nicht zu tief angesetzt und abge-rundet sein sollen. Das Haarkleid sollte dick und weich sein, einen leichten Seidenglanz haben. In der Regel wird es getrimmt. Farben graublau oder hellbraun, mit oder ohne gelbe, graue oder weiße Schattierungen am Kopf. Die Welpen werden schwarz geboren, mit oder ohne tan, oder tiefle-berbraun, wiederum mit oder ohne tan. Weiß ist um den Hals und an der Rutenspitze gestattet.

Cesky Terrier

CESKY FOUSEK

Dieser tschechische Jagdhund ähnelt sehr dem Deutsch Drahthaar. Selbst Rassekenner brauchen einige Erfahrung und Wissen, um diese zwei Rassen zu unterscheiden.

Tatsächlich wurde der Deutsch Drahthaar nach dem Zweiten Weltkrieg eingesetzt, um diese Rasse wieder aufzubauen.

Der Cesky Fousek ist eine Griffonrasse, ausschließlich für jagdliche Aufgaben. Man trifft ihn selten außerhalb der früheren Tschechoslowakei, beispielsweise Zucht 1994 in Österreich 6 Hunde.

Widerristhöhe 58-66 cm. Haarkleid drahtig, ungefähr 4-7 cm lang mit dicker Unterwolle. Farbe leberbraun, mit oder ohne Fleckung oder grössere braune Platten.

FCI-Gruppe 7, Standard Nr. 245,
Ursprungsland: Tschechische Republik

Cesky Fousek, Tschechischer Stichelhaar

CHART POLSKI

Dieser polnische Windhund ähnelt sehr dem Greyhound, wird als eine sehr alte Rasse angesehen.

Nach polnischen Quellen glaubt man, daß schon vor mehreren Jahrhunderten der Adel des Landes diese Hunde zur Hasenjagd einsetzte. Die Fédération Cynologique Internationale jedoch erkannte diese Rasse erst 1992 an, außerhalb Polens ist sie noch immer sehr selten.

Widerristhöhe 68-80 cm. Trotz ihrer großen Ähnlichkeit mit dem Greyhound ist die Rasse in ihrer Anatomie nicht so extrem rennhundtypisch (racy).

Der Kopf ist lang, fast ohne Stop, nach Möglichkeit mit leicht nach unten gebogener Nase (Roman Nose).

Haarkleid glatt, in der Struktur hart, mit Unterwolle. Alle Farben zulässig.

FCI-Gruppe 10, Standard Nr. 333,
Ursprungsland: Polen

Chart Polski

CHIEN D'ARTOIS

Dieser sehr alte französische Laufhund stammt aus Artois, der Region Pas-de-Calais. Er ist schwerer gebaut, ähnelt mehr Foxhound und Harrier als die meisten französischen Laufhunde.

Schon im 15. Jahrhundert war diese Rasse be-

Chien d'Artois

kannt, wurde vierhundert Jahre später vor dem Aussterben gerettet. Sowohl nach dem Ersten wie nach dem Zweiten Weltkrieg galt die Rasse als ausgestorben, sie scheint aber doch zum Überleben bestimmt. Anfang der 1970er Jahre fand man mehrere Koppeln des alten Typs, heute arbeiten nahe der Somme schon ziemlich große Meuten als Laufhunde.

1977 wurde ein neuer Rassestandard aufgestellt und angenommen. Wenn man denkt, wie viele französische Rassen noch heute als vorzügliche Meutehunde arbeiten, ist es recht erstaunlich, daß die Wiederbelebung des Chien d'Artois vor wenigen Jahren soviel Aufmerksamkeit fand.

Widerristhöhe 52-58 cm. Der Chien d'Artois hat einen breiten, ziemlich kurzen Kopf, zwischen den Ohren breit, Ohren ziemlich hoch angesetzt, fast ohne Falten und flach anliegend.

Farbe weiß mit recht großen Flecken, lohfarben und schwarz. Kopf und Ohren sollten lohfarben sein.

FCI-Gruppe 6, Standard Nr. 028,
Ursprungsland: Frankreich

CHIHUAHUA

FCI-Gruppe 9, Standard Nr. 218
Ursprungsland: Mexiko
Zucht 1994: D 1.063, A 166, CH 156, GB 2.454,
USA 32.705

HERKUNFT UND RASSEGESCHICHTE

Über die Herkunft dieser winzigen Hunderasse gibt es zahlreiche Theorien. Einige glauben, die Chinesen, die sich besonders Zwerglebensformen annahmen, hätten diese Rasse geschaffen. Diese Theorie besagt, daß spanische Händler, die von China nach Mexiko reisten, die Rasse auf den amerikanischen Kontinent gebracht haben. Es werden auch Kreuzungen mit kleinen, im Lande lebenden Hunden vermutet. Andere Fachleute glauben, daß die Rasse von den Azteken, den Ureinwohnern Mexikos, stammt, wieder andere behaupten, der Chihuahua sei 1519 mit dem spanischen Eroberer Cortes nach Mexiko gekommen.

Chihuahua Kurzhaar

Die Wahrheit über die Rassegeschichte wird möglicherweise nie herausgefunden. Ziemlich eindeutig ist jedoch, daß der Name der Rasse von dem mexikanischen Staat Chihuahua herrührt. Und Mexiko City war der Platz, wo etwa 1895 die Rasse einige Publizität fand, wobei es den Eindruck macht, daß der Kurzhaarchihuahua die Ursprungsrasse ist. Erst später reisten diese *tinies* in die Vereinigten Staaten. Dort kam es zu Kreuzungen mit anderen Kleinhunden - wahrscheinlich mit Pomeranians oder Papillons - es entstand der Langhaarschlag und gewann schnell viele Anhänger. Recht schnell wurde die Rasse zu einem der Lieblingshunde Amerikas unter den Kleinhunden.

WESEN

Aufgrund seiner kleinen Gestalt ist der Chihuahua für ältere Menschen und Bewohner kleiner Appartements ein wunderbarer Haushund. Man kann ihn ganz in der Wohnung halten, ihn daran gewöhnen, sich auf vorbereitetem Papier zu lösen, so daß man ihn bei nassem Wetter überhaupt nicht ausführen muß. Er liebt alle, die er kennt, kann jedoch zu einem recht scharfen und lärmenden Wächter werden, merkt überhaupt nicht, daß seine Körpergröße seine Drohungen nicht gerade unterstützt. Da diese Hunde von so kleiner Gestalt sind, sind sie für junge oder wilde Kinder als Spielgefährten nicht geeignet. Auch bei größeren Hunden muß man aufpassen, es könnte zu Eifersucht kommen - und der Chihuahua wäre dabei kaum in der Lage, einen fairen Kampf auszutragen. Von klein an sollte die Rasse angefaßt und sozialisiert werden, so daß die Hunde eine so enge Verbindung zum Menschen aufbauen wie irgend möglich.

Chihuahua Langhaar

GESUNDHEIT

Bei einem so winzigen Hund, der manchmal nur ein Pfund (0,5 kg) Körpergewicht aufweist, spielen Gesundheitsfragen eine große Rolle. Einige Chihuahuas haben am Hinterkopf eine nicht verknöcherte Stelle - Molera genannt (nach dem Rassestandard anerkannt und bestätigt). Daher sollte man den Hund immer schützen, ein Schlag auf diese Stelle könnte tödlich sein.

Der Chihuahua hat leicht brechende Knochen. Auch andere Gesundheitsprobleme sollten von den Besitzern beachtet werden, darunter Patellaluxation, Herzerkrankungen und Anfälligkeit gegen Zuckererkrankung. Bei Jungtieren, besonders im Zahnwechsel, kann dies Schwächeperioden, sogar milde Krämpfe auslösen. Solche Anfälle dürfen nicht mit Epilepsie verwechselt werden, die aber gleichfalls gelegentlich in der Rasse auftritt.

Aufgrund der geringen Körpergröße sollte man bei einer Chihuahuahündin nur nach eingehender Beratung mit einem Tierarzt und vernünftigem Züchter entscheiden, ob mit ihr gezüchtet werden soll. Es könnte zu Problemen kommen.

PFLEGE UND ERZIEHUNG

Chihuahuas müssen gut und früh sozialisiert werden. Dabei muß man wirklich aufpassen, sich nicht versehentlich auf einen so kleinen Hund zu setzen oder darüber zu stolpern.

Man darf auch nicht gestatten, daß die Hunde von den Möbeln springen. Ohren, Krallen und Zähne sollen wöchentlich kontrolliert werden. Grundsätzlich muß man Chihuahuas vor kaltem Wetter schützen.

ANPASSUNGSFÄHIGKEIT

Chihuahuas sind winzig, smart und dennoch robust. Gleich welche Haarart, immer sind sie wunderbare Haushunde. Man muß aber wissen, daß diese Rasse kälteempfindlich ist, sie braucht Wärme und Zugfreiheit.

RASSEMERKMALE

Der Chihuahua ist eindeutig der kleinste Rassehund. Er wiegt weniger als 2,5 kg, manchmal sogar nur 500 Gramm. Ausgewachsen haben sie etwa eine Schulterhöhe von 13 cm, die Körperlänge ist immer etwas mehr als die Schulterhöhe.

Die wunderbare, dicke Rute wird sichelartig getragen. Feine Knochen, ein sehr abgerundeter Schädel, der in richtigen Proportionen zum übrigen Körper stehen muß, ausgeprägte Augenbrauenwulst, Stehohren, ziemlich groß, vom Kopf nach außen abstehend getragen. Augen sehr ausdrucksstark, Augenfarbe zwischen dunkel und hell.

Zwei Haarschläge sind zugelassen. Der glatthaarige Chihuahua hat ein dicht anliegendes, glänzendes dichtes Haarkleid mit dichter behaarter Rute. Der langhaarige Chihuahua zeigt Fransenbildung an Ohren wie Rute, Läufen, unter dem Körper und Brustkrause. Alle Farben sind zulässig.

CHINESE CRESTED

FCI-Gruppe 9, Standard Nr. 288
Chinesischer Schopfhund
Ursprungsland: China/Great Britain
Zucht 1994: D 55, CH 38, GB 424, USA 989

HERKUNFT UND RASSEGESCHICHTE

Es besteht völlige Übereinstimmung, daß über die Jahre immer einmal wieder haarlose Hunde in Würfen von behaarten Elterntieren auftreten, dies ist eine genetische Mutation. Über Nackthunde kennen wir schon weit zurückliegende Berichte aus Afrika, Mittlerem Osten, Indien, Türkei, Ceylon und Malaysia. Aber aus irgendwelchen, nicht bekannten Gründen gibt es den größten Anteil an Nackthunden und ihren Variationen im Süden und Zentrum von Amerika.

Diese haarlos geborenen Exemplare hielt man zunächst der Kuriosität wegen, aber schon recht bald zeigte sich, daß sie sich als Familienhund recht gut eigneten. So wird berichtet, daß schon die mexikanischen Indianer Nackthunde in großer Zahl hielten, die Hündinnen zur Zucht, die Mehrheit der Rüden wurde kastriert, gemästet und verzehrt. Wenn man Nackthunde untereinander paart, findet man schnell heraus, daß es möglich ist, den Faktor für Haarlosigkeit zu festigen, so entstanden mehrere Nackthunderassen. Der Chinese Crested wird bereits im 13. Jahrhundert in China nachgewiesen. Über die Handelsstraßen gelangten diese merkwürdigen kleinen Hunde nach Europa und Südamerika.

Der erste in England eingetragene Chinese Crested war *Chinese Emperor*, er wurde 1881 ausgestellt. Danach dauerte es dann bis in die 1960er Jahre, ehe die Rasse wieder von Ruth Harris nach England eingeführt wurde. Sie arbeitete dabei eng mit Deborah Wood aus Florida in den USA zusammen. Diese Originalimporte schickte Deborah Wood aus ihrem *Cresthaven* Zwinger, ihm folgten Hunde aus der Zucht der berühmten Entertainerin Gypsy Rose Lee.

Nach Anfang der 1970er Jahre kamen nur noch wenige amerikanische Importe nach England, in erster Linie deshalb, weil Deborah Wood, die kurz danach starb, sich weigerte, das Zuchtregister des *American Hairless Dog Club's* auszuhändigen.

Dennoch importierte man einige Chinese Crested nach England, sie waren beim Mexican Kennel Club eingetragen und dadurch für den British Kennel Club ausreichend züchterisch dokumentiert. In England wurde 1969 der *Chinese Crested Club* gegründet. Ein harter Kern engagierter Züchter arbeitete daran, die Rasse zu festigen.

Der Originalrassestandard betreute zwei Rassetypen - den *Deer* und den *Cobby*; die behaarten Exemplare, die unvermeidlich in den meisten Würfen auftreten, wurden überhaupt nicht erwähnt. Dies löste viel Ärger für Züchter wie Aussteller aus, einige stellten solche behaarten Exemplare unter Richtern aus, die sich kurzerhand weigerten, sie zu plazieren, weil sie im Standard nicht aufgeführt waren. Diese Situation dauerte bis 1984, dann stimmte der Kennel Club zu, auch die behaarten Wurfgeschwister zu betreuen. Sie erhielten die Bezeichnung *Powder Puffs*.

1982 wurden in England erstmals Challenge Certificates für die Rasse vergeben, seither hat sich die Rasse sowohl zahlenmäßig wie auch qualitativ laufend verbessert. Insgesamt haben sich Typ wie Größe stabilisiert, mehrere Chinese Crested plazierten sich auch im Gruppenwettbewerb.

Seit 1992 akzeptiert auch der American Kennel Club die Rasse, im selben Jahr stellten sich 32 Rassevertreter auf der Westminster Kennel Club Show. Damit übertraf diese Rasse vierfach die auf der gleichen Show ausgestellten Deutschen Schäferhunde.

Hairless Chinese Crested

WESEN

Da diese Rasse über so lange Jahre domestiziert wurde, ist der Crested in aller erster Linie ein Menschenhund. Er ist ein Hund mit viel Charakter, liebt besonders seine menschliche Familie, lebt aber auch glücklich mit anderen Hunden zusammen. Die Rasse zeigt in ihrer Veranlagung nahezu keine Untugenden, hat sich von einem *Spiel der Natur (Freak)* zu einem auf Anhieb geschätzten Familienmitglied entwickelt.

GESUNDHEIT

Im allgemeinen ist die Rasse recht robust, was bestimmt nicht überrascht, wenn man daran denkt, wie viele Jahrhunderte sie schon überlebt hat.

Manchmal werden die haarlosen Exemplare mit Zahnmängeln und fehlenden Krallen geboren - dies steht im Zusammenhang mit dem Faktor für Haarlosigkeit. Die Züchter bemühen sich aber darum, diese Eigenschaften zu verbessern, und heute werden zahlreiche Hairless Crested gezüchtet, die volles Gebiß und an den Pfoten Krallen haben.

PFLEGE UND ERZIEHUNG

Der unbehaarte Chinese Crested bedarf sorgfältiger Fellpflege, seine Haut wird leicht trocken und schuppig, wenn sie nicht regelmäßig eingeölt wird. Man muß diese Hunde auch gegen starken Sonnenschein schützen, weil die zarte Haut leicht verbrennt.

Das Fell der Powder Puffs braucht mindest einmal wöchentlich eine gründliche Pflege. Nicht immer lassen sich Chinese Crested von Fremden gerne berühren, deshalb sollte man Ausstellungshunde von früh an dazu erziehen, sich auf dem Tisch stehend anfassen zu lassen.

ANPASSUNGSFÄHIGKEIT

Was Auslauf angeht, sind die Ansprüche des Chinese Crested gering. Sein von Natur aus immer geschäftiges Wesen sorgt dafür, daß er nie lange herumsteht, insbesondere nicht zu Hause.

Da die Rasse schon so lange zum Haushund gemacht wurde, gedeiht sie am besten in einer Familie als Einzelhund. Zahlreiche Züchter halten aber auch eine größere Anzahl dieser Hunde gemeinsam, es macht ihnen ebensoviel Freude.

Diese Rasse eignet sich nicht für die Zwingerhaltung, gedeiht eigentlich nur bei steter menschlicher Gesellschaft und in der Bequemlichkeit der Wohnung.

RASSEMERKMALE

Heute kann man den Unterschied der zwei verschiedenen Typen *Cobby* und *Deer* kaum noch erkennen. Die meisten Hunde sind hinsichtlich Substanz und Eleganz recht ausgeglichen und stabil.

Der Hauptunterschied zwischen *Hairless* und *Powder Puff* liegt natürlich im Haarkleid. Der *Hairless* hat eine feinporige Haut, glatt und warm beim Berühren, mit einzelnen Haarbüscheln an Kopf, Pfoten und Rute.

Die Ohren sollten optimal aufrecht stehen, mit möglichst viel Haar. Der *Powder Puff* hat ein weiches, langes Fell, beidseits des Körpers hängt dieses üppig herunter. Häufig treten Hängeohren auf.

Der Chinese Crested erinnert stark an ein daherstolzierendes Pony, ist sicherlich in seinem Auftritt diesem ebenbürtig.

Sein Kopf ist lang und glatt, leicht gerundeter Oberkopf, dunkle, breit eingesetzte Augen. Der Hals ist schlank und elegant gewölbt, Körper mittellang mit breiter, tiefer Brust und mäßig aufgezogen. Die Pfoten sind ein besonderes Merkmal der Rasse, sie sind schmal und sehr lang, die Zehen erscheinen, als hätten sie noch ein zusätzliches Gelenk. Die Rute muß lang, hoch angesetzt und elegant ohne Haken getragen werden.

Der Bewegungsablauf des Crested ist elegant, zeigt guten Vortritt und Schub aus der Hinterhand.

Alle aufgelichteten Farben zulässig. Widerristhöhe Rüden 30-33 cm (England 28-33 cm) und Hündinnen 23-30 cm. Das Gewicht variiert je nach Typ, das Höchstgewicht sollte 5,5 kg sein.

CHINOOK DOG

Im *Guinness Book of World Records* wurde der Chinook in den Jahren 1966, 1987 und 1988 als seltenste Hunderasse aufgeführt. Zum Zeitpunkt, da dieses Buch geschrieben wird, beträgt ihre Gesamtzahl etwa rund dreihundert Tiere. Ein paar ihrer Anhänger versuchen mehr Aufmerksamkeit zu gewinnen, in dem sie diese Hunde auf *Rare Breed Dog Shows* quer durch die ganzen Vereinigten Staaten vorstellen, und im Jahre 1994 gab es zwei Chinooks, die in Florida auf einer Konkurrenz vorgeführt wurden.

Diese Rasse ist amerikaninischen Ursprungs, geht zurück auf das Jahr 1917 und ist zumindest teilweise ein Eskimohund. Die damaligen Züchter wollten eine Rasse züchten, die dem Husky in Schnelligkeit ebenbürtig, dabei aber ebenso kraftvoll ist wie die größeren schlittenziehenden Hunderassen.

Der Chinook ist ein unglaublich robuster Hund, eine nordische Hunderasse mit einer Lebenserwartung von zehn bis fünfzehn Jahren. Für eine Rasse dieser Größe und Knochenstärke sind erstaunlicherweise die Hüftgelenke normal geformt, frei von Hüftgelenksdysplasie. Die Rasse hat ein falbgoldenes Haarkleid, Hängeohren oder Stehohren, ist ein robuster, freudiger Arbeitshund.

Mitglieder der *Chinook Owners Association* in den USA haben für die Rasse einen Standard entwickelt, arbeiten gemeinsam mit Genetikern, um den Chinook nach sehr strengen Richtlinien zu züchten, wobei großer Nachdruck auf die Arbeitsqualitäten gelegt wird. Viele sind davon überzeugt, daß der Chinook das Herz eines Hundes besitzt, der zweimal so groß ist wie er. Mit Sicherheit verfügt er über sehr großen Mut.

Er ist ein loyaler Hund, kann zum vorzüglichen Familienmitglied werden. Häufig hat er auf Wettbewerben durch das Ziehen geradezu riesiger Gewichte Aufmerksamkeit erweckt. Es waren Chinook Dogs, die auf der Antarktisreise 1929 für Admiral Byrd die Schlitten zogen.

Keine Anerkennung der Rasse durch FCI, AKC oder KC.

Chinook Dog

CHOW CHOW

FCI-Gruppe 5, Standard Nr. 205
Ursprungsland: China/Great Britain
Zucht 1994: D 216, A 36, CH 35, GB 801, USA 25.415

HERKUNFT UND RASSEGESCHICHTE

Es wird allgemein angenommen, daß der Chow Chow seinen Namen auf das cantonesische Wort für Nahrung zurückführt.

Es gibt aber wenig Nachweise dafür, daß diese Rasse tatsächlich zum Nutzen chinesischer Gourmets gezüchtet wurde. Der Wahrheit sehr viel näher kommt sicherlich die Tatsache, daß man weltweit spitzartige Hunde antrifft, die den frühen Chow Chows ähneln.

Besonders reichlich waren die Hunde in China vertreten, einem Land, wo Hunde bedauerlicherweise tatsächlich auch der menschlichen Ernährung dienen.

Die tatsächliche Entstehungsgeschichte des Chow Chows beginnt wahrscheinlich, als diese primitiven Spitztypen mit östlichen Hunden vom Typ Mastiff gekreuzt wurden, daraus durch planmäßige Zucht der schwerere Kopftyp gefestigt wurde, abweichend vom üblichen Spitztyp.

Chow Chow-typische Hunde, welche die seltene blaue Zunge besaßen, scheinen Ende des 18. Jahrhunderts nach Großbritannien gekommen zu sein.

Diese Hunde hatten den typischen *Scowl* der Rasse, eine Eigenheit, die von dem Laien manchmal als Zeichen von Aggression mißverstanden wird. Obgleich der Chow Chow Perioden großer Popularität erlebt hat, stehen ihm noch immer viele, die sein unergründliches Wesen nicht verstehen, mißtrauisch gegenüber. Über die Jahre sind seine löwenähnlichen Merkmale auf vielerlei Art übertrieben worden, sein *Scowl* wurde so extrem gezüchtet, daß in Übereinstimmung mit den Züchtern der British Kennel Club den Rassestandard ergänzte, so daß ein weniger übertriebener Kopf heute gefordert wird.

Er hat kleine, tiefeingesetzte Augen, viel lose Haut am Kopf, wodurch das Entropium zum echten Rasseproblem wurde. Heute achten die englischen Züchter auf einen gemäßigteren Typ, vielleicht weniger übertrieben als viele amerikanischen Hunde, die im allgemeinen ringsum schwerer sind als ihre britischen Verwandten.

Über sehr viele Jahre ist der Chow Chow in seinem Typ rein erhalten worden. Frei von irgendwelchen Einkreuzungen. Gerade diese weit in die Vergangenheit reichende Abstammung gehört für viele seiner Liebhaber zu seinen Hauptattraktionen.

WESEN

Der Chow Chow hat den Ruf, aggressiv zu sein, er verdient ihn aber nicht! Seinem Besitzer und der Familie gegenüber ist er freundlich und treu, gehört aber nicht zu den Hunderassen, die Fremde mit wedelnder Rute begrüßen. Ein Chow Chow ist auf der Hut, es dauert seine Zeit, bevor er eine neue Bekanntschaft akzeptiert.

Chow Chow

Wenn man versucht, die Aufmerksamkeit eines Chow Chow zu erzwingen, kann dies zu Schwierigkeiten führen.

Dies ist eine der Gründe dafür, weshalb manche Richter es auf Ausstellungen als schwierig empfinden, ihn richtig zu bewerten - insbesondere noch, wenn es sich als notwendig erweist, die Farbe seiner Zunge genau zu überprüfen!

GESUNDHEIT

Das Hauptgesundheitsproblem des Chow Chows ist das Entropium, ein nach innen gedrehtes unteres Augenlid, das zu Entzündungen führt.

Das Entropium beruht auf der Struktur von Kopf und Augen, aber wie bereits erwähnt, gibt es nachhaltige Versuche der Züchter, dieses Problem zu lösen.

PFLEGE UND ERZIEHUNG

Aufgrund seines dichten, dicken, plüschartigen Fells erweist sich regelmäßige Fellpflege als notwendig, um ein Verfilzen zu vermeiden; dies gilt besonders zu Zeiten des Haarwechsels.

Man sollte auch immer darauf achten, daß die Augen sauber und trocken sind. Auch die Gesichtsfalten müssen kontrolliert und trocken gehalten werden.

ANPASSUNGSFÄHIGKEIT

Der Chow Chow wird seinem Besitzer überall hin nachfolgen, ist nur in seiner Gesellschaft wirklich glücklich.

Offen gesagt, vorausgesetzt er hat passende Gesellschaft fordert der Chow wenig, ist ruhig und bevorzugt eine sitzende Lebensweise.

RASSEMERKMALE

Der Chow Chow ist ein kurzrückiger, gut ausbalancierter Hund mit charakteristischem *Scowl*, der durch seine kleinen, tiefliegenden Mandelaugen, hübsche kleine, dicke, aufrecht getragene Ohren, breit voneinander eingesetzt, und seinen breiten Fang bewirkt wird. Seine Knochen müssen kräftig sein, Pfoten gut aufgeknöchelt. Sein charakteristisches blauschwarzes Pigment zeigt sich auf seiner Zunge, noch stärker sogar innerhalb der Lefzen und im Gaumenbereich. Im Idealfall sollte auch der Gaumen völlig schwarz sein.

Die Brust ist breit und tief, der Rücken kurz, gerade und kräftig. Die Hinterhand ist wenig gewinkelt, woraus der charakteristisch gestelzte Gang entsteht. Die Rute ist hoch angesetzt und wird stolz über dem Rücken getragen.

Der Chow tritt in den Farben schwarz, rot, blau, falb, creme oder weiß auf. In der Hosenpartie und unter der Rute kann die Farbe etwas heller als die Grundfarbe sein, ansonsten ist Einfarbigkeit erwünscht.

Widerristhöhe Hündinnen 45-50 cm, Rüden 48-55 cm. Es ist kaum bekannt, daß es die Rasse in zwei verschiedenen Haartypen gibt, nämlich Langhaar- und Kurzhaartyp, wobei die Langhaarigen wesentlich verbreiteter sind.

CIRNECO DELL'ETNA

Diese alte italienische Hunderasse sieht aus wie ein kleiner, zarter Windhund, sehr ähnlich einem kleinen Pharao Hound.

In Sizilien, seiner Heimatinsel, wird dieser Hund noch immer für die Kaninchenjagd verwendet. Man vermutet, daß die Rasse aus Ägypten stammt.

Widerristhöhe etwa 41-48 cm. Der Cirneco ist schlank aufgebaut, mit langem, eleganten Hals und schmalem Kopf, großen, aufrecht getragenen Ohren, feiner Knochenstruktur und deutlich sichtbaren Muskeln. Man traut ihm kaum zu, daß er ein so erfolgreicher und schneller Jäger ist, wie er es immer wieder unter Beweis stellt. Haarkleid glatt, sehr fein und elastisch.

Die Farbe ist meist leuchtend rot, aber alle roten Schattierungen sind zugelassen, ebenso weiß, mit oder ohne rote Flecken. Die Pigmentation darf nie schwarz sein.

FCI-Gruppe 5, Standard Nr. 199
Ursprungsland: Italien

Cirneco dell'Etna

COLLIE - LANGHAAR

FCI-Gruppe 1, Standard Nr. 156
Ursprungsland: Great Britain
Zucht 1994: D 1.831, A 147, CH 233, GB 3.163,
USA 14.073

HERKUNFT UND RASSEGESCHICHTE

Alle Collievarietäten stammen aus Schottland, und es besteht Übereinstimmung, daß sie auf gemeinsame Vorfahren zurückgehen. Die Ähnlichkeit zwischen heutigen Border Collies und einem Champion Langhaarcollie Ende der 1880er Jahre ist wirklich bemerkenswert. Über die Jahre hat sich der Typ des Langhaarcollies deutlich gewandelt, was man insbesondere an seinem Kopf und seiner Eleganz erkennen kann.

Es wird behauptet, daß es bei dem Versuch, den Langhaarcollie noch eleganter zu machen, zu Einkreuzungen von Barsois gekommen sei. Dies erscheint recht logisch, selbst heutzutage entdeckt man an den Köpfen der Langhaarcollies bestimmte Barsoimerkmale. Bis in die 1860er Jahre war der Langhaarcollie ein sehr nützlicher Arbeitshütehund. In dieser Zeit stoßen wir auf historische Ereignisse, die das Geschick dieser heute international so populären Hunderasse beeinflußt haben. Auf der Birmingham National Dog Show wurde eine Klasse *Hütehunde* ausgeschrieben, diese fand bei den Liebhabern des Langhaarcollies viel Interesse. Etwas später unternahm Queen Victoria ihre erste Reise nach Schloß Balmoral, hierbei begegnete sie erstmals dieser Rasse. Sie war von den Hunden so beeindruckt, daß sie einige Exemplare mit zurück in die königlichen Zwingeranlagen nach Windsor nahm. Schon diese Tatsache allein weckte größtes öffentliches Interesse an dieser bisher wenig bekannten Rasse. Nahezu über Nacht wurde der Langhaarcollie außerordentlich populär. Zwei schwarzlohfarbene Collies aus den königlichen Zwingern wurden nach den USA exportiert, wo gleichfalls großes Interesse entstand.

Zur damaligen Zeit waren *Tricolor* und *Blue Merle* die verbreitetsten Farben, mehr als die Zobelfarbenen (*Sables*), die heute besonders populär sind. Alle heutigen Langhaarcollies können tatsächlich ihre Ahnenreihe auf einen dreifarbigen Rüden namens *Trefoil* zurückführen, 1873 geboren. Die Zobelfärbung kam durch einen Rüden namens *Old Cockie* in die Rasse.

Für Hunde, die Ende des 19. Jahrhunderts ge-

kauft wurden, werden riesige Verkaufspreise berichtet, viele Hunde wurden zu Preisen von $ 1.000 und mehr verkauft - zu damaligen Zeiten eine geradezu astronomische Summe! Der allerhöchste überlieferte Preis wurde für den Langhaarcollie *Ch. Parbold Piccolo* bezahlt. Dieser Rüde wurde nach den USA verkauft, hatte vor seiner Abreise in England mehrere Champions gezeugt, darunter auch die legendäre *Ch. Anfield Model*. Diese - seine Tochter - gilt noch heute bei vielen als Modellhund für die Rasse. Ihr Kopf und Ausdruck waren ganz besonders vorzüglich, ja von so hoher Qualität, daß sie auch heute durchaus in jedem Ring bestehen könnte. Bei seiner Ankunft in Milwaukee, der neuen Heimat, schien Piccolo ein so freundliches und glückliches Tier zu sein, daß man ihm jede Freiheit einräumte, er in seiner neuen Umgebung frei umherstreifen durfte. Tragischerweise verschwand Piccolo noch am gleichen Tag auf Nimmerwiedersehen, zweifellos versuchte er, seinen Weg nach Hause zu finden.

Seit jenen frühen Tagen wurde die Rasse durch planmäßige Zucht, nicht durch Einkreuzungen, immer mehr verfeinert. Nach und nach gewann der Langhaarcollie immer mehr an Eleganz und Adel, wurde bald zum strahlenden Wettbewerber im Ausstellungsring. Natürlich geht viel von der Popularität der Rasse nachweislich auf die *Lassie-Filme* zurück. Diese Filme erweckten den Eindruck, der Langhaarcollie sei der perfekte Kinderhund, loyal und zuverlässig bis zum letzten Atemzug. Diese Lassie-Geschichten unterstrichen den natürlichen Heimatinstinkt dieser Rasse, und dies ist überhaupt keine Übertreibung. Für jeden, der je einen ausgewachsenen Collie kauft, ist es von größter Bedeutung, den Hund in seiner neuen Umgebung sicher eingezäunt zu halten, bis er sich wirklich an seine neue Heimat gewöhnt hat. Andernfalls wird er zwangsläufig ausbrechen und versuchen, seinen *Weg nach Hause* zu finden.

WESEN

Der Langhaarcollie ist als perfekter Familienhund in den *Lassie-Filmen* unsterblich geworden. Und es ist absolut wahr, dies ist ein idealer Familienhund, der die Gesellschaft des Menschen liebt. Ohne dies irgendwie einzuschränken, sollte man sich dennoch vor Augen halten, daß diese Rasse für die Arbeit gezüchtet wurde, ständig geistige

Langhaarcollie

und körperliche Herausforderung braucht. Collies sind gesellig, leben fröhlich auch mit anderen Hunden zusammen. Aggressive oder nervöse Langhaarcollies sind völlig atypisch!

GESUNDHEIT

Die Rasse hat Probleme mit dem sogenannten »Collieauge«, dem Auftreten von verschiedenen Augendefekten. Aber durch ein sorgfältig aufgebautes Zuchtprogramm versuchen verantwortungsbewußte Züchter, diese Krankheit zu bekämpfen. Abgesehen von diesen Augenproblemen ist die Rasse ziemlich widerstandsfähig und gesund.

PFLEGE UND ERZIEHUNG

Welpen sollte man von früher Jugend an Unterordnung beibringen. Langhaarcollies reagieren sehr gut auf Ausbildung für Unterordnung und Agility. Die Rasse hat aber unverändert einen natürlichen Hüteinstinkt, der unter Kontrolle gehalten werden muß. Da der Langhaarcollie über ein so üppiges Fell verfügt, ist tägliche Fellpflege ratsam, um es in Topkondition zu halten. Besonders wichtig ist ein völliges Durchbürsten des Fells, bis auf die Haut! Viel zu viele Hundebesitzer pflegen nur die Haaroberfläche, vernachlässigen dabei starke Verfilzungen, die sich näher an der Haut des Hundes aufbauen. Wenn das Haarkleid des

Einige Richter und Züchter sind nahezu besessen vom Colliekopf und der Freundlichkeit seines Ausdrucks.

Hundes sich »aufzublähen« beginnt (blow), sollte man ihm am besten ein tüchtiges Bad einrichten. Hierbei kommt alles tote Haar heraus, die Haut wird sauber und gesund, ermöglicht es dem neuen Haar, richtig zu wachsen.

ANPASSUNGSFÄHIGKEIT

Langhaarcollies leben fröhlich in Gruppen und in Zwingern, dabei dürfen sie aber nie von menschlichem Kontakt ausgeschlossen werden. Interessant ist, daß ein weitgehend isoliert gehaltener Collie sich nahezu problemlos in eine menschliche Gemeinschaft einzufügen versteht. Collies sind in erster Linie eine Hütehunderasse, brauchen deshalb regelmäßigen, weiträumigen Auslauf.

RASSEMERKMALE

In jüngerer Zeit scheinen viele Züchter und Richter geradezu besessen von der Wichtigkeit des Kopfes des Langhaarcollies, von der Freundlichkeit seines Ausdrucks, überbewerten diese Eigenschaften zu Lasten anderer wichtiger anatomischer Merkmale, denen im Hinblick auf die Arbeitsaufgabe der Rasse eigentlich Priorität zukommt. Der Langhaarcollie muß ein ausbalancierter Hund von großer Schönheit sein, mit einer angeborenen Würde. Wenn man auf ihn schaut, muß er den Eindruck von Stärke und Aktivität vermitteln, aber ohne irgendwelche Anzeichen von Grobheit oder Plumpheit.

Der richtige Ausdruck ist sehr wichtig. Im Idealfall wird er durch korrekte Balance zwischen Oberkopf und Fang, Plazierung und Tragen der Ohren, Größe, Form und Farbe der Augen ausgelöst. Im Grundsatz vermittelt der Kopf den Eindruck eines stumpfen Keils, ohne vortretende Wangen oder überfeinerten Fang.

Im Profil gesehen müssen die obere Linie des Oberkopfes und der Fang parallel verlaufen, mit nur minimalem Stop. Der zentrale Punkt zwischen den Augenwinkeln sollte gleichzeitig der Mittelpunkt der Kopflänge sein. Kräftiger Unterkiefer erwünscht, Nase immer schwarz. Augen von mittlerer Größe (nicht zu klein!), mandelförmig und schräg eingesetzt. Gewöhnlich sind sie dunkelbraun, bei Bluemerlefarbenen kann aber auch ein oder beide oder Teil eines Auges blau oder blaugefleckt sein. Der Ausdruck zeigt große Intelligenz und Aufmerksamkeit. Die Ohren des Hundes sind klein, werden halb aufgerichtet getragen. Sie dürfen nicht zu breit angesetzt sein, aber ebenso wenig zu eng beieinanderstehend.

Der Langhaarcollie hat mäßig kräftige Knochen, ovale Pfoten. Die Körperform ist insgesamt lang gestreckt, der feste Rücken hebt sich geringfügig im Lendenbereich. Rippen gut gewölbt, tiefe Brust. Gute Kniewinkelung, Sprunggelenke tiefstehend und kraftvoll. Zu den wichtigsten Merkmalen in der Gesamterscheinung des Langhaarcollies gehört seine Rute. Sie muß lang sein, zumindest bis zum Sprunggelenk reichen; sie wird tief getragen, an der Rutenspitze ganz leicht aufgebogen. Es gibt allerdings eine Tendenz - besonders bei Rüden - daß die Rute etwas zu fröhlich getragen wird. Beim erregten Hund kann dies akzeptiert werden, aber niemals darf die Rute über den Rücken gezogen werden. Vorn bewegt sich der Langhaarcollie ziemlich eng, im Profil gesehen muß die Bewegung gleitend wirken. Das Haarkleid verstärkt die äußere Linie des Hundes, besteht aus geradem, harten Deckhaar, das eine weiche und außerordentlich dichte Unterwolle bedeckt.

Die Farben der Rassen sind zobelfarben mit weiß, tricolor oder bluemerle, immer mit weißen Abzeichen, die traditionell auf Halskrause oder teilweise Halskrause, vordere Schürze, Läufe, Pfoten und Rutenspitze beschränkt sind. Blesse erlaubt. In England liegt die Widerristhöhe von Rüden bei 60 cm, Hündinnen sind 5 cm kleiner. Die Größengrenzen beider Geschlechter liegen in den USA um 5 cm höher.

COLLIE - KURZHAAR

FCI-Gruppe 1, Standard Nr. 296
Ursprungsland: Great Britain
Zucht 1994: D 9, CH 16, GB 87

HERKUNFT UND RASSEGESCHICHTE

In jüngerer Zeit, in erster Linie aufgrund von Einkreuzungen, um einen einheitlicheren Typ zu erzielen, wird oft angenommen, Langhaar- und Kurzhaarcollies seien zwei Varietäten der gleichen Rasse, daß sie dies auch schon über die gesamte Entwicklungsgeschichte waren. Es ist jedoch sehr viel wahrscheinlicher, daß der Kurzhaarcollie sein Leben als Treiberhund begann, seine Vorfahren damit den Ahnen des Langhaarcollies viel weniger ähneln als allgemein angenommen wird.

Mit Sicherheit vermitteln Illustrationen früher Kurzhaarcollies den Eindruck, daß sie damals viel plumper waren als der heutige Kurzhaarcollie, niedriger gestellt, mit schwererem Kopf. Es ist außerordentlich wahrscheinlich, daß von Anfang der Hundeausstellung an sich ihre Popularität mehrte. In Konkurrenz mit den verschiedenen anderen Hütehunderassen gewannen einige Züchter den Eindruck, daß Einkreuzung von Langhaarblut den Kurzhaarcollie in einigen Merkmalen verbesserten, seine Ausstellungschancen erhöhen könnten. So wurden über viele Jahre die zwei Rassen untereinander gekreuzt, bis es zwischen ihnen, mit Ausnahme des Haarkleids, nur noch wenige Unterschiede gab.

Aber auch heute sind die Ohren des Kurzhaar größer, im Ansatz breiter als die beim Langhaar. Auch der Vordermittelfuß ist ziemlich biegsam. In den meisten anderen Eigenschaften sind heute die Anforderungen an die Rasse genau die gleichen wie die an den Langhaarcollie. Zwar hat der Kurzhaarcollie nie die enorme Popularität des Langhaars gefunden, aber wer weiß, was geschehen wäre, wenn »Lassie« ein Kurzhaar gewesen wäre? So hat der Kurzhaar eine kleine, loyale Anhängerschaft, welche der Rasse auch auf internationaler Ebene Qualität gewährleistet. Hinzu kommt, daß sich der Kurzhaar in Unterordnungs- und Agilityprüfungen sehr bewährt hat, zu einer Art Allzweck-Arbeitshund wurde.

WESEN

Der Kurzhaarcollie ist seiner Natur nach aufge-

Kurzhaarcollie

schlossen, gegenüber Menschen und anderen Hunden fröhlich und freundlich. Sein Wesen sollte felsenfest sein, nie Aggression oder gar Nervosität aufweisen.

GESUNDHEIT

Ebenso wie beim Langhaarcollie treten Augenprobleme auf, das Zuchtmaterial sollte stets völlig kontrolliert werden. Hiervon abgesehen ist der Kurzhaarcollie eine robuste und langlebige Hunderasse, frei von wichtigen gesundheitlichen Defekten.

PFLEGE UND ERZIEHUNG

Der Kurzhaar bedarf, um gute Kondition zu halten, weniger Fellpflege als sein langhaariger Vetter, dennoch sollte auch diese Rasse regelmäßig gebürstet werden. Auf alle Arten von Unterordnungserziehung reagiert die Rasse gut, auch in der Fährtenarbeit haben viele Kurzhaarcollie sich bewährt, ebenso im Wettbewerbsring für Unterordnung und Agility.

ANPASSUNGSFÄHIGKEIT

Der Kurzhaarcollie ist eine vielseitige und soziale Rasse. Sie kann glücklich in einer Gruppe mit anderen Hunden leben, ebenso fröhlich teilt sie ihr Leben mit der menschlichen Familie. Von Grund auf ist der Kurzhaarcollie ein großartiger Arbeitshund, deshalb braucht er unabhängig von seiner Unterbringung regelmäßig genügend Auslauf.

RASSEMERKMALE

Mit Ausnahme der größeren Ohren und des besonders flexiblen Vordermittelfußes werden vom Kurzhaarcollie die gleichen Merkmale verlangt wie vom Langhaarcollie (vergleiche vorangegangenes Kapitel).

COONHOUNDS

HERKUNFT UND RASSEGESCHICHTE

Obgleich Coonhounds in ihren Farben verschiedenartig sind, gibt es unter den sechs Coonhoundtypen zahlreiche Ähnlichkeiten. Zu den Coonhounds zählen: Black and Tan Coonhound, Blue Tick Coonhound, Plott Hound, Redbone Coonhound und der Treeing Walker. Coonhounds können wahrscheinlich auf eine ausgestorbene Rasse großer Laufhunde bis zurück ins 11. Jahrhundert zurückgeführt werden. Unter ihren Ahnen trifft man auch auf Elemente des Bloodhounds, ebenso auf Vorfahren aus dem Bereich der Amerikanischen und Englischen Foxhounds. Den Züchtern in den Vereinigten Staaten, die in den Bergen von Virginia, in den Ozark Mountains und in den Great Smoky Mountains leben, muß für die Zucht dieser Laufhunde großes Lob gezollt werden. Sie züchteten Laufhunde, die nicht nur auf den Waschbären jagten, sondern in diesem wilden Gebirgsterrain auch auf den Bären. Der heutige Black and Tan Coonhound wurde gezielt auf seine Farbe gezüchtet, aber gleichzeitig nicht nur auf seine Fähigkeit, auf der Fährte zu arbeiten, sondern auch *to tree*. Hierunter versteht man, daß er seine Beute auf die Bäume treibt, dann darunter Standlaut gibt, um den Jäger herbeizurufen. Der Black and Tan Coonhound jagt wie der Bloodhound nicht mit dem Auge, sondern aufgrund seiner hervorragenden Nase. 1945 wurde dieser Farbschlag vom American Kennel Club anerkannt. Der Plott Hound trägt deutsches Erbe, er arbeitet als Einzeljäger oder im Rudel auf großes wie kleines Wild. Sein Name geht auf Jonathan Plott zurück, einen Einwanderer aus Deutschland, der sich in North Carolina angesiedelt hatte.

WESEN

Black and Tan Coonhounds sind gute Familienhunde und freuen sich besonders über weite Spaziergänge mit Kindern. Sie haben ein sehr zuverlässiges Wesen, wurden über viele Generationen sowohl als Familienhund wie auch als Jagdhund gezüchtet. Allerdings haben sie eine Veranlagung zum Streunen, müssen deshalb beim freien Auslauf in einem sicheren Bereich eingezäunt sein, beim Spaziergang gut überwacht werden. Die Rasse liebt das Wasser, ist ein vorzüglicher Schwimmer, wenn man sie frühzeitig mit dem Wasser vertraut macht.

Der Blue Tick Coonhound ähnelt den Black and Tan Coonhounds, ist aber aggressiver, mit anderen Worten als Familienhund nicht empfehlenswert. Er hat auch ein lautes, heulendes Bellen. Plott Hounds wiederum bellen scharf und mit hoher Stimme. Auch der Redbone Coonhound ähnelt dem Black and Tan Coonhound, ist unterordnungsbereit und von ausgeglichenem Wesen. Coonhounds sind in den Vereinigten Staaten recht beliebte Hunde, sie können im Haus gehalten werden, leben aber meistens außerhalb. English Coonhound und Walker Coonhound andererseits sind sehr hochgezüchtet, sehr temperamentvoll und nicht ganz einfach zu halten.

GESUNDHEIT

Bei diesen natürlichen Rassen gibt es kaum ernst-

hafte gesundheitliche Probleme. Natürlich müssen die Krallen kurz gehalten, die Ohren wöchentlich gereinigt werden. Am besten gibt man Coonhounds als Leckerbissen harte Hundekuchen, sie reinigen die Zähne und halten sie frei von Zahnstein.

Alle Zuchthunde sollten röntgenologisch auf gesunde Hüften kontrolliert werden. Zuchthunde müssen auch alljährlich auf progressive Retinaatrophie überprüft werden.

PFLEGE UND ERZIEHUNG

Coonhounds sind geborene natürliche Jäger, haben recht viel Jagdtrieb. Werden sie nicht sicher

Black and Tan Coonhound

eingezäunt, könnten sie sich selbst auf den Weg machen. Coonhounds muß man so früh wie möglich sozialisieren, ihnen Grundunterordnung beibringen, beispielsweise das an der Leine gehen. Zur Unterkunft bedarf es sauberer Zwinger, bei der Fütterung sollte man auf eine ausbalancierte Nahrung achten. Jagdlich eingesetzte Hunde müssen täglich auf aufgesplitterte Krallen, zerschnittene Ballen, Ohrverletzungen, Flöhe und Zecken kontrolliert, wenn notwendig medizinisch versorgt werden.

ANPASSUNGSFÄHIGKEIT

Alle diese Hunde gedeihen am besten in ländlichem Umfeld, weniger in der Stadt. Sie haben kein Gefühl für die Gefahren auf der Straße, müssen deshalb sicher eingefriedet sein.

RASSEMERKMALE

Der Black and Tan Coonhound ist ein großer Laufhund, Widerristhöhe Rüden 63-68 cm, Hündinnen etwa 5 cm kleiner. Farbe leuchtendes schwarz mit kräftigen lohfarbenen Abzeichen im typischen schwarzloh Muster. Weiß nur auf der Brust gestattet, und dann nur ein kleiner Fleck. Das Haar des Coonhound ist kurz, glatt und leuchtend. Kopf lang und schlank, mit dunklen und freundlichen Augen, die immer völlig klar sein müssen. Sowohl Ohren wie Rute sind sehr lang - Junghunde schauen oft aus, als bestünden sie nur aus Ohren und Rute. Zahnstellung regelmäßig, Scherengebiß. Gute Halslänge, feste obere gerade Linie. Läufe kräftig, gerade, mit guten Pfoten. In der Bewegung wird die Rute hoch und fröhlich getragen. Der Blue Tick Coonhound hat ein geflecktes blaues Fell, lohfarbene Markierungen an Ohren und Unterschenkeln. Der English Coonhound ist in der Regel einfarbig (meist rot oder blau) mit schwarzen, weißen oder braunen kleinen Flecken. Der Plott Hound ist immer gestromt oder schwarz mit gestromten Abzeichen. Redbone Coonhounds sind immer rot, an Brust und Pfoten etwas weiß gestattet. Der Treeing Walker ist dreifarbig - schwarz, weiß und braun.

Nur Black and Tan Coonhound von FCI, KC und AKC anerkannt,
FCI-Gruppe 6, Standard Nr. 300

COTON DE TULÉAR

FCI-Gruppe 9, Standard Nr. 283
Ursprungsland: Madagaskar
Zucht 1994: A 12, CH 155

Wahrscheinlich geht der Coton de Tuléar auf dieselbe Quelle zurück wie mehrere andere weiße, langhaarige Kleinhunderassen des Mittelmeerraums.

Die Legende erzählt, vor hunderten von Jahren sei ein Schiff im Sturm vor Madagaskar, der Heimat der Rasse, untergegangen, die Hunde hätten das Unglück überlebt.

Das Wort *Coton (Baumwolle)* ist ein Hinweis auf die Fellstruktur; Tuléar ist der alte Name der Stadt, wo die Rasse am häufigsten angetroffen wurde.

Widerristhöhe 25-28 cm. Rechtwinkliger Körperbau, Rückenlinie leicht konvex. Die Kruppe kurz und abfallend, Rute nicht zu sehr über den Rücken getragen. Der Kopf bildet ein Dreieck und ist ziemlich klein.

Haar etwa 8 cm lang, leicht gewellt, von feiner Struktur, mit leuchtendem Deckhaar vermischt. Es bleibt natürlich, wird nicht geschoren.

Die Farbe ist weiß, an den Ohren kleine graue oder zitronenfarbene Flecken gestattet.

Coton de Tuléar

DACHSHUNDE

FCI-Gruppe 4, Standard Nr. 148
Dachshunde, Teckel, Dackel
Ursprungsland: Deutschland
Zucht 1994: D 13.404, A 557, CH 331, GB 4.718,
USA 46.129

HERKUNFT UND RASSEGESCHICHTE

Alte deutsche Dokumente beziehen sich auf die Vorfahren des Teckels als *Dachshunde* und auch als *Dackel* ist der Dachshund in seinem Ursprungsland bekannt. Bereits Anfang des 16. Jahrhunderts gibt es Dokumente über das Vorkommen und die Arbeit von *Erdhunden, kleinen grabenden Hunden, Dachsgräbern, Dachsfängern und dem Dachsel*. Das deutsche Wort *Dachs* erklärt die Hauptaufgabe der Rasse als Jagdhund. Seine Körperform wurde auf das Graben, auf das Jagen unter der Erde auf Dachs und Fuchs ausgerichtet. Später kam dann noch - parallel zu der Entwicklung der kleineren Typen - das Kaninchen hinzu.

Es gibt Experten, die behaupten, der Glatthaarschlag sei erst im 18. Jahrhundert durch Einkreuzung französischer Bracken und des Pinschers entstanden. Im 17. Jahrhundert werden die deutschen Teckel als »merkwürdige, niedrig stehende, krummbeinige Spezies« bezeichnet.

Als in der zweiten Hälfte des 18. Jahrhunderts der Adel aus Frankreich floh, nahmen viele ihre französischen Bassets mit in ihre neue Heimat. Französische Bassets und Teckel wurden gekreuzt, standen die Nachzuchten höher auf den Läufen, wurden sie *Dachsbracken*, die anderen waren Dachshunde (mit kurzen Läufen, kleineren Ohren und spitzem Fang).

Sehr viel verdankt der Dachshund der Arbeit von Major Ilgner, dem Begründer vieler Dachshundvereine, später Herrn Fritz Engelmann. Beide waren begeisterte Anhänger der Rasse, setzten sie auf der Jagd ein. Das erste Teckelzuchtbuch kam in Deutschland 1890 heraus, darin werden bereits Kurzhaar, Langhaar und Rauhhaar in Varietäten aufgeteilt. Der deutsche Zuchtverein hat immer

Kurzhaar Kaninchenteckel

allergrößten Wert auf die Arbeitsqualitäten der Rasse gelegt. Aus diesem Grunde sind Körpergröße und Körperbau in erster Linie funktionsbedingt. Die Hunde müssen tiefgestellt sein, haben einen langen Körper mit viel Platz für Herz und Lungen. Vorderläufe und Pfoten dienen in erster Linie zum Graben.

Die Entwicklung der Zwergteckel und Kaninchenteckel erfolgte später, ihre Größe wurde nicht nach Schulterhöhe oder Gewicht gemessen - wie in England - sondern nach Brustumfang, wobei das Maß hinter dem Widerrist angelegt wird. Zwergteckel haben einen Brustumfang von maximal 35 cm, Kaninchenteckel höchstens 30 cm. Diese kleineren Dachshundtypen dienen der Arbeit in engen Bauten, in der Regel auf Kaninchen. Der Deutsche Teckelclub e.V. 1888 hält für die Rasse laufend Arbeitsprüfungen ab.

Während der Teckel in seinem Ursprungsland Europa einen recht gleichmäßigen Typ erhalten hat, brachten Exporte nach England und die weitere züchterische Entwicklung in diesem Lande abweichende Typen. Die englischen Züchter entwickelten einen in einigen Bereichen übertrieben ausgestatteten Hund, größere Länge, schwerer, niedriger gestellt, insbesondere entstand beträchtlich stärkere Vorbrust, eine Art Bugkiel. Die deutschen Teckelzüchter lehnen diese Übertreibungen kompromißlos ab, da sie die Rasse für die Arbeit unbrauchbar machen.

Der Dachshund in den USA wurde auf Blutlinien beider Länder - England wie Deutschland - aufgebaut, glücklicherweise ist der Typ hier nicht so extrem wie in England. In den Vereinigten Staaten wird die Rasse nur nach Haarkleid, nicht nach Größe in drei Schläge aufgeteilt. Die abweichende Behaarung wurde durch Einkreuzung von Terriern und Spanieltypen erreicht.

Auch das Haarkleid ist beim Dachshund funktionsbedingt. Rauhhaar gibt dem Hund mehr Schutz gegen dornige, dichte Hecken und Unterholz, Langhaar ist für die Wasserarbeit recht brauchbar. Der Teckel wird auch zur Nachsuche auf angeschossenes Wild eingesetzt - und Glatthaar ist immer gut für die Arbeit unter der Erde.

WESEN

Für seine Arbeit braucht der Hund Jagdpassion, muß lebhaft, intelligent und mutig sein. In der Rasse steckt erstklassige Nasenveranlagung.

Der Dachshund ist auch ein vorzügliches Familienmitglied, man darf aber dabei nicht übersehen, daß er ein mutiges, selbstsicheres Wesen besitzt. Einige der kleinen Schläge, besonders populär wegen ihrer Größe, zeigen eine gewisse Anfälligkeit für Nervosität. Dachshunde müssen nervenfest sein, ruhig und selbstbewußt auftreten.

GESUNDHEIT

Der Dachshund hat einen langen Rücken, deshalb können Bandscheibenprobleme auftreten. Besonders wichtig ist, daß die Hundebesitzer ihre Hunde nie übergewichtig werden lassen. Zuweilen treten beim Kurzhaar Hautprobleme auf, aber verhältnismäßig selten; ausgewogene Ernährung sollten trockene oder schuppige Haut gar nicht erst aufkommen lassen. An den kräftigen Zähnen des Dachshunds setzt sich zuweilen Zahnbelag an. Regelmäßige Zahnpflege wird empfohlen, wenn gelegentliches Benagen eines großen Knochens oder trockene Hundekuchen das Problem nicht schon lösen.

PFLEGE UND ERZIEHUNG

Regelmäßige Bewegung ist wichtig, dadurch arbeitet man möglichem Übergewicht entgegen. Im Grunde ist der Dachshund von Hause aus ein Jagdhund, erfreut sich an vielerlei Aktivitäten.

Das Haarkleid läßt sich leicht pflegen. Der Kurzhaar ist geruchsfrei, wechselt das Haar nur in geringem Umfang, ein Pflegehandschuh oder ein weiches Tuch erhalten den gesunden Glanz. Langhaarteckel müssen regelmäßig gekämmt und gebürstet, die Pfoten mit der Schere frei von zuviel Behaarung gehalten werden. Der Rauhhaar wechselt sein Haarkleid, totes Haar muß ausgetrimmt werden. Dies kann man mit einer harten Bürste oder einem Trimmesser tun. Möglicherweise läßt man diese Arbeit auch durch einen Spezialisten von gutem Ruf ausführen.

ANPASSUNGSFÄHIGKEIT

Dachshunde sind aktive Hunde, brauchen - um fit zu bleiben - viel Auslauf. Es ist traurig, aufgrund ihrer angenehmen Größe und attraktiven Aussehens werden viele Dachshunde als Familienmitglieder durch ihre Besitzer zu recht trägen Kreaturen verwandelt. Dies steht im Widerspruch sowohl zu ihren geistigen wie körperlichen Fähigkeiten.

In ländlicher Umgebung wird der Dachshund schnell seine Geschicklichkeit beim Töten von Raubzeug unter Beweis stellen, er kann sich aber auch dem Lebensstil der Städter anpassen, vorausgesetzt, es wird ihm Gelegenheit zu aktivem Tun gegeben.

Standard Dachshunde in den drei Haartypen. Von links nach rechts: Langhaar, Rauhhaar, Kurzhaar.

Die Rasse ist bekannt dafür, daß sie recht laut sein kann, ein gewisses Verständnis der Nachbarn ist für alle die wichtig, die gerne einen oder zwei Dachshunde halten möchten.

RASSEMERKMALE

»Lang gestreckt, tief gestellt und fester Rücken«, dies sind die Schlüsselworte, um den Rassetyp zu umschreiben. Der Dachshund ist ein langer Hund mit einem weit nach hinten reichenden Rippenkorb.

Die Oberlinie muß gerade sein, die Hinterhand tief stehen. Der Aufbau der Front ist außerordentlich wichtig. Dabei müssen die Schultern gut zurückliegen, gleiche Länge haben wie der Oberarm, so daß der Hund viel Vorbrust besitzt. Die Vorderläufe müssen kurz und starkknochig sein, frei von Falten oder loser Haut. Ein korrekt stehender Vorderlauf muß von der Seite gesehen am tiefsten Punkt der Brust stehen. Aufgrund der rassetypischen Anatomie muß der Oberarm sich dem Brustkorb anpassen, deshalb geringfügig nach außen gestellt sein. Hieraus ergibt sich manchmal, daß die Vorderpfoten leicht nach aus-

sen gedreht erscheinen. In der Bewegung muß der Hund mit der Vorderhand kräftig ausgreifen, die Hinterhand bietet guten Schub. In der Bewegung muß der gerade Rücken fest bleiben. Die Rute wird tief getragen oder in Rückenhöhe, aber nicht wesentlich darüber.

Die häufigsten Farben sind bei Kurz- und Langhaar zweifarbig schwarzloh oder rot, bei den Rauhhaarteckeln dominieren rot, dachs- und hasenfarben. Es gibt auch gefleckte, getigerte und gestromte Teckel, meist heller, bräunlich grau bis sogar weißer Grund mit dunklem unregelmäßigen Flecken.

Ausstellungsgrößen in Deutschland:
Schwerer Schlag: Rüden über 7 kg, Hündinnen über 6,5 kg.
Leichter Schlag: Rüden bis 7 kg, Hündinnen unter 6,5 kg.
Zwergteckel: Rüden bis 4 kg, Hündinnen bis 3,5 kg.

Wie bereits erwähnt liegen bei den kleineren Rassen nicht Gewicht sondern Brustumfang der Gruppierung zugrunde: Zwergteckel Brustumfang 35 cm, Kaninchenteckel Brustumfang 30 cm.

DALMATINER

FCI-Gruppe 6, Standard Nr. 153
Ursprungsland: Dalmatien, Republika Hrvatska
Zucht 1994: D 808, A 62, CH 111, GB 2.794,
USA 42.621

HERKUNFT UND RASSEGESCHICHTE

Der Name der Rasse kommt aus Dalmatien, einem
Teil des ehemaligen Jugoslawiens. Die tatsächliche Herkunft ist nicht eindeutig klar, möglicherweise gehört der English Pointer zu den Ausgangsrassen. Der Dalmatiner hat zahlreiche Aufgaben: Jagdhund, Wachhund und Hütehund. Besonders berühmt war er als Kutschenhund. Seine
Hauptaufgabe bestand darin, hinten unter der hinteren Wagenachse zu laufen, alle anderen Hunde
zu vertreiben, die möglicherweise die Pferde an-
greifen oder erschrecken könnten, welche den
Wagen zogen. Besonders in den USA sind Dalmatiner auch als die Hunde der Feuerwachen bekannt. Früher wurden die Löschfahrzeuge von
Pferden gezogen, standen deshalb wieder unter
der Kontrolle der Dalmatiner. Aber bis zum heutigen Tage ist die Rasse das Maskottchen der Feu-
erwehrleute geblieben. Besonders viele Anhänger
hat der Dalmatiner bei den Reitern, welche die
Hunde gerne neben dem Pferd laufen lassen.

WESEN

Dalmatiner sind energiegeladene und athletische

Dalmatiner

196

Hunde, brauchen sehr viel Bewegung. Sie fügen sich gut in das Familienleben ein, sollten aber von frühester Jugend an mit Kindern vertraut gemacht werden.

GESUNDHEIT

In der Rasse tritt erbliche Taubheit auf. Auch Blasensteine und allergische Hautreaktionen sind bekannt, die zwar in keiner Weise lebensbedrohend sind, aber durch Ausschläge und Hautrötung die befallenen Hunde recht unansehnlich machen.

PFLEGE UND ERZIEHUNG

Dank seines kurzen Haares läßt sich der Dalmatiner leicht sauberhalten. Er wechselt aber das Haar, deshalb ist Bürsten und Abreiben mit einem rauhen feuchten Tuch mehrfach wöchentlich empfehlenswert.

Dieser Hund braucht viel Auslauf, er ist Spitzenkandidat für Unterordnungsleistungsprüfungen, die bei ihm Körper und Seele gesund halten.

ANPASSUNGSFÄHIGKEIT

Dalmatiner sind große Hunde, bei Haltung in der Stadt brauchen sie Zugang zu freien Auslaufflächen und regelmäßige Spaziergänge.

RASSEMERKMALE

Nahezu alle Dalmatiner werden rein weiß geboren, mit Ausnahme von einigen mit einem schwarzen oder leberfarbenen Fleck. Die einzelnen Flecken haben einen Durchmesser von 2-3 cm, wichtig ist ihre gleichmäßige Verteilung.

Die weiße Farbe des Fells muß rein und leuchtend weiß sein. Es sind nur alternativ schwarze oder leberfarbene Flecken, nie aber in Kombination zulässig. Augen bei schwarz gefleckten Dalmatinern dunkel, bei den leberfarbenen heller braun. Bei beiden Farbschlägen werden blaue Augen nur in den USA toleriert.

Der Dalmatiner soll gut proportionierten und ausgewogenen Körperbau zeigen, gute Schultern und flüssiges Gangwerk. Schulterhöhe in den USA 48-58 cm, Disqualifikation im Ausstellungsring ab 61 cm. In England Rüden 58-61 cm, Hündinnen 56-58 cm. Rute gut getragen, nie über den Rücken, sie darf nur bis zum Sprunggelenk reichen. Fröhliches munteres Wesen, harte Muskulatur, gute Pfoten und ein brillantes Farbmuster sind Merkmale des guten Dalmatiners.

DANDIE DINMONT TERRIER

FCI-Gruppe 3, Standard Nr. 168
Ursprungsland: Great Britain
Zucht 1994: D 70, A 1, CH 8, GB 153, USA 129

HERKUNFT UND RASSEGESCHICHTE

Der Dandie Dinmont ist einer der ältesten englischen Terrier, entstand während des 18. Jahrhunderts im Tal des River Coquet in Northumberland. Die genaue Herkunft ist nicht bekannt, aber sicherlich wurden einheimische Terrier zu Ausgangsrassen, möglicherweise spielte der alte Otterhound auch seine eigene Rolle. Es gibt zahlreiche Theorien, aber keine nachgewiesenen Fakten. Zur damaligen Zeit war die Rasse vor allen Dingen durch den Namen von der Farm, auf der sie gezüchtet wurde, bekannt. Im allgemeinen nannte man sie *Pepper* oder *Mustard Terrier*. Diese Hunde waren hochgeschätzt, fanden vor allen Dingen Einsatz zur Bekämpfung von kleinem Raubzeug, von Ottern in den Flüssen und von Füchsen, sie arbeiteten auch als Jagdterrier mit Meuten.

Die Familie Allan, von Beruf Kesselflicker, besaß viele Terrier, darunter auch *Peppers* und *Mustards*. Besonders das Familienmitglied Willie (oder »Piper«) Allan züchtete mit seiner Familie gerade diese kleinen Hunde. Er brüstete sich damit, daß der Herzog von Northumberland ihm - Piper Allan - einmal eine Farm, völlig mietfrei, angeboten habe, als Kaufpreis für einen seiner Terrier. Er habe dieses Angebot aber abgelehnt.

Im Jahre 1815 erschien die Novelle *Guy Mannering* von Sir Walter Scott. Im Zentrum der Novelle standen diese *Pepper and Mustard Terrier* mit einem Farmer, der sie züchtete, dieser trug den Namen *Dandie Dinmont*.

Dieser Name übertrug sich auf die Rasse, es ist die einzige Hunderasse der Welt, deren Namen literarischen Ursprungs ist. Auf der Hindlee Farm am Rule Water im Grenzgebiet lebte ein Farmer namens James Davidson. Seine Gefährten hatten ihm zum Scherz den Namen »Dandie Dinmont« verpaßt, weil er so viele dieser Terrier hielt. Sir

Walter Scott hatte James Davidson vor der Veröffentlichung seiner Novelle nie gesehen, aber offensichtlich entsprach James in großem Umfang der von ihm gezeigten Figur. Beidseits der Grenze in England wie Schottland war die Rasse gut bekannt, und Sir Walter und Lady Scott selbst hielten in ihrem Zuhause in Abbotsford eine ganze Anzahl dieser Hunde.

Im Jahre 1875 wurde im Fleece Hotel, Selkirk, ein eigener Club gegründet, der Dandie Dinmont Terrier Club. Dieser gehört zusammen mit dem Bulldog Club und dem Club für Bedlington Terrier zu den ältesten Hundezuchtvereinen der Welt.

WESEN

Der Dandie Dinmont ist ein typischer Hund, der sich darauf versteht, für sich selbst zu sorgen, hoch intelligent und ein vorzüglicher Familienhund. Tief in ihm wurzelt echter Terriercharakter.

Ein gereizter Dandie kann zum echten Dämon werden, er ist für Fuchs oder kleine Raubtiere ein beachtlicher Gegner. Viele dieser Hunde schliessen sich nur einem Menschen an.

GESUNDHEIT

Der Dandie ist ein sehr robuster Hund, weitgehend schmerzunempfindlich. Oft sind diese Hunde bereits über Tage krank, ehe ihre Besitzer merken, daß etwas nicht stimmt. Eine fitte Rasse, es gibt nur wenige Krankheiten, die ihnen in der Jugend gefährlich werden. Augen und Ohren müssen immer sauber gehalten werden. Bandscheibenprobleme können bei Dandies auftreten, man muß darauf achten, daß sie nie übergewichtig werden.

PFLEGE UND ERZIEHUNG

Auf den Haarschopf (Topknot) muß man besonders achten, er sollte gelegentlich schampuniert werden. In der Familie gehaltene Dandies sollten vom Fachmann zumindest zweimal jährlich getrimmt werden.

Die Ausbildung der Junghunde muß freundlich, nie grob erfolgen. Der Dandie ist ein sensibler Hund, man achte darauf, daß gerade die Seele der Junghunde nicht durch Grobheit belastet wird.

ANPASSUNGSFÄHIGKEIT

Diese Hunde streben mit ihrem liebevollen Charakter sehr nach menschlicher Gesellschaft. Sie passen sich dem Stadtleben wie dem Leben auf dem Lande an. Bei vielen besteht noch ein ausgesprochener Arbeitsinstinkt und Jagdtrieb.

RASSEMERKMALE

Sir Walter Scott sagte zurecht, der Dandie sei *der große kleine Hund* - eine wunderschöne Beschreibung. Dandie Dinmonts wiegen 8-10 kg, niedrigere Gewichte sind besser. Der Kopf ist ausdrucksstark, besonders die schmelzend dunklen Augen und der wunderschöne Topknot. Im Körper lang gestreckt, niedriggestellt, im Lendenbereich leicht aufgezogen. Die Rute sollte in Form eines Krummschwerts etwas höher als der Körper getragen werden. Die Vorderläufe sind grösser als die Hinterläufe, besonders geeignet zum Graben. Dandie Dinmonts bewegen sich mit starkem Schub aus der Hinterhand. Das Haarkleid ist doppelt, rauhes Deckhaar, weiche Unterwolle. Zwei Farben gibt es - *Mustard* (blasses falb bis leuchtendes tan, mit cremefarbenem Topknot) und *Pepper* (fahles silber bis tief blauschwarz mit silberweißem Topknot). In England liegt der Rassebestand bei etwa zweitausend Tieren.

Dandie Dinmont Terrier

D E E R H O U N D

FCI-Gruppe 10, Standard Nr. 164
Ursprungsland: Great Britain
Zucht 1994: D 107, A 1, CH 10, GB 253,
USA 171

HERKUNFT UND RASSEGESCHICHTE

Geschichte und Sagen über die Scottish Highlands
reichen zurück weit ins Mittelalter, bestätigen das
Vorhandensein großer Hounds, gezüchtet zur
Jagd, zum Erlegen des Hirsches in den Schluch-
ten. Anfang des 18. Jahrhunderts veränderten sich
die Jagdtechniken, dadurch geriet der Deerhound
an den Rand des Aussterbens. Die Überlieferung
sagt, daß es nur durch die Anstrengungen von Ar-
chibald McNeill und seinem Bruder Lord Colonsay möglich war, die besten Blutlinien zusammen-
zuführen, weiterhin im *Colonsay strain* verfügbar
zu halten. Dadurch wurde erreicht, daß der Deerhound ins 20. Jahrhundert überlebte.

WESEN

Die Scottish Deerhounds sind einmalig. Um sie zu
beschreiben, muß man widersprüchliche Bezeichnungen gebrauchen, etwa Liebenswürdigkeit -
tödliche Gewalt, Stärke - Empfindsamkeit, unbe-
zähmbarer Mut - Weichheit. Aber alle diese Bezeichnungen sind Schlüsselworte zu einer Rasse,
die für ihre Familie und Jagd lebt, wobei die Familie immer das wichtigste ist.

Durch ihre Sanftmut im Hause bekannt, ebenso
durch ihren Schneid auf der Jagd, sind Deerhounds für Erwachsene wie Kinder vorzügliche
Familienhunde, vorausgesetzt diese einmalige Mischung von charakterlichen Merkmalen wird verstanden.

GESUNDHEIT

Von spezifisch genetischen Gesundheitsproblemen ist der Deerhound weitgehend frei, aber allgemeine Gesundheitsprobleme, wie sie alle grossen Hunde betreffen, liegen natürlich vor. Hierzu
gehören vor allem Magenumdrehung und Bänder-
verletzungen.

Die Besitzer sollten immer auf gebrochene Zehen und beschädigte Ruten achten, beides Folgen
der Begeisterung des Deerhounds an freier, unge-
hemmter Bewegung.

PFLEGE UND ERZIEHUNG

Da die Scottish Deerhounds recht große Hunde
sind, die sehr schnell wachsen, muß man dies in
mehrfacher Hinsicht beachten. Bereits im Alter
von sechs Wochen sollte man dem einzelnen Welpen zumindest fünfzehn Minuten uneingeschränkte Aufmerksamkeit widmen, getrennt von seinen
Geschwistern. Dies ist für seine seelische Entwicklung entscheidend. Während des körperlichen
Wachstums gibt es beim Junghund Koordinations-
probleme. Man darf ihm nicht gestatten, sich
durch Laufen oder Spielen zu überanstrengen.
Doch er kann unbesorgt auf einem eingezäunten
Grundstück alleingelassen werden, um sich zu
bewegen. Außerdem muß er aber täglich zumindest fünfzehn bis zwanzig Minuten zum Spaziergang mitgenommen werden.

Deerhounds, gleich ob als Haushund, Ausstellungshund oder Jagdhund, sollten bereits früh allen Arten von außen kommender Reize ausgesetzt
werden. Zehn Wochen ist bei weitem nicht zu
jung, um den Hund zur Stubenreinheit zu erziehen, Erlernen der Leinenführigkeit, kleine Fahrten
im Auto mitzumachen oder mit Krallen- oder
Zahnpflege zu beginnen. Man muß es dem Junghund ermöglichen, neuen Menschen, anderen
Hunden, Katzen und Haustieren zu begegnen, so
daß er in seinem späteren Leben mit all diesen
vertraut ist. Sprechen mit dem Junghund lehrt ihn,
den Klang der Stimme seines Besitzers aufzunehmen. Recht schnell erlernt der junge Deerhound
die Bedeutung oft wiederholter Worte.

ANPASSUNGSFÄHIGKEIT

Wer immer plant, sich einen Scottish Deerhound
ins Haus zu holen, muß Sorge tragen, daß der notwendige Platz und die Zeit für Spaziergänge gewährleistet sind. Er muß auch die Empfindsamkeit
der Rasse selbst gegenüber den kleinsten Veränderungen mit einplanen. Besonders sollte der Besitzer die Auswirkungen, die jede Veränderung
auslösen könnte, beobachten. Zu häufig führen
derartige Veränderungen zu ernsthaften Gesundheitsschäden.

RASSEMERKMALE

Der Scottish Deerhound hat die elegante äußere
Linie des Greyhounds, sein rauhes Haarkleid ver-

Deerhound

mittelt auf Anhieb den Eindruck von Kraft und Schnelligkeit. Die Schulterhöhe liegt zwischen 71 und 81 cm. Die eleganten äußeren Linien, die kraftvolle Muskulatur, verbunden mit dieser Körpergröße, vermitteln ein gutes Bild, welch ein gefährlicher Gegner dieser Hund auf der Jagd sein kann. Sein kräftiger Hals, seine mächtigen Kiefer sind die des erfolgreichen Jägers, während sein feuriges Auge einen guten Eindruck vermittelt, wie scharfsichtig er bei der Ausschau nach Beute ist. Zuhause vor dem Kamin verwandelt sich alle diese Kraft in ein Bild von Heimeligkeit, sein Ge-

sichtsausdruck wird weich und freundlich.

Die Farben des Deerhounds variieren von Dunkelblaugrau bis Sandrot und Rotfalb. Weiß ist sehr unerwünscht, obgleich etwas Weiß auf den Zehen, an der Rutenspitze oder ein kleiner Brustfleck akzeptiert werden. Gut zurückgelagerte Schultern, eine kräftig bemuskelte Lendenpartie, kraftvoll den Körper vorwärtstreibende Hinterhand, sie vervollständigen das Bild des Deerhounds von Kraft und Eleganz. Die Rute wird in leichtem Bogen nach unten getragen, nie über die Höhe der Rückenlinie angehoben.

DEUTSCHE BRACKE

FCI-Gruppe 6, Standard Nr. 299
Ursprungsland: Deutschland
Zucht 1994: D 36

Dieser kleine deutsche Laufhund stammt von verschiedenen örtlichen Schlägen, die Anfang des 20.
Jahrhunderts als eine Rasse zusammengefaßt wurden. Seltsamerweise ähnelt diese Rasse mehr dem
Schweizer Laufhund als den Rassen, aus denen sie
entstanden ist. Ein sehr gut arbeitender Laufhund,
bekannt wegen seiner lauten und klaren Stimme.
Er arbeitet heute ausschließlich als Jagdhund, ausserhalb seines Ursprungslands trifft man ihn kaum
an.

Widerristhöhe 40-53 cm. Körper rechteckig
und elegant, mit langem, schmalen Kopf. Seine
langen Ohren sind ziemlich tief angesetzt, die Rute ist lang und dünn. Behaarung glatt und leuchtend in den traditionellen Jagdhundefarben, auch
lohfarben mit schwarzem Mantel und meist mit
weißen Abzeichen.

Deutsche Bracke

DEUTSCHER WACHTELHUND

FCI-Gruppe 8, Standard Nr. 104
Ursprungsland: Deutschland
Zucht 1994: D 802, A 40, CH 35

Dieser deutsche Stöberhund soll den alten europäischen Spaniels angeblich sehr ähnlich sehen,
die vor Erfindung des Gewehrs überall eingesetzt
wurden. Diese Rasse wäre Ende des 19. Jahrhunderts nahezu ausgestorben, wurde aber kräftig
wiederbelebt. Obgleich sie sich in Deutschland
immer eines sehr guten Rufs als Stöberhund erfreut, hat diese vielseitige Rasse erst in jüngerer
Zeit auch in anderen Ländern mehr Interesse erweckt.

Schulterhöhe 45-54 cm. Körperbau rechtwinklig, kräftig. Haarkleid von mittlerer Länge, dicht
anliegend oder gewellt, aber nie gelockt. Entweder einfarbig leberbraun oder weiß mit Sprenkelung und großen braunen oder lohfarbenen Flekken. Rot oder leberfarben Schimmel, mit oder ohne Flecken, gleichfalls zulässig, tritt aber selten
auf.

Deutscher Wachtelhund

DEUTSCHE DOGGE

FCI-Gruppe 2, Standard Nr. 235
Ursprungsland: Deutschland
Zucht 1994: D 1.631, A 39, CH 133, GB 2.251,
USA 11.155

HERKUNFT UND RASSEGESCHICHTE

Viele Züchter behaupten, es gäbe diese Hunde
schon etwa seit Beginn der Zeitrechnung. Mit Sicherheit gibt es Beweise dafür, daß große, mächtige Hunde, ähnlich der Deutschen Dogge, bereits
im Jahre 2.000 v.Chr. in Assyrien lebten, weitere
Dokumente findet man bei den alten Griechen und
Römern. Die Wurzel der modernen deutschen
Dogge liegt aber etwa im 14. Jahrhundert in Zentraleuropa, wo sie für die Sauhatz gezüchtet wurde. Wenn man heute diese Hunde beim Spiel beobachtet, erkennt man durchaus Anzeichen, daß
die ursprünglichen Aufgaben noch immer in der
Rasse verankert sind. Deshalb hat diese Theorie
einige Glaubwürdigkeit. Der alte deutsche Name
ist *Saupacker*, erstmals wurde die Rasse in England unter dem Namen *Boarhound* vorgestellt.

In den mitteleuropäischen Wäldern lebten Sau-
en in stattlicher Anzahl, es gehörte zu den Lieb-
lingsfreizeitbeschäftigungen des Adels, mit Meuten edler Hunde auf Sauhatz zu ziehen. Um zu
verstehen, wie diese Rasse aussehen mußte, halte
man sich einfach die hier gestellten Aufgaben vor
Augen. Der Hund mußte mit großer Schnelligkeit
jagen können, viel Ausdauer, aber auch genügend
Kraft und Stärke haben, um die Sau zu stellen.

Die Deutsche Dogge war aber nicht nur ein
hoch geschätzter Jagdhund, sondern aufgrund ihrer stattlichen Größe und edlen Haltung ist es sicherlich verständlich, daß mancher Adlige es liebte, wenn seine Deutsche Dogge im Schloß neben
ihm am offenen Feuer lag. Der englische Name
Great Dane erscheint etwas mysteriös, denn
Dänemark hat wirklich keinerlei Anspruch, sich
als Ursprungsland der Rasse zu fühlen. Jedenfalls
ist Deutschland weltweit heute als die Heimat der
Deutschen Dogge anerkannt. Auch wenn sie unter
diesem irreführenden Namen in den angelsächsischen Ländern geführt wird, diese Rasse wurde
von den Deutschen gezüchtet.

Die ersten Ausstellungshunde kamen aus
Deutschland nach England. Bereits 1875 wurde
die Rasse in England ausgestellt, 1879 gab es die
ersten für die Rasse reservierten Klassen und 1883

wurde der *English Great Dane Club* gegründet.

Die Popularität der Deutschen Dogge hat in der
ganzen Welt steil zugenommen, heute kann man
diese Rasse als einen wahrhaft internationalen
Hund ansehen. Ihre Züchter haben sich häufig um
Blutauffrischungen aus anderen Ländern bemüht.
Zur Zeit gewinnen Ausstellungshunde mit einer
Mischung von englischem, amerikanischem und
skandinavischem Blut Wettbewerbe in der ganzen
Welt. Aber die deutschen Züchter haben diese
Rasse begründet und sind immer noch an vorder-
ster Front in allen *führenden Farben*, also insbesondere bei den Blauen, Schwarzen und Gefleck-
ten.

WESEN

Bei einem Hund mit einer Schulterhöhe von mehr
als 81 cm gehört das Wesen zu den wichtigsten
Rassemerkmalen. Die Deutsche Dogge zeigt,
solange man sie nicht provoziert, absolut keinerlei
Anzeichen von Aggression.

Sie ist hoch intelligent, schätzt es besonders,
echtes Mitglied der Familie zu sein. Deutsche
Doggen sind aber etwas eigenwillig, versuchen
bisweilen, ihren Willen durchzusetzen. Man kann
ihnen dies aber durchaus abgewöhnen. Und es ist
sehr wichtig, daß der Besitzer Verantwortung
trägt, nie erlaubt, daß der Hund ihn dominiert.

GESUNDHEIT

In der Aufzucht erfordern Deutsche Doggen eine
ganze Menge Arbeit, denn ihre Wachstumsrate ist
außerordentlich groß. Unglücklicherweise haben
sie das gleiche Schicksal wie andere Riesenrassen,
ihre Lebenserwartung ist nicht hoch. Die schnelle
Wachstumsrate kann sich negativ auf die Kno-
chenentwicklung auswirken, deshalb ist es entscheidend, daß die Ernährung der Heranwachsenden genau stimmt. Von früher Jugend an muß
auch die Muskulatur vernünftig aufgebaut werden.

PFLEGE UND ERZIEHUNG

Erst einmal ausgewachsen, verlangt die Deutsche
Dogge nicht mehr so viel Pflege. Während ein
Junghund seinen Besitzer »aus Haus und Hof fres-
sen kann«, brauchen erwachsene Doggen beiwei-
tem nicht soviel, wie manche annehmen. Die
Deutsche Dogge verlangt sehr viel Auslauf und

Deutsche Dogge, schwarz

Schlaf. Durch feste, aber faire Erziehung wird die Dogge zu einem wertvollen Bestandteil der Familie. Von Natur aus ist sie sauber, möchte eigentlich immer gerne ihrem Besitzer dienen.

ANPASSUNGSFÄHIGKEIT

Die Deutsche Dogge ist ein echter Familienhund. Aber Vorsicht, sie ist ein den Komfort liebendes Lebewesen, nimmt in der Regel bei erster Gelegenheit Lieblingssessel oder Sofa ihres Besitzers in Beschlag - oder legt sich vor das offene Feuer.

Erwachsen braucht sie täglich ein- oder zweimal Gelegenheit für einen tüchtigen Auslauf, danach wird sie sich ruhig hinlegen und bequem schlafen, gewöhnt sich an einen recht geruhsamen Lebensstil. Bei einem Jungtier ist dies aber eine ganz andere Geschichte. Die Dogge möchte bei ihrem Menschen sein, läßt man sie längere Zeit alleine, könnte sie in ihrer Einsamkeit versuchen, das Haus neu zu arrangieren. Wenn man ihr aber dann in ihr freundliches, intelligentes Gesicht schaut - mit ihrem außerordentlich beweglichen Minenspiel - ist es nahezu unmöglich, mit diesem freundlichen Riesen hart zu sein!

RASSEMERKMALE

Heute ist die Deutsche Dogge in ihrer Zucht international, es gibt von Land zu Land wenig Unterschiede im Typ. Vielleicht sind die deutschen Hunde etwas schwerer und untersetzter, haben die amerikanischen längere und elegantere Köpfe. Eine gute Deutsche Dogge sollte aber überall in der Welt siegen können. Von Alters her wurden in den USA und Teilen Europas Ohren kupiert, was glücklicherweise heute weitgehend verboten ist.

Die Schlüsselworte für Deutsche Doggen lauten Eleganz, Adel, Anmut, Substanz und Kraft. Ihr Kopf wird als *adlerähnlich* bezeichnet. Diese Hunde sollten für ihre Größe bemerkenswert leicht auf den Läufen sein, sich mit langem, freien Trab bewegen, dabei immer ein edles und stolzes Bild bieten. Der Kopf ist lang, Oberkopf und Fang etwa von gleicher Länge. Von der Welpenzeit bis zum Ausgewachsenen kann es in der Ausformung des Kopfes drei Jahre dauern, nie darf der Kopf plump oder grob wirken.

Diese gelbe Dogge hat natürliche, unkupierte Ohren, wie man sie heute in den meisten Ländern der Welt verlangt.

Der Körper der Deutschen Dogge ist mehr oder weniger quadratisch, sie hat eine tiefe Brust und lange Läufe, bietet ein Bild der Eleganz und Kraft. Ein langer geschwungener Hals geht in den Widerrist über, die Lendenpartie ist leicht aufgewölbt, die Hinterhand voller Kraft. Man achte darauf, die Dogge hat starke Knochen, die aber weniger rund als flach sind. Es gibt fünf anerkannte Farben, wenn noch andere auftreten, sieht man sie in der Regel in keinem Ausstellungsring, insbesondere nicht auf Spitzenplätzen. So werden in den USA heute Doggen in Färbung der Boston Terrier akzeptiert, also schwarze Hunde mit weissen Abzeichen ähnlich dem Boston Terrier; derartige Hunde werden häufiger in gefleckten Würfen geboren (Harlequin). Die Farbe gelb variiert von

tief orange bis hell büffelfarben, alle Schattierungen haben ihre Liebhaber, alle sind korrekt. Grob ausgedrückt ist gestromt nichts anderes als gelb mit schwarzen Streifen. Schwarz muß immer schwarz sein. Blau variiert von hellgrau über stahlblau bis zu dunkelschiefer. Gefleckte Doggen haben weißen Untergrund mit schwarzen Flecken. Blaue Flecken sind nach dem FCI-Standard nicht gestattet. Diese Markierungen sind immer ungleichmäßig, die Flecken sollten nicht so groß sein, um wie eine Decke zu wirken, aber auch nicht so klein, daß sie getüpfelt erscheinen. Der Gesamteindruck ist so, als habe man Tinte über ein weißes Papier gespritzt. Bei dieser Farbe wirkt ein weißer Hals besonders schön. Bei gefleckten Doggen wird auch rosa Nasenpigment toleriert.

DEUTSCHER JAGDTERRIER

FCI-Gruppe 3, Standard Nr. 103
Ursprungsland: Deutschland
Zucht 1994: D 1.222, A 157, CH 60

Der Deutsche Jagdterrier wurde in den 1920er Jahren nach einem sehr präzisen Zuchtplan entwickelt.

Die Ursache für diese neue Zucht lag darin, daß die Terrier jener Zeit in der Arbeit unter der Erde nicht besonders erfolgreich waren.

Bei den Jägern bestand Übereinstimmung, daß sie gerne mit einem Terrier arbeiteten, der hart und passioniert war und genügend Robustheit hatte, um ohne zu zögern in den Bau einzuschliefen, um Dachs und Fuchs anzugreifen.

Für das Zuchtprogramm wurden eigene Richtlinien aufgestellt, es bestand Übereinstimmung, daß man einen *Allround Terrier* anstrebte.

Nach sehr genauen Planungen wurden Rassen wie Welsh, Lakeland und Fox Terrier eingesetzt. Viele glauben, daß auch der Pinscher und einige Dachsbracken zur Entstehung der neuen Rasse beitrugen.

In den 1950er Jahren war der Typ gefestigt, er hatte die Arbeitsqualitäten, die sich Jäger nur wünschen konnten.

Der Deutsche Jagdterrier arbeitet auf Sauen, Hirsch, Fuchs, Dachs und selbst Vögel im Walde.

Die Rasse ist eindeutig ein Jagdhund mit sehr viel jagdlicher Passion. Obgleich bei den Jägern in Europa einschließlich Skandinavien bestens eingeführt, sind die Zuchtzahlen nicht besonders hoch.

Widerristhöhe der Rasse nicht unter 33 cm, aber auch nicht über 40 cm. Körperbau rechteckig, ohne die Schrittlänge seiner englischen Vorfahren.

Kopf lang, aber nicht so schmal wie beim Fox Terrier; insbesondere der Fang sollte starke Kiefer mit kräftigem Gebiß aufweisen. Glatthaar oder Drahthaar, beides ziemlich kurz.

Farbe Schwarz, Schwarzgraumeliert oder Dunkelbraun mit lohfarbenen Abzeichen. Die schwarzgrauen Jagdterrier haben meist sehr drahtiges Haar.

Deutscher Jagdterrier

DEUTSCHER DRAHTHAARIGER VORSTEHHUND

FCI-Gruppe 7, Standard Nr. 098
Ursprungsland: Deutschland
Zucht 1994: D 3.404, A 211, CH 23, GB 222,
USA 1.414

HERKUNFT UND RASSEGESCHICHTE

Ende der 1870er Jahre suchten die deutschen Jäger einen Allround Jagdhund, der sowohl Wild aufspürte, vorstand, apportierte wie im Bedarfsfall auch nachsuchte. Bei der Zucht des Deutsch Drahthaar wurden der Griffon und der Deutsch Stichelhaar aufgrund ihres Haars, Pudel Pointer und Deutsch Kurzhaar aufgrund ihrer jagdlichen Qualitäten verwendet, daraus entstand der Draht-haarige Deutsche Vorstehhund.

Der entsprechende Zuchtverein wurde am 15. Mai 1902 in Berlin gegründet, sein Name war *Verein Deutsch Drahthaar*. Von da an dauerte es aber immerhin bis zum Jahr 1928, bis die Rasse im deutschen Zuchtkartell aufgenommen wurde. In die USA kam die Rasse in den 1920er Jahren, nach England erst 1955, vor allem durch britische Soldaten, die während ihrer Zeit in Deutschland die Hunde bei der Arbeit beobachtet hatten. In Deutschland hat dieser Jagdhund, der sowohl stöbern, vorstehen, apportieren wie auch nachzusuchen versteht, von allen Jagdhunderassen den besten Ruf. Auch in den USA wie in Großbritannien ist die Rasse populär, in ihrer Gruppe hat er sich als sehr starker Wettbewerber erwiesen.

Deutsch Drahthaar

WESEN

Der Deutsch Drahthaar sollte ein freundlicher, liebevoller und im Wesen ausgeglichener Jagdhund sein. Er ist munter, lebhaft, behende, belastbar und sehr loyal. Am wohlsten fühlt er sich bei der Arbeit, aber auch als Familienmitglied fügt er sich gut ein. Er ist ein unternehmungslustiger Hund, der gerne bei allem, was passiert, dabei ist. Er besitzt gute Veranlagung als Schutzhund, ist Fremden gegenüber meist recht zurückhaltend.

GESUNDHEIT

Der Deutsch Drahthaar ist eine sehr gesunde und robuste Hunderasse, dennoch gibt es einige Fälle von Hüftgelenksdysplasie und Entropium. Bei Hündinnen treten zuweilen Hormonprobleme auf, die das Haarkleid beeinträchtigen. Im allgemeinen handelt es sich aber beim Deutsch Drahthaar um eine gesunde, langlebige Hunderasse mit sehr wenig Gesundheitsproblemen.

PFLEGE UND ERZIEHUNG

Wie bei jeder Jagdhunderasse ist es besonders wichtig, dem Deutsch Drahthaar frühzeitig Unterordnung beizubringen. Frühe Sozialisation mit Menschen und Hunden ist unerläßlich. Das Haarkleid braucht ein Minimum an Pflege, einfach etwas sauber machen, möglicherweise bei Ausstellungshunden etwas Trimmen mit der Hand.

ANPASSUNGSFÄHIGKEIT

Besonders gut gedeiht der Deutsch Drahthaar in menschlicher Gesellschaft. Für ein Leben in Appartements ist er aber weniger geeignet, er braucht frische Luft und sehr viel Auslauf.

Diese Hunde können recht eigenwillig sein, reagieren aber auf richtige Erziehung sehr gut.

RASSEMERKMALE

Wichtig bei dieser Rasse ist das harte, doppelte Haarkleid, im allgemeinen nicht über 4 cm lang.

Ein mittelgroßer Jagdhund, etwas länger als seine Widerristhöhe. Schulterhöhe USA Rüden 58-64 cm, Hündinnen 53-58 cm, England Rüden 60-67 cm, Hündinnen 55-60 cm.

Farben einfarbig Braun, Braun- oder Schwarzschimmel. Einfarbig Schwarz oder dreifarbig ausserordentlich unerwünscht.

Die Augen des Hundes erscheinen fast menschenähnlich. Glatter Oberkopf, starke Augenbrauen und Bartbildung, aber nicht zu lang. Kopf immer braun oder schwarz, entsprechend der Grundfarbe, weiße Blesse gestattet. Die Rute wird in der Regel auf zwei fünftel der natürlichen Länge kupiert, um Arbeitsverletzung zu verhindern.

DEUTSCHER KURZHAARIGER VORSTEHHUND

> FCI-Gruppe 7, Standard Nr. 119
> Ursprungsland: Deutschland
> Zucht 1994: D 1.535, A 267, CH 26, GB 1.175, USA 14.154

HERKUNFT UND RASSEGESCHICHTE

Wie schon der Name zum Ausdruck bringt, der Deutsch Kurzhaar ist eine deutsche Hunderasse, die bereits aus dem 17. Jahrhundert bekannt ist. Diese vom Menschen geschaffene Rasse wurde speziell als Jagdhund gezüchtet, in einer Zeit und in einem Land, da Jagd als Nahrungsquelle von großer Bedeutung war. Der alte deutsche Vorstehhund stammt aus Kreuzungen mit dem alten spanischen Pointer und dem Bloodhound. Hieraus entstand ein substanzvoller Jagdhund, der nicht nur für die Jagd auf Hasen, Kaninchen und Vögel, sondern auch für die Nachsuche auf Hochwild eingesetzt wurde.

Bis zum Jahr 1872 waren die Züchter soweit, im Typ genügend ausgeglichene Würfe zu züchten, so daß sie im deutschen Zuchtbuch eingetragen werden konnten. Der Zuchtverein stellte nicht nur einen Rassestandard mit den erwünschten körperlichen Merkmalen auf, bestand vielmehr darauf, auch Leistungsprüfungen durchzuführen. Noch heute wird größter Wert darauf gelegt, daß der Deutsch Kurzhaar ein Allzweckjagdhund ist und bleibt.

1925 begründete Dr. Charles Thornton aus Montana in den USA einen eigenen Zwinger, 1930 wurde die Rasse vom American Kennel

Deutscher Kurzhaariger Vorstehhund

Club anerkannt. Erstmals sah man diese Hunde 1937 auf der Westminster Kennel Club Show, damals wurden drei Hunde vorgestellt. Die erste US-Spezialausstellung fand 1941 gemeinsam mit der allgemeinen Hundeausstellung des International Kennel Club of Chicago statt. 1951 gestattete der Englische Kennel Club, daß der erste Wurf Deutsch Kurzhaar eingetragen wurde. Schon 1953 wurden auf Crufts Dog Show zwei Klassen für die

Rasse ausgeschrieben, sieben Hunde traten zum Wettbewerb an.

In Deutschland ist der bei weitem populärste Jagdhund der Deutsch Drahthaar. Aber sowohl in Amerika als auch in England war die Popularität des Deutsch Kurzhaar immer größer als die seines Vetters. Es kann nicht genügend betont werden, daß Deutsch Kurzhaar und Deutsch Drahthaar zwei völlig getrennte Rassen darstellen. Es handelt sich nicht einfach um zwei verschiedene Haartypen der gleichen Rasse.

Der Deutsch Kurzhaar hat einen kurzen, festen Rücken, der Rücken des Drahthaar ist länger. Auch ihre Charaktere - ihr Verhalten gegenüber der Umwelt - sind durchaus unterschiedlich.

In Deutschland wird die Arbeitsfähigkeit der Hunde betont. Um mit einem Hund zu züchten, muß er sich sowohl auf jagdlichen Prüfungen wie im Ausstellungsring empfohlen haben.

Die Gesamtqualität der heutigen Deutsch Kurzhaar ist so hoch, daß in den Vereinigten Staaten wie in England die Rasse häufig Spitzenwettbewerbe für sich entscheidet.

WESEN

Das Wesen des Deutsch Kurzhaar ist freundlich, liebevoll und ausgeglichen. Der Hund ist aufmerksam, leicht erziehbar und sehr loyal - nicht zuletzt ein idealer Familienhund, der Kinder liebt, an nichts mehr Freude hat, als mit ihnen im Garten zu spielen.

Als Allzweckjagdhund arbeitet die Rasse gerne nach Kommando ihrer Besitzer in Wald und Feld. Aber am Abend sind diese Hunde nur zu glücklich, wenn sie auf dem Sofa oder am Ofen ausruhen dürfen.

Man kann den Deutsch Kurzhaar auch in Zwingern halten. Aber aufgrund seiner großen Anhänglichkeit an den Menschen, muß er sich zur Familie zugehörig fühlen, sollte die meiste Zeit in der Nähe des Menschen bleiben. Er möchte nur sehr ungern ausgeschlossen werden.

GESUNDHEIT

Ein kerngesunder Hund, im Typ ohne irgendwelche züchterische Übertreibung, entsprechend minimal sind die Gesundheitsprobleme. Es wurden zwar Fälle von Hüftgelenksdysplasie, Entropium und Epilepsie berichtet, aber die Qualität des Zuchtmaterials ist so, daß derartige Probleme nur äußerst selten auftreten.

PFLEGE UND ERZIEHUNG

Diese Rasse läßt sich hervorragend erziehen. Der Deutsch Kurzhaar liebt es zu lernen, sei dies jagdliche Ausbildung oder Unterordnung.

Diese Hunde lernen schnell, möchten immer das tun, was man von ihnen verlangt, lernen neue Kommandos in kurzer Zeit. Diese Hunde vereinen jagdliche Passion mit großer Liebe zum Menschen. Deshalb ist eine klare Grunderziehung im-

mer wichtig, um sicher zu stellen, daß ihre Schutzinstinkte unter Kontrolle bleiben.

ANPASSUNGSFÄHIGKEIT

Der Deutsch Kurzhaar lebt am liebsten mit seinem Menschen, über längere Perioden alleingelassen kann er recht zerstörerisch werden. Trotz seiner großen Anpassungsfähigkeit wird er besser in Wohnungen mit Gartenzugang gehalten als nur in Appartements.

Da sie dringend Sozialkontakt brauchen, sollte man bei einer Haltung im Zwinger darauf achten, daß die Hunde einen Spielgefährten haben. Auch dann möchten sie aber am liebsten in der Familie integriert sein.

Hundebesitzer von Deutsch Kurzhaar, die keine jagdliche Arbeit mit ihnen durchführen, sollten wenn irgend möglich sich an Unterordnungsprüfungen beteiligen, auch Agility und Breitensport bilden für die Rasse immer eine willkommene Herausforderung.

RASSEMERKMALE

Diese edle Rasse besitzt viel äußere Eleganz! Schön geformter Kopf, stark bemuskelter Körper, tiefe Brust, schönes Haarkleid. Wenn die Sonne das Fell bescheint, zeigt dies besonders gut, was für eine wirkliche aristokratische, alte Hunderasse man vor sich hat.

Farben einfarbig Braun oder Braun mit weißen oder gesprenkelten Abzeichen oder Platten, Hell- und Schwarzschimmel, mit und ohne weiße Platten. Schulterhöhe Rüden 58-65 cm, Hündinnen 53-59 cm. Keine im Standard geregelten Gewichte, der US-Standard spricht von 25-32 kg bei Rüden, 20-27 kg bei Hündinnen.

Der Kopf des Deutsch Kurzhaar muß genügend breit und leicht gewölbt sein. Augen von mittlerer Größe, freundlich und intelligent. Augenfarbe in richtigem Verhältnis zur Fellfarbe, typisch der freundliche Ausdruck, der für die Rasse wichtig ist. Anders als bei seinem drahthaarigen Vetter ist das Fell des Deutsch Kurzhaar kurz, flach anliegend, beim Berühren etwas rauh. Ein weiches, seidiges Fell wäre völlig untypisch. Unter der Rute ist das Haar etwas länger. Ruten werden zur Vermeidung von Verletzungen bei der Arbeit im allgemeinen kupiert.

Die wirkliche Schönheit dieser Rasse liegt in ihrer Bewegung - diese Aussage kann man nur unterstreichen. Guter Schub aus der Hinterhand, schöner Vortritt mit raumgreifender Bewegung, dies ist für die Rasse charakteristisch.

DEUTSCHER LANGHAARIGER VORSTEHHUND

FCI-Gruppe 7, Standard Nr. 117
Ursprungsland: Deutschland
Zucht 1994: D 669, A 87, CH 8

Der Langhaarige Deutsche Vorstehhund ist nicht etwa eine langhaarige Varietät des Deutsch Kurzhaar oder Deutsch Drahthaar, er ist vielmehr eine eigene Rasse mit eigenem Rassestandard und fast völlig anderer Herkunft.

Diese Rasse entstand Ende des 19. Jahrhunderts. Das Ziel war, einen Jagdhund zu züchten, der schneller war als Deutsch Kurzhaar und Deutsch Drahthaar zur damaligen Zeit. Wahrscheinlich handelt es sich beim Deutsch Langhaar um die am wenigsten bekannte Deutsche Vorstehhunderasse, sie ist aber wegen ihrer Vielseitigkeit als »Mädchen für alles« im deutschen Jagdrevier hoch geschätzt.

Widerristhöhe Rüden 63-66 cm, Hündinnen 60-63 cm. Körperbau rechteckig, stark bemuskelt, ganz auf die jagdlichen Aufgaben ausgerichtet. Nie ist diese Rasse so elegant wie beispielsweise ein Setter, um so vielfältiger ist sie in ihrer Arbeitsfähigkeit.

Haarkleid etwa 3-5 cm lang, am Körper flach und eng anliegend, auch leichte Wellung gestattet, harte Struktur. An Kehle, Brust und unter dem Bauch länger, am längsten an den Ohren, an den Hosen und der Rute. Dichte Unterwolle. Farbe einfarbig Braun, mit oder ohne weiße Abzeichen, Braunschimmel, Hellschimmel, Forellentiger (mit vielen kleinen braunen Flecken auf weißem Grund).

Deutsch Langhaar

DEUTSCHER SCHÄFERHUND

FCI-Gruppe 1, Standard Nr. 166
Ursprungsland: Deutschland
Zucht 1994: D 27.648, A 1.893, CH 1.027,
GB 22.026, USA 78.999

HERKUNFT UND RASSEGESCHICHTE

Zu Zeiten der Entstehung dieser Hunderasse gab
es bei den in Deutschland arbeitenden Schäferhunden keinen einheitlichen Typ. Die Schäfer benutzten für das Schafehüten sowohl große als
auch kleine Hunde, wenn ein Hund für die Arbeit
etwas taugte, wurde er eingesetzt. Während des
19. Jahrhunderts wurde das Erscheinungsbild einheitlicher. Maßgebenden Anteil daran hatte der
Verein für Deutsche Schäferhunde (SV), heute
eine riesige Zuchtorganisation mit über 50.000
Mitgliedern, über ganz Europa verteilt. Dieser

Verein wurde 1899 gegründet. Sein Ziel war, die
vorhandenen Schäferhunde in eine einheitliche
Schäferhunderasse umzuformen, verlangt wurde
vor allen Dingen Vielseitigkeit und ein hoher Intelligenzgrad.

Schon in den Anfangsjahren der Rasse gab es
einige Deutsche Schäferhunde, die sich besonders
in der Arbeit bei der Polizei auszeichneten.

Um die Jahrhundertwende entstand der Deutsche Schäferhund in der Form und mit den Wesensmerkmalen, wie wir ihn heute kennen. Der
Verein für Deutsche Schäferhunde (SV) übte eine
recht strikte Kontrolle auf die Züchter aus. Dadurch verschmolz die große Masse an Hütehunden
in eine einheitliche, außerordentlich nützliche
Hunderasse, den Deutschen Schäferhund. Maßgebend an der Entwicklung der Rasse - viele nennen
ihn sogar den Gründer der Rasse - war Rittmeister
Max von Stephanitz.

Deutscher Schäferhund

Kanadischer Weißer Schäferhund. Diese Rasse wird weder von der FCI, vom AKC noch vom KC anerkannt. Anerkennung bisher auf Kanada beschränkt

Bereits 1906 kamen die ersten Deutschen Schäferhunde nach Amerika, wurden aber nach Deutschland zurückgebracht, weil sie keine Eintragung im *American Kennel Club Stud Book* fanden. Zwischen 1912 und 1914 registrierte der American Kennel Club die ersten zwei Hunde der Rasse. Engagierte Liebhaber gründeten den *German Shepherd Dog Club of America* und sorgten dafür, daß sich ein korrekter, moderner Hundetyp nach deutschem Vorbild entwickelte.

Während des Ersten Weltkriegs war in den englischsprechenden Ländern alles, was von Deutschland kam, tabu. Um die Rasse gegen alle diese Vorurteile zu schützen, strich der American Kennel Club den ursprünglichen Rassenamen, vorübergehend hieß die Rasse nur noch *Shepherd Dog*. Erst 1931 kam das *German* zurück, hatte die Rasse wieder ihren vollen Namen *German Shepherd Dog*. Über den gleichen Zeitraum war in England die Rasse als *Alsatian Wolfdog* bekannt. Bald wurde der Name geändert, wenige mochten die Verbindung zu dem furchterregenden *Wolf*. Bis zum Jahre 1979 nannten dann die Engländer die Rasse *Alsatians*, bis 1979 der English Kennel Club ihr ihren korrekten Namen *German Shepherd Dog* wieder zuerkannte.

Nach dem Ersten Weltkrieg entwickelte sich in

den USA ein beachtlicher Zuspruch zur Rasse, es erfolgten ernsthafte Importe. Engagierte Liebhaber brachten viele schöne Hunde aus Deutschland, stellten sie in Amerika aus. Diese Importe und strikte planmäßige Zucht waren ein unschätzbarer Beitrag zur Festigung des Rassetyps.

Die Popularität der Rasse stieg geradezu raketenhaft an, als zwei Deutsche Schäferhunde in den USA auftraten. Der eine davon war *Strongheart*, viele Jahre ein Filmstar - und nur kurze Zeit später kam *Rin Tin Tin* in die Kinohäuser. Diese zwei Hunde katapultierten die Rasse geradezu in das öffentliche Interesse. Der *Shepherd* wurde für jeden Amerikaner zum festen Begriff, eine *Rin Tin Tin*-Folge über drei Jahrzehnte hielt die Rasse im Zentrum der öffentlichen Meinung. Jedermann wollte seinen eigenen *Rin Tin Tin*. Über diese Jahre wurde der Deutsche Schäferhund zur *Number One* in der Popularitätsskala. Hunderte von engagierten Züchtern setzten in Amerika unter sorgfältiger Zuchtwahl ihr Zuchtprogramm fort. Über die fünf Jahrzehnte nach Ende des Zweiten Weltkriegs haben sich die Amerikaner in der Zucht Deutscher Schäferhunde als sehr planvoll erwiesen. Es besteht aber noch immer die Notwendigkeit, insbesondere das Wesen einiger Hunde zu verbessern. Noch viel bleibt zu tun, ehe zum zweitenmal in jüngerer Geschichte die Rasse wieder in den Zenit der Popularität aufsteigt.

WESEN

Die guten Leistungen des Deutschen Schäferhundes als Blindenführhund wurde zur Legende. Die Gesellschaft hat dem Deutschen Schäferhund diese Aufgabe insbesondere aufgrund seines guten, ausgeglichenen Wesens und seiner Zuverlässigkeit zugewiesen. Vom Deutschen Schäferhund erwartet man eine gewisse Wachsamkeit, kein Anfreunden mit Fremden. Wie schon vor so vielen Jahren der *Verein für Deutsche Schäferhunde (SV)* geplant hatte, so entwickelte sich der Deutsche Schäferhund zu einem vorzüglichen Gebrauchshund mit einem hohen Grad an Intelligenz und Gehorsam. Seine Schnelligkeit beim Lernen, sein Selbstvertrauen und gesunder Verstand haben ihn zu einem erstklassigen Gebrauchshund gemacht.

Der Standard des Deutschen Schäferhundes ist sehr genau, bestraft insbesondere schlechtes Wesen mit dem Ausschluß aus jedem Wettbewerb. Der *German Shepherd Dog Club of America* stellt umgekehrt Hunde mit gutem Wesen besonders heraus.

GESUNDHEIT

Vier Erkrankungen werden bei Deutschen Schäferhunden diskutiert. Wie bei anderen großen Hunderassen tritt Hüftgelenksdysplasie, gegen die in allen Ländern die Zuchtvereine ankämpfen, auf. Auch Panosteitis, ein Wechsel in der Dichte langer Knochen, bringt Probleme. Bei der Behandlung von Pyodermie, einer Bakterieninfektion der Haarschäfte, treten Schwierigkeiten auf. Weiterhin gibt es Fälle von idiopatischer Epilepsie.

PFLEGE UND ERZIEHUNG

Der Deutsche Schäferhund braucht nur sehr wenig spezielle Pflege, täglich Kämmen und Bürsten, je nach Bedarf Baden. Pflege der Krallen mit Nagelzange und Feile, Freihalten der Zähne von Zahnstein. Durch wöchentliche Überprüfung kontrolliert man diese Probleme.

Jeder große Hund braucht in Gehorsam eine Grundausbildung und muß zu sozialem Verhalten angeleitet werden. Natürlich bedarf er zur Arbeit an der Herde einer Spezialausbildung. Bei Ausstellungshunden empfiehlt sich auch zusätzliches Ringtraining. Die Schäferhundevereine führen eigene Lehrgänge für Unterordnung und Ausbildung zum Schutzhund durch, auch für Agility ver-

Der Deutsche Schäferhund zeichnet sich durch einen edlen und schön geformten Kopf aus.

fügt die Rasse über vorzügliche Veranlagung. Der Deutsche Schäferhund ist ein wunderschönes und extrem einsatzfähiges Tier, lernt mit Leichtigkeit den Großteil der von ihm erwarteten Aufgaben.

ANPASSUNGSFÄHIGKEIT

Anpassungsfähigkeit gehört zu den wichtigsten Eigenschaften Deutscher Schäferhunde, dies zeigt sich insbesondere bei der Erfüllung der ihnen zugewiesenen Aufgaben. Man weiß gar nicht, was zuerst war, die natürliche Anpassung oder die Notwendigkeit hierzu. Wahrscheinlich sind die vielen Arbeitssituationen, welche diesen Hunden offenstehen, ursächlich dafür, daß die Züchter auf diese Eigenschaften sich so sehr konzentrieren.

Deutsche Schäferhunde bewähren sich hervorragend in der Fährtenarbeit, bei der Polizei, bei der Bekämpfung des Drogenschmuggels, bei Unterordnungsleistungen, als Hütehunde wie auch zum Aufspüren von Sprengstoffen. Ebenso gehört zu ihren Aufgaben das Führen von Blinden, Unterstützung Schwerhöriger, Arbeit als Rettungshund und bestimmt nicht zuletzt alle die Aufgaben eines guten Familienhundes.

Diese Hunde verfügen über gutes eigenes Urteilsvermögen, lassen sich gerne ausbilden und haben eine sehr große Lernfähigkeit. Selbst unter Streß und gefährlichen Umständen zeigen sie vorzügliche Arbeitsleistungen.

RASSEMERKMALE

Ein gutes Wesen steht ganz oben auf der Liste der Anforderungen an diese Rasse. Es ist von allergrößter Wichtigkeit, dicht gefolgt von der Forderung auf korrekten und flüssigen Bewegungsablauf. Hierzu brauchen die Hunde festen Rücken, muskulösen Körperbau ohne Übergewicht und vorzügliche Vor- und Hinterhand. Die Widerristhöhe liegt bei 55-65 cm. In den Körperproportionen ist dieser Hund etwas länger als seine Schulterhöhe.

Die Rasse hat einen edlen, trockenen Kopf mit Kraft, aber ohne grob zu wirken. Die Augen zeigen lebhaften und selbstsicheren Ausdruck, sind mandelförmig und so dunkel wie möglich. Stehohren aufrecht und nach vorn getragen. Der Schädel ist ziemlich lang, keilförmig und hat einen mäßigen Stop. Nase schwarz.

Der Deutsche Schäferhund hat kräftige Knochen. Gliedmaßen gut aufeinander abgestimmt, so

daß ein flüssiger, raumgreifender Bewegungsablauf von gutem Tempo gewährleistet ist.

Das wetterfeste Haarkleid hilft dem Hund, auch extremen Klimaverhältnissen Stand zu halten.

Volles Gebiß, weder Vor- noch Rückbiß. Buschige Rute, tief an der Kruppe angesetzt, bis zum Sprunggelenk reichend. In der Bewegung wird die Rute leicht nach oben geschwungen getragen, bildet eine Fortsetzung des Rückgrats, darf nie hochgezogen oder gar über dem Rücken getragen werden.

Farbe Schwarz mit regelmäßigen braunen, gelben bis hellgrauen Abzeichen, auch mit schwarzem Sattel, dunkel gewolkt, schwarz, grau einfarbig oder mit hellen oder braunen Abzeichen. Weiße Hunde sind grundsätzlich nach den Regeln der Fédération Cynologique Internationale und allen angeschlossenen Zuchtorganisationen zu disqualifizieren, dies gilt auch für die USA und Großbritannien.

Ausgeprägtes Selbstbewußtsein und die Fähigkeit, seinen Besitzer und dessen Eigentum zu verteidigen, vervollständigen die wesentlichen Merkmale dieser Rasse.

DEUTSCHE SPITZE

FCI-Gruppe 5, Standard Nr. 097
Ursprungsland: Deutschland
Zucht 1994:
Wolfspitz: D 114, A 40, CH 14
Großspitz: D 5
Mittelspitz: D 26, GB 104
Kleinspitz: D 92, CH 23, GB 116
Zwergspitz: D 45, CH 14

Von archeologischen Funden läßt sich ableiten, daß die Deutschen Spitze weitgehend in der gleichen Form wie heute bereits im Steinzeitalter lebten. Anerkannt von der FCI werden heute fünf Größen: Wolfspitz (ideale Widerristhöhe 50 cm), Großspitz (46 cm), Mittelspitz (34 cm), Kleinspitz (26 cm) und Zwergspitz (20 cm). In England werden nur zwei Größen anerkannt, Klein und Mittel, in Australien nur die Standardgröße.

Der deutsche Rassestandard unterscheidet sie nur nach Größe und Farbe. Nach dem Standard des amerikanischen wie englischen Kennel Clubs

sind eine Vielfalt von Farben zugelassen, ein buntes Bild, wobei alle Farben gleichberechtigt in der Klasse gegeneinander konkurrieren.

Der FCI-Standard unterscheidet die Rassen nach Farbe, die Hunde konkurrieren um Ausstellungsehren nur innerhalb ihrer Farbe. Nach FCI-Standard ist der Wolfspitz wolfsgrau, der Großspitz weiß, braun oder schwarz. Mittelspitz und Kleinspitz sind einfarbig weiß, braun oder schwarz. Neufarben: orange, grau gewolkt und andersfarbig. Beim Zwergspitz sind alle Farben zugelassen.

Bis zurück ins 17. Jahrhundert ist der Deutsche Spitz vor allen Dingen als Kutscherhund bekannt, sonst war er auf dem flachen Land als Haus- und Hofhund weit verbreitet. Da ihn Künstler wie Landseer und Gainsborough malten, wurde zu Zeiten von Königin Victoria die Rasse auch in England recht populär. Die Königin stellte ihre Hunde selbst auf Crufts Dog Show aus, allerdings damals unter der Bezeichnung *Pomeranians* bei einem Gewicht von etwa 6,3 kg.

Deutscher Kleinspitz

Deutsche Spitze sind besonders robuste kleine Hunde, haben einen kompakten Körper und einen quadratischen Bau. Sie zeigen ein charakteristisches, fuchsähnliches Gesicht, Stehohren und tragen die Rute über dem Rücken geringelt.

Ihre Krönung ist zweifelsohne das dichte, abstehende Haarkleid, an Kopf und Läufen kurz, am Körper länger, dicke Halskrause und an Läufen und Rute gut befedert. Das Haar läßt sich leicht pflegen, einmal wöchentlich Bürsten genügt.

Zuhause lebhafte, nicht aggressive Hunde, aber Fremden gegenüber immer etwas zurückhaltend, werden sie vorzügliche, aber etwas laute Wachhunde. Sie sind sehr intelligente Hunde, erreichen in Unterordnung und Agility Spitzenplazierungen.

Weitgehend frei von irgendwelchen Gesundheitsproblemen, anpassungsfähig für das Leben in der Stadt wie auf dem Land, ist der Deutsche Spitz heute der ideale Familienhund. Die Rasse verdiente eine sehr viel höhere Aufmerksamkeit.

In England wurden der Rasse erstmals 1995 auf Crufts Challenge Certificates zugesprochen.

DINGO

Dieser australische Hund gehört zu den ältesten Hunderassen, die domestiziert wurden, blieb während seiner Isolierung durch Jahrtausende einer der reinsten. Der australische Dingo, dessen zoologischer Name *Canis Antarcticas* lautet, trat ursprünglich in ganz Australien auf, nicht aber in Tasmania. Es gibt bisher keinerlei Beweise, wonach der Dingo ein australischer Eingeborener ist. Es besteht aber weitgehende Übereinstimmung, daß dieser Hund eine domestizierte Version des asiatischen Wolfs oder des *Dhole (Indianischer Wolfshund)* ist, der die Ureinwohner bei ihren frühesten Invasionen zur See nach Australien begleitete. Obwohl viele Dingos bei den einzelnen Stämmen als enge und geschätzte Haustiere blieben, die diesen Hund manchmal *Warrigal* nannten, existiert der Dingo seit der Ankunft der Europäer in Australien in immer wachsenden Zahlen in der Wildnis.

Allgemein sind Dingos rotbraun, haben weiße Pfoten und eine weiße Rutenspitze. Der Dingo hat eine enorme Ausdauer, wird übereinstimmend als der klügste und geschickteste Hund beschrieben, den der Mensch kennt. Er hat einen hohen Intelligenzgrad, scheint selbständig zu denken und verfügt über eine großartige Unabhängigkeit.

Gerade diese hohen intellektuellen Fähigkeiten machen es zur Notwendigkeit, im Interesse der Sicherheit Haltung und Erziehung des Dingos mit äußerster Verantwortlichkeit durchzuführen. Es muß unterstrichen werden, daß für einen normalen menschlichen Haushalt der Dingo keinesfalls ein passender Familienhund ist.

In den meisten Staaten Australiens werden Dingos als Raubwild angesehen, ist es verboten, Dingos als Haushund zu halten.

Im größten Teil Australiens hält der *Dog Fence (Hundezaun)* Dingos von Schaf- und Rinderweiden ab.

Keine Anerkennung durch FCI, KC oder AKC.
Nur Australian National Kennel Council.

Dingo

DOBERMANN

FCI-Gruppe 2, Standard Nr. 143
Ursprungsland: Deutschland
Zucht 1994: D 1.229, A 173, CH 41, GB 2.183,
USA 19.822

HERKUNFT UND RASSEGESCHICHTE

Der Dobermann ist eine verhältnismäßig moderne Hunderasse, sie entstand in Apolda, Thüringen etwa 1890. Offiziell anerkannt wurde sie 1900. Es ist umstritten, welche Ausgangsrassen hinter der Rasse stehen, die meisten Kenner sind aber davon überzeugt, daß kurzhaarige Schäferhunde, Rottweiler, der Deutsche Pinscher und der Black and Tan Terrier die wichtigsten Ausgangsrassen waren. Völlige Übereinstimmung besteht, daß er seinen Namen Louis Dobermann verdankt, der in seinem Bemühen um einen idealen Wach- und Familienhund diese Rasse aufbaute.

WESEN

Die Anforderungen an einen idealen Familien- und Wachhund zu Beginn des 20. Jahrhunderts unterscheiden sich wesentlich von den heutigen. Ein gut gezüchteter und aufgezogener heutiger Dobermann ist sehr viel mehr auf das Familienleben ausgerichtet als die Rasse, wie sie von Louis Dobermann begründet wurde. Die Rasse heute wurde zu einem sehr angenehmen Familienmitglied, vorausgesetzt, die Hunde werden von Geburt an so aufgezogen, daß sie Menschen akzeptieren und ihnen vertrauen, mit in die Umwelt gebracht werden, man schon in früher Jugend mit der Erziehung zur Unterordnung beginnt.

Wahrscheinlich ist diese Rasse nicht besonders für den Ersthundebesitzer geeignet. Ihr Wesen ist nicht nur genetisch bedingt, sondern auch sehr umweltabhängig, das heißt, es kommt darauf an, wie der Hund aufgezogen und insbesondere erzogen wird, ebenso auch auf Gesundheitszustand und richtige Ernährung.

Zu Zeiten von Louis Dobermann respektierten die Menschen traditionsgemäß die Grenzen von jedermanns Eigentum. Ein eingezäunter Garten sagte allen Fremden: »Bleibe draußen, solange du nicht eingeladen bist!« Aus dieser Grundhaltung erwarteten alle Halter von Wachhunden, daß dieser jedermann angriff, der nicht vorher zum Eintritt aufgefordert wurde. Je schärfer der Hund, um so höher wurde er geschätzt. Um diese erwünschten Eigenschaften und Qualitäten nie wieder zu verlieren, wurden Prüfungen in Mannarbeit, Fährtensuche und Unterordnung abgehalten. Heute faßt man diese Aufgaben unter dem Begriff Schutzhundeausbildung zusammen. In einer ganzen Reihe von Ländern sind diese Prüfungen noch unverändert Maßstab für die Gebrauchsfähigkeit der Hunde. In vielen Fällen sind Hunde für die höchsten Titel auf Ausstellungen nur dann zur Konkurrenz zugelassen, wenn sie eine derartige Schutzhundeprüfung zuvor abgelegt haben.

Es läßt sich leicht verstehen, daß der ursprünglich aus Deutschland in die USA importierte Dobermann sich schnell als viel zu scharf für die wenig hundekundige amerikanische Öffentlichkeit erwies. Glücklicherweise wirkten zwei Faktoren zugunsten der Hunde. Zum einen bemühten sich die Züchter durch planmäßige Zuchtwahl, den Dobermann in größere Harmonie mit seiner neuen Umwelt, den amerikanischen Häusern und Wohnungen zu bringen. Diese Anpassung erfolgte, ohne die von Herrn Dobermann so nachhaltig gepflegten Qualitäten der Rasse - Intelligenz und natürlichen Schutztrieb - zu opfern. Zum zweiten hatte der Dobermann das Glück, daß die Leitung des die Rasse bestimmenden Dobermann Vereins traditionell von Menschen übernommen wurde, die über Intelligenz und Hingabe zur Rasse verfügten. Schon Jahre, ehe der American Kennel Club (AKC) sich intensiver mit der Verantwortlichkeit des Hundebesitzers befaßte, gab es ein sehr sorgfältiges Erziehungsprogramm des Dobermann Vereins. Weitblickende Vorsorge gegenüber der *Von Willebrand's Disease (VWD)*, einem Anomaliefaktor des Blutes, und die Bereitschaft, alle erreichbaren Daten zur Verfügung zu stellen, sowie finanzielle Zuwendungen zu Forschungen, sind ein gutes Beispiel, von dem viele Rassehundevereine lernen könnten. Die Clubbibliothek mit aller über die Rasse verfügbaren Literatur und das Hilfsprogramm für in Not geratene Dobermänner haben nichts ebenbürtiges.

Es überrascht überhaupt nicht, daß das Privileg, eine Dobermannspezialausstellung richten zu dürfen, als hohe Anerkennung gesehen wird. Größter Wert wird immer auf Qualität gelegt. Der Dobermann Pinscher Club of America (DPCA) war der erste amerikanische Zuchtverein, der einen Wettbewerb der *20 Besten (Top Twenty)* veranstaltete. Solche Wettbewerbe wurden später

Dobermann, leider noch mit kupierten Ohren.

auch von anderen Rassezuchtvereinen übernommen, haben sich als besonders populäre zuchtförderliche Veranstaltungen erwiesen.

Um die Anforderungen an das Wesen des Dobermanns nach dem Rassestandard auf einen kurzen Nenner zu bringen; der Dobermann muß immer ein energischer, aufmerksamer, entschlossener, lebhafter, furchtloser, loyaler und gehorsamer Hund sein.

GESUNDHEIT

Obwohl die *von Willebrand's Disease* glücklicherweise an Bedeutung verloren hat, stehen leider noch zwei andere Krankheiten in Verbindung mit dem Dobermann. Das eine ist das *Wobbler Syn-*

drome (eine Kompression der Halswirbel), dies führt dazu, daß der Hund beim Gehen schwankt oder torkelt. Diese Erkrankung wird als erblich angesehen, bessert sich gelegentlich durch einen chirurgischen Eingriff. Das zweite Problem ist eine tödlich verlaufende Herzerkrankung. Alle Zuchthunde sollten auf in der Rasse auftretende Krankheiten sorgfältig überprüft werden, ehe man mit ihnen züchtet.

ANPASSUNGSFÄHIGKEIT

Wie groß die Anpassungsfähigkeit der Rasse ist, läßt sich aus den jährlichen Eintragungszahlen ableiten. In den USA steht der Dobermann in der *Working Group* an vierter Stelle, in der Popularitätsskala aller Hunde in den USA an 19. Stelle.

Würden alle Anhänger der Rasse sich nachdrücklich für rechtzeitige Erziehung und verantwortungsbewußte Zucht eintreten, lägen diese Zahlen noch viel höher.

PFLEGE UND ERZIEHUNG

In Unterordnung zeichnet sich der Dobermann besonders aus, viele Dobermänner haben auf Prüfungen Höchstplazierungen erreicht. Es ist überhaupt nicht selten, daß der Gewinner einer großen Spezialausstellung gleichzeitig auch noch hinter seinem Namen die Anerkennung trägt, *Obedience Champion* zu sein. Nur ein Beispiel, auf der Westminster Kennel Club Show in den USA wurde ein Dobermann Best in Show (BIS). Und dann, nach diesem außerordentlich prestigeträchtigen Sieg,

machte er sich daran, die Qualifikation als *Utility Dog (UD)* zu erreichen. Das Wesensbild des Dobermanns wird vom Rassestandard wie folgt beschrieben: »Die Grundstimmung des Dobermanns ist freundlich, friedlich, in der Familie sehr anhänglich und kinderlieb. Gefordert werden ein mittleres Temperament und mittlere Schärfe. Weiterhin wird eine mittlere Reizschwelle gefordert. Bei einer guten Führigkeit und Arbeitsfreude des Dobermanns ist auf Schutztrieb, Kampftrieb, Mut und Härte zu achten. Auf Selbstsicherheit und Unerschrockenheit ist besonders Wert zu legen. Angepaßte Aufmerksamkeit gegenüber der Umwelt«.

RASSEMERKMALE

Ebenso wichtig wie die Charakterisierung des typischen Wesens sind die Standardformulierungen

Dobermann mit heute vorgeschriebenen unkupierten Ohren.

hinsichtlich der geforderten anatomischen Merkmale. Beim Dobermannstandard handelt es sich auch hierbei um eine präzise, in richtige Worte gefaßte positive Beschreibung des idealen Dobermanns. Nicht Fehler, sondern Vorzüge werden beschrieben. Auf diese Art stehen Richter, Züchter - und auch Anfänger - einem positiven Wortbild gegenüber. Danach ist der Dobermann mittelgroß, quadratisch, kräftig und muskulös aufgebaut.

Größe, Körperproportionen und Substanz werden klar umrissen. Erwünschte Widerristhöhe Rüden 68-72 cm, Hündinnen 63-68 cm, wobei jeweils Mittelgröße erwünscht ist. Die einmaligen Qualitäten des Dobermanns haben ihren Schwerpunkt im Rassetyp und Adel, beides wird besonders in der wunderschönen Kopfform ersichtlich. Knochenbau, Augenstellung, Plazierung der Ohren, richtiges Scherengebiß, dies alles trägt zu dem langen, trocken wirkenden Kopf bei, der so wichtig ist. Ursprünglich sah der Rassestandard kupiertes Ohr vor, nach dem Verbot in vielen Ländern bleibt das Ohr natürlich belassen, sollte genau oberhalb der Kopflinie nach vorne gerichtet seitlich fallen.

Der kraftvolle Kopf wird durch einen, im richtigen Verhältnis stehenden, schön geschwungenen Hals getragen. Ausgeprägter Widerrist, kurzer Rücken, muskulöse Lende und leicht abgerundete Kruppe beschreiben die erwünschte obere Linie. Breite Brust mit betonter Vorbrust, ovaler Rippenkorb, der bis zum Ellenbogen reicht, gut aufgezogene Bauchlinie ergeben die erwünschte vordere und untere Linie. Der Brustkorb entspricht jeweils der Breite des Körpers und der Breite der Hüften. Sehr wichtig ist die Winkelung im Schulterbereich. Schulterblatt zur Waagerechten hat etwa eine Winkelung von 50° Grad, Oberarm zum Schulterblatt 105-110° Grad.

Haar kurz, hart und dicht, Brand von der schwarzen, dunkelbraunen oder blauen Farbe scharf abgegrenzt. Gang elastisch, elegant, wendig, frei und raumgreifend.

DOGO ARGENTINO

FCI-Gruppe 2, Standard Nr. 292
Ursprungsland: Argentinien
Zucht 1994: A 10, CH 5

Dogo Argentino

Dieser reinweiße Wachhund aus Argentinien wurde eigens zur Arbeit auf großen Rinderfarmen in der Pampas gezüchtet. Man geht von Kreuzungen von Boxern mit weißen Bull Terriern aus, die zur Entwicklung des Dogo Argentino in einheimische Wachhundeschläge eingekreuzt wurden.

Der Dogo Argentino ist ein harter, robuster und unbestechlicher Wachhund. Häufig wurde er zum Schutz der Rinder gegen Diebe in den großen Weidegattern gehalten.

Heute trifft man die Rasse mit Ausnahme von England und Skandinavien auf den meisten grossen europäischen Hundeausstellungen an.

In England ist der Dogo Argentino eine der vier Hunderassen, die in der 1991 erlassenen katastrophalen *Dangerous Dogs Act* törichterweise verboten werden.

Widerristhöhe nach Rassestandard 65-70 cm. Körper rechtwinklig, kraftvoll und muskulös, nie aber schwer oder plumb. Kopf breit, ebenso massiv wie kraftvoll, bei ziemlich kurzem Fang. Ohren früher kupiert, heute naturbelassen, auch Rute natürlich. Haarkleid glatt, von harter Struktur und immer weiß. Aufgrund von etwa hundert Jahren reinweißer Zucht tritt in der Rasse zuweilen angeborene Taubheit auf.

DOGUE DE BORDEAUX

FCI-Gruppe 2, Standard Nr. 116
Ursprungsland: Frankreich
Zucht 1994: D 89, A 1, CH 10

Kenner behaupten, diese Rasse stamme von den Molossern, welche die Römer auf ihren Feldzügen mit sich führten. Hunde des Typs *Bordeaux Dogge* wurden bereits 100 v.Chr. von dem römischen Schriftsteller Varrone lobend erwähnt. Andere wiederum behaupten, die Rasse entstamme Kreuzungen zwischen Mastiff und Bulldog.

Die meisten Historiker glauben, daß diese Rasse mit den Hunden identisch ist, welche die Kelten für die Jagd auf wilde Rinder einsetzten. Man nimmt vom *Dogue d'Aquitaine* an - heute ausgestorben, aber im Mittelalter lebend - er sei aus keltischen Hunden gezüchtet.

Außerhalb Frankreichs ist die Rasse ziemlich selten. Sie fand natürlich ganz besonders große Aufmerksamkeit, als 1988 eine Bordeaux Dogge in dem amerikanischen Film *Turner and Hooch* die Hauptrolle spielte. Die Dogue de Bordeaux wird heute als Familienhund gehalten, ist als sehr zuverlässig bekannt. Trotz ihres ruhigen und freundlichen Wesens ist sie ein guter Wachhund.

Schulterhöhe 58-68 cm. Der Mastifftyp ist deutlich in dem rechteckigen, schweren und massiven Körper erkennbar, nie darf ein Hund hochläufig oder flach erscheinen.

Kopf groß, gerundet mit betonter Backenmuskulatur bei ziemlich kurzem, tiefen Fang, breitem Unterkiefer und Vorbiß. Die Ohren dürfen nie kupiert werden, auch die Rute wird lang belassen. Haarkleid glatt, weich und leuchtend. Farbe jede Rotschattierung. Am verbreitetsten ist aber ein klares tiefrot mit entsprechend farbigem Pigment und haselnuß- oder bernsteinfarbenen Augen.

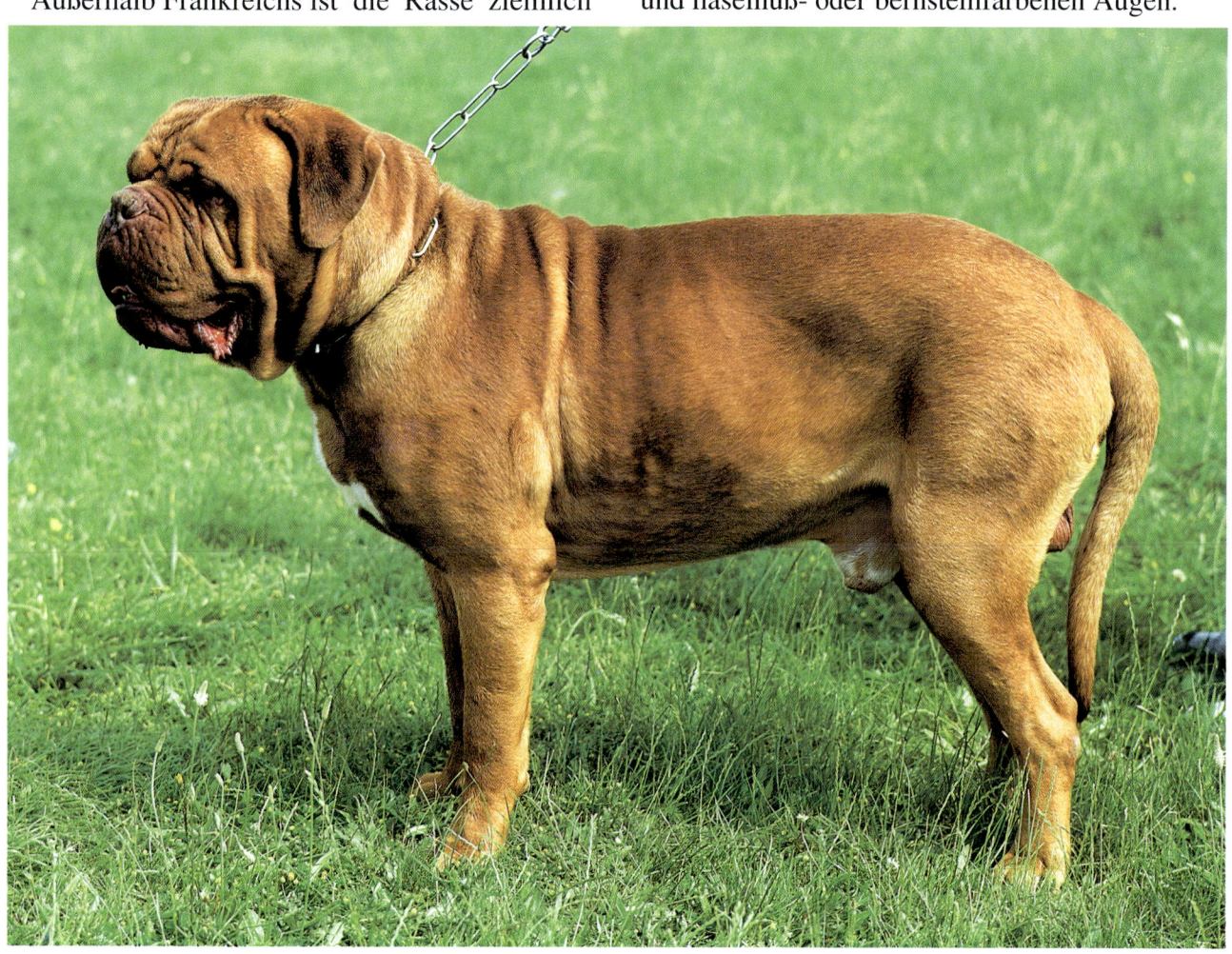

Dogue de Bordeaux

DRENTSCHE PATRIJSHOND

Dieser holländische Jagdhund arbeitet als Vorsteh- und Apportierhund, hat - wie alte Gemälde beweisen - über Jahrhunderte sein Äußeres nicht verändert. Ein faszinierender Jagdhund, leicht zu erziehen, brauchbar für viele jagdliche Aufgaben. Außerhalb der Niederlande ist die Rasse sehr selten.

Widerristhöhe etwa 55-63 cm. Rechtwinkliger Körperbau, leicht gerundeter Oberkopf, quadratischer Fang im Profil. Haarkleid dick, leicht gewellt, an Ohren und Rute etwas länger.

Farbe weiß mit leberbraunen oder orangefarbenen Flecken, die immer die Seiten von Kopf und Ohren bedecken sollten.

FCI-Gruppe 7, Standard Nr. 224
Ursprungsland: Holland

Drentsche Patrijshond

DREVER

Dieser schwedische Laufhund wurde aus der Deutschen Bracke und der Westfälischen Dachsbracke gezüchtet.

In Schweden erschien die Rasse 1910 zunächst unter dem Namen Westfälische Dachsbracke. Nachdem der Hirschbestand in Schweden stark zunahm, erwies sich in den folgenden 20 Jahren diese Bracke als besonders vorzüglicher Hirschhund, die Nachfrage stieg rapid. Im Jahre 1947 erklärte der Schwedische Kennel Club die Rasse als Schwedisch, über den Rassenamen entschied ein Namensgebungswettbewerb einer Zeitung.

Der gewählte Name *Drever* stammt von dem schwedischen Wort *drev*, verweist auf das *Treiben* des Wildes durch die Laufhunde in Richtung auf den Jäger. Der Drever wird strikt als Jagdhund eingesetzt, man hält ihn für einen der besten Laufhunde Schwedens. Außerhalb Skandinaviens ist die Rasse wenig bekannt.

Widerristhöhe der Rüden 32-38 cm, Hündinnen 30-36 cm. Der Drever hat einen ziemlich langen Körper mit kräftigen, ziemlich kurzen und geraden Läufen. Die Hunde sollen robust aussehen, niemals elegant.

Haarkleid kurz, dicht anliegend, in der Struktur ziemlich grob.

Die meisten Jagdhundefarben sind zulässig, immer begleitet von weißen Markierungen. Am verbreitetsten sind alle Rotfarben mit oder ohne schwarzen Sattel. Reinweiß und einfarbig leberbraun sind disqualifizierende Farben.

FCI-Gruppe 6, Standard Nr. 130
Ursprungsland: Schweden

Drever

DUNKER

Dieser norwegische Laufhund verdankt seinen Namen und seine Entstehung Lieutenant William Dunker, der mit seinem geschimmelten Rüden *Alarm* im 19. Jahrhundert die Rasse aufbaute. Der Dunker ist ein reiner Jagdhund für die Hasenjagd.

Der in der Rasse liegende Merlefaktor verursachte Probleme, es kam zu blinden oder tauben weißen Welpen. Aus diesem Grunde wurde 1925 der Rassestandard geändert, der als neue Farbe schwarzlohfarben gestattete.

Dunker findet man nur in Skandinavien, und selbst hier sind sie selten.

Widerristhöhe des Dunkers etwa 47-55 cm. Die richtige Färbung ist besonders wichtig. Entweder sollten die Hunde blaßblau/beige geschimmelt sein oder eine aufgehellte Schwarzlohfarbe haben. Bei beiden Schlägen wünscht man weiße Markierungen als Blesse, Flecken an Kehle, Brust, Pfoten, Läufen oder Rutenspitze.

FCI-Gruppe 6, Standard Nr. 203,
Ursprungsland: Norwegen

Dunker

ENTLEBUCHER SENNENHUND

Entlebucher Sennenhund

FCI-Gruppe 2, Standard Nr. 047
Ursprungsland: Schweiz
Zucht 1994: D 109, A 38, CH 141

Der Entlebucher Sennenhund ist eine Schweizer Zucht, man nimmt an, daß die Rasse auf römische Treiberhunde zurückgeht, die im Lande geblieben waren. Der moderne Entlebucher wurde 1889 anerkannt, fand aber wenig Beachtung. Im Jahre 1913 wurden vier Hunde ausgestellt. Nach dem Ersten Weltkrieg gab es kaum noch Spuren der Rasse. Nach intensiver Suche durch das ganze Land fand man 1927 sechzehn Hunde, und diese sechzehn Entlebucher waren der Grundstein der neuen Zucht.

Noch immer wird die Rasse zum Treiben von Rindern und als Wachhund eingesetzt.

Widerristhöhe 40-50 cm, rechteckiger Körper mit natürlichem Mutzschwanz von etwa 7,5 cm. Ohren dreieckig, eng an den Wangen anliegend. Haarkleid hart, eng anliegend.

Farbe schwarz mit symmetrischen lohfarbenen und weißen Markierungen.

ÉPAGNEUL BRETON

FCI-Gruppe 7, Standard Nr. 095
Brittany
Ursprungsland: Frankreich
Zucht 1994: D 10, A 12, CH 28, GB 160,
USA 12.741

HERKUNFT UND RASSEGESCHICHTE

Schon im Jahre 150 v.Chr. schrieb der Dichter Oppianus von den bretonischen Vorstehhunden und ihrem hervorragenden Geruchssinn. Die ersten genauen Darstellungen treffen wir aber erst in Gemälden und Wandteppichen des 17. Jahrhunderts an. Ein Gemälde von Oudry (1686-1745) zeigt uns einen leberfarben-weißen bretonischen Hundetyp (Brittany) beim Vorstehen auf Rebhühner. Mehrere Hunde gleichen Typs weiß/leberfarben und weiß/orange findet man auf flämischen Gemälden aus der Schule von Jan Steen.

Angeblich wurde der erste rutenlose Épagneul Breton Mitte der 1800er Jahre in Pontou geboren. Diese Rasse erwies sich als erstklassiger Jäger auf der Vogeljagd und in ihren Würfen wurden zuweilen Welpen rutenlos oder mit Stummelrute geboren. Im Jahre 1850 schrieb ein englischer Geistlicher namens Reverend Davies über die Jagd mit einem kleinen, rutenlosen Hund, der hervorragend

Épagneul Breton

vorstand und apportierte, bei den örtlichen Wilddieben besonders beliebt war, weil er so schnell, beweglich und leicht abzurichten sei. In Frankreich wurde die Rasse 1907 anerkannt und ausgestellt. 1931 kam die Rasse als *Brittany* in die Vereinigten Staaten, fand dort bei den Privatjägern viel Zustimmung. Viel länger brauchte die Rasse auf dem Weg zu *Field Trials*, hier wurden bevorzugt Pointer und Setter eingesetzt. Aber 1939 fand in den USA das erste Field Trial ausschließlich für den Brittany statt. Dies half sehr, das Ansehen und die Entwicklung der Rasse zu festigen.

Popularität und Entwicklung der Rasse in den Vereinigten Staaten verliefen geradezu phänomenal, jedes Jahr neue Erfolge, bis auf einer Anzahl von Wettbewerben erstmals im Wettstreit mit anderen Vorstehhunderassen der Brittany Field Champion und Dual Champion wurde. Durch die Unterstützung einer großen Anzahl von Jägern, die auf diese Rasse schwören, steht der Épagneul Breton auf der Eintragungsliste des American Kennel Club weit oben. Tatsächlich ist der *Brittany* der populärste Vorstehhund in den Vereinigten Staaten. Als Jagdbegleiter und Wettbewerber auf Field Trials wurde der Brittany fester Bestandteil des amerikanischen Jagdgeschehens. Dieser Hund arbeitet bei jedem Wetter auf jedem Terrain. Er ist unermüdlich, ein schneller Jäger mit sehr gutem Geruchssinn und hervorragender Leistung gerade auf der Vogeljagd. Er hat sich auch auf Field Trials immer wieder als vorzüglicher, intelligenter Jagdhund für den Einzeljäger gezeigt. Am besten folgt man ihm bei der Jagd zu Pferde.

WESEN

Im allgemeinen ein sehr freundlicher Hund gilt sein Hauptinteresse Vögeln, Menschen folgen aber direkt dahinter. Er ist ein unabhängiger Hund und soll es bleiben, dies gehört zu einem Vorstehhund bei der Vogeljagd. Er arbeitet am liebsten ganz eng mit und neben seinem Besitzer.

GESUNDHEIT

In erster Linie für seine jagdlichen Aufgaben gezüchtet, ist der Épagneul Breton ein gesunder und aktiver Hund. Vor kurzem wurden einige Fälle von Hüftgelenksdysplasie festgestellt. Häufig treten Hautprobleme auf, manchmal ausgelöst durch Allergien gegen Nahrungsmittel oder Pflanzen. Sie lassen sich durch Antihistamine kontrollieren - immer unter tierärztlicher Überwachung. Im allgemeinen genügt es, Fell und Haut sehr sauber und unbedingt frei von Flöhen und Zecken zu halten.

PFLEGE UND ERZIEHUNG

Als sehr intelligente Rasse braucht der Épagneul Breton eine feste, dabei aber einfühlsame weiche Hand. In der Fellpflege bedarf es keiner besonderen Maßnahmen, langes Haar unterhalb dem Sprunggelenk und an den Pfoten sollte gekürzt werden, auch die Krallen brauchen Pflege. Auf Ausstellungen wird der Hund zuweilen am Nakken leicht getrimmt vorgestellt. Dies ist aber völlig überflüssig, denn das Haarkleid des Hundes ist nicht besonders üppig.

ANPASSUNGSFÄHIGKEIT

In der Größe zwischen Setter und Spaniel, mit einem einfach zu pflegenden Haarkleid findet man im Brittany einen vorzüglichen Familienhund, solange seine unbegrenzten Energiereserven vom Besitzer akzeptiert werden. Um glücklich zu sein, braucht der Brittany immer einige Arbeit, wenn nicht auf der Jagd, dann auf Unterordnungswettbewerben oder bei der Agility. Bewegung ist für diese Rasse ein Muß.

RASSEMERKMALE

Ein kompakter, festgefügter Hund mittlerer Grösse. Der Brittany wirkt etwas hochläufig und leicht in den Knochen. Dies fördert aber seine Beweglichkeit, macht ihm den Weg im Gelände leichter. In ihrer äußeren Linie wirkt die Rasse quadratisch, Widerristhöhe 44-52 cm, Gewicht etwa 14-18 kg. Kurzer und gerader Rücken, ganz leicht abfallende obere Linie. Rute kurz, entweder angeboren oder kupiert, direkt in Verlängerung der Wirbelsäule angesetzt.

Obwohl der Épagneul Breton den weichen Ausdruck eines Vogelhundes zeigt, ist er sehr munter und beweglich, jederzeit zur Jagd bereit. Seine kurzen, hoch angesetzten Ohren tragen wesentlich zu seinem munteren Eindruck bei, ebenso die gut eingesetzten Augen in verschiedenen Bernsteinfarben. Der Fang zeigt normales Scherengebiß, ist in der Regel vollzahnig.

Die Farben des Brittany sind weiß/orange, weiß/leberfarben oder dreifarbig, entweder rein oder mit Schimmelmuster. In den USA führt schwarz zur Disqualifikation. Der Bewegungsablauf der Rasse ist von größter Bedeutung, von der Seite gesehen wirkt der Trab mühelos, raumgreifend und deckt gut den Boden, die hintere Pfote greift in oder vor den Abdruck der vorderen. Alles in allem muß der Épagneul Breton oder Brittany athletisch wirken.

ÉPAGNEUL DE PONT-AUDEMER

Epagneul de Pont-Audemer

Diese französische Jagdhunderasse entstand aus Kreuzungen örtlicher Spaniel mit dem Irish Water Spaniel, ihr Name geht auf die Stadt Pont-Audemer in der Normandie zurück.

Nach dem Ersten Weltkrieg war die Rasse nahezu ausgestorben, unter Einsatz von Irish Water Spaniels wurde sie wiederbelebt. Sie ähnelt sehr dem Irish Water Spaniel, ist aber etwas leichter gebaut, hat gewöhnlich eine kupierte Rute. Selbst in Frankreich ist sie sehr selten.

Widerristhöhe etwa 52-58 cm. Haarkleid auf dem Körper deutlich gewellt, an den Ohren länger und leicht gelockt, im Gesicht und an den Vorderläufen kurz und glatt.

Farbe leberbraun mit oder ohne leichte Schimmelung, die sehr fein verteilt sein sollte, eine graue Schattierung bildet.

FCI-Gruppe 7, Standard Nr. 114,
Ursprungsland: Frankreich

ÉPAGNEUL FRANCAIS

FCI-Gruppe 7, Standard Nr. 175
Ursprungsland: Frankreich
Zucht 1994: D 12

Épagneul Français

Dieser französische Spaniel wird manchmal auch Französischer Setter genannt.

Es ist eine alte Hunderasse, die noch heute vorwiegend als Vorstehhund Verwendung findet.

Seit dem 14. Jahrhundert, wo die Rasse von Gaston Phoébus (1331-1391), zur damaligen Zeit der Jagdhundeexperte, beschrieben wurde, hat sich die Rasse im Typ kaum verändert.

Dieser französische Spaniel gilt als freundlicher, ruhiger und sehr gut jagdlich arbeitender Hund, der auch sehr gut apportiert. Trotz all dieser Superlative sieht man die Rasse außerhalb Frankreichs kaum.

Widerristhöhe etwa 54-62 cm. Die Rasse ähnelt dem English Setter, ist aber etwas schwerer und rechtwinkliger im Körperbau. Haarkleid weich und seidig, flach oder leicht gewellt anliegend, an Ohren, Brust, Hosen und im Rutenbereich etwas länger.

Farbe weiß mit großen leberbraunen Flecken und Tüpfelung, aber nicht so stark, daß es zu einer Beltonmarkierung wie beim English Setter führt.

ÉPAGNEUL PICARD

FCI-Gruppe 7, Standard Nr. 108
Ursprungsland: Frankreich
Zucht 1994: D 20, A 6

Dieser französische »Allround-Jagdhund« stammt aus der Region Picardy, ist eine frühere Varietät des Épagneul Français. Die ersten »Picards« wurden 1904 ausgestellt, der Zuchtclub 1907 gegründet.

Der Épagneul Picard ist eine robuste, vielseitige Hunderasse. Trotz ihrer vielen guten Eigenschaften und ihres ausgeglichenen Charakters ist sie selbst in Frankreich sehr selten.

Widerristhöhe etwa 55-62 cm. Im Körperbau ähnelt sie sehr dem Épagneul Français, im Kopf ist sie aber kräftiger, mit breiterem und runderem Oberkopf.

Haarkleid leicht wellig, eng am Körper anliegend, weich aber nicht seidig, mit gewellten Fransen an den Ohren, Hinterläufen und unter der Rute.

Leberfarbene Schimmelung mit braunen Körperflecken, braun auch seitlich des Kopfes und Ohren. Leuchtende lohfarbene Markierungen sind wichtig.

Épagneul Picard

ÉPAGNEUL BLEU DE PICARDIE

Dieser französische Jagdhund aus der Region Picardy ist eine weitere Varietät des Épagneul Picard. Der Ursprung der Rasse wird auf Einkreuzungen von English Settern mit Blautüpfelung, möglicherweise von Gordon Settern zurückgeführt.

1921 wurde die Rasse anerkannt, im gleichen Jahr ein Zuchtverein gegründet. Die Spezialität der Rasse ist Arbeit auf Flugwild. Der Rasse wird ein ausgeglichenes Wesen bestätigt. Aber selbst in Frankreich ist sie außerordentlich selten.

Widerristhöhe Rüden 57-60 cm, Hündinnen etwas kleiner. Im Grundsatz ähnelt die Rasse dem Épagneul Picard, nur im Kopf mehr dem Gordon Setter.

Haarkleid leicht gewellt, dicht am Körper anliegend, weich aber nicht seidig, mit gewellter Befederung an Ohren, Hosen und unter der Rute.

Farbe Dunkelblau/Schimmel mit großen schwarzen Körperflecken, schwarz auch an den Seiten des Kopfes und an den Ohren.

FCI-Gruppe 7, Standard Nr. 106
Ursprungsland: Frankreich

Épagneul Bleu de Picardie

ERDÉLYI KOPÓ

Dieser ungarische Laufhund, in der Literatur teilweise auch Transylvanian Hound genannt, stammt von den osteuropäischen Laufhunderassen.

Der Erdélyi Kopó ist sehr selten. Obwohl die FCI der Rasse nur einen Rassestandard zugewiesen hat, tritt sie in zwei Größen auf. Die langläufige Varietät ist für die Hirschjagd zu schnell, von der Varietät mit kürzeren Läufen wird berichtet, sie sei ein vorzüglicher Hirschjagdhund. Der Rasse wird auch bestätigt, sehr mutig und ausdauernd zu sein. Schwarzwildjagd gehört zu den natürlichen Aufgaben des Erdélyi Kopó.

Die Widerristhöhe der langläufigen Hunde beträgt 55-65 cm, der niedriggestellten 45-50 cm. Haarkleid glatt, hart und dicht. Die Färbung des größeren Schlags ist schwarzlohfarben mit kleinen weißen Abzeichen. Die kleineren Erdélyi Kopós sind meist rot Grizzle mit kleinen weißen Abzeichen.

Erdélyi Kopó

FCI-Gruppe 6, Standard Nr. 241
Ursprungsland: Ungarn

EURASIER

FCI-Gruppe 5, Standard Nr. 291
Ursprungsland: Deutschland
Zucht 1994: D 284, CH 30

Diese deutsche Spitzrasse ist das Werk eines einzigen Mannes, des deutschen Züchters Julius Wipfel, dessen Zielsetzung es war, einen wunderschönen Euro-Asiatischen Spitz hervorzubringen.

Er war ein großer Bewunderer von Professor Konrad Lorenz, besonders beeindruckt von dessen Arbeiten mit Kreuzungen zwischen Chow Chow und Deutscher Schäferhund, um Verhaltensmuster zu studieren. Mitte der 1960er Jahre machte sich Julius Wipfel an die Arbeit, paarte Chow Chow Rüden (er begann mit zwei roten und einem schwarzen) mit vier kleineren Wolfspitz Hündinnen. Die für die weitere Zucht ausgelesenen Jungtiere mußten dem angestrebten Typ entsprechen, lagen irgendwo zwischen den zwei Rassen, wurden zunächst als *Wolf Chow* bekannt. Auch ein Samoyeden Rüde trug zur Schaffung der Rasse bei. Unter dem Namen Eurasier wurde die Rasse im Jahre 1973 anerkannt.

Eurasier sind wunderbare Familienhunde, sie lieben Kinder, haben ein freundliches Wesen, bestehen aber darauf, immer Teil der Familie zu sein. Der Eurasier wird allgemein als angenehmer Familienhund und auch als guter Wachhund geschätzt. In jüngerer Zeit hat die Rasse neues Interesse gefunden. Man trifft sie heute in den meisten europäischen Ländern, obgleich natürlich die größten Bestände in Deutschland und in der Schweiz zu finden sind.

Widerristhöhe etwa 48-60 cm. Der Eurasier ähnelt sowohl Chow Chow wie Wolfspitz, hat eine blaue oder teilblaue Zunge als Teil seines Chowerbes. Das Haarkleid ist lang, aber nicht so üppig wie bei den Rassen, von denen der Eurasier stammt. Farben in der Regel jede Schattierung von rot oder wolfsgrau, aber auch schwarz oder schwarzlohfarben sind erlaubt.

Eurasier

FINNISCHER LAUFHUND

Der Finnische Laufhund stammt aus Kreuzungen zwischen schwedischen, schweizerischen und russischen Laufhunden und den Foxhounds, die alle etwa in den 1870er Jahren stattfanden. Er ist ein Jagdhund, besonders für die Hasenjagd. In Finnland werden jährlich etwa 3.000 Welpen eingetragen, außerhalb Skandinaviens ist die Rasse sehr selten.

Widerristhöhe 52-61 cm. Die Rasse ähnelt sehr dem Schwedischen Laufhund Hamilton Stövare, sie ist aber etwas größer und hat längeren Kopf und Ohren. Haarkleid kurz, hart und leuchtend. Farbe dreifarbig mit dunklem, leuchtenden loh, schwarzem Sattel und weißen Markierungen.

FCI-Gruppe 6, Standard Nr. 051,
Ursprungsland: Finnland

Finnischer Laufhund, Suomenajokoira

FILA BRASILEIRO

FCI-Gruppe 2, Standard Nr. 225
Ursprungsland: Brasilien
Zucht 1994: D 40, A 10

Fila Brasileiro

Dieser brasilianische Molosser stammt mit aller Wahrscheinlichkeit von spanischen und portugiesischen Mastiffs ab. Dabei kam es auch zu Kreuzungen mit örtlichen Hundeschlägen, aber die Mastiffmerkmale überwiegen. Diese Hunde wurden sowohl zum Schutz der Herden wie auch der Besitzer eingesetzt, sie erfreuen sich besten Rufs als selbstbewußte und zuverlässige Wachhunde. Obgleich man die Hunde auf den meisten europäischen Ausstellungen trifft, sind sie dennoch recht selten.

Im Rassestandard wurde früher einmal gefordert, Richter sollten nie versuchen, die Rasse anzufassen. In Südamerika trifft man noch häufig Hunde mit zwei oder mehr Vorführern im Ring, um ein Maximum an Kontrolle zu erreichen.

In England fällt der Fila Brasileiro heute unter die zurecht sehr umstrittene *Dangerous Dogs Act* des Jahres 1991. Widerristhöhe 60-70 cm. Schwerer, rechteckiger Körperbau. Rückenlinie fällt hinter dem Widerrist ab, steigt zur Lendenpartie wieder an und endet in einer leicht abfallenden Kruppe. Ohren wie Rute sollten unkupiert bleiben. Neigung zum Paßgang ist für die Rasse typisch. Das Haarkleid ist glatt und hart.

Obgleich alle Farben zulässig sind, trifft man den Fila Brasileiro in der Regel gestromt oder falb, mit oder ohne weiße Abzeichen.

FINNENSPITZ

FCI-Gruppe 5, Standard Nr. 049
Suomenpystykorva
Ursprungsland: Finnland
Zucht 1994: D 5, CH 1, GB 35, USA 96

HERKUNFT UND RASSEGESCHICHTE

Der Finnenspitz (oder Finnish Spitz), der Nationalhund Finnlands, wurde vom Finnish Kennel Club 1892 anerkannt. Er ist eine der ältesten Rassen Europas. Da er von den Finnen ursprünglich als Jagdgefährte eingesetzt wurde, nannte man ihn anfangs den Finnischen Jagdhund, auch *Barking Bird Dog (Bellender Vogelhund)*. Heute wird die Rasse zur Jagd auf Waldvögel, Eichhörnchen und manchmal auf den Elch eingesetzt.

Im 19. Jahrhundert begleitete der Finnenspitz die nördlichen Bärenjäger. Nach allen Berichten zeigte sich dieser Hund immer besonders schneidig, fürchtete sich überhaupt nicht, wenn er dem Bär gegenüberstand. Hat der Hund im Wald einen Vogel entdeckt, bellt er laut - man nennt es sogar Jodeln, um den Jäger herbeizurufen. Der Hund kann auch vorstehen, dabei bewegt er seine Rute nach vorn und zurück, was zunächst sehr überraschend wirkt. Alle internationalen Zuchtvereine haben die Rasse anerkannt.

WESEN

Der Finnenspitz ist eigenwillig, reserviert, vorsichtig und manchmal uninteressiert. Nach Züchterberichten ist er kein behaglich daliegender Wel-

Finnenspitz

pe, der immer gestreichelt und liebkost werden möchte, sondern ähnelt in seinen reservierten Handlungen mehr einer Katze. Obwohl empfindsam und eigenwillig, ist der Finnenspitz doch seiner menschlichen Familie gegenüber sehr loyal.

GESUNDHEIT

In dieser Rasse sind Gesundheitsprobleme selten, es wurden aber Fälle von Hüftgelenksdysplasie, Patellaluxation und Schwäche in den Ellenbogen festgestellt. Die meisten Züchter jedoch stimmen überein, daß der Finnenspitz von genetisch bedingten Krankheiten weitgehend frei ist.

PFLEGE UND ERZIEHUNG

Da der Finnenspitz in erster Linie aus Jagdhunden entwickelt wurde, braucht er bei Spaziergängen sorgfältige Überwachung. Am besten geht man mit ihm an langer Leine oder läßt ihn in einem sicher eingezäunten Garten frei laufen. Wenn man diesen Hund sich selbst überläßt, könnte er sich durchaus auf eigene Faust für eine Jagdexpedition verabschieden.

Dieser Hund muß unbedingt zur Unterordnung erzogen werden, so daß er auf Ruf kommt. Das Haarkleid ist leicht zu pflegen, muß ganz einfach sauber gebürstet werden, frei von Zecken und Flöhen sein.

ANPASSUNGSFÄHIGKEIT

Der Finnenspitz paßt sich, solange ihm genügend Platz und Auslauf bleibt, sowohl städtischem wie ländlichem Leben an.
Als Haushund liebt er besonders lange Spaziergänge. Er ist der Familie ein treuer Freund, ein verläßlicher Wächter, der bei dem Geräusch jedes Fremden sofort bellt. Er liebt es, mit Kindern zusammen zu sein.

RASSEMERKMALE

Der Finnenspitz ist ein etwa quadratischer, mittelgroßer Hund, Widerristhöhe Rüden 44-50 cm, Hündinnen 39-45 cm. Farbe leuchtend rot bis apricot.

Mit seinen kleinen, spitzen Stehohren, mittelgroßen dunklen mandelförmigen Augen und seiner üppig behaarten Rute vermittelt er einen munteren, ansprechenden, etwas fuchsartigen Eindruck.

Rücken kräftig und gerade, Sprunggelenk ziemlich gerade, Haarkleid mäßig hart und kurz. In der Bewegung munter, flotter Trab. Seine auffallende Farbe, sein selbstbewußtes Auftreten und seine flüssige Bewegung machten ihn zu einem eindrucksvollen Hund.

FOXHOUND - AMERICAN

HERKUNFT UND RASSEGESCHICHTE

Der American Foxhound lebte schon lange auf dem amerikanischen Kontinent, ehe er in den USA allgemein bekannt wurde.

Viele Siedler brachten diese hübschen Laufhunde bei ihrer Einwanderung mit ins Land. George Washington war ein großer Liebhaber der Rasse, hielt in Mount Vernon eine berühmte Meute, darunter auch einige Importe aus Frankreich.

Die amerikanischen Hounds wurden zur Jagd auf Fuchs, Kojoten und Hirsch gezüchtet.

Der English Hound arbeitete in erster Linie in der Meute (in der immer eine große Anzahl Hounds gemeinsam jagen), gefolgt von Jägern auf kräftigen Pferden. American Hounds jagen nicht nur in der Meute, sondern oft auch als Einzeljäger, geschnallt, um dem Fuchs nachzuhetzen oder in kleinen Meuten, insbesondere in den Bergen von Tennessee und Kentucky.

Diese originalen American Foxhounds waren für die Jagd gezüchtete Laufhunde, wurden erst später auch für Ausstellungszwecke weiter entwickelt.

WESEN

Obwohl nicht als Familienhund gezüchtet, wird sich der einzelne Foxhound gut in das Familienleben einfügen, wenn er von Jugend an richtig sozialisiert wird. Seiner Natur nach ist der American Foxhound nie aggressiv.

GESUNDHEIT

Der American Foxhound ist eine sehr natürliche Hunderasse, weitgehend frei von Erbkrankheiten. Hunde, die in der Zucht Einsatz finden sollen, müssen vorsichtshalber röntgenologisch auf Hüftgelenksdysplasie untersucht werden.

PFLEGE UND ERZIEHUNG

American Foxhounds brauchen tagtäglich ausgiebig Bewegung und eine planmäßige Erziehung. Der Hound sollte auf eingezäuntem Gelände leben, darf ohne Überwachung nicht frei laufen, was grundsätzlich für jeden Hund gilt. Natürlich ist auch richtige Ernährung immer von Bedeutung.

ANPASSUNGSFÄHIGKEIT

Die Rasse hat eine gewisse Neigung zum Stromern, paßt sich aber jedem Umfeld an, wenn man sie richtig versorgt.

Viel der Anpassungsfähigkeit dieser Hunde hängt von der Aufzucht in den ersten Monaten ab. Werden sie alleine im Zwinger groß gezogen - was leider bei den meisten Meutehunden der Fall ist - werden sie sich immer in erster Linie mit den anderen Hounds verbinden, nicht mit dem Menschen.

Wenn man die Hounds aber früh sozialisiert, insbesondere etwa im Alter von sieben Wochen, wenn nach übereinstimmenden Erkenntnissen die enge Bindung Hund-Mensch geknüpft wird, werden sie zu guten Familienhunden und zuverlässigen Wachhunden für das ganze Leben.

RASSEMERKMALE

In Abweichung zu den englischen Vettern hat der American Foxhound feinere Knochen, längere Läufe, er ist in der Hinterhand besser gewinkelt und hat eine ausgeprägte, leicht aufgewölbte Lendenpartie.

Widerristhöhe etwa 58-63 cm. Immer hat der American Foxhound natürliche Ohren (die nicht rund geschnitten werden).

Sein Augenausdruck ist sanft und etwas bittend, seine Stimme auf der Fährte klingt sehr melodisch.

FCI-Gruppe 6, Standard Nr. 303
Ursprungsland: USA

American Foxhound

FOXHOUND - ENGLISH

Wie schon der Name besagt, wurde der English Foxhound in England zur Jagd auf Fuchs und Hirsche gezüchtet. Ein großer, starker Laufhund, mehr runde als flache Knochen, hübscher Kopf, harte Pfoten, mäßige Winkelung, runde schöne Rute mit deutlicher Bürste (Rutenspitze länger behaart). Die Rasse galoppiert mit großer Ausdauer, überspringt Zäune und durchquert wenn notwendig Gewässer. Auf der Fährte haben diese Hunde herrliche Stimmen.

Englische Foxhounds wurden von Pferdeleuten gezüchtet und aufgezogen, ihre Aufgabe ist es, als Meute vor den Pferden zu jagen, sie waren, sind und werden immer wunderschöne Tiere sein.

Ursprünglich ausschließlich für die Jagd gezüchtet, kümmerte man sich zunächst wenig um Farbe, Größe, Fellstruktur oder Haarart. Im Laufe der Zeit wurde das Zuchtziel jeweils auf die ein-

English Foxhound

zelne Meute bezogen. Man wollte vorzügliche Arbeitshunde haben, die sich untereinander in Farbe, Typ, Größe und Anatomie weitgehend ähnelten. Durch das Fell in seiner Struktur und Färbung wurde die Meute einheitlich, so daß alle Meutenmitglieder auf Anhieb nach ihrem Aussehen identifiziert werden konnten.

Man sollte English Foxhounds nicht zu Haus- und Familienhunden machen, denn sie sind für die Meutenjagd gezüchtet. Es sind großrahmige Hunde, an Bewegung, Arbeit und das Leben mit anderen Hounds gewöhnt.

Wählt man gelegentlich doch einen solchen Hund als Familienmitglied, muß er sehr früh sozialisiert werden, damit er die menschliche Familie als seine Meute sieht. Außerdem braucht er sehr viel Bewegung und Aufmerksamkeit.

Insgesamt gesehen ist diese Rasse bemerkenswert gesund. Dies liegt in erster Linie daran, daß die Züchter alle schwächlichen, zu kleinen oder scheuen Exemplare bereits im frühen Alter ausmerzen.

Haarkleid hart, von gesundem Glanz, bedarf normaler Pflege und Bürsten, da es im allgemeinen witterungsbedingt wechselt. Krallen, Zähne und Ohren müssen gepflegt werden. Harte Hundekuchen sorgen dafür, daß sich kein Zahnstein ansetzt. Auslauf auf hartem Boden reicht meist, um die Krallen kurz zu halten. In jedem Fall sollte man sie einmal monatlich prüfen.

Diese Rasse ist attraktiv, ein typischer Jagdhund mit starken Knochen und viel Substanz. Gewünscht werden schöne harte Katzenpfoten und eine prächtige, stolz getragene Rute, die mit stärkerem, groberem Haar geschmückt ist. Der Foxhound hat einen besonders ansprechenden Kopf und schöne Augen. Widerristhöhe etwa 60 cm.

Es gibt beim Foxhound viele Farben, am populärsten ist lohfarben mit schwarzem Sattel und weißen Abzeichen, aber auch Zitronenfarbe oder rot mit Abzeichen tritt ebenso häufig auf.

Die Rasse hat immer eine laute, tiefe und melodische Stimme. Die Ohren werden natürlich belassen oder - kurz nach der Geburt - »abgerundet« (rounded), in vielen Ländern ist dies glücklicherweise heute verboten.

FCI-Gruppe 6, Standard Nr. 159
Ursprungsland: Great Britain

FOXHOUND - WELSH

Diese Rasse wird von keiner internationalen Hundezuchtorganisation anerkannt, man sieht sie dementsprechend auch nicht auf Hundeausstellungen. Dennoch gibt es den Welsh Foxhound in seinem Ursprungsland Wales, wo er in kleiner Anzahl in Spezialmeuten arbeitet.

In Größe und Statur ähnelt die Rasse ihrem englischen Vetter. Charakteristisch für den Welsh Foxhound ist sein grobes, dichtes Rauhhaar. Möglicherweise geht diese Haarart auf Kreuzungen mit Otterhounds zurück. Ein sich frei bewegender Laufhund, ohne irgendwelche züchterische Übertreibungen, mit sehr gut ausgeprägten Nasenqualitäten und schöner Stimme.

Der Welsh Foxhound ist in allererster Linie ein Meutehund, der sich für Wohnungshaltung nicht eignet. Eine kleine Gruppe begeisterter Anhänger ist entschlossen, diese Rasse in ihrem natürlichen Zustand zu bewahren, ausschließlich für die Arbeit, für welche sie gezüchtet wurde.

*Diese Rasse ist von FCI, KC und AKC **nicht anerkannt***

Welsh Foxhound

FOX TERRIER

FCI-Gruppe 3
Drahthaar Standard Nr. 169
Glatthaar Standard Nr. 012
Ursprungsland: Great Britain
Zucht 1994:
Drahthaar: D 946, CH 14, GB 737, USA 2.331
Glatthaar: D 596, CH 28, GB 254, USA 914
A beide Schläge zusammen 45

HERKUNFT UND RASSEGESCHICHTE

Vom Fox Terrier gibt es zwei Varietäten - Drahthaar und Glatthaar. In den USA werden sie als
zwei separate Rassen gesehen, die FCI hat zwei
Standardnummern eingerichtet. Ursprünglich wurde der Fox Terrier als ein Jagdterrier gezüchtet.
Wie alt die Rasse genau ist, läßt sich schwer sagen. Lange bevor Hundeausstellungen Mitte des
19. Jahrhunderts begannen, gab es zahlreiche Terrierschläge, einige davon waren sorgfältig zur Arbeit unter der Erde gezüchtet, für die Jagd auf
Dachs, Fuchs oder anderes Raubzeug. Diese Hunde nannte man meist *Fox Terrier*. Vorherrschende
Farbe war weiß, weil gelegentlich bei der Arbeit
farbige Hunde von den frei jagenden großen
Hounds nicht richtig erkannt und angegriffen
wurden.

Als eigene Rasse wurde der Fox Terrier erstmalig etwa 1860 einer breiteren Öffentlichkeit bekannt. Die Beteiligung von Fox Terriern an Hundeausstellungen war 1870 bemerkenswert hoch.
Beispielsweise berichtet man von einer Ausstellung in Nottingham, daß in drei Klassen 276 Fox
Terrier gemeldet wurden. Bis zu diesem Zeitpunkt
waren beide Haarschläge des Fox Terriers als eine
Rasse klassifiziert worden, wobei die Glatthaarigen bei den Wettbewerben dominierten. Aber

Fox Terrier (Glatthaar)

1876 wurde der Englische Fox Terrier Club gegründet, für die zwei Haarschläge eigene Register eingetragen. Dieser Club veröffentlichte den ersten schriftlichen Rassestandard, ursprünglich nur einen Standard mit einer Ergänzung hinsichtlich der beiden Haarstrukturen. Danach wurden eigene Standards aufgestellt. Manche Richter zeigten deutlich ihre Verachtung über das, was sie bei den Drahthaarigen als einen »Frisierwettbewerb« ansahen, einige waren außerordentlich streng in Beurteilung wie in ihren Kommentaren. Heute wird auf der Ausstellung der Drahthaar als Ergebnis handwerklichen Geschicks präsentiert. In nur wenigen Generationen hat die Rasse sich beträchtlich verändert. Einige vertreten die Auffassung, daß die Köpfe der Drahthaarigen wirklich etwas übertrieben wirken. Trotzdem hat planmäßige Zucht das Aussehen und die Ausgewogenheit der Rasse verbessert. Die Glatthaarigen sind weitgehend der gleiche Typ geblieben wie ihre Vorfahren.

Fox Terrier (Drahthaar)

WESEN

Der Fox Terrier ist ein munterer, außerordentlich aufmerksamer Hund, steht stets »voller Erwartung auf den Pfotenspitzen« und doch sehr liebenswert. Er wird zum idealen Familienhund und äusserst verläßlichem Kumpel. Sein feines Gehör befähigt ihn, vor sich nähernden Fremden schon lange, ehe sie ankommen, zu warnen. Aufgrund seiner idealen Körpergröße kann man den Fox Terrier jederzeit leicht unter dem Arm »aufsammeln«, wobei man ihm dadurch moralische Unterstützung gibt, falls er diese bräuchte. Der Drahthaarfox ist lebhafter und schärfer als der Glatthaarfox. Beide lieben die freie Bewegung, laufen kilometerweit, ohne zu ermüden.

GESUNDHEIT

Der Fox Terrier ist eine robuste Rasse, leidet an wenig Krankheiten. Im allgemeinen erreicht er ein hohes Alter. Aufgrund seines dickeren Haarkleids treten beim Drahthaarfox leichter Ekzeme, im Sommer auch Hautentzündungen auf. Oft ist hierbei falsche Nahrung die Ursache, was sich leicht beseitigen läßt. Fehlende regelmäßige Fellpflege könnte der zweite Grund sein.

PFLEGE UND ERZIEHUNG

Zweimal jährlich wechselt der Glatthaarfox das Fell, meist im Frühjahr und Herbst. Für die Ausstellung bedarf es nur minimaler Korrekturen mit der Schere. Der Drahthaarfox fordert regelmäßiges Trimmen, um abgestorbenes und altes Haar herauszunehmen, meist zweimal jährlich. Vom Scheren wird abgeraten. Für den Fachmann ist es nicht akzeptabel, denn hierdurch wird sowohl die natürliche Farbe wie die drahtige Haarstruktur zerstört. Der Umfang der Ausstellungsvorbereitung für den Drahthaarfox ist recht genau festgelegt. Natürliche Fellpflege sollte regelmäßig erfolgen. Zwischen dem einzelnen Trimmen kann man den Hund recht ordentlich halten, indem man ihn bürstet und kämmt, gelegentlich badet. Auch der Glatthaarfox kann gelegentlich gebadet werden, aber im allgemeinen reicht ein Abreiben mit einem feuchten Tuch völlig aus. Für die Fellpflege des Glatthaarfoxes wird ein Gummihandschuh mit Noppen empfohlen. Hierdurch wird nicht nur loses Haar entfernt, sondern auch Haut und Muskulatur belebt. Er läßt sich zu gewöhnlicher Unterordnung meist leichter erziehen als sein drahthaariger Vetter.

Auch die Zähne sollten regelmäßig kontrolliert werden, Bürsten hält die Zähne sauber und den Atem frisch. Wöchentlich sollten die Nägel gefeilt werden, um ihre Form zu bewahren und ein Spreizen der Pfote zu verhindern.

ANPASSUNGSFÄHIGKEIT

Oft sagt man: »Einmal ein Fox Terrier, immer ein Fox Terrier!« So stark sind die Qualitäten dieses munteren und hübschen Hundes! Er gewöhnt sich sehr schnell an alle Routineangelegenheiten im

Haus, ist ein nützlicher Wachhund. So gut wie nichts entgeht der Aufmerksamkeit eines Fox Terrier. Er liebt menschliche Gesellschaft, möchte ganz in die Familie integriert werden. Kein Hund, um ihn zwischen Haustieren oder Geflügel frei laufen zu lassen.

RASSEMERKMALE

Der Fox Terrier ist ein clever aufgebauter Terrier. Er erinnert an einen kurzrückigen Hunter (Englische Pferderasse), der eine ganze Menge Boden deckt. Im Grundsatz gilt der gleiche Rassestandard für beide Varietäten. Allerdings wird der Fachmann kleine Unterschiede in der Kopfform erkennen. Wie bereits erwähnt sind einige der Auffassung, der Kopf des Drahthaarfoxes sei etwas übertrieben. Der Kopf des Glatthaarfoxes dagegen entspricht weitgehend den alten Formen, sein Kopf verläuft v-förmig. Bei jedem Terrier ist der Ausdruck ganz besonders charakteristisch, dies gilt bei keinem so wie beim Fox Terrier. Form des Kopfes, Plazierung, Form, Größe und Farbe der Augen, Ohrenhaltung und vieles andere bestimmen den richtigen Ausdruck. Der Kiefer muß sehr kraftvoll sein, das Gebiß schließt als Schere. Front und Halslinie sauber modelliert und gut bemuskelt, Vorderläufe kerzengerade, abgeschlossen durch runde, feste Pfoten.

Der Brustkorb des ausgewachsenen Fox Terriers ist tief, nicht breit, Rücken kurz, kraftvoll, ohne irgendwo nachzugeben. Lendenpartie gut bemuskelt, leicht aufgewölbt. Hinterhand kraftvoll und muskulös, tiefstehende Sprunggelenke, gute Kniewinkelung. Rute im Normalfall kupiert, gut angesetzt und fröhlich getragen. Bewegungsablauf gerade und frei fließend, wobei Knie und Sprunggelenke keinesfalls nach innen oder außen drehen. Korrekter Bewegungsablauf bestätigt den korrekten Körperbau. Guter Schub aus gut gewinkelter Hinterhand ist erwünscht. In der Farbe muß weiß immer dominieren. Der Fox Terrier kann reinweiß oder weiß mit lohfarben, schwarzen oder schwarzlohfarbenen Abzeichen sein. Gestromte, rote oder leberfarbene Abzeichen sind äußerst unerwünscht. Der Glatthaarfox hat weiche Unterwolle. Deckhaar gerade, flach und glatt, aber hart und in großer Fülle. Das korrekte Haarkleid des Glatthaarfoxes ist wirklich wasserfest.

Der Drahthaarfox hat doppeltes Haarkleid, weiche Unterwolle, darüber Deckhaar von großer Dichtigkeit auf Rücken und Vor- und Hinterhand. An diesen Stellen sollte es härter sein als seitlich am Körper. Haar am Fang gekräuselt und genügend lang, um das Bild von Kraft und Schönheit zu unterstreichen. Behaarung an den Läufen dicht.

Im Idealfall mißt der Fox Terrier Rüde am Widerrist nicht über 39 cm, Hündinnen etwas darunter. In harter Ausstellungskondition wiegt ein Hund etwa 8 kg, obgleich viele Fox Terrier - wenn nicht die Mehrheit - etwas oberhalb dieses Wunschlimits liegen.

FRANZÖSISCHE BULLDOGGE

FCI-Gruppe 9, Standard Nr. 101
Bouledogue Français
Ursprungsland: Frankreich
Zucht 1994: D 161, A 29, CH 30, GB 303, USA 961

HERKUNFT UND RASSEGESCHICHTE

In gewissem Maße ist die Französische Bulldogge eine kleinere Version des größeren, übertriebeneren English Bulldog. Der *Frenchie* ist außerordentlich anpassungsfähig, es gibt ihn bereits seit Ende des 19. Jahrhunderts. Über seine Herkunft gibt es Meinungsunterschiede, die Franzosen beanspruchen diese Rasse als die ihre. In den USA gehört sie zur *Non-Sporting Group*, die FCI führt sie unter *Gesellschafts- und Begleithunde*.

WESEN

Am glücklichsten lebt die Französische Bulldogge als Einmann-Hund. Sie benimmt sich oft wie ein kleines Kind, fühlt sich dementsprechend mit anderen Haustieren wie auch mit Kindern in einer Art Wettbewerb. Eine hochinteressante Rasse, von ihren Züchtern heiß geliebt. Am meisten eignet sie sich als Begleiter älterer Menschen, nicht zu sehr als Mitglied einer jungen Familie.

GESUNDHEIT

Da die Rasse eine sehr kurze Nase hat, ebenso einen kurzen Vorderkopf, neigt sie zum Schnarchen und hat einige Atemprobleme. Sie ist für einen Hitzschlag sehr anfällig. Aufgrund Größe und Hervortreten der Augen kommt es häufig zu

Augenverletzungen. Das kurze Haar läßt sich leicht sauberhalten, es treten wenig Hautprobleme auf. Die großen Fledermausohren sorgen dafür, daß es im allgemeinen zu keinen Erkrankungen des Innenohrs kommt.

PFLEGE UND ERZIEHUNG

Wöchentlich sollten die Zähne gereinigt werden - am besten mit der Bürste, ebenso die Krallen gefeilt oder abgeklippt. Man sollte den *Frenchie* dazu erziehen, mit allen Familienmitgliedern freundlich zu sein, sich nicht zu sehr an eine Person anzuschließen. Das kurze Haarkleid bietet nicht viel Schutz vor den Elementen, hierauf muß man bei nassem Wetter und insbesondere in Frostperioden achten.

ANPASSUNGSFÄHIGKEIT

Ihre Größe machte *Frenchies* auch für kleine Wohnungen geeignet. Man muß aber wissen, es ist ein energiegeladener Hund, der auch begeistert in einem größeren Garten umhertobt.

Im Grundsatz paßt sich diese Rasse den meisten Lebensgewohnheiten an. Der *Frenchie* ist ein guter Wachhund, eignet sich sowohl für ein Leben in die Stadt wie auf dem Land.

RASSEMERKMALE

Die Französische Bulldogge ist ein kleiner Hund, Widerristhöhe etwa 30 cm, relativ kurzer Rücken, in der Lendenpartie aufgewölbt. Der Kopf ist groß und quadratisch, hat aufrecht getragene Fledermausohren, runde, etwas hervortretende Augen. Der Fang ist kurz, breit und tief. Die Rasse hat eine kurze Rute. Die Haut ist geschmeidig, von einem kurzen, glänzenden Haarkleid bedeckt.

Farben gestromt, falb oder weiß mit gestromten Abzeichen. Jede Pigmentierung sollte schwarz sein, obwohl bei Falben auch hellere Pigmentation gestattet ist. Frankreich und damit die FCI-Mitglieder akzeptieren falb nicht. Schwarzlohfarben, Schwarzweiß und Leberfarben sind allgemein verboten, ebenso Gewicht von mehr als 12 kg.

Französische Bulldogge

GALGO ESPAÑOL

Von diesem Spanischen Windhund glaubt man, daß er schon seit alten Zeiten die Iberische Halbinsel bewohnt. Noch heute findet er Einsatz zur Jagd auf Hasen und Kaninchen, in erster Linie dient er aber als Familienhund.

In Spanien trifft man auf den Galgo in großer Zahl, in anderen Ländern aber fast nie.

Widerristhöhe etwa 60-70 cm. Im Äußeren ähnelt der Galgo dem Greyhound, er ist aber etwas eleganter aufgebaut.

Haarkleid glatt oder schwach rauhhaarig, alle Farben erlaubt, am verbreitetsten gestromt, falb, rot oder schwarz, mit oder ohne weiße Abzeichen.

FCI-Gruppe 10, Standard Nr. 285,
Ursprungsland: Spanien

Galgo Español

GAMMEL DANSK HØNSEHUND

Diese alte Hunderasse entstand wahrscheinlich bereits im 16. Jahrhundert. Einige Historiker vertreten die Auffassung, daß dieser alte Dänische Vorstehhund wie der Spanische Pointer die Vorstehhunderassen sind, die am meisten den Vorstehhunden ähneln, wie sie vor zweihundert Jahren aussahen. Sie nehmen an, diese Rassen seien Ausgangsrassen aller heute vorhandenen Vorstehhunderassen.

Widerristhöhe etwa 48-58 cm. Körper rechteckig, ziemlich kräftig gebaut, mit tiefem, breitem und leicht gewölbtem Brustkorb. Oberkopf breit und ziemlich kurz, Fang tief mit hängenden Lefzen. Die Ohren des Gammel Dansk Hønsehund sollten nicht zu hoch angesetzt sein, am Ansatz breit, mit abgerundeten Spitzen. Wammenbildung typisch.

Haarkleid glatt, von weißer Farbe mit leberbraunen Flecken und kleinen Tupfen. Diese Farbe trugen auch schon die Vorfahren dieser alten Vorstehhunderasse.

FCI-Gruppe 7, Standard Nr. 281,
Ursprungsland: Dänemark

Gammel Dansk Hønsehund

GLEN OF IMAAL TERRIER

FCI-Gruppe 3, Standard Nr. 302
Ursprungsland: Irland
Zucht 1994: D 37, GB 65

Diese faszinierende und recht alte Terrier Rasse entstammt dem Süden Irlands, trägt ihren Namen aus der Szenerie der von Wind und Wetter beherrschten Landschaft von West Wicklow. Lange ehe diese Rasse einen Ausstellungsring sah, jagte sie in ihrer Heimat Dachs und Fuchs, hielt Mäuse- und Rattenplage kurz, wurde häufig in organisierten Kämpfen zum Kampf Hund gegen Hund eingesetzt. Sie half auch beim Antrieb des Bratenspießes. Erstmals erkannte der Irish Kennel Club die Rasse 1933 an, aber erst 1975 folgte die Anerkennung durch den Englischen Kennel Club. Obgleich in England selbst zahlenmäßig gering, hat die Rasse auf dem europäischen Kontinent wachsendes Interesse gefunden.

Das äußere Erscheinungsbild der Rasse ähnelt etwa einem schwergewichtigen, etwas rustikalen Sealyham. Der Glen of Imaal Terrier tritt aber in den Farben blau, gestromt oder weizenfarben auf. Widerristhöhe etwa 36 cm, Gewicht etwa 15 kg.

Ein kräftiger, außerordentlich zuverlässiger, ruhiger und freundlicher Hund, der aber im Streitfall bereit ist, es mit jedem Gegner aufzunehmen. Für ihre stoische Haltung ist die Rasse bekannt. Das Haarkleid läßt sich leicht trimmen. Unterwolle und Haarschopf sind weich, während das Deckhaar härtere Struktur hat, regelmäßig gebürstet werden muß. Der Glen hat ein kräftiges Gebiß mit zangenartigem Griff. Kräftige Knochen, die an den Vorderläufen etwas gebogen sind. Der Körper ist länger als die Widerristhöhe, gefordert wird viel Substanz und gute Rippenwölbung. Die Hinterhand ist ungewöhnlich kraftvoll, hat starke Knochen und ist stark bemuskelt, lang genug, um eine waagerechte obere Linie zu gewährleisten.

Glen of Imaal Terrier

GOS D'ATURA CATALÀ

FCI-Gruppe 1, Standard Nr. 087
Catalan Sheepdog
Ursprungsland: Spanien
Zucht 1994: D 15, A 1, CH 28

Über viele Jahre wurden spanische Schäferhunde aus dem Catalan zum Hüten von Schafen nahe dem Pyrenäengebirge eingesetzt. Der Gos d'Atura Català gilt als ein guter Wachhund, auch im Einsatz bei Polizei wie Armee hat sich die Rasse bewährt.

In jüngerer Zeit gewannen diese lebhaften und munteren Hunde auch als Familienhunde ihre Anhänger, obgleich man ihnen nachsagt, sie seien Fremden gegenüber recht ablehnend.

Widerristhöhe 45-55 cm, Körper etwas länger als Widerristhöhe. Der Kopf des Catalanischen Schäferhundes ist kräftig, leicht konvex, mit mässig breitem Oberkopf. Der Fang sollte etwas kürzer sein als die Länge des Oberkopfs. Hängeohren, ziemlich lange, unkupierte Rute - wenn kupiert, normalerweise auf halbe Länge.

Haarkleid lang und zottig, meist grauschwarz oder helles falb mit grauen Schattierungen.

Außerhalb Spaniens - mit Ausnahme großer europäischer Ausstellungen - trifft man den Gos d'Atura Català wenig an.

Gos d'Atura Catala

GRAND BLEU DE GASCOGNE

Die größte und ursprünglichste französische Laufhunderasse ist der Grand Bleu de Gascogne. Manchmal nennt man ihn den *King of the Hounds*, da sein majestätisches Äußere von keinem anderen Hound erreicht wird.

Obgleich die Rasse in Rassen eingekreuzt wurde, die auf Hochwild jagen, werden die *Blues* selbst nur zur Hasenjagd verwendet. Dabei haben sie eine ziemlich langsame Gangart, was sich bei dem heißen Klima im Südwesten Frankreichs als recht nützlich erweist.

Widerristhöhe etwa 62-72 cm. Haarkleid glatt und glänzend. Die feine Haut ist ziemlich lose, insbesondere im Bereich Kopf und Kehle.

Die Farbe ist das charakteristischste Merkmal der Rasse. Die Sprenkelung ist dicht, vermittelt einen bläulichen Farbeneindruck. Schwarze Flekken oder Decke sind erlaubt. Seitlich von Kopf und Ohren müssen immer schwarze Flecken sein, Fang und Blesse gesprenkelt. Die verlangten lohfarbenen Markierungen am Kopf müssen klar abgegrenzt sein. Leichte lohfarbene Sprenkelung gestattet, aber nur an den unteren Läufen.

Eine recht gut bekannte Rasse, obwohl man sie außerhalb Frankreichs kaum antrifft.

Grand Bleu de Gascogne

*FCI-Gruppe 6, Rassestandard Nr. 022,
Ursprungsland: Frankreich*

GRAND GASCON-SAINTONGEOIS

Im Südwesten Frankreichs, nördlich der Gironde Bay, des Flusses Dordogne und der Provinz Gascogne liegt die alte Provinz Saintonge. Dies ist die Heimat großer Meuten außerordentlich typischer, alter, großrahmiger französischer Laufhunde, der Saintongeois.

Nur drei Hounds überlebten die Französische Revolution. Baron de Carayon-la-Tour besaß diese Hunde, entschloß sich, sie mit Grand Bleu de Gascogne im Besitz von Baron de Ruble zu paaren.

Diese beiden Herren führten die Linien weiter, weil sich die Zuchtprodukte als so besonders gut erwiesen hatten.

Die gesprenkelten Hounds (Bleu de Gascogne) gingen in den Zwinger von Baron de Ruble, die Weißen mit schwarzer Fleckung (der Farbe der Original Saintongeois) blieben in den Carayon-la-Tours Zwingern, wo sie den Namen Gascon-Saintongeois trugen.

Man sagt dieser Rasse eine vorzügliche Jagdpassion nach. Der Gascon-Saintongeois verfügt

Grand Gascon-Saintongeois

243

über eine vorzügliche Nase und eine wunderschöne Stimme.

Die Widerristhöhe des Gascone-Saintongeois liegt bei 60-70 cm. Der Kopf sollte lang und schmal sein, mit ausgeprägtem Hinterhauptbein. Der Fang ist geringfügig konvex, die Lefzen hängend.

Die Ohren sollen sehr tief angesetzt und sehr lang und fein sein und werden gefaltet getragen.

Die Farbe ist weiß, dabei ist der Körper oft mit schwarzen kleinen Flecken bedeckt, dazwischen sind auch ein paar große schwarze Flecken zulässig.

Auf jeder Kopfseite sollte ein großer schwarzer Fleck sein, der auch die Ohren bedeckt und bis in die Lefzen reicht.

Über den Augen und an den Wangen an das Schwarz anschließend lohfarbene Markierungen.

Eine solche Blaßlohfarbe in gesprenkelter Form tritt häufig auch an den Hinterseiten der Läufen auf.

In einigen Teilen dieser südwestlichen französischen Region stehen auch kleinere Hounds im Einsatz, nach und nach wurden sie zu einer eigenen Rasse, zum *Petit Gascon-Saintongeois*.

Die Schulterhöhe dieses Schlags liegt bei 48 bis 50 cm.

Die Rasse trägt eine andere FCI-Standardnummer wie die großen, nämlich 031.

FCI-Gruppe 6, Standard Nr. 021,
Ursprungsland: Frankreich

GRAND GRIFFON VENDÉEN

Die Region Vendée an der Westküste Frankreichs ist die Heimat von vier rauhhaarigen Laufhunderassen. Sie alle haben zottiges Fell, sind im Typ ähnlich, unterscheiden sich nur durch die Länge ihrer Läufe.

Der größte, wahrscheinlich älteste und seltenste französische Laufhund ist der Grand Griffon Vendéen. Ein reiner Meutehund, der ursprünglich zur Jagd auf Wolf und Bären Einsatz fand. Die wenigen Meuten, die übriggeblieben sind, jagen heute kleineres Wild wie Hirsch, Fuchs und Hasen.

Widerristhöhe etwa 60-65 cm. Die Rasse hat Ähnlichkeit mit einem kleinen Otterhound.

Das Haarkleid ist zottig, nicht übertrieben lang.

Farbe in der Regel jede Rotschattierung oder weiß mit roten oder grauen Flecken.

FCI-Gruppe 6, Standard Nr. 282,
Ursprungsland: Frankreich

Grand Griffon Vendéen

GREYHOUND

FCI-Gruppe 10, Standard Nr. 158
Ursprungsland: Great Britain
Zucht 1994: D 70, A 19, CH 16, GB 52, USA 193

Der Ursprung des Greyhounds läßt sich bis zu den alten Ägyptern zurück verfolgen. Traditionell wurden Greyhounds zur Jagd auf Großwild eingesetzt, auf Wolf, Hirsch und Sauen. In neuerer Zeit hat sich ihre Aufgabe auf die Hasenjagd in freier Wildbahn (Coursing) und auf das Nachjagen hinter den künstlichen Hasen auf der Rennbahn verändert. Greyhounds standen immer im Besitz der herrschenden Klassen, das war schon bei den königlichen Familien in Ägypten die Regel. Diese Übung setzte sich bis in moderne Zeiten fort. Im Mittelalter gab es strengste Gesetze, die jedermann, der nicht den höheren Gesellschaftsschichten angehörte, das Halten eines Greyhounds verboten. Heute allerdings befindet sich der Greyhound in den Händen vielerlei Gesellschaftsschichten, insbesondere nachdem in den USA der Rennsport profitabel, in England sehr populär ist.

In den USA gehören Greyhounds zu den populärsten Ausstellungshunden. Bereits der Westminster Club Ausstellungskatalog des Jahres 1877 verzeichnet achtzehn eingeschriebene Greyhounds. Keine Hunderasse kann von sich behaupten, sich über so lange Zeit praktisch in der Originalform gehalten zu haben. Um die Ausdauer der Rasse zu bewahren, wurden einige andere Rassen in Greyhoundblutlinien eingekreuzt. Einige glauben, daß besonders der Englische Bulldog gepaart wurde, um die Hunde schneidiger und hartnäckiger zu machen. Der Greyhound ist die schnellste Hunderasse der Welt. Diese Hunde sind fähig, eine Geschwindigkeit von 70 km/Std zu erreichen.

Das Wesen des Greyhounds ist außerordentlich

Greyhound

ausgeglichen und stabil. Die Hunde verfügen über eine Ruhe und viel Selbstbewußtsein, ziehen sich auf sich selbst zurück, brauchen auch nicht die laufende Zuwendung ihrer Besitzer. Liebenswert mit Menschen wie Hunden zeigt sich der Greyhound kaum einmal unfreundlich oder aggressiv.

Die vorzügliche Gesundheit ist ein weiteres positives Rassemerkmal. Die Gesundheit des Körpers wie des Wesens gehört zu den Gründen, daß diese Rasse über so lange Zeit existiert und so zahlreiche Freunde fand.

Der Greyhound ist einer der wenigen großen Hunde, bei dem man sagen kann, er sei nahezu frei von Hüftgelenksdysplasie. Diese Tatsache wird vor allen Dingen darauf zurückgeführt, daß die Knochen des Greyhounds sich voll entwickelt haben, ehe der Körper viel Gewicht tragen muß. Seine Augen versteht der Greyhound vorzüglich zu nutzen, es sind kaum Augenkrankheiten bekannt geworden. Es gibt auch keine Probleme mit den lebenswichtigen Organen wie Herz, Nieren, Leber und dergleichen. Allerdings gehört Taubheit zu den ganz wenigen Gesundheitsproblemen, die vor kurzem in einem sehr kleinen Prozentsatz der Rasse auftauchte.

Da die Rasse über Jahrhunderte zur Hetzjagd gezüchtet wurde, paßt sich der Greyhound den Renngegebenheiten der Bahn bereitwillig an. Werden die Hunde vom Rennen zurückgezogen, gewöhnen sie sich leicht daran, gute Haus- und Familienhunde zu sein. Ausdauer und Schnelligkeit sind die wichtigsten Rassemerkmale, welche

den Greyhound zu einem so äußerst erfolgreichen Rennhund gemacht haben.

Diese Ausdauer basiert in entscheidenem Maße auf einem gesunden Herzen und entschlossenem Wesen, diese Merkmale lassen sich auch im Ausstellungsring beurteilen. Auch auf Ausstellungen zeigt der Greyhound die Qualitäten, die er beim Rennen bestens nutzen kann. Ein kräftig gebauter, aufrechter Körper, symmetrisch in allen Körperteilen und der äußeren Linie. Langer Kopf mit langgestrecktem, kräftigen Kiefer. Große Augen, die dem Hund auf der Coursingjagd es leicht ermöglichen, den Hasen zu verfolgen und ihn zu fangen. Langer Hals der in gut zurückliegende Schultern übergeht, ist ebenso wichtig wie eine tiefe Brust, welche Lungen und Herz genügend Raum bietet.

Kräftige, muskulöse aufgewölbte Lendenpartie sind bei Greyhounds besonders erwähnenswert. Oberschenkel und Läufe sind breit und stark bemuskelt, zeigen große Kraft. Gute Hinterhandwinkelung, tiefstehendes Sprunggelenk, so daß der Hund im Stand viel Boden deckt.

Achtung, die für England gegebene Zuchtzahl ist die des Englischen Kennel Clubs, ein Großteil der Greyhounds wird in England beim eigenen Zuchtverein eingetragen. Auch in anderen Ländern gibt es Spezialregister nur für Greyhounds.

Ein altes Sprichwort beschreibt einen guten Greyhound, er habe den Kopf einer Schlange, den Hals eines Drachen, die Pfoten einer Katze und die Rute einer Ratte.

GRIFFON À POIL LAINEUX

Diese sehr seltene französische Laufhunderasse wurde von Emmanuel Boulet etwa 1880 geschaffen. Er setzte für seine Zucht Schäferhunde, Pudel und Griffons ein, die Rasse wurde auch als *Griffon Boulet* bekannt.

In erster Linie dienten diese Hunde als Vorstehhunde, heutzutage werden sie aber verbreitet auch als Familienhunde gehalten.

Widerristhöhe etwa 49-58 cm. Das wichtigste Merkmal ist das Haarkleid, dem die Rasse ihren Namen verdankt. Es soll lang, sehr weich und wollig sein. Farbe braungelb, etwa im Farbton von trockenem Laub.

FCI-Gruppe 7, Rassestandard 174,
Ursprungsland: Frankreich

Griffon à Poil Laineux

GRIFFON BRUXELLOIS

FCI-Gruppe 9, Standard Nr. 080
Ursprungsland: Belgien
Zucht 1994: D 14, A 3, CH 4, GB 196, USA 539

HERKUNFT UND RASSEGESCHICHTE

Ursprünglich ein Streuner durch belgische Strassen, findet man die Rasse Griffon Bruxellois heute häufig in luxuriösen Lebensumständen, ein weiter erfolgreicher Weg zur gesellschaftlichen Akzeptanz. Der alte *Griffon d'Ecurie* (Stable Griffon) war ein Straßenhund, man traf ihn in den Ställen als Rattenkiller. Hunde dieses Typs wurden von Du Empoli und dem flämischen Maler Van Dyck (1599-1641) portraitiert.

Ein berühmtes Gemälde des französischen Impressionisten Renoir (1841-1919) *Bather with Griffon* vermittelt einen guten Eindruck, wie der Griffon jener Tage aussah.

Der hier gezeigte Hund ähnelt frühen Welsh Terriern, und das Können des Malers beim Übertragen von Leben auf die Leinwand macht es wahrscheinlich, daß dieser Hund genau so aussah. In diese Hunde wurde der Affenpinscher eingekreuzt, auch der holländische Mops und der Ruby English Toy Spaniel, zwei wohlbekannte und sehr populäre Rassen. Diese Bluteinkreuzungen führten zu mehreren Veränderungen.

Als erstes entwickelte sich die Rasse jetzt sowohl in rauhhaarige wie glatthaarige Hunde - *Griffon* bedeutet rauhhaarig oder drahthaarig. Die

Griffon Bruxellois

Glatthaarigen nannte man *Le Petit Brabançon*. Als nächstes wurde die Rasse brachycephalisch, worunter man einen sehr gerundeten Kopf bei kurzem Fang versteht. Mit diesem neuen Aussehen zogen die Hunde aus den Ställen und Straßen in die Wohnungen um, sie gewannen das Herz der Menschen.

Gerade in jüngerer Zeit trifft man immer mehr Griffon Bruxellois, die neue Generation hat ihren alten Charme entdeckt. Ursprünglich in der *Toy Group* eine Seltenheit, ist die Rasse heute sehr gut repräsentiert, erringt auf Ausstellungen häufig Spitzenplätze.

WESEN

Die meisten englischsprechenden Anhänger der Rasse kennen die Hunde unter der Bezeichnung *Griffs*.

Sie bewundern ihren menschenähnlichen, oft fragenden Gesichtsausdruck, die großen ausdrucksvollen Augen und den vorstehenden Fang.

Sie wirken wie kleine Kobolde, sind neugierige Hunde, voller Selbstvertrauen. Man sagt, daß Junghunde wie Erwachsene zuweilen recht sensibel sind.

Entsprechend vorsichtig muß man bei der Erziehung zur Leinenführigkeit und anderen Dingen vorgehen, rechtzeitig junge Hunde auf ihr Leben als Familienmitglied und Ausstellungshund vorbereiten.

Der Griffon muß davon überzeugt sein, daß seine Erziehung völlig seinem eigenen Willen entspricht.

GESUNDHEIT

Wie bei allen Kleinhunden muß man darauf achten, daß der junge Griffon nicht vom Mobiliar herabspringt, dabei seine Läufe bricht.

Da die Augen ziemlich hervortreten, sollte man sie täglich baden, darauf achten, daß es zu keiner Reizung der Augenlider durch die Kopfhaare kommt. Patellaluxation tritt in der Rasse auf, es kann verletzungsbedingt, aber auch genetisch sein. Der Griffon darf nie an den Hinterläufen festgehalten werden, dies könnte zu Patellaluxation führen.

Während des Zahnwechsels müssen die Zähne zumindest einmal wöchentlich kontrolliert werden, um sicher zu stellen, daß die Milchzähne ordnungsgemäß ausgefallen sind, die zweiten Zähne genügend Platz haben. Der Zahnwechsel beginnt in der Regel zwischen dreieinhalb und vier Mona-ten. Treten Probleme auf, braucht man tierärztlichen Rat.

PFLEGE UND ERZIEHUNG

Griffon Bruxellois sind hochintelligent, lernen besonders leicht die Kommandos ihrer Besitzer. Hinsichtlich der Fellpflege ähnelt die Rasse vielen Rauhhaarterriern, aber das Deckhaar ist gewöhnlich nicht so hart wie beim Irish- oder beim Welsh Terrier.

Das Griffonhaarkleid ist im Deckhaar lang, hart und drahtig, hinzu kommt eine weiche Unterwolle. Das Deckhaar muß vorsichtig getrimmt werden, so daß das neue Haarkleid wachsen kann, das abgestorbene ersetzt. Trimmen ist für Fell wie Haut gleich gut, reduziert beträchtlich den Haarausfall und Kratzen des Hundes.

ANPASSUNGSFÄHIGKEIT

Der Griffon Bruxellois ist voller Lebensfreude, gewöhnt sich an jede Umwelt.

Seine wachsende Popularität bringt es mit sich, daß er wohl unter keinen Umständen in absehbarer Zeit wieder zurück in die Ställe verbannt wird.

RASSEMERKMALE

Körperbau quadratisch, Gewicht etwa 2,7-4,5 kg. Das Haar ist hart und drahtig bei weicher Unterwolle. Die Fédérration Cynologique Internationale hat die Belgischen Griffons in drei Rassen aufgeteilt.

Zunächst der **Griffon Bruxellois**, rauhhaarig, Farbe immer rot. (Standard Nr. 080)

Dann den **Griffon Belge** (Standard Nr. 081), rauhhaarig, schwarz, schwarzlohfarben oder rotgrizzle.

Zuletzt den **Petit Brabançon** (Standard Nr. 082) kurzhaarig, rot, mit oder ohne schwarze Maske oder schwarzlohfarben. In einigen Ländern werden auch einfarbig Schwarze anerkannt.

Man muß davon ausgehen, daß auf Ausstellungen der Kopf des Griffon Bruxellois besonders wichtig ist. Er ist leicht aufgewölbt, hat große, schwarze Augen. In den meisten Ländern sind die Ohren unkupiert, hoch am Kopf angesetzt, werden seitlich getragen.

Die Nase ist schwarz, kurz, tiefliegend und leicht nach hinten versetzt. Die Nasenlöcher sind groß und offen, Vorbiß, kräftiger Unterkiefer, nach oben gebogen. Die Rasse darf weder Zähne noch Zunge zeigen.

GRIFFON BLEU DE GASCOGNE

Die genaue Abstammung dieses französischen Laufhundes ist umstritten, wahrscheinlich entstand er durch Kreuzungen zwischen dem Bleu de Gascogne und entweder dem Griffon Nivernais oder dem Griffon Vendéen - oder mit beiden. Der Hund hat ein sehr rustikales Aussehen. Er soll eine recht robuste Rasse sein, jagt auf Niederwild und arbeitet nicht nur als Meutehund.

Widerristhöhe etwa 43-52 cm. Die wahrscheinliche Verwandtschaft mit dem Bleu de Gascogne (Farbe) und mit den Griffons (Fellstruktur) ist deutlich sichtbar. Ohren nicht zu tief angesetzt, nicht so lang und gefaltet wie bei vielen anderen französischen Laufhunden.

Das Haarkleid muß hart, aber nicht üppig sein, dicht am Körper anliegend. Farbe immer blau gesprenkelt mit großen schwarzen Flecken oder schwarzem Mantel, ebenso lohfarbenen Abzeichen.

Außerhalb Frankreichs trifft man kaum auf den Griffon Bleu de Gascogne.

Griffon Bleu de Gascogne

FCI-Gruppe 6, Standard Nr. 032,
Ursprungsland: Frankreich

GRIFFON FAUVE DE BRETAGNE

Schon seit dem 14. Jahrhundert ist diese Rasse bekannt, König François I besaß von ihnen eine eigene Meute. Aber bis Mitte des 19. Jahrhunderts war die Rasse nahezu ausgestorben. Danach erholte sie sich ganz langsam wieder, ist aber noch immer recht selten. Man trifft sie heutzutage sowohl auf Jagdhundeausstellungen wie europäischen Hundeausstellungen, auch in England und Skandinavien. Die Leistung dieser Rasse wird für die Jagd auf Fuchs und Sauen als sehr brauchbar geschildert.

Widerristhöhe etwa 48-56 cm. Körperbau etwas grober als die traditionellen französischen Laufhunde.

Er hat einen langen Kopf, leicht konvexen Nasenrücken, ausgeprägtes Hinterhauptbein, tief angesetzte, lange und gefaltete Ohren.

Das Haarkleid muß hart sein, in der Struktur nahezu drahtig, aber nicht so lang, daß es zottig wirkt.

Farbe jede Rotschattierung.

Griffon Fauve de Bretagne

FCI-Gruppe 6, Standard Nr. 066,
Ursprungsland: Frankreich

GRIFFON NIVERNAIS

Man glaubt, der Griffon Nivernais ähnele außerordentlich der alten Rasse *Canis Segusien*. Zeichnungen in Gräbern aus dem Steinzeitalter zeigen eine erstaunliche Übereinstimmung mit diesem zottigen Hundetyp. Man weiß, daß diese Hunde im 14. Jahrhundert zur Jagd auf Wölfe wie auf

Griffon Nivernais

Sauen eingesetzt wurden. Nach der französischen Revolution starb der Griffon Nivernais nahezu aus, wurde aber unter Zuhilfenahme des Grand Griffon Vendéen gerettet.

Noch heute trifft man den Griffon Nivernais am ersten in dem Hochland von Morvan an, östlich der Loire, in Nivernais. Hier jagt er in Meuten von vier bis sechs Laufhunden. Man sieht in dieser Rasse einen der allerbesten Meutehunde auf Sauen, weil sie unermüdlich in der Verfolgung sind, auf der Jagd tapfer und ohne jede Furcht.

Widerristhöhe 53-60 cm. Der Körper ist länger als der der meisten französischen Laufhunde. Der Kopf ist lang, schlank und schmal. Die Hunde haben sehr ausdrucksstarke Augen, etwas tief angesetzte, lange und gefaltete Ohren. Haarkleid etwa 5 cm lang, zottig und von harter Struktur. Farbe wolfsgrau, blaugrau oder blaufarben mit ziemlich blassen lohfarbenen Markierungen.

FCI-Gruppe 6, Standard 017,
Ursprungsland: Frankreich

GRØNLANDSHUND

FCI-Gruppe 5, Standard Nr. 274
Eskimo Dog, Greenland Dog
Ursprungsland: Norwegen
Zucht 1994: D 28, GB 8

Die Heimat des Grønlandshund oder auch Eskimo Dog liegt wahrscheinlich auf der weit ausgedehnten Insel Grönland. Hier zogen über Jahrhunderte Eskimostämme als Nomaden vom Westen, dem Beaufort Sea Richtung Osten zur Dänemarkpassage.

Für das Überleben der Eskimos war und ist noch heute in vielen arktischen Bereichen der Schlittenhund entscheidend. Diese großen, arktischen Spitze müssen extrem robust sein, strengster Kälte Stand halten. Oft läßt man sie draußen im Schnee schlafen. Die Eskimos füttern sie nur den Winter über. Im Sommer müssen sie für sich selbst sorgen.

Der Grønlandshund wird als eine Art halbwilder Hund angesehen. Diese Rasse ist sehr zäh

und hat große Widerstandskraft. Die Hunde gedeihen nur, wenn sie eine vernünftige Aufgabe haben, etwa das Ziehen von Schlitten. Obgleich in einigen Teilen der Welt recht gut domestiziert, ist diese Rasse sicherlich nicht als Haushund erste Wahl, es sei denn, ihr Besitzer wäre bereit, seinem Hund sehr viel Zeit und Bewegung zu geben.

Die Hunde gedeihen im Freien, entscheiden sich immer für das Schlafen draußen, gleich wie das Wetter auch sein mag. Grønlandshunde sind sehr genügsam.

Über Jahrhunderte haben sie sich daran gewöhnt, für sich selbst zu sorgen, und das unter klimatischen Verhältnissen, wo nur die härtesten und fittesten Hunde überleben. Diesem Leben entspricht auch der Charakter der Hunde.

Widerristhöhe Rüden mehr als 60 cm, Hündinnen mehr als 55 cm. Der Grønlandshund ist weder so schwer wie der Alaskan Malamute, noch so einsatzfähig für Schlittenhunderennen wie der Siberian Husky. Der Körperbau dieser Hunde vereinigt aber Kraft mit Schnelligkeit.

Der Kopf ist keilförmig, kräftiger Fang, schräg eingesetzte Augen und kleine Stehohren, weit auseinander angesetzt.

Die Rute sollte lose gerollt über dem Rücken getragen werden. Haarkleid ziemlich lang, sehr dick, vom Körper abstehend, begleitet von fast undurchdringlicher Unterwolle. Alle Farben und Farbmuster gestattet.

Grønlandshund

GROSSER SCHWEIZER SENNENHUND

FCI-Grupp 2, Standard Nr. 058
Ursprungsland: Schweiz
Zucht 1994: D 55, A 2, CH 107

HERKUNFT UND RASSEGESCHICHTE

Als Cäsars Legionen in die Schweiz eindrangen, den St. Bernhard Pass überquerten, wurden sie von ihren Hunden begleitet. Cäsars Armee hatte typische molosserartige Wachhunde, welche die Truppenlager schützten und die großen Herden, welche die Armee als Nahrungsquelle begleiteten, trieben. Die vier wichtigsten Schweizer Sennenhunderassen gehen auf diese Hunde zurück.

Der Große Schweizer Sennenhund ist möglicherweise die älteste, sicherlich aber die größte dieser vier Rassen, welche alle heute die gleiche Färbung haben, nämlich schwarz mit weißen Abzeichen und Lohfarbe immer zwischen schwarz und weiß. Der Große Schweizer Sennenhund ist ein direkter Nachkomme von Cäsars Molossern, wurde in der Schweiz auf vielerlei Art eingesetzt. Als Metzgershund bewachte er das Geschäft und begleitete den Metzger auf seinen Wegen, außerdem schützte er bei den Bauern die Herden. Er war auch sehr nützlich als schwergewichtiger Zughund, konnte durchaus einen kräftigen Karren mit Gütern zum jeweiligen Markt ziehen.

Früher gab es einmal einige rotweiße Schweizer Gebirgshunde, die aber nicht als echte Sennenhunde anerkannt wurden, weil ihre Farbe eine Einkreuzung von Bernhardinern anzeigte. Wahrscheinlich wurde der Große Schweizer Sennenhund verwendet, um im 19. Jahrhundert den Genpool der Bernhardiner zu verstärken.

Zu Beginn dieses Jahrhunderts wurden die Großen Schweizer Sennenhunde in gleicher Grösse und Farbe gezüchtet, wie man sie heute noch in der Schweiz antrifft. Zwei begeisterte Männer, Franz Schertenleib und Dr. Albert Heim, welche den Berner Sennenhund retteten, fanden bei ihrer Arbeit auch zufällig Exemplare des Großen Schweizer Sennenhundes, nutzten die Chance, um die Schweizer zu ermutigen, auch diese Rasse zu erneuern. Alle arbeiteten eng zusammen, nutzten bis in die 30er Jahre Hunde ohne Ahnentafel, so lange, bis sie davon überzeugt waren, daß jetzt die Rasse ein echtes Spiegelbild der geforderten Eigenschaften war. Diese Arbeit erwies sich als sehr erfolgreich, und heute besitzt die Rasse eine treue Gefolgschaft.

Ein hübscher Hund, erstmals wurde der Große Schweizer Sennenhund 1968 in die USA importiert. Seit dem 01. Oktober 1985 konkurrieren diese Hunde in den USA in der *Miscellaneous Class* auf Ausstellungen, außerdem auf Fährtenhundeprüfungen. Zehn Jahre später wurde ihnen von den Amerikanern auf Ausstellungen der Wettbewerb um eigene Championat zugesprochen.

WESEN

Von Hause aus ein Arbeitshund ist der Große Schweizer Sennenhund ein stattlicher und kraftvoller Hund. Er erweist sich als guter Familienhund, erfüllt seine Aufgaben als Wächter für Familie und Haus. Die Rasse besitzt einen sehr ausgeglichenen Charakter.

ANPASSUNGSFÄHIGKEIT

Aufgrund seiner Größe und seines Arbeitswillens paßt der Große Schweizer Sennenhund mehr zu

Großer Schweizer Sennenhund

einem Leben auf dem Lande als in der Stadt. Von Hause aus ein Zughund liebt er die Arbeit auf den Bauernhöfen, zieht Karren und Schlitten mit Kindern. Er hat sich auf Unterordnungswettbewerben durchaus gut bewährt, diese Aufgaben stärken Geist und Körper.

GESUNDHEIT

Im allgemeinen ist der Große Schweizer Sennenhund ein kräftiges, gesundes Tier, zuweilen trifft man auf Augenprobleme. Auch sollten alle Zuchttiere regelmäßig auf Hüftgelenksdysplasie überprüft werden.

Kurzhaarig, aber dennoch mit dickem Haarkleid, muß der Große Schweizer Sennenhund regelmäßig gebürstet und gekämmt werden, wenn notwendig auch gebadet.

Man achte auf Zahnpflege, nützlich hierfür sind kräftige Hundekuchen. Auch auf die Krallen sollte man regelmäßig achten.

Wöchentlich werden die Ohren mit etwas durch Babyöl angefeuchteter Watte vorsichtig gereinigt, dabei um den Finger gewickelt. Tritt Ohrgeruch auf, sollten die Ohren vom Tierarzt kontrolliert werden.

RASSEMERKMALE

Widerristhöhe Rüden 65-72 cm, Hündinnen 58-68 cm. Ein großer, kraftvoller und beweglicher Hund.

Farbe, ein leuchtendes tiefes Schwarz mit weissen Abzeichen auf Pfoten, im Gesicht, an Brust und Rutenspitze. Zwischen schwarz und weiß immer lohfarbene Markierungen.

Der Große Schweizer Sennenhund hat ein dickes, aber kurzes Haarkleid, er ist starkknochig und besitzt recht gute Substanz. Die lange, natürlich belassene Rute wird etwas angehoben, aber nie geringelt getragen.

Großer Kopf mit kräftigem Fang. Scherengebiß mit kräftigen, vollständigen Zähnen, eng anliegende Lefzen und keine Wammenbildung.

Die dreieckigen Ohren sind hoch angesetzt, hängen flach an den Wangen. Augen von mittlerer Größe und dunkelbraun.

Guter Hals, kräftige Schultern, tiefer, breiter Körper, insgesamt ist der Körper etwas länger als die Schulterhöhe. Die Knochen an Läufen und Pfoten sind recht kraftvoll.

Der Große Schweizer Sennenhund ist ein sehr gut aufgebauter, attraktiver Hund, der sich weit ausgreifend mit gutem Schub aus der Hinterhand bewegt.

HALDENSTØVER

Dieser norwegische Laufhund trägt seinen Namen nach der Stadt Halden, wo man ihn insbesondere im 19. Jahrhundert antraf.

Obgleich es diese Rasse wirklich schon lange Zeit gibt, wurde sie erst 1952 anerkannt. Sie dient ausschließlich der Jagd auf Hase und Fuchs. Selbst in Norwegen ist der Haldenstøver recht selten.

Widerristhöhe 50-60 cm, Körper rechteckig. Der Kopf soll dem des English Foxhound ähneln, er hat ziemlich hoch angesetzte, eng anliegende Hängeohren.

Haarkleid glatt, Farbe weiß mit wenigen, aber großen schwarzen Flecken. An den Seiten des Kopfes lohfarben. Auch auf dem Körper lohfarbene Flecken gestattet, wobei das Tan sehr oft die schwarzen Flecken umrahmt.

FCI-Gruppe 6, Standard Nr. 267,
Ursprungsland: Norwegen

Haldenstøver

HAMILTONSTÖVARE

Dieser schwedische Laufhund trägt seinen Namen nach Count Adolf Patrik Hamilton, dem Gründer des Schwedischen Kennel Clubs im Jahre 1889. Die Rasse stammt von osteuropäischen Laufhunden, die etwa während des 15. und 16. Jahrhunderts nach Schweden kamen. Hinzu kamen Schweizer Laufhunde und English Foxhounds.

Vor 1921 wurde die Rasse einfach *Swedish Hound* genannt. Sie diente der Jagd auf Hase und Fuchs, ist in Skandinavien allgemein bekannt. Mit Ausnahme ganz weniger Hunde in England ist die Rasse sehr selten.

Widerristhöhe 46-60 cm, Körper rechteckig, kraftvoll und gut bemuskelt. Sein Kopf ähnelt dem des English Foxhound.

Haarkleid glatt, hart und leuchtend. Farbe jede Schattierung von Lohfarben mit schwarzem Sattel und klar sich abzeichnenden weißen Markierungen.

FCI-Gruppe 6, Standard Nr. 132
Ursprungsland: Schweden

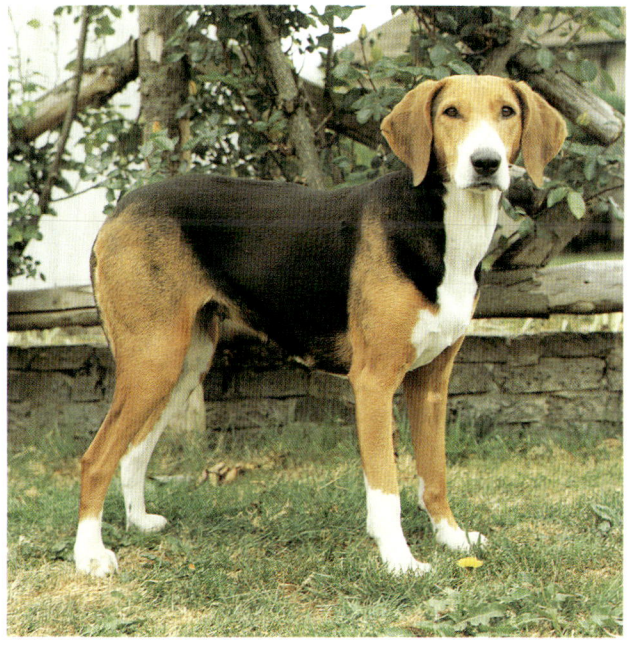

Hamiltonstövare

HANNOVERSCHER SCHWEISSHUND

FCI-Gruppe 6, Standard Nr. 213
Ursprungsland: Deutschland
Zucht 1994: D 28, A 36

Dieser deutsche Schweißhund geht auf sehr alte Schweißhundeschläge zurück, die bereits vor über 2.000 Jahren lebten und die man damals allgemein schon Schweißhunde nannte. Der Hannoversche Schweißhund ist eine sehr seltene Rasse, wird ausschließlich zur Arbeit am Riemen auf der Wundfährte eingesetzt. Normalerweise ist das gejagte Tier der Hirsch.

Widerristhöhe etwa 50-60 cm. Körper lang gestreckt, ziemlich kräftig und schwer, nie aber plump. Kopf breit mit ebenso breitem, aber nicht zu langem Fang. Sehr große, breite Ohren, die eng am Kopf anliegen. Behaarung glatt, hart und glänzend. Jede Schattierung von rot oder falb. Für die Rasse typisch bewirken die schwarzen Haarspitzen besonders an Kopf, Rücken und Rute einen schwärzlichen Anflug auf dem Fell. Generell verbreitetste Farbe der Rasse ist dunkel gestromt.

Hannoverscher Schweißhund

HARRIER

Etwa im Jahre 400 v.Chr. beschreibt der griechische Philosoph Xenophon die Jagd von Hasen oder Kaninchen mit Hounds, die dem heutigen Harrier recht ähnlich scheinen. Englische Jagdberichte erwähnen Harriermeuten bereits im 13. Jahrhundert. Da es in Europa schon vor diesem Zeitpunkt verbreitet Laufhunde gab, ist es durchaus denkbar, daß Harrier über die Normannen nach England gekommen sind, deren Wort *Harrier* übrigens dem englischen *Hound* entspricht.

Im 17. und 18. Jahrhundert wurde die Jagd mit Harriermeuten zur Alternative »des kleinen Mannes«, während der Adel, die Oberklasse mit Foxhoundmeuten jagten. Ende des 18. Jahrhunderts wurden Harriermeuten außerordentlich populär, spielen auch heute bei der Meutenjagd noch eine Rolle.

Harrier sind freundliche, angenehme und liebevolle Hunde, werden deshalb auch angenehme Familienmitglieder und Haushunde. Früh sozialisiert gewöhnt sich der Harrier gut ein. Er braucht aber Bewegung, Erziehung und Familienanschluß.

Keinesfalls sollte man ihn über lange Perioden alleine lassen, denn er besitzt die laute und wohlklingende Stimme des Laufhunds, gebraucht diese nicht nur bei der Jagd, sondern auch wenn er alleine und frustriert ist. Da der Harrier Veranlagung zum Stromern hat, sollte er an der Leine oder in sicher eingezäuntem Gelände bewegt werden, eine wichtige Vorsichtsmaßnahme.

Ein absolut normaler Hund, die Rasse ist recht gesund. Gelegentlich treten Zahnfehlstellungen und vorgebogene Vorderfußgelenke auf.

Das Haar ist kurz, liegt eng an und läßt sich leicht sauberhalten. Krallen und Zähne regelmäßig überprüfen, nur wenn notwendig baden.

In seiner äußeren Form ist der Harrier ein typischer Laufhund, liegt etwa in der Mitte zwischen Beagle und English Foxhound. Widerristhöhe Rüden 48-50 cm, Hündinnen etwas kleiner.

Typischer Houndkopf mit Hängeohren und freundlichem Ausdruck der dunklen Augen. Der Harrier ist ein selbstbewußt auftretender Hund. Hals von mittlerer Länge, gute Schultern, feste obere Linie, gut angesetzte und fröhliche Rute. Brust tief und ziemlich breit, sehr starke Läufe mit guten Knochen und erstklassigen Pfoten.

Jede Houndfarbe erlaubt, Haarkleid hart, dicht und leuchtend. Die Rasse verfügt über eine eigene Zuchtorganisation, die außerhalb des English Kennel Clubs steht. Daher liegen uns keine Eintragungszahlen vor. Die USA melden für 1994 42 Eintragungen des AKC

FCI-Gruppe 6,
Standard Nr. 295
Ursprungsland: England

Harrier

HAVANESER

FCI-Gruppe 9, Standard Nr. 250
Bichon Havanais
Ursprungsland: Westliches Mittelmeer
Zucht 1994: D 161, A 6, CH 8, GB 16

Bei dieser Zwerghunderasse geht man vom gleichen Ursprung aus wie bei anderen weißen Zwerghunden des Mittelmeerraums, *Barbichon* genannt. Einige Fachleute vertreten die Meinung, daß die braune Haarfarbe - havanabraun, die allgemein bekannte Farbe kubanischer Zigarren - der Grund für die Namensgebung des Havaneser sei. Bei einigen anderen Kleinhunderassen wird auch die Bezeichnung *Havaneser braun* benutzt, um eine braune Färbung zu kennzeichnen.

Es gibt zwar Berichte, diese Rasse gäbe es auf Kuba, trotzdem gehen Fachleute davon aus, daß die moderne Entwicklung der Rasse in den USA erfolgte. Obgleich der Havaneser vor Anfang 1970 nahezu unbekannt war, trifft man ihn heute auf den meisten großen europäischen, insbesondere skandinavischen Ausstellungen.

Im Rassestandard ist die Widerristhöhe nicht festgelegt, wohl aber ein Gewicht von 6 kg. Der Körper ist rechteckig, der Fang sollte sich verjüngen, die Kruppe fällt ab. Dabei wird die Rute

Havaneser

des Havanesers über dem Rücken getragen.

Haarkleid lang, seidig und leicht gewellt, aber nicht zu stark vom Körper abstehend. Mit Ausnahme eines gewissen Versäuberns um den Fang herum bleibt das Haarkleid ungetrimmt und wird nicht geschoren. Farbe jede Braunschattierung, besonders Havanabraun, grau, beige oder weiß, mit oder ohne Flecken.

HELLINIKOS ICHNILATIS

Diesen sehr seltenen griechischen Laufhund trifft man eigentlich nur in Griechenland an.

Nur wenige haben ihn je selbst gesehen, weil er in seiner Heimat ausschließlich zur Jagd auf Hase, Kaninchen und Fuchs eingesetzt wird.

Man nimmt an, daß die Rasse ziemlich eng mit den Laufhunderassen des Balkans verwandt ist.

Widerrist etwa 47-52 cm. Im Körperbau ähnelt dieser Hund den osteuropäischen Laufhunden, ist aber etwas eleganter.

Insbesondere der Körper ist kürzer, die Rasse hat einen nahezu quadratischen Körperbau. Kopf gut gerundet mit Ohren, die nicht zu breit oder zu lang sein sollen.

Farbe Schwarzlohfarben, als einzige zulässige Farbe. Haarkleid glatt und hart.

Hellinikos Ichnilatis

FCI-Gruppe 6, Standard Nr. 214,
Ursprungsland: Griechenland

HOKKAÏDO

Der Hokkaïdo ist eine japanische Spitzrasse, die man selten außerhalb ihres Ursprungslandes sieht.

Zunächst nannte man sie *Ainu* nach einem schon tausende Jahre alten japanischen Stamm.

Die heutigen Ainu, die in Hokkaïdo der nördlichsten japanischen Insel leben, halten viel von alten Traditionen, verwenden diesen Spitz noch immer als Jagdhund und Arbeitshund.

Die Rasse ist robust, voller Selbstvertrauen und ein tüchtiger Jagd- und Wachhund. Fremden gegenüber ist der Hokkaïdo sehr mißtrauisch, seinem Besitzer immer loyal und ergeben.

Japan hat sechs nationale Spitzrassen, die sich hauptsächlich in ihrer Größe unterscheiden.

Die Schulterhöhe des Hokkaïdo liegt bei 45-52 cm. Zu den Rassemerkmalen gehört der keilförmige Kopf mit ausgeprägter Backbildung, merkbar schrägen Augen und kapuzenartigen Ohren.

Der Hokkaïdo ist kräftiger gebaut als die anderen mittelgroßen Rassen.

Sein Haarkleid ist kurz und hart, vom Körper abstehend, an Rute und Hosen etwas länger.

Farbe meist weiß oder rot mit cremefarbenen Abzeichen.

FCI-Gruppe 5, Standard Nr. 261
Ursprungsland: Japan

Hokkaïdo

HOLLÄNDISCHER SCHÄFERHUND

Der holländische Schäferhund ähnelt sehr den Hunderassen, die einmal den Deutschen Schäferhund schufen. Er hat auch viel Ähnlichkeit mit den Belgischen Schäferhunden. Die alte Rasse wurde gerettet, als 1898 ein Rassezuchtclub gegründet wurde. Obgleich die Rasse in drei Haarschlägen auftritt, ist sie in jeder Hinsicht nur eine Rasse. Noch heute wird sie zum Schafehüten eingesetzt, aber ihre Verwendungsfähigkeit für Arbeiten jeder Art hat die Rasse in den Niederlanden im Einsatz bei Militär und Polizei recht beliebt gemacht. Die Rasse gilt als ein guter Familien- und Wachhund, braucht aber viel Beschäftigung.

Widerristhöhe 55-62 cm, kräftiger Körperbau. Kopf ziemlich lang mit hoch angesetzten Stehohren. Rute lang, tief und waagerecht getragen, etwa in gleicher Art wie der Deutsche Schäferhund.

Es gibt drei verschiedene Haararten. *Kurzhaar*, mit dichtem, flach anliegendem Haar. Das strukturierte Fell ist am Hals, an den Hosen und unter der Rute etwas länger. Der zweite Haartyp ist *langhaarig*, weder gewellt noch gelockt, beträchtlich länger an Hals, Hosen und Rute. Der *Rauhhaartyp* besitzt ein recht drahtiges, offen gelocktes Körperhaar, an den Läufen etwas kürzer, starke Augenbrauen und Bartbildung.

Alle Haarschläge des Holländischen Schäferhundes sind gestromt, mit oder ohne schwarze Maske. Die Grundfarbe ist heller, liegt zwischen einem blassen falb bis zu tiefrot oder grau mit schwarzer Stromung. Diese ist sehr dunkel, mit breiten, schwarzen Streifen auf hellem Untergrund. Eine sehr dunkle Stromung wird schwarzgestromt genannt. Manchmal wurde diese Farbe irrtümlich als schwarz beschrieben. Es ist nicht ungewöhnlich, daß bei schwarz gestromten Hunden eine Art Pfeffer/Salz-Wirkung eintritt, besonders wenn das Fell sehr drahtig ist. Ist die Stromung sehr unterschiedlich und auch in der Farbe heller, wirkt das Haar zuweilen wie Stahlblau.

Hollandse Herdershund
FCI-Gruppe 1, Standard 223
Ursprungsland: Holland.

Holländischer Schäferhund

HOLLANDSE SMOUSHOND

Man behauptet, diese holländische Schnauzerrasse sei mit den deutschen Schnauzern eng verwandt, gehe auf Importe deutscher Hunde im 19. Jahrhundert zurück.

Ende des Zweiten Weltkrieges war der Hollandse Smoushond vor dem Aussterben, wurde wiederbelebt und hat in den 1970er Jahren wieder einen eigenen Rassestatus errungen. Aber selbst in den Niederlanden ist die Rasse sehr selten.

Widerristhöhe 35-42 cm, Körperbau breit und tief, leicht aufgewölbter Oberkopf, im Fang nicht zu lang. Augen rund, Ohren dreieckig.

Haarkleid zottig, an den Läufen kürzer, mit rauhem Deckhaar, Augenbrauen und Bartbildung.

Farben in allen Schattierungen von blassem falb und hellem rot mit schwarzer Pigmentierung.

FCI-Gruppe 2, Standard Nr. 308,
Ursprungsland: Niederlande

Hollandse Smoushond

HOVAWART

FCI-Gruppe 2, Standard Nr. 190
Ursprungsland: Deutschland
Zucht 1994: D 1.237, A 5, CH 126, GB 13

Der Rassename des Hovawarts geht zurück auf den *Hovawart* des frühen, den *Hofwart* des späteren Mittelalters. Was der Hund zu leisten hatte, ergibt sich aus seinem Namen. Aus alten Zeichnungen Anfang des 17. Jahrhunderts kennt man einen Hund, der diesem alten *Hofwart* sehr nahe kommt. Diese Rasse lebte über viele Jahre als Wachhund auf größeren Gehöften, die erwünschten Eigenschaften umfaßten Mut, Intelligenz und ein natürliches Unterscheidungsvermögen zwischen Freund und Feind. Solche Hunde brauchten wetterfestes Haarkleid, durften insbesondere keine Veranlagung zum Streunen haben.

Der Vater der Rasse - wie man sie heute kennt - war Kurt F. König, er fand Hunde, die den beschriebenen Originalen ähnelten, vorwiegend in den Bereichen Harz und Odenwald. Seine genaue Zucht verriet er niemandem. Die Annahme geht dahin, daß verschiedene Schäferhundeschläge und auch der Leonberger mit dazu beitrugen, den »neuen Hovawart« zu begründen. Königs Zuchtziel war eine Hunderasse von Schönheit, Leistungsfähigkeit und Ausdauer, groß, aber nicht plump, aristokratisches Auftreten bei sehr ausgeglichenem Temperament.

1922 fiel der erste Wurf unserer heutigen Hovawarts, 1937 wurde die Rasse als eigene deutsche Hunderasse anerkannt. Während des Zweiten Weltkriegs trat ein ernsthafter Rückschlag ein, aber 1947 gründeten die deutschen Züchter ihren Hovawart Club, machten sich an den Wiederaufbau der Rasse. Die ersten Hovawarts kamen 1980 nach England, 1982 wurde hier ein eigener Zuchtverein gegründet. Der Hovawart ist ein idealer Haushund, bedarf dringend der menschlichen Gesellschaft. Sein Wunsch, seinem Menschen zu gefallen, ist eindeutig, er bringt seinem Besitzer immer »kleine Geschenke«. Mit anderen Hunden verträgt sich der Hund sehr gut.

Für den Laien sieht der Hovawart zunächst wie ein leichterer, eleganterer Golden Retriever mit flacherem Kopf aus. Es gibt drei Farbschläge: Schwarzmarken, schwarz und blond. Bei den Schwarzmarken ist das Haarkleid schwarz, die Markierung mittelblond.

Die Rasse hat in Deutschland eine treue Anhängerschaft, auch in England wächst ihre Zahl. Auf Crufts Dog Show 1995 traten immerhin achtzehn Hovawarts zur Konkurrenz an.

Hovawart

HRVATSKI OVCAR / KROATISCHER SCHÄFERHUND

Kroatien (Hrvatska), ein Teil des früheren Jugoslawiens, behauptet, daß dieser Schäferhund schon über mehrere hundert Jahre in diesem Land arbeitet, sein Typ rein bewahrt wurde. Im Aussehen ähnelt er dem Mudi, dem Ungarischen Schäferhund.

Der Kroatische Schäferhund ist ein robuster, zäher und beweglicher Hund mit ausgeprägtem Wachhundinstinkt. Heute wird er als Familienhund gesehen, ist aber selten außerhalb Kroatiens anzutreffen.

Widerristhöhe 40-50 cm. Quadratischer Körperbau, Rückenlinie fällt vom Widerrist zur Hinterhand leicht ab, die Rasse hat Stehohren. Die Rute ist teilweise natürlich kurz (Bobtail), wird kurz kupiert oder lang belassen.

Körperhaar 7-15 cm lang, gewellt oder leicht gekraust, vermittelt einen zottigen Eindruck. Kopf und Vorderseite der Läufe kurzhaarig. Farbe schwarz oder grauschwarz.

FCI-Gruppe 1, Standard Nr. 277
Ursprungsland: Republik Kroatien

Kroatischer Schäferhund

HYGENHUND

Dieser norwegische Laufhund trägt seinen Namen nach seinem Schöpfer namens Hygen. Er züchtete die Rasse in den 1830er Jahren aus einer früher bekannten Linie rotweißer Laufhunde.

Heute ist der Hygenhund, selbst in Norwegen, sehr selten, es besteht eine enge Verwandtschaft zum Dunker.

Widerristhöhe etwa 47-58 cm. Körperbau quadratisch und kompakt, dreieckige Kopfform, breiter Oberkopf, Fang weder zu lang noch zu geschnürt.

Haarkleid glatt und glänzend. Farben schwarz, rot oder zitronenfarben, mit oder ohne weiße Markierungen, oder weiß mit roten oder schwarzen Flecken oder beiden.

FCI-Gruppe 6, Standard Nr. 266,
Ursprungsland: Norwegen

Hygenhund

IRISH TERRIER

FCI-Gruppe 3, Standard Nr. 139
Ursprungsland: Irland
Zucht 1994: D 253, A 8, CH 14, GB 205,
USA 319

HERKUNFT UND RASSEGESCHICHTE

Wahrscheinlich ist der Irish Terrier die älteste aus Irland stammende Hunderasse, aber die Dokumentation der Rasse in den geschichtlichen Unterlagen ist spärlich. Als diese Hunde erstmals 1870 auf Ausstellungen vorgestellt wurden, gab es geradezu dramatische Unterschiede in Größe, Form und Typ - schwarzlohfarbene und gestromte Hunde waren darunter. Ende des 19. Jahrhunderts wurden nachhaltige Bemühungen unternommen, zugunsten von Rot alle anderen Farben herauszuzüchten.

Während des Ersten Weltkriegs wurden Irish Terrier in den Schützengräben als Meldehunde eingesetzt, sie erwarben sich den Ruf, sowohl intelligent wie furchtlos zu sein. Ihre Furchtlosigkeit hat zu ihrem Ehrennamen *Daredevil* beigetragen. In jeder frühen Rassebeschreibung steht aber noch immer stolz geschrieben »der Wächter des armen Mannes, der Freund des Farmers und der Lieblingshund des Gentlemans«.

Obwohl viele Kenner der Auffassung sind, der Irish Terrier habe im Wettbewerb der Terrier Group gewisse Nachteile, wenn es gegen die modischen Rassen wie Fox Terrier, Kerry Blue und Airedale geht, haben sich auf beiden Seiten des Atlantiks diese Hunde im heutigen Ausstellungsring sehr wacker geschlagen. Tatsächlich war die Montgemery Dog Show 1994 in den USA die erste Terrier Show der Welt, auf der ein Irish Terrier alle anderen überragte, zum Best in Show erklärt wurde.

WESEN

Der Irish Terrier ist durch seine Loyalität gegenüber seinem Besitzer allgemein bekannt, aber auch als Familienhund und Wächter, insbesondere auch als Gefährte der Kinder kommt ihm keiner gleich. Er ist liebevoll und liebenswert, sein Schneid und Mut - nahezu rückhaltlos - kennt praktisch keine Grenzen. Wird er angegriffen, wird der Irish Terrier es bis zum bitteren Ende austragen. Aus diesem Grund ist es unerläßlich, daß sein Besitzer ihn immer unter Kontrolle hält.

GESUNDHEIT

Im allgemeinen sind Irish Terrier gesund und robust. Es bedarf wenig mehr als Routinebesuchen beim Tierarzt mit den notwendigen Schutzimpfungen. Möglicherweise müssen hier und da einmal die Folgen eines Unfalls oder einer kämpferischen Auseinandersetzung behandelt werden.

PFLEGE UND ERZIEHUNG

Wie bei den meisten rauhhaarigen Terriern muß das Deckhaar des Irish Terrier normalerweise im Frühjahr und Herbst mit der Hand getrimmt werden. Dies ist absolut notwendig, um die wunderschöne Naturfarbe und die Haarstruktur zu erhalten. Jedes Scheren ruiniert diese allgemein geschätzte Haarpracht. Ein gelegentliches Bad mit regelmäßigem Bürsten und Kämmen sollten diesen Hund in Spitzenform halten.

ANPASSUNGSFÄHIGKEIT

Wo immer er lebt, der Irish Terrier gewöhnt sich nahezu an jedes Umfeld. Er ist der Garant, daß Eigentum und Familie geschützt werden. Eine gewisse Vorsicht ist aber angezeigt, wenn dieser Hund mit anderen Hunden zusammen gehalten wird. Denn wenn es zu einem Kampf kommt, wird der Irish nie der erste sein, der nachgibt.

RASSEMERKMALE

Der Irish Terrier sollte ein substanzvoller, langbeiniger, schlanker Hund sein, mit einer sehr eleganten äußeren Linie. Haarfarbe rot, rotweizen oder gelbrot, aber immer einfarbig - schwarze Schattierung unerwünscht. Manchmal treten an Brust und Pfoten weiße Flecken auf, dies ist aber auch nicht erwünscht.

Kopf lang, Oberkopf flach, Ohren v-förmig und klein; sie fallen nach vorn, falten sich etwa in Höhe des Oberkopfs und liegen den Wangen an. Dies alles zusammen mit den dunklen Augen und dem kräftigen Fang bewirkt einen einzigartigen Ausdruck der Rasse. Die Nase ist immer schwarz. Hals ziemlich lang, keine Wammenbildung. Schulter gut zurückgelagert, Front geschlossen. Läufe gerade und genügend knochenstark, gesun-

Irish Terrier

de Pfoten und Ballen. Dic Brust ist tief und muskulös, Brustkorb aufgerippt, aber nicht zu stark. Lendenpartie leicht gewölbt und muskulös. Ein ultrakurzer Rücken, wie er bei einigen Terriern besonders gelobt wird, gehört nicht zu den Eigenschaften des Irish Terrier.

In der Regel wird die Rute kupiert, ist hoch angesetzt. Hinterhand kraftvoll und sehr flexibel, Sprunggelenke gerade und tiefgestellt. Das Zusammenspiel von Vor- und Hinterhand dokumentieren völlige Freiheit der Bewegung.

Haarkleid hart und drahtig, mit weicher Unterwolle. Das Haar an Fang und Läufen ist gekräuselt und hart, vermittelt zusätzlich den Eindruck von Kraft. Wichtig ist, daß der Bart nicht übertrieben lang oder gar in irgendeiner Weise weich ist. Widerristhöhe Rüden 48 cm, Hündinnen etwa 2,5 cm kleiner.

IRISH WOLFHOUND

FCI-Gruppe 10, Standard Nr. 160
Ursprungsland: Irland
Zucht 1994: D 564, A 34, CH 31, GB 607,
USA 1.259

HERKUNFT UND RASSEGESCHICHTE

Irlands Geschichte und Literatur stecken voller Hinweise auf den Irish Wolfhound, es besteht keinerlei Zweifel über die jahrhundertealte Geschichte dieser Hunderasse. Von den Kelten auf dem Kontinent ist bekannt, daß sie großrahmige Hunde besaßen, Portraits dieser Hunde fand man in Griechenland und Zypern. Es besteht auch allgemeine Übereinstimmung, daß sie ihre Hunde etwa 1.500 v.Chr. mit nach Irland nahmen. Den nach England im 3. Jahrhundert n.Chr. eindringenden Römern wurden große, in Irland gezüchtete Jagdhunde zum Geschenk gemacht.

Der Name *Irish Wolfhound* selbst ist vergleichsweise modern. Ursprünglich waren alle großen Hunde in diesem Land als *Cu* bekannt. Dieses Wort stand auch für *Tapferkeit*, es gab viele Krieger, die ihrem eigenen Namen dieses Vorwort beifügten. Später war diese Rasse in Irland als *Irish Hound* und *Irish Wolfdog* bekannt - der heutige irische Name dieser Rasse lautet *Cu Faoil*. Dieser Name ist mehr als ein Schlüssel, wofür diese Rasse eingesetzt wurde, er erzählt aber nicht ihre ganze Geschichte. Irish Wolfhounds waren als Jagdhunde höchst geschätzt, die Iren jagten mit ihnen auf Wolf, Hirsch und Bär. Diese Jagd war letztendlich so erfolgreich, daß es in Irland seit über einhundert Jahren keine wilden Wölfe mehr gibt.

Diese Hunde dienten aber auch häufig als Beschützer von Menschen wie Eigentum. Innerhalb des Adels galten sie als höchst wertvolle Geschenke. King John von England wurde bekannt dafür, daß er im 13. Jahrhundert einen solchen Wolfhound an *Llewelyn, Prinz of Wales* verschenkt hat. Dieser Hund namens *Gelert* wurde durch das Gedicht von William Robert Spencer (1769-1834) unsterblich.

Auch in Schlachten wurden Irish Wolfhounds eingesetzt, ihre Aufgabe war es, feindliche Krieger von den Pferden zu reißen. Im 8. und 9. Jahrhundert ging die Anzahl der Hunde dieser Rasse in Irland nach und nach zurück, ihr Besitz wurde streng auf den Adel beschränkt. Es war kaum möglich, daß ein bäuerlicher Farmer einen solchen Hund auch nur hätte ernähren können, selbst wenn ihm der Besitz gestattet geworden wäre, denn in dieser Zeit war Großwild als Beute für diese Tiere schon weitgehend ausgestorben. Im übrigen war auch eine stattliche Anzahl von Hunden dieser Rasse als hoch geschätzte Geschenke in andere Teile von Europa gebracht worden. Nach der Hungersnot der Jahre 1845-46 schien die Rasse nahezu ausgestorben.

Aber Captain Graham, ein schottischer Offizier in der britischen Armee, stellte ein Programm auf, um die Rasse zu retten. Es gelang ihm, Nachkommen eines Rüden namens *Bran* zu erhalten, von dem man sagte, er sei der letzte echte Vertreter des Wolfhounds in Irland gewesen. Diese Nachzuchten paarte er mit *Glengarry Deerhounds*, führte zur Erweiterung der Rasse mehrere Einkreuzungen von Barzoi und Deutsche Dogge durch. Nach und nach gelang es ihm, wieder einen Hund zu entwickeln, der den wahren Typ vererbte. Nach Erfolgen auf den Ausstellungen in Dublin in den 1870er Jahren, wurde 1885 ein Rassezuchtverein für den Irish Wolfhound gegründet. Heute hat die Rasse weltweit eine große Popularität. Man findet sie eigentlich überall mit einigen Exemplaren, wo immer Hunde ausgestellt werden.

WESEN

Der Wolfhound ist bekannt als der *sanfte Riese*, eine optimale Charakterisierung dieser Hunde. Er ist ein perfekter Gentleman, die Rasse zeigt keinerlei Anzeichen von Aggression oder Furcht. Ein freundliches Wesen ist für diese Rasse sehr wichtig und absolut typisch.

GESUNDHEIT

Wie alle Riesenrassen erreicht auch der Irish Wolfhound selten ein hohes Alter, es gibt Herzprobleme. Ein richtig ernährter und gehaltener Wolfhound sollte aber seinem Besitzer viele Jahre angenehmes Zusammenleben bringen. Die Ernährung ist bei Jungtieren aufgrund der enormen Wachstumsrate besonders kritisch.

PFLEGE UND ERZIEHUNG

Richtige Haltung des Wolfhounds erfordert richtige Ernährung und Pflege, so daß Knochen und

Irish Wolfhound

Muskulatur sich aufeinander abgestimmt entwikkeln. Die Wachstumsrate ist bei dieser Rasse sehr groß, ein junger Wolfhound braucht viel gutes Futter, Schlaf und Spiel. Das Haarkleid ist verhältnismäßig leicht zu pflegen, die Rasse wird nie getrimmt, regelmäßiges Bürsten und Kämmen hält das Haar in guter Kondition. Wolfhounds möchten alles für ihre Besitzer tun, lassen sich deshalb leicht erziehen. Sie können jedoch auch dickköpfig werden, man muß sie eigentlich davon überzeugen, was sie zu tun haben. Aus diesem Grunde werden sie auch selten den Leistungsstandard von Unterordnungsprüfungen erreichen, mögen Gehorsamsübungen wie beispielsweise »Sitz, Bleib!« nie über längere Zeit.

ANPASSUNGSFÄHIGKEIT

Irish Wolfhounds sind gute Familienhunde, von freundlichem Wesen und ihrem Besitzer gegenüber sehr unterordnungsfreudig.

Die Rasse braucht natürlich genügend Auslauf und Bewegung. Es wäre unklug, einen Junghund zu lange alleine zu Hause zu lassen, Langeweile und Einsamkeit könnten recht destruktive Handlungen auslösen.

RASSEMERKMALE

Der Irish Wolfhound ist der größte Windhund, er vereint die äußeren Merkmale des Windhundes mit einem stattlichen Äußeren und großer Schulterhöhe. Die äußere Linie bildet eine Reihe von sanften Kurven. Ein kräftiger, geschwungener Hals setzt sich im Widerrist fort. Der Rücken hat eine leichte Wölbung bis zu der kräftigen Hinterhand, die im Knie gut gewinkelt ist. Diese elegante äußere Linie charakterisiert einen großen, mächtigen, starken Hund mit schweren Knochen, tiefer Brust. Untere Linie mäßig aufgezogen, harte

Muskulatur und rauhem Haarkleid. Größe wird zwar außerordentlich angestrebt, Richter sollten sich aber nicht verführen lassen, immer die Größten in einer Klasse einzig und allein deshalb nach vorne zu stellen. Größe verlangt guten Körperbau, Knochen und Muskulatur, Schulterhöhe sollte von einer korrekten Anatomie begleitet sein.

Der Irish Wolfhound muß fähig sein, mit langen freien Schritten mit Leichtigkeit viel Boden zu überwinden. Mindestwiderristhöhe Rüden 78 cm, Hündinnen 62 cm. Ein gutes Mittelmaß liegt bei 81-86 cm. Es gibt auch Berichte über Hunde mit 96,5 cm Widerristhöhe, aber oft ist eine solche Schulterhöhe Folge unkorrekter Winkelung von Vor- und Hinterhand. Nie darf der Irish Wolfhound wie ein schwerer Klotz wirken. Selbstverständlich braucht er Kraft, um seine Beute niederzuzwingen, aber natürlich muß er zunächst anatomisch so gebaut sein, um sie einzuholen. Ein anatomisch gesunder Hund mit langem, freiem Schritt ist die Forderung, dabei muß er fit genug sein, um einen ganzen Tag zu jagen.

Der Kopf sollte ziemlich lang sein, mäßig breit mit kräftigem Kiefer. Grundsätzlich wird ein Scherengebiß verlangt, in der Rasse gibt es aber eine gewisse Anfälligkeit für kleine Fehler in der Zahnstellung. Richten ist ein Abwägen von Vorzügen gegenüber Fehlern, ein insgesamt typischer Hund mit ein paar leicht fehlplazierten Zähnen, sollte bei der Mehrheit vernünftiger Richter einen untypischen Hund mit korrektem Gebiß besiegen.

Die Ohren sind klein, als Rosenohr geformt, dürfen nicht ins Gesicht hängen. Der Hals braucht eine gute Länge, muß dabei aber kräftig sein, ein langer Hals erfüllt diese Voraussetzung nicht. Der Brustkorb sollte tief und breit sein, Ellbogen und Vorderläufe gut unter den Körper gestellt, um diesen richtig zu stützen, Schultern gut zurückgelegt. Der Körper ist eher lang als kurz, die Länge muß aber im Rippenkorb, nicht in der Lendenpartie liegen. Körperlänge darf man nicht mit Rückenlänge verwechseln. Ein gut aufgebauter Windhund hat vor dem Widerrist einen fairen Anteil an Körpergewicht. Die Hinterhand ist gut gewinkelt, dabei sehr kraftvoll. Unterwinkelung ist genauso wie Überwinkelung ein Zeichen von Schwäche. Die Pfoten sind mäßig groß, rund, gut aufgeknöchelt. Die Rute ist lang, leicht geschwungen, darf nie über dem Rücken getragen werden.

Das Haarkleid ist rauh und hart, bietet Schutz gegen jede Witterung. Langes, offenes Haarkleid kann wunderschön aussehen, ist aber völlig unkorrekt. Anerkannte Farben sind grau, gestromt, rot, schwarz, falb, weizenfarben, stahlgrau und reinweiß; heutzutage findet man reinweiße Wolfhounds allerdings eigentlich nie.

ISLAND HUND

FCI-Gruppe 5, Standard Nr. 289
Islandsk Fårehond
Ursprungsland: Island (Skandinavien)
Zucht 1994: D 19, A 11

Es besteht die Auffassung, daß dieser Hütespitz mit den Wikingern und den norwegischen Siedlern etwa 800 v.Chr. nach Island kam. Eine Staupeseuche Anfang des 20. Jahrhunderts hat diese Rasse nahezu ausgelöscht. Dreißig Jahre später nahm man an, Hunde seien Ursache einer Seuche, welche Schafe und infizierte Menschen befallen hatte. Hieraus entstand eine Gesetzgebung, welche Hunde aus allen Städten Islands verbannte.

Der Retter der Rasse war ein Engländer, der in den 1950er Jahren einige Hunde mit nach England genommen hatte. Ihm gelang 1956, die Anerkennung der Rasse durch die Fédération Cynologique Internationale zu erreichen. Es ist eine seltene Rasse, die aber in jüngeren Jahren in Skandinavien recht populär geworden ist.

Widerristhöhe etwa 38-48 cm. Die Rasse zeigt die typischen Spitzcharakteristika mit rechteckigem Körper, ist kurz- oder langhaarig. Alle Farben zulässig, ein goldenes rot mit weißen Markierungen ist am verbreitetsten.

Island Hund

ISTARSKI GONIC

Dieser istrische Laufhund stammt von der Halbinsel Istrien im früheren Jugoslawien, wird als der älteste Laufhund des Balkans angesehen. Er findet

Kurzhaariger Istrischer Laufhund

ausschließlich Einsatz zur Jagd auf Hase und Fuchs.

Es gibt zwei Schläge dieser Rasse mit eigenen Standards. Der drahthaarige *Ostrodlaki* (Standard Nr. 152) hat eine Schulterhöhe von 50-52 cm, der glatthaarige *Kratkodlaki* (Standard Nr. 151) ist mit einer Widerristhöhe von 48-50 cm geringfügig kleiner.

Körperbau rechteckig, stark bemuskelt, gute Knochen.

Im Typ liegt die Rasse osteuropäisch, mit breitem Kopf, flachem Oberkopf und ziemlich kurzen dreieckigen Hängeohren, die faltenlos eng an den Wangen anliegen.

Drahthaar etwa 5-10 cm lang, Deckhaar drahtig, bei dicker Unterwolle. Das Haar des kurzhaarigen Gonic muß hart und leuchtend sein.

Beide Varietäten haben die Grundfarbe Weiß mit wenigen orangefarbenen Flecken.

FCI-Gruppe 6, Standard Nr. 151 und Nr. 152, Ursprungsland: Jugoslawien

ITALIENISCHES WINDSPIEL

FCI-Gruppe 10, Standard Nr. 200
Piccolo Levriero Italiano, Italian Greyhound
Ursprungsland: Italien
Zucht 1994: D 31, A 4, CH 4, GB 121, USA 2.219

HERKUNFT UND RASSEGESCHICHTE

Es ist vielleicht eine Überraschung, aber das Italienische Windspiel war eine der ersten Hunderassen mit einer weit ins Altertum reichenden Geschichte, die ausschließlich als Familienhund gezüchtet wurde. Die Rasse ist auch der kleinste unter den Windhunden. Windspiele waren bereits die geliebten Familienhunde der Aristokraten in Ägypten, Griechenland und Rom. Das Aussehen der Rasse wurde der Nachwelt durch über 2.000 Jahre alte Steinbilder und Keramik überliefert, die man in Mittelmeerländern fand, ebenso als Mumien in ägyptischen Gräbern. Später wurde ihr Bild auch auf Leinwand festgehalten. Im 16. Jahrhundert waren Windspiele über die größten Teile von Europa bekannt, an den Königshöfen von Spanien und Italien besonders beliebt.

Vom 13. bis 15. Jahrhundert glorifizierten große europäische Maler wie Giotto, van der Weyden, Botticelli und Bosch die Rasse in Ölgemälden, ihre Zeitgenossen verewigten sie in Stein und Metallen. Einige hundert Jahre später malte John Wootton diese Rasse in England. Diese kleinen Hunde waren als Gefährten von König James I in England, Francois I in Frankreich und Friedrich dem Großen in Preußen bekannt. Alle diese Monarchen berichteten, wie sehr sie den hohen Steppschritt ihrer Windspiele bewunderten, die sie besonders an die hochgezüchteten königlichen Pferde erinnerten. Katharina die Große von Rußland und Königin Victoria von England waren gleichfalls Anhänger dieser Rasse. Der Dichter Alphonse de la Martine schrieb in der französischen Literatur Gedichte über Windspiele. Und Gustave Flaubert, der berühmte französische Novelist, wählte das italienische Windspiel *Djali* als Gesellschafter seiner romantischen Heldin Madame Bovary. Ende 1880 trat eine negative Entwicklung ein, die Windspiele wurden zu winzig - Widerristhöhen von 25 cm traten auf - entsprechend entwickelten sich in der Rasse Verzwergungs-

Italienisches Windspiel

merkmale. Etwa 1950, als in USA noch fünfzig Windspiele eingetragen wurden, 1957, als etwa die gleiche Anzahl in England gezüchtet wurde, begann diese unglückliche Entwicklung sich zu bessern. Es dauerte aber bis 1968, bis ein neuer offizieller Standard des Italienischen Windspiels in Italien verabschiedet wurde.

WESEN

Alle Kenner loben die große Anpassungsfähigkeit der Rasse an ein Leben im Hause, in der Bequemlichkeit der Familie. Ein Windspiel ist immer lebhaft und voll guten Willens, möchte alles für sei-

nen Herrn tun, bittet um Liebe und erwiedert sie aus vollem Herzen. Besonders dekorativ wirken diese Hunde im Ruhezustand, wenn sie ihre eleganten Läufe kreuzen, fast aussehen, als seien sie ein Porzellanmodell. Obgleich dieser Hund wenig Gewicht hat, sich leicht tragen läßt, ist er in keiner Weise zerbrechlich. Aber trotzdem sollte man sich beim Umgang mit ihm vom gesunden Menschenverstand leiten lassen.

GESUNDHEIT

Was die Gesundheit dieser Rasse angeht, berichten die Züchter, daß abgesehen von ganz wenigen

Fällen von Krankheiten die Rasse weitgehend frei von wichtigen Erbfehlern sei.

PFLEGE UND ERZIEHUNG

Ein Italienisches Windspiel läßt sich sehr leicht halten, unterwirft sich gerne vernünftiger Erziehung. Dieser zarte Italiener wurde als Familienhund gezüchtet und gehegt. Die Erfahrung lehrt, daß sie sich besonders leicht die Vorderläufe brechen, möglicherweise deshalb, weil sie manchmal sehr wild und ausgelassen spielen. Man darf nicht dulden, daß sie auf und über die Möbel springen. Bei der Bewegung im eingezäunten Garten muß der Zaun so hoch sein, daß sie ihn nicht überspringen können. Auslauf ist wichtig, um Muskelkraft aufzubauen. Windspiele erkälten sich leicht, deshalb muß man sie in zugfreiem Umfeld halten, sollte ihnen auch ein warmes, gemütliches Lager bereiten, in das sie sich einkuscheln können.

ANPASSUNGSFÄHIGKEIT

Aufgrund seiner kleinen Größe eignet sich das Italienische Windspiel besonders, im Appartement zu leben, überall, wo Hunde willkommen sind. Sein Haarkleid ist kurz und liegt eng an. Windspiele machen keinen Lärm, vertragen sich mit anderen Haustieren sehr gut, sind von Natur aus nicht eifersüchtig. Natürlich lieben diese Hunde ein Leben auf dem Land, besonders den schnellen Galopp als Teil ihres Windhundeerbes.

RASSEMERKMALE

Alle Fachleute stimmen überein, daß das Italienische Windspiel eine kleinere Version des Greyhounds darstellt, die ideale Widerristhöhe liegt bei 33-38 cm. Verglichen mit seinem großen Verwandten sollte dieser Hund in allen Teilen wesentlich schlanker wirken. Edel und bezaubernd erscheint dieses elegante Hündchen mit seinem schmalen, sich schnell verjüngenden Kopf, seinen großen, weit hinten am Kopf angesetzten Ohren. Seine ziemlich hervortretenden Augen sind ausdrucksstark und leuchtend. Geschwungener Hals auf einem eleganten Körper, eine leichte Wölbung in der Lendenpartie, ein wie Stepptanz wirkender Gang, sie alle machen das Windspiel zu einem bezaubernden Kleinhund.

JÄMTHUND

Dieser größte der Schwedischen Spitzrassen gibt es bereits solange, wie das Land bevölkert ist. Ursprünglich sah man im Jämthund nur eine größere Version des Norwegischen Elchhunds. Leute, welche *die Großen* schon über Generationen hielten, interessierten sich wenig für Hunderassen. Für sie zählte allein, wie gut ihre Hunde auf Elch und Bär jagten. Als man diese Hunde dann aber als Norwegische Elchhunde ausstellte, brachte dies Probleme. Denn schnell zeigte sich, daß diese Hunde nicht nur größer, sondern im Typ ganz anders waren. Mit der Anerkennung als eigene Rasse 1946 wurde dieses Problem gelöst. Der Name der Rasse stammt aus der Grafschaft Jämtland, wo die meisten dieser Hunde anzutreffen sind. Der Jämthund ist ein reiner Jagdhund, man betrachtet ihn als selbstbewußten *Ein-Mann-Hund*.

Widerristhöhe etwa 52-65 cm. Körperbau rechteckig, kräftig und muskulös. Langer Kopf mit ziemlich breitem Oberkopf, die Rute wird meist locker gerollt über dem Rücken getragen. Haarkleid nicht zu lang, aber dick und in der Struktur hart. Farbe eisengrau mit sehr hellen, gut abgegrenzten »Wolfmarkierungen«.

FCI-Gruppe 5, Standard Nr. 042,
Ursprungsland: Schweden

Jämthund

JAPAN CHIN

FCI-Gruppe 9, Standard Nr. 206
Ursprungsland: Japan
Zucht 1994: D 15, A 2, CH 10, GB 226,
USA 1.122

HERKUNFT UND RASSEGESCHICHTE

Trotz seines Namens stammt der Japan Chin ursprünglich aus China, kam dann nach Japan. Dieser orientalische Kleinhund wurde dem japanischen Kaiserhof durch die chinesischen Herrscher
geschenkt. Einige berichten, daß auch chinesische
buddhistische Lehrer bei ihren Missionen in Japan
den Chin mitbrachten. Eine andere Geschichte
wiederum erzählt, ein koreanischer Diplomat habe
im Jahre 732 v.Chr. die Chins nach Japan gebracht. Welcher Theorie man auch Glauben
schenkt, sicher ist, die Japaner haben die Rasse, so
wie wir sie heute kennen, zur Perfektion gebracht.

Als Admiral Perry 1853 für Japan den internationalen Handel öffnete, schenkte man ihm ein
paar Japan Chins, die er als Geschenk an Queen
Victoria weitergab. 1880 wurden erstmals in England Japan Chins ausgestellt. Lady Samuelson und
Queen Alexandra gehören zu den ersten englischen Besitzern. In den USA war August Bel-
mont, ein Bankier und Philanthrop, Anfang dieses
Jahrhunderts Besitzer von Japan Chins. Bis zum
Jahre 1977 kannte man die Rasse in den USA als
Japanese Spaniels.

WESEN

Der Japan Chin ist geradezu eine Musterrasse. Sie
hat einen prächtigen, lebhaften und temperament-
vollen Charakter, liebt es, sich dem Menschen anzuschließen und zu spielen. Ein Züchter berichtet,
daß seine acht Japan Chins sich gegenseitig nahezu endlos nachjagen, mit einer solchen Beweglichkeit und Eleganz durch das ganze Haus laufen,
daß sie dabei nie irgendwelchen Schaden anstif-
ten.

GESUNDHEIT

Beim Japan Chin treten nur einige kleinere Gesundheitsprobleme auf. Aufgrund Größe und Her-
vortretens der Augen gibt es einige Probleme. Um
sie erst gar nicht aufkommen zu lassen, sollten die
Augen täglich gebadet und kontrolliert werden.
Auch wöchentliche Zahn- und Krallenpflege wird
empfohlen. Bei dieser Rasse tritt Patellaluxation
auf, erblich, zuweilen auch durch Verletzung. Um
letzteres zu vermeiden, darf die-
ser Hund niemals am Hinterlauf
festgehalten werden. Man sollte
ihn auch daran hindern, von hohen Möbelstücken herabzuspringen. Wenn die Patella sich verschiebt, führt dies in der Regel
zu Lähmungen.

PFLEGE UND ERZIEHUNG

Der Japan Chin ist ein freundlicher und liebevoller Hund,
peinlich sauber, deshalb sehr
leicht stubenrein zu machen. Allerdings verfügt er entsprechend
seinem orientalischen Herkom-
men über einen ziemlich eigenwilligen Kopf, was seine Erziehung zur Unterordnung
erschwert. Er begreift zwar

Japan Chin

schnell, möchte auch seinem Herrn gefallen. Er mag aber überhaupt keine endlosen Wiederholungen, er ist zu freiheitsliebend für solche Monotonie. Oft sitzt dieser Hund katzenähnlich auf den Möbeln, Herrscher über alles, was er überblickt. Stolz genießt er es, der König des Haushalts zu sein, indem ihn alle lieben und respektieren.

ANPASSUNGSFÄHIGKEIT

Der Japan Chin gehört zu den anpassungsfähigsten Hunderassen, wenn er innerhalb des Hauses leben darf. Niemals sollte man ihn in den Zwinger sperren. Viele sehen in ihm den perfekten Haushund, insbesondere wenn er in einem Umfeld voller Bequemlichkeit und Behaglichkeit leben darf.

RASSEMERKMALE

Dies ist ein hübscher kleiner Hund mit vornehmem Auftreten. Körperbau quadratisch und kompakt, üppiges glänzendes Haarkleid, meist schwarzweiß, aber auch rotweiß. Sein großer quadratischer Kopf, vorn abgerundet, muß im richtigen Verhältnis zum kurzen Fang und den grossen, funkelnd leuchtenden Augen stehen. Er bewegt sich schnell, stilvoll und mit Kraft.

Der Japan Chin zeigt soviel Lebensfreude, daß es ein Vergnügen ist, ihn zu beobachten und mit ihm zu leben.

JAPANISCHER TERRIER

Japanischer Terrier

Man glaubt, daß der Japanische Terrier aus frühen Fox Terriern und Englischen Toy Terriern entstanden ist. Im Aussehen ähneln diese Hunde am meisten dem *American Toy Terriern*. 1930 wurde die Rasse vom Japanischen Kennel Club anerkannt, sie ist aber noch immer - selbst in Japan - sehr selten.

Widerristhöhe im Idealfall 30 cm. Der elegante, gut aufgebaute Körper ist meist rechteckig. Kopf keilförmig, Ohren in der Art des Manchester Terrier getragen.

Haarkleid glatt, fein und seidig. Farbe weiß mit schwarzen und lohfarbenen Abzeichen an Kopf und Ohren. Auf dem Rücken und an der Rutenwurzel ist ein kleinerer schwarzer Fleck gestattet.

Nihon Teria
FCI-Gruppe 3, Standard Nr. 259
Ursprungsland: Japan

JAPANISCHER SPITZ

FCI-Gruppe 5, Standard Nr. 262
Nihon Supittsu
Ursprungsland: Japan
Zucht 1994: A 10, CH 4, GB 133

HERKUNFT UND RASSEGESCHICHTE

Der Japanische Spitz entstand in den 1930er Jahren in Japan. Zur Zeit des großen Erdbebens in Tokio fand man in einer Schiffsladung aus Kanada einige weiße Hunde vom Typ Spitz. Es scheint ziemlich sicher zu sein, daß es sich um *American Eskimo Dogs* handelte. Ursprünglich kam die Rasse aus Zentraleuropa nach Amerika, war aus dem weißen Spitz entwickelt worden. Um 1930 wurden auch andere weiße Spitze nach Japan importiert. Damals waren Spitze von Rußland bis Zentraleuropa weit verbreitet. Viele Jahre zuvor hatte es in Japan auch ein paar spitzähnliche Hunde gegeben, aber erst nach dem Zweiten Weltkrieg wurde die Rasse im *Nagoya Centre for Spitz Breeding* durchgezüchtet.

Die ersten englischen Importe brachte Mrs. Dorothy Kenyon aus Schweden mit, wo die Rasse anerkannt war. Obgleich es möglich war, die Rasse von Japan direkt nach Schweden zu importieren, war dies nach England nicht möglich. Im Jahre 1977 erkannte der British Kennel Club die Rasse an. Heute ist sie in England gut vertreten. Der erreichte Qualitätsstandard ist so hoch, daß auf Gruppenebene der *Japanese Spitz* ein recht ernsthafter Wettbewerber ist.

WESEN

Der Japanische Spitz hat ein wunderbares Wesen. Er ist ein sehr munterer Hund, gegenüber allem aufgeschlossen, was ringsum passiert. Diese Hunde sind sehr intelligent, mutig und werden zu großartigen Familienmitgliedern.

GESUNDHEIT

Im allgemeinen sind Japanische Spitze recht gesunde kleine Hunde mit einer Lebenserwartung von etwa zwölf bis vierzehn Jahren. Es gibt einige Fälle von Patellaluxation. Es ist zu hoffen, daß durch planmäßige Zucht dieser Fehler wieder beseitigt wird.

PFLEGE UND ERZIEHUNG

Die Rasse hat das spitztypische doppelte Haarkleid, dabei wird die Unterwolle einmal jährlich gewechselt. Um den japanischen Spitz in erstklassiger Kondition zu halten, ist regelmäßiges Bürsten und Kämmen wichtig.

Wie andere Hunde dieser Gruppe läßt sich auch der Japanische Spitz gut erziehen, wenn ab einem Alter von acht Wochen vernünftig damit begonnen wird.

ANPASSUNGSFÄHIGKEIT

Japanische Spitze sind sehr anpassungsfähige Hunde, werden zu vorzüglichen Familienmitgliedern, da sie ihrer Natur nach sehr liebebedürftig sind. Sie haben ein sehr gutes Gehör, warnen vor sich nähernden Fremden. Man kann sie sowohl im Zwinger als auch im Hause halten. Bei Zwingerhaltung bedarf es aber sehr vieler und enger menschlicher Kontakte.

Die Popularität der Rasse beruht besonders auf ihrer Größe, sie ist viel stattlicher und robuster als die Englischen Pomeranians, andererseits beträchtlich kleiner und weniger anstrengend als der Samoyede.

RASSEMERKMALE

Mit seinem wunderschönen doppelten Haarkleid wirkt der Japanische Spitz recht beeindruckend. Der mittelgroße Kopf soll mäßig breit, der Oberkopf leicht gerundet sein, der Fang sich nach vorn verschmälern. Die kleinen Ohren sind hoch angesetzt, die Augen dunkel, oval und schräg eingesetzt.

Die Rasse hat eine breite, tiefe Brust, gut gewölbte Rippen. Schmale, runde Katzenpfoten mit schwarzen Ballen und schwarzen Krallen.

Japanischer Spitz

Die Rute wird gerollt über dem Rücken getragen. Die Bewegung ist leicht und geschmeidig. Das Deckhaar steht vom Körper ab, darunter liegt weiche, dichte Unterwolle. Um den Hals bildet sich eine Mähne. Im Gesicht, an den Ohren, vorn an den Läufen und auf den Hinterläufen ist das Haar etwas kürzer. Fell immer rein weiß; dies in Kombination mit schwarzem Pigment gehört zu den Hauptattraktionen dieser Rasse. Widerristhöhe Rüden 30-35,5 cm, Hündinnen etwas kleiner.

JUGOSLAVENSKI TROBOJNI GONIC

Dieser dreifarbige Laufhund aus dem früheren Jugoslawien ist seit dem 19. Jahrhundert im heutigen Typ bekannt. Die Rasse wird ausschließlich als Jagdhund, vor allen Dingen auf Hase und Fuchs, eingesetzt. Außerhalb seiner Heimat ist der Hund sehr selten geblieben.

Widerristhöhe der Rasse etwa 45-55 cm. Körper rechteckig, gut bemuskelt, mit starken Knochen. Kopfform rechteckig, dabei ist der Fang länger als der Oberkopf. Ohren dreieckig, ohne Falten an den Wangen herunterhängend, nicht zu tief angesetzt. Das glatte, dichte und hart strukturierte Haar des Gonic hat leuchtende Lohfarbe mit schwarzem Sattel und weißen Abzeichen.

FCI-Gruppe 6, Standard Nr. 229,
Ursprungsland: Jugoslawien

Jugoslavenski Trobojni Gonic

KAI/KOHSHU-TORA

Kai

Der Kai zählt zu den sechs eingeborenen japanischen Spitzen, in erster Linie wird er als ein Jagdhund angesehen. Er stammt von den Bergen rund um Fuji auf der Insel Hon Shu, gilt als eine der ältesten der japanischen Spitzrassen. Die Rasse hat den Ruf eines harten, selbstbewußten Jägers, gleichzeitig als guter Wachhund, der Fremden gegenüber recht zurückhaltend ist.

Widerristhöhe etwa 46-56 cm. Die sechs verschiedenen japanischen Spitzrassen unterscheiden sich in erster Linie in ihrer Körpergröße. Gemeinsam ist der keilförmige Kopf mit ausgeprägten Wangen, schräg eingesetzten Augen und Stehohren. Das Haarkleid muß kurz und hart sein, gut vom Körper abstehen, mit Ausnahme Rute und Hosen, wo es immer länger ist. Die häufigsten Farben sind schwarz, rot oder sehr dunkel gestromt, oft mit weißen Abzeichen. Außerhalb von Japan trifft man auf den Kai sehr selten.

FCI-Gruppe 5, Standard Nr. 317,
Ursprungsland: Japan

KARELISCHER BÄRENHUND

Diese finnische Spitzrasse hat sehr viele Gemeinsamkeiten mit den Russischen Laikas. Sie stammt aus dem gleichen Gebiet wie die Russisch-Europäische Laika, ja sie ähnelt dieser so sehr, daß selbst erfahrene Richter es schwierig finden, die Rassen zu unterscheiden. Von diesen Spitzen weiß man, daß sie den ersten Siedlern schon vor Tausenden von Jahren nach Finnland gefolgt sind. Diese frühen Stämme überlebten nur, wenn sie Erfolg auf der Jagd hatten. Deshalb waren für sie Hunde von größter Wichtigkeit, die robust, tapfer und ausdauernd genug waren, um Bär, Wolf und Luchs anzugreifen.

Um die Jahrhundertwende war der Karelische Bärenhund unter den Jägern äußerst beliebt, man traf ihn in großer Anzahl. Erstmals 1936 wurde ein solcher Hund in Helsinki auf einer Hundeausstellung vorgestellt, aber nach dem Zweiten Weltkrieg war die Rasse nahezu ausgestorben. Alle heutigen Karelischen Bärenhunde lassen sich auf vierzig Hunde zurückführen, die nach dem Krieg aufgefunden und gerettet wurden. Heute dient die Rasse in erster Linie zur Jagd auf Elch, Sauen und natürlich auf den Bären.

Es ist eine harte, mutige Rasse, man hält sie für einen typischen *Ein-Mann-Hund*. Karelische Bärenhunde werden ausschließlich als Jagdhunde geführt, außerhalb Finnlands trifft man sie kaum an.

Widerristhöhe etwa 49-60 cm. Die Rasse hat alle Merkmale des Spitz, einige werden mit Stummelrute geboren.

Das Haarkleid ist nicht üppig, aber dick und von harter Struktur. Farbe schwarz, ein kupferfarbener Einschlag ist typisch - weiße Markierungen an Fang, Hals, Brust, Läufen und Rutenspitze.

FCI-Gruppe 5, Standard Nr. 048,
Ursprungsland: Finnland

Karelischer Bärenhund

KAUKASISCHER OVTCHARKA

FCI-Gruppe 2, Standard Nr. 328
Ursprungsland: GUS
Zucht 1994: D 163, A 4, CH 1

Dieser Herdenschutzhund stammt aus den kaukasischen Bergen im Südwesten Rußlands. Mit dem anatolischen Hirtenhund hat er viele Gemeinsamkeiten, ähnelt ihm. Ein Herdenschutzhund, der ganz auf sich selbst gestellt sich häufig mit Dieben und Raubtieren auseinandersetzen muß. Er findet auch als Wachhund beim Militär Verwendung. Widerristhöhe bei Rüden über 65 cm, bei Hündinnen über 62 cm. Oberkopf breit und massiv, Fang etwas kürzer. Im Ursprungsland werden die Ohren noch kupiert, angeblich um sie vor Verletzungen zu schützen. Die Rute wird lang belassen. Haarkleid halblang bis lang, jede Farbe, am verbreitetsten helles falb, rotzobelfarben, mehrfarbig oder grau schattiert. In mehreren europäischen und skandinavischen Ländern hat diese Rasse ziemliches Interesse gewonnen, ist aber immer noch selten. Bei Haltung in der Familie sollte man sich bewußt sein, daß die Hunde sich aufgrund ihrer Herkunft Fremden gegenüber oft ablehnend zeigen.

Kaukasischer Ovtcharka

KEESHOND

HERKUNFT UND RASSEGESCHICHTE

In den USA gehört der Keeshond zur *Non-Sporting Group*, obgleich er in seinem Körperbau, Kopfform, Ohren, Proportionen, Rute und Fell den Spitzen oder Nordischen Hunden ähnelt.

In erster Linie verantwortlich für die Zucht des Keeshonds ist Great Britain, das die Zucht auf holländischen Importen aufbaute. Der Rassename stammt von *Kees de Gyselaer*, dem Führer der holländischen Patrioten gegen den holländischen Monarchen. Es waren in erster Linie holländische Flußschifferkapitäne und Bauern, welche diese Rasse in ihrer Originalform am Leben hielten.

Um das Aussehen und Wesen dieser schönen Hunderasse zu erhalten, bedurfte es vielen Nachdenkens und Planens all derer, welche diese Rasse liebten. Als die Rasse in anderen Teilen der Welt recht populär geworden war, bemühte man sich um planmäßige Erhaltung. So kann man sagen,

Keeshond

275

daß diese Rasse sich bis zum heutigen Tage von ihrer Originalform kaum unterscheidet.

Es gibt ein Gemälde aus dem Jahre 1795, das die Kinder und diesen Hund trauernd am Grab eines Bürgermeisters zeigt. Dieser Hund ähnelt sehr den heutigen *Keeshonden* oder dem *Deutschen Wolfspitz.*

WESEN

Der Keeshond ist ein typischer Haus- Wach- und Familienhund. Als Wachhund verfügt er über ein scharfes, deutliches Bellen. Er fürchtet sich bestimmt nicht, alleine zu schlafen. Gegenüber denen, die er kennt, ist er liebevoll und freundlich. Aufgrund seiner natürlichen Neugierde befreundet er sich leicht. Mit Kindern aufgezogen, akzeptiert er diese, ist deshalb ein vielgeliebtes Familienmitglied.

Unterordnung erlernt er schnell, möglicherweise führt er sie aber nach seiner Veranlagung etwas im eigenen Stil durch.

GESUNDHEIT

Wie die meisten »Naturhunde« ist auch der Keeshond recht gesund. Sein langes, doppeltes Haarkleid muß häufig gepflegt werden, um mögliche Hautprobleme, ausgelöst durch Ernährungsstörungen oder Flöhe, auszuschalten. Es gibt auch Fälle von Epilepsie wie auch erbliche Herzerkrankungen.

Am besten kauft man sich einen Keeshond, gleich ob für zu Hause oder für die Ausstellung - von einem Züchter von gutem Ruf, der sicherlich alle Vorkehrungen getroffen hat, um sein Zuchtmaterial auf eventuelle Gesundheitsprobleme zu überprüfen.

PFLEGE UND ERZIEHUNG

Das wunderschöne Haarkleid ist die Krönung eines guten Keeshonds. Es muß zumindest zweimal wöchentlich gründlich durchgebürstet werden, bei Ausstellungshunden häufiger. Laufende Fellpflege, entweder mit Trockenshampoo, das eingepudert und dann ausgebürstet wird, oder mit flüssigem Spray, aufgesprüht und ausgebürstet - reicht aus, um diesen Hund sauber und gut gepflegt zu halten. Bitte nur selten baden, denn dadurch wird das Haar zu weich.

Zähne wie Krallen bedürfen wöchentlicher Pflege. Kein übertriebenes Trimmen ist angezeigt, der Amerikanische Standard verbietet Trimmen ausdrücklich. Ein gewisses Säubern um die Pfoten

und im Bereich der Sprunggelenke ist gestattet, macht das Äußere des Hundes etwas hübscher. Zuweilen werden auch die Barthaare entfernt, das muß aber wirklich nicht sein!

ANPASSUNGSFÄHIGKEIT

Der Keeshond erfüllt noch heute die Aufgaben, für die er vor Jahrhunderten gezüchtet wurde, nämlich als Familien- und Wachhund. Bereitwillig paßt er sich jeder Situation an.

Aufgrund seines dichten Haarkleids sollte man bei sehr heißem und feuchtem Wetter darauf achten, daß der Hund nicht überhitzt wird, eventuell einen Hitzschlag erleidet. Sein scharfes Kläffen als Wachhund wird manchmal lästig, insbesondere wenn man ihn für längere Zeiträume allein läßt, er aus Langeweile zu kläffen beginnt.

Dieser Hund gedeiht am besten in menschlicher Gesellschaft, genießt ausgiebige Spaziergänge, viel Spielzeit und gute Ernährung.

RASSEMERKMALE

Der Keeshond ist quadratisch gebaut, seine Schulterhöhe entspricht seiner Länge. Nach dem Englischen Standard beträgt die Schulterhöhe von Rüden 45 cm, Hündinnen 2,5 cm kleiner. Zum Vergleich - Deutscher Wolfspitz Rüden 45-55 cm, Idealgröße 50 cm.

Das Haarkleid sollte lang, üppig und doppelt sein. Es steht vom Körper ab, formt um Hals und Kopf eine Mähne. Das Deckhaar besteht aus einer Mischung von grau und schwarz, Unterwolle hellgrau oder cremefarben. Hellere Abzeichen und cremefarbene Streifen laufen gewöhnlich von den Schultern zu den Ellbogen.

Der Kopf ist keilförmig, soll im richtigen Verhältnis zur Größe des Hundes stehen. Ohren klein, dreieckig und aufrecht getragen. Augen dunkelbraun oder schwarz, mandelförmig, umgeben von brillenförmig wirkenden dunkleren Linien, die der Rasse ihren charakteristischen Ausdruck geben.

Rute dicht gerollt über und auf dem Rücken getragen. Sein Wedeln ist kaum zu erkennen. Alle Läufe gut befedert, an den Hinterläufen bilden sich deutliche Hosen.

Insgesamt ist der Keeshond ein selbstbewußter, attraktiver Hund.

Zucht 1994: USA 4.002, GB 152.

Anerkannt von KC, AKC und Kanadischem Kennel Club. Keine Anerkennung des Keeshond durch FCI.

KERRY BEAGLE

Viele Hundefreunde verwirrt der Name der Rasse, denn natürlich ist der Kerry Beagle ein viel grösserer, aber weniger kompakter Hund als der English Beagle. In seiner Körperform ähnelt er mehr dem American Coonhound, einer Rasse, zu der der Kerry Beagle wohl einen wesentlichen Beitrag geleistet hat. Natürlich hilft der über viele Jahre aufgebaute gute Ruf des Kerry Blue Terriers dem Kerry Beagle wenig, denn es gibt überhaupt keine körperlichen Ähnlichkeiten.

Die Rasse soll schon sehr alt sein, angeblich auf frühe keltische Laufhunde zurückgehen. Im 18. und 19. Jahrhundert wurde die Rasse nahezu ausschließlich von einer Familie betreut und gepflegt, von den Ryans in Scarteen, in der Grafschaft Limerick. Seit 1784 gibt es detaillierte Ahnentafeln der Ryanmeute, sie werden bis zum heutigen Tag fortgeführt.

Im ländlichen Irland gedeihen unverändert die Meuten des Kerry Beagles, in jüngerer Zeit sah man diese Rasse auch auf Ausstellungen des Irish Kennel Clubs.

Farbe der Rasse schwarzlohfarben, blau gefleckt mit Lohfarbe, dreifarbig oder Lohfarben mit weiß. Widerristhöhe etwa 60 cm.

Mäßig langer Rücken, tiefe Brust, ausgeprägte Wamme. Kopf nur mäßig lang, breiter Oberkopf, angehobene Augenbrauen, kräftiger Fang und intelligenter, anziehender Ausdruck.

Nur vom Irish Kennel Club anerkannt, nicht von FCI, KC oder AKC

Kerry Beagle

KERRY BLUE TERRIER

FCI-Gruppe 3, Standard Nr. 003
Ursprungsland: Irland
Zucht 1994: D 106, A 13, CH 3, GB 241,
USA 422

HERKUNFT UND RASSEGESCHICHTE

Der Kerry Blue Terrier stammt aus dem Südwesten Irlands, sein Name geht auf die Grafschaft
Kerry zurück. In seiner Heimat lebt der Kerry
Blue Terrier nicht nur als Familienhund, sondern
dient als Allround-Hund auf den Farmen. Er ist
ein ebenso guter Wachhund wie vorzüglicher
Jagdhund. Der Kerry diente nicht nur als Jäger auf
Ratten und anderes Raubzeug in der Scheune, er
arbeitete auch jagdlich auf Kaninchen und Vögel,
ist ein sehr guter Retriever, apportiert sogar aus

Kerry Blue Terrier

dem Wasser. Außerdem wurde er auch zum Hüten von Schafen und Rindern eingesetzt. Weit über hundert Jahre wurde der Kerry Blue Terrier in Irland reinrassig gezüchtet.

Obwohl man diesen Hund immer als Arbeits- und Jagdhund sah, kam er nach der Gründung der Irish Republic auch auf Hundeausstellungen. Er fand bei den englischen Züchtern viel Aufmerksamkeit, wurde »bis zur Unkenntlichkeit getrimmt«, und der English Kennel Club erstellte die reguläre Klassifikation. Mehr oder weniger über Nacht kam der Erfolg für die Rasse.

In Irland wird der Kerry unverändert durch den Irish Blue Terrier Club of Dublin kontrolliert. Auf Ausstellungen werden hier die Hunde ungetrimmt vorgestellt. Der Englische Standard ist im großen und ganzen der gleiche wie der Amerikanische, verlangt ein Trimmen des Fells. Die erste wichtige Ausstellung, auf welcher der Kerry in den USA erschien, war 1922 in New York City auf der Westminster Club Show. Im Jahre 1924 erkannte der American Kennel Club die Rasse offiziell an, seither ist sie ein fester Bestandteil der *Terrier Group*.

WESEN

Der Kerry Blue ist ein selbstbewußter, eigenwilliger, aktiver und lebhafter Terrier. Wichtig ist seine frühe Sozialisierung. Vom Welpen an muß er mit freundlicher Festigkeit erzogen werden, richtiges Benehmen lernen. Er ist ein übermütiger, wilder irischer Individualist.

GESUNDHEIT

Die Rasse ist gesund und langlebig. Kerry Blue Terrier mittleren Alters von sieben bis acht Jahren werden meist für viel jüngere Hunde gehalten. Es gibt nur sehr wenige Erbkrankheiten.

PFLEGE UND ERZIEHUNG

Der Kerry Blue hat ein ungewöhnlich seidig weiches, aber sehr dichtes und gewelltes blaues Haarkleid, das regelmäßige Pflege braucht. Die Welpen werden schwarz geboren, die Farbveränderung dauert bis zu einem Alter von zwei Jahren. Zu diesem Zeitpunkt sollte der Hund eine Farbschattierung von Blau über Hellsilbergrau bis Schieferblau aufweisen. Oft sieht man beim Kerry an Kopf, Pfoten und Rute dunklere Stellen. Zumindest alle zwei Tage sollte das Haarkleid tüchtig bis auf die Haut durchgebürstet und gekämmt werden. Einmal monatlich baden kann notwendig

sein. Korrektes Trimmen ist zu erlernen, bedarf einiger Sorgfalt und gründlichen Studiums fachgerechter Trimmanweisungen.

Da das Haarkleid ziemlich dicht ist, sollte es täglich auf sich verfangenes Gestrüpp und Zecken geprüft, bei Bedarf gründlich gereinigt werden. Von klein an sollten Krallen wie Zähne kontrolliert werden, so daß sich der Junghund frühzeitig daran gewöhnt. Wöchentliche Ohrkontrolle, wobei man das Ohräußere mit einem mit etwas Babyöl angefeuchteten Wattebausch auswischt. Kommt es zu Geruchsbildung, sollte der Tierarzt um Rat gefragt werden.

Der Kerry begnügt sich mit täglichem Spaziergang an der Leine. Besser ist, wenn er einen sicher eingezäunten eigenen Garten hat, in dem er fröhlich herumtoben kann.

ANPASSUNGSFÄHIGKEIT

Der Kerry gewöhnt sich an ein Leben auf dem Land wie in der Stadt, vorausgesetzt Auslauf und menschliche Gesellschaft sind gewährleistet. Der Kerry ist ein eigenwilliger Hund, paßt am besten zu einem ebenso eigenwilligen, willensstarken Besitzer. Diese Hunde brauchen dringend täglich menschliche Gesellschaft.

RASSEMERKMALE

Der Kerry Blue Terrier ist ein kurzrückiger, großer, energischer Terrier, gekleidet in ein weiches, dichtes, leicht gewelltes blaues Fell. Sein Kopf ist lang und rechteckig, er hat dunkle Augen, einen leichten Stop. Kräftige Kiefer, starke weiße Zähne. Oberkopf flach, kleine, v-förmige Ohren, nach vorne, an den Wangen anliegend getragen, wobei die obere Seite der Ohrfalte leicht über dem Niveau des Oberkopfes liegt. Langer, schlanker Hals, gut angesetzt und getragen, in einen kurzen Rücken übergehend. Rute kupiert, gut angesetzt und getragen. Gerade Vorderläufe mit festen Pfoten, gut gewinkelte Hinterhand ohne Wolfskrallen.

Diese Rasse repräsentiert einen sehr gut aufgebauten muskulösen Hund mit echtem Terriercharakter. Gute Rippenwölbung ist ein wichtiges Rassemerkmal. Die ideale Widerristhöhe beim Rüden liegt bei etwa 47 cm, bei Hündinnen etwas darunter. Gewicht etwa 15-18 kg.

Sorgfältig gepflegt fällt das blaue Haarkleid jedem ins Auge. Der Kerry ist ein tapferer, selbstbewußter Terrier, führt dank seines Erbes ein langes, aktives Leben. Bis zum hohen Alter bewahrt er seine attraktive Form.

KING CHARLES SPANIEL

FCI-Gruppe 9, Standard Nr. 128
English Toy Spaniel
Ursprungsland: Great Britain
Zucht 1994: D 29, A 1, CH 31, GB 280, USA 170

HERKUNFT UND RASSEGESCHICHTE

Es gab schon über Hunderte von Jahren in England kleine Exemplare des Springer Spaniels. Diese kleinen Hunde wären sicherlich ausgemerzt worden, wenn man sie nur für die Jagd hätte einsetzen können. Sie wurden aber bald zu hochgeschätzten Familienhunden. Durch planmäßige Zucht wurde bald erreicht, daß diese Toy Spaniels als Familienhunde zur eigenen Rasse wurden.

Es gibt auch Berichte, wonach schwarzweiße und rotweiße Hunde vom Typ Toy Spaniel von China über Europa nach England gekommen seien, Henrietta von Orléans, die Schwester von König Charles II, habe Hunde beider Farbschläge mitgebracht.

Allgemein ist man der Meinung, daß Schwarzlohfarben erst später auftraten, die Farbe Ruby noch später. Mary, die schottische Königin, war bekannt, eine ganze Meute Toy Spaniels gehalten zu haben, und King Charles II war von diesen Hunden so fasziniert, daß sein Name auf sie übertragen wurde. Hofberichte besagen, daß der Herrscher sehr viel mehr Interesse am Spiel mit seinen Toy Spaniels als an der Regierung seines Landes hatte! Aufgrund der offensichtlichen königlichen Patronage der Rasse wurde der King Charles Spaniel bei der englischen Aristokratie ein eindeutiger Favorit. Mancher Adlige und manche Lady ließen sich gemeinsam mit ihren King Charles Spaniels von Künstlern wie Gainsborough, Rubens und Rembrandt malen.

King Charles Spaniel, Blenheim. In USA wird die Rasse als English Toy Spaniel geführt.

Schritt um Schritt entfernte sich die Rasse von ihren arbeitenden Spaniel-Vorfahren. Möglicherweise wurden andere, züchterisch gefestigte Zwerghunderassen östlichen Ursprungs eingekreuzt, beispielsweise Pekingese, Japan Chin oder Mops. Der Körper der Hunde wurde breiter und plumper, die Köpfe extremer. Insbesondere der ultrakurze Fang, mit üppiger Auspolsterung und der sehr stark aufgewölbte Schädel, wurden hoch geschätzt. Es sollte zum Schicksal des King Charles Spaniels werden, daß dieser »neue Kopf« später zu einer Art Stigma der Rasse wurde. Über lange Zeit schienen die King Charles Spaniel Züchter geradezu von Kopfqualität besessen zu sein, zu Lasten wirklich aller anderen Eigenschaften dieser Hunde. Bis vor kurzem bestand der Rassestandard eigentlich nur aus »Kopf und Oberkopf, Augen, Ohren, Haarkleid und Farbe«; daneben stand eine kurze Beschreibung der »allgemeinen Erscheinung«. Über einen langen Zeitraum war es allgemein üblich, Aussteller von King Charles Spaniels im Ausstellungsring zu beobachten, die ihre Hunde einfach auf den Armen hielten, immer versuchten, die Aufmerksamkeit des Richters auf die großartigen Kopfqualitäten ihrer Hunde zu lenken. Es wird behauptet, daß einige Hunde Spitzenplazierungen erreichten, ohne je unter Beweis gestellt zu haben, daß sie überhaupt zu gehen vermochten.

In den 1970er Jahren fand der King Charles Spaniel bei neuen Züchtern Interesse, die nicht einzusehen vermochten, warum ausgerechnet King Charles Spaniels auf Ausstellungen nicht wie andere Rassen laufen und sich präsentieren sollten. Sie legen großen Wert auf anatomisch richtigen Körperbau und selbstbewußtes Wesen, möglicherweise zu Lasten der geradezu klassischen Köpfe, welche zuvor im Vordergrund standen. In den USA ist der King Charles Spaniel als English Toy Spaniel bekannt, wird in zwei Varietäten gezeigt, Blenheim und Prince Charles (Tricolor), die untereinander in Wettbewerb stehen, und King Charles Schwarzlohfarben und Ruby, welche die zweite Varietät bilden.

WESEN

Viele Generationen ausgeprägter Schoßhunde haben dem King Charles Spaniel ein ziemlich *träges Wesen* gegeben, voll auf ihren Besitzer konzentriert. Sie sind absolut glücklich, neben ihrem Besitzer zu sitzen, mit möglichst wenig Bewegung. Dics ist der Grund, warum diese Rasse so besonders bei älteren Hundeliebhabern Anhänger hat.

Sie sind Fremden gegenüber weniger aufgeschlossen als ihr Vetter Cavalier King Charles Spaniel, brauchen Zeit, um sich mit Neuem vertraut zu machen. Ab und zu plazieren sich diese Hunde heute auch wieder in Gruppenwettbewerben.

GESUNDHEIT

Im allgemeinen gibt es wenig Probleme, aber ziemlich häufig tritt in dieser Rasse Patellaluxation auf. Aufgrund des Körperbaus kommt es zuweilen zu Kaiserschnittgeburten.

PFLEGE UND ERZIEHUNG

Der King Charles Spaniel ist ein ausgeprägter Familienhund, hat dabei aber durchaus seinen eigenen Willen. Befehle führt er nie automatisch aus, soziale Annehmlichkeiten des Lebens erscheinen ihm recht natürlich.

Er braucht nur minimale Fellpflege, aber Ohren und Augen müssen regelmäßig kontrolliert, das Fell zumindest einmal wöchentlich gut durchgebürstet und gekämmt werden.

ANPASSUNGSFÄHIGKEIT

Der King Charles Spaniel wurde für ein Leben mehr neben dem Kamin als draußen auf dem Hof gezüchtet. Er entfaltet nur dann seinen wahren Charakter, wenn er sich laufend menschlicher Gesellschaft erfreuen kann.

RASSEMERKMALE

Gewicht etwa 3,5-6,5 kg. Körperbau quadratisch, gedrungen, kompakt. Gute Rippenwölbung, gute Knochen und Substanz für die Größe. Im Standard keine Größenangabe, Widerristhöhe etwa 25 cm.

Haarkleid lang, seiden und gerade, leichte Lokkung zulässig. Unverändert ist der Kopf das Hauptmerkmal der Rasse. Erkennbar aufgewölbt, gut ausgefüllt unter den Augen. Nase schwarz mit großen offenen Nasenlöchern, zwischen den Augen gut hochgezogen. Augen groß, dunkel, breit eingesetzt, mit weichem, intelligentem Ausdruck. Ohren tief angesetzt, wodurch der aufgewölbte Oberkopf noch akzentuiert wird. Ohren lang und gut befedert.

Standardfarben *Blenheim* - leuchtend rot mit weiß, *Tricolor, Schwarzlohfarben* und *Ruby*. Sowohl Blenheim wie Dreifarbige sollen auch weiße Abzeichen zur Unterbrechung der Grundfarbe haben. Das Rutenkupieren ist neuerdings weniger verbreitet.

K I S H U

Ursprünglich diente der Kishu in erster Linie als Jagdhund. Er stammt von der japanischen Insel Kyushu, gilt als eine der ältesten der sechs Spitzrassen des Landes.

Er ist ein harter, selbstbewußter Jagdhund, aber auch ein guter Wachhund, Fremden gegenüber recht zurückhaltend.

Widerristhöhe etwa 43-53 cm. Obgleich sich die japanischen Spitzrassen in ihrer Größe unterscheiden, haben sie viele Gemeinsamkeiten, insbesondere den keilförmigen Kopf mit stark ausgeprägten Backen, schräg eingesetzten Augen und Stehohren. Das Haarkleid der Rasse ist kurz und hart, vom Körper abstehend, an Rute und Hosen etwas länger. Am meisten tritt die Rasse in den Farben Weiß, Rot oder Gestromt auf.

Eine Begegnung mit einem Kishu außerhalb von Japan wäre sehr ungewöhnlich.

FCI-Gruppe 5, Standard Nr. 318,
Ursprungsland: Japan

Kishu

K O M O N D O R

> FCI-Gruppe 1, Standard Nr. 053
> Ursprungsland: Ungarn
> Zucht 1994: D 1, GB 8, USA 163

HERKUNFT UND RASSEGESCHICHTE

Eine seltene, aber sehr alte Hunderasse. Der Komondor wurde als Herdenschutzhund in Ungarn gezüchtet, scheint auf die gleichen Vorfahren zurückzugehen wie die langläufigen Hunde der russischen Steppen. Immer von weißer Farbe, bedeckt mit langen Kordeln oder schnurartig verfilztem Haar leben diese großen Hunde draußen bei den Herden, sind allen Widrigkeiten des Wetters ausgesetzt. Ihre Aufgabe war der Schutz der Schafherden vor zweibeinigen oder vierbeinigen Räubern. Noch heute erfüllt der Komondor diese Aufgabe auch quer durch den amerikanischen Kontinent.

WESEN

Fremden gegenüber ist diese Rasse recht zurück-haltend, in erster Linie aufgrund ihrer Aufgabe, möglicherweise aber auch, weil das zottige Fell über die Augen wächst, ihre Sicht beeinträchtigt. Besondere Vorsicht sollt man deshalb auch beim Umgang mit Kindern walten lassen.

GESUNDHEIT

Allgemein eine gesunde Rasse. Wie bei allen großen Hunden tritt Hüftgelenksdysplasie auf, Zuchttiere müssen geröntgt werden. Jede Woche sollten Zähne und Krallen kontrolliert werden. Als großer Hund mit sehr üppigem Haar braucht der Komondor eine gut ausgewogene Ernährung. Zwei oder drei kleinere Mahlzeiten ohne Sojaprodukte sind besser als eine große. Es handelt sich dabei um eine einfache Vorbeugemaßnahme gegen Magenumdrehung. Es ist auch ratsam, dem Komondor nicht direkt nach den Mahlzeiten starke Bewegung zu gestatten. Diese Hunde brauchen sehr lange, regelmäßige Spaziergänge. Für Hundebesitzer, die hierzu nicht in der Lage oder bereit sind, eignet sich diese Rasse nicht. Von frühester Jugend an muß man diesen Hunden beibringen, keinen Streit zu suchen. Sie sind später viel zu groß und stark, um sich mit ihnen auf einen Zweikampf einzulassen.

PFLEGE UND ERZIEHUNG

Das Haarkleid des Komondors braucht recht viel Pflege, diese Aufgabe sollte man auch nie übersehen oder auf die leichte Schulter nehmen. Von früher Jugend an muß der Komondor richtig sozialisiert werden, frühzeitige Erziehung zur Unterordnung ist besonders wichtig.

ANPASSUNGSFÄHIGKEIT

Aufgrund seiner Größe und einmaligem Haarkleid lebt dieser Hund auf dem Lande bestimmt viel fröhlicher als in der Stadt. Niemals darf man diesen Hund reizen oder necken, ein solches Verhalten stände im Widerspruch zu der Veranlagung der Rasse.

RASSEMERKMALE

Diese Rasse ist recht groß, Widerristhöhe in vielen Fällen über 63 cm, Gewicht 43-45 kg. Farbe immer weiß mit dunklem Pigment an Nase und Augenlidern, Albinomerkmale dürfen nie toleriert werden.

Der Komondor ist ein großer, mächtiger, schwerknochiger Hund mit kräftigem Hals und ausdrucksvollen Augen. Der Körper ist voll bedeckt mit langen, weißen Bändern, die untereinander vermattet sind. Das Fell teilt sich oberhalb des Rückgrats natürlich und deckt dann die jeweiligen Seiten. Auf Ausstellungen wird der Komondor in schimmernd weißem starken Fell präsentiert, keine leichte Aufgabe!

Nach einem Bad dauert es beim Komondor bis zu zwei vollen Tagen, bis er vollkommen wieder trocken ist. Eine Rasse, nur geeignet für solche Hundefreunde, welche sich ihr voll zu widmen bereit sind.

Komondor

KOOIKERHONDJE

Dieser holländische Spaniel geht auf einen sehr alten Spanieltyp zurück, der schon vor der Erfindung der Flinte arbeitete. Diese Hunde wurden eingesetzt, um die Neugierde von Wassergeflügel anzuregen, indem sie umhersprangen und spielten. Dies machte die Vögel neugierig, sie schwammen nahe genug heran, daß die Jäger ihre Netze über sie werfen konnten.

Einige Forscher vermuten, das Kooikerhondje habe möglicherweise bei der Zucht das *Nova Scotia Duck Tolling Retriever* eine Rolle gespielt. Danach haben diese Hunde aus Holland emigrierende Weber mit nach Nordamerika gebracht. Fest steht jedenfalls, die Art, in der beide Rassen sich benehmen und arbeiten, hat sehr viele Gemeinsamkeiten.

Ende des Zweiten Weltkriegs war das Kooikerhondje nahezu ausgestorben, aber durch harte Arbeit wurde es wieder belebt, fand 1971 seine Anerkennung. Außerhalb von Holland ist es aber noch unverändert äußerst selten. In ihrer Heimat Holland hält man diese Hunde in erster Linie als Familienmitglieder.

Widerristhöhe 35-40 cm, Körperbau leicht rechtwinklig. Kopf ziemlich breit, Oberkopf und Fang von gleicher Länge. Ohren klein und ziemlich hoch angesetzt.

Haarkleid weich und seidig, flach am Körper anliegend; längere Behaarung an Ohren, Hals, Hosen, Rute besonders stark befedert.

Farbe meist Weiß mit leuchtend roten Flecken. Die Seiten des Kopfes und Ohren sollten immer rot sein. Sehr typisch für die Rasse sind die Fransen auf den Ohren mit schwarzen Haarspitzen.

FCI-Gruppe 8, Standard Nr. 314,
Ursprungsland: Niederlande

Kooikerhondje

KORTHALS GRIFFON

FCI-Gruppe 7, Standard Nr. 107
Griffon d' Arrêt à Poil Dur
Ursprungsland: Frankreich
Zucht 1994: D 68, A 8, USA 216

HERKUNFT UND RASSEGESCHICHTE

Der Korthals Griffon ist ein vielseitiger Jagdhund, der im 19. Jahrhundert von Edward K. Korthals gezüchtet wurde. Obgleich Korthals aus Holland stammte, leistete er seine Hauptarbeit an dieser Rasse in Frankreich. In Europa wird deshalb die Rasse noch immer als Korthals Griffon bezeichnet.

Edward K. Korthals begann mit einer Hündin namens *Mouche*, sie stammte von einem Griffon Barbet ab.

Es erfolgten verschiedene Einkreuzungen von kleinen Münsterländern, französischen Bracken und verschiedenen Settern und Pointern. Korthals entwickelte den Griffon zu einem methodischen, genauen Arbeiter in allen Terrainarten. Er ist vorzüglich im Sumpfgebiet, jagt ebenso gut auf Feder- wie Haarwild.

Für englische Field Trials ist er nicht schnell genug, um erfolgreich zu konkurrieren. Am besten ist der Griffon als vielseitiger Jagdgefährte, arbeitet ebenso gut auf dem Feld wie als Retriever im Wasser.

Korthals Griffon

Der üppige Bart, die Augenbrauen und die lange Unterwolle geben dem Griffon Korthals sein unverwechselbares, zottiges Aussehen.

WESEN

Der Griffon ist ein vorzüglicher Familienhund, er verdient volles Vertrauen, tut alles, um seinem Herrn zu gefallen. Seine Ergebenheit gegenüber der Familie und sein freundliches Wesen entzükken alle, die ihn näher kennen. Er hat einen wunderbaren Charakter, von Jugend an unterhält und amüsiert er seine Besitzer.

GESUNDHEIT

Obwohl ein gesunder Arbeitshund, gibt es bei dieser Rasse einige Probleme mit Hautallergien, gelegentlich auch Schilddrüsenprobleme. Die Rasse leidet auch mit einer bestimmten Häufigkeit an Entropium und Ektropium.

PFLEGE UND ERZIEHUNG

Der Griffon hat einen schnellen, intelligenten Verstand, läßt sich leicht ausbilden. Wie alle Hunderassen, die zwar Haushunde sind, trotzdem ihren Lebensunterhalt selbst erarbeiten, brauchen die Welpen sehr frühe Sozialisation. Bereits mit acht bis zehn Wochen sollte die Erziehung für Unterordnung und auch Einweisung in erste jagdliche Aufgaben erfolgen.

ANPASSUNGSFÄHIGKEIT

Am wohlsten fühlt sich der Griffon bei der Arbeit im Feld und Wasser. Er eignet sich dadurch sehr viel besser für ein Leben auf dem Land als eine Beschränkung auf eine Großstadtwohnung.

Sehr gut könnte der Griffon aber seine Zeit aufteilen, ganz glücklich zwischen Stadt und Land leben. Solange er bei seinem Besitzer ist, gewöhnt er sich an alle Lebensverhältnisse.

RASSEMERKMALE

Ideale Widerristhöhe für Rüden 56-60 cm, Hündinnen 51-56 cm. Richtige Größe gehört zu den wichtigen Merkmalen der Rasse, Übergröße sollte ernsthaft bestraft werden.

Im Verhältnis 10:9 ist die Rasse länger als ihre Widerristhöhe; mittlere Substanz bei sehr guter, müheloser Bewegung.

Farben des Griffon variieren von Kastanienbraun über Stahlgrau mit braunen Abzeichen, Weiß und Braunschimmel. Einfarbig Braun, Reinweiß, Orange mit Weiß sind weniger erwünscht, Schwarz wird disqualifiziert.

Ein wichtiges Merkmal des Griffon ist sein Fell. Das Deckhaar ist gerade und drahtig, die Unterwolle besteht aus dickem, feinen Haar.

Der üppige Bart und die Augenbrauen bilden eine Ausdehnung der Unterwolle, geben dem Griffon sein charakteristisches, ungekämmtes Aussehen.

Der Korthals Griffon ist ein Hund von mittlerer Schnelligkeit, sein Trab zeigt gute Reichweite, deckt mühelos den Boden.

KRAZSKI OVCAR

Der Krazski Ovcar, manchmal auch *Karst Schäferhund* genannt, ist ein Hütehund des Hochlands Karst in Istrien an der Grenze zwischen Slowe-

Krazski Ovcar

nien und Kroatien, dem früheren Jugoslawien. Die Rasse gehört zu der Gruppe der Hüte- und Herdenschutzhunde, auch Gebirgshunde genannt, die man über die ganze Welt antrifft. Am besten bekannt ist der Krazski Ovcar als Hütehund, obwohl er sehr eng mit den anderen Gebirgshunden verwandt ist, die vorwiegend als Herdenschutzhunde arbeiten. Ganz besonders ähnelt er dem Sarplaninac.

Die Widerristhöhe beläuft sich auf 52-60 cm. Das Haarkleid des Krazski Ovcar ist hart, am Körper von mittlerer Länge, an Hals, Hosen und Rute länger. Die Hunde haben eine dicke Unterwolle. Ihre Ohren sind klein und werden oft gefaltet getragen. Farbe dunkles Wolfsgrau mit schwarzer Maske, mit Ausnahme der »Brille« und heller Lohfarbe oder Creme an den Läufen. In dieser Färbung ähnelt er sehr dem Keeshond. Außerhalb seiner Heimat trifft man den Krazski Ovcar recht selten an.

Karstschäferhund
FCI-Gruppe 2, Standard Nr. 278,
Ursprungsland: Slowenien

KROMFOHRLÄNDER

FCI-Gruppe 9, Standard Nr. 192
Ursprungsland: Deutschland
Zucht 1994: D 60, CH 24

Diese deutsche Hunderasse entstand in den 1950er Jahren, eine Drahthaar Fox Terrier Hündin wurde von einem Rüden des Typs Französischer Griffon gedeckt. Die Züchterin war Ilse Schleifenbaum, der Hundename heißt wörtlich *Kromfohr* gleich *krumme Furche*, erinnert an die Heimat der Züchterin im Siegerland. Nach einigen Generationen planmäßiger Zucht wurde die Rasse 1955 anerkannt. Auch heute ist sie noch sehr selten, zeigt deutlich ihre Abstammung vom Fox Terrier.

Widerristhöhe 38-46 cm, Körper rechteckig, langer, keilförmiger Kopf. Ohren hoch angesetzt, aber nicht über der Höhe des Oberkopfs, hängend getragen. Rute hängend oder leicht gerollt über dem Rücken getragen. Haar drahtig, Stockhaar und Rauhhaar zulässig. Farbe Weiß mit einigen roten, klar umrissenen Flecken. Die Seiten des Kopfes und die Ohren sollten immer rot sein.

Kromfohrländer

K U V A S Z

FCI-Gruppe 1, Standard Nr. 054
Ursprungsland: Ungarn
Zucht 1994: D 247, A 16, CH 12, GB 17,
USA 394

HERKUNFT UND RASSEGESCHICHTE

Die wahre Heimat dieses großen weißen Arbeits-
hundes liegt in Tibet, wo die Hunde als Wachhunde eingesetzt wurden. Von hier aus hat sich die
Rasse über ganz Europa verbreitet. In Ungarn
wurden diese Hunde bereits im 8. Jahrhundert als
Wachhund und zur Jagd auf wehrhaftes Wild eingesetzt. Der Name stammt vom türkischen Wort
Kawasz - was *Schützer* bedeutet.

Seiner Veranlagung nach vermag dieser Hund
sowohl Schafe wie Rinder zu hüten, er dient deshalb für beide Aufgaben. Aufgrund ihrer stattlichen Größe und Kraft wurden diese Hunde auch
zur Wildsauhatz eingesetzt.

Heute wird die Rasse besonders in Nord- und
Südamerika als Herdenschutzhund für Schafe verwendet. Dieser Hund hat genügend Kraft und
Schneid, um seine Herde gegen große Raubtiere
zu schützen. Er ist auch schnell genug, um Kojoten und Wölfe einzuholen.

WESEN

Von eh und je ein Arbeitshund muß diese Rasse
viel Beschäftigung haben, um nicht unmutig, ruhelos und zerstörerisch zu werden. Interessierte
Hundebesitzer sollten daran denken, daß ursprünglich die Rasse als Herdenschutzhund gezüchtet wurde. Ein mächtiges Tier mit viel Tem-

Kuvasz

perament und einiger Schärfe. Diese Hunde müssen früh und gut sozialisiert werden. Mit Kindern ist Vorsicht geboten, es sei denn, Hund und Kinder wachsen gemeinsam auf. Die Rasse kann und muß zu Gehorsam erzogen werden.

GESUNDHEIT

Obgleich der Kuvasz insgesamt gesehen recht gesund ist, gibt es auch in dieser Rasse als Erbkrankheit Hüftgelenksdysplasie, Zuchttiere müssen geröntgt werden. Wie alle Riesenrassen braucht auch der Kuvasz eine ausgewogene gute Ernährung. Wöchentlich sollten Zähne, Ohren und Krallen kontrolliert und gepflegt werden.

PFLEGE UND ERZIEHUNG

Um zu einem angenehmen Familienmitglied zu werden, muß der Kuvasz bereits als Junghund sozialisiert und zu Gehorsam erzogen werden. Seine Besitzer müssen aber konsequent sein, um diese Hunde richtig zu kontrollieren. Die Hunde brauchen sehr viel planmäßigen Auslauf.

ANPASSUNGSFÄHIGKEIT

Dieser robuste Schutz- und Wachhund gehört in ländliche Umgebung. Hält man ihn außerhalb des Hauses, braucht er einen stabilen Zwinger, zum Auslauf auch einen sicher eingezäunten Garten. Durch Unterordnungserziehung hält man ihn geistig beweglich. Diese Rasse hat als Wach- und Schutzhund einen guten Ruf, ist in diesen Aufgaben schwerlich zu übertreffen.

RASSEMERKMALE

Diese großen Hunde haben eine Widerristhöhe von 70-76 cm. Der Kuvasz ist reinweiß, langhaarig. Kraftvoller Kopf mit dunklen, mandelförmigen Augen und nach vorn gerichteten Hängeohren. Doppeltes Haarkleid, auf dem Rücken, an den Seiten und an der Rute flach anliegend oder leicht gewellt. Kuvasz Rüden wiegen etwa 52 kg, Hündinnen etwas weniger. Kraftvoller, tiefer Körper mit guten Knochen und Pfoten. Fehlende Afterklauen an den Hinterläufen sind für den Kuvasz rassetypisch.

LAGOTTO ROMAGNOLO

Dieser alte und typische Wasserhund ist bereits seit dem 14. Jahrhundert in den Marschen der Region Romagna im Nordosten Italiens bekannt. Über die Jahrhunderte wurden diese Marschen nach und nach trocken gelegt, der für die Jagd auf Wassergeflügel gezüchtete Lagotto verlor seine Arbeit.

Die vorzügliche Nase verhalf dieser Hunderasse zu einer neuen Aufgabe, denn sie erwiesen sich beim Aufspüren von Trüffel als vorzüglich. Dies ist bisher die einzige Hunderasse, die sich auf diese Aufgabe spezialisiert hat. Trüffeln sind heute eine ganz große Kostbarkeit, das dürfte der Grund sein, weshalb die Trüffelsucher ihr Wissen über diese Rasse bisher geheim hielten. Es ist erstaunlich, aber noch heute paßt auf Aussehen und Arbeiten dieser Rasse eine detaillierte Beschreibung, die Ende des 14. Jahrhunderts verfaßt wurde.

Widerristhöhe zwischen 41 und 48 cm, Gewicht 11-16 kg. Körper quadratisch, der Hund darf nie kurzläufig erscheinen. Kopf breit mit gerundetem Oberkopf, runden Augen und einem stumpfen, nicht zu langen Fang. Rute meist in der Erregung hoch aufgerichtet getragen. Haarkleid ziemlich kurz, dick und wollig, dem Körper entlang feste Locken, an Kopf und Ohren etwas offe-ner. Langes und geflochtenes Haarkleid nicht erlaubt. Farbe Reinweiß oder Weiß mit leberbraunen Flecken oder Stichelung, Leberbraun, Leberschimmelung oder Orange. Schwarzes Haarkleid und schwarze Pigmentierung werden als schwere Fehler angesehen.

Noch keine offizielle Anerkennung

Lagotto Romagnolo

LAKELAND TERRIER

FCI-Gruppe 3, Standard Nr. 070
Ursprungsland: Great Britain
Zucht 1994: D 89, A 13, CH 23, GB 270,
USA 199

HERKUNFT UND RASSEGESCHICHTE

Ein erstes Treffen der Liebhaber dieser Rasse fand 1912 in der Marktstadt Keswick in Cumbria statt, dort wurde ihr Name festgelegt. Im Jahre 1921 kam es zu einem neuen Treffen der Anhänger, die alle einen »verbesserten Arbeitsterrier« anstrebten. Jetzt wurde die Gründung der *Lakeland Terrier Association* beschlossen. Der *Original Cumbrian Terrier* war in seiner unmittelbaren Heimat unter verschiedenen Namen bekannt, darunter *Black Fell, Fell, Westmoreland, Patterdale* und andere. Dieser einst hartnäckige Terrier wurde ursprünglich dafür gezüchtet, um den Fuchs aus seinen Bauten in diesem Bergland zu holen. Der Lakeland mußte häufig unter extremen Wetterbedingungen arbeiten, hierfür brauchte man einen robusten und resoluten Hund mit genügend langen Läufen und einem Körper, um sich bei der Suche nach seiner Beute unter der Erde leicht durcharbeiten zu können. Zur Entstehung des modernen Lakelands hat eine Vielfalt örtlicher Terrierschläge beigetragen. Es gibt wenig Zweifel, daß eine stärkere Einkreuzung von Fox Terrier Blut als richtig erschien, um die Gesamterscheinung der Rasse etwas eleganter und attraktiver zu machen. Lakelands waren nie so zahlreich wie andere Terrierrassen, weder im Ausstellungsring noch als Familienhunde. Die Rasse hat aber über viele Jahre recht gleichmäßig Ausstellungshunde hervorgebracht, deren Gesamterscheinung sie zu beachtlichen Wettbewerbern machte.

Im Jahre 1963 erregte der Lakeland Rüde *Rogerholm Recruit* größte Aufmerksamkeit in der Öffentlichkeit, als er auf der Ausstellung Crufts in London *Best in Show* wurde. Nur vier Jahre später wiederholte ein anderer Vertreter dieser Rasse *Ch. Stingraiy of Derryabah* diesen Triumph. *Stingray* sollte zur Rasselegende werden, denn nach seinem Sieg auf Crufts wurde er von Mr. und Mrs. James A. Farrell Jr. gekauft und überquerte den Atlantik. 1967 hatte er in England die berühmteste Hundeshow gewonnen, jetzt machte er sich daran, den gleichen Erfolg auf den bekanntesten Ausstellungen der USA zu wiederholen, 1968 gewann er die *Westminster Kennel Club Show*. Und bereits

1976 war es ein weiterer Lakeland, der die Westminster Ausstellung für seine Besitzerin Mrs. V.K. Dickson gewann - *Ch. Jo Ni's Red Baron of Crofton*. Dieser Rüde erwarb sich als hervorragender Vererber noch zusätzlich sehr viel Ruhm.

WESEN

Der Lakeland Terrier ist hoch intelligent und arbeitsfähig. Er ist zwar normalerweise anderen Hunden gegenüber nicht aggressiv, weiß sich aber seiner Haut zu wehren.

GESUNDHEIT

Im Normalfall gibt es in dieser Rasse wenige Gesundheitsprobleme. In einigen Teilen der Welt tritt aber in der Rasse *Legg Perthes Disease* auf. Es handelt sich um eine Erkrankung des Femurkopfes.

PFLEGE UND ERZIEHUNG

Regelmäßige Fellpflege ist beim Lakeland erforderlich, zweimal jährlich muß das ganze Haarkleid mit der Hand getrimmt werden. Trimmen ist gegenüber Scheren der Vorzug zu geben, da Scheren in der Regel die natürliche Farbe und Struktur des Fells zerstört. Trimmen mit der Hand erfordert ein Minimum an Ausrüstung, kann von jedem Terrierbesitzer beherrscht werden. Man braucht hierfür aber große Geduld, Zeit und Toleranz.

ANPASSUNGSFÄHIGKEIT

Als Familienhund ist der Lakeland sehr zu empfehlen. Er hat eine handliche Größe und ist ein guter Wachhund, bellt nur, wenn es notwendig ist. Er paßt gut in jede Umgebung, genießt sowohl die Freiheit des Landlebens, gewöhnt sich aber auch an städtische Umwelt, vorausgesetzt sein Besitzer sorgt für genügend Auslauf.

RASSEMERKMALE

Der Lakeland ist bekannt als hübscher, gut ausbalancierter und kompakter Terrier. Es gibt ihn in einer Vielfalt von Farben - blau mit lohfarben, schwarzlohfarben, einfarbig rot, weizenrot, rotgrizzle, leberfarben, blau und schwarz. Mahagonifarben oder dunkles Tan sind für die Rasse nicht typisch. Schwarze Lakelands findet man heute in

Lakeland Terrier

England nicht, haben sich aber in den skandinavischen Ländern als recht populär durchgesetzt, wo diese Rasse so etwas ähnliches wie eine Wiederauferstehung erlebt. Der Kopf des Lakelands ist gut ausbalanciert, Abstand zwischen Nase und Auge gleich wie von Auge bis Hinterhauptbein, flacher Oberkopf. Augen dunkel oder haselnußfarben. Der Kiefer vermag schraubstockartig zuzufassen. Ohren v-förmig, klein, aufmerksam getragen, aber weder zu hoch noch zu tief angesetzt. Die Vorhand verlangt gut zurückgelegte Schultern, gerade Läufe mit guten Knochen, runde, gut aufgeknöchelte Pfoten mit guten Ballen. Nacken lang, Rippenkorb mehr tief als gerundet, Rücken kraftvoll und mäßig kurz. Hinterhand gut entwickelt und bemuskelt, gerade Sprunggelenke, tiefstehend. Die Rute ist gewöhnlich kupiert. Deckhaar dicht und wasserfest, weiche Unterwolle. Das Haar an Gesicht und Läufen ist etwas länger und gekräuselt. Raumgreifende Bewegung mit starker Hinterhandaktion. Widerristhöhe des Lakelands nicht über 37 cm.

LANCASHIRE HEELER

Der Heeler stammt aus der Grafschaft Lancashire in England, speziell der westlichen Küstenregion, die vorwiegend landwirtschaftlich geprägt ist. Ursprünglich kannte man die Rasse als den *Ormskirk Heeler*. Diese Rasse wurde auf den Gütern und Besitztümern von Lord Sefton Anfang des 20. Jahrhunderts gezüchtet. Der Heeler erwies sich als ein gesunder und vielseitiger Hund, er konnte sowohl die Herden hüten als auch Raubzeug und Ratten bekämpfen. Zu den Vorfahren des Heelers gehören Welsh Corgi, Manchester Terrier und möglicherweise auch der Dachshund. Der Corgi Einfluß kam nach Wales, als Rinder auf die Farmen und Schlachthöfe der Grafschaft getrieben wurden - zu diesem Zeitpunkt war der aus dem nahen Manchester stammende örtliche Terrier schon recht gut eingeführt.

Der Heeler macht einen wachsamen, munteren Eindruck und ist kipp- oder stehohrig. Er ist hochintelligent und freundlich, erfordert eine feste, aber freundliche Erziehung. Er ist durchaus leicht zu erziehen, braucht aber immer Beschäftigung, da in seiner kleinen Statur endlose Energien gespeichert sind. Menschen und Kinder liebt er sehr.

Je nach Jahreszeit ist sein Fell unterschiedlich lang, von eng anliegend bis zu längerem Haar mit Halskrause. Er verfügt über kräftige Kiefer. Der Körper ist tiefgestellt, aber kräftig, die Vorderläufeläufe drehen leicht nach außen. Die obere Linie ist fest und waagerecht, die Rute wird hoch getragen.

Der Ausstellungsheeler ist hinsichtlich der Farbmarkierung an den Rassestandard gebunden. Verlangt wird Schwarz mit leuchtend lohfarbenen Abzeichen an Fang, Wangen, über den Augen, von den Knien an abwärts, an den Hinterläufen innen und unter der Rute. Auf den Pfoten wird ein schwarzer Fingerabdruck vorgeschrieben. Diese Markierungen verblassen manchmal mit dem Alter. Widerristhöhe bei Rüden 30 cm, bei Hündinnnnen 25 cm.

Nur anerkannt durch den Kennel Club England
Zucht 1994: 180 Tiere in England
Ursprungsland: Great Britain

Lancashire Heeler

LANDSEER

FCI-Gruppe 2, Standard Nr. 226
Ursprungsland: Deutschland/Schweiz
Zucht 1994: D 221, A 8, CH 22

In seiner heutigen Form wurde der Landseer in Deutschland und der Schweiz entwickelt. Während der 1930er Jahre begannen Züchter in diesen Ländern mit einem Zuchtprogramm, kreuzten dabei schwarzweiße Neufundländer mit dem Pyrenäen Berghund. Die Vorstellung dahinter war, einen Hund zu züchten, der so aussah, wie der große englische Maler Sir Edwin Landseer (1802-73) 1823 die ersten Neufundländer in Europa gemalt hatte.

Da der schwarzweiße Neufundländerschlag von jeher Landseer genannt worden war, erwies sich diese Namensgebung als recht unglücklich. Denn diese Hunde sind nichts anderes als eine Kreuzung zwischen zwei bereits vorhandenen Rassen. Es dauerte Jahrzehnte, ehe die Fédération Cynologique Internationale schließlich den Landseer als eigene Rasse zuließ und anerkannte.

Mehrere Punkte trennen den Landseer von den schwarzweiß farbenen Neufundländern. Der Landseer ist im Körperbau ein beträchtlich leichterer Hund, es fehlt ihm an Körpertiefe, wie man diese von einem guten Neufundländer verlangt. Der Landseer wird als Familienhund gehalten, ist selbst in seinen Ursprungsländern sehr selten.

Seine Schulterhöhe liegt bei etwa 67-80 cm. Der Körper sollte rechteckig sein, Bauchpartie leicht hochgezogen, der Rumpf weder breit noch tief. Dieser Hund steht im Vergleich mit dem Neufundländer ziemlich hoch auf den Läufen, ist nicht ebenso massiv. Sein Kopf muß groß sein, mit flachen Wangen und eng anliegenden Lefzen. Auch das Haarkleid liegt flach und gerade an, ist nur an der Brust, an den Hosen und unter der Rute länger.

Um die Farbe richtig zu bezeichnen, sollte man sie Weiß und Schwarz nennen - Weiß mit schwarzen Flecken und nicht umgekehrt. Schwarz sollte insbesondere am Kopf sein, mit Ausnahme des Fangs und einer Blesse. Große schwarze Flecken auf dem Körper sollten nicht über Hals, Brust, unter den Bauch, die Läufe abwärts und die Rute hinausgehen.

Landseer

LAPPHUNDE

Die skandinavischen Spitze wurden von nomadischen Stämmen, die vor tausenden von Jahren aus dem Osten kamen und sich in Skandinavien ansiedelten, ursprünglich als Wach- und Jagdhunde gehalten. Die Lappen stammen aus diesen alten Stämmen, und ihre Hunde haben beim Überleben in diesen endlosen Schneefeldern und Hügeln eine wichtige Rolle gespielt. Erst in den letzten Jahrhunderten werden diese Hunde zum Hüten von Rentieren verwendet, über die letzten Jahrzehnte arbeiten sie immer mehr beim Einsatz von *Snow Scootern*. Aber noch immer werden einige Lapphunde zum Hüten eingesetzt, insbesondere der Schwedische Lapphund, meist glatthaarig und von

Finnischer Lapphund (Suomenlapinkoira)

leichterem Körperbau. Diese Hunde hüten die Herde durch intensives Bellen, eine Gewohnheit, die heute, wenn sie als Familienhunde in den Städten gehalten werden, zu manchem Ärger führen kann. Die Rasse ist aber ein vorzüglicher Hund auf dem Lande, ein guter Wächter, der die Ankunft von Besuchern rechtzeitig ankündigt. Heute werden Lapphunde in erster Linie als Familien- und Ausstellungshunde gehalten. Alle drei Hunderassen sind in Skandinavien gut vertreten, aber nur sehr selten in anderen Ländern gesehen.

Die Schulterhöhe der einzelnen Rassen ist unterschiedlich. Der Finnische Lapphund ist 40-51 cm, der Lapinporokoïra aus Finnland etwa 43-54 cm und der Schwedische Lapphund etwa 43-48 cm hoch. Bei allen Rassen ist der Körper rechteckig, tiefgestellt, kompakt und gut bemuskelt - keine der Rassen darf hochläufig oder flach wirken. Der Kopf ist keilförmig, kraftvoll, mit breitem Oberkopf und einem Fang, der nicht zu lang ist oder zu stark spitz zuläuft. Finnische und Schwedische Lapphunde tragen die Rute über den Rücken geringelt, sie haben langes, dichtes Haarkleid, das vom Körper absteht. Die Unterwolle ist dick und wollig. Längeres Haar um Hals, an den Hosen und an der Rute. Der Lapinporokoïra muß eine säbelähnliche Rute haben, die nie über dem Rücken getragen werden darf. Sein Haarkleid ist mittellang, hart und dicht, am längsten um den Hals, an den Hosen und an der Rute. Finnische Lapphunde gibt es in jeder Farbe, am verbreitetsten aber sind Schwarz oder Leberbraun mit sehr

Lapinporokoïra

Schwedischer Lapphund - Svensk Lapphund

hellen, lohfarbenen Markierungen. Der Lapinporokoïra ist in der Regel schwarz, grauschwarz oder gescheckt mit hell lohfarbenen Markierungen, weiße Abzeichen erlaubt. Der Schwedische Lapphund ist meist schwarz. Braun - in der Farbe des Bären - wird bevorzugt, wird aber heute niemals mehr gesehen. Anfang 1900 traf man häufiger auf weiße Schwedische Lapphunde.

Anerkannt durch FCI, Gruppe 5
Suomenlapinkoira
Finnischer Lapphund Standard Nr. 189,
Ursprungsland: Finnland
Lapinporokoïra
Finnischer Lapphütehund Standard Nr. 284,
Ursprungsland: Finnland
Schwedischer Lapphund Standard Nr. 135,
Ursprungsland: Schweden

LEONBERGER

FCI-Gruppe 2, Standard Nr. 145
Ursprungsland: Deutschland
Zucht 1994: D 515, A 11, CH 109, GB 78

Der Leonberger ist ein großrahmiger Hofhund, er stammt aus dem Land Schwaben. Etwa um 1840 beschloß Heinrich Essig, Bürgermeister von Leonberg, eine Hunderasse zu schaffen, die dem Löwenemblem im Stadtwappen ähneln sollte. Man nimmt an, daß Herr Essig als Ausgangsrassen Bernhardiner, Neufundländer, Pyrenäenberghund und einheimische Hundeschläge wählte. Die genaue Zusammensetzung blieb sein Geheimnis. Vom Neufundländer hat der Leonberger die Liebe zum Wasser, das dichte wasserfeste Haarkleid und die »Flossenfüße« geerbt. Die Farbe variiert zwischen Sand, Hellgelb, Gold oder Rotbraun, alle Farben können im Deckhaar schwarze Haarspitzen haben. Die schwarze Maske reicht bis zu den Ohren, die Lefzen sollen eng anliegen.

Der moderne Leonberger ist ein großer, intelligenter und freundlicher Hund. Diese Hunde sind für Erwachsene, Kinder und andere Tiere vorzügliche Lebensgefährten. Über die ersten achtzehn Monate ist sorgfältige Fütterung und planmäßige Bewegung wichtig, um sicher zu stellen, daß trotz des schnellen Knochenwachstums die Hunde gesund bleiben. Hüftgelenksdysplasie und Knochenprobleme sind zwar nicht verbreitet, treten aber auf. Über zwei Weltkriege hat die Rasse sehr gelitten, wurde nahezu dezimiert. England wie die Vereinigten Staaten haben vom europäischen Kontinent Hunde importiert, heute ist der Leonberger auf internationaler Basis fest etabliert.

Leonberger

LHASA APSO

FCI-Gruppe 9, Standard Nr. 227
Ursprungsland: Tibet (Great Britain)
Zucht 1994: D 165, A 34, CH 31, GB 3.017
USA 14.504

HERKUNFT UND RASSEGESCHICHTE

Es ist nicht zu bestreiten, die Tibetanischen Hunderassen, die heute besonders populär sind, in erster Linie Tibet Terrier, Tibet Spaniel und Lhasa Apso, haben gemeinsame Vorfahren. In dem Land hinter der nördlichen Grenze von Indien hat der Lhasa Apso - zumindest aber seine ehrenwerten Vorfahren - schon viele Jahr gelebt. Diese Hunde wurden von den privilegierten Klassen, denen sie gehörten, hoch geschätzt. Über viele Jahre blieb die Rasse im Tibet, nur wenige Exemplare haben je dieses Land verlassen. Es ist nachgewiesen, Lhasa Apsos wurden vom Dalai Lhama wichtigen Mitgliedern königlicher Familien und Würdenträgern in China als Geschenk übergeben. Dabei galt es als ganz besondere Ehre, solche Hunde geschenkt zu bekommen, sie waren Glücksbringer und sollten die Gesundheit der Beschenkten gewährleisten.

Der Lhasa Apso ist ein echter Aristokrat, er wurde über viele Generationen in häuslicher Umgebung gezüchtet. Sein robuster Körperbau, sein liebenswertes Wesen und die passende Größe für die heutigen Lebensverhältnisse haben dieser Rasse eine Popularität gebracht, die niemand von all denen, welche die Rasse einmal entwickelten, je voraussehen konnte.

Es gibt einige Hinweise, wonach zu Anfang des 20. Jahrhunderts eine kleine Anzahl tibetischer Hunde nach England gekommen sind, sie reisten im Handgepäck von Militärpersonal. Weitere Hunde kamen in die Hände privater Liebhaber, die ihrem Charme verfallen waren. Damals jedoch wurden die Hunde, heute als Lhasa Apso und Tibet Terrier bekannt, wie man annahm als eine Rasse nach Europa gebracht. Dies wird durch die Tatsache unterstrichen, daß diese Hunde ursprünglich als *Lhasa Terrier* klassifiziert wurden.

Als über den korrekten Typ Diskussionen entstanden, Argumente ausgetauscht wurden, teilte man die Rasse auf zwei Gruppen auf, in erster Linie nach der Größe. Die Tiere mit längeren Läufen wurden zur Grundlage des Tibet Terriers, die tiefgestellten Hunde zum Ausgangszuchtmaterial

des Lhasa Apso. 1965 wurde die Rasse als *Tibetan Apso* auf Crufts Dog Show ausgestellt, Challenge Certificates ausgegeben. Seltsamerweise hatte man dem Tibet Terrier schon bereits viele Jahre zuvor Championatsstatus eingeräumt.

Heute hat die Rasse in den USA ihre eigene Anhängerschaft. Sie entwickelte sich in diesem Land geringfügig abweichend von den ursprünglichen Importen. In den 1970er Jahren richteten englische Züchter ihre Aufmerksamkeit auf die USA. Anne Matthews (Hardacre Kennel) wie Jean Blyth (Saxonsprings Kennel) importierten aus den USA Zuchtmaterial, wollten damit mehr »Stil« in ihren bereits vorzüglichen Typ, den sie aufgebaut hatten, bringen. Einige amerikanische *Schlüssel Lhasas* wurden nach Großbritannien importiert, keiner erwies sich als bedeutender als *Ch. Orlane's Intrepid.* Schnell hatte sich dieser Import im Ausstellungsring höchstes Ansehen erworben, gewann später seinen verdienten Platz in der Rassegeschichte, da er Vererber vorzüglicher Nachzuchten wurde.

In einer relativ kurzen Zeitspanne bewährte sich amerikanischer Stil und Glamour in Verbindung mit dem gesunden Typ des britischen Lhasas als Rezept für größte Erfolge. Nachzuchten aus diesen zwei Linien wurden lebhaft nachgefragt, viele solcher Hunde in andere Länder exportiert, wo sie ihrerseits wiederum eigene Dynastien aufbauten.

Ein solches Land ist Dänemark, wo die Rasse einen so hohen Qualitätsstandard erreicht hat, daß viele eingeladene Richter zu dem Schluß gekommen sind, daß in diesem Lande heute die besten Lhasas der ganzen Welt zu finden sind.

WESEN

Seiner Natur nach ist der Lhasa ein munterer Hund, im allgemeinen recht wachsam, Fremden gegenüber etwas zurückhaltend. Hat er erst einmal Bekanntschaft geschlossen, entwickelt er sich zu einer aufgeschlossenen und freundlichen Persönlichkeit ohne irgendwelche Anzeichen von Aggression.

GESUNDHEIT

Im allgemeinen ist die Rasse gesund und frei von Erbkrankheiten, wobei die Züchter sorgfältig darauf achten, ihre Zuchthunde genau zu beobachten,

Lhasa Apso

eventuell auftretende Fehler sofort wieder auszumerzen.

PFLEGE UND ERZIEHUNG

Wie viele andere östliche Hunderassen hat auch der Lhasa Apso einen Drang zur Unabhängigkeit. Er gehört nicht zu den Hunden, die fraglos und klaglos Unterordnungsübungen absolvieren. Man kann ihnen natürlich alle Grunddisziplinen beibringen, aber man hat den Eindruck, die Hunde wollen darum gebeten werden.

Bei ihrem üppigen Haarkleid ist es zwingend erforderlich, daß die Hunde täglich gebürstet und gekämmt werden, um wirklich gut auszusehen. Dabei muß das Fell bis auf die Haut völlig durchgebürstet werden. Besondere Aufmerksamkeit erforder der Bereich Augen und Ohren.

ANPASSUNGSFÄHIGKEIT

Lhasa Apsos sind schon über viele Jahre domestiziert,, gedeihen vorzüglich als Familienhunde. Sie fühlen sich aber auch in der Gesellschaft anderer Hunde wohl, vorausgesetzt, laufender Kontakt zu Menschen bleibt gewährleistet.

RASSEMERKMALE

Die Widerristhöhe des Lhasa Apsos liegt bei etwa 25 cm, der Körper ist etwas länger als die Widerristhöhe. Verlangt wird ein kräftiger, schön geschwungener Hals, eine feste, gerade obere Linie, gute Rippenwölbung, hoch angesetzte Rute, die in einer sanften Kurve über dem Rücken getragen wird. Der Oberkopf ist mäßig schmal, hinter den Augen leicht eingesenkt, zwar nicht völlig flach, aber auch nie aufgewölbt. Der Fang muß gerade sein, beträgt bei mäßigem Stop ein Drittel der Kopflänge. Die Nase ist immer schwarz, der Kopf reichlich behaart mit gut über die Augen fallenden Brauen und einem üppigen Bart. Die Augen schauen direkt nach vorne, sind oval, dunkel und von mittlerer Größe. Der Fang zeigt ein umgekehrtes Scherengebiß, bei dem die unteren Schneidezähne direkt vor die oberen greifen. Hinterhand muskulös und gut gewinkelt, Pfoten rund mit festen Ballen.

Das Haarkleid des Lhasas besitzt mäßig Unterwolle, das Deckhaar ist schwer, gerade und ziemlich hart, darf weder wollig noch seidig sein. Die Farben der Rassen reichen von Gold, Sand, Honig, Dunkelgrizzle, Schiefergrau, Rauchfarben, Weiß, Schwarz, Braun bis zur Mehrfarbigkeit. Der Rassestandard sieht alle Farben heute als gleichwertig an. In früherer Zeit brachte er zum Ausdruck, daß die »Löwenfarben« bevorzugt werden. Der Bewegungsablauf des Lhasas ist besonders charakteristisch, man beschreibt ihn als *frei und munter (free and jaunty)*. Eine der negativen Ergebnisse der Einkreuzung einiger besonders erfolgreichen amerikanischen Hunde liegt darin, daß die Hinterhandaktion manchmal etwas extrem wirkt, wobei die hinteren Ballen zu hoch angehoben werden, ein Bewegungsablauf, der für einige Puristen untypisch wirkt.

LÖWCHEN

FCI-Gruppe 9, Standard Nr. 233
Petit chien lion
Ursprungsland: Frankreich
Zucht 1994: D 46, A 1, CH 6, GB 107

HERKUNFT UND RASSEGESCHICHTE

Der Name Löwchen ist deutschen Ursprungs, er bezeichnet die traditionelle Schur der Rasse, wobei man das Haar so zurechtmachte, daß eine scheinbare Löwenform entstand. Das Löwchen gehört zu der Hundefamilie der Bichons, einer Gruppe, zu der auch Rassen wie Bichon Frisé, Malteser, Bologneser und Havaneser gehören. Es kommt eigentlich überhaupt nicht darauf an, welche dieser Rassen eigentlich »Original« ist, es genügt zu sagen, daß alle diese Rassen gemeinsame Wurzeln haben, als separate Rassen gezüchtet wurden, wobei der Felltyp wohl der wichtigste unterscheidende Faktor wurde.

Es ist umstritten, warum das Haarkleid des Löwchen erstmals nach dem Löwenmuster geschoren wurde. Eine Geschichte klingt recht logisch, danach waren diese Hunde in den Betten der Damen während des Mittelalters »lebende Bettflaschen« - und das Abscheren des Haars auf einem Körperteil brachte direkten Zugang zur na-

Löwchen

türlich wärmenden Hautfläche. Bis zum heutigen Tage kriechen die Löwchen besonders gern unter die Bettdecken und bleiben dort regungslos liegen. Mit Sicherheit hat diese Rasse in Zentraleuropa über eine lange Zeit gelebt, wurde dann aber aus Gründen, die man nicht genau kennt, recht selten. Tatsächlich wurde Ende der 1960er Jahre diese Rasse im *Guinness Book of Records* als eine der seltensten Hunderassen der Welt aufgeführt. Dies ist allerdings umstritten.

Im Jahr 1968 importierten zwei englische Kleinhundezüchter - Mrs. Stenning und Mrs. Banks - aus Deutschland Zuchtmaterial nach England. Da es nur noch so wenige Hunde gab, waren alle diese frühen Importe eng untereinander verwandt. Im Laufe der Zeit folgten weitere Importe, aber immer noch innerhalb der alten Linien.

Die sehr enge genetische Zuchtbasis der Rasse in England ist leicht bewiesen, wenn man sich die Ahnentafel des allerersten Champion Löwchens *Ch. Cluneen Adam Adamant* ansieht. Zunächst handelt es sich um eine Paarung Mutter mit Sohn. Der Vater war *Cluneen Itzi v.d. drei Löwen*, die Mutter *Cluneen Butzi v.d. drei Löwen*. Nicht nur Itzis Partnerin Butzi, sondern auch sein Vater *Adam v. Livland* war das Ergebnis einer Bruder-Schwester-Paarung, zwischen einem Rüden und einer Hündin, die Vollbruder und Vollschwester von Butzi waren. Wenn man sich diese geradezu dramatische Entwicklung der Inzucht in dieser Rasse vor Augen hält, ist es um so bemerkenswerter, daß sie bisher frei von irgendwelchen wichtigen Erbkrankheiten blieb.

In ihrer Naivität glauben viele, daß das Haarkleid des Löwchens ganz natürlich in dem traditionellen Löwenmuster wächst. Um so überraschter sind sie, wenn sie erfahren, daß die Welpen bei der Geburt voll behaart sind, dann geschoren werden müssen. Diese Rasse hatte einen unerwarteten Schub in der Popularität, als in der amerikanischen Fernsehserie *Hart to Hart* ein ungeschorener kleiner Löwe auftrat - dieser Hund war *Freeway*, er erwarb weltweiten Ruhm.

WESEN

Das Löwchen ist ein typischer Zwerghund, seiner Natur nach fröhlich und munter. Es ist lebhaft und intelligent, sollte immer ein ausgeglichenes Wesen haben.

GESUNDHEIT

Bemerkenswert insbesondere wegen des hohen Inzuchtgrads ist das Löwchen bisher weitgehend unbelastet von Erbkrankheiten. Seine natürliche Langlebigkeit bestätigt das Freisein von wichtigen Erkrankungen. Gelegentlich treten Patellaluxation und andere Schäden der Hinterhand auf, deshalb ist es wichtig, daß Welpenkäufer nur von Züchtern kaufen, die gesunde Zuchttiere besitzen.

PFLEGE UND ERZIEHUNG

Das Löwchen läßt sich leicht erziehen, beherrscht schnell alle Übungen der Grundausbildung. Diese Hunde lieben besonders das Spiel im ganzen Haus mit ihren Besitzern.

Die Pflege ist einfach, aber ob geschoren oder nicht, gründliche Fellpflege ist notwendig, um Verfilzungen zu vermeiden. Besonders der Bereich rund um die Augen und die Ohren muß stets auf Sauberkeit kontrolliert werden.

ANPASSUNGSFÄHIGKEIT

Löwchen sind keine guten Zwingerhunde - sie lieben die häusliche Umgebung. Solange diese Hunde angemessene menschliche Gesellschaft haben, fügen sie sich überall ein.

Viele Löwchenbesitzer kaufen sich einen solchen Hund, wenn sie bereits andere Rassen besitzen. Dabei fügt sich das Löwchen fröhlich in die ganze Hundefamilie ein. Der Charme der Rasse ist aber so groß, daß mit der Zeit die Besitzer so begeistert sind, daß die Anzahl Löwchen die Erstrasse weit übersteigt.

RASSEMERKMALE

Hinsichtlich der gewünschten Größe des Löwchens gibt es beachtliche Unterschiede. Der Englische Standard verlangt eine Widerristhöhe von 25-33 cm, die maßgebende Fédération Cynologique Internationale erlaubt eine Variationsbreite von 20-36 cm. Der Kopf hat einen ziemlich breiten Oberkopf, die Augen sind rund, dunkel, groß und strahlen Intelligenz aus. Die Ohren hängen lang und gut befedert am Kopf, im Halsbereich bildet sich eine kräftige Mähne.

Körper quadratisch, gerade obere Linie, mäßige Winkelung der Gliedmaßen. Im Bauchbereich mäßig aufgezogen. Die Körperformen werden durch eine befederte Rute abgeschlossen, die in der Bewegung fröhlich getragen wird. Pfoten klein und rund.

Haarkleid lang, leichte Wellung (nie gelockt!), es hat eine seidige Struktur. Zu den Hauptattraktionen der Rasse gehört, daß die Hunde jede Farbe, auch jede Farbkombination, haben können.

LUNDEHUND

Der Lundehund ist wohl die einzigartigste von allen Hunderassen der Welt. Sie entstand auf den Lofoten Inseln an der Nordspitze von Norwegen. Der anatomische Aufbau dieser Rasse würde bei anderen als äußerst fehlerhaft angesehen, diese Eigentümlichkeiten sind aber beabsichtigt. Man nimmt an, der Lundehund stamme vom Norwegischen Buhund und kleinen Laikas ab.

Über viele Jahrhunderte wurde er zum Jagen und Töten der Seetaucher (Puffin) an den steilen Klippen der Insel gezüchtet. Heute ist diese Art des Jagens untersagt. Um diese Aufgaben zu erfüllen, muß der Lundehund fähig sein, senkrecht die Klippen hinauf zu klettern. Er ist außerordentlich gewandt, und seine zusätzliche Zehe und sehr große Wolfskrallen - so groß und lang wie normale Zehen, helfen dabei, in den Klippen Halt zu finden.

Diese Hunde besitzen einen sehr kurzen Oberarm, sind fähig, ihre Vorderläufe vollkommen flach von links nach rechts auszustrecken. Sie besitzen auch eine sehr schmale Brust und sind in der Lage, ihren Hals völlig nach hinten zu legen, wenn erforderlich auch ihre sonst aufrecht getragenen Ohren zu falten. Dies kam den Hunden besonders zugute, wenn sie sich in die sehr engen Höhlen zwängten, in denen die Seetaucher nisten.

Vor den 1930er Jahren war diese Rasse selbst in Norwegen kaum bekannt. Im Jahre 1943 wurde sie anerkannt, ist aber noch immer äußerst selten.

Widerristhöhe etwa 32-38 cm, Gewicht etwa 6 bis 7 kg. Körperbau rechteckig, die Vorderläufe sind nach außen gestellt, es gibt fünf klar sichtbare Zehen. Eine besonders stark entwickelte Wolfskralle ist typisch, auch an den Hinterläufen soll eine solche stark entwickelte Wolfskralle vorhanden sein. Der Kopf ist klein, keilförmig mit ziemlich großen, aufrecht stehenden Ohren. Die Augen sind ziemlich blaß, wobei sie ein dunkelbrauner Ring umrundet. Fehlende Prämolaren sind typisch. Die Bewegung der Hunde in der Front ist breit, wobei die Vorderläufe in zirkelartigen Kreisen gesetzt werden, die Aktion der Hinterhand ist eng. Die Rute kann lose über dem Rücken oder hängend getragen werden.

Das Haarkleid ist gerade, mittellang bei dichter Unterwolle. Die Farben umfassen alle Schattierungen von Gold bis Rot mit schwarzen Haarspitzen. Der Vorderkopf ist grau markiert, die Augenränder schwarz und deutlich betont.

Norsk Lundehund
FCI-Gruppe 5, Standard Nr. 265
Ursprungsland: Norwegen

Lundehund

MAGYAR AGÁR

Dieser Ungarische Windhund ähnelt dem Greyhound, ist aber kleiner, im Rücken kürzer. Es fehlt ihm der elegante, lange Kopf des Greyhounds. Der Magyar Agár hat einen keilförmigen Kopf mit breitem Oberkopf.

Es handelt sich um eine sehr alte Rasse, die mit den Magyaren nach Ungarn gekommen ist. Für den Einsatz bei Rennen, wurden im laufenden Jahrhundert Greyhounds eingekreuzt, um die Schnelligkeit zu verstärken. 1966 wurde die Rasse durch die FCI anerkannt, ist aber außerhalb Ungarns noch immer sehr selten.

Widerristhöhe Rüden 65-70 cm, Hündinnen etwas kleiner. Haarkleid glatt, in seiner Struktur ziemlich hart. Alle Farben zulässig.

FCI-Gruppe 10, Standard Nr. 240,
Ursprungsland: Ungarn

Magyar Agár

MALTESER

FCI-Gruppe 9, Standard Nr. 065
Ursprungsland: Mittelmeer/Italien
Zucht 1994: D 635, A 36, CH 41, GB 528,
USA 17.030

HERKUNFT UND RASSEGESCHICHTE

Zweifellos die aufsehenerregendste Rasse in der Kleinhundegruppe, und auf Ausstellungen häufig auch die anziehendste! Viel der Aufregung und der Sympathie ist auf den krönenden Glanz des seidenen, weißen, bodenlangen Haarkleids zurückzuführen.

Seit den Zeiten des Apostels Paulus gibt es Hinweise auf den Malteser, beispielsweise gehörte eine Hündin namens *Issa* dem römischen Gouverneur auf Malta. Viele dieser frühen Hinweise betonen das reizende Wesen dieser Rasse, die Bedeutung ihrer zwergenhaften Größe. Zuweilen wurde der Malteser sogar mit Frettchen und Eichhörnchen verglichen.

Wie bei vielen in den USA heute besonders beliebten Hunderassen wurde der Malteser wesentlich in England geprägt, hier war er ein Favorit von Königin Elizabeth I. 1877 wurde auf der ersten Westminster Kennel Club Show in den USA ein Malteser ausgestellt, damals trug er aber noch den Namen *Maltese Lion Dog*. Zwei Jahre später wurde ein farbiger Malteser als *Maltese Skye Terrier* ausgestellt. Bereits 1888 hat der American Kennel Club diese Rasse zur Eintragung übernommen. Trotz seiner winzigen Größe führt der Malteser seine Vorfahren mehr auf Hunde des Typs Spaniels als des Typ Terriers zurück.

WESEN

Irgendwie scheint der Malteser eine etwas gespaltene Persönlichkeit. Wie die Geschichte verzeichnet, waren diese Hunde bei den Ladies immer populär, sie trugen sie auf dem Arm, nahmen sie in ihren Kutschen mit auf Reisen. Der Malteser ist eine ruhige, freundliche Hunderasse, fühlt sich ganz besonders wohl, wenn er von seinen Besitzern geschmust wird.

Gleichzeitig ist dies aber auch eine lebhafte, recht intelligente Hunderasse, vermag ein recht munteres Leben zu führen, freut sich am fröhlichen Spiel.

GESUNDHEIT

Im Normalfall ist der Malteser ein recht gesunder Hund, aber auf einige Dinge muß man achten. Patellaluxation verursacht zuweilen Lahmheiten. Diese Erkrankung kann sowohl genetisch bedingt, manchmal aber auch Folge eines Unfalls sein. Keinesfalls darf man diese Hunde an den Hinterläufen zerren oder ihnen erlauben, von hohen Möbelstücken zu springen.

Gelegentlich gibt es auch beim Malteser Probleme mit dem Zuckerspiegel, dies gilt besonders für die ganz kleinen. Bei Anfällen wird empfohlen, den Tieren Honig auf den Gaumen zu streichen, was fast immer sofort wirkt. Der Zahnwechsel führt gerne zu solchen Anfällen, aber dies wächst sich später aus. Zuweilen tränen die Augen besonders stark, ist der Tränenkanal blockiert, muß der Hund zum Tierarzt. Wöchentliche Zahn- und Krallenpflege ist empfehlenswert.

PFLEGE UND ERZIEHUNG

Das Haarkleid des Maltesers ist ein ganz wichtiges Rassemerkmal. Malteser Besitzer müssen entweder bereit sein, die notwendige Zeit für die Fellpflege aufzubringen oder sie müssen auf dieses wichtige Merkmal der Rasse verzichten, sich darum kümmern, ihrem Hund eine bequemere Schurart zu verpassen. Im Grundsatz muß das Malteser Haarkleid regelmäßig gepflegt werden.

Wichtig ist es auch, die Hunde sorgfältig zu erziehen, daß sie furchtlos an der Leine gehen. Sie präsentieren sich dabei meist in großartigem Stil. Hat der Hund erst einmal begriffen, daß er mit seinem Herrn an der Leine gehen muß, wird er alle äußeren Störungen schnell akzeptieren. Der Malteser muß immer stolz daherkommen, Kopf und Rute aufrecht getragen.

ANPASSUNGSFÄHIGKEIT

Die verschiedenen Aspekte der Persönlichkeit dieser Rasse machen sie besonders anpassungsfähig. Diese Hunde eignen sich praktisch für eine Vielfalt von Lebensumständen. Allerdings muß die

Malteser

allgemeine Einschränkung für zierliche Kleinhunderassen, was ihre Widerstandsfähigkeit gegen wildes Spielen mit Kindern angeht, auch hier angebracht werden.

RASSEMERKMALE

Das mantellange, seidige weiße Haar ist der entscheidende Faktor, der die Gesamterscheinung des Maltesers bestimmt. Aber unter all diesem Haar verlangt der Standard einen kompakten, quadratisch aufgebauten Hund mit einer Widerristhöhe gleich seiner Länge.

Der Hals muß lang genug sein, damit der Kopf hoch getragen wird. Die Rute ist dicht befedert, wird elegant über dem Rücken getragen. Die obere Linie des Maltesers sollte gerade sein.

Das Haarkleid ist einfach - ohne irgendwelche Unterwolle. Es hängt flach und seidig über die Seiten des Körpers. In Spitzenkondition befindliche Ausstellungshunde tragen das Haarkleid dabei bis auf den Boden hängend. Irgendwelche Anzeichen von Kräuseln, Locken oder wolliger Struktur sind verboten. Reinweiß ist die bevorzugte Farbe, obwohl Hellohrfarben oder Zitronenfarben an den Ohren gestattet ist.

Der Kopf des Maltesers ist mittellang, hat einen mäßigen Stop, Oberkopf gewölbt. Die Ohren sind tief angesetzt, stark befedert. Die Augen müssen sehr dunkel und rund sein. Schwarze Augen, freundlicher, aber munterer Ausdruck. Fangpartie von mittlerer Länge, nicht eingeschnürt, Nase schwarz. Zangen- oder Scherengebiß.

Bevorzugtes Gewicht unter 3 kg, 1,8-2,7 kg erwünscht. Der Malteser bewegt sich in einem fließenden, mühelosen Trab. Im Verhältnis zu seiner Größe vermittelt dies ein Bild schnellen Bewegungsablaufs.

MANCHESTER TERRIER

FCI-Gruppe 3, Standard Nr. 071
Ursprungsland: Great Britain
Zucht 1994: D 26, CH 3, GB 99, USA 534

HERKUNFT UND RASSEGESCHICHTE

Der Manchester Terrier ist ein eleganter, glatthaariger englischer Terrier. Ursprünglich trug er den Namen *Black and Tan Terrier*. Über hunderte von Jahren wurde er züchterisch verfeinert. Man kann die Rasse auf vielen alten Gemälden und Zeichnungen studieren. Ursprünglich ein Terrier zur Rattenbekämpfung wurde er für das Leben im Hause gezüchtet, daher sein kurzes, einfaches Haarkleid. Er wird auch in Haus und Hof gehalten, um Ratten und Raubzeug zu bekämpfen. Dies war sehr notwendig in den Tagen, ehe Kanäle und Müllabfuhr überall eingeführt wurden. Die Rasse hat ihren Typ weitgehend erhalten, ist ein guter Wächter, ihren Besitzern treu ergeben. Ein sauberer Hund, der sich rings um und im Haus sehr ordentlich benimmt.

WESEN

Ein echter Terrier, neugierig, munter und immer daran interessiert, seine Umwelt zu erforschen, sich um alles zu kümmern. Fremden gegenüber übt er etwas Zurückhaltung, hat er sie aber erst einmal als Freunde anerkannt, vergißt er sie nie, begrüßt sie mit größter Begeisterung - und wahrscheinlich auch ziemlich laut! Als Rasse ist der Manchester Terrier im allgemeinen recht kinderlieb, anderen Hunden gegenüber nicht aggressiv.

Manchester Terrier

GESUNDHEIT

Eine gesunde Rasse mit recht robuster Verdauung. Es gibt einige wenige Einzeltiere, die gegenüber der Blutkrankheit *Von Willebrand's Disease (VWD)* anfällig sind, aber dies ist sehr selten. Normalerweise heilen die Wunden schnell. Die Lebenserwartung des Manchester Terrier beläuft sich auf 12 bis 15 Jahre.

PFLEGE UND ERZIEHUNG

Das einfache Haarkleid ist problemlos, braucht wenig Pflege. Die Alltagsroutine erfordert ein weiches, warmes, sauberes Bett, frisches Wasser, ausgewogene Ernährung, einmal wöchentlich Durchbürsten. Diese Hunde brauchen soviel Bewegung wie möglich. Sie bewähren sich gut bei der Erziehung zur Unterordnung, Agility und beim Ausstellungstraining.

ANPASSUNGSFÄHIGKEIT

Im Grundsatz ein problemloser Hund, man muß aber wissen, daß dieser hübsche, athletische Hund unbedingt menschliche Gesellschaft braucht. Er fühlt sich überhaupt nicht wohl, wenn er über längere Perioden oder gar ganz auf Zwingerhaltung zurückgesetzt wird.

Der Manchester Terrier lebt ebenso fröhlich als Hund in der Stadt wie im ländlichen Umfeld.

RASSEMERKMALE

Ein schlanker, schwarzlohfarbener Hund, Widerristhöhe etwa 38-41 cm. Kopf keilförmig, enger Lefzenschluß. Ohren klein, v-förmig, dunkle Augen. In den USA werden die Ohren spitz kupiert. Der Körper ist elegant, in der Lendenpartie leicht hochgezogen. Läufe lang, kleine Pfoten mit schwarzen Nägeln. Rute lang, sich verjüngend, nicht über Rückenhöhe getragen. Die lohfarbenen Markierungen müssen sehr präzise plaziert sein, lohfarbene Flecken über den Augen, auf den Wangen, im lohfarbenen Bereich über den Vorderpfoten schwarze »Daumenmarken«, lohfarbene Läufe und Fang. Das Haar ist kurz und sehr leuchtend, die Lohfarbe sollte immer reich und dunkel sein.

MAREMMA

> FCI-Gruppe 1, Standard Nr. 201
> Cane da Pastore Maremmano-Abruzzese
> Maremma Sheepdog
> Ursprungsland: Italien
> Zucht 1994: A 7, CH 1, GB 48

HERKUNFT UND RASSEGESCHICHTE

Obwohl diese Rasse in England als Maremma Sheepdog bekannt ist, trägt sie in ihrem Ursprungsland Italien den Doppelnamen *Maremmano-Abruzzese*, nach den zwei Regionen, welche den Anspruch erheben, diesen imponierenden weißen Hund gezüchtet zu haben.

Das Maremma ist eine wellige Landschaft mit bewaldeten Hügeln, die der Küste entlang von Cecina bis Rom herabreicht. Dieses Land wurde als vorzügliches Weideland für Rinder, Schafe und Pferde genutzt, enthielt aber gleichzeitig nahezu undurchdringliche Waldungen, in denen Sauen, Rehe, Bären und Wölfe vor Nachstellung sicher waren.

Über Jahrhunderte war das Leben der Schafe, Schäfer und der großen weißen Hunde, die sie begleiteten, strikte Routine. Von Juni bis Oktober lebten sie oben in den Bergen der Abruzzen, von Oktober bis Juni zogen sie sich in die Ebenen des Maremma zurück. Aber einige Hunde blieben stets in beiden Gebieten als Wachhunde auf den Gehöften. Einen Maremma konnte man auch in aller Regel in den Häusern der Oberschicht in der Toskana finden.

Es ist geschichtliche Überlieferung, daß 1872 auf einer Hundeausstellung in Nottingham, England ein *Roman Maremma* eine Klasse gewonnen hat. Anfang des 20. Jahrhunderts wurden mehrere Maremmas nach England importiert, 1936 erkannte der Kennel Club die Rasse als *Maremma Sheepdog* an. 1950 wurde ein Rassezuchtclub gegründet, aber er erreichte bis Mitte der 1970er Jahre nie eine größere Anhängerschaft, bis die Italienerin Franca Simondetti den Züchtern in England zwei tragende Hündinnen auslieh.

Erstmals 1980 wurden für die Rasse die ersten Challenge Certificates vergeben. In erster Linie aufgrund der nachhaltigen Bemühungen einer kleinen Gruppe von Liebhabern wie Gordon und Anne Latimer von den berühmten Sonymer Kennels verbesserten sich Typ und Qualität nachhaltig. Im Jahre 1995 wurde Signora Simondetti mit der Einladung geehrt, auf Crufts Dog Show die

Maremmas zu richten. 35 Hunde wurden gemeldet, und sie muß fasziniert gewesen sein, zu erleben, wie sich diese Rasse in England entwickelt hatte, seit sie durch Bereitstellung ihres Zuchtmaterials den Grundstein dafür gelegt hatte. Interessanterweise wurde der von ihr ausgewählte Rassebeste aus zwei moderneren italienischen Hunden gezüchtet, seine Mutter wurde nämlich tragend nach England importiert.

WESEN

Der Maremma ist eine stolze und würdevolle Hunderasse, Folge einer harten, einzigartigen Lebensaufgabe, welche diese Rasse über Generationen geschaffen hat. Der Maremma ist seiner Familie gegenüber außerordentlich loyal, gleichzeitig ein vorzüglicher Beschützer und Wächter.

Man kann ihn aber auch als einen *denkenden Hund* bezeichnen, dementsprechend ist er auch von seiner Veranlagung her nicht übertrieben unterwürfig. Man hat immer den Eindruck, er überlege erst, bevor er einen Befehl ausführt.

GESUNDHEIT

Über viele Jahrzehnte blieb der Maremma eine Rasse ohne irgendwelche Übertreibungen, hat dementsprechend wenig Gesundheitsprobleme. Wie bei vielen großen Hunderassen sollte man auch den Maremma vor dem Züchten auf Hüftgelenksdysplasie röntgen, im allgemeinen ist diese Krankheit aber für die Rasse kein besonderes Problem.

Maremma

PFLEGE UND ERZIEHUNG

Um seine Aufgabe in der Familie zu erfüllen, braucht der Maremma entsprechende Erziehung. Auf vernünftige Erziehung reagiert er gut, wahrscheinlich wird er aber nicht der ideale Wettbewerber in Unterordnungskonkurrenzen sein, weil er *ein Denker* ist. Hat der Maremma verstanden, wer *Rudelführer* ist, wird er sich ihm voll unterordnen. Das weiße Haarkleid braucht einmal wöchentlich tüchtiges Bürsten und Kämmen, um seine saubere, majestätische Erscheinung zu erhalten.

ANPASSUNGSFÄHIGKEIT

Trotz der Einsamkeit, in der die Vorfahren lebten, war der Maremma doch immer dem Menschen nahe. Er ist ein idealer Familienhund, braucht aber Platz, Auslauf und geistige Anregungen, wenn er sich wohl fühlen soll.

RASSEMERKMALE

Häufig wird die Rasse mit dem Pyrenäen Berghund oder dem Kuvasz verwechselt, aber der Maremma hat eine ganz eigene, ausgeprägte Kopfform. Der Kopf ist im Verhältnis zum Körper ziemlich groß, konisch - kegelförmig geformt. Ganz vage erinnert der Kopf an den Kopf eines Eisbären, zwischen den Ohren breit, aber auch im Fangbereich nicht zu schmal. Der ganze Kopf wirkt flach ohne irgendwelche Einsenkungen. Die Augen sind mandelförmig und dunkel. Ohren klein, hoch angesetzt, glatt am Oberkopf anliegend. Es ist wichtig, daß das Pigment an Lefzen, Augenlidern und Pfoten schwarz ist. Rüden sollen recht maskulin wirken, eine ausgeprägte Mähne tragen, Hündinnen erscheinen im Aussehen wie auch im Wesen ausgeprägt feminin.

Der Maremma ist ein kraftvoll gebauter, fast quadratischer Hund mit hohem Widerrist. Widerristhöhe Rüden 65-72 cm, Hündinnen 60-67 cm. Die Rute wird tief getragen, bildet an der Rutenspitze einen kleinen Haken, wenn sie in der Bewegung in Rückenhöhe getragen wird.

In der Bewegung wirkt der Maremma frei und geschmeidig, vermittelt den Eindruck eines Hundes, der jederzeit leicht auch wenden kann. Das Haarkleid ist reinweiß, eine elfenbeinfarbene oder biskuitfarbene Schattierung wird toleriert. In der Struktur ist das Haar hart, es hat sehr viel dicke Unterwolle. Eine leichte Wellung - keinesfalls Lockung - ist gestattet. Die Rute ist reich mit dickem Haar bedeckt.

MASTIFF

FCI-Gruppe 2, Standard Nr. 264
Ursprungsland: Great Britain
Zucht 1994: D 27, A 1, GB 402, USA 3.884

HERKUNFT UND RASSEGESCHICHTE

Was der Löwe in der Spezies Katze ist, das ist der Mastiff in der Hundewelt! Der Amerikanische Rassestandard drückt es gut aus: »Groß, massiv, symmetrisch und in einem gut gefügten Rahmen. Eine Kombination von Großartigkeit und Gutartigkeit, Mut und Sanftheit.« Die als Mastiffs bekannte Hundegruppe ist ohne jeglichen Zweifel eine sehr alte. Mit Ursprung in Asien findet man auf ägyptischen Denkmälern Hunde von Molosser- oder Mastifftyp, es gibt auch Hinweise in alter persischer, römischer und englischer Literatur. Molosser und Mastiffs dienten einmal als Kriegshunde, als Kampfhunde wurden sie gegen eine Vielfalt von Gegnern eingesetzt. Entartete Menschen hetzten Hundemeuten auch auf Menschen. Ihre Hauptrolle jedoch war über Jahrhunderte der Schutz des Menschen und seines Eigentums. Gerade der Mastiff entwickelte sich zum hochgeschätzten Wächter und vielgeliebten Familienhund.

WESEN

Der Mastiff ist ein Hund von eindrucksvoller Größe und Gestalt, bei dem jede Veranlagung zu Aggression unnötig und gefährlich wäre. In alten Zeiten wurden Mastiffs tagsüber angekettet, nachts freigelassen, um Haus und Hof vor Eindringlingen und Raubtieren zu schützen. Der moderne Mastiff ist heute ein superber Familienhund, ergeben, freundlich und unterordnungsbereit. Schon seine Anwesenheit vermittelt das Gefühl von Sicherheit und der Zusammengehörigkeit.

GESUNDHEIT

Wie in den meisten Hunderassen von überdurchschnittlicher Größe spielt auch hier die Gefahr von Hüftgelenksdysplasie eine Rolle, auch die anderen gesundheitlichen Probleme, die mit starkem und schnellem Wachstum nun einmal verbunden sind. Magenumdrehung gehört zu den möglichen Gesundheitsrisiken. Störungen der Schilddrüsenfunktion und Blasenstörungen wurden festgestellt. Wie bei so vielen Hunderassen ist Krebs eine der Hauptursachen für Todesfälle.

Einige mögen den Mastiff als enorme und beeindruckende Rasse beschreiben, für ihre Liebhaber ist aber der größte Nachteil seine zu kurze Lebenserwartung.

PFLEGE UND ERZIEHUNG

Mastiffs müssen mit sehr viel Sorgfalt und Verstand großgezogen werden. Angemessene Ernährung und richtig dosierte Bewegung sind erforderlich, damit er alle seine Anlagen entwickeln kann. Überfütterung ist nahezu ebenso schädlich wie zuwenig Futter, Bewegung muß eher etwas reduziert werden. Keinesfalls sollte man Mastiffs auch nur Ansätze von Wutausbrüchen gestatten, die bei manchen großen, energiegeladenen Hunden hier und da auftreten. Der Mastiff ist eine edle Rasse, loyal und liebevoll, aber nicht ganz problemlos. Seine Körpergröße fordert entsprechenden Raum. Einige Hundeliebhaber mögen es wenig, daß die meisten Mastiffs ziemlich speicheln und schnarchen.

ANPASSUNGSFÄHIGKEIT

Im allgemeinen ein ziemlich ruhiger Hund. Trotz seiner riesigen Größe ist der Mastiff als Haus- und Familienhund recht problemlos. Außerhalb des Hauses halten sich diese Hunde meist eng an die Umgebung, haben wenig Veranlagung zum Streunen. Dieser Hund möchte da sein, wohin er gehört - bei seiner Familie. Obgleich die Hunde beträchtliche Schnelligkeit und Beweglichkeit zu entwickeln vermögen, ist der Mastiff ein wunderbarer Gefährte auf Spaziergängen, immer zufrieden, seine Bewegung selbst zu bestimmen, dabei dicht bei seinem Menschen zu bleiben.

RASSEMERKMALE

Gleich von welchem Winkel betrachtet, immer zeigt der Mastiff ein massives, beeindruckendes Bild. Der Körperbau ist rechteckig, etwas länger als hoch, große Brusttiefe, starke Knochen, rundum viel Masse. Mindestschulterhöhe Rüden 76 cm, Hündinnen 70 cm. Dabei gut gefügter Körperbau, kraftvoll mit starker Muskulatur. Beim Betrachten des Kopfes hat man die Vorstellung, der Kopf bilde ein großes Quadrat, daran angesetzt der Fang ein kleineres. Die Länge des Ober-kopfs ist zweimal die Fanglänge, bei entsprechender Breite und Tiefe. Stop gut ausgeprägt, aber nicht zu abrupt. Ohren v-förmig, nicht jagdhund-artig, an der breitesten Stelle des Oberkopfs ange-setzt, eng an die Wangen anliegend. Mittelgroße braune Augen mit wachsamem, aber freundlichem Ausdruck. Augenwülste mäßig angehoben, sie bil-den eine Furche, die sich auf den Oberkopf aus-dehnt. Kiefer stark entwickelt und mächtig. Sche-rengebiß bevorzugt, so lange die Zähne aber nicht sichtbar werden, sollte ein mäßiger Vorbiß nicht als Fehler angesehen werden.

Fang, Ohren und Nase dunkel, je schwärzer, um so besser. Der leicht gewölbte Nacken führt ohne Übergang in die mäßig zurückliegenden Schultern. Die kräftige obere Linie endet mit einer leicht abgerundeten Kruppe und einer an der Wur-zel dicken Rute, lang genug, um bis zum Sprung-gelenk zu reichen. Vorbrust stark ausgeprägt, gute Rippenwölbung und Brusttiefe, Hinterhand breit und muskulös. Die starkknochigen Läufe sind ge-rade und kraftvoll. Winkelung von Hüfte, Knie und Sprunggelenk müssen analog der Schulter-winkelung sein. Der Bewegungsablauf unter-streicht das kraftvolle Bild der Rasse, die Vorder-läufe greifen stark aus, guter Schub aus der Hin-terhand. Das Haar ist mäßig kurz. Farben: Falb, Aprikot oder Gestromt, mit schwarzer Maske und in dunklere Ohren auslaufend.

Mastiff

MASTÍN DE LOS PIRINEOS

Dieser Mastiff wurde in der Region des Pyrenäengebirges gezüchtet, das sich von Aragon bis Navarra ausdehnt. Ursprünglich wurde die Rasse einmal *Navarra Mastiff* genannt. Zwischenzeitlich schien die Rasse bereits ausgestorben zu sein, hat aber in jüngeren Jahren neues Interesse gefunden. Trotzdem ist sie noch sehr selten.

Ideale Widerristhöhe Rüden 81 cm, Hündinnen 75 cm. Körper rechteckig, stark bemuskelt, kräftige Knochen. Kopf massiv, breit, mit kräftigem, tiefem Fang. Rute sehr lang, an der Spitze gebogen. Für die Rasse typisch sind doppelte Wolfskrallen an den Hinterläufen.

Haarkleid üppig, dick und von mittlerer Länge.

Farbe Weiß, an Kopf und Ohren Schwarz, Dachsfarbe, Grau, Sandfarbe, Rot oder in diesen Farben marmoriert.

Ein paar große Flecken auf dem Körper sind gestattet, nicht aber bei reinweißen oder dreifarbenen Hunden.

Pyrenean Mastiff
FCI-Gruppe 2, Standard Nr. 092,
Ursprungsland: Spanien

Mastín de Los Pirineos

MASTÍN ESPAÑOL

Man nimmt an, daß dieser spanische Mastiff auf die alten Molosserhunde zurückgeht, die bis etwa 2.000 Jahre v.Chr. zurück zu verfolgen sind. Wahrscheinlich kamen die ursprünglichen Hunde über phönizische Händler auf die Iberische Halbinsel, stammten ursprünglich aus Syrien oder Indien.

Obgleich Mastiffs in Iberien schon über Tausende von Jahren bekannt sind, der Mastín Español auch Anfang des Jahrhunderts schon vereinzelt auf Ausstellungen erschien, wurde vor 1946 noch kein eigener Rassestandard aufgestellt.

Der Mastín Español entstand in den Ebenen rund um Madrid, in den Gebieten von Extremadura und Castilla-La Mancha. Ursprünglich nannte man deshalb auch die Rasse *Extremadura* oder *La Mancha*. Sein Einsatz bestand in der Bewachung von großen Landsitzen und Farmen, auch als Herdenschutzhund für Rinder.

Ein tapferer Hund, mit viel Selbstvertrauen, der heute vorwiegend als Familienhund gehalten wird. Auf spanischen Hundeausstellungen sieht man die Rasse in größerer Anzahl, außerhalb von Spanien trifft man sie selten an.

Widerristhöhe Rüden über 77 cm, Hündinnen über 72 cm, aber Größen von 80 cm bzw. 75 cm werden bevorzugt.

Körper rechteckig, stark bemuskelt, kräftige Knochen. Kopf massiv, mit langem, tiefem Fang, Hängelefzen, gut ausgeprägter Wamme. Obgleich dies eine sehr schwere Hunderasse ist, ist ihr Bewegungsablauf frei und elastisch.

Haarkleid dick, weich und nicht zu lang, mit feiner, fast wollener Struktur. Haut recht üppig und lose am Körper. Farbe in der Regel Falb und Rot, Wolfsgrau, Grizzle, mit cremelohen Markierungen oder gestromt.

Spanish Mastiff, FCI-Gruppe 2, Standard Nr. 091
Ursprungsland: Spanien

Mastín Español

MASTINO NAPOLETANO

FCI-Gruppe 2, Standard Nr. 197
Neapolitan Mastiff
Ursprungsland: Italien
Zucht 1994: D 97, A 5, CH 6, GB 231

Der Mastino, wie er in seinem Heimatland Italien genannt wird, ist ein Relikt aus alten römischen Zeiten. In jüngerer Zeit hat diese Rasse eine Wiederauferstehung erlebt, eine Reihe vorzüglicher italienischer Hunde haben auf führenden Hunde-

ausstellungen Spitzenpreise errungen. Eine Hunderasse von enormer Masse im Verhältnis zur Schulterhöhe (60-75 cm), sehr starken Knochen und sehr viel Substanz. Der Mastino besitzt einen außerordentlich kraftvollen einzigartigen Schädel. Er ist groß, kurz, zwischen den Jochbeinen recht breit. Die Länge des Fangs soll etwa ein Drittel der Gesamtlänge des Kopfes betragen. Die Längsachsen von Schädel und Fang verlaufen parallel, Stop sehr ausgeprägt. Fangpartie quadratisch und tief, wobei der Nasenschwamm nie über das durch die Lefzen gebildete Fangende hinausgeht. Lefzen dickfleischig, hängend und schwer. Großer Nasenschwamm mit weit geöffneten, grossen Nasenlöchern. Oberkopf und Fang zeigen starke Falten, von vorn gesehen bilden die Oberlippen mit ihrem Rand ein umgekehrtes V. Augen tief eingesetzt, rund und nach vorn schauend. Ohren klein, dreieckig, weit über den Jochbögen angesetzt und an den Backen flach anliegend, in der Länge nicht über den Halsansatz hinausgehend. Hals kurz, gedrungen, deutliche Wammenbildung. Ellenbogen nicht zu eng anliegend, um freie Bewegung zu erlauben. Körperlänge etwa zehn Pro-

zent mehr als Widerristhöhe, gute Rippenwölbung, untere Linie nur ganz schwach hochgezogen. Rute dick an der Wurzel, kräftig, zur Spitze sich leicht verjüngend.

Der Mastino hat einen langsamen, fast bärenartigen Gang mit viel bodendeckenden großen Schritten.

Einfarbig Schwarz, Grau, Blaugrau, Braun, Rotgelb und Hirschrot, alle Farben können auch gestromt sein. Kleine weiße Abzeichen an Brust und Zehenspitzen erlaubt. Trotz ihrer Vergangenheit als Kriegshund ist diese Rasse ihrer Natur nach nicht aggressiv.

Mastino Napoletano

MEXIKANISCHER NACKTHUND

HERKUNFT UND RASSEGESCHICHTE

Der Mexikanische Nackthund trägt in seiner Heimat den Namen Xoloitzquintle, häufig wird er deshalb einfach *Xolo* genannt. Die Vorfahren der Azteken, der mexikanischen Ureinwohner, brach-

ten bei ihrer Wanderung von Asien nach Mexiko vor dreitausend Jahren diese Hunde ins Land. Die Hunde dienten als Schoßhunde, Bettflaschen und Nahrungsquelle. Als die Aztekendynastie unterging, überlebten die Nackthunde in einzelnen Dörfern. Der mexikanische Künstler Diego Rivera

Mexikanischer Nackthund - Xoloitzquintle

(1886-1957) bildete den *Xolo* in seinen Mauer-bildern ab. In den 1950er Jahren half der *Mexican Kennel Club,* die Rasse zu etablieren.

WESEN

Xolos sind ruhige, fröhliche Hunde, im allgemei-nen völlig furchtlos. Sie können auch recht gute Wachhunde sein.

Sie wurden und werden aber als Schoßhunde gezüchtet.

GESUNDHEIT

Diese Rasse ist robust, bedarf aber besonderer Hautpflege. Auch Zähne und Krallen sollten wö-chentlich überprüft werden.

PFLEGE UND ERZIEHUNG

Wie die meisten Nackthunde frieren auch die Xo-los bei kaltem Wetter. Und im Sommer muß man sie gegen direkte Sonneneinstrahlung schützen. Auch bei dieser Rasse gibt es die sogenannte *Powder Puff Variety*, die am ganzen Körper und an der Rute behaart ist, deshalb keine spezielle Pflege braucht.

ANPASSUNGSFÄHIGKEIT

Als Haushund gezüchtet muß der Xolo auch un-bedingt im Haus gehalten werden, gleich ob in städtischer oder ländlicher Umgebung. Die Rasse paßt sich allen Lebensstilen an, da sie in ihren Größen zu jedermann paßt. Schon immer als Familienhunde gezüchtet, sollten sie recht früh richtig sozialisiert werden. Kommen sie in eine Familie mit Kindern, müssen Hunde und Kinder in ruhiger Art ohne Übereilung miteinander bekanntgemacht werden. Man sollte sie nach und nach aneinander gewöhnen. Insbesondere muß man auch die Kinder unterweisen, dem Xolo gegenüber freundlich zu sein.

RASSEMERKMALE

Den Mexikanischen Nackthund teilt man in England in drei Größen auf:

Toy 28-30 cm, Miniature 33-45 cm, Standard 45-55 cm. Die FCI erkennt nur Standard und Miniature an. Die unbehaarte Varietät hat nur einige Haarbüschel auf Kopf, Nacken, Pfoten und Rutenspitze. Der *Powder Puff* zeigt volles weiches Haar von mittlerer Länge, das den ganzen Körper einschließlich Rute bedeckt. In der Form seines Kopfes zeigt der Xolo sein Windhundeerbe, allerdings besitzt er große, elegante, nicht kupierte, aufrecht getragene Ohren.

Die *Powder Puff Variety* besitzt in aller Regel ein komplettes Gebiß mit 42 Zähnen, während bei den unbehaarten Xolos viele Zähne fehlen. Die Rute bleibt natürlich, wird nicht kupiert, fröhlich, aber nicht über den Rücken getragen. Jede Farbkombination ist zulässig.

In USA wird nur die *Toy Variety* anerkannt, man nennt sie hier *Mexican Hairless*, diese Hunde werden in der *Miscellaneous Class* vorgestellt. Man kann davon ausgehen, daß der *Mexican Hairless* bald beim Canadian Kennel Club zugelassen wird. *Standard* und *Miniature* werden in den USA nicht anerkannt.

Xoloitzquintle, Mexican Hairless Dog
FCI-Gruppe 5, Standard Nr. 234
Ursprungsland: Mexiko

MINIATURE BULL TERRIER

FCI-Gruppe 3, Standard Nr. 011
Ursprungsland: Great Britain
Zucht 1994: D 33, A 1, CH 10, GB 75, USA 168

HERKUNFT UND RASSEGESCHICHTE

Bull Terrier waren schon immer in ihrer Größe sehr unterschiedlich, beim Standard Bull Terrier gibt es keinerlei Begrenzung hinsichtlich Größe oder Gewicht.

Miniature Bull Terrier gibt es schon genau so lange wie den Bull Terrier. Schon vor 1863 wurden eigene Klassen für »kleine Bull Terrier« eingerichtet, unterschiedliche Gewichtslimits gab es, beispielsweise 4,5 kg.

Zu Beginn dieses Jahrhunderts starb der kleine Typ nahezu aus, aber im Jahre 1939 konnte man den Englischen Kennel Club überzeugen, ein eigenes Zuchtregister zu eröffnen mit der heutigen Widerristhöhe. Damit war der Miniature Bull Terrier wiedergeboren.

Der Rassestandard ist exakt identisch mit dem Standard Bull Terrier, es gibt nur eine Größenbegrenzung.

Der *Kennel Club Breed Standard* sagt: »Widerristhöhe nicht über 35,5 cm (14 inches). Immer sollte der Eindruck erweckt werden, daß der Hund für seine Größe Substanz besitzt. Es gibt kein Gewichtslimit.

Der Hund sollte immer gut ausbalanciert sein«. Wichtig ist, daß im Standard durch das Wörtchen *should* kein Größenlimit absoluter Art festgelegt wurde. Nach den Regeln des Englischen Kennel Clubs ist ein Überschreiten des Größenlimits kein Grund zur Disqualifikation.

Es ist bisher nie gelungen, beim Miniature Bull Terrier den Typ echt zu stabilisieren. Die Ursache hierfür liegt aller Wahrscheinlichkeit nach im Ursprung, denn die Rasse entstand aus einer Kombination des alten apfelköpfigen »Toy« und »kleinen Exemplaren« der Standardrasse.

Es gibt eine Art Polarität zwischen den sehr kleinen Miniatures, denen es an Qualität im Vergleich zum Standard Bull Terrier fehlt und Miniatures, deren Größe das Größenlimit erreicht oder übersteigt, deren Qualität dabei recht gut ist.

WESEN

Miniature Bull Terrier sollten genau das gleiche Wesen wie ihre größeren Vettern haben. Aber wie dies mit allen Kleinhunden so ist, man gewinnt den Eindruck, daß sie sich immer gern einmal selbst bestätigen wollen, wenn die Gelegenheit es erfordert.

Miniature Bull Terrier sind bestimmt ebensowenig Schoßhunde wie ihre Standard Kollegen.

GESUNDHEIT

Miniature Bull Terrier sind im allgemeinen ebenso gesund wie die Standard Bull Terrier. Es gibt aber in dieser Rasse eine erbliche Augenerkrankung von Linsenluxation, die bei den größeren Bull Terriern bisher nicht aufgetreten ist.

PFLEGE UND ERZIEHUNG

In jeder Hinsicht und unabhängig wie die Hunde gehalten werden, Miniature Bull Terrier sollte man immer genau so behandeln wie ihre Standard Verwandtschaft.

ANPASSUNGSFÄHIGKEIT

Wiederum ist zu sagen, es gibt nur wenige Unterschiede gegenüber dem Standard Bull Terrier.

Aber trotzdem, ihre geringere Größe macht die Minis möglicherweise anpassungsfähiger für moderne Lebensverhältnisse.

Manch ein älterer Bull Terrier Liebhaber, dem der Standard Bull Terrier vielleicht aufgrund seiner Größe und seines Gewichtes zu schwierig zu meistern scheint, könnte im Miniature Bull Terrier die perfekte Lösung seiner Probleme sehen.

RASSEMERKMALE

Diese sind genau wie beim Standard Bull Terrier. Je näher der Miniature Bull Terrier der Anatomie guter Tiere des Standard Bull Terriers kommt, um so besser.

Für die meisten Züchter wäre es Anlaß für größte Besorgnis, wenn der Typ des Miniature Bull Terrier in irgendeiner Weise vom Typ des Standard Bull Terrier abweichen würde.

Miniature Bull Terrier

MITTELASIATISCHER OVTCHARKA
SREDNEASIATSKAÏA OVTJARKA

Dieser russische Herdenschutzhund dient vorwiegend dem Schutz von Herden und Eigentum. Ein selbstbewußter, robuster, entschlossener Hund, Fremden gegenüber zurückhaltend. Die Rasse ähnelt sehr dem Anatolischen Hirtenhund und dem Kaukasischen Ovtcharka. Widerristhöhe Rüden über 65 cm, Hündinnen über 60 cm. Körper rechteckig, stark bemuskelt, kräftige Knochen. Der massive Schädel zeigt kräftige, auffallende Bakkenmuskulatur, darf aber im Fang nicht zu lang sein. Im Ursprungsland werden die Ohren sehr kurz kupiert, auch die Rute ist kupiert, entweder kurz oder auf halbe Länge. Das Haarkleid ist entweder kurz, gerade und rauh oder mittellang. Die zulässigen Farben sind schwarz, grau, weiß mit oder ohne Flecken, hellfalb, rot oder gestromt.

FCI-Gruppe 2, Standard Nr. 335
Ursprungsland: GUS

Mittelasiatischer Ovtcharka

MOPS

FCI-Gruppe 9, Standard Nr. 253
Pug, Carlin
Ursprungsland: Great Britain
Zucht 1994: D 122, A 12, GB 540, USA 15.464

HERKUNFT UND RASSEGESCHICHTE

Es bestehen wenig Zweifel, daß die Wurzeln des heutigen Mopses im Orient zu finden sind. Wie aber bei so vielen Hunderassen erweist es sich als nahezu unmöglich, genaues über den Ursprung zu sagen. Frühe Kunstwerke zeigen kleine Hunde mit dicht aufgerollten Ruten, dem typischen Ohr und dem charmanten Gesicht voll kleiner Runzeln, mit großen, dunklen, runden Augen - dies alles gehört zu den typischen Merkmalen, die beim heutigen Mops so klar ersichtlich sind. Diese frühen Hunde waren bekannt als *Pu* oder *Poo Hunde*, früher außerordentlich populäre Gestalten in Statuen wie Gemälden.

Viele Historiker glauben, daß bei der Entstehung der Hunderasse zunächst Holland ihr Zuhause war, ehe sie schließlich in England ankam. Tatsächlich wurden sie dort auch für einige Zeit

The Dutch Pug genannt. Gleichzeitig stimmen die Historiker aber auch darin überein, daß die Rasse sowohl in Frankreich wie Rußland vorhanden war. Damals waren vorwiegend falb und hellcremefarbene Hunde vertreten, immer mit schwarzer Maske, der heute in den USA so populäre schwarze Mops kam viel später.

Aber fraglos entstand die große Popularität des Mopses in England, wo die Rasse in den obersten Spitzen der Gesellschaft viele Liebhaber fand. Zwei englische Züchter, Lady Willoughby de Ersby und Mr. Morrison aus Walham Green gehören zu den nachgewiesenen Pionieren der Rasse. 1873 wurde Englands Kennel Club gegründet, kurz darauf kam es zum Aufbau einzelner Rassezuchtvereine. Der *British Pug-dog Club* wurde 1882 geschaffen, und im ersten Zuchtbuch des British Kennel Clubs finden wir 66 Möpse aufgeführt.

England wurde auch zur Quelle des Zuchtmaterials der ersten amerikanischen Züchter. Geschichtlich nachgewiesen gehörte Dr. M.H. Cryder zu den allerersten Mopszüchtern der Vereinigten Staaten. Viele dieser Importe waren Nachkommen von zwei Möpsen, die nach England kamen, nachdem sie während des Feldzugs in Peking im Chinesischen Kaiserpalast als Kriegsbeute mitgenommen wurden. Bereits 1885 wurde die Rasse vom American Kennel Club (AKC) anerkannt.

Es folgte eine Woge der Popularität, die aber schnell wieder abebbte und Anfang des 20. Jahrhunderts lag die Zuchtzahl bei etwa Null. 1926 waren es in den USA 15 Möpse, 1944 erst 155 Tiere. Wie schon in der Zuchtübersicht dargestellt, erreichten die Mopseintragungen 1994 das stolze Ergebnis von 15.464 Eintragungen, damit steht der Mops an 26. Stelle in der Popularitätsskala der USA.

Mopsfachleute unterstreichen, daß sich die fundamentalen Merkmale der Rasse bis zum heutigen Tage recht wenig verändert haben. Über eine längere Periode wurden die Ohren kupiert, eine Praxis, die zugunsten der natürlichen Ohrstellung aber wieder abgeschafft wurde.

WESEN

Einige Hundeliebhaber neigen zu der Annahme, daß der untersetzte Körpertyp, die kurze Nase und das Schnarchen des Mopses ein Hinweis darauf seien, daß diese Rasse ziemlich ruhig und behäbig ist. Dies ist eine Dimension der Persönlichkeit des Mopses - aber nur eine. Der Mops kann völlig zufrieden mit seinem Besitzer einen ruhigen Abend verbringen, plötzlich wirft er sich auf den Fußboden, streckt und regt sich, und galoppiert oder rast quer durchs ganze Haus, einfach weil er das kann - und dies einfach zum richtigen Gehabe eines Mopses zählt.

In gewissem Umfang ist der Mops geradezu ein Beispiel für eine gespaltene Persönlichkeit, einerseits ruhig und freundlich, auf der anderen Seite wild und andere herausfordernd. Wie das Verhalten des Mopses auch sein mag, er ist immer

Mops

weitgehend auf seinen Besitzer abgestimmt. Möpse gehören zur Gruppe der Kleinhunde, sind in dieser Gruppe aber recht kräftige Mitglieder. Sie vermögen wild zu spielen, sind auch durchaus bereit, Schläge und Beulen - wie das Leben es so mit sich bringt - hinzunehmen. Dementsprechend sind sie als Spielgefährten für Kinder außerordentlich geeignet.

Andererseits sind sie häufig auch die kluge Wahl älterer Menschen, die sich nicht nur an ihrer Ruhe erfreuen, sondern auch ihrer manchmal geschickten und andere neckenden Art. Möpse schnappen nicht - aber sie schnarchen wirklich!

GESUNDHEIT

Der Mops ist eine recht gesunde Rasse, trotzdem gibt es ein paar Probleme. Zuweilen verletzt er sich bei Unfällen die Augen, die sehr groß sind. Das liegt natürlich auch an seiner Veranlagung - keinesfalls vorsichtig zu sein. Bei den Augenverletzungen handelt es sich manchmal um Stichverletzungen, Kratzer, Verletzungen durch Katzen oder auch Seife in den Augen. Alle diese Beeinträchtigungen bedürfen tierärztlicher Behandlung. Man sollte so schnell wie möglich den Tierarzt aufsuchen, sonst können sich durch Reiben oder Kratzen des geschädigten Auges die Dinge verschlimmern. In der Rasse tritt auch Patellaluxation auf, besonders wenn der Hund übergewichtig ist, löst dies schnell ein Hinken des Hundes aus. Dabei ist die Kniescheibe verlagert, muß vom Tierarzt gerichtet werden. Wird jedoch eine Operation notwendig, dürfen solche Hunde nicht ausgestellt werden. Es ist auch bekannt, daß in der Rasse Hautprobleme und Epilepsie auftreten.

Der Mops ist ein starker Fresser, versorgt sich nur zu gerne auch mit dem Futter anderer Tiere oder der übrigen Familie, wenn man ihm dazu Gelegenheit gibt. Unter allen Umständen muß man darauf achten, daß diese Hunde weder übergewichtig noch träge werden.

PFLEGE UND ERZIEHUNG

Die einzige Vorsichtsmaßnahme die sich empfiehlt, ist Aufmerksamkeit bei heißem, feuchtem Wetter. Die kurze Nase ist für viele orientalische Hunderassen typisch, das Atmungssystem solcher Rassen leidet unter Hitze mehr als das anderer Hunde. Bei starker Sonne sollte der Mops nicht über längere Zeit nach draußen gelassen werden.

Möpse reagieren recht gut auf eine Grunderziehung. Krallen und Zähne sollten wöchentlich gereinigt und gepflegt werden. Möpse brauchen keine sehr kurz gehaltenen Nägel, sie dürfen aber auch nicht übertrieben lang werden. Möpse hassen es, wenn man ihren Fang kontrolliert, aber mit richtiger Erziehung gewöhnen sie sich daran, sich wöchentlich einer Zahnpflege zu unterziehen. Dadurch werden der Atem rein, die Zähne gesund erhalten.

Obgleich das Haarkleid kurz ist, besitzt der Mops dichte Unterwolle, unterliegt leider einem laufenden Fellwechsel. Warme Bäder, Abreiben mit einem groben Frottiertuch und Bürsten mit einer natürlichen Borstenbürste lösen derartige Haarprobleme.

ANPASSUNGSFÄHIGKEIT

Dank seiner Größe fühlt sich der Mops ebenso im kleinen Appartement wie auf einem großen Landsitz zuhause. Möpse passen sich praktisch jeder Situation an. Sie können sich perfekt benehmen, aber ihre Natur neigt auch zu Schabernack, der sie plötzlich übermannt. Damit wird das Leben mit einem Mops zu einer fröhlichen Party.

RASSEMERKMALE

Die Körperform des Mopses ist quadratisch und untersetzt. Manchmal beschreibt man die Rasse als eine ganze Menge Hund in verhältnismäßig kleinem Rahmen. Ihre Kraft resultiert aus dem kompakten Körperbau und mäßig schweren, gut zusammengefügten Muskeln. Möpse sollten weder schlank noch hochläufig sein, ebenso wenig aber lang und tiefgestellt. Der Rassestandard legt keine Widerristhöhe fest, enthält aber ein Wunschgewicht von 6-8 kg. Die Rute ist ein Rassemerkmal, sollte eng gerollt sein, eine doppelte Rolle ist bevorzugt. Pfote gut aufgebaut, aber weder rund wie eine Katzenpfote noch lang wie die eines Hasen. Der Kopf ist wahrscheinlich das wichtigste Merkmal eines guten Mopses. Er ist groß und massiv (aber nicht apfelköpfig), zeigt eine leichte Einbuchtung. Augen groß, rund, dunkel und leuchtend, zuweilen mit feurigem, zuweilen mit schmelzendem Ausdruck. Fang kurz, stumpf und quadratisch, aber nicht nach oben gebogen. Ohren dünn, klein, weich, entweder Rosen- oder Knopfohr, Knopfohr bevorzugt.

Markierungen klar auf Fang, Maske, Ohren, Lefzen abgestimmt, so schwarz wie möglich. Eine schwarze Linie vom Hinterhauptbein bis zur Rute ist erwünscht. Die Falten am Vorderkopf sollten groß und tief sein. Behaarung fein, glatt, weich. Farbe leuchtend in Silber, Apricotfalb (beide mit schwarzen Markierungen) und Schwarz.

MUDI

Dieser ungarische Wach- und Hütehund stammt wahrscheinlich aus Kreuzungen zwischen Puli und Pumi, wobei vielleicht auch andere Rassen ihren zusätzlichen Beitrag leisteten.

Erstmals entdeckte man den Mudi Anfang des 20. Jahrhunderts während einer Untersuchung örtlicher ungarischer Hunderassen. Dabei wurde der Typ des Mudi als so homogen festgestellt, so daß man ihn schließlich 1936 anerkannte.

Widerristhöhe etwa 35-47 cm. Körper nahezu quadratisch aufgebaut, ziemlich leicht. Keilförmiger Kopf, aufrecht getragene Stehohren. Rute tief angesetzt, recht kurz kupiert. Wird die Rute nicht kupiert, sollte sie in losem Bogen über dem Rücken getragen werden. Körperhaar mittellang, gewellt oder gelockt. An Läufen und Kopf ist die Behaarung glatt, an den Ohren tritt leichte Befransung auf.

Farbe im allgemeinen Schwarz, aber auch Weiß mit schwarzen Flecken ist gestattet, wenn man es auch selten antrifft.

FCI-Gruppe 1, Standard Nr. 238,
Ursprungsland: Ungarn

Mudi

MÜNSTERLÄNDER - GROSSER

FCI-Gruppe 7, Standard Nr. 118
Ursprungsland: Deutschland
Zucht 1994: D 351, A 35, CH 9, GB 122

Der Große Münsterländer ist eine deutsche Hunderasse, ein Jagdhund, der stöbert, vorsteht und apportiert. Durch planmäßige Zucht wurden die natürlichen Arbeitsfähigkeiten gefestigt. Ein idealer Hund für den Jäger, der gute Arbeitsleistung erwartet. Münsterländer haben eine vorzügliche Nase, arbeiten ebenso gut an Land wie im Wasser. Diese Hunde scheuen auch dichtesten Pflanzenwuchs nicht.

Die Grunderziehung wie frei Folgen bei Fuß, Schwimmen, Apportieren, Beachtung der Pfeifensignale sollten von früher Jugend an begonnen werden. Dabei muß man aber wissen, daß diese Rasse langsam reift, ernsthafte jagdliche Ausbildung im Jagdrevier unter der Flinte sollte erst erfolgen, wenn der Hund ausgereifter ist. In seiner Veranlagung ist der Große Münsterländer ein sehr loyaler, liebevoller und vertrauenswürdiger Hund. Ein vorzüglicher Familienhund, der die menschliche Gesellschaft liebt, viel lieber im Hause bei der Familie als im Zwinger lebt. Die Rasse ist hoch intelligent, munter, aktiv, brennt geradezu vor Arbeitsfreude. Der Große Münsterländer ist ein kräftiger Hund mit stark bemuskeltem Körper. Der ausgewachsene Hund braucht viel Auslauf, einschließlich Spaziergängen an der Leine, freiem Galopp und wenn möglich Schwimmen, was die meisten Münsterländer ganz besonders lieben.

In der Rasse sind keine Erbkrankheiten bekannt, obgleich Hüftgelenksdysplasie in geringem Umfange auftritt. Eine Überprüfung des Zuchtmaterials vor dem Züchten ist üblich.

Der Große Münsterländer hat einen schwarz gefärbten Kopf, eine kleine weiße Blesse ist erlaubt. Körperfarbe, jede Kombination zwischen

Schwarz und Weiß und Blauschimmel. Das lange, dichte, seidige Fell ist stark befedert, braucht regelmäßige Pflege.

Widerristhöhe bei Rüden etwa 61 cm, bei Hündinnen etwa 59 cm. Der Kopf des Münster-länders ist etwas lang gestreckt, der Oberkopf dabei bemerkenswert breiter als bei den Setterrassen, auch etwas mehr gerundet. Der minimale Stop und die leicht gerundeten Lefzen ergeben ein sehr hübsches Bild, frei von allen Extremen.

Großer Münsterländer

MÜNSTERLÄNDER - KLEINER

FCI-Gruppe 7, Standard Nr. 102
Ursprungsland: Deutschland
Zucht 1994: D 1.281, A 182, CH 32

Mit Ausnahme von Größe und Farben ähnelt der Kleine Münsterländer dem Großen Münsterländer sehr. Auch er arbeitet als Stöberhund, Vorsteh-hund und Apporteur. Diese Rasse stammt aus Westfalen in Deutschland, mit Ausnahme von Nordeuropa ist die Rasse wenig verbreitet.

Eine ernsthafte Zucht begann in der zweiten Hälfte des 19. Jahrhunderts. Dabei setzte man den Kleinen Münsterländer recht häufig in Jagdgebieten mit dichten Wäldern und Mooren ein, hier bewährte er sich außerordentlich bei der Jagd auf Hasen und Rehe. Über viele Jahre kontrollierter Zucht wurden diese Hunde zum idealen Gefähr-ten des Liebhaberjägers.

Zwar ist der Kleine Münsterländer gegenüber anderen Hunden beim Stöbern, Vorstehen und Apportieren im freien Feld etwas langsamer, er ist aber außerordentlich ausdauernd, stöbert das Wild auf, steht vor und apportiert sehr gut. Ganz über-ragend ist seine Arbeit beim Schwimmen und Apportieren aus dem Wasser.

In aller Regel ist der Kleine Münsterländer leicht zu erziehen, eignet sich auch ideal als Familiengefährte, ist außerordentlich loyal und liebevoll. Man muß aber trotzdem daran denken, daß dies eine aktive und intelligente Jagdhunderasse ist, die in der Jugend, wie voll ausgewachsen, immer angemessene Bewegung braucht. Hierzu gehören Spazierengehen, freies Galoppieren wie auch nach Möglichkeit Schwimmen. Regelmäßige Fellpflege ist notwendig, aber unkompliziert.

Die Farbe der Rasse ist braun gefleckt mit weiß bei mäßiger Befederung. Widerristhöhe Rüden 50-56 cm, Hündinnen 48-54 cm.

Eine recht robuste Hunderasse, von Zeit zu Zeit werden aber Fälle von Entropium und Hüftgelenksdysplasie berichtet. Entsprechende Kontrollen erfolgen bei allen verantwortungsbewußten Züchtern.

Für unerfahrene Hundefreunde könnte der kleine Münsterländer in seinem Aussehen dem Arbeitstyp des Springer Spaniels ähnlich erscheinen. Er ist jedenfalls in jeder Hinsicht ein naturbelassener, natürlicher Hund, frei von allen Übertreibungen und ein vorzüglicher Jagdhund.

Kleiner Münsterländer

NEUFUNDLÄNDER

FCI-Gruppe 2, Standard Nr. 050
Ursprungsland: Kanada (Great Britain)
Zucht 1994: D 1.007, A 51, CH 93, GB 828
USA 2.873

HERKUNFT UND RASSEGESCHICHTE

Anfang 1700 schrieb der berühmte Captain Bligh in seinem *Journal of a Voyage to Newfoundland:* »Man erzählte mir, in Trepassy lebe ein Mann, der eine ganz bestimmte Hunderasse habe, einen *Original Newfoundland Dog*, ich hatte aber keine Gelegenheit, mir ihn anzusehen.« Später im 18. Jahrhundert erwarb der englische Botaniker Sir Joseph Banks mehrere als Neufundländer identifizierte Exemplare. Professor Albert Heim aus der Schweiz hat den Rassetyp Ende vergangenen Jahrhunderts näher beschrieben und identifiziert. Es gibt zahlreiche Theorien über die Ausgangsrassen, welche den genetischen Aufbau des Neufundländers bestimmten, auch verschiedenartige Erklärungen über die Frühgeschichte der Rasse in den Ursprungsländern. Die meisten stimmen darin überein, daß der Tibet Mastiff am Anfang der Rasse steht.

Was immer dann noch an anderen Rassen hinzukam, sie mußten groß, intelligent, zuverlässig und wasserliebend sein. Diese Merkmale der Rasse bestimmten die Auswahl des *Honorable Harold McPherson*, der die Provinz Newfoundland Anfang dieses Jahrhunderts regierte. Dieser Gouverneur wurde immer als Rassekenner angesehen.

Das Gleiche gilt für Sir Edwin Landseer (1802-1873), er war von diesen Hunden fasziniert, verewigte sie auf vielen seiner Gemälde. *A Distinguished Member of the Humane Society* wurde von Sir Edwin Landseer gemalt, ebenso das Gemälde *Saved*, auf dem gezeigt wird, wie ein Kind gerade aus dem im Hintergrund liegenden Wasser gerettet wird. Der Maler Couldrey demonstrierte den ganzen Adel des Neufundländerkopfs in sei-

Neufundländer

nem Gemälde *The President*. In unserem Jahrhundert dokumentierte der bekannte amerikanische Künstler Edwin Megargee - auf Hundeportraits spezialisiert - den freundlichen, intelligenten Gesichtsausdruck der Rasse in seinem Gemälde *Waseeka's Crusoe*. Der Neufundländer war schon immer ein großartiges Thema für Künstler und ist es noch immer.

In der ganzen Welt werden heute einfarbige Hunde und landseerfarbige Neufundländer gezüchtet und ausgestellt.

Die meisten heutigen Neufundländer lassen sich auf den sehr dominanten Rüden *Ch. Siki* zurückführen. Dieser Rüde bestimmte mit seinen Söhnen und Töchtern den modernen Typ des Kopfes, Körpers, Wesens und des Haarkleids. Der Neufundländer hatte das große Glück, daß die verantwortlichen Züchter die Wichtigkeit erkannten, sowohl die seelischen wie körperlichen Merkmale der Rasse zu wahren.

Das Wesentliche an diesem Arbeitshund ist seine massive Größe, sein ausgeglichenes Wesen, sein wasserfestes Haarkleid und sein sanfter, freundlicher Gesichtsausdruck.

Diese Hunde fühlen sich im Wasser wie zu Hause wohl, können Kinder und Erwachsene vor der Gefahr des Ertrinkens retten. Diese Hunde können aber auch kleine beladene Karren ziehen, und zeichneten sich in beiden Weltkriegen durch ihre Leistung aus.

WESEN

Das ausdrucksstarke Gesicht des Neufundländers spiegelt die Einzigartigkeit dieser Rasse. Diese Hunde sind mit kleinen Kindern außergewöhnlich geduldig, werden für heranwachsende aktive Kinder wunderbare Spielgefährten und passen sich auch dank ihrer Geduld und Intelligenz jedem Haushalt von Erwachsenen an. Die Hunde können auch durchaus mit anderen Hunderassen gemeinsam im Hause leben. Obgleich von Natur aus ein ruhiger Hund, ist die mächtige Größe dieser Tiere furchterregend genug, um auch die wagemutigsten Einbrecher abzuschrecken.

GESUNDHEIT

Der Neufundländer wird dank sorgfältiger Zucht gerade in seiner Anatomie laufend verbessert. Es bedarf aber großer Sorgfalt, um die Fortschritte bei der Bekämpfung von Krankheiten von Auge, Gebiß, Hüfte und Läufen zu wahren. Jede Hunderasse, die ausgewachsen eine Schulterhöhe von 65-70 cm erreicht, ein Gewicht von 45-68 kg, stellt an ihre Züchter besondere Anforderungen, auf daß sie seelisch wie körperlich gesund bleibt.

PFLEGE UND ERZIEHUNG

Das leuchtend glänzende Haarkleid des Neufundländers braucht Pflege, die sich aber in Grenzen hält, wenn die Tiere gesund sind. Da diese Hunde sehr schnell wachsen, muß auf sorgfältigste Ernährung geachtet werden. Es bilden sich starke Knochen und Muskulatur, aber nur, wenn eine ausgeglichene Ernährung gewährleistet ist. Wie bei den meisten Riesenrassen liegt die Lebenserwartung des Neufundländers im allgemeinen bei etwa zehn Jahren. Kleine Neufundländerwelpen schauen aus wie Bärenkinder. Diese Hunde sind außerordentlich menschenorientiert, reagieren schnell und fröhlich auf Erziehung, wachsen tüchtig heran.

Wenn es die Besitzer wünschen, können sie Neufundländer leicht zum Ziehen kleiner Karren erziehen. Sie lieben solche Aufgaben, reagieren freudig auf Lob für gute Arbeit. Gerade diese Willigkeit der Hunde hat viele Liebhaber dazu gebracht, an Gewichtsziehwettbewerben teilzunehmen. Entsprechende Informationen erhält man bei den jeweiligen Neufundländer Vereinen, wobei derartige Wettbewerbe vorwiegend in den USA abgehalten werden. Es gibt auch Konstruktionspläne für passende kleine Karren, angemessene Geschirre, dies alles ist eine Frage des Spezialfachhandels. Wichtig aber ist, daß derartige Aktivitäten, natürlich gemeinsam mit Wasserarbeit - wesentlich dazu beitragen, diese große Rasse körperlich und geistig fit zu halten.

ANPASSUNGSFÄHIGKEIT

Diese Hunde brauchen genügend Platz für Auslauf, haben besonders viel Spaß an allen Aktivitäten im Wasser, das sie schon von frühester Jugend an stark anzieht. Die Entwicklung bis zur völligen Reife dauert meist bis ins dritte Jahr. Der ausgewachsene Hund hat sehr viel Kraft, wird aber durch richtige Erziehung kontrolliert und ist in der Familie absolut zuverlässig. Die Hundebesitzer kommen nicht umhin, einen bestimmten Grad von *Sabbern* zu tolerieren. Auch kann es beim Betreten des Hauses manchmal zu etwas Verschmutzung führen, denn die breiten, mit einer Art Schwimmhaut versehenen Pfoten bringen viel Schmutz ins Haus.

Jede Riesenrasse fordert große Sorgfalt in der Zucht, in der Aufzucht der Jungtiere und viele zeitliche Opfer. Sie schenkt aber ihrem Menschen auch völlige Hingabe, verläßlichen Schutz und nie endende Teilnahme an allen Bereichen des Familienlebens.

RASSEMERKMALE

Leider differieren der Rassestandard und das Richten des Neufundländers in einigen Punkten von Land zu Land. Dies gilt sowohl für die Einordnung der Rasse in die einzelnen Gruppen als auch für die Zulässigkeit der verschiedenen Farben. Entscheidend im FCI-Bereich sind nachstehende Farben: Schwarz, Braun und Weiß mit schwarzen Flecken.

Zu beachten ist dann noch die von der FCI als selbständig anerkannte Rasse Landseer, die völlig getrennt vom Neufundländer zu sehen ist.

Alle Rassenstandards betonen beim Neufundländer die Bedeutung von Größe, Wesen und Haarkleid. Besonders wichtig beim Neufundländer ist auch der Kopftyp. Der typische, klassische Ausdruck dieser Hunde ergibt sich nur bei einer guten Breite des Oberkopfes, kleinen tief eingesetzten Augen, wenig Stop und einem kurzen Fang. Es gibt leider heute moderne Kopfformen, bei denen der Stop viel zu ausgeprägt ist oder bei denen die Lefzen zu tief hängen. Hieraus entsteht ein völlig fremdartiger Kopf, der sehr viel mehr dem Bernhardinerkopf gleicht.

Es wäre wünschenswert, wenn es im Interesse der Rasse weltweit zu mehr Einheitlichkeit käme.

NORFOLK TERRIER

FCI-Gruppe 3, Standard Nr. 272
Ursprungsland: Great Britain
Zucht 1994: D 65, CH 30, GB 519, USA 312

HERKUNFT UND RASSEGESCHICHTE

Der Norfolk Terrier ist ein Arbeitsterrier, anfänglich wurde er bei den Norwich Terriern mit eingetragen. Seine bekannten frühen Vorfahren waren kleine Rattenfänger, besonders Ende des letzten Jahrhunderts unter den Studenten von Cambridge geschätzt, die sich für den »Sport« der Rattenkämpfe interessierten. Diese außerordentlich begehrten kleinen Rattenfänger waren eine Mischung von Zigeunerhunden, gekreuzt mit den Hunden der Weber von Yorkshire und feurigen, roten Zwerghunden der Grafschaft Wicklow in Irland.

Im Jahre 1932 erkannte der Englische Kennel Club die *zwei Typen* Norwich Terrier als gemeinsame Rasse an. Die meisten davon hatten rote Farbe, es gab aber auch schwarzlohfarbene. Obgleich beide ursprünglich in Angriffslust, Schulterhöhe und Gewicht ziemlich gleich waren, waren ihre früher kupierten Ohren entweder aufrecht stehend oder sie hingen herab.

Aufgrund der Bemühungen von Miss MacFie gewannen schnell die Hängeohrigen die Überhand. Während des Zweiten Weltkriegs brauchte man in den meisten Farmen in Ostengland gute Rattenterrier. Als aber der Krieg zu Ende war, machte sich Miss MacFie daran, die hängeohrigen Hunde durch eine Pressekampagne wie im Ausstellungsring besonders populär zu machen, damals als Norwich Terrier, heute Norfolk Terrier. Hunde aus ihrem Colonsay Kennel aus Steyning in West Sussex standen auf Ausstellungen laufend an der Spitze. Aber schließlich erwiesen sich alle diese Erfolge als enttäuschend, als ihre einfacheren, drahthaarigen, hängeohrigen Hunde immer häufiger von ihren stehohrigen Widersachern besiegt wurden. Die Rivalität im Ausstellungsring endete 1964, indem man die Norwich Terrier abtrennte, den Norfolk Terrier separat anerkannte, auch für diese Rasse einen eigenen Club gründete.

Norfolk Terrier

In den USA wurden 1979 die Norfolk Terrier durch den American Kennel Club anerkannt. Zum gleichen Zeitpunkt wurde auch die *American Norfolk Terrier Association (ANTA)* in den USA als eigene Zuchtorganisation gegründet.

Heute gibt es weltweit sechs aktive Einzelklubs für die Rasse, welche ihre Zukunft sichern.

WESEN

Norfolk Terrier sind anziehende, clevere, aufgeschlossene und liebevolle Hunde, haben eine Leidenschaft für Löcherbuddeln, lassen sich leicht tragen. Selten streitsüchtig, aber dennoch recht empfindlich und eifersüchtig, können sie ohne einen verstehenden Besitzer manchmal recht dickköpfig oder scheu werden. Norfolk Terrier haben wenig Anpassungsfähigkeit an den Verkehr, sind immer fasziniert von Ratten und Mäusen, Rädern und Wasser und allem, was durch die Luft fliegt.

GESUNDHEIT

Selbstbewußt und robust gibt es beim Norfolk Terrier wenig Probleme in der Zucht und bei Geburten. Die durchschnittliche Wurfgröße liegt bei nur drei. Viele Hündinnen ziehen am liebsten ihre Welpen allein auf, folgen dabei ihren eigenen Erziehungsmethoden. Zahnpflege ist bei dieser Rasse besonders wichtig, denn es gibt häufig beim Zahnwechsel Schwierigkeiten mit dem Milchgebiß, das nicht rechtzeitig ausfällt, auch neigt diese Rasse zu Zahnsteinbildung. Bei Norfolks kommt es zu Gebißfehlern, welche die Ausstellungskarriere belasten, aber nur selten die Gesundheit. Leichte Herzstörungen sind nicht unbekannt. Hunde mit empfindlicher Luftröhre werden besser im Geschirr oder mit breitem, flachem Halsband spazieren geführt.

PFLEGE UND ERZIEHUNG

Der Norfolk braucht keine spezielle Pflege. Das natürlich kurze Haarkleid sammelt wenig Schmutz auf, läßt sich leicht zwischen Daumen und Zeigefinger säubern. Leider hat der Ausstellungsring Züchter dazu verführt, ein weicheres Haarkleid zu züchten, das ein Trimmen mit Trimmesser und Scheren erfordert. Viele Aussteller und Richter bevorzugen heute einen Hund, der korrekt zurechtgemacht ist.

Norfolk Terrier lassen sich leicht erziehen, nicht zuletzt auch als »kleine vierbeinige Ohren für Hörgeschädigte«. Sie sind auch als Therapiehunde recht beliebt, etwa für den Besuch in Altersheimen und Krankenhäusern.

ANPASSUNGSFÄHIGKEIT

Diese sehr anpassungsfähigen Familienhunde brauchen regelmäßige Bewegung und viel menschlichen Kontakt, dann fühlen sie sich immer wohl als Reisebegleiter, in der Stadt wie auf dem Land. Sie sind recht verläßliche Wachhunde, kläffen selten ohne Grund.

RASSEMERKMALE

Der Norfolk Terrier ist ein tapferer und energiegeladener kleiner Hund. Ein kleines Kraftpaket von guter Substanz und Knochenstärke auf kurzen, geraden Läufen. Die äußere Linie sollte klar zu erkennen sein, ohne Störung durch offenes Haarkleid. Widerristhöhe 25 cm, Gewicht etwa 5 kg.

Der keilförmige Kopf besitzt einen ausgeprägten Stop, Oberkopf etwas gewölbt, gute Breite zwischen den Ohren. Die kleinen dunklen Augen haben guten Abstand, einen freundlichen munteren Ausdruck. Der Fang ist breit und tief, eng belefzt, ist etwas kürzer als der Abstand von Hinterhauptbein bis Stop. Im Fang schließen die Zähne eng als Scherengebiß. Der kräftige, leicht gewölbte Hals ist von einer schützenden Mähne bedeckt, geht in eng anliegende Schultern über. Obere Linie gerade, im Stand wie in der Bewegung. Rute hoch angesetzt, kupierte Rute aufrecht getragen. Beim Kupieren soll die Rute so lang belassen werden, daß man den Hund daran fassen kann.

Seit 1984 ist im Englischen Standard das Kupieren freigestellt, auf amerikanischen Hundeausstellungen sind unkupierte Ruten noch immer unerwünscht.

Der gut gewölbte Rippenkorb des Norfolk Terrier ist lang und herzförmig, die Brust reicht bis unter die Ellenbogen. Lendenpartie kurz, Hinterhand breit und tief, Sprunggelenk kurz und parallel stehend. Läufe mit gutem Vortritt und Nachschub. Von hinten kann man beim Traben die Ballen sehen.

Das Haarkleid ist ein wichtiges Rassemerkmal. Es muß hart, drahtig und gerade sein, dicht am Körper anliegen, ist im Hals- und Schulterbereich länger und gröber, besitzt eine kurze und dichte Unterwolle. Haar an Kopf und Ohren natürlich kurz, mit Ausnahme von leichten Augenbrauen und Bartbildung. Farbe jede Rotschattierung, Weizenfarben, Schwarzlohfarben und Grizzle sind ebenso erwünscht. Nach dem amerikanischen Standard wird schwarzes Pigment verlangt.

NORRBOTTENSPETS

Dieser kleine schwedische Jagdspitz dient vor allem der Vogeljagd. Er ist eng mit dem finnischen

Norrbottenspets

Spitz verwandt, auch beim Norrbottenspets wird angenommen, er gehe auf kleine, rote Laikas zurück. Norrbottenspets und Finnenspitz werden für die gleiche Arbeit eingesetzt. Zwar hielt man 1940 den Norrbottenspets für ausgestorben, weitere Eintragungen wurden ausgesetzt. Etwa 20 Jahre später erwies sich dies als eine zu voreilige Entscheidung, weil man in einzelnen Farmen weit im Norden Schwedens doch noch einige Hunde fand. Ab 1967 wurde die Eintragung wieder gestattet.

Widerristhöhe etwa 42-45 cm. Körperbau quadratisch, ziemlich schlank, aber ohne jede Schwäche. Hals von guter Länge, der keilförmige Kopf wird hoch getragen. Der Norrbottenspets trägt seine Ohren spitz aufrecht, die Rute wird lose über den Rücken gerollt. Das Haarkleid ist recht kurz, liegt eng an, ist an Brust, Hosen und Rute etwas länger. Alle Farben zulässig, aber Weiß mit wenigen, großen roten Flecken wird bevorzugt.

FCI-Gruppe 5, Standard Nr. 276
Ursprungsland: Schweden

NORWEGISCHER BUHUND

HERKUNFT UND RASSEGESCHICHTE

Seit über 2.000 Jahren gibt ist in Norwegen Hunde, welche der allgemeinen Vorstellung eines etwas unter mittlerer Größe liegenden Spitzes entsprechen, die den Bauern das Leben auf kahlen Flächen und engen Weiden Skandinaviens erleichtern.

Die Rasse ist schlank und elegant, trotzdem untersetzt und mit guten Knochen. Der Buhund arbeitete ursprünglich als Hütehund, aber sein angeborener Wachinstinkt sicherten ihm als zweite Aufgabe auch die Stellung des Wachhundes auf dem Bauernhof.

Schon Anfang dieses Jahrhunderts traf man den Buhund vereinzelt in Norwegen auf Hundeausstellungen.

In den 1940er Jahren wurde die Rasse nach England importiert, die ersten Importe nach Amerika erfolgten Ende der 1980er Jahre. Auf Crufts 1995 gewann erstmalig ein Buhund die Rassegruppe 2.

WESEN

Ein echter Charakter, außerordentlich intelligent, so wird der Buhund als idealer Familienhund beschrieben. Ein sehr liebevoller Hund, er mag die Gesellschaft des Menschen, fordert aber eine feste Hand. Für ihn muß »nein« immer ein »nein« sein.

Buhunde sind vorzügliche Wettbewerber bei Unterordnung wie Agility, haben aber auch ihre Fähigkeiten in anderen Aufgaben bei der British Royal Air Force, in der Polizeihundeausbildung und als Begleithund Schwerhöriger unter Beweis gestellt.

GESUNDHEIT

Der Buhund gehört zu den zahlreichen Hunderassen, die an erblichem Star leiden, obgleich dies die Hunde nicht sehr zu beeinträchtigen scheint. Abgesehen hiervon ist die Rasse außerordentlich gesund, fordert überraschend wenig Auslauf, um einen hohen Grad an Fitneß zu erhalten. Natürlich lieben diese Hunde lange Spaziergänge und Auslauf auf freiem Gelände.

PFLEGE UND ERZIEHUNG

Es macht Freude, einen gut erzogenen Buhund zu besitzen, Grundausbildung in Unterordnung ist für diese intelligenten Hunde ein Muß. Die Fellpflege ist einfach, einmal jährlich wechseln sie ihr Haarkleid. In der Reinlichkeit katzenähnlich haben diese Spitze keinen *Hundegeruch*, selbst wenn sie naß werden.

ANPASSUNGSFÄHIGKEIT

Die Rasse gewöhnt sich gleichermaßen an ein Leben im Bungalow in der Stadt oder draußen auf dem Land. Wichtig ist jedoch täglicher Zugang zu einem Garten, Park oder am besten Spaziergänge gemeinsam mit dem Menschen.

Am liebsten möchte er immer um seine Menschen sein. Ein Haushund von idealer Größe, intelligent und aktiv, seiner Familie ergeben, insbesondere nett mit Kindern. Außerdem ist der Buhund ein vorzüglicher Wachhund. Ob er in seinem Ursprungsland noch die Herden hütet, gut ausgebildet Behinderte betreut, Wettbewerber in Unterordnung, Agility oder auf Ausstellungen ist, oder ob dieser Hund einfach als Familienhund lebt, immer zeigt der Buhund eine ausgeprägte Loyalität und erwidert die Liebe seiner Besitzer in vollem Maße.

RASSEMERKMALE

Widerristhöhe etwa 45 cm, Hündinnen etwas kleiner. Keilförmig geformter, einem Fuchskopf ähnlicher Kopf. Stehohren, Rute über den Rücken gerollt getragen.

Das dicht anliegende Haarkleid besteht aus dikker Unterwolle mit längerem Deckhaar, einer dikken Halskrause und einer buschigen Rute. Die Farben variieren zwischen Creme bis Gold, mit oder ohne schwarze Haarspitzen. Auch Schwarz mit oder ohne symmetrische weiße Abzeichen an Kopf, Brust, Hals und Pfoten. Ein gut ausgewogener und eleganter Hund.

Der Buhund bewegt sich leichtfüßig und aktiv, ist besonders gewandt, selbst bei höchster Geschwindigkeit.

Norsk Buhund
FCI-Gruppe 5, Standard Nr. 237,
Ursprungsland: Norwegen

Norwegischer Buhund

NORWEGISCHER ELCHHUND

FCI-Gruppe 5, Standard Nr. 242 (grau) und
268 (schwarz)
Ursprungsland: Norwegen
Zucht 1994: D 13, GB 154, USA 2.140

HERKUNFT UND RASSEGESCHICHTE

Der Norwegische Elchhund mit seinen Stehohren,
scharf geschnittenem Kopf, Ringelrute und hartem, doppelten, wetterfesten Haarkleid ist ein robuster Hund von sehr großer Ausdauer. Seine Familie kann 6.000 Jahre zurück bis zu den Wikingern verfolgt werden.

Diese Hunde wurden als Wach- und Schutz-
hunde eingesetzt, sie schützten die Herden gegen
Wölfe und Bären, jagten auf den Elch. Als die
Rasse in die USA kam, wurde das Wort *Hund* mit
Hound anstatt mit *Dog* übersetzt, dieser Fehler
wurde bisher nicht korrigiert.

Aufgrund der Vielseitigkeit der Rasse auch als
Jagdhund wurde die Klassifikation in der *Hound-
gruppe* gestattet, steht er weiter hier im Wettbewerb.

Norwegischer Elchhund

WESEN

Der Norwegische Elchhund ist ein guter Familienhund, ein ebenso guter Wachhund. Eine aktive Rasse, die immer eine Aufgabe braucht. Hierdurch wird sie zum erstklassigen Wettbewerber in Unterordnungs- und Agilityprüfungen. Ein munterer, leicht erziehbarer Hund, immer neugierig, zu allem möglichen bereit. Er schafft sich bei seinen täglichen Runden eine ganze Menge Auslauf, erfreut sich auch ausgiebiger Spaziergänge und am Laufen neben einem Fahrrad auf einer ruhigen Straße.

PFLEGE UND ERZIEHUNG

Eine verhältnismäßig stimmgewaltige Rasse, man sollte darauf achten, ihm rechtzeitig das Kläffen abzugewöhnen. Korrekte Fütterung ist notwendig, es bestehen Neigungen zu Übergewicht und Hauterkrankungen. Von früher Jugend an sollte man Elchhunde gut sozialisieren, dies kommt auch der Unterordnungserziehung sehr entgegen. Hierdurch bleibt auch der Hund geistig aktiv, man muß ihm immer beibringen, wer der Boß ist.

GESUNDHEIT

Die Rasse leidet an Hautflecken und Problemen beim Haarwechsel, am besten wirken warme Bäder mit einer milden Seife. Während des Trocknens sorgfältig ausbürsten, dann Entfernung des alten losen Haars. In der Rasse liegt eine Veranlagung zur progressiven Retinaatrophie, auch zu anderen Augenerkrankungen und Nierenproblemen. Im übrigen ist diese weitgehend natürlich gebliebene Rasse recht gesund.

RASSEMERKMALE

Mittlere Größe, Gewicht etwa 20-25 kg. Ein nordischer Hundetyp, von quadratischem Körperbau. Das Haarkleid ist dick, hart und wetterfest, liegt flach an. Es besteht aus weicher, dichter, wolliger Unterwolle und grobem, geradem Deckhaar. Das Haar ist am Kopf, Ohren und Vorderläufen kurz und gleichmäßig. Am längsten wird es hinter dem Hals, an den Hosen und unter der Rute.

Farbe Grau, wobei ein mittlerer Grauton bevorzugt wird. Jede Abweichung in der Schattierung ist bestimmt von der Anzahl der Deckhaare und von der Länge ihrer schwarzen Haarspitzen. Die Unterwolle ist hellsilbern, die gleiche Farbe haben Läufe, Bauch, Hosen und die Fläche unter der Rute. Am dunkelsten ist der graue Körper im Sattelbereich, heller an der Brust und Mähne, er zeigt ausgeprägte Geschirrmarkierung (ein Band längerer dunklerer Deckhaare von der Schulter zu den Ellbogen).

Das Schwarz am Fang hellt sich über Vorderkopf und Oberkopf zu einem helleren Grau auf. Jede andere Farbe als Grau führt in den USA zur Disqualifikation. Die Rasse hat Stehohren, eine hoch angesetzte und über dem Rücken getragene enge Ringelrute. In Vor- und Hinterhand mäßig gewinkelt.

Die Rasse ist ein schneller Traber in ihrem eigenen Stil. Mit seinen dunklen Augen und durchdringendem Blick ist der Norwegische Elchhund eine attraktive Rasse. Die FCI erkennt den Norwegischen Elchhund unter separatem Standard (268) auch in der Farbe Schwarz an.

NORWICH TERRIER

FCI-Gruppe 3, Standard Nr. 072
Ursprungsland: Great Britain
Zucht 1994: D 122, A 5, CH 29, GB 142,
USA 381

HERKUNFT UND RASSEGESCHICHTE

In ihrer Vielfalt und Verschwommenheit wirkt die Geschichte des Norwich Terrier faszinierend.

Über mehr als ein Jahrhundert haben zahlreiche Hunde und Menschen zur Entwicklung dieser Rasse beigetragen. Unter anderen Dingen gab es immer Streit, ob Hängeohren oder Stehohren wichtiger wären.

Da viele der früheren Norwich Terrier kupierte Ohren hatten, wird man die Wahrheit wohl nie kennen. Es ist aber bekannt, daß die ersten stehohrigen Champions, die in den USA gezüchtet wurden, von hängeohrigen Eltern abstammten.

In der zweiten Hälfte des 19. Jahrhunderts benutzte *Doggy Lawrence* nahe Cambridge in England einen kleinen Irish Terrier, kreuzte ihn möglicherweise mit einem Yorkshire Terrier, daraus entstanden rote, oft schwarzlohfarbene *Cantab Terrier*.

Zwischen 1899 und 1902 haben sportbegeisterte Studenten in Cambridge eine glatthaarige gestromte Hündin zweifelhafter Herkunft mit einem solchen *Cantab* gekreuzt; die daraus entstandenen Welpen nannten sie *Trumpington Terrier*.

Der Master der *Norwich Staghounds* wählte sich aus dem Wurf einen aus, nannte ihn *Rags*. Und dieser *Rags* wurde mit einer Vielfalt kleiner Terrier Hündinnen gepaart, prägte seine Nachzuchten durch Stehohren und ein hartes, rotes Fell.

Im Jahre 1901 machte sich Frank Jones, *Whip* der *Norwich Staghounds* daran, seine eigenen Jagdterrier zu züchten, hierfür paarte er seine zwei Glen of Imaal Terrier mit seinem kleinen roten Trumpington, der auf Rags zurückging. Hieraus entstanden stehohrige Terrier, die als *Jones Terrier* bekannt wurden.

In einer Jagdsaison mit den Norwich Staghounds malte der Künstler Sir Alfred Munnings Jones mit seinen Terriern. *Rough Rider Jones* verließ 1904 die Norwich Staghounds und ging nach Leicestershire, züchtete dort weiter seine sportlichen stehohrigen Terrier. Sie fanden bei der Leicestershire Hunt Einsatz, sprengten Füchse heraus, wenn sie sich in Bauten verborgen hatten. Deshalb liest man in dem Rassestandard: »Rute mittellang kupiert, immer lang genug, damit ein Mann den Terrier aus einem Fuchsbau herausziehen kann«.

In Amerika eroberten die *Jones Terrier* nahezu im Sturm die jagdlich ausgerichteten Länder Millbrook und Virginia, ihre Popularität wuchs.

In jenen frühen Tagen war es sehr selten, daß nur zwei *Jones Terrier* sich ähnelten, selbst wenn sie aus dem gleichen Wurf stammten.

Im Jahre 1932 wurden die stehohrigen und hängeohrigen Typen beide vom English Kennel Club als *Norwich Terrier* anerkannt. In der Folgezeit gaben sich englische Züchter große Mühe. Unterstützt von einem starken Rassezuchtverein stabilisierten sie den Typ, ohne die sportliche Tauglichkeit dieser wunderbaren Rasse zu verlieren.

1964 bestimmte der English Kennel Club, daß es zwei Rassen geben sollte. Hängeohrige nannte man *Norfolk Terrier*, die Stehohrigen behielten den Namen *Norwich Terrier*.

Im Jahre 1979 folgte der American Kennel Club diesem Beispiel, teilte die zwei Rassen gleichfalls auf. In seinem Ursprungsland wurde der Norfolk Terrier immer in erster Linie als Farmerhund und Rattenfänger angesehen. Seither hat sich sein Status angehoben, nachdem er es selbst in den Vereinigten Staaten zum Jagdterrier gebracht hatte.

WESEN

Alles an dieser Rasse ist klein, leicht tragbar und anpassungsfähig. Allerdings mißverstehen die Hundebesitzer dies manchmal, verwöhnen und verweichlichen die Hunde, wollen den Norwich Terrier zu einer Art Schoßhund machen. Dies liegt nicht im Interesse der Rasse.

Man kann mehrere Norwich Terrier zusammenhalten, wenn man sie gemeinsam aufgezogen hat, kommt es selten zu Streitigkeiten. Die Aufgabe der Rasse ist es, bezaubernd zu sein, ihre Besitzer zu amüsieren und zu unterhalten. Dank ihrer Stehohren hören die Hunde sehr gut, werden zu guten Wachhunden.

GESUNDHEIT

Allgemein gesehen handelt es sich um eine robuste und gesunde Hunderasse. Es gibt aber einige Geburtsprobleme. Schwerere Erbkrankheiten sind in der Rasse unbekannt, aber einige Probleme mit der Zahnstellung.

Immer sollte man Hunde aus Zuchten verantwortungsbewußter Züchter wählen, die dem neuen Besitzer helfen, die Rasse zu verstehen und richtig zu behandeln.

PFLEGE UND ERZIEHUNG

Man sollte die Welpen früh kaufen, spätestens mit zehn Wochen, dann sofort mit der Erziehung beginnen. Gerade hinsichtlich Stubenreinheit sind sie manchmal recht eigenwillig.

Keinesfalls darf man die Jungtiere überfüttern. Ausgewachsene Hunde haben manchmal die gefährliche Gewohnheit sich zu überfressen - sie fressen wirklich alles, was die Welpen noch übrig lassen. Dies sind aktive Hunde, sie brauchen auch längere Spaziergänge unangeleint in sicheren Bereichen, man kann sie aber auch glücklich machen, wenn man angeleint mit ihnen in den Städten spazieren geht.

In den USA wie England haben sie recht gute Erfolge in Unterordnungswettbewerben zu verzeichnen. Insgesamt lernt diese Rasse leicht kleine

Tricks, tut eigentlich alles, um ihren Besitzern zu gefallen und sie glücklich zu machen.

Normale, keine besonders intensive Fellpflege sollte regelmäßig durchgeführt werden. Ungefähr eine halbe Stunde wöchentlich ist alles, was erforderlich ist, dabei nimmt man dem Ausstellungshund immer eine Lage altes Fell an Kopf, Körper und Rute heraus.

Vor der Ausstellung werden die Zähne gesäubert, die Krallen geschnitten, dann wird der Hund tüchtig gekämmt und gebürstet.

Das Haar an den Läufen darf nicht lang und unordentlich wirken, wild wachsende Haare sollten wöchentlich ausgerupft werden. Das gleiche gilt für starken Haarwuchs in den Ohren. Das Haar muß mit der Schere rings um die Pfoten gesäubert werden. Für ein Vollbad besteht selten eine Notwendigkeit.

ANPASSUNGSFÄHIGKEIT

Diese Rasse wurde gezüchtet, um sich allem anzupassen.

Die Cambridge Studenten hielten die Hunde selbst im College, hier gedieh die Rasse in zugigen Hallen, wurde mit Tischabfällen gefüttert. Derartige Fütterungsmethoden sollen hier aber keinesfalls befürwortet werden.

RASSEMERKMALE

Klein, robust und schneidig, dies ist die richtige Beschreibung des Norwich Terrier mit einer Widerristhöhe von 25-30 cm, guter Knochensubstanz und festem Körper.

Die Fangpartie des Norwich Terriers ist gerade um ein weniges kürzer als der Oberkopf. Ohren aufrecht getragen, wodurch ein leicht fuchsartiger Ausdruck entsteht.

Nach dem Britischen Standard sollte der Hals lang sein, in Amerika wird er mittellang gefordert. Wie immer die Länge, stets sollte der Hals durch eine längere Mähne gröberen Haars geschützt sein. Die obere Linie ist kraftvoll und gerade, Rute gut angesetzt, sie wird fröhlich getragen, immer lang genug kupiert. Hinterhand stark, mit guter Schubkraft.

Ausdruck munter und intelligent, mit dunklen Augen, von leichten Augenbrauen geschützt.

Haarkleid in verschiedenen Rotschattierungen einschließlich Weizenfarben, ebenfalls Schwarzlohfarben und Grizzle, wobei das Grizzle aus einer Art Mischung von Schwarzlohfarben mit Rot besteht.

Der Norwich wurde von Anfang an als Kumpan und Freund gezüchtet. Die Rasse entspricht diesen Erwartungen!

Norwich Terrier

ÖSTERREICHISCHE BRACKEN

Alle drei österreichischen Bracken fallen unter dieses Kapitel, sie alle trifft man selten außerhalb ihres Ursprungslandes an. Österreichische Bracken sind mit der Nase jagende Laufhunde, sie arbeiten ausschließlich auf Hasen und Fuchs, und sind auch sehr zuverlässige Fährtenhunde bei der Nachsuche auf angeschweißtes oder totes Wild.

Die *österreichische Glatthaarbracke* - auch *Brandlbracke* genannt - wurde 1883 anerkannt, stammt von alten Hounds, die wahrscheinlich mit dem Schweizer Jura Laufhund, Typ St. Hubert gekreuzt wurden. Schulterhöhe 46-58 cm. Körper lang, nicht zu schwer, Kopf schmal, gestreckt, mit ziemlich tief angesetzten Ohren, Haarkleid glatt und leuchtend, Farbe schwarzlohfarben oder leuchtende Lohfarbe, mit oder ohne schwarze Haarspitzen; kleine weiße Abzeichen zulässig. Zucht 1994: D 22, A 80.

Die *Steirische Rauhhaarige Hochgebirgsbracke* wird nach ihrem Züchter manchmal auch *Peintinger Bracke* genannt, sie entstand in den 1870er Jahren und wurde 1889 anerkannt. Diese Hunde arbeiten vorwiegend jagdlich im Hochgebirge, werden als sehr ausdauernd und robust angesehen. Ihre Schulterhöhe liegt bei 44-58 cm. Körperbau rechteckig, kräftig, dabei aber nicht grob. Kopf mittellang, Ohren nicht gefaltet getragen, eng an den Wangen anliegend. Nase und Pigment schwarz, Haarkleid mittellang, drahtig in allen Schattierungen von rot. Zucht 1994: A 20.

Die *Tiroler Bracke* ist etwas kürzer und kräftiger gebaut als die Österreichische Glatthaarige Bracke oder die Steirische Rauhhaarige Hochgebirgsbracke. Es gibt sie in zwei Größenschlägen, Schulterhöhe 33-39 cm und Schulterhöhe 40-48 cm. Kopf lang gestreckt, Ohren hoch angesetzt, im Ansatz breit, Ohrenspitzen abgerundet, flach und an den Wangen anliegend getragen. Haarkleid kurz, von harter Struktur, fest anliegend. Farbe schwarz, rot oder lohfarben, mit oder ohne schwarzen Mantel und weiße Abzeichen.

Österreichische Glatthaarbracke (Brandlbracke), Standard Nr. 063
Steirische Rauhhaarige Hochgebirgsbracke, Standard Nr. 062
Tiroler Bracke, Standard Nr. 068
Anerkannt durch FCI, Gruppe 6

Österreichische Glatthaarige Bracke (Brandlbracke)

Steirische Rauhhaarige Hochge-birgsbracke

Tiroler Bracke

ÖSTERREICHISCHER KURZHAARIGER PINSCHER

FCI-Gruppe 2, Standard Nr. 064
Ursprungsland: Österreich
Zucht 1994: A 12

Der Österreichische Kurzhaarige Pinscher wurde 1928 anerkannt, stammt aus Kreuzungen von einheimischen Rassen mit dem Deutschen Pinscher. Er ist aber rechteckiger und grober gebaut als der Deutsche Pinscher. In erster Linie ist er ein Bauernhund, gilt als sehr guter Rattenfänger.

Seine Schulterhöhe liegt bei 33-48 cm, seine Ohren sind groß, werden hängend ohne Falten getragen. Rute hoch angesetzt, leicht geringelt über den Rücken getragen oder kupiert.

Haar 3 cm lang, von harter Struktur, dicht am Körper anliegend, mit Ausnahme der Rute, wo es etwas länger ist. Alle Farbschattierungen von Schwarzlohfarben oder Rot akzeptabel. Außerhalb Österreichs sieht man die Rasse selten.

Österreichischer Kurzhaariger Pinscher

OGAR POLSKI

Im Typ ähnelt diese polnische Bracke den meisten osteuropäischen Laufhunden, wie sie waren, ehe Einkreuzungen von Foxhounds erfolgten. Ein ziemlich kräftig gebauter Laufhund, vorwiegend eingesetzt für die Jagd auf Fuchs, Sauen und Hasen. Die Rasse hat ein ausgeglichenes Wesen und ist ziemlich folgsam. Außerhalb Polens trifft man sie selten an.

Widerristhöhe etwa 55-65 cm. Körper rechtwinklig, gut bemuskelt, mit starken Knochen.

Haarkleid gewöhnlich kurz, hart und eng anliegend.

Farbe reich lohfarben mit schwarzem oder grauschwarzem Sattel. Kleine weiße Markierungen zulässig.

FCI-Gruppe 6, Standard Nr. 052,
Ursprungsland: Polen

Ogar Polski

OLD ENGLISH SHEEPDOG

FCI-Gruppe 1, Standard Nr. 016
Bobtail
Ursprungsland: Great Britain
Zucht 1994: D 284, A 28, CH 69, GB 1.505,
USA 2.778

HERKUNFT UND RASSEGESCHICHTE

In früheren Zeiten nannte man den Old English Sheepdog eigentlich nur »*The Shepherd's Dog*«, aber Mitte des 19. Jahrhunderts begann man, ihn mit dem heutigen Namen zu bezeichnen. Heute ist die Rasse ziemlich verbreitet auch unter dem Namen »*Bobtail*« bekannt, der das Merkmal der Rutenlosigkeit charakterisiert. Die Kupierpraxis beim Old English Sheepdog entstand, um hohe Hundesteuern, die auf Hundehaltung erhoben wurden, zu vermeiden. Diese Steuer galt nicht für Arbeitshunde. Um deshalb seine Beschäftigung gemäß Gesetz unter Beweis zu stellen, pflegten die Schäfer, die Ruten ihrer Hunde zu kupieren.

Die genaue Herkunft des Bobtails ist unklar, wie bei so vielen anderen Rassen gibt es über seine Vorfahren eine Vielfalt von Meinungen. Sehr verbreitet ist die Auffassung, daß die frühen Bearded Collies zum Ausgangsmaterial der Entwicklung dieser Rasse gehören. Tatsache ist, daß frühe Fotos beider Rassen erstaunliche Ähnlichkeiten zeigen. So scheint diese Erklärung, verbunden mit möglichen Einkreuzungen großer kontinentaler Hütehunde, ziemlich wahrscheinlich. Es besteht aber allgemeine Übereinstimmung, daß sich die Rasse eigentlich erst in den Händen der Farmer im Westen Englands richtig entwickelte. Das liegt wahrscheinlich etwa zweihundert Jahre zurück. Damals wurden sie außerordentlich populäre Treibhunde. Obgleich das Treiben ihre ursprüngliche Aufgabe war, machte der natürliche Schutzinstinkt diese Hunde auch zu wertvollen Beschützern der Herde.

Erstmals wurde die Rasse 1873 in Birmingham mit drei Meldungen ausgestellt. Nach dem Richterbericht des Tages war die Qualität der Hunde so wenig beeindruckend, daß er sich nur in der Lage sah, Zweitplazierungen zu vergeben. Frühe Fotos zeigen, daß sich über die Jahre zwar die Anatomie wenig veränderte, Stil und Präsentation der Rasse dagegen geradezu dramatisch. Die allgemeine Meinung ist, daß dies nicht notwendigerweise eine Veränderung zum Besseren darstellt.

Die verschiedenen Moden wie Zurückkämmen, Kalken und Pudern gehen zurück bis Anfang 1907, sie dienten zur Verschleierung von Fehlern, die noch heute Züchter und Richter beanstanden, schmaler Fang, übertriebene Länge des Vorgesichtes und dergleichen. Trotzdem, das heutige »Formen« (»Sculpting«) durch entsprechendes Scheren, wie es im Ausstellungsring anzutreffen ist, hätte wahrscheinlich die Alten der Rasse in Wut versetzt. Ob aufgrund besonders geschickter Präsentation oder Minderung der Härte, der »Break« des Haares scheint mit Sicherheit früher besser gewesen zu sein als man heute antrifft, obgleich die Festigkeit von Land zu Land verschieden sein kann und auch ist, in erster Linie aufgrund von Klimaunterschieden und anderen Umweltverhältnissen.

WESEN

Der Bobtail ist ein liebevoller, loyaler Hund, schützt alle, die er liebt. Manchmal etwas überschäumend, muß sein Charakter aber immer frei von jedem Aggressionsverhalten sein. Ein in seiner Veranlagung sehr guter Wachhund. Da er ursprünglich als Wächter an der Herde arbeitete, hat er eine Veranlagung, junge Tiere und Kinder »zu adoptieren«.

Von Natur aus ein eher stoischer Hund, dessen Stimmung nicht immer von Fremden richtig erkannt werden kann. Seine Liebe zur Familie und Freunden, zu all jenen, die er als Mitglieder seiner »Herde« ausgewählt hat, ist sehr eindeutig. Trotz seines natürlichen Schutzinstinkts ist dieser Hund gerne bereit, seinen materiellen Besitz zu teilen - und den seines Herrn auch. Offen gesagt, es erscheint eher wahrscheinlich, daß er einen Einbrecher zum Familiensilber führt, als sich ihm als Hindernis in den Weg zu stellen.

GESUNDHEIT

Wie bei vielen großen Hunderassen ist Hüftgelenksdysplasie - trotz einem deutlichen Rückgang - noch immer ein Sorgenkind für die Züchter. Viele Fachleute sind der Auffassung, daß dieses Problem ebenso stark erblich wie umweltbedingt ist. Rassetypische Schwächen gibt es wenig, allgemeine Erkrankungen beschränken sich auf jene, die man im Normalfall mit jeder großen, hängeohrigen Rasse mit sehr dickem Fell verbindet.

Old English Sheepdog

PFLEGE UND ERZIEHUNG

Der Bobtail ist ein gehorsamer Hund, läßt sich deshalb leicht erziehen.

Aufgrund des sehr dicken Haarkleids sind die Pflegeanforderungen eindeutig höher als bei kurzhaarigen Rassen. Unter normalen Umständen sollten einige Stunden wöchentlicher Pflege »bis auf die Haut« ausreichen, um sicherzustellen, daß das Haar nicht verfilzt.

Bobtails sind zwar nicht gerade faule Hunde, haben aber gelegentlich gegenüber Spaziergängen ihre eigene Meinung.

Der Vorschlag »Gassi gehen« findet im Normalfall nicht allzuviel Begeisterung. Und wenn Du Deinen Hund in ein vier Hektar großes Gelände einsetzt, wirst Du ihn bei Deiner Rückkehr wahrscheinlich an gleicher Stelle antreffen, wo Du ihn verlassen hast.

Die Gelegenheit, seinen Besitzer auf einem gemütlichen Spaziergang zu begleiten, wird jedoch in aller Regel eine genügende Motivation für ihn sein.

ANPASSUNGSFÄHIGKEIT

Bobtails haben süße, geradezu anbetungswürdige Welpen. Bedauerlicherweise erleben die Zuchtvereine in der ganzen Welt, daß sie immer wieder diesen Welpen, wenn sie ausgewachsen sind, ein neues Zuhause schaffen müssen, weil sie nicht länger in den persönlichen Lebensstil ihres Besitzers passen.

Aber Hundebesitzer, die bereit sind, auch nur etwas Zeit zu opfern, um das Haarkleid - das wichtige Merkmal der Rasse - zu pflegen, werden ein ganzes Leben lang belohnt, haben einen Lebensgefährten, der im Vergleich mit anderen Hunderassen außerordentlich loyal und ergeben ist.

RASSEMERKMALE

Aufgrund der Aufgaben, für welche die Rasse gezüchtet wurde, ist es für den Old English Sheepdog zwingend, ruhig, friedlich und völlig vertrauenswürdig zu sein. Er ist ein kompakter, starkknochiger, untersetzter Hund, im Galopp recht clastisch.

Der Bobtail hat einen großen Schädel mit tiefem, quadratischem Fang, bemerkenswert große schwarze Nase. Seine Ohren sind verhältnismäßig klein und hängen dicht an den Seiten des Kopfes. Die gewünschte Augenfarbe ist dunkel oder Glasaugen, auch blaue Augen sind gestattet.

Um eine gute Balance zu sichern, ist der Hals ziemlich lang und elegant geschwungen. Schultern gut gewinkelt, Pfoten rund, aber im Vergleich zur Körpergröße klein. Die Forderung nach gut aufgeknöchelten Zehen und dicken Ballen trägt der Tatsache Rechnung, daß der Bobtail mit seinen Läufen arbeitet. Das Haar ist üppig, insbesondere im Bereich der Schenkel, es ist hart und zottig, darf aber nicht gelockt sein. Die verbreitetste Farbe heute ist Graublau mit wunderschönen weißen Markierungen, aber auch jede Schattierung von Grau, Blau oder Grizzle ist zulässig. Große weiße Flecken (»Splashes«) im einfarbigen Körperbereich sind abzulehnen, jede braune Schattierung ist unerwünscht.

Das wahrscheinlich einmalige Merkmal der Rasse ist ihr Bellen. Es wird beschrieben, es solle den Klang eines auf den Boden fallenden Teekessels haben, genügend tief und im Klang tönend, um in Abwesenheit des Schäfers oder Besitzers vor jeder Gefahr oder jedem Feind zu warnen.

OTTERHOUND

| FCI-Gruppe 6, Standard Nr. 294 |
| Ursprungsland: Great Britain |
| Zucht 1994: D 2, GB 51, USA 30 |

HERKUNFT UND RASSEGESCHICHTE

Otterjagd und Otterhounds werden erstmals etwa im Jahre 1175 erwähnt, in der Regierungszeit von König Henry II. »*Otter dogges*« wurden damals und über die ganzen folgenden Generationen als Jagdhunde eingesetzt, um die sich überall stark ausbreitenden Otter daran zu hindern, die englische Fischereiwirtschaft zu zerstören. Aber erst aus der Regierungszeit von König Edward II (1307-1327) gibt es durch den Jäger William Twici eine erste Beschreibung des Hundetyps. Die Hunde jagten in der Meute auf Otter, »ein grober Hundeschlag, irgendwo zwischen *Hound* und *Terrier*«.

Es gibt verschiedene Auffassungen über die Rassen, die zur Entstehung des Otterhounds, wie wir ihn heute kennen, beigetragen haben. Hierunter fallen der inzwischen ausgestorbene Old Southern Hound, der Französische Griffon Nivernais, der Bloodhound, der rauhhaarige Welsh Harrier oder der Foxhound, Griffon de Bresse, Griffon Vendéen, Bulldog und selbst der Wolf. Am wahrscheinlichsten scheint die Herkunft des Otterhounds aus Frankreich. Marples, eine Autorität in Hundefragen, beschreibt den Otterhound als eine nahezu exakte Kopie des alten »Vendéen Hound of France« - sie sind sowohl in Körperbau wie Haar völlig gleich. Der englische Fachmann und Jäger Croxton Smith schreibt über den Otterhound und führt ihn auf den rauhhaarigen Griffon Vendéen zurück. Der heutige, einheitliche, »rassereine« Otterhound wurde erst im 19. Jahrhundert wirklich durchgezüchtet.

Da die Otterjagd einmal eine Überlebensfrage

Otterhound

der Fischerei in England war, handelt es sich hier wahrscheinlich um die älteste Jagdform, bei der in England in der Meute jagende Hunde Einsatz fanden.

Nahezu alle britischen Monarchen seit Henry II hielten einen königlichen »Master of Otterhounds« und mehrere Houndpaare, um Otter zu jagen. Da dies die einzige von März bis Oktober offene Jagd war, wurde sie beim Adel immer beliebter. Heute gehört der Otter zu der Gruppe der vom Aussterben bedrohten Tiere. Viele Meuten wurden deshalb aufgegeben, es gibt heute nur noch Jagden auf künstlicher Fährte. Die Familie Bell-Irving in Schottland hat mit ihrer Dumfriesshiremeute laufend den notwendigen Jagdtyp erhalten. Heute finden Otterhounds ihren Platz als

Familien- und Ausstellungshunde, haben eine kleine, aber begeisterte Anhängerschaft in der ganzen Welt.

WESEN

Otterhounds sind übermütig und liebenswert. Als Meutehunde sind sie anderen Hunden gegenüber recht tolerant, Menschen gegenüber freundlich und zärtlich. Von Natur aus gutartig, aber angegriffen wehren sie sich grimmig. Im traditionellen Sinn sind Otterhounds keine Wachhunde, sie besitzen aber eine laute und melodiöse Stimme, die ertönt, wenn sie fremde Geräusche hören. Als Hounds sind diese Hunde intelligent, aber recht unabhängig - sogar dickköpfig. Besonders junge

Otterhounds sind Meutetiere, lieben die Gesellschaft anderer Hunde.

Otterhounds sind sehr aktiv und voller Energie, brauchen viel Platz zum Auslauf und um die Welt zu erforschen. Sie sind große Hunde, können in ihrer Jugend zuweilen auch lästig werden. Natürlich lieben sie das Wasser, und da sie ihre Jagdinstinkte noch erhalten haben, sollte man sie nur in eingezäunten Grundstücken halten.

GESUNDHEIT

Diese Rasse ist verhältnismäßig gesund, aber sie ist groß, gelegentlich kann Hüftgelenksdysplasie auftreten. Die engagierten Züchter arbeiten daran, das Problem zu lösen. Es ist vernünftig, gewisse Vorkehrungen gegen Magenumdrehung zu treffen. Otterhounds brauchen viel Bewegung, entweder größere Spaziergänge oder sicheres Umhertoben auf einem großen, eingezäunten Grundstück. Ausgewachsen lieben sie es, auf ruhigen Straßen im langsamen Trab etwa dreimal wöchentlich hinter dem Fahrrad bewegt zu werden.

PFLEGE UND ERZIEHUNG

Das Haarkleid der Rasse läßt sich leicht pflegen, es genügt einmal wöchentliches Bürsten, dabei reduziert man das Haaren auf ein Minimum. Schmutz läßt sich leicht ausbürsten. Sobald sich der Junghund daran gewöhnt hat, sollten wöchentlich Zähne und Nägel kontrolliert werden. Treten beim Scherengebiß irgendwelche Unregelmäßigkeiten auf, sollte man einen Tierarzt befragen. Manche Otterhounds brauchen zuweilen ein Austrimmen des Haars - dabei wird in der Richtung des Haarwachstums loses Haar ausgezupft, niemals darf es geschoren werden. Die Ohren müssen überwacht und saubergehalten werden. Bei irgendwelchen Anzeichen von Geruch oder Juck-

reiz sollte man den Tierarzt befragen.

ANPASSUNGSFÄHIGKEIT

Obgleich Otterhounds über Generationen Jagdhunde waren, hat ihr ausgeglichenes und liebevolles Wesen ihre Umwandlung zu Haushunden erleichtert, vorausgesetzt daß für notwendigen Auslauf gesorgt wird. Vorsicht, das üppig behaarte Gesicht und ihre große Liebe zu Wasser können ein makelloses Wohnzimmer leicht in Unordnung bringen.

RASSEMERKMALE

Der Otterhound muß die Eigenschaften und das Äußere eines Jägers besitzen. Er hat einen athletischen Körper, schlank und gut bemuskelt. Von der Nasenspitze bis zur Rute ist dieser Hund mit rauhem, leicht gekräuseltem Deckhaar und warmer, leichter Unterwolle bedeckt. Da der Otterhound viel schwimmen muß, braucht er große, mit Zwischenzehenhaut ausgestattete Pfoten. Sein Gesicht wirkt majestätisch, ist groß, dabei ziemlich schmal. Er hat eine große, sehr empfindliche Nase. Die Hunde zeigen große Stärke und Würde. Die Hängeohren sind lang und wie der übrige Kopf gut mit Haar bedeckt. Die Kiefer haben einen kräftigen Griff, Scherengebiß. Ihre Augen sind dunkel. Dies ist eine große Hunderasse. Die Rüden haben eine Widerristhöhe von etwa 66 cm, Hündinnen 60 cm. Das Gewicht variiert von 29 kg bei einer kleinen Hündin bis zu 52 kg bei einem substanzvollen Rüden. Der Otterhound ist geringfügig länger als hoch, kräftiger Körper, ausgreifende, flüssige Bewegung, die es der Rasse ermöglicht, tagelang an Land oder im Wasser zu arbeiten.

PAPILLON / PHALÈNE

FCI-Gruppe 9, Standard Nr. 077
Épagneul Nain Continental
Ursprungsland: Frankreich/Belgien
Zucht 1994: D 284, A 7, CH 133, GB 861,
USA 2.707

HERKUNFT UND RASSEGESCHICHTE

Diese lebhafte Zwerghunderasse geht zurück bis ins 17. Jahrhundert, war damals als »Zwergspaniel« bekannt. Viele dieser Hunde findet man auf Damenportraits. So war bereits 1545 Marie Antoinette eine große Anhängerin der Rasse.

Spanien hat sehr viel zur Popularität der Zwergspaniels beigetragen, auch Italien dabei eine Schlüsselrolle gespielt. Frankreich schließlich hat den endgültigen Rassenamen beigesteuert - Papillon - in der französischen Sprache das gleiche wie »Schmetterling«. Viele dieser Hunde wurden von Italien auf dem Rücken von Maultieren nach Frankreich transportiert.

Während der Regierungszeit von Louis XVI entwickelte der Zwergspaniel einen Typ mit Stehohren, die den Körperformen eines Schmetterlings sehr ähnelten, hieraus entstand der Rassenamen.

In Europa und in den USA sind stehohrige wie auch hängeohrige Zwergspaniels anerkannt, die Hängeohrigen tragen den Rassenamen *Phalène*.

In den USA wurde diese Zwerghunderasse vom American Kennel Club 1935 erstmals anerkannt.

WESEN

Diese Rasse kann sehr ruhig und liebevoll sein, spricht dadurch einen breiten Interessentenkreis an. Trotz seiner Kleinheit ist der Papillon eine robuste Rasse, vermag heißes und kaltes Klima gleichermaßen gut zu ertragen.

Papillons sind aggressive Rattenfänger, brauchen in keiner Weise verhätschelt zu werden.

Papillon

PFLEGE UND ERZIEHUNG

Es macht Spaß, einen Papillon um sich zu haben, ihn im Familienkreis großzuziehen. Er ist ein selbstbewußter Hund, keineswegs eine zarte, scheue Blume. Erziehung zur Stubenreinheit fällt leicht, da die Hunde schon von Natur aus sehr sauber sind. Man muß Obacht geben, daß Welpen nicht vom Mobiliar springen. Obgleich die Läufe kräftig sind, können sie, solange der Junghund klein und unerfahren ist, leicht brechen. Im Unterordnungsring ist der Papillon ein erstklassiger kleiner Arbeitshund. Er setzt seinen eigenen Willen ein, freut sich außerordentlich an der Arbeit - genau das Gleiche gilt im Ausstellungsring.

Das Haarkleid läßt sich leicht pflegen, sollte nach Bedarf gebadet und gebürstet werden. Einmal wöchentlich Krallenpflege mit korrektem Krallenklipper. Analog wöchentliche Zahnpflege - ein kleiner, harter Hundekuchen hilft Zähne und Zahnfleisch gesund zu halten.

ANPASSUNGSFÄHIGKEIT

Dies ist eine muntere, energiegeladene Hunderasse, die sich genauso wohl draußen auf dem Land wie in einem Appartement in der Stadt fühlt. Obgleich klein und ruhig ist der Papillon dennoch ein cleverer Wachhund. Der Papillon reist gerne und paßt sich jedem Klima an. Diese köstliche Hunderasse liebt es spazieren zu gehen. Es schaut sehr elegant aus, wenn diese Hunde paradieren.

RASSEMERKMALE

Ein zartknochiger eleganter Hund mit lebhaftem Bewegungsablauf, leicht an seinen Schmetterlingsohren und der langen, hoch angesetzten Rute mit »plum« zu erkennen.

Der Kopf ist klein, Länge des Fangs ungefähr ein Drittel des Abstandes von der Nasenspitze bis zum Hinterhauptbein. Oberkopf mittelbreit, Fang fein, sich zur Nase verjüngend. Augen dunkel, rund und mittelgroß. Ohren von Papillon und Phalène groß, mit abgerundeten Spitzen, seitlich Richtung Hinterkopf angesetzt. In der Aufmerksamkeit formt jedes der aufrechten Ohren gegenüber dem Kopf einen Winkel von 45° Grad. Hängeohren werden hängend getragen, müssen ganz nach unten hängen.

Die hängeohrige Phalène wird von FCI wie AKC als separate Rasse anerkannt. In England werden beide Schläge als eine gemeinsame Rasse im Ring vorgestellt.

Der Papillon ist kein gedrungener Hund, sein Körper ist immer etwas länger als seine Schulterhöhe von 20-29 cm. (Ein Rüde über 29 cm ist fehlerhaft, über 30 cm wird er disqualifiziert). Seine obere Linie muß waagerecht sein, Rippen gut aufgewölbt, Brust mäßig tief. Vor- wie Hinterhand gut gewinkelt und entwickelt. Seine Pfoten sind ziemlich hasenähnlich, sollten gerade nach vorne stehen. Der Papillon bewegt sich mit schnellem, freiem und elegantem Schritt. Üppiges, feines, seidiges Haarkleid, das an den Seiten und am Körper flach herunter hängt. Kopfhaar kurz und dicht. Auch das Haar an den Vorder- und Hinterläufen unterhalb des Sprunggelenks sollte kurz und dicht sein. Ohren gut befranst, dichte Halskrause, Hinterläufe durch üppige Hosen bedeckt. Rückseite der Vorderläufe befedert.

Papillons sind überwiegend weiß und haben Flecken jeder Farbe mit Ausnahme von Leberfarbe. Dreifarbigkeit gestattet. Die Farbe sollte immer Ohren wie Augen bedecken. Eine symmetrische Kopfzeichnung wird bevorzugt.

PARSON JACK RUSSELL TERRIER

FCI-Gruppe 3, Standard Nr. 339
Ursprungsland: Great Britain
Zucht 1994: D 174, A 64, CH 157, GB 345

Im Jahre 1819 schlenderte ein Theologiestudent des Exeter College in Oxford quer über die Magdalen Wiesen, traf zufällig den Milchmann, der in Marston Milch auslieferte. Dieser führte einen Terrier mit sich. Der Student war der künftige Reverend Parson Jack Russell. Nach dem Biographen und Freund Russells, Reverend »*Otter*« Davies, war dieser Terrier so, wie ihn sich Parson Jack Russell immer erträumt hatte. Dieser Terrier *Trump* war es, auf dem über einen Zeitraum von mehr als 60 Jahren Jack Russell seine eigene Linie Fox Terrier aufbaute. Davies Beschreibung von Trump lautet: »Vorwiegend von weißer Farbe hatte er jeweils einen dunkelohrfarbenen Fleck über jedem Auge und Ohr, ein ähnlicher Fleck - nicht größer als ein Pennystück - markierte die Rutenwurzel. Sein Fell war dicht, eng anliegend und etwas drahtig, gut geeignet, um den Körper gegen Nässe und Kälte zu schützen. Es besaß keinerlei Ähnlichkeit mit dem langen, groben Haarkleid eines Scotch Terriers. Seine Läufe waren kerzengerade, die Pfoten perfekt. Lendenpartie und anatomischer Aufbau des ganzen Hundes zeigten, daß der Hund robust und ausdauernd war. In Größe und Schulterhöhe konnte man diesen Hund am besten mit einer ausgewachsenen Füchsin vergleichen.«

Erst 1989 erkannte der Englische Kennel Club diese Terrierrasse endgültig an. Ihre Anhänger waren immer entschlossen, genau den Typ Terrier zu erhalten und zu züchten, der von Parson Jack Russell stets angestrebt wurde. Im Mittelpunkt ihres Bemühens steht die jagdliche Einsatzfähigkeit dieser Hunde.

Die Eintragungszahl beim Kennel Club liegt ganz erheblich niedriger als die Zucht in England, wo verschiedene Vereine untereinander konkurrieren. Ähnliches gilt für die deutschen Eintragungszahlen. Jedenfalls beweisen die Meldezahlen auf Spezialveranstaltungen, wie groß die Anhängerschaft der Rasse ist.

Parson Jack Russell Terrier

PEKINGESE

FCI-Gruppe 9, Standard Nr. 207
Ursprungsland: China (Great Britain)
Zucht 1994: D 255, A 4, Ch 27, GB 1.832,
USA 15.306

HERKUNFT UND RASSEGESCHICHTE

Daß es sich beim Pekingese um eine sehr alte Hunderasse handelt, ist unbestritten, aber der genaue Ursprung dieser chinesischen Rasse ist in den Geheimnissen ihres Landes verborgen. Den Pekingesen als einen Nachkommen zwischen einem Löwen und einer Marmorstatue zu sehen, ist zwar eine köstliche Vorstellung, muß aber sicherlich als Legende vernachlässigt werden. Danach soll sich ein Löwe in eine Marmorstatue verliebt, bei einem Heiligen die Bitte geäußert haben, so verkleinert zu werden, daß er mit dieser im Ehestand leben könne. Und die Geschichte fährt fort, der Heilige habe diese Bitte erfüllt, Löwe und Marmorstatue hätten glücklich zusammengelebt, ihr Sproß sei dann der kaiserliche Pekingese gewesen.

Über Jahrhunderte gab es in China heilige Hunde, zierliche, listige, kleine Kerle, deren steinerne Abbildungen die kaiserlichen Paläste und die Schreine vornehmer Chinesen zieren. Ihre Gesichtszüge ähneln dem heutigen Pekingesen bemerkenswert. Ein kräftiger Kopf, kurzer, breiter Vorderkopf, Nase hochliegend, zwischen großen, grünen Augen. Kurze, gekrümmte Läufe, löwenartig geformter Körper, deutliche Mähne und die Rute über dem Rücken gerollt getragen. Dies sind alles auch Merkmale des Pekingesen.

Es erscheint nahezu sicher, daß der Pekingese gemeinsame Vorfahren mit anderen asiatischen Hunderassen besitzt. Aus planmäßiger Zucht entstanden hier verschiedene Hunderassen, jede mit ganz eigenen Merkmalen.

In den verschiedenen kaiserlichen Dynastien Chinas wurde der Pekingese in großem Ansehen gehalten, in einigen etwas mehr als in anderen. In der Manchudynastie nahm der Pekingese eine besonders hohe Stellung am Kaiserhof ein, wurde aufgrund seiner Klugheit und Eigenart gehätschelt und hoch geschätzt. Oft wurden die Hunde auf Seide gemalt, und diese Bilder zeigen eine Rasse, die eindeutig der Pekingese ist. Einer der Hauptförderer der Rasse war die Kaiserin Witwe Tzu Hsi.

Während der Pekingese in den Gemächern der königlichen Paläste gezüchtet und verwöhnt wurde, blieb er außerhalb der Mauern des Palastes weitgehend unbekannt. Jeder Schmuggelversuch aus dem Palast heraus stand unter schwerer Strafandrohung, nämlich dem Tod durch Steinigen. So gedieh und lebte der Pekingese, nur wenigen Privilegierten bekannt. Aber die Zeiten sollten sich ändern.

1860, ausgelöst durch Strafaktionen des Kaisers, marschierten Truppen der westlichen Nationen, angeführt von den Engländern und Franzosen, in den kaiserlichen Palast in Peking ein. Die Höflinge flohen, nahmen all ihre kostbaren Besitztümer einschließlich der Löwenhunde mit sich, aber fünf Pekingesen fielen in die Hände britischer Offiziere, wurden mit nach England genommen.

Keiner der fünf Hunde wog mehr als 6 Pounds (2,7 kg), was eindeutig darauf hinweist, daß die echten Pekingpalasthunde von kleiner Statur waren. Von den fünf Hunden wurde die schönste - Looty - Queen Victoria als Geschenk überreicht. Es ist unbekannt, ob diese Hündin wirklich zu einem Lieblingshund der Königin wurde. Aber sie mußte schon sehr wichtig gewesen sein, denn ein Portrait von ihr wurde von Keyl, einem Schüler Landseers, gemalt.

Admiral Lord John Hay sicherte sich ein Paar, behielt den Rüden, die Hündin wurde seiner Schwester, der Duchess of Wellington überlassen. Ein weiteres Paar erhielten Duke and Duchess of Richmond in Goodwood.

Bis in die 1890er Jahre ist wenig über die Fortschritte der Rasse in England bekannt geworden. In China änderten sich die Zeiten. Es ist ziemlich eindeutig, daß die Hofbediensteten und Diener mutiger wurden, denn Hunde aus den königlichen Palästen wurden herausgeschmuggelt und in andere Länder gebracht. Einer der ersten Importe nach 1860 war ein Rüde namens *Pekin Peter*, von Mrs. Loftus Allen 1893 importiert. Ihr Ehemann war Seekapitän, unternahm mehrere Reisen in den Orient, brachte so viele Pekingesen mit nach Hause wie er beschaffen konnte. In Chester hatte Pekin Peter sein erstes Auftreten im Ausstellungsring, nachweislich das erste Mal, daß in einem englischen Ausstellungsring ein Pekingese gezeigt wurde. Er wurde in der Klasse für *Foreign Dogs* gemeldet. Aber niemand weiß, was die Leute in dieser Zeit über den Hund dachten oder welchen

Pekingese

Eindruck sie gewinnen sollten. Mrs. Loftus Allen muß ihre Zweifel gehabt haben, denn in einer Anzeige im *Ladies Kennel Journal* wurde er als »Chinesischer Mops« ausgeschrieben, empfohlen, ihn mit englischen rauhhaarigen Möpsen zu paaren. Sein Deckgeld betrug bei Paarung mit einem englischen Mops vier Guineas, mit einem chinesischen Mops fünf Guineas. Die Rasse machte über die nächsten Jahre nur langsame Fortschritte, aber das Jahr 1896 sollte schließlich zu einem der wichtigsten Daten in der Rassegeschichte werden. Zu dieser Zeit importierte Mrs. Loftus Allen ein berühmtes Paar schwarzer Pekingesen, *Pekin Prince* und *Pekin Princess*. Hinzu kam ein zweites Paar - *Ah Cum* und *Mimosa* - welches die Popularität des Pekingesen sicherte.

Mrs. Allen war die erste ernsthafte Ausstellerin in der Rasse, es gab ausgeprägte Widerstände gegen die Schwarzen, aber Prince wurde zum führenden Sieger seiner Tage. Zu dieser Zeit wurde die Rasse *Pekingese Spaniel* genannt. Ah Cum war ein roter Pekingese, wurde von seiner Besitzerin Mrs. T. Douglas Murray nicht viel ausgestellt. Aber als sie zufälligerweise mit Lady Algernon Gordon Lennox, der Schwiegertochter von Duke und Duchess of Richmond zusammenkam, war seine Zukunft gesichert. Er wurde mit den Hündinnen der Goodwood-Linie gepaart, damit zum führenden Deckrüden seiner Zeit. Fast jeder heutige Pekingese im Ausstellungsring quer durch die ganze Welt läßt sich in seiner Ahnenreihe direkt bis zur Linie von Ah Cum zurück verfolgen. Um die Jahrhundertwende war der Grundstein für die Rasse Pekingese fest gelegt, bald erfolgte ein gleichmäßiger Marsch bis zu den Spitzen der Popularitätsskala.

Die Mehrheit der Pekingeseliebhaber waren auch Züchter von Japanese Chin, deshalb wurde ursprünglich der Pekingese vom Japanese Spaniel Club betreut. 1898 wurde der erste Rassestandard aufgestellt, vier Jahre später der Pekingese Club gegründet. 1903 wurde der erste Pekingese zum Champion, ein Rüde namens Goodwood Lo. Ihm folgte die erste Pekingese Hündin als Champion, Gia Gia. 1908 gründeten die früheren Mitglieder des Pekingese Club die *Peking Palace Dog Association*, ihr Ziel war es, ein Gewichtslimit von 4,5 kg für die Rasse festzulegen. Über viele Jahre wurde kein Hund zu Ausstellungen dieser Association zugelassen, der mehr als 4,5 kg wog.

1909 wurde der Pekingese Club of America gegründet, aber zuvor war die Rasse bereits in den USA recht gut etabliert. Man hatte Pekingesen aus England importiert, aber die erste amerikanische Championhündin (schwarz namens Chaou Ching Ur) stammte aus China, direkt aus dem Kaiserpalast in Peking. Sie war ein persönliches Geschenk der Kaiserin Witwe an Dr. Cotton. Der erste amerikanische Championrüde war Tsang of Downshire, stand im Besitz von Mrs. Morris Mandy.

WESEN

Der Pekingese hat seinen eigenen Verstand und Willen - möchte gerne auf seine persönliche Art leben. Er kann recht dickköpfig und ungehorsam sein, hat dabei aber den Mut eines Löwen. Möglicherweise ist seine Unabhängigkeit und sein Selbstbewußtsein eines seiner liebenswertesten Merkmale. Er ist aber weder ausgeprägt widerspenstig noch unterwürfig. Für die Erziehung eines Pekingesen braucht man einfach Konsequenz. Wenn er erst einmal weiß, wer sein Herr ist, ist es ein Vergnügen ihn zu besitzen. Er wird die Autorität respektieren und sich den Wünschen fügen.

Wird er gemeinsam mit Kindern aufgezogen, betet er sie an. Ist er jedoch Spielgefährte älterer Kinder oder Lebensgefährte eines kinderlosen Ehepaars, wird er möglicherweise kleine Kinder nicht besonders mögen.

Der Pekingese ist hoch intelligent, hat einen Hauch von Würde, ererbt von seinen kaiserlichen Vorfahren. Er kann auch ein vorzüglicher Wachhund sein, warnt seinen Besitzer vor sich annähernden Fremden. Dies ist keine Rasse, die unnötig kläfft, ganz im Gegensatz zu der landläufigen Meinung, daß er dies manchmal tue.

Der Pekingese ist ein Hund von großer Schönheit, aber wahrscheinlich ist sein Wesen seine größte Tugend. Er sollte absolut furchtlos sein, nie aber aggressiv, munter, nie furchtsam. Er ist ein Hund von großem Mut, kühn mit deutlichem Selbstbewußtsein.

GESUNDHEIT

Der Pekingese ist ein Wesen mit kräftigem Herzen und Langlebigkeit ist die Norm. Für einen Pekingesen ist es nicht ungewöhnlich, ohne Schwierigkeiten ein Alter von 15 bis 17 Jahren zu erreichen. Richtige Fellpflege ist wichtig. Eine tüchtige Pflege einmal wöchentlich hält die Haut gesund. Im allgemeinen ist der Pekingese kein schlechter Fresser, wenn man ihn aber verwöhnt, könnte er recht wählerisch werden.

Seine Augen müssen sorgfältig überwacht werden. Durch ihre Größe und das flache Gesicht werden die Augen leichter verletzt als bei vielen anderen Rassen. Man hält die Augen klar, indem man sie mit einer milden Salzlösung auswäscht, Augensalbe bereits beim ersten Anzeichen einer Erkältung oder von Blinzeln anwendet. Das Sprichwort: ein Stich zu rechter Zeit erspart neun spätere, gilt auch hier. Warte nie, bis das Auge sich porzellanblau verfärbt oder zu eitern beginnt.

PFLEGE UND ERZIEHUNG

Obgleich der Pekingese eigenwillig ist, bei Beharrlichkeit seines Besitzers läßt er sich leicht erziehen, sogar für Unterordnungprüfungen ausbilden. Nie darf man an einem Pekingesen verzweifeln. Bei der Erziehung zur Leinenführigkeit kann es fünfzigmal passieren, daß er sich weigert zu folgen. Aber exakt beim einundfünfzigsten Versuch marschiert er plötzlich los, als habe er sein ganzes Leben lang nichts anderes getan.

Geduld ist bei der Erziehung dieser Rasse das Schlüsselwort. Nie nachgeben und immer den Hund daran erinnern, daß Du das Sagen hast.

ANPASSUNGSFÄHIGKEIT

Ein Pekingese paßt sich seiner Umgebung, der Umwelt und den Lebensumständen gut an. Er fühlt sich in einem kleinen Appartement genauso zu Hause wie auf einem großen Landsitz. Er kann der Gefährte einer einsamen älteren Person sein, genauso gut aber auch eines jungen Paars mit heranwachsenden Kindern. Ein unabhängiger Hund, der weder laufende Aufmerksamkeit braucht noch fordert. Diese Hunde sind etwas katzenähnlich, aber sie lieben es, ihren Menschen Vergnügen zu bereiten. Er fühlt sich glücklich, wenn er in einer größeren Meute ist, lebt aber genauso fröhlich, wenn er der einzige Hund im Haushalt sein darf.

RASSEMERKMALE

Der Pekingese ist ein Zwerghund, als solcher muß er klein sein. Der amerikanische Standard enthält ein Gewichtslimit von 6,3 kg. Der englische Standard sieht für einen Rüden das Idealgewicht bis 5 kg, bei einer Hündin von 5,4 kg. Ein Pekingese mit richtigen Proportionen hat bei einem Gewicht von 5,4 kg etwa eine Schulterhöhe von 18 cm. »Klein« bedeutet bei einem Pekingesen nicht zierlich. Die Bezeichnung *Multum in Parvo* des Mops-Standards könnte man gleichermaßen auf den Pekingesen anwenden. Man erwartet eine ganze Menge Hund in kleiner Verpakkung, kurz, untersetzt und kompakt, mit großem Kopf, kräftigen Knochen und guter Rippenwölbung. Der Pekingese sollte klein aussehen, aber viel wiegen. Der Kopf ist das wichtigste Merkmal der Rasse, im Verhältnis zum Körper muß er groß sein. Er muß auch breit sein, Oberkopf flach, Ohren in gleicher Höhe angesetzt. Die Ohren umrahmen das Gesicht, vermitteln dadurch den Eindruck von Breite. Das Nasenleder ist schwarz, breit, mit offenen Nasenlöchern, gut zwischen den Augen eingesetzt, die breit auseinanderstehen, groß, rund, dunkel und leuchtend sind. Die Augen müssen einen kühnen Blick haben, dürfen aber nie hervortreten, auch kein Weiß zeigen. Das Kinn ist kräftig, fest, deutlich ausgeprägt, Kiefer mit Vorbiß. Alle diese Merkmale des Kopfes ergänzt durch das wichtigste Merkmal - das flache Gesicht - unterscheiden diese Rasse von allen anderen.

Da der *Peke* kompakt ist, erfordert dies einen kurzen, dicken Hals, der den Eindruck vermittelt, daß der Kopf praktisch zwischen den Schultern eingesetzt ist. Körper kompakt mit guter Rippenwölbung, sich Richtung Lende und Hinterhand deutlich verschmälernd. Man nennt dies häufig eine »Birnenform«, eine durchaus brauchbare Beschreibung. Die Hinterläufe stehen enger, sind in den Knochen leichter als die Vorderläufe, wobei die Hinterpfoten nach vorne gerichtet stehen. Vorderläufe schwer, gut gebogen, mit nach außen gedrehten Pfoten. Gut zurückgelegte Schultern, der Körper gut zwischen die Läufe gebettet, mit breiter Brust.

Dieser Körperbau und die Form der Läufe bewirken den typisch rollenden Gang, ein ganz wesentliches Rassemerkmal. Die Bewegung sollte frei und fließend und dabei rollend sein, niemals trabend oder gar hochsteppend. Man soll den Pekingesen immer in einer Gangart bewegen, die seine Würde und seinen Adel zeigen. Alles andere würde das kompakte Aussehen, das von der Rasse gefordert wird, schmälern. Rute hoch angesetzt und über dem Rücken getragen.

Das Haarkleid bildet die Krönung der Schönheit des Pekingesen, es ist doppelt - Deckhaar und Unterwolle. Befransung von Rute, Ohren, Läufen und Hosen lang, dicht und in der Struktur etwas weicher als am übrigen Körper. Die Mähne dicht um den Hals, um die Schultern eine Art Cape bildend. Vor dem Hals ist das Haar von harter Struktur, man nennt dies häufig den »Bib« (Latz).

Die Rassecharakteristik ist die Mähne, über die letzten Jahre hat sie sich aber leider langsam deutlich verringert. Niemals darf das Haar aber so lang sein, um die Formen des Hundes zu verwischen.

PERDIGUEIRO PORTUGUÊS

Der Portugiesische Vorstehhund ähnelt sehr dem English Pointer, hat aber einen runderen Kopf, ausgeprägteres »Dishface« (eingesenkte Profillinie) und einen mehr gerundeten Rippenkorb. Die Rasse wird in ihrem heutigen Typ schon über Hunderte von Jahren gezüchtet, ausschließlich als Jagdhund eingesetzt.

Widerristhöhe zwischen 48 und 60 cm. Körper rechtwinklig, starke Muskulatur, gute Knochen. Ohren ziemlich hoch angesetzt und am Ansatz breit. Rute gewöhnlich auf halbe Länge kupiert. Haarkleid glatt. Farbe: alle Schattierungen von Falb oder Rot, mit und ohne weiße Markierungen.

FCI-Gruppe 7, Standard Nr. 187,
Ursprungsland: Portugal

Perdigueiro Português

PERDIGUERO DE BURGOS

Dieser spanische Vorstehhund gilt als eine der ältesten Rassen, sein Typ hat sich über Jahrhunderte ziemlich gleich erhalten. Zahlenmäßig wurde die Rasse über zwei Weltkriege stark reduziert, hat sich aber nach dem Zweiten Weltkrieg wieder erholt. Sie ist noch immer selten, wird kaum außerhalb von Spanien angetroffen. Ihr Einsatz erfolgt ausschließlich als Jagdhund.

Widerristhöhe 65-75 cm. Körper leicht rechtwinklig, ziemlich schwer, aber gut bemuskelt mit starken Knochen. Kopf massiv, niedrig angesetzte, gefaltete Ohren und ausgeprägte Hängelefzen. Die Rute wird auf halbe Länge kupiert.

Haarkleid glatt, Farbe Leberbraun mit feiner Sprenkelung und großen braunen Flecken auf Körper, Kopf und Ohren - sogenannte leberbraune Schimmelung.

FCI-Gruppe 7, Standard Nr. 090,
Ursprungsland: Spanien

Perdiguero de Burgos

PERRO DE AGUA ESPAÑOL

Dieser spanische Wasserhund wurde erst vor kurzem durch die Fédération Cynologique Internationale anerkannt, obgleich er eine sehr alte Varietät der Familie der Wasserhunde darstellt. Man darf diese Rasse nicht mit dem französischen *Barbet* oder dem italienischen *Lagotto* verwechseln. Obgleich dies alles Wasserhunderassen mit lockigem Haarkleid sind, gibt es eindeutige Unterschiede im Typ. Der Perro de Agua Español ist in erster Linie als Wasserhund bekannt, der dem Jäger Beute aus dem Wasser apportiert. Er arbeitet in seiner Heimat aber auch als Schäferhund. Die Rasse ist sehr selten, man trifft sie aber in Europa zuweilen an.

Widerristhöhe 38-50 cm. Körper rechteckig, gut bemuskelt, kräftige Knochen. Kopf etwas lang gestreckt, Oberkopf und Nasenrücken verlaufen in parallelen Linien. Hals kurz und muskulös. Rute sehr kurz kupiert oder von Geburt an Stummelrute. Haarkleid ausgeprägt gelockt, von wollener Struktur. Entweder kurz geschoren oder, bei lang gelassenem Haar, in dünnen, korkenähnlichen Locken geflochten. Anerkannte Farben sind Schwarz, Leberbraun oder Weiß, mit oder ohne schwarze oder leberbraune Flecken. Dreifarbig ist nicht zulässig.

Spanish Water Dog,
FCI-Gruppe 8, Standard Nr. 336
Ursprungsland: Spanien

Perro de Agua Español

PERRO DE PRESA MALLORQUIN

Diese spanische Rasse stammt von den balearischen Inseln, wurde dort *Ca de Bou* genannt. Sie soll ursprünglich ein Kampfhund gewesen sein. Heute wird der Perro de Presa Mallorquin als Wachhund eingesetzt, ist selbst in Spanien sehr selten.

Widerristhöhe etwa 56 cm. Körper kompakt, stark bemuskelt, kräftige Knochen, leicht aufgewölbte Rückenlinie.

Kopf massiv mit ausgeprägter Backenmuskulatur, kräftiger, breiter und nicht zu langer Fang. Bulldogartig getragene Ohren, die Hunde haben ein sogenanntes Rosenohr.

Normalerweise wird die Rute kurz kupiert. Haar kurz, von harter Struktur. In der Regel jede falbe Farbe, von sehr blassem Gelb bis zu dunklem Rot oder Gestromt.

Chien de Combat de Majouque
FCI-Gruppe 2, Standard 249,
Ursprungsland: Spanien

Perro de Presa Mallorquin

PERUANISCHER NACKTHUND

FCI-Gruppe 5, Standard Nr. 310
Perro Sin Pelo del Perù, Inca Orchid Dog
Zucht 1994: D 18, A 1, CH 1

Der Peruanischer Nackthund tritt in drei Größen auf. Er ähnelt dem *Chinese Crested Dog* und dem *Mexican Xoloitzcuintli*. Archeologische Grabungen in Peru haben Hunde gleichen Typs gefunden, demnach muß diese Rasse schon über mehr als tausend Jahre bestehen. In Europa ist die Rasse sehr selten, hat aber zunehmendes Interesse gefunden.

Widerristhöhe aufgeteilt nach drei Größengruppen: Standard (Grande) 50-65 cm, Mittel (Medio) 40-50 cm und Klein (Pequeño) 25-40 cm. In allen Größen ist die Rasse elegant aufgebaut, mit langem, leicht keilförmigen Kopf. Die Ohren werden aufrecht getragen. Die Haut ist glatt und geschmeidig, auf Kopf, Pfoten und Rutenspitze ist etwas Behaarung zulässig. Farbe schwarz oder jede Grau- oder Leberfarbenschattierung, mit oder ohne rosa Fleckung in den unteren Körperpartien.

Peruanischer Nackthund

PETIT BLEU DE GASCOGNE

Der Petit Bleu de Gascogne ist eine kleinere Form des Grand Bleu de Gascogne, wurde zur Jagd auf kleineres Wild wie Hase, Fuchs und Reh gezüchtet. Die Rasse ist mit ihrem größeren Verwandten nicht identisch, hat insbesondere einen kürzeren Rücken. Der Stop ist trotz des langen schmalen Kopfes nicht so ausgeprägt. Die Ohren sind lang, werden aber nicht wie beim Grand Bleu de Gascogne so stark gefaltet getragen. Die Widerristhöhe sollte etwa 48-56 cm betragen. Haarkleid kurz und fein, in den traditionellen Farben des Grand Bleu de Gascogne - Blau geschimmelt mit großen, schwarzen Flecken oder schwarzem Mantel, schwarzen Flecken an den Seiten des Kopfes und auf den Ohren, zusätzlich lohfarbene Markierungen. Selbst in Frankreich ist die Rasse selten.

FCI-Gruppe 6, Standard Nr. 031,
Ursprungsland: Frankreich

Petit Bleu de Gascogne

PHARAOH HOUND

FCI-Gruppe 5, Standard Nr. 248
Ursprungsland: Malta (Great Britain)
Zucht 1994: GB 30, USA 71

HERKUNFT UND RASSEGESCHICHTE

Der Ursprung des Pharaoh Hounds reicht bis etwa zum Jahre 3.000 v.Chr. zurück. Ursprünglich wurden die Hunde von den Ägyptern zur Gazellenjagd gezüchtet und schon vor der christlichen Zeit durch phönizische Händler von Ägypten nach Malta gebracht. In Malta wurde der Pharaoh Hound zur Jagd auf Kaninchen gezüchtet, nur die erfolgreichsten Arbeitshunde wurden zur Zucht eingesetzt. Im Jahre 1979 wurde der Pharaoh Hound zum Nationalhund von Malta erklärt.

Die ersten Pharaoh Hounds kamen in den 1930er Jahren nach England, wurden aber nicht vor 1963 ausgestellt. 1967 wurde der erste Pharaoh Hound in die Vereinigten Staaten eingeführt, der erste amerikanische Wurf erfolgte 1970.

WESEN

Der Pharaoh Hound gibt seinen Gefühlen mehr Ausdruck als andere Windhunde. Die Rasse sucht menschliche Gesellschaft, fordert Betreuung. Das macht diese alte Rasse zum vorzüglichen Familienhund.

GESUNDHEIT

Weil über viele Jahrhunderte immer nur mit den fähigsten und durchgezüchteten Pharaoh Hounds gezüchtet wurde, gibt es in dieser Rasse kaum irgendwelche Gesundheitsprobleme. Die Rasse wurde nie populär genug, um unter gewissenloser Massenzucht zu leiden.

PFLEGE UND ERZIEHUNG

Pharaoh Hounds möchten immer ihrem Besitzer gefallen, reagieren auf Erziehung sehr gut, vorausgesetzt, der Hund wird tüchtig gelobt, wenn er gehorcht. Die Rasse erfordert normale Pflege. Wöchentliche Kontrolle der Krallen, wenn der Hund nicht durch richtige Bewegung die Krallenspitzen abläuft. Auch die Zähne sollten regelmäßig gepflegt werden. Aufgrund seines kurzen Fells braucht der Pharaoh Hound Schutz vor Kälte. Man sollte ihm ein weiches Lager geben, mit einer schafsfellähnlichen Unterlage, die Wärme speichert. Man sollte dem Pharaoh Hound beibringen, ruhig an der Leine zu gehen. Er muß lernen, auf Anruf sofort zu kommen, bevor man ihn frei laufen lassen kann, andernfalls könnten ihn seine Jagdinstinkte mitreißen, der Beute nachzujagen, die er mit dem Auge oder der Nase wahrnimmt.

ANPASSUNGSFÄHIGKEIT

Die Rasse paßt sich gut und schnell neuen Umweltbedingungen an. Sie schließt sich bereitwillig jedem und allem an, die ihr Liebe und Gesellschaft bieten. Im allgemeinen ein ruhiger Hund, so daß er sich gut eingliedert und immer anpaßt.

RASSEMERKMALE

Diese konzentrieren sich auf die wichtigen Merkmale, welche die Rasse zur Jagd braucht, sind ausgerichtet auf große Schnelligkeit, Ausdauer und lange Stunden der Arbeit. Der Hund vermittelt den Eindruck mittlerer Größe, hat elegante äußere Linien. Rüden etwa 58-63 cm, Hündinnen 53-61 cm groß. Der sehr aufgeweckte Ausdruck liegt in den bernsteinfarbenen Augen, sehr beweglichen Ohren, die hoch angesetzt, am Ansatz breit und recht groß sind.

Der Oberkopf ist lang und schmal, Fang etwas länger als Oberkopf. Gebiß normal, kräftige Kiefer, Scherengebiß. Haarkleid kurz, glatt und leuchtend, alle Farben von leuchtender Lohfarbe bis Kastanienbraun, verschiedene weiße Markierungen. Weiße Rutenspitze ist sehr erwünscht. Weißer Brustfleck (Stern genannt), weiße Zehenspitzen, eine schmale weiße mittlere Gesichtsblesse sind erlaubt. Ein Pharaoh Hound mit einfarbigem weißen Fleck am Nacken, auf der Schulter oder irgendeiner Stelle des Rückens oder der Seiten wird in den USA disqualifiziert.

Die Rute ist lang, reicht bis zum Sprunggelenk oder etwas darunter. In der Bewegung trägt der Pharaoh Hound die Rute peitschenartig in leichter Kurve. Niemals sollte er die Rute zwischen die Hinterläufe einklemmen. Die Rasse muß sich mit Leichtigkeit bewegen, um für die Jagd voll tauglich zu sein. Der Pharaoh Hound jagt sowohl nach dem Auge wie nach der Nase.

Pharaoh Hound

PINSCHER

FCI-Gruppe 2, Standard Nr. 184
Ursprungsland: Deutschland
Zucht 1994: D 101, A 25, CH 5, GB 14

Pinscher und Standardschnauzer werden heute allgemein als Ursprung der Pinscher-Schnauzer-Schläge angesehen, die als andere Rassen bekannt sind - Zwergpinscher, Riesenschnauzer und Zwergschnauzer. Mittelgroße Pinscher und Schnauzer waren ursprünglich die gleiche Rasse, mit einer glatthaarigen und rauhhaarigen Varietät.

In erster Linie waren sie Bauernhunde, die zur Rattenjagd dienten. Diese Hunde waren so verbreitet, daß man sich eigentlich nicht viel darum kümmerte, bis Ende des 19. Jahrhunderts Hundeausstellungen und Hundezucht populärer wurden. Man glaubt allgemein, daß es diese Art Hundetyp schon über Tausende von Jahren in Deutschland gab.

Der Rassename »Pinscher« wird verschiedentlich auf das englische Wort »Pin« oder auf das französische »Pincer» zurückgeführt, beides bedeutet eigentlich nur »Schnappen« oder »Kneifen«. Der Rassename ist wohl darauf zurückzuführen, daß diese Hunde in bestem Ruf als tüchtige Rattentöter stehen.

Obwohl der Pinscher die ursprünglichste dieser Rassen ist, ist er am wenigsten bekannt. Das überrascht, wenn man seine brauchbare Größe und sein leicht zu pflegendes Haarkleid bedenkt. Laut Berichten einiger Züchter hatte der Pinscher aber einige Zeit den nur schwer auszurottenden Ruf, als Wachhund - sowohl wesensmäßig als auch in der Zuverlässigkeit - etwas schwierig zu sein.

Widerristhöhe 45-50 cm. Quadratischer, kompakter Körperbau, die Hunde dürfen nie grob oder plump wirken. Elegante äußere Linie, kombiniert mit Kraft und Substanz, ähnlich Dobermann und den Schnauzerrassen. Der Pinscher sollte immer aufmerksam wirken, voller Vitalität. Der deutsche Rassestandard ist mit dem des Zwergpinschers identisch, hat auch Parallelen zum Dobermann.

Das Haarkleid der Rasse ist glatt, hart und glänzend, Farben leuchtend rot oder schwarzlohfarben.

Pinscher

PLANINSKY GONIC

Dieser slowenische Laufhund ist auch bekannt als »*Slowenischer Berglaufhund*«; er jagt und zieht wie der Bayerische Gebirgsschweißhund auf den Fährten nach. Dem Hund wird dabei ein Geschirr mit einer langen Suchleine angelegt, um angeschweißtem Wild nachzusuchen. Die Rasse wird ausschließlich zur Jagd eingesetzt, außerhalb der Region trifft man sie nur selten an.

Widerristhöhe etwa 45-55 cm. Der Körper ist betont rechteckig, stark bemuskelt, die Hunde haben gute Knochen. Kopf ziemlich breit mit flachem Oberkopf und dreieckigen Ohren, die ohne Faltenbildung eng an den Wangen anliegen sollten, nicht zu hoch angesetzt sind. Haarkleid kurz, hart, leuchtend. Farbe Schwarz mit leuchtend lohfarbenen Markierungen.

Planinsky Gonic

FCI-Gruppe 6, Standard Nr. 279,
Ursprungsland: Slowenien

PODENCO CANARIO

Diese spanische Rasse stammt von den Kanarischen Inseln, ähnelt dem Podenco Ibicenco sehr. Beide Rassen werden vielfach als Windhunde angesehen, wurden aber von der Fédération Cynologique Internationale unter dem Begriff »Urtyp - Hunde zur jagdlichen Verwendung« eingereiht.

Noch heute wird der Podenco Canario zur Kaninchenjagd eingesetzt, geht in seinem Ursprungsland der alten Jagdmethode des Coursings nach. Die Rasse ist auch in Spanien sehr selten.

Widerristhöhe etwa 53-64 cm. Körper rechteckig, schlank, aber gut bemuskelt.

Kopf lang, in der Form eines schmalen Keils. Ohren groß, hoch angesetzt und aufrecht getragen.

Fell glatt und fein. Farbe jede Rotschattierung, mit oder ohne weiße Abzeichen. Schwarze Pigmentbildung wird als Fehler angesehen.

FCI-Gruppe 5, Standard Nr. 329,
Ursprungsland: Spanien

Podenco Canario

PODENCO IBICENCO

FCI-Gruppe 5, Standard Nr. 089
Ibizan Hound
Ursprungsland: Spanien
Zucht 1994: GB 13, USA 108

HERKUNFT UND RASSEGESCHICHTE

Wie der Name schon erwarten läßt, stammt der Podenco Ibicenco von Ibiza, einer spanischen Insel, die schon viele Herrscher gesehen hat, einschließlich Araber, Vandalen, Carthager, Römer, Chaldäer und Ägypter.

Der Podenco Ibicenco kann bis etwa 3.400 v.Chr. zurück verfolgt werden, damals war er der Jagdhund der Pharaonen. Seine einzelnen Merkmale veranlaßten Ägyptologen, den Ibizan Hound als gleichen Hund zu identifizieren wie ihn Künstler in den Gräbern der Pharaonen überliefert haben. Man nannte die Rasse auch den *Galgo Hound*. Ein Duplikat des heutigen Pharaoh Hounds wurde im Grab von Tutenchamun entdeckt. Die Ähnlichkeit zwischen dem *Pharaoh Hound* damals und dem heutigen Podenco Ibi-

Podenco Ibicenco, Kurzhaar

cenco ist so groß, daß die meisten Wissenschaftler heute glauben, daß der Pharaoh Hound und der Podenco Ibicenco ein und dieselbe Rasse sind. Allgemein wird angenommen, daß phoenizische Händler den Podenco aus Ägypten nach Ibiza brachten. Man glaubt auch, daß der Podenco Ibicenco zu den Hunden gehörte, die Hannibal und seine Elefanten begleiteten, als er seine schwierige Überquerung der Alpen bewerkstelligte.

Es dauerte jedoch bis zum Jahr 1956, bis Colonel und Mrs. Seoane von Rhode Island die ersten Ibizan Hounds in die Vereinigten Staaten brachten. Es handelte sich dabei um zwei Originalimporte, Hannibal und Certera, aus denen der erste amerikanische Wurf geboren wurde. Diese Nachzuchten wurden gemeinsam mit einigen weiteren Importen das Ausgangsmaterial der Rasse in den USA. Anders als andere windhundähnliche Rassen kann der Podenco Ibicenco nicht nur nach dem Auge, nach Geruch, sondern auch nach dem Ohr jagen. Man nimmt an, daß neben dem Greyhound und Saluki ägyptische Molosser mit zu den Merkmalen des Ibizan Hounds beigetragen haben. Die verhältnismäßige Isolation des alten Ägyptens trug wesentlich zu der Reinheit der Podenco Ibicenco bei, half dazu, die Rasse über die Jahre unverändert zu erhalten.

WESEN

Wie die meisten greyhoundähnlichen Hunde ist der Podenco Ibicenco ein loyaler, liebevoller Hund, meist von recht ausgeglichenem Wesen. Es ist der Rasse nicht gegeben, ihre Liebe durch große Gesten auszudrücken. Diese Hunde sind ruhig, loyal und schenken dem Menschen einfach ihre Liebe.

Sie haben ein ganz besonderes Spielverhalten, drehen gelegentlich riesige Kreise in wildem Galopp, vermitteln den Eindruck, daß sie sich einfach ihres Lebens freuen. Podenco Ibicencos lieben aber auch ihre Bequemlichkeit - besonders die Couch oder das Bett - und sie schmiegen sich bei kaltem Wetter gerne eng an.

GESUNDHEIT

Beim Podenco Ibicenco gibt es wenig Gesundheitsprobleme.

Über Jahrhunderte überlebten nur die Hunde, die am fittesten waren, das war in diesem Land verbreitete Auffassung. Glücklicherweise hatte der Podenco Ibicenco nicht unter planloser Zucht zu leiden, blieb in seiner originalen Form, im Körperbau wie in seiner Gesundheit.

Podenco Ibicenco, Rauhhaar

PFLEGE UND ERZIEHUNG

Der Podenco Ibicenco braucht gute, gesunde Nahrung, ist in der Pflege wenig anspruchsvoll. Er verfügt über natürliche Jagdinstinkte, läßt sich sehr leicht für die Jagd hinter dem künstlichen Hasen trainieren. Er ist auch durchaus für Ausstellungen und Unterordnungsprüfungen erziehbar.

ANPASSUNGSFÄHIGKEIT

Von früher Jugend an muß man diese Hunde erziehen, darf sie nicht unbeaufsichtigt lassen, ehe sie gelernt haben, was sie zu tun und zu lassen haben - andernfalls könnten sie ziemlich zerstörerisch werden. Ein Angewöhnen an den Käfig im Alter von acht bis zehn Wochen ist wichtig, auch beim Autofahren sollte man den Hund nur im Käfig befördern - plötzliches Anhalten und Starten kann bei einem nicht im Käfig beschränkten Tier zu Zerrungen, Prellungen und Frakturen führen. Auch die Erziehung zur Leinenführigkeit sollte früh erfolgen. Solange der Podenco Ibicenco die Gelegenheit zu täglich reichlicher Bewegung hat, gewöhnt er sich an ein Leben sowohl auf dem Land wie in der Stadt.

RASSEMERKMALE

Der Podenco Ibicenco verfügt über alle Qualitäten, die ihn zu einem guten Jäger machen. Ein Hund ohne jegliche Übertreibungen, wenn man von seinen großen Stehohren absieht, die er aber für seinen jagdlichen Einsatz braucht. Eindrucksvoll sind seine klaren, bernsteinfarbenen Augen, die großen beweglichen Ohren, die an einem langen, schmalen Kopf angesetzt sind, einen einzigartigen Eindruck vermitteln. Hinterhauptbein akzentuiert, leichter Stop, mäßig konvexer Nasenrücken unterscheiden diese Rasse von anderen Windhundtypen. Das helle Pigment rund um Augen und Nase gehört zu den einmaligen Merkmalen der Rasse. Der Körperbau ermöglicht diesen Hunden eine sehr große Schnelligkeit, hinzu kommt eine vorzügliche Ausdauer, so daß dieser Hund über lange Zeiträume zu arbeiten weiß.

Beweglichkeit ist wichtig, deshalb sollte der Hund nie zu kraftvoll bemuskelt erscheinen. Die Rasse zeigt als Merkmal einen einmaligen schwebenden Trab, wobei im allgemeinen der Vorderlauf anders als bei anderen Laufhunden zu schweben scheint, ehe er auf dem Boden aufgesetzt wird. Den Podenco Ibicenco gibt es in zwei Haararten, als Kurzhaar und Rauhhaar, wobei die kurzhaarige Varietät am verbreitetsten ist. Das Haarkleid des Rauhhaarigen variiert von 2,5-7,5 cm Länge. Beide Haartypen müssen hart, eng anliegend und dicht sein. Beim Rauhhaar tritt an Rücken, Läufen und der Rute eine leichte Befederung auf.

PODENGOS PORTUGUÈS

Mittelgroßer Kurzhaar Podengo Portuguès

Man nimmt an, daß die Podengos Portuguès ebenso wie der Cirneco dell'Etna und der Podenco Canario, der Podenco Ibicenco und der Pharaoh Hound auf alte ägyptische Rassen zurückgehen. Offensichtlich gilt dies auch für den Andalusischen Hound, der in seinem Äußeren diesen Hunden sehr ähnelt, von der FCI aber noch nicht anerkannt ist. Alle diese Rassen dienten zur Kaninchenjagd - entweder als Einzelhunde oder in einer Meute. Sie haben eine spezielle Jagdtechnik, jagen sowohl mit dem Auge wie nach der Nase. Mit der Nase nehmen sie Witterung auf, dicht bei der Beute bewegen sie sich im gewöhnlich hochstehenden Gras mit hohen, senkrechten Sprüngen. Haben sie erst einmal das Kaninchen erblickt, jagen, fangen und töten sie es, apportieren es dem Jäger.

Der Podengo kommt in drei Größen vor, groß, mittel und klein. Die jeweiligen Widerristhöhen

Kleiner Rauhhaar Podengo Portuguès

Kleiner Kurzhaar Podengo Portuguès

liegen beim *Grande* bei 55-70 cm, beim *Medio* bei 40-55 cm, beim *Pequeno* bei etwa 20-30 cm.

Der Körper ist rechtwinklig, schlank, aber gut bemuskelt, in Schulter- und Halspartie ziemlich aufrecht stehend. Kopfform dreieckig, langer Fang und eng anliegende Lefzen. Ohren hoch angesetzt, ziemlich groß und aufrecht getragen.

Haarkleid glatt und glänzend, nicht zu weich, oder rauhhaarig. Farbe: jede Rotschattierung, mit oder ohne weiße Abzeichen. Schwarze Pigmentierung wird als Fehler angesehen.

6 Varietäten in drei Größen, Kurzhaar oder Drahthaar

FCI-Gruppe 5, Standard Nr. 095
Ursprungsland: Portugal

POINTER

FCI-Gruppe 7, Standard Nr. 001
Ursprungsland: Great Britain
Zucht 1994: D 97, A 25, CH 31, GB 868,
USA 596

HERKUNFT UND RASSEGESCHICHTE

Berichte über Pointer findet man in England bis zurück zum Jahre 1650. Einige Historiker sind davon überzeugt, daß die Rasse in Spanien und Portugal entstand; andere gehen davon aus, daß diese Rassen gleichzeitig sowohl in Osteuropa wie in England gezüchtet wurden. Allgemeine Übereinstimmung scheint jedoch zu bestehen, daß die ersten Pointer, so wie wir sie heute kennen, das Ergebnis einer Kreuzung zwischen dem alten spanischen Pointer und einer feinergliedrigen Varietät des Fox Hounds sind. Diese Kreuzung sollte ein Gegengewicht zu dem *zu schweren* Einfluß früherer Bloodhound-Kreuzungen bringen, auch einige wenige, unerwünschte Merkmale von Greyhound-Einkreuzungen beseitigen - gerundete Kruppe, unterbrochene obere Linie, lange, dünne gekurvte Ruten und schlechte untere Linie. Diese Kreuzungen waren aber nicht erfolgreich, zuviel Foxhoundeinschlag führte zu steileren Schultern, runderen Knochen, gelegentlich zu langem Haarkleid und - viel zu häufig - schlechter Rutenhaltung und einem plumperen Kopf.

Im Jahre 1890 begann William Arkwright sein Buch über die frühe Pointer Geschichte zu schreiben, dreißig Jahre später brachte er sein Buch heraus, das noch heute als Grundlage der Rasse gilt. Seit dieser Zeit hat sich der gültige Rassestandard nur noch sehr wenig verändert.

WESEN

Der Pointer ist nahezu in jeder Hinsicht gehorsam, möchte seinem Besitzer gefallen. Fremden gegenüber kann er etwas zurückhaltend sein. Ein guter Pointer ist das Sinnbild des Aristokraten aller Jagdhunderassen. Es gibt nichts so Aufregendes, wie einen Pointer dabei zu beobachten, wie er den Boden absucht, Rute hoch, Nüstern breit, in den Wind nach Wildgeruch witternd.

PFLEGE UND ERZIEHUNG

Wie bei allen Jagdhunden müssen Pointerwelpen mit der bestmöglichen Ernährung aufgezogen werden, vier Mahlzeiten täglich, viel frische Luft und Sonne, geregelte Bewegung, genügend Zeit für kleine Nickerchen und sehr viel Liebe. Bereits in den ersten Monaten sollte man sie auf kurze Spaziergänge mitnehmen, so daß sie sich einer Vielfalt von Situationen gegenübersehen, das notwendige Selbstvertrauen gewinnen.

ANPASSUNGSFÄHIGKEIT

Der Pointer ist ein idealer Haushund, von mäßiger Größe und kurzhaarig. Wenn man ihn von jung an mit allem vertraut macht, wird er zu einem selbstbewußten Mitglied der Familie. Kindern gegenüber ist er freundlich, bei Annäherung Fremder schlägt er Alarm.

RASSEMERKMALE

Balance und Symmetrie sind beim Pointer wichtiger als Schulterhöhe. Trotzdem liegt die Widerristhöhe bei Rüden bei 63-71 cm, Gewicht 25-34 kg. Bei Hündinnen betragen die Idealmaße Widerrist 58-66 cm, Gewicht 20-30 kg. Pointer gibt es in vier Farbschlägen: Leberfarben, Schwarz, Orange und Zitronenfarben, in aller Regel immer mit Weiß kombiniert. Es werden aber auch einfarbige Hunde akzeptiert, obwohl man sie heute nur noch selten antrifft. Orange ist eine andere Farbe als Zitrone (Lemon), weniger in der Intensität der Haarfarbe, vielmehr geht es um Pigmentunterschiede an Nase und Auge. Orangefarbene sollten eine dunkle oder schwarze Nase und Augenpigmentierung haben, Lemons sind heller bis fleischfarben im Pigment. Dies hat in erster Linie für die Zucht in der Farbgenetik seine Bedeutung. Wichtig ist, was der Standard ausdrücklich vorschreibt: »Ein guter Pointer kann keine schlechte Farbe haben.« Der Pointer hat zwei herausragende Merkmale, Kopf- und Rutenhaltung. Der Kopf ist von mittlerer Breite, etwa so breit wie die Länge des Fangs, bei einer leichten Furchenbildung zwischen Augen und Wangen. Beim ausgewachsenen Hund wirkt der Kopf etwas ziseliert, wobei mit dem Heranreifen des Hundes sich die Ziselierung laufend verändert. Ausgeprägter Stop. Fang von guter Länge, wobei das Nasenbein so geformt ist, daß die Nase an der Nasenspitze etwas höher steht

Pointer

als der Fang am Stop. Hierdurch entsteht das charakteristische Dishface (eingesenkte Profillinie), das für das Witterungsvermögen als nützlich angesehen wird. Nase groß mit breiten Nasenlöchern. Nach dem amerikanischen Standard werden auch parallele Ebenen des Oberkopfs und des Fangs als akzeptabel angesehen. Rute von mittlerer Länge, wenn möglich nicht länger als bis zum Sprunggelenk. An der Rutenwurzel dick, danach in eine feine Spitze auslaufend. Die Rute schwingt von einer Seite zur anderen, wedelt nicht wie bei anderen Hunden, wobei dieses Merkmal in der Bewegung besonders auftritt. Hat man es einmal beobachtet, wird man es nie vergessen.

POITEVIN

Früher war diese Rasse als der *Chiens du Haut-Poitou* bekannt. In der Region Poitiers im Westen Frankreichs existiert sie schon über viele hundert Jahre. Mehrfach wurde sie über die Jahrhunderte mit Foxhounds gekreuzt. Dies sind schnell galoppierende große Laufhunde, sie jagen in der Meute, verfolgen Hirsch, Reh und auch Schwarzwild.

Widerristhöhe etwa 60-72 cm. Der Poitevin ist ein großer, eleganter Hund, mit langem, schönem und schlankem Kopf, und nach vorn leicht zugespitztem Fang. Seine Ohren sind kürzer und höher angesetzt als bei den meisten französischen Laufhunden. Das Fell sollte fein sein, eng sich an den Körper anschmiegen. Haarkleid glatt, leuchtend, Farbe Tricolor oder weiß mit orange. Seiten des Kopfes und Ohren immer farbig.

FCI-Gruppe 6, Standard Nr. 024,
Ursprungsland: Frankreich

Poitevin

POLSKI OWCZAREK NIZINNY (PON)

FCI-Gruppe 1, Standard Nr. 251
Polnischer Niederungs Hütehund
Ursprungsland: Polen
Zucht 1994: D 204, A 15, CH 7, GB 83

Dieser polnische Schäferhund wird in einigen Ländern Polnischer Niederungs Hütehund genannt, weil er in den Ebenen die Schafe hütet. Diese alte Hunderasse wird auch als Teil der Ahnen des Bearded Collie angesehen. Außerhalb Polens gewann die Rasse nach den 1960er Jahren zunehmend Interesse, wird heute in den meisten europäischen Ländern auf Ausstellungen angetroffen.

Widerristhöhe etwa 40-52 cm. Körper kompakt, fast rechteckig, gut bemuskelt, kräftige Knochen. Kopf kräftig, breiter Oberkopf und starker, aber nicht zu langer Fang. Rute in der Regel kurz kupiert. Haarkleid lang, harte Struktur, zottig und leicht gewellt. Alle Farben erlaubt, am verbreitetsten aber Weiß, mit oder ohne schwarze oder graue Flecken oder einfarbig Grau, mit oder ohne weiße Abzeichen.

Polski Owczarek Nizinny (PON)

POLSKI OWCZAREK PODHALANSKI

Dieser polnische Herdenhund dient in erster Linie zum Schutz von Herden und Eigentum. Er stammt aus den Karpaten im Süden Polens, ist eine sehr alte Rasse.

In einer Reihe europäischer Länder trifft man auf weiße Gebirgshütehunde, man glaubt, daß es sie schon Tausende von Jahren gibt und alle auf einen gemeinsamen Ursprung zurückgehen. Dies ist eine selbstbewußte und unabhängige Hunderasse, ihre Mitglieder gelten als »Ein-Mann-Hunde«.

Widerristhöhe etwa 62-70 cm. Körper rechteckig, gut bemuskelt, kräftige Knochen. Kopf massiv, ausgeprägter Stop, kraftvoll, Fang nicht zu lang.

Haarkleid dick, leicht gewellt, am Körper von mittlerer Länge. Etwas länger an Brustkorb, Hinterläufen und an der Rute. Der Kopf, die unteren Partien der Ohren und die Vorderläufe sind kürzer behaart.

Farbe Weiß, gute schwarze Pigmentierung.

Polski Owczarek Podhalanski

FCI-Gruppe 1, Standard Nr. 252,
Ursprungsland: Polen

P O M E R A N I A N

Nicht anerkannt durch FCI
Anerkannt AKC, KC
Zucht 1994: GB 1.242, USA 39.947

HERKUNFT UND RASSEGESCHICHTE

Der Pomeranian war immer schon eine der populärsten Zwerghunderassen - das Äußere des Pomeranians zeigt, daß er den Spitzrassen angehört. Die Rasse ist deutschen Ursprungs, erhielt ihren neuen Namen *Pomeranian* vorwiegend in den angelsächsischen Ländern.

Nach England kamen die Hunde erstmals im 19. Jahrhundert, wogen zu dieser Zeit etwa 30 Pounds (13,6 kg).

Die Farben waren in der Regel, Creme, Biskuit oder Rot. Schwarze und weiße Hunde waren selten. Um einen Autor aus einem frühen Werk über die Rasse zu zitieren: »Die weißen Hunde waren schrecklich schlechte Exemplare, die schwarzen aber noch schlimmer!« Queen Victoria galt als große Anhängerin der Rasse. Im Jahr 1870 erhielt die Rasse unter ihrem heutigen Namen vom Kennel Club England ihre Anerkennung, kurz darauf wurden eigene Klassen auf Ausstellungen eingerichtet.

Im allgemeinen unterteilte man in zwei Gruppen - Gewicht über und unter 3,6 kg (8 Pounds). In beiden Kategorien wurden jeweils Challenge Certificates (CCs) vergeben, aber die Trennung wurde 1908 aufgehoben, in erster Linie, weil nur noch sehr wenige Exemplare über 3,6 kg Gewicht ausgestellt wurden.

Nach mehreren Appellen von verschiedenen Clubs wurden die zwei Kategorien wieder eingerichtet, aber 1915 vom Kennel Club erneut aufgehoben. Nach einigen Diskussionen veränderte der Englische Kennel Club den Rassestandard so, daß die Gewichtsgrenze auf 3 kg vermindert wurde. Nachdem immer mehr kleinere Hunde auf die Ausstellungen kamen, erfolgte eine weitere Standardänderung, das Gewicht wurde auf 4-5 Pounds (1,8-2,25 kg) zurückgeführt.

In den meisten Ländern, wo Hundeausstellungen stattfinden, wurde die Rasse populär. Besonders Japan hat von führenden englischen Züchtern viele Spitzenexemplare gekauft, gilt heute als das Land, wo einige der besten *Poms* in der ganzen Welt gezüchtet werden. Die Fédération Cynologique Internationale erkennt den Pomeranian nicht nach dem englischen Rassestandard an, vielmehr sieht man in Kontinentaleuropa unverändert darin eine deutsche Rasse, nämlich den *Deutschen Zwergspitz*, der mit Standard Nr. 097 von der FCI anerkannt ist.

WESEN

Der Pomeranian ist ein munterer, lebhafter und intelligenter Hund, man kann ihn als eine große Persönlichkeit in kleiner Gestalt bezeichnen. Ein ziemlich selbstbewußter Hund, der zeitweise seinen Besitzer sehr nachhaltig schützt, auch extrem stimmgewaltig werden kann. Von kleiner, aber untersetzter Statur ist er ein vorzüglicher Familienhund.

GESUNDHEIT

Im allgemeinen gilt die Rasse als recht gesund, mit wenig Belastung durch Erbkrankheiten, aber recht häufig tritt in der Rasse Patellaluxation auf. Wenn man mit sehr kleinen Hündinnen züchtet, wird zuweilen eine Kaiserschnittgeburt unvermeidlich.

Andererseits ist der Pomeranian bei vernünftiger Pflege ein robuster, kleiner Hund und hat wenig gesundheitliche Probleme.

PFLEGE UND ERZIEHUNG

Von Natur aus sind Pomeranians intelligent, in der Grunderziehung gibt es keine Probleme. Einige Familienhunde lernen sehr schnell außerordentlich amüsante »Kunststücke«.

Das Haarkleid ist dicht und braucht tägliche Pflege, damit es nicht Matten bildet. Alles, was dazu notwendig wird, ist nur gründliches Bürsten und Durchkämmen bis auf die Haut. Ein monatliches Bad wird empfohlen.

ANPASSUNGSFÄHIGKEIT

Pomeranians leben fröhlich in kleinen Hundegruppen, passen sich aber auch sehr gut an, wenn sie im menschlichen Haushalt Alleinhund sein dürfen. Was die Bewegung angeht, haben sie wenige Bedürfnisse. Von Natur aus recht aufgeschlossen, brauchen sie immer geistige Beschäftigung. *En masse* gehalten, erweist sich die Rasse meist recht lautstark und kann lästig werden.

RASSEMERKMALE

Auf den ersten Blick ähnelt der *Pom* einem flauschigen Ball. Dies geht auf seine ringsum kompakte Gestalt zurück, üppiges Haarkleid, einschließlich Rute, den ziemlich kurzen Hals, der als natürliche Kopfhaltung immer »nach hinten gestellt« (»thrown back«) wirkt. Ein seiner Natur nach immer beschäftigter Hund, in seinem Auftreten voller Aktivität und Neugierde. Er sollte immer zierlich, nie plump oder schwer wirken.

Für die äußere Gestalt ist der fuchsähnliche Kopf des Pomeranians charakteristisch, Oberkopf leicht abgeflacht, im Verhältnis zum Fang recht groß. Fang gut geschnitten, frei von starker Belefzung. Augen von mittlerer Größe, leicht oval, dunkel und leuchtend, immer Feuer und Temperament spiegelnd. In den meisten Farben wird schwarzes Lidpigment verlangt. Ohren klein, relativ hoch angesetzt, aufrecht getragen. Der Hals des Pomeranian ist ziemlich kurz, Vorderläufe gerade, feinknochig, mit kleinen, kompakten Katzenpfoten. Die Läufe müssen genügend lang sein, um dem Hund richtige Balance zu gewährleisten. Körper kurzrückig, gute Rippenwölbung. Brust ziemlich tief, aber vorn nicht zu breit. Hinterhand feinknochig, mäßig gewinkelt, keinesfalls kuhhessig oder zu breite Stellung. Rute sehr hoch angesetzt, nach dem britischen Standard gerade und flach über den Rücken gedreht getragen, üppig bedeckt von langem, hartem und abstehendem Haar.

Der Pomeranian sollte sich munter und temperamentvoll bewegen. Doppeltes Haarkleid: Unterwolle weich und üppig, Deckhaar lang, gerade, von härterer Struktur, den ganzen Körper gut bedeckend. Um Hals und Schulter sehr üppig, bildet es eine ausgeprägte Halskrause.

Die meisten Farben sind zulässig. In den USA wird Schwarzlohfarben akzeptiert, auch in England gibt es entsprechende Bemühungen, aber der Wortlaut des englischen Rassestandards sieht zur Stunde diese Farbe nicht vor. In England werden, wenn einfarbige und mehrfarbige Hunde untereinander konkurrieren, die einfarbigen Exemplare bevorzugt, vorausgesetzt, sie sind in allen anderen Punkten gleichwertig.

Pomeranian

PORCELAINE

Nach der Region, in welcher der Porcelaine an der
französisch-schweizer Grenze gezüchtet wurde,
nannte man ihn früher den *Franche-Comté
Hound*. Man sagt, die Vorfahren dieses Laufhundes seien im Mittelalter die *Royal White Hounds*
gewesen. Jahre später, etwa Mitte des 19. Jahrhunderts, kam es zu Einkreuzungen von Billy und
Harrier. Der Porcelaine wird in erster Linie zur
Hasenjagd eingesetzt, in verschiedenen Bereichen
Frankreichs trifft man ihn als Jagdmeuten.

   Widerristhöhe etwa 53-58 cm. Dieser mittelgroße Laufhund ist mit keinen anatomischen
Übertreibungen belastet. Sein Hauptmerkmal ist
sein sehr feines, glattes Fell. Die durchscheinende
Farbe erinnert an kostbares Porzellan, daher der
Name der Rasse. Die Haut ist rosafarben mit spar-
samer schwarzer Tüpfelung, die durch das weiße
Fell schimmert. Aus einer bestimmten Entfernung
vermittelt dies den Eindruck schwachblauen Gla-
ses. Die schwach orangefarbenen Markierungen
müssen klein sein, man findet sie in der Regel auf
den Ohren, gelegentlich auch als Körperfleck.

*FCI-Gruppe 6, Standard Nr. 030,
Ursprungsland: Frankreich*

Porcelaine

POSAVSKI GONIC

Dieser Laufhund stammt aus dem Gebiet rund um
den Fluß Sava im früheren Jugoslawien. Er wird
ausschließlich als Jagdhund eingesetzt, meist auf
Hasen. Außerhalb der Ursprungsregion trifft man
die Rasse sehr selten an.

   Widerristhöhe etwa 46-58 cm. Körperbau nahezu rechteckig, gute Muskulatur, starke Knochen.

   Kopf lang, ziemlich schmal, mit leicht konvexem Nasenrücken. Ohren dreieckig, nicht zu lang,
ohne Falten dicht an den Wangen anliegend.
Haarkleid kurz, hart und glänzend. Farbe: jede
Rotschattierung mit weißen Abzeichen.

*FCI-Gruppe 6, Standard Nr. 154,
Ursprungsland: Jugoslawien*

Posavski Gonic

PUDEL

FCI-Gruppe 9, Standard Nr. 172
Poodle, Caniche
Ursprungsland: Frankreich
Zucht 1994: D 3.250, A 52, CH 280, GB 4.937
USA 61.775

HERKUNFT UND RASSEGESCHICHTE

In der heutigen Welt dient der Pudel den Men-

schen in erster Linie als Familienhund, obwohl der Großpudel noch heute auch als Wasserapporteur eingesetzt wird. In den Vereinigten Staaten sind die zwei größeren Schläge Großpudel und Kleinpudel Angehörige der »Non-Sporting Group«, der Toy gehört zur Toy Group. Abweichend von den angelsächsischen Ländern gibt es im FCI-Bereich vier Größengruppen: Großpudel, Kleinpudel, Zwergpudel und Toypudel.

Einige Rassekenner sehen Deutschland als Ur-

Schwarzer Großpudel

Weißer Großpudel

sprungsland des Pudels an. Es gibt aber Hinweise auf andere Hunde ähnlichen Typs in Rußland, Frankreich und verschiedenen anderen Länder in Südwesteuropa. Deutschland gab aber wahrscheinlich der Rasse ihren eigentlichen Namen. *Pudel* bedeutet grob im Wasser planschen und die

ursprüngliche Aaufgabe dieser Rasse war tatsächlich das Apportieren aus dem Wasser. Die traditionelle Schurart des Pudels stammt aus der Zeit, in der die Rasse ihre Aufgaben als Wasserhund erfüllte. Die heutigen Ausstellungsschuren erinnern alle an die Trimmarten, die zu einem Wasserhund passen. Dabei beläßt man die Vorderseite des Hundes mit längerem Haar, um Herz und Brustkorb zu schützen, die Läufe werden frei geschoren, um das Schwimmen zu erleichtern. Löwenschuren dieses Typs findet man sowohl in der Kunst wie in der Literatur bis zurück ins 15. Jahrhundert.

Innerhalb der französischen Aristokratie war die Rasse ziemlich populär. Hieraus entwickelte sich schließlich der Pudel zum französischen Nationalhund. Frankreich leistete auch »wesentliche Beiträge« dazu, daß der Pudel »modisch« wurde, fügte dekorative Merkmale wie Pompons und Rosetten hinzu, die man heute im Ausstellungsring in den Pudelschuren sieht.

Als in den USA 1943 der Toypudel anerkannt wurde, konzentrierten sich viele Zwerghundezüchter auf diese Rasse. Die meisten Rassekenner sehen in den Fortschritten der Toyzucht einen der größten Erfolge in der Hundegeschichte.

Etwa zur gleichen Zeit wurde der Poodle Club of America gegründet. Seither wuchs die Popularität der Rasse laufend, und sie wurde ab 1960 in den USA zur populärsten Hunderasse, blieb in dieser Position für die nächsten 23 Jahre. Wenn heute auch nicht mehr die populärste Rasse, so hält sie unverändert ein Spitzenplatz in der Zuchtstatistik.

WESEN

Man behauptet, der Pudel sei einer der Intelligentesten - wenn nicht der Allerintelligenteste unter allen Hunderassen.

Manchmal ist er für sein eigenes Wohlbefinden etwas zu smart und gerät in Schwierigkeiten ohne zu wissen, wie er am besten wieder herauskommt.

GESUNDHEIT

Hundebesitzer sollten gewisse erbliche Krankheiten kennen. Viele lassen sich durch Blutteste, Augenprüfungen, Röntgen oder Hautbiopsie feststellen. Hüftgelenksdysplasie tritt bei den Großpudeln auf, Gelenkprobleme und progressive Retinaatrophie bei den kleinen. Jugendliche Starerkrankungen, Hautprobleme und Epilepsie führen zu weiteren Problemen. Beim Großpudel ist auch Magenumdrehung nicht unbekannt. Kleine Mahlzeiten, zwei- oder dreimal täglich und Ruhezeiten für etwa eine Stunde nach den Mahlzeiten, außerdem sojafreie Ernährung, lauten die Empfehlungen.

Die meisten, wenn nicht alle bekannten Züchter führen umfangreiche Gesundheitsüberprüfun-gen durch, notwendige Informationen sollten interessierten Käufern verfügbar sein.

Die Ohren müssen an den Innenseiten sauber und frei von Haarwuchs gehalten werden. Die Nägel werden kurz gehalten, die Zähne wöchentlich gereinigt. Das Haarkleid wird geschoren, muß immer sauber und frei von Verfilzungen sein. Pudelschur ist eine Kunst, die man erlernen kann, allerdings nicht über Nacht. Im allgemeinen werden Familienhunde in einer kurzen, hübschen Schur gehalten.

PFLEGE UND ERZIEHUNG

Man sagt, zur Erziehung von Pudeln für Unterordnungsprüfungen brauche man viel Geduld, die Hunde seien viel mehr daran interessiert, aufgrund ihrer Clownerie ein verbreitetes Schmunzeln und Kichern zu hören als einen perfekten Job zu leisten. Tatsächlich kann ein Großpudel alles, was man auch von einem Labrador auf der Jagd als Retriever verlangt. Den Unterschied sieht man am Abend, wenn der Labrador am liebsten am Kamin träumt, während der Pudel gerne »der Vierte beim Bridge ist und unanständige Witze erzählt«.

Der Toypudel hat keinerlei Ahnung, wie klein er ist, glaubt, er könne alles genauso gut - wenn nicht besser - wie sein Standardkumpel.

Pudel verschaffen sich innerhalb des Hauses und im eingezäunten Garten ihre eigene Bewegung, lieben aber Spaziergänge und Spielzeiten, lernen zu gern alle Tricks, für die irgend jemand in der Familie Zeit und Lust hat.

ANPASSUNGSFÄHIGKEIT

Der Großpudel ist der Hund für universellen Gebrauch. Smart, zuverlässig und loyal tut er alles, was sein Besitzer von ihm verlangt, einschließlich Unterordnung, Ausstellungen, Kunststücke, jagen und apportieren. Die Liste ist praktisch unbegrenzt. Der Zwergpudel, als Familienhund aufgezogen, paßt sich allen Mitgliedern vom Kind bis zum Großvater an, fügt sich nahezu in jeden Lebensstil. All die Fähigkeiten eines Pudels zu kennen, zu verstehen und überhaupt wahrzunehmen, ist eine großartige Erfahrung, sei es Großpudel, Kleinpudel, Zwergpudel oder Toypudel.

RASSEMERKMALE

Robust, quadratisch, elegant, geschoren in einer der zulässigen Schuren, ist der Pudel in der Welt der Hunde einzigartig.

Der Rassestandard der Fédération Cynologique

Internationale legt fest: Großpudel, 45-58 cm; Kleinpudel, 35-45 cm; Zwergpudel, 28-35 cm; Toypudel unter 28 cm (erstrebtes Ideal: 25 cm). Das Pudelgesicht ist lang gestreckt, voller Eleganz und Schönheit. Die Augen spiegeln Intelligenz und Humor. Bewegungsablauf leicht und federnd, mit erhobenem Kopf und aufrechter Rute. Pfoten gut geschlossen, voll Selbstbewußtsein.

Auf Ausstellungen sind immer nur bestimmte Schurarten zulässig, das ist jeweils von Land zu Land verschieden. Man unterscheidet die englische Sattelschur und die kontinentale Löwenschur, die immer mehr Anhang findet. Dabei formt man Rosetten über den Hüftknochen. Bei Sattelschur wie Löwenschur werden Gesicht, Läufe und der Rutenansatz rasiert, an den Vorder- und Hinterläufen bleiben »Bracelets«, an der Rutenspitze »Pompons« stehen.

Für Junghunde ist bis zum ersten Geburtstag die Puppyklippschur gestattet. Hierbei werden nur Gesicht, Pfoten und Rutenansatz des Hundes rasiert, das übrige Fell wird belassen und soweit geformt, daß der Eindruck eines Überzugs, ein gewisses bärenhaftes Erscheinungsbild entsteht.

Es gibt zwei Haartypen. Das Fell des Wollpudels ist doppelt, üppig, wollig, gut gekräuselt und läßt sich leicht zurechtmachen. Der Schnürenpudel, einst einmal außerordentlich populär, wird heute nur noch selten angetroffen. Dieses Fell bildet, wenn der Pudel ausgewachsen ist, längere Kordeln oder Seile - Schnüre.

Das Fell aller Pudel wird in der jeweils gewünschten Schurart zurechtgemacht. Bei allen Schuren wird das Haar oberhalb der Augen durch ein Stück Gummiband, sogenannten *Barretts* an Ort und Stelle gehalten, freigelassen oder mit der Schere in Form einer Kappe geschnitten.

Pudel müssen immer einfarbig sein. Nach der FCI sind die Farben Schwarz, Weiß, Braun, Silber und Apricot zulässig. Mit Ausnahme der braunen Pudel müssen alle Farbschläge dunkles Pigment und dunkle Augen aufweisen. Alle Braunschläge tragen braunes Pigment und haben braune oder dunkelhaselnußfarbene Augen.

PUDELPOINTER

FCI-Gruppe 7, Standard Nr. 216
Ursprungsland: Deutschland
Zucht 1994: D 193, A 9

Diese deutsche Hunderasse entstand Ende des 19. Jahrhunderts. Man kreuzte französische und englische Pointer, jagende Pudel und wahrscheinlich Deutsch Drahthaar Vorstehhunde. Diese Zucht lag in den gleichen Händen, die so erfolgreich die Deutschen Vorstehhunde züchteten. Der Pudelpointer ähnelt dem Deutsch Drahthaar Vorstehhund so sehr, daß sich die Rassen ziemlich schwer unterscheiden lassen. Die Schöpfer der Rasse haben für ihre Geschicklichkeit, mit der sie bei dieser Rasse einen so homogenen Körperbau erreichten, begleitet von erstklassigen Arbeitsleistungen, Bewunderung verdient. Die Rasse steht hauptsächlich in Hand der Jäger und ist heute sehr selten geworden.

Widerristhöhe etwa 60-65 cm. Körper rechteckig, stark bemuskelt, kräftige Knochen. Rute etwas kürzer als auf halbe Länge kupiert. Haarkleid mittellang, drahtig, wobei längeres Haar den Bart formt. Farbe Leberbraun.

Pudelpointer

PULI

FCI-Gruppe 1, Standard Nr. 055
Ursprungsland: Ungarn
Zucht 1994: D 74, A 15, CH 1, GB 108, USA 187

HERKUNFT UND RASSEGESCHICHTE

Der Puli ist eine der verschiedenen Herdehunderassen ungarischen Ursprungs, zu denen auch der viel größere Komondor gehört. Sein ins Auge fallendes Rassemerkmal ist das lange Schnürenhaarkleid.

Bereits etwa 1750 schrieb ein deutscher Autor namens Heppe von einem Hund, den man für einen Puli hielt, den er einen »Ungarischen Wasserhund« nannte, der damals für die Jagd auf Kaninchen und Enten eingesetzt wurde. Zwischenzeitlich scheint die Rasse sich aber auf Hüten, Betreuen und Bewachen von Schafherden spezialisiert zu haben. Ursprünglich wurde der Puli dazu ausgebildet, auch über die Rücken der Schafe zu laufen, wenn sie zusammen gefercht waren. Nach und nach fand die Rasse auch ihren Weg in mehr städtische Umwelt, da ihre Intelligenz und ihr Wesen sie als Familienmitglied empfahlen.

1936 erkannte der American Kennel Club die Rasse an, in England erhielt sie aber erst 1978 den Challenge Certificate Status. Eine der Pioniere der Rasse, Pat Lanz, baute ihren außerordentlich erfolgreichen Borgvaale Kennel auf, benutzte europäische und später amerikanische Importe.

Einige Zeit stellten amerikanische Liebhaber ihre *Pulik* (ungarische Pluralform) aus, bürsteten dabei ihre natürlichen Schnürenhaar aus, aber heute werden die meisten Exemplare wieder in ihrer ganzen Schnürenschönheit vorgestellt. Aufgrund der langen Zeit, die es braucht, bis die Schnüre völlig ausreifen, gewinnen Pulik auch noch im Alter von zehn und mehr Jahren im Ausstellungsring.

Viele der Rasse kommen gerade ins beste Alter, wenn die Hunde anderer Rassen sich vom Wettbewerb zurückziehen.

WESEN

Seiner Natur nach ist der Puli ein emsiger und lebhafter kleiner Hund, für die Arbeit gezüchtet. Er sollte nie nervös wirken, aber genauso wenig irgendwelche Anzeichen von Aggression aufweisen. Fremden gegenüber darf er sich durchaus etwas abweisend verhalten, bis sie akzeptiert sind.

GESUNDHEIT

Allgemein betrachtet ist der Puli eine robuste und gesunde Rasse. Von Zeit zu Zeit treten Fälle von Retinadysplasie auf. Heute können aber Züchter ihre Welpen bereits im Alter von sechs Wochen darauf untersuchen lassen. Fürsorgliche Züchter lassen ihr Zuchtmaterial auch auf Hüftgelenksdysplasie untersuchen, aber diese Krankheit ist beim Puli kein größeres Problem als bei irgendwelchen anderen Arbeitsrassen.

PFLEGE UND ERZIEHUNG

Neben der notwendigen Zahnpflege und wöchentlichen Krallenkontrolle bedarf das Haarkleid des Pulis spezieller Beachtung. Seiner Natur nach doppeltes Haarkleid, weiche und dichte Unterwolle, darüber längeres Deckhaar. Von früher Jugend an wird das Fell so behandelt, daß es die traditionelle Schnürenbildung entfaltet. Da die Schnüre nicht ausgebürstet werden dürfen, ist regelmäßiges Baden ratsam, andernfalls könnten die Hunde einen ziemlich strengen Geruch entwickeln.

Für Grunderziehungsaufgaben ist der Puli leicht anzusprechen, hat auch seinen natürlichen Hütetrieb bewahrt.

ANPASSUNGSFÄHIGKEIT

Die Rasse braucht regelmäßige Beschäftigung. Am wohlsten fühlt sich ein Puli, wenn er in ländlicher Umgebung mit anderen Tieren zusammen leben kann. Unter der Voraussetzung, daß er viel Gesellschaft findet, gewöhnt er sich auch an städtisches Umfeld, solange regelmäßiger Auslauf nicht versäumt wird.

RASSEMERKMALE

Der Puli ist eine robuste, aber ziemlich schlanke und drahtige Rasse. Seine Knochen sind feiner als man zunächst annimmt, weil durch das Schnürenhaarkleid der Hund schwerer wirkt. Unter dem Fell ist der Kopf ziemlich klein und fein, Oberkopf leicht aufgewölbt. Der Fang beträgt ein Drittel der Kopflänge, ist seitlich gerundet. Die Nase muß groß und schwarz sein, Augenlider und Lefzen, unabhängig von der Farbe, schwarz. Der Gaumen sollte dunkel pigmentiert sein, entweder einfarbig oder mit tief pigmentierten Flecken auf dunklem Grund.

Der Körperbau des Pulis ist ausgeprägt quadratisch. Das ausgereifte Haarkleid des Tieres an Kopf und Hals und an der leicht geringelten Rute sollte sich fest mit dem Körperhaar verbinden. Pfoten kurz, rund und fest, Ballen gut gepolstert und dunkelgrau. Der Bewegungsablauf des Pulis ist ziemlich einmalig, wenig raumgreifend. Ein natürliches, kurzes Steppen, aber schnell und regelmäßig.

Widerristhöhe nach englischem Standard 43 cm für Rüden, Hündinnen 40,5 cm. Amerikanische Größen Rüden 48 cm, Hündinnen 46 cm.

Farben: Weiß in verschiedenen Schattierungen, nach dem Standard *fehèr* genannt. Schwarz, grau, falbfarben (*fekete, szürke, fako*). Bei Grauen und Falbfarbenen tritt leichte schwarze Maskenbildung auf, aber der Gesamteindruck sollte immer der eines einfarbigen Hundes bleiben.

Puli

P U M I

Man nimmt an, daß dieser ungarische Schäferhund etwa vor zweihundert Jahren entstand, und zwar aus einer Kreuzung des Pulis mit deutschen

Pumi

und französischen stehohrigen Schäferhunden. Es wird auch behauptet, später sei noch ein Drahthaarfox eingekreuzt worden. Der Pumi gilt als ein recht tüchtiger Rattenfänger, ist auch bekannt für seinen Einsatz zur Jagd auf kleineres Wild. Heute wird er in erster Linie als Familienhund gehalten.

Widerristhöhe etwa 35-44 cm. Körperbau quadratisch, schmale Front, mäßige Winkelung, langer Hals. Kopf lang und schmal. Ohren hoch angesetzt, ähnlich den Ohren eines Fox Terriers getragen. Rute hoch angesetzt, in leichter Ringelung über dem Rücken getragen.

Haarkleid mittelkurz, gelockt, aber nie Schnüre bildend. An Ohren und Rute länger und gewellt.

Farbe in der Regel jede Grauschattierung, aber auch Schwarz und Weiß sind zugelassen, man sieht diese Farben aber selten.

FCI-Gruppe 1, Standard Nr. 056,
Ursprungsland: Ungarn

P Y R E N Ä E N B E R G H U N D

> FCI-Gruppe 2, Standard Nr. 137
> Chien de Montagna des Pyrénées
> Pyrenean Mountain Dog, Great Pyrenees
> Ursprungsland: Frankreich
> Zucht 1994: D 96, A 3, CH 74, GB 330,
> USA 4.273

HERKUNFT UND RASSEGESCHICHTE

Der Pyrenäen Berghund ist eine der ältesten natürlichen Hunderassen. Fossile Überreste der Hunde in Europa datieren die Rasse bis ins Bronzealter.

In der babylonischen Kunst findet man ähnliche Hunde etwa 3.000 v.Chr.

Der Hund, wie er heute bekannt ist, wurde in den Pyrenäen für den Herdenschutz in den rauhen Gebirgsregionen gezüchtet. Er kämpfte gegen Wölfe und Bären und zog Schlitten. Sein wetterfestes Haarkleid erlaubten ihm, dem Gebirgsklima zu trotzen.

Noch heute wird er an der Herde eingesetzt, aber in den USA wie England schätzt man ihn in

erster Linie als Familienhund und als Ausstellungswettbewerber.

WESEN

Der Pyrenäen Berghund ist ein ruhiger, schwergewichtiger und in sich selbst ruhender Hund. Er lebt am liebsten in einer Familie, ist Fremden gegenüber abweisend, gewinnt nur sehr langsam neue Freunde.

Ein sehr guter Wachhund, aber man sollte ein Auge auf ihn halten, wenn Fremde seinen Weg kreuzen. Er neigt auch dazu, andere Hunde herauszufordern.

GESUNDHEIT

Im allgemeinen ist der Pyrenäen Berghund ein sehr gesunder Hund, es tritt aber zuweilen Hüftgelenksdysplasie auf. Für die Zucht sollte man nur geröntgte Hunde mit gesunden Hüften einsetzen. Man achte auch auf mögliche Hauterkrankungen, Defekte an den Augenlidern und Epilepsie.

PFLEGE UND ERZIEHUNG

Das dicke doppelte Haarkleid muß sauber durchgebürstet und frei von Flöhen und Zecken gehalten werden. Da das Haarkleid auf ein Leben ausserhalb der Wohnung ausgerichtet ist, tritt starker Fellwechsel ein, insbesondere im Frühjahr und Frühsommer. Die Hunderasse braucht zu ihrem Gedeihen viel Auslauf, sie liebt es besonders, ihren Besitzer auf großen Wanderungen zu begleiten, auch kleine Karren und Schlitten zu ziehen.

ANPASSUNGSFÄHIGKEIT

Dieser wunderschöne robuste Hund braucht eine ganze Menge an menschlicher Gesellschaft und Betreuung. Er eignet sich keinesfalls für Appartementbewohner oder Zufallshundebesitzer.

RASSEMERKMALE

Dies ist ein imposanter Hund mit schweren Knochen und substanzvollem Körper. Rüden werden 68,5-81 cm groß, wiegen 45-56 kg. Hündinnen sollten 63,5-74 cm hoch werden, wiegen 40-52 kg.

Der Kopf ist groß und keilförmig, mit freundlichen, verständigen, dunkelbraunen Augen und Hängeohren. Die Lefzen liegen eng an, sind schwarz pigmentiert. Brustkorb recht tief, aber ziemlich flachrippig.

Die Pfoten sind groß und fest, haben an den Hinterläufen doppelte Wolfskrallen. Die Rute ist lang, reicht bis zum Sprunggelenk, wird in Erregung hoch getragen. Doppeltes, dickes Haarkleid, reinweiß, graue, lohfarbene oder dachsfarbene Abzeichen sind zulässig.

Pyrenäen Berghund (D), Pyrenean Mountain Dog (UK), und Great Pyrenees (USA).

RAFEIRO DO ALENTEJO

Dies ist die größte unter den portugiesischen Hunderassen. Sie stammt aus der Provinz Alentejo im Süden Portugals. Es wird angenommen, daß diese Hunde zum Teil auf die Spanischen Mastiff Typen zurückgehen, die in den Ebenen rund um Madrid und in den Bereichen Castilla-La Mancha entstanden sind. Der Rafeiro do Alentejo diente als großer Wachhund und als Herdenschutzhund auf den Farmen, er gilt als ein selbstbewußter, unabhängiger, robuster Hund. Die Rasse ist sehr selten, man kann sie gelegentlich auf großen Ausstellungen in Spanien und Portugal sehen.

Widerristhöhe etwa 64-74 cm. Körper rechteckig, stark bemuskelt, tiefe Brust, starke Knochen. Der Kopf wird bärenhaft gewünscht, hat einen ziemlich kurzen Fang. Haarkleid von mittlerer Länge, gerade und in der Struktur grob. Anerkannte Farben sind Schwarz, Falb, Cremefarben, Rot-Grizzle und Gestromt, mit oder ohne weiße Abzeichen. Als typischstes Farbmuster gilt Weiß mit großen Farbflecken. Diese Flecken bedecken Kopf, Teile von Rücken und Rumpf, sind meist

Rafeiro do Alentejo

falb oder rot, bedeckt mit grauschwarzer Stromung.

*FCI-Gruppe 2, Standard Nr. 096,
Ursprungsland: Portugal*

RETRIEVER-
CHESAPEAKE BAY RETRIEVER

FCI-Gruppe 8, Standard Nr. 263
Ursprungsland: USA
Zucht 1994: A 2, CH 5, GB 87, USA 5.198

HERKUNFT UND RASSEGESCHICHTE

Der Chesapeake Bay Retriever ist eine der insgesamt nur zwei Jagdhunderassen, die in Amerika entstanden (die andere ist der American Water Spaniel). Diese amerikanische Rasse wurde auf zwei schiffbrüchigen Hunden aus Neufundland begründet - *Sailor* und *Canton* (die aber nie untereinander gepaart wurden). Es ist umstritten, ob die Schiffbrüchigen große Neufundländer oder Labrador Retriever waren. Jedenfalls entstand die Rasse durch planmäßige Kreuzung dieser Hunde mit anderen Rassen einschließlich Spaniel, Indianerhunde, Pointer, Setter und Irish Water Spaniel. Daraus wurden wunderbare Retriever, unermüdliche Jä-

ger und gute Wachhunde. Ihre frühen Tage verbrachte diese Rasse im Umfeld der Chesapeake Bay in Maryland, daher ihr Name.

WESEN

Ein Hund von guter Größe, robust, Arbeitstyp, der Familie gegenüber sehr ergeben. Er ist ein großartiger Jäger und Apportierer von Wassergeflügel, außerdem ein vertrauenswürdiger Wachhund für Haus und Hof.

GESUNDHEIT

Gesundheit ist bei einem gut gezüchteten, richtig aufgezogenen Chesapeake eine Selbstverständlichkeit. Natürlich sollte das Zuchtmaterial auf Hüftgelenksdysplasie geröntgt sein, werden Wolfskrallen bei der Geburt entfernt. Von Zeit zu Zeit sollte man die Ohren auf Entzündungen untersuchen und behandeln. Diese können entstehen, wenn in die Ohren eingedrungenes Wasser eine Entzündung auslöst, die das Ansiedeln von Ohrmilben begünstigt.

PFLEGE UND ERZIEHUNG

Schon vor einem Alter von zehn Wochen sollten Welpen gut sozialisiert werden. Haarwechsel erfolgt normalerweise jährlich. Ein oder zwei warme Bäder helfen, daß das alte Haar besser abgestoßen wird, eine saubere Grundlage schafft, auf der das neue Haar gedeiht. Ein jagdlich eingesetzter Chesapeake Bay Retriever sollte nicht zu häufig gebadet werden, denn baden zerstört das natürliche Hautfett, das es wasserfest macht. Die Rasse reagiert vorzüglich auf alle Erziehung.

ANPASSUNGSFÄHIGKEIT

Man muß dem Chesapeake ermöglichen, die Aufgaben, für die er gezüchtet wurde, auszuüben, des-

halb gehört er in erster Linie in die Hand eines Jägers. Im allgemeinen gelten diese Hunde mehr als Hunde für ein Leben auf dem Lande, sind weniger als Stadthunde geeignet.

RASSEMERKMALE

Kraft, Robustheit und Furchtlosigkeit gehören zu den vielen Merkmalen des einmaligen Chesapeake Bay Retrievers. Widerristhöhe Rüden etwa 58-66 cm, Hündinnen 53-61 cm. Rüden wiegen etwa 30-38 kg, Hündinnen 25-32 kg.

Das Haarkleid sollte korrekte Struktur, Farbe und Farbmuster besitzen. Jede Schattierung von Braun oder der Farbe abgestorbenen Grases erwünscht, wodurch der Hund bei der Arbeit mit der Umwelt nahezu verschmilzt. Rassetypisch sind die Farben Braun, Rostbraun, Herbstlaubfarben und alle Schattierungen von Lohfarbe bis zur hellen Strohfarbe.

Das Fell ist grob, hartes Deckhaar mit kurzer, weicher Unterwolle. Diese Haarstruktur, verbunden mit natürlichen Hautölen, bewirkt ein wasserdichtes Fell, so daß der nasse Hund nach einem kurzen Schütteln wieder nahezu völlig trocken ist.

Das Fellmuster über dem Körper ist: Dick und kurz (nicht über 4 cm) an Gesicht und Läufen. An Schultern, Hals, Rücken und Lendenpartie gerade, mit leichten Wellen.

Ein Haarkleid, das über den ganzen Körper leichte Locken bildet, an Läufen oder Rute zur Federbildung neigt, mehr als 4,5 cm lang ist, führt in den USA zur Disqualifikation.

Die Rasse sollte einen keilförmigen Kopf haben, leuchtend bernsteinfarbene Augen, eng anliegende Lefzen, Hinterläufe geringfügig länger als Vorderläufe zugunsten guter Antriebskraft beim Schwimmen. Weiterhin werden starke Läufe, gute Pfoten und perfektes Gebiß verlangt.

Chesapeake Bay Retriever

RETRIEVER-
CURLY-COATED RETRIEVER

FCI-Gruppe 8, Standard Nr. 110
Ursprungsland: Great Britain
Zucht 1994: D 15, GB 168, USA 157

HERKUNFT UND RASSEGESCHICHTE

Der Curly-Coated Retriever stammt aus Kreuzungen zwischen den aus Neufundland importierten *St. John's Hunden* und Nachkommen der Old English Water Dogs; hinzu kam Einkreuzung von Pudeln, um die Locken zu festigen.

Der Curly-Coated Retriever gehört zu den ersten anerkannten Retrieverrassen. Im 19. Jahrhundert war er außerordentlich populär, insbesondere bei englischen Wildhütern, arbeitete als ein Allzweck-Retriever. Besonders gelobt wird er wegen seiner angeborenen jagdlichen Veranlagung, seines Mutes und unglaublicher Ausdauer. Er besaß hohes Ansehen, sowohl in seiner Rolle als loyales Familienmitglied wie auch als Begleiter auf der Jagd. Ende des letzten Jahrhunderts verlor der Curly-Coated gegenüber den neueren Retrieverrassen an Popularität. Heute hat er seine begeisterte Anhängerschaft in Australien und Neuseeland, findet auch in anderen Ländern weiter zunehmend Freunde, insbesondere in den USA.

WESEN

Loyal und liebevoll, intelligent und stolz. Ein charmanter und freundlicher Familienhund, Fremden gegenüber manchmal zurückhaltend. Unter den Jagdhunden eignet er sich auch für den Personenschutz. Auf der Jagd erweist sich der Curly als leidenschaftlich, ausdauernd und recht mutig. Zuhause sind die Hunde ruhig und anpassungsfähig.

GESUNDHEIT

Eine gesunde Rasse, aber beim Curly-Coated tritt leider etwas häufiger Krebs auf. Auch Hautprobleme sind bekannt, die sich in kahlen Flecken, insbesondere an Kehle und Hinterläufen, zeigen.

PFLEGE UND ERZIEHUNG

Eine problemlose Rasse. Normale Fürsorge, gutes Futter und sehr viel menschliche Gesellschaft, nicht zuletzt frühe Sozialisation - sind alles, was erforderlich ist. Soll der Curly-Coated Retriever jagdlich geführt werden, muß er bereits als Junghund mit dem Wasser vertraut gemacht werden. Gutes Wetter vorausgesetzt kann dies in ruhigem, flachem Wasser bereits im Alter von acht bis zehn

Curly-Coated Retriever

Wochen erfolgen. Zu diesem Zeitpunkt sollte er auch ohne Probleme schon sein Lieblingsspielzeug apportieren können, am besten eignet sich hierfür ein *Welpendummy* (dies ist ein Dummyvogel, der schwimmt, für den Welpen ins Wasser geworfen wird, um ihn apportieren zu lassen).

ANPASSUNGSFÄHIGKEIT

Der Curly-Coated Retriever lebt gerne viel im Freien. Er braucht sehr viel Auslauf, ist vorzüglich, wenn er angeschossene Enten apportieren darf. Diese Arbeit verrichtet er mit großer Ausdauer und Wasserfreude, arbeitet aber auch sehr gut an Land.

RASSEMERKMALE

Der Curly-Coated Retriever muß ein ausgewogener, gesunder Hund sein, schnell und beweglich.

Ein ziemlich großer Hund, Rüden 64-68,5 cm Widerrist, Hündinnen 58-64 cm, nicht ganz quadratisch. Ein robuster, aber dennoch eleganter Hund, bei dem anatomische Ausgewogenheit besonders wichtig ist. Der Kopf ist länger als breit, keilförmig, mit langem, kräftigem Kiefer, intelligentem und aufmerksamem Gesichtsausdruck.

Das Fell - Merkmal der Rasse - ist bei allen Curly-Coated Retrievern von äußerster Wichtigkeit. Es besteht aus einer dichten Masse von kleinen, engen, ausgeprägt festen Locken. Es ist schmutzabweisend, wasserfest, bietet Schutz gegen Wetter, Wasser und Unterholz. Die Rasse gibt es in zwei Farben, Schwarz und Leberfarben, beide in jeder Schattierung gleichwertig. Der Curly-Coated Retriever bewegt sich mit Kraft und gutem Schub, zeigt eine gerade obere Linie mit waagerecht getragener, lockenbedeckter Rute.

RETRIEVER -
FLAT-COATED RETRIEVER

FCI-Gruppe 8, Standard Nr. 121
Ursprungsland: Great Britain
Zucht 1994: D 39, A 31, CH 228, GB 1.244,
USA 446

HERKUNFT UND RASSEGESCHICHTE

Der Flat-Coated Retriever wurde in England aus Zuchtmaterial entwickelt, das wahrscheinlich vorwiegend aus Neufundland und Labrador stammte. Der Original English Flat-Coated geht eindeutig auf eine nur zur Arbeit ausgerichtete Zuchtlinie im Besitz von J. Hull, einem Wildhüter, zurück. Aufgrund ihres Wesens und Arbeitsleistungen gewann die Rasse außerordentliche Popularität. Insbesondere H.K. Cook mit seinen berühmten Riverside Kennels machte die Rasse bekannt, gewann zahlreiche Preise auf jagdlichen Leistungsveranstaltungen wie auch im Ausstellungsring.

Gegen Ende des 19. Jahrhunderts ging die Popularität der Rasse parallel zum Popularitätsgewinn von Labrador und Golden Retriever zurück. Nie fiel der Flat-Coated Retriever in die Hände gewerblicher Hundezüchter, hatte vielmehr stets seine eingefleischten Förderer, die ihn weiter auf Arbeitsfreude und Arbeitsleistung züchteten. Die energischen Mitglieder der Flat-Coated Retriever Society of America haben unermüdlich gearbeitet, um diese Rasse zu fördern.

WESEN

Der Flat-Coated Retriever ist leicht zu halten, allen Dingen gegenüber aufgeschlossen und munter. Sein wichtigstes Merkmal ist sein lebhaftes Wesen, das sich besonders im hocherhobenen Kopf, leuchtenden Augen und wedelnder Rute ausdrückt. Dieser Hund braucht unbedingt menschliche Gesellschaft. Er ist sehr freundlich mit Kindern und wird schnell für die ganze Familie zum Freund.

GESUNDHEIT

Der Flat-Coated ist eine robuste, natürliche Hunderasse. Wie bei den anderen Retrieverrassen sollte das Zuchtmaterial auf Hüftgelenksdysplasie geröntgt sein. Die Rasse steckt ihrer Natur nach voller Arbeitsfreude, Bewegungshunger, sie schwimmt gerne und apportiert alles. Dies darf man aber nicht als Hyperaktivität mißverstehen - ihrer Natur nach sind diese Hunde außerordentlich charmant.

PFLEGE UND ERZIEHUNG

Der Flat-Coated ist ein natürlicher, guter Apporteur an Land wie im Wasser, markiert gut, kann auch bei dichtem Unterholz im ganzen Land für die Jagd eingesetzt werden. Er besitzt eine natürliche Unterordnungsbereitschaft. Sein Wille, seinem Besitzer zu gefallen, steigert sich noch mit der Ausbildung. Unterordnungserziehung ist für jede jagdliche Arbeit immer ein guter Ausgangspunkt.

ANPASSUNGSFÄHIGKEIT

Die Rasse paßt sich den meisten Gegebenheiten an. Wird sie in der Stadt gehalten, braucht sie allerdings täglich größere Spaziergänge. Am wohlsten fühlt sich dieser Hund auf dem Land, wo er die Aufgaben erfüllen kann, für die er gezüchtet ist - Laufen, Jagen, Schwimmen und Gefährte seiner Menschen sein.

RASSEMERKMALE

Der Flat-Coated ist eine recht rassige Erscheinung, Schulterhöhe etwa 60 cm. Alle Körperteile stehen untereinander in harmonischem Verhältnis.

Farbe entweder Schwarz oder Leberfarben, mit dunkelbraunen oder haselnußfarbenen Augen.

Kopf lang, schlank, gut modelliert, leichter, aber dennoch ausgeprägter Stop, kleine, flach anliegende Ohren. Halspartie kräftig, obere Linie fest, Körper tief, aber nicht zu breit. Der Flat-Coated Retriever muß gute Läufe und Pfoten haben, Rute gerade angesetzt und waagerecht getragen. Das Haarkleid besteht aus gesundem, flach anliegendem doppeltem Haar, Brustpartie, hintere Seite der Läufe und Rute mäßig befedert.

Der Flat-Coated Retriever bietet das attraktive Bild eines nützlichen Hundes für die Vogeljagd, ohne irgendwelche Übertreibungen, von guter Grösse, Symmetrie und Eleganz. Seine Rute ist ständig in Bewegung.

Flat-Coated Retriever

RETRIEVER - GOLDEN RETRIEVER

FCI-Gruppe 8, Standard Nr. 111
Ursprungsland: Great Britain
Zucht 1994: D 1.191, A 133, CH 692, GB 14.418
USA 64.322

HERKUNFT UND RASSEGESCHICHTE

Die Entstehung des Golden Retrievers als »reinrassiger« Jagdhund ist durch handgeschriebene Berichte von Lord Tweedmouth vorzüglich dokumentiert. In seinem schottischen Heim Guisachan lebten Deerhounds, Pointer und verschiedene Retrievertypen, alles Arbeitshunde. Auf Guisachan, einem der größten Landsitze im 19. Jahrhundert, wurden regelmäßig große Jagden abgehalten. Die Höhe der jeweiligen Jagdbeute ist ein Hinweis auf den hohen Leistungsstandard, den man den Hunden abverlangte. »98 Birkhühner, 24 Rehe, 24 Hirsche; Birkhühner waren sehr selten, aber insgesamt gesund.... Die beste Strecke bisher waren 52 Hirsche, 1.197 Birkhühner, 42 Schnepfen.«

An der rauhen Küste des River Tweed waren die *Tweed Water Spaniels* für ihre Kraft und Apportierfähigkeit besonders berühmt. Im Jahre 1868 paarte Lord Tweedmouth Belle, eine Tweed Water Spaniel Hündin, mit dem gelben Retriever Rüden Nous. Die aus dieser Paarung geborenen gelben Welpen waren der Grundstock der neuen reingelben Rasse, heute als Golden Retriever bekannt. Zwei Welpen - Cowslip und Primrose - verblieben in Guisachan; Ada und Crocus und viele weitere Welpen wurden an Verwandte und Freunde in England und Schottland gegeben, auch an Wildhüter auf benachbarten Grundbesitzen. Zur weiteren Verbesserung des anatomischen Äußeren wurden Auskreuzungen vorgenommen, dazu dienten Flat-, Wavy- und Curly-Coated Retriever, auch ein roter Setter namens Sampson wurde eingesetzt. Ein sandfarbener Bloodhound, aus

dem große, kraftvolle häßliche Hunde entstanden, von dunklerer Farbe und aggressivem Wesen, steht ebenfalls auf der Liste.

Die Familie von Lord Tweedmouth reiste in England und anderen Ländern recht viel, das Interesse am »gelben Retriever« wuchs. 1881 zog Archie Marjoribanks auf die Familienranch nach Texas, nahm zwei gelbe Retriever, Sol und Lady, mit. Ein anderer Sohn von Lord Tweedmouth lebte in North Dakota, besaß wahrscheinlich auch gelbe Retriever. In den ersten Jahren des 20. Jahrhunderts interessierte sich Colonel Magoffin für die Rasse, importierte Speedwell Pluto (der später sowohl amerikanischer wie kanadischer Champion werden sollte). Bei weiter steigendem Interesse an der Rasse wurde einige Zeit später der Golden Retriever Club of America gegründet. Im Jahre 1932 erkannte der American Kennel Club den Golden Retriever an, der gerade im Vorjahr vom English Kennel Club anerkannte Rassestandard

Golden Retriever

wurde übernommen. Später wurde dieser nochmals etwas ergänzt und revidiert, heute ist der amerikanische Standard noch etwas ausführlicher als die britische Fassung.

Bereits die ersten englischen Hundeausstellungen, zunächst 1859 in Newcastle-upon-Tyne, danach in Birmingham, weckten Interesse an dem »Allzweck«-Golden Retriever. Ein Hund mit großen jagdlichen Fähigkeiten und gutem Charakter, korrektem anatomischen Aufbau und Schönheit begann seinen Siegeslauf im Ausstellungsring. Vorbildliche Hundebesitzer, die an jagdlicher Arbeit interessiert waren, legten bei ihren Hunden größeren Nachdruck auf Arbeitsleistung, während die mehr auf den Ausstellungsring ausgerichteten Liebhaber sich mehr auf »Schönheit« konzentrierten. Aber selbst »Ausstellungs-Golden Retriever« bewahren im Normalfall ihren natürlichen Apportierinstinkt.

Heute trifft man die Rasse als wunderschöne Ausstellungstiere an, gleichzeitig sind sie treue, unterordnungsfreudige Familienmitglieder; sie erweisen sich im Wettbewerb bei Jagdleistungsveranstaltungen, Field Trials, in Unterordnung wie Agility als außerordentlich erfolgreich. Häufig finden sie Einsatz als Blindenführhunde, als Helfer von ertaubten Menschen, als Therapiehunde in Altersheimen und Hospitälern. Der Golden Retriever ist wahrhaftig eine Rasse, die Verstand mit Schönheit vereint verkörpert.

WESEN

Der Golden Retriever muß ein stabiles, freundliches Wesen voller Selbstvertrauen haben. Die Rasse ist beständig, sensibel, verfügt über einen ausgeprägten Willen, ihrem Herrn zu gefallen.

GESUNDHEIT

Der Golden Retriever ist normalerweise ein robuster, gesunder Hund. Wie bei vielen schnell wachsenden und relativ großen Rassen kann Hüftgelenksdysplasie zum Problem werden. Um die Wahrscheinlichkeit dieser Krankheit zu mindern, wird das Zuchtmaterial geröntgt, die Aufnahme von Experten ausgewertet. Obgleich einige Fachleute der Meinung sind, HD sei nur zu 25 % erblich bedingt, ist es dringend ratsam, Hunde mit schlechten HD-Werten nicht in ein Zuchtprogramm aufzunehmen. Man muß aber auch wissen, daß viele Familienhunde trotz schlechter Röntgenergebnisse innerhalb der Familie ein normales, schmerzfreies Leben führen. Erblicher Star, eine Augenlinsenerkrankung, hat sich dramatisch ver-

mindert, nachdem für die Zucht nur noch Rüden und Hündinnen eingesetzt wurden, deren Gesundheitszeugnisse neuen Datums Freiheit von dieser Krankheit bestätigen. In Europa wird Epilepsie als ein Problem angesehen, verantwortungsbewußte Züchter überwachen auch hierauf sorgfältig jedes Zuchttier.

PFLEGE UND ERZIEHUNG

Aufgrund einer gewissen Veranlagung zur Hüftgelenksdysplasie sollten Hunde bis zum Alter von neun Monaten nur kontrolliert bewegt, Überbelastungen vermieden werden. Ihr ausgeprägter Wille zu gefallen bringt es mit sich, daß diese Hunde mehr auf Lob als auf Strafe reagieren. Ihre Intelligenz und Arbeitsfreude ermöglichen optimal die Ausbildung in allen Leistungsstufen. Der in der Rasse stark verankerte Apportierinstinkt hat zur Folge, daß sie alles heranschleppen, was »apportierbar« ist. Um mögliche Probleme zu vermeiden, sollte man den Junghund von früh an daran gewöhnen, alles Apportierte abzugeben.

Da dieser Instinkt es auch mit sich bringt, Hand oder Knöchel des eigenen Besitzers zu fassen und zu halten, ist es sehr viel angenehmer, den Hund von Anfang an zu erziehen, daß er sanft - »sanftmäulig« - arbeitet. Bei seiner Intelligenz und seiner Apportierleidenschaft lebt der Golden sehr viel glücklicher, wenn Körper und Verstand angemessen beschäftigt sind.

ANPASSUNGSFÄHIGKEIT

In der Gesellschaft anderer Hunde gewöhnt sich der Golden auch an Zwingerhaltung. Er bevorzugt jedoch bei weitem menschliche Gesellschaft, leidet schwer, wenn man ihn nicht in die Gemeinschaft einbezieht.

RASSEMERKMALE

Die Zucht als Jagdhund bringt es mit sich, daß für die Rasse Gesamtbalance und Symmetrie von großer Bedeutung sind, alle Übertreibungen unterbleiben müssen. An dem fein gemeißelten Kopf darf nichts grob sein, Kopf genügend lang, tief und kräftig, um Wild zu apportieren. Verlangt wird ein korrektes Scherengebiß, Rückbiß und Vorbiß gelten in den meisten Ländern als disqualifizierende Fehler. Die Nase muß groß sein, mit offenen Nasenlöchern für genügende Aufnahme von Witterung. Schwarze Pigmentierung ist zu bevorzugen. Ausgeprägter Stop, dunkelbraune, gut eingesetzte Augen, hübsche Ohren, in Augenhöhe am Kopf angesetzt, tragen zu dem freundlichen, intelligenten, aufgeweckten Gesichtsausdruck bei, der für die Rasse so typisch ist. Der Hals muß genügend lang und kräftig sein, damit der Hund wittern, Spuren verfolgen und Wild tragen kann. Schultern gut gewinkelt, Körper gut ausbalanciert, schöne Rippenwölbung, kurze Kruppe, starke Lendenpatie und feste Rückenlinie. Hinterhand gut bemuskelt und gewinkelt, auch Sprunggelenke ausgeprägt, kurzer Hintermittelfuß. Pfoten rund und katzenartig. Rute gerade angesetzt, in Rückenhöhe getragen. Bewegung kraftvoll, mit langen, freien Schritten.

Das Haarkleid gehört zu den schönsten Merkmalen der Rasse, es muß flach oder gewellt sein, braucht aber immer eine wasserabstoßende Unterwolle. Der britische Rassestandard gestattet jede Schattierung von Gold oder Cremefarben, schließt aber Rot und Mahagoni aus. Der amerikanische Standard fördert reiches, leuchtendes Gold in verschiedenen Schattierungen, bestraft extrem helle oder dunkle Schattierungen als unerwünscht. Der amerikanische Standard verlangt eine ungetrimmte Mähne, während die Mode im englischen Ausstellungsring einiges an Trimmen erfordert.

Auch die Größe differiert in den beiden Standards. Der britische Standard verlangt bei Rüden 56-61 cm, Hündinnen 51-56 cm, der amerikanische Standard verlangt bei Rüden 58-60 cm, Hündinnen 53-55 cm, Abweichungen von mehr als einem Inch, also 2,5 cm, sollen disqualifizieren. Damit soll nicht gesagt sein, daß der Gesamttyp der Rasse zwischen USA und England stark differiert. Die Züchter beider Länder glauben, daß ihr Typ der korrekte sei. Studien von Bildern früherer britischer Hunde wirken recht aufschlußreich, erlauben klare Antworten, welche der beiden Auffassungen der Wahrheit näher kommt.

RETRIEVER - LABRADOR RETRIEVER

FCI-Gruppe 8, Standard Nr. 122
Ursprungsland: Great Britain
Zucht 1994: D 705, A 137, CH 683, GB 29.118
USA 126.393

HERKUNFT UND RASSEGESCHICHTE

Der heutige Labrador Retriever hat sich gegenüber dem Wasserhund, den der *Sportsman* Peter Hawker in Neufundland Anfang 1800 antraf, wenig verändert. Er berichtete damals von diesen Hunden als den *St. John's Newfoundland*, in den weiteren Jahren nannten viele andere den gleichen Hund den *Lesser Newfoundland*. Es ist interessant darüber zu spekulieren, welch ein anderes Rasseverständnis die heutigen Richter wohl entwickelt hätten, wenn diese Namen erhalten geblieben wären.

Die Original Labrador waren aktive, schwarze Hunde, gezüchtet für das Wasser und alle damit verbundenen Aufgaben, beispielsweise Apportieren von Wild, Ziehen kleiner Boote und Kähne. Sie verrichteten eine Vielzahl von Aufgaben, alle verbunden mit Wasser und Booten. 1899 wurde der gelbe Rüde Ben Hyde aus einer Paarung schwarzer Elterntiere geboren, von ihm stammen alle heutigen gelben Labrador ab. Man weiß, daß der schokoladenfarbene Labrador keine der echten Original Labradorfarben trägt, vielmehr das Ergebnis verschiedener Einkreuzungen ist. Einer der englischen *Matriarchen der Rasse* wird die Aussage zugeschrieben, daß es »Labrador in drei Farben gibt - Schwarz, Schwarz und Schwarz«.

Heute trifft man aber auf Hunde guter Qualität in jeder der drei zugelassenen Farben. Die Rasse wurde 1903 vom English Kennel Club anerkannt. Sie ist beidseits des Atlantiks extrem populär, gehört seit vielen Jahren zu den zehn populärsten Hunderassen.

WESEN

Das Wesen des Labradors ist ebenso ein Wahrzeichen der Rasse wie alle anderen Merkmale. Dieser Hund muß gegenüber Mensch wie Tier frei von jeder Aggression sein. Er ist intelligent, genial und lebt gern in Gruppen. Die »Mädchen«, wenn sie nicht gerade eigene Welpen zu versorgen haben, werden wunderbare »Tanten«, die »Jungen« werden zu erstklassigen »Babysittern«.

Sie alle eignen sich auch erstklassig als »Betreuer« für Kinder jeden Alters. In Gruppen gehalten lieben sie das rauhe Spiel, das den nicht Eingeweihten als recht gefährlich erscheinen mag, obgleich es dabei nur in den seltensten Fällen zu irgendeinem Schaden kommt. Man darf nie vergessen, daß es sich um Jagdhunde handelt, von

Labrador Retriever

denen man erwartet, daß sie auf Jagden hinausziehen, an denen sich auch meist andere Hunde beteiligen. Deshalb darf es zu keinerlei Anzeichen von Aggression oder Eifersucht kommen.

GESUNDHEIT

Im Grundsatz ist der Labrador eine gesunde Hunderasse. Die Welpen werden leicht geboren, sorgfältig aufgezogen, die Hündinnen haben sehr starke Mutterinstinkte. Es gibt einige erbliche Probleme, auf die zu achten ist, darunter Hüftgelenksdysplasie, Epilepsie, progressive Retinaatrophie und einige Veranlagung zu allergischen Hauterkrankungen. Am besten kauft man seinen Hund bei einem Züchter von gutem Ruf, der sein Zuchtmaterial sorgfältig auf diese Erkrankungen überprüft.

PFLEGE UND ERZIEHUNG

Der Labrador braucht wenig Spezialfürsorge, mit Ausnahme eines trockenen Lagers, reichlich Wasser - zum Trinken und Planschen; außerdem täg-

lich zwei gute Mahlzeiten. Dabei fordert er keine komplizierte Ernährung, fühlt sich viel besser mit einem guten Napf voll Fleisch, Huhn oder Rind, gekochtem Gemüse, gekochtem Reis und warmem Wasser. Die meisten ausgewachsenen Hunde kommen mit zweimal täglicher Fütterung gut zurecht. Frisch entwöhnte Welpen brauchen zunächst täglich vier Mahlzeiten. Dabei sollte man ein sehr gutes Welpenfutter mit Fleisch bei zwei Mahlzeiten füttern, die anderen zwei Mahlzeiten bestehen aus Milch mit entsprechenden Flocken.
Ab drei Monaten kann die Fütterung auf drei Mahlzeiten reduziert werden, mit sechs Monaten auf zwei. Heranwachsende Welpen brauchen gutes Futter, frische Luft und Sonne, außerdem sehr viel Spielzeit und unbegrenzte Liebe. Bereits im Alter von sechs Wochen beginnende kleine Welpenausflüge, großartiger Gelegenheit, die Hunde zu sozialisieren und zu bewegen, wobei bei der Rückkehr immer eine Schale frisches Wasser verfügbar sein sollte. Zu Anfang sind zehnminütige Spaziergänge völlig genug, können mit Heranwachsen des Welpen auf eine halbe Stunde ausgedehnt werden. Labrador gewöhnen sich leicht an

erzieherische Korrekturen und bemühen sich in aller Regel, alles zu tun, was ihre Besitzer verlangen. Viele Labrador sind zu vorzüglichen Blindenführhunden ausgebildet worden.

ANPASSUNGSFÄHIGKEIT

Ursprünglich wurde die Rasse als Jagdhund für *Ladies and Gentlemen* gezüchtet. Man hat den Eindruck, daß sie eine ganz spezielle Bindung zu Menschen entwickeln, was sie zu besonders guten Familienhunden und vorzüglichem Gehorsam führt. Labrador fügen sich in Zwingerhaltung, haben sie es aber erst einmal kennengelernt, bevorzugen sie bei weitem ein Leben in der Familie.

RASSEMERKMALE

Es gibt drei Merkmale beim Labrador, die unverzichtbar sind, zwingend gefordert werden, in folgender Präferenz: Wesen, Haarkleid und Rute. Das Wesen muß vorzüglich, das Haarkleid ziemlich kurz und dicht mit dicker Unterwolle sein, um gegen Wasser, Kälte und alle Arten von Jagdgelände Schutz zu bieten. Abschliessend kommt dann die »Otterrute« - eine ziemlich kurze und gerundete Rute, dicht von Haar bedeckt.

Der Labrador ist ein großer und substanzvoller Hund, gezüchtet für das Jagen und Apportieren bei jedem Wetter. Widerristhöhe Rüden 57-62 cm, bei einem Gewicht von 30-36 kg. Hündinnen Widerristhöhe von 55-60 cm, 25-32 kg Gewicht. In den USA führen 1 cm über oder unter den vorgeschriebenen Widerristhöhen zur Disqualifikation. Natürlich werden Labrador unter einem Alter von einem Jahr, wenn sie noch unter der Minimumwiderristhöhe stehen, nicht disqualifiziert. Der Kopf ist breit, der Fang groß genug, um eine stattliche kanadische Gans zu apportieren. Hals muskulös und kraftvoll, Körper tief und breit. Vorderläufe und Pfoten gut gestellt, gute Knochen. Hinterläufe gut gewinkelt, brauchbar zur Arbeit. Farbe entweder Schwarz, Schokoladenfarben oder Gelb, wetterfestes Haarkleid und ein wissendes intelligentes Auge. Ein großartiger Allzweckhund!

RETRIEVER - NOVA SCOTIA DUCK TOLLING RETRIEVER

FCI-Gruppe 8, Standard Nr. 312
Ursprungsland: Kanada
Zucht 1994: CH 7, GB 43

»Tolling« - eine Kunst, die schon über Hunderte von Jahren in England und europäischen Ländern von Hunden ausgeübt wurde. Dabei gebrauchten Jäger kleine Hunde, um vor einem langen, tunnelähnlichen Netz herum zu tanzen und zu hüpfen, damit Enten in die Falle zu locken. Aus irgendwelchen Gründen nähern sich Enten einem tanzenden Hund, insbesondere rote Hunde ähneln dem besten Lockvogel von allen, dem *Eastern Red Fox*. In jüngerer Zeit wurden derartige Lockhunde entlang der ganzen Ostküste Nordamerikas eingesetzt. Früher war diese Jagdart weniger populär, bis *Little River* in Nova Scotia zur letzten Bastion dieser ungewöhnlichen Vogelhunde wurde.

Grundlage der Zuchtentwicklung war immer die jagdliche Aufgabe - der Hund muß die Fähigkeit als Lockhund besitzen, Beweglichkeit, Verspieltheit und großen Apportierinstinkt. Chesapeake Bay Retriever, Flat-Coated, Labrador, Brauner Cocker und Irish Setter, ihnen allen wird eine Rolle bei der Entstehungsgeschichte des heutigen *Nova Scotia Duck Tolling Retriever* zugeschrieben.

Der *Toller* ist ein Allzweckhund - ein wunderbarer Familienhund, erstklassiger Spielgefährte, ein hübscher Ausstellungshund und arbeitswilliger Vogelhund. Vielleicht ist er zu *ballverrückt*, denn

Nova Scotia Duck Tolling Retriever

Toller sind geschickte Schwimmer, können vom »Tolling« je nach Erfordernis schnellstens auf das Apportieren umstellen.

er ermüdet nie, alles zu apportieren. Er ist ein recht nützlicher Wachhund, aber kein Schutzhund.

Ein guter *Toller* besitzt einen extrem animierten Bewegungsstil, mit einer langen Rute, die unermüdlich in Bewegung ist. Er ist ein kraftvoller Schwimmer, wechselt sobald es notwendig ist vom *Tolling* zum Apportieren. Diese gesunde Arbeitshunderasse scheint mehr und mehr an Popularität zu gewinnen, wobei der begrenzte Genpool auch von einigen Gesundheitsrisiken begleitet ist. Neben Schilddrüsenproblemen gibt es auch Autoimmunprobleme, tritt auch progressive Retinaatrophie vermehrt auf.

Mittelgroß und kompakt hat der Toller eine Idealwiderristhöhe bei Rüden 48-50 cm, Hündinnen 45-48 cm und wiegt 20-23 kg (Hündinnen 12-20 kg). Gut bemuskelt und ausbalanciert hat der Toller einen schnellen Arbeitsrythmus, seine oft leicht traurige Mine verändert sich zu äußerster Konzentration und Erregung, sobald er mit der Arbeit beginnt.

Diese Animation und Aufmerksamkeit, gekoppelt mit der üppigen und schweren Befederung, dauernd beweglicher Rute sind die Schlüsselwerte des Rassetyps. Wasserabstoßendes doppeltes Haarkleid von mittlerer Haarlänge ist ein Muß, wobei die Befederung mäßig ausfallen soll. Farbe: jede Rot- oder Orangeschattierung mit einigen weißen Abzeichen. Kopf leicht keilfömig, hoch angesetzte Ohren, bernsteinfarbene oder braune Augen. Sie alle geben dem Nova Scotia Duck Tolling Retriever einen freundlichen, munteren und intelligenten Gesichtsausdruck.

RHODESIAN RIDGEBACK

FCI-Gruppe 6, Standard Nr. 146
Ursprungsland: Südafrika
Zucht 1994: D 291, A 26, CH 42, GB 854
USA 2.218

HERKUNFT UND RASSEGESCHICHTE

Von all den Hunderassen im heutigen Ausstellungsring scheint es bei der logischen Einteilung in eine der Gruppen nirgends größere Identitätskrisen zu geben als beim Rhodesian Ridgeback. In einigen Ländern wird er als Jagdhund angesehen, in anderen als Arbeitsrasse, wiederum in anderen findet man ihn als Meutehund. Betrachter, die positiv denken, interpretieren dies einfach als Bestätigung der außerordentlichen Vielseitigkeit des Ridgebacks.

Diese Rasse ist eine von insgesamt nur zwei Hunderassen, bei denen das Rückenhaar in Form eines *Ridge* in umgekehrter Richtung gegen das übrige Haar wächst. Die zweite Rasse ist der erst vor kurzem anerkannte Thai Ridgeback.

Trotz der großen geographischen Entfernungen zwischen den zwei Ländern, in denen wir diese Hunde mit *Ridge* antreffen, besteht die Vermutung, daß die Vorfahren der Thaihunde aus Afrika stammen, zur Insel *Phu Quoc* - damals Siam - durch Sklavenhändler gebracht und dort zurückgelassen wurden.

Der *Ridge* ist über viele Generationen direkt auf den *African Hottentot Hunting Dog* zurückzuführen. Man erzählt, diese Hunde seien im Typ recht schakalähnlich gewesen, bei ihnen habe der *Ridge* über den ganzen Rücken gereicht. Als Mitte 1600 die Holländer das Kap kolonisierten, wurden sie höchstwahrscheinlich von eigenen Jagdhunden begleitet, die wiederum mit den eingeborenen Hunden mit Ridge gekreuzt wurden.

Cornelius van Rooyen, der bekannte Großwildjäger, half maßgeblich dabei, den modernen Ridgeback zu züchten. Bei seinen Besuchen bei Reverend Helm in Matabeleland stieß er auf zwei Hunde mit *Ridgeback*, die der Reverend in den 1870er Jahren vom Kap mitgebracht hatte. Van Rooyen paarte einige seiner eigenen Jagdhunde mit den Hunden des Reverend Helm, in seinen Würfen lagen einige glatthaarige, einfarbige Hunde, die dem heutigen Rhodesian Ridgeback recht ähnlich waren.

Man berichtet, daß die Hunde, die einen *Ridge* besaßen, bei der Jagd am tapfersten waren, auch vor Löwen nicht zurückschreckten. Der Ruhm der Hunde von van Rooyen war so groß, daß von ihm gezüchtete Hunde weit und breit gesucht wurden. Diese Nachfrage förderte seine Zucht, so begann sich die neue »Rasse« zu entwickeln.

Irrtümlicherweise glauben einige Hundeliebhaber, daß diese mutigen Jagdhunde tatsächlich Löwen töteten. Aber jedermann, der nur etwas über diese Idee nachdenkt, erkennt sehr schnell, daß kein Hund, so furchtlos er auch sein mag, je im Kampf mit einem Löwen triumphieren könnte. Der Jagdstil des Ridgebacks war es, den Löwen laufend zu reizen, Scheinattacken vorzutragen, bis dieser extrem wütend war. Auf diese Art hatte der Jäger die Chance, so nahe an den Löwen heranzukommen, daß er ihm auf kurze Entfernung die Kugel geben konnte.

Während viele Hunde mit *Ridge* Anfang des 20. Jahrhunderts eingesetzt wurden, variierte ihr Typ beträchtlich. Das einzige gemeinsame Merkmal war der *Ridge*.

Im Jahre 1922 versammelten sich dann sieben Anhänger der Rasse in Bulawayo, unternahmen den Versuch, einen Club zu gründen - den *Rhodesian Ridgeback (Lion Dog) Club* - um einen Weg zu mehr Gleichmäßigkeit der Rasse zu erschliessen. Später wurde ein echter Rassestandard aufgestellt, der in seiner äußeren Aufmachung dem Muster des Dalmatiner Standards ähnelte.

Im Jahre 1924 wurde der Rhodesian Ridgeback von der South African Kennel Union offiziell anerkannt. Anfang der 1930er Jahre kamen die ersten Exemplare in England an. Bei einem königlichen Besuch in Südafrika wurde Elizabeth II (damals noch Prinzessin Elizabeth) 1947 ein Ridgebackpaar geschenkt. Der Rüde wurde der Vater des ersten britischen Champions, als 1954 der Rasse Challenge Certificates zugesprochen wurden.

WESEN

Der Ridgeback ist ein eigenwilliger Hund mit einem Charakter, der die Vereinigung einer Vielzahl funktioneller Voraussetzungen ermöglicht. Er vermag zu jagen, zu schützen, verteidigt Grund und Boden und wehrt - so erforderlich - Eindringlinge ab. Dabei ist es zwingend notwendig, daß er weiß, daß sein Besitzer das Sagen hat.

Gerade ein eigenwilliger Ridgeback erfordert Verantwortung. Wenn man von frühem Alter an den Ridgeback richtig erzieht und einordnet, wird er sich als loyales Familienmitglied erweisen. Diese Hunde können aber auch recht wehrhaft sein, sie sind nicht der Typ einer Hunderasse, die an der Tür mit wedelnder Rute Fremde willkommen heißt.

Rhodesian Ridgeback

GESUNDHEIT

Eine durch und durch robuste Hunderasse. Verantwortungsbewußte Züchter überprüfen ihre Hunde auf HD-Erkrankungen, weitere ernsthafte Gesundheitsmängel sind in der Rasse nicht bekannt, gelegentlich treten einmal Probleme mit dem *Dermoidsinus* auf.

Auch wird von gelegentlicher Osteochondrose berichtet, einer Wachstumsstörung des Gewebes im Gelenkbereich. Dabei könnten auch zu reiche Ergänzungsfuttergaben eine Rolle spielen. Die Krankheit zeigt sich bereits früh im Leben durch leichte Lahmheit, erfordert sofortigen Besuch beim Tierarzt. Dieser muß die Zusammensetzung der Ernährung und den Umfang der Bewegung kontrollieren.

PFLEGE UND ERZIEHUNG

Der Rhodesian Ridgeback ist relativ pflegeleicht, kurzhaarig und frei von allen anatomischen Übertreibungen. Seine Erziehung von frühester Jugend an ist aber von überragender Bedeutung. Er muß die grundsätzliche Unterordnung lernen. Alle Anzeichen von übertriebener Aggression müssen beim jugendlichen wie beim erwachsenen Hund sorgfältig unter Kontrolle gebracht werden.

Richtig erzogen sind diese Hunde eine Freude zu halten - überläßt man sie sich selbst, können sie sehr problematisch werden.

ANPASSUNGSFÄHIGKEIT

Auch in städtischer Umwelt lebt ein Ridgeback fröhlich, vorausgesetzt er hat Gesellschaft, viel Auslauf und geistige Anregungen. Natürlich gedeiht er am besten auf großem Besitz, wo er das ganze Gelände überwachen kann, seinem Besitzer gewährleistet, daß alles in Ordnung ist.

RASSEMERKMALE

Das entscheidende Merkmal der Rasse ist ihr *Ridge*. Dieser verschmälert sich, hat symmetrische Form, zwei identische *Crowns (Haarwirbel)*. Der Ridge sollte hinter den Schultern beginnen und bis zu den Hüftknochen reichen. Die unteren Enden der Kronen dürfen sich nicht weiter als auf ein Drittel der Gesamtlänge erstrecken.

Der Gesamttyp der Rasse ist noch immer etwas unterschiedlich, einige Exemplare erscheinen zu *bully*, andere wieder zu *houndy* und leicht. Genau in der Mitte liegt der ideale Ridgeback, er verfügt über Substanz und Qualität.

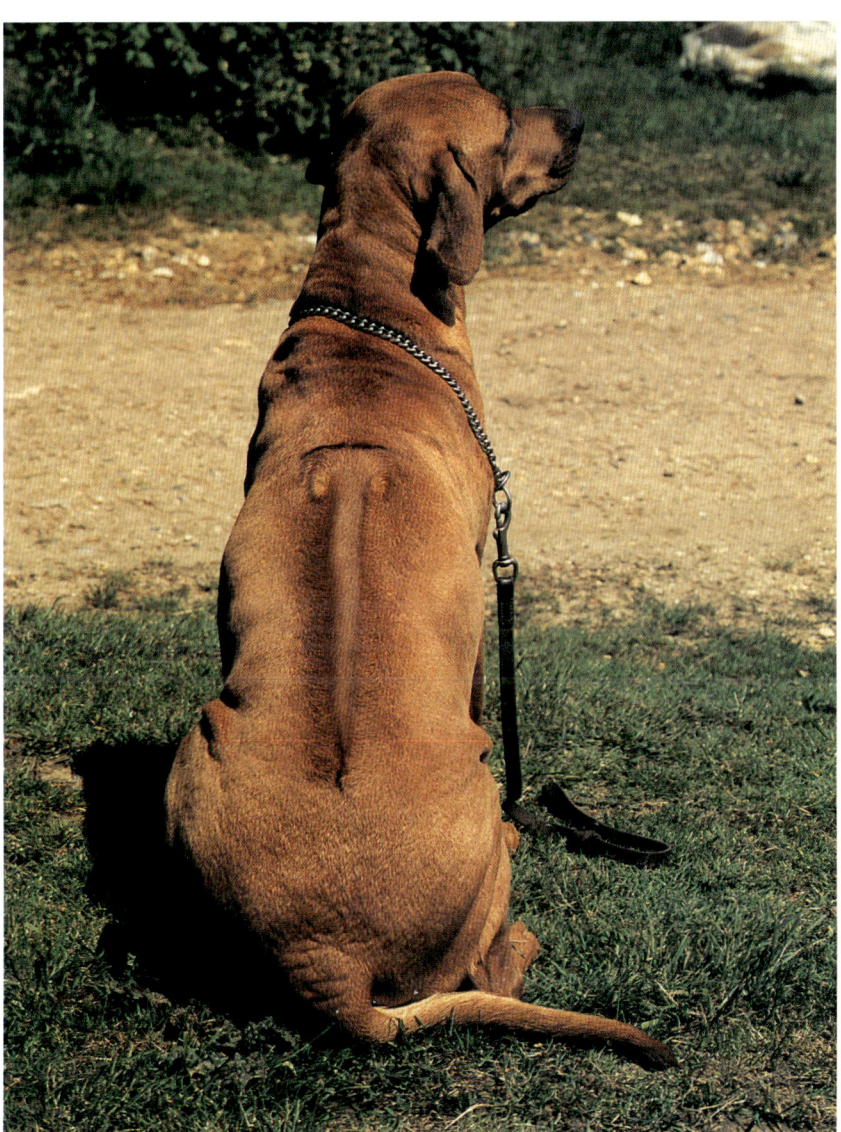

Das wichtigste Merkmal des Rhodesian Ridgeback ist sein Ridge - wobei auf dem Rücken Haare in entgegengesetzter Richtung wachsen.

Widerristhöhe Rüden 63-68,5 cm, Hündinnen 60-65 cm. Kopf ziemlich lang, Oberkopf recht flach, zwischen den Ohren breit. In Ruhestellung frei von Falten, in Erregung können sich leichte Falten bilden.

Der Fang ist kräftig, der Stop mäßig, Lefzen eng anliegend, nicht herabhängend. Hunde mit schwarzen Nasen haben dunkle Augen, Hunde mit brauner Nase bernsteinfarbene Augen. Ohren hoch angesetzt, im Ansatz breit, sich zu einer run-

den Spitze verschmälernd. Sie werden dicht am Kopf getragen. Hals kräftig, ziemlich lang und gut geschnitten. Brust tief, mäßig aufgewölbt, Rücken und Lendenpartie kraftvoll. Die Rute wird in eleganter Kurve, aber nie gerollt getragen.

Die Farbe des Ridgebacks ist Hellrot bis Weizenfarben, kleine weiße Abzeichen auf Brust und Zehen werden toleriert. Im Idealfall keine weißen Abzeichen. Dunklerer Fang und Ohren sind typisch.

R O T T W E I L E R

FCI-Gruppe 2, Standard Nr. 147
Ursprungsland: Deutschland
Zucht 1994: D 2.630, A 165, CH 91, GB 3.070, USA 102.596

HERKUNFT UND RASSEGESCHICHTE

Muriel Freeman schreibt in *The Complete Rottweiler*: »Es gibt viele Hinweise darauf, daß der Rottweiler auf alte Treiberhunde zurückgeht, die man bereits im alten Rom antraf. Dieser Treiberhund wurde von verschiedenen anerkannten Autoren als Molossertyp beschrieben, von hoher Intelligenz, kräftig, verläßlich, arbeitsfreudig und mit ausgeprägtem Schutztrieb«.

Es bedarf wenig Phantasie, um den Wert eines solchen Hundes für die Viehzüchter im Mittelalter richtig einzuschätzen. Sie nahmen sich dieses verläßlichen, vielseitigen Treiberhundes an, nannten ihn Rottweiler nach der aufstrebenden kleinen deutschen Stadt Rottweil, wo er ein alltäglicher Anblick beim Treiben der ihm anvertrauten Tiere zum Markt war.

Von den römischen Zeiten bis Mitte des 19. Jahrhunderts war die Arbeit des Rottweilers gesichert.

Das Leben der Bauern in jenen Tagen war durch die Launen des Wetters, das Land durchziehende Soldaten, Pest und Krankheit bestimmt. Hatten sie ihr Vieh bis zum marktfähigen Alter großgezogen, war es Aufgabe des Rottweilers, die Rinder sicher zum nächsten Viehmarkt zu treiben. Die Einkünfte aus den Verkäufen wurden gut in einem Beutel an ihrem Halsband befestigt, so war die sichere Rückkehr in das Bauernhaus gewährleistet. Hierbei handelte es sich meistens um zwei- oder dreitägige Reisen über Land, wobei man jeden Kontakt mit anderen Menschen vermied. Es

gab wenig Wasser und überhaupt kein Futter, ehe man wieder in den sicheren Bereich des Hofes zurückgekehrt war. Nur das Überleben der Besten war damit gewährleistet, alle anderen starben am Wegesrand oder wurden - wenn sie sich nicht bewährten - als überflüssig getötet.

Ende des 19. Jahrhunderts wurde in vielen Ländern das Viehtreiben verboten. Esel, Pferde und Eisenbahnen ersetzten auch den Zugwagen der Hunde. Aus diesem Grunde schwand die Popularität des Rottweilers. Einige Hunde wurden weiter bei der Polizei, an der Herde und als Blindenführhunde eingesetzt. Im Jahre 1882 wurde aber auf einer Hundeausstellung in Heilbronn nur noch ein einziger Rottweiler vorgestellt. 1901 kam es zur Gründung eines Clubs, der die Interessenten von Rottweilern und Leonbergern gleichzeitig betreute.

Über die nächsten zwanzig Jahre wurden mehrere Rottweiler Clubs gegründet. Es gab aber in den Reihen dieser Organisationen laufende Streitereien, bis 1921 der Allgemeine Deutsche Rottweiler Klub (ADRK) mit etwa 3.400 registrierten Hunden gegründet wurde. Der Rassestandard wurde angenommen, ein klares Zuchtprogramm beschlossen.

WESEN

Mit Nachdruck muß festgestellt werden, daß der Rottweiler ein Arbeitshund ist. Diese Hunde sind nie glücklich, wenn sie nicht eine richtige Aufgabe haben. Dabei ist es völlig gleichgültig, ob sie an der Herde arbeiten, auf Leistungsprüfungen in Wettbewerb treten, als Rettungshunde oder Therapiehunde eingesetzt werden oder einfach nur zu Hause die Zeitung apportieren.

Ein Rottweiler liebt es, vernünftig beschäftigt zu werden. Der Charakter des Rottweilers ist so, daß er immer Partner, nie Sklave sein möchte.

GESUNDHEIT

Beim Ausbruch der großen Parvoseuchen erwies es sich, daß Rottweiler offensichtlich hierfür besonders anfällig waren, dieser Krankheit in vielen Ländern auch erlagen. Durch vernünftige Schutzimpfung ist das Problem weitgehend zu lösen. Hüftgelenksdysplasie gehört zu den Problemen, in einigen Linien werden auch Kreuzbandrisse festgestellt, aber verantwortungsbewußte Rottweilerzüchter haben sich auf beide Probleme schon seit 1967 eingestellt, tun das ihre, ihr Zuchtmaterial gesund zu halten.

Es ist zu erwarten, daß weitere Forschungsarbeit hier auch Lösungen bringt. Leider sind Rottweiler - wie die meisten großen Hunde - verhältnismäßig kurzlebig.

Die mittlere Lebenserwartung liegt bei neun Jahren. Aber viele Rottweiler leben auch noch mit elf Jahren, ältere sind aber recht selten. Krebs, Herzerkrankungen und Verlust der Mobilität - alles vorwiegend Alterserkrankungen - gehören zu den weiteren Todesursachen.

PFLEGE UND ERZIEHUNG

Bei der Ausbildung des Rottweilers erzielen die Hundeführer die besten Ergebnisse, die freundlich, geduldig und konsequent sind. Ein Rottweiler ist im Lernen nicht der schnellste, aber er lernt

Rottweiler

gründlich. Hat er eine Lektion erlernt, vergißt er sie nie, und es gibt keinerlei Aufgaben, denen er sich nicht mit Hingabe widmet.

ANPASSUNGSFÄHIGKEIT

Je nach Frühsozialisation des Einzelhundes, konsequenter Erziehung und guter Zucht akzeptiert der Rottweiler Fremde. Hier muß aber immer daran erinnert werden, daß er einmal dafür gezüchtet wurde, als Schutzhund zu arbeiten, Gefahr von dem Besitz seines Herrn abzuwenden, ihn zu verteidigen. Aus diesem Grunde sollte jeder Rottweilerbesitzer seinen Hund so halten, daß es zu keinen Mißverständnissen kommt. Ein Beispiel von Unachtsamkeit ist es etwa, wenn man diesem Hund gestattet, ohne Kontrolle mit kleinen Kindern zu spielen. Rottweiler mögen es auch nicht besonders gerne, wenn ein Kind »gegenüber seinem eigenen Schutzbefohlenen« - dem Besitzer - herumquengelt oder auf ihm sitzt. Das Ergebnis ist manchmal - völlig ohne Not werden Kinder gebissen, einfach weil der Hund glaubte, er habe seine Aufgaben zu erfüllen.

Dies einmal vorausgesetzt ist ein Rottweiler von richtigem Charakter ein geradezu fabelhafter Familienhund. Von Natur her lieben Rottweiler Kinder, tolerieren auch ihre unendlichen Anforderungen freundlich. Es ist beim Rottweiler völlig natürlich, daß er die Frau des Hauses besonders schützt, etwas weniger den Mann.

Auf der anderen Seite ist er gegenüber den Kommandos des Herrn besonders gehorsam. Rottweiler sind gutartig, tolerieren alle Arten weiterer Haustiere - mit einer Ausnahme - es sollte im Haushalt immer nicht mehr als ein Hund des gleichen Geschlechts sein. Mit gewissen Einschränkungen kommt man mit zwei Hündinnen zurecht. Hält man zwei Rüden, die nicht kastriert sind, sollte man nie darauf vertrauen, daß es keine ernsthaften Auseinandersetzungen gibt.

RASSEMERKMALE

Gerade in diesem internationalen Buch ist es wichtig darauf hinzuweisen, daß Deutschland das Ursprungsland des Rottweilers ist. Nach den Grundlagen der Fédération Cynologique Internationale (FCI) legt immer das Ursprungsland den Rassestandard fest. Alle FCI-Mitgliedervereine müssen international sich dem deutschen Rassestandard unterwerfen. Gleich ob in Deutschland, Brasilien, Spanien, Mexiko, wo immer Ausstellungen unter der Überwachung der FCI stattfinden, wird der Rottweiler nach dem deutschen Rasse-

Der Kopf des Rottweilers muß groß sein, dunkle, ausdrucksvolle wache Augen haben.

sestandard gerichtet.

Weder der American Kennel Club noch der English Kennel Club haben dieses FCI-Prinzip anerkannt, ebenso wenig andere Clubs, die ursprünglich unter englischem Einfluß standen. Wie man eine solche Abweichung beurteilt, hängt von der betreffenden Rasse ab, auch von der eigenen Meinung zu Grundsatzfragen.

Was aber die Rottweilerzüchter angeht - wer könnte besser als die Deutschen den »idealen Rottweiler« definieren? Jede Abweichung von ihrem Standard ist eine Abweichung vom Ideal, sollte nicht toleriert werden. Glücklicherweise für die Rasse in den USA steht der dortige Rottweilerclub in Übereinstimmung mit dieser Philosophie, jede Standardänderung führt immer zu einer engeren Anlehnung an den deutschen Standard.

Der Rottweiler ist ein Arbeitshund. So muß man sich bei jeder Diskussion über den Standard vor Augen halten, daß jede Abweichung, welche die Arbeitsfähigkeit des Hundes beeinträchtigt, ein ernsthafter Fehler ist. Hierzu gehören beispielsweise fehlende ausgewogene Proportionen, ungenügend Substanz, schwache Knochen, fehlende Muskulatur, schlechte Winkelung als Hauptfehler. Ähnlich sind zu schwacher Fang, weicher Rücken, schlechte Pfoten ernsthafte Gebrauchsmängel. Derartige Standardabweichungen müssen immer schwer geahndet werden. Kosmetische Fehler, beispielsweise nicht korrekte Markierung, Pigmentfehler am Fang, etwas hellere Augenfarbe spielen eine Rolle. Man sollte diese

Probleme aber nicht zu ernsthaft sehen, weil sie die Arbeitsfähigkeit des Hundes in keiner Weise beeinträchtigen.

Der Rottweiler ist ein großer Arbeitshund, Schulterhöhe Rüden 61-68 cm, Gewicht etwa 50 kg; Widerristhöhe Hündinnen 56-63 cm, Gewicht etwa 42 kg. Ein richtig proportionierter Hund sollte etwas länger als seine Widerristhöhe sein. Körper breit und kräftig, breite, tiefe Brust, Rückenlinie so fest wie möglich; Rute kurz kupiert, in Verlängerung der Wirbelsäule getragen. Läufe kräftig und gesund, gute Pfoten mit dicken Ballen. Großer Kopf, dunkle, ausdrucksvolle und aufmerksame Augen. Fangpartie etwas kürzer als Oberkopf. Pigment des Fangs dunkel, regelmäßiges Scherengebiß mit 42 Zähnen. Bei Vorbiß oder Fehlen von zwei oder mehr Zähnen werden Hunde in den USA disqualifiziert. Haarkleid kurz, flach und grob.

Farbe Schwarz mit gut abgegrenzten, satten, rostbraunen Abzeichen (Backen, Fang, Halsunterseite, Brust, Läufe, über den Augen und unter der Rutenwurzel). Zusammengefaßt ist der Rottweiler ein idealer Hund von korrekter Größe mit ausgewogenen Körperproportionen, er trägt seinen gut proportionierten Kopf stets in stolzer Haltung.

RUSSISCHE LAIKAS

Die Russischen Laikas gehören zu den nordischen Jagdspitzen, die es bereits über Hunderte von Jahren gibt. In ihrem Ursprungsland gibt es viele verschiedene Varietäten, aber nur drei Varietäten sind von der Fédération Cynologique Internationale anerkannt. Außerhalb Rußlands, mit Ausnahme der skandinavischen Länder, trifft man diese Rassen nur selten an. Alle drei anerkannten Laika-Rassen werden ausschließlich als Jagdhunde auf Bär, Luchs, Elch, Waldvögel und andere Tiere eingesetzt. Sie helfen häufig auch Trappern, die Pelze erbeuten.

Westsibirische Laika

Die Ostsibirische Laika (Vostotchno Sibirskaïa Laïka, Standard Nr. 305) ist die größte, Widerristhöhe 51-64 cm. Angeblich erfolgten noch Mitte dieses Jahrhunderts Einkreuzungen mit Wölfen. Der Hund ist robust, ausdauernd und sehr kräftig, hat einen ebensolchen Charakter. Er ähnelt sehr einem grob gebauten Nordischen Wolf, jede Farbe zulässig. Die Russisch-Europäische Laika (Russko-Evropeïskaïa Laïka, Standard Nr. 304) wird vorwiegend in der Nähe der finnischen Grenze angetroffen. Die Rasse ist mit dem Finnish Karelischen Bärenhund verwandt. Beide Rassen sind gewöhnlich schwarz mit weißen Abzeichen. Die Russisch-Europäische Laika ist im Rücken kürzer, hat eine Widerristhöhe von etwa 48-58 cm. Die Westsibirische Laika (Zapadno Sibirskaïa Laïka, Standard Nr. 306) hat eine Widerristhöhe von 51-62 cm. Ihr Kopf - obwohl recht wolfsähnlich - ist länger, der Oberkopf schmäler, wenn man sie mit Ostsibirischen Laikas vergleicht. Körper etwas länger, Rückenlinie fällt vom Widerrist bis zum Rutenansatz leicht ab. Diese Rasse ist gewöhnlich wolfsfarben, zuweilen aber auch dunkler, mehr rötlich oder dachsfarbig, auch gibt es sie in Weiß mit farbigen Abzeichen.

FCI-Gruppe 5, Standard Nr. 304, 305, 306, Ursprungsland: GUS

SAARLOOS WOLFHOND

Der holländische Genetiker Leendert Saarloos begann direkt nach dem Zweiten Weltkrieg Deutsche Schäferhunde mit Wölfen zu kreuzen. Sein Ziel war es, eine gesundere Hunderasse zu schaffen. Auch der Tschechoslowakische »Wolfdog« entstand durch Kreuzungen zwischen Deutschen Schäferhunden und Wölfen.

Es wird behauptet, die letzte Wolfeinkreuzung sei 1966 erfolgt, jedenfalls entstand die elegante Saarloos Wolfhondrasse, die 1975 anerkannt wurde. Sie ähnelt sehr dem Nordischen Wolf, wird vorwiegend als Wach- und Familienhund gehalten.

Es ist bekannt, daß sie Fremden gegenüber recht zurückhaltend ist. Die FCI hat diese Rasse der Gruppe 1 - Hüte- und Treibhunde - zugeordnet.

Aufgrund der Wolfeinkreuzungen besitzt der Saarloos Wolfhond einen starken Rudelinstinkt. Die meisten Besitzer von Saarloos Hunden halten zwei oder mehrere Hunde, um ihnen dadurch eine rudelähnliche Umwelt zu schaffen.

Widerristhöhe etwa 60-75 cm. In der allgemeinen Erscheinung ähnelt die Rasse in Gestalt, Haarkleid und Farbe weitgehend dem Wolf, es ist aber auch eine helle leberbraune Farbe zulässig.

Einige Fachleute behaupten, daß diese Ausnahme darauf hindeutet, daß bei der Schaffung der Rasse auch der Siberian Husky eine Rolle spielte.

Saarloos Wolfhond

FCI-Gruppe 1, Standard Nr. 311, Ursprungsland: Niederlande

SABUESO ESPAÑOL

Dieser spanische, mittelgroße Laufhund ist seit Jahrhunderten bekannt, hat weitgehend den Typ bewahrt, in dem er auf alten Gemälden dargestellt wird. Die Rasse arbeitet ausschließlich als Jagdhund, außerhalb Spaniens trifft man sie recht selten an.

Widerristhöhe etwa 48-57 cm. Körperbau rechteckig, gut bemuskelt, kräftige Knochen. Nie darf der Hund hochbeinig wirken.

Kopf länglich gezogen, recht elegant, mit langen, tief angesetzten, gefalteten Ohren.

Haarkleid glatt, die Haut ist den Körperkonturen eng angepaßt.

Farbe: jede Rotschattierung mit weißen Abzeichen.

FCI-Gruppe 6, Standard Nr. 204,
Ursprungsland: Spanien

Sabueso Español

SALUKI

FCI-Gruppe 10, Standard Nr. 269
Ursprungsland: Middle East / Great Britain
Zucht 1994: D 155, A 8, CH 31, GB 114,
USA 471

HERKUNFT UND RASSEGESCHICHTE

Die Araber waren die ersten Züchter des Salukis, aber dies reicht zurück bis in die Zeiten der alten ägyptischen Pharaonen. Es handelt sich um einen östlichen Windhund, eingesetzt zur Jagd auf Gazellen und kleineres Wild, manchmal auch gemeinsam mit Falken jagend. Diese Hunde mit einem Körperbau ähnlich dem Greyhound, befederten Läufen, Ohren und Rute sind schon sehr alt, man findet sie auf Höhlenzeichnungen, die mehr als 8.000 Jahre zurückreichen.

Einige glauben, daß wenn in der Bibel von Hunden die Rede ist, es sich bei der fraglichen Rasse immer um den Saluki handelt. Ähnlich sehen die Moslems diese Rasse als heilig an, ihnen von Allah geschenkt. In alten Zeiten wurden die Salukis auch häufig mumifiziert, zahlreiche Exemplare fand man in alten Gräbern im Bereich des oberen Nils. Da die Wüstenstämme ein Nomadenleben führen, traf man Salukis meist über einen weiten Bereich quer durch Persien, Anatolien, Syrien, Mesopotamien, Ägypten, Arabien und Palästina verstreut an. Natürlich variierte der Typ von Region zu Region in bestimmtem Grad, die von den Arabern gezüchteten Saluki waren kleiner, hatten weniger Befederung als die persischen. Heute gibt es sie in zwei Haartypen, befedert und glatt.

WESEN

Der Saluki ist mehr auf sich selbst konzentriert als irgendeine andere Windhunderasse. Beispielsweise kann er sich über Stunden damit amüsieren, einfach einen Adler beim Flug zu beobachten.

Der Saluki ist zwar seinen Besitzern gegenüber liebevoll und loyal, im allgemeinen aber Menschen gegenüber ziemlich zurückhaltend.

GESUNDHEIT

Im Grundsatz ist der Saluki eine sehr gesunde Hunderasse, wurde über Jahrhunderte nach dem Prinzip des Überlebens nur der fittesten Hunde gehalten. Aufgrund dieser Auslese gibt es bei dieser Rasse nur sehr wenige Gesundheitsprobleme. Wie aber alle anderen Windhunde mit wenig Körperfett, unterliegt auch diese Rasse gewissen Problemen bei der Anästhesie. Hierauf sollte man unbedingt achten.

PFLEGE UND ERZIEHUNG

Gerade weil der Saluki sich gerne zurückzieht, muß er von früher Jugend an planmäßig sozialisiert werden. Wenn er sich in dieser Zeit nicht eng an den Menschen bindet, wird er sogar noch zurückhaltender, ein recht eigenes Leben führen.

Erziehung zur Leinenführigkeit sollte früh und immer freundlich beginnen. Unbedingt muß man darauf achten, einen Saluki nicht ohne Leine laufen zu lassen, bis er gelernt hat, die Befehle seines Herrn zu befolgen. Ein ausgebrochener Saluki ist zuweilen recht schwierig wieder einzufangen, könnte sich durchaus in vollem Galopp zur Jagd empfehlen. Diese Rasse kann zu einem sehr char-manten Familienmitglied werden. Dafür braucht man aber viel Zeit und Geduld. Der Saluki liebt die Bequemlichkeit, man sollte ihm ein weiches Lager völlig zugfrei bereitstellen - andernfalls könnte man ihn sehr wohl im menschlichen Bett finden, das er besonders mag. Da Salukis keine guten Fresser sind, kann die Fütterung manchmal Probleme bereiten. Salukis brauchen gehaltvolles Futter, das ihnen auch gut schmeckt. Junghunde bekommen täglich drei Mahlzeiten, Erwachsene zwei.

ANPASSUNGSFÄHIGKEIT

In seiner Vergangenheit wurde der Saluki laufend gezwungen, sich einer neuen Umwelt anzupassen, da sich seine nomadischen Herren von einer Fut-

Saluki

terstelle zur anderen bewegten. Salukis sind ihrem Besitzer gegenüber treu ergeben, öffnen sich aber Fremden gegenüber nur sehr langsam. Diese Hunde schenken ihr Herz nicht jedem Vorübergehenden.

RASSEMERKMALE

Der Saluki ist ein Windhund, dafür gezüchtet, Gazellen zu verfolgen, einzuholen und zu töten. Seine äußere Form zeigt die typischen Windhundlinien. Im allgemeinen haben Rüden eine Widerristhöhe zwischen 58 und 71 cm, Hündinnen sind beträchtlich kleiner.

Es gibt diese Hunde in vielerlei Farben, von Weiß über Cremefarben, Falb, Golden, Rot, Grizzle mit Lohfarben, Dreifarbig, Schwarzlohfarben und Mehrfarbig. Der Körper ist nicht lang, Brust ziemlich tief, zwischen den Hüftknochen sollte der Hund recht breit sein. Die Läufe sind mäßig gewinkelt. Die Nase des Saluki muß schwarz oder leberfarben sein, seine leuchtenden ovalen Augen sind dunkel oder haselnußfarben, dürfen weder zu groß sein, noch zu stark hervortreten. Kräftiges Scherengebiß. Ohren lang und befranst. Fell weich, von seidiger Struktur, bei leichter Befederung hinten an den Läufen und der Unterseite der langen, tief angesetzten Rute, die in einem natürlichen Bogen tief getragen wird. Bei den glatthaarigen Varietäten sind alle Eigenschaften die gleichen, nur hat das Fell keine Befederung.

Ein guter Saluki verbindet schöne äußere Linien mit Symmetrie. Er vermittelt den Eindruck von großer Schnelligkeit und Ausdauer. Man muß diesem Hund ansehen, daß er sowohl im tiefen Sand wie auch im felsigen Gebirge jagen kann.

Die gut aufgeknöchelten Pfoten, verbunden mit mäßiger Länge, Befederung zwischen den Zehen, gehören zu den wichtigen Eigenschaften der Rasse, die auch auf schwierigem Terrain arbeiten muß. Der Ausdruck des Salukis weicht von dem anderer greyhoundähnlicher Rassen ab, er hat einen in die Ferne gerichteten Blick. Am wichtigsten, der Saluki muß immer seinen Körper in bester Kondition haben, dies bleibt das Entscheidende und gehört zu den Hauptzielen, für die diese Hunde ursprünglich gezüchtet wurden.

SAMOYEDE

> FCI-Gruppe 5, Standard Nr. 212
> Ursprungsland: Skandinavien
> Zucht 1994: D 111, A 42, CH 23, GB 1.270, USA 5.017

HERKUNFT UND RASSEGESCHICHTE

Der Samoyede ist ein Hütehund, der früher von einem Nomadenstamm gleichen Namens eingesetzt wurde, der in der Tundra im Norden Rußlands lebte. Der Name der Rasse wurde auf dem kynologischen Kongreß in Schweden im Jahre 1892 anerkannt. Dieser Stamm gehörte zu jenen, die über riesige Flächen zogen, vom Uralgebirge bis zum Yeneseifluß und zu den Grenzen der Arktis. Diese Nomaden waren für ihren Lebensunterhalt auf die Rentierherden angewiesen, die sich laufend wandernd weiterbewegten, über Flechten- und Moosweiden, von denen die Tiere lebten. Der Samoyede arbeitete sowohl als Hüte- wie Wachhund, seine Aufgabe war es, die Rentierherden zusammenzuhalten, sie vor jeder Bedrohung durch umherschweifende Wölfe zu warnen und schützen. Gelegentlich zogen sie auch Schlitten, obgleich hierfür in erster Linie Rentiere eingesetzt wurden. Hunde dagegen wurden bevorzugt verwendet, um im Sommer auf den Strömen Boote zu ziehen. Die Hunde lebten immer mit den Samoyedenmenschen im engen Kontakt, teilten sogar ihre *Chooms* (Zelte aus Rentierhaut).

Auch der moderne Samoyede hat eine große Zuneigung zum Menschen, mag nichts lieber, als fester Bestandteil der menschlichen Familie zu sein. Die Erforschung des Polargebietes um die Jahrhundertwende erfolgte durch viele Abenteurer, die große Hundeteams mit sich führten. Dabei waren Samoyeden leichter zu kaufen als Eskimohunde, erwiesen sich auch insgesamt als leichter zu handhaben. So setzten die Forscher Nansen, Jackson, der Herzog von Abruzzi, Borchgrevink und Shackleton sie auf ihren Expeditionen ein. Danach verblieben einige der Hunde in Neuseeland und Australien, andere wurden nach England gebracht.

Es ist allgemein anerkannt, daß Mr. und Mrs. Kilburn Scott die Rasse in England aufbauten. Hunde aus ihren Farningham Kennels wurden in die USA, nach Kanada und in viele europäische Länder verkauft. Das Interesse von Mr. Kilburn Scott an der Rasse wurde geweckt, als er sie in Archangel 1889 bei einigen Samoyedenstämmen kennenlernte. Er besuchte ihre Heimat, kaufte einen Junghund namens Sabarka für seine Frau. Danach entstand in England rasch reges Interesse an der Rasse. Ein Hund namens *Moustan* wurde von der Prinzessin de Montyglyon 1906 mit nach den USA gebracht. Sie erhielt diesen Hund von Großherzog Nicholas als Geschenk. Seit dieser Zeit sind Samoyeden sowohl in England wie in den USA recht populär geworden.

Sie lieben das Ausstellungsgeschehen, nicht nur aufgrund ihrer bleibenden Schönheit, sondern diese Hunde haben auch eigene Ausstellungsqualitäten, eine natürliche *Showmanship*, die mit dazu beiträgt, daß sie gegenüber anderen Hunderassen viele Spitzenplazierungen gewannen.

Englische Hunde haben wesentlich zu der Entwicklung der Rasse in den USA beigetragen. Leider haben die entmutigenden Auswirkungen der englischen Quarantänegesetze es mit sich gebracht, daß umgekehrt kein wichtiger Hund aus den Vereinigten Staaten nach England zurückkam. In den Vereinigten Staaten haben englische Hunde viele Siege erreicht, einige Richter bevorzugen den englischen Typ aufgrund der guten Köpfe und des vorzüglichen Fells. Wahrscheinlich übertrifft der amerikanische Samoyede seinen englischen Kollegen zur Zeit im Bewegungsablauf.

WESEN

Samoyeden sind intelligent, sehr aufmerksam, zeigen allen Menschen gegenüber ausgeprägte Zuneigung. Sie sind erstklassige Familienhunde, lieben es, als Familienmitglieder behandelt zu werden. Diese wichtige Eigenschaft ist ein Erbe von ihren Ahnen. Sie sind immer bemüht, sich an den Tätigkeiten ihrer Besitzer zu beteiligen und ihnen angenehm zu sein.

Obgleich die Hunde recht freundlich sind, warnen sie doch Besucher durch ausdauerndes Bellen, akzeptieren sie dann aber bereitwillig, wenn sie erst im Hause sind.

Samoyede

GESUNDHEIT

Am besten hält man Samoyeden in harter körperlicher Kondition, läßt nicht zu, daß sie verweichlicht werden.

Im allgemeinen verfügen sie über gute Gesundheit, es treten aber zuweilen Probleme mit Hüftgelenksdysplasie auf. Alles Zuchtmaterial solltte nach den jeweiligen Auswertungssystemen röntgenologisch untersucht werden.

In den USA wird auch vom Auftreten progressiver Retinaatrophie berichtet, das gilt aber bisher nicht für die Hunde in England.

PFLEGE UND ERZIEHUNG

Samoyeden sollten von früher Jugend an gut erzogen werden. Sie sind darum bemüht, das zu tun, was man von ihnen verlangt, ordnen sich bereitwillig unter. Die hier aufgewandte Zeit ist sinnvoll angelegt, um einen gehorsamen Hund zu gewinnen, der auch als Erwachsener auf Anruf immer kommt.

Das Haarkleid des Samoyeden muß sorgfältig gepflegt werden; die Tatsache, daß diese Hunde das Haar wechseln, macht sie nicht gerade zum idealen Familienhund für eine übertrieben gute Hausfrau.

Von Liebhabern wird das Samoyedenhaar gesammelt und gesponnen, daraus warme und weiche wollene Kleidungsstücke angefertigt.

ANPASSUNGSFÄHIGKEIT

In ein liebevolles Zuhause gliedern sich Samoyeden bereitwillig ein. Sie akzeptieren auch Zwingerhaltung, vorausgesetzt, Beteiligung an dem Familienleben ist Teil ihrer Alltagsroutine, denn sie sehen sich immer selbst als Familienmitglieder.

Man sollte sich auch vor Augen halten, daß ihr Grundinstinkt der Hütetrieb ist. Entsprechend reagieren sie auf jeden »Rentierersatz«, beispielsweise auf Schafe oder Rinder.

RASSEMERKMALE

Der Samoyede ist von mittlerer Größe, kräftig, aktiv und elegant, niemals plump. Beide Geschlechter vermitteln den Eindruck, recht ausdauernd zu sein. In den Rassestandards der Zuchtgebiete gibt es Größendifferenzen.

Widerristhöhe USA bei Rüden 53,5-58 cm, Hündinnen 48-53,5 cm. Nach dem Standard der Fédération Cynologique Internationale und auch

nach dem englischen Standard liegt die Widerristhöhe bei Rüden bei 50-55 cm, bei Hündinnen 46-50 cm.

Kopf keilförmig, breiter, flacher Oberkopf, Fang von mittlerer Länge, nicht zu scharf abgegrenzt. Augen mandelförmig, mittel- oder dunkelbraun, breit voneinander eingesetzt.

Ohren aufrecht stehend, breit auseinander angesetzt, gut behaart, leicht abgerundete Ohrspitzen. Augenlider und Lefzen schwarz, schwarze Nase bevorzugt, aber auch braune oder fleischfarbene erlaubt - zuweilen verändert sich über die Jahreszeiten die Pigmentierung. Der Fang hat keine starke Belefzung, die sich aber in den Fangwinkeln nach oben rundet. Diese Eigenschaft trägt zum berühmten »lächelnden Ausdruck« des Samoyeden bei.

Hals stolz geschwungen, nicht zu kurz. Vorderläufe gerade, muskulös, mit guten, aber nicht zu schweren Knochen. Brust breit und tief, gute Rippenwölbung, so daß für Herz und Lunge viel Platz ist. Rücken breit und muskulös, weder zu kurz noch zu lang; muskulöse Hinterhand, gute Winkelung des Sprunggelenks.

Die charakteristische Spitzrute wird über den Rücken gerollt getragen, hat langes dichtes Haar, das zu einer Seite fällt. Rute weder zu hoch, noch zu tief angesetzt.

Die Pfoten sind wichtig, sie sind lang, abgeflacht, leicht gedehnt, aber nicht gespreizt. Der Samoyede hat an den Läufen lange Befederung, die über die Pfote reicht. Dies gibt der Rasse ein eigenes Aussehen, obwohl in den USA das Haar hier getrimmt wird, genau wie am Sprunggelenk. Die Pfoten haben gute Ballen und sind auch von unten behaart.

Freier Bewegungsablauf mit kräftigem, starkem Schub. Vorderläufe greifen weit aus, aber keinesfalls in *Hackney Action*, starker Schub aus der Hinterhand.

Farbe Reinweiß, Weiß mit Bisquit oder Cremefarben. Es ist wichtig, das Bisquit zu erhalten, da es meist mit einer härteren Struktur des Deckhaars verbunden ist. Haarkleid doppelt mit dicker, weicher Unterwolle und härterem Deckhaar, das vom Körper absteht.

Das Deckhaar trägt silberne Spitzen, die in der Sonne leuchten, eine besonders hochgeschätzte Eigenschaft des Samoyeden. Hündinnen haben ein kürzeres Haarkleid, oft ist es auch weicher als das der Rüden.

Es ist wichtig, daß die Samoyedenhündin feminin aussieht, Rüden maskulin wirken, ohne dabei grob zu sein.

SARPLANINAC

FCI-Gruppe 2, Standard Nr. 041
Ursprungsland: Jugoslawien
Zucht 1994: D 38, A 2

Sarplaninac

Der Sarplaninac ist ein Herdenschutzhund und stammt von den riesigen Ebenen der Sar in Kosovo, im früheren Jugoslawien.

Die Rasse gehört zu der Gruppe der Herdenschutzhunde, die auch als Berghunde bezeichnet werden, sie arbeiten häufig in den Gebirgsregionen in vielen Teilen der Welt. Über mehrere hundert Jahre trifft man diese Hunde auch in der Region Illyrien an der Adria.

Diese Rasse dient in erster Linie dem Schutz der Herde und des Schäfers, ist kein Hütehund, vielmehr ein Wachhund mit sehr viel Selbstvertrauen.

Widerristhöhe etwa 58-62 cm. Seine Farbe variiert von Wolfsgrau zu Rotzobel und Falb mit schwarzer Maske bis Weiß mit oder ohne einige Farbflecken. Die verbreitetste Farbe ist dunkles Wolfsgrau mit nahezu cremefarbenen Abzeichen.

Haarkleid am Körper mittellang, an Hals, Hosen und Rute länger, von harter Struktur.

Man trifft heute den Sarplaninac in verschiedenen Teilen der Welt, allerdings meist in kleiner Zahl.

SCHAPENDOES

FCI-Gruppe 1, Standard Nr. 313
Ursprungsland: Niederlande
Zucht 1994: D 48, A 22, CH 16

Schapendoes

Dieser kleine holländische Schäferhund ist schon seit Jahrhunderten bekannt. Obgleich man ihn auf Farmen häufig sah, erweckte er vor dem Zweiten Weltkrieg nicht viel Interesse. Dann begann der Rasseliebhaber Toepoel mit seiner Arbeit, die 1952 zur Anerkennung der Rasse führte.

Noch immer wird der Schapendoes zum Hüten von Schafen eingesetzt, heute ist er aber auch ein populärer Familienhund. In jüngeren Jahren hat die Rasse in vielen Ländern Interesse gefunden.

Widerristhöhe etwa 40-50 cm. Der Schapendoes ähnelt verschiedenen anderen europäischen Schäferhunderassen. Körperbau rechteckig, gute Muskulatur, aber keine starken Knochen. Ohren klein und hängend getragen, Rute lang, auch hängend getragen, nie über den Rücken geringelt.

Haarkleid dick, etwa 8 cm lang, zottig, leicht wellig mit wolligem Unterhaar.

Alle Farben erlaubt, meist aber Grau, Blaugrau bis Schwarz, mit oder ohne weiße Markierungen.

SCHILLERSTÖVARE

Dieser schwedische Laufhund trägt seinen Namen nach seinem Schöpfer Per Schiller, der Ende des 19. Jahrhunderts die Rasse aus verschiedenen Typen älterer Laufhunde vorwiegend osteuropäischen Ursprungs züchtete.

Die Rasse wurde 1909 anerkannt, wird seither noch ausschließlich als Jagdhund, vorwiegend auf Fuchs und Hase eingesetzt. Man trifft diesen Hund selten außerhalb Schwedens an.

Widerristhöhe etwa 53-57 cm. Körper rechteckig, gut bemuskelt, aber niemals grob oder von schwerem Bau.

Haarkleid kurz, glänzend, von harter Struktur.

Farbe: tiefes, leuchtendes Tan mit lackschwarzem Mantel.

FCI-Gruppe 6, Standard Nr. 131,
Ursprungsland: Schweden

Schillerstövare

SCHIPPERKE

FCI-Gruppe 1, Standard Nr. 083
Ursprungsland: Belgien
Zucht 1994: D 11, CH 13, GB 113, USA 3.562

HERKUNFT UND RASSEGESCHICHTE

Dieser attraktive kleine schwarze Hund ist kein Mitglied der Familie Spitz oder der Nordischen Schlittenhunde, obgleich er ihnen in vieler Hinsicht ähnelt. Gemeinsam mit ihnen hat er die kleinen, dreieckigen Stehohren, die Kopfproportionen, das dicke doppelte Haarkleid und auch die eng geringelte Spitzrute. Der Schipperke stammt aber aus den flämischen Provinzen Belgiens, ist Nachkomme des Belgischen Schäferhundes oder *Leauvenaar*. Mitte des 19. Jahrhunderts hüteten Belgische Schäferhunde verbreitet im Gebiet Louvain Schafherden, und von diesen Hütehunden stammen sowohl der Schipperke als auch die Belgischen Schäferhunde. Die Belgischen Schäferhunde wurden nach und nach größer gezüchtet, der Schipperke kleiner. Dabei entwickelte er sich zu dem neugierigen und aufmerksamen Wachhund, wie wir ihn heute kennen.

Der Schipperke ist schon über Hunderte von Jahren bekannt. Im Grand Palais von Brüssel wurde bereits im letzten Jahrhundert eine Spezialausstellung abgehalten, danach kam es zur Gründung eines eigenen Rassezuchtvereins, 1888 erhielt die Rasse ihren endgültigen Namen Schipperke. Dieser Name ist flämischen Ursprungs, bedeutet eigentlich »kleiner Kapitän«. Viele Schipperkes arbeiten auf den Flußschiffen zwischen Brüssel und Antwerpen. Die Gewohnheit, bei diesen Hunden die Rute sehr kurz zu kupieren, begann bereits 1609. Heute werden mehr Hunde als zur Frühzeit der Rasse bereits ohne Rute geboren.

1885 kaufte die belgische Königin einen Schipperke, dadurch gewann dieser modische Kleinhund über Nacht viele Anhänger. Drei Jahre später importierte Walter J. Comstock den ersten Schipperke in die Vereinigten Staaten. Die Rasse fand dabei wenig Aufmerksamkeit, es dauerte bis nach dem Ersten Weltkrieg, ehe sich einige Züchter zusammenschlossen und 1992 den Schipperke Club of America gründeten. Heute ist der Schipperke populärer als je zuvor, dies beweisen die Meldezahlen auf Hundeausstellungen wie auch bei Unterordnungswettbewerben, wo er sich häufig als vorzüglicher Wettbewerber präsentiert.

WESEN

Der Schipperke ist Fremden gegenüber mißtrauisch, entsprechend zeichnet er sich als Wachhund aus. Ein sehr aktiver und beweglicher Hund, ausserordentlich neugierig. Er kann ziemlich schnell territorial und dickköpfig werden.

GESUNDHEIT

Der Schipperke ist ein außerordentlich gesunder kleiner Hund mit wenigen Krankheitsproblemen.

Eine sehr langlebige Rasse. Im allgemeinen werden diese Hunde fünfzehn oder sechzehn Jahre alt, zuweilen sogar noch älter.

PFLEGE UND ERZIEHUNG

Aufgrund seiner Neugierde und Eigenwilligkeit sollte man den kleinen Schipperke bereits im Alter von acht bis zehn Wochen planmäßig erziehen. Dabei muß er mit allen Familienmitgliedern zusammenkommen, insbesondere mit den Kindern, die er außerordentlich liebt. Besonders die Unterordnungserziehung muß früh beginnen, sich über sein gesamtes Leben fortsetzen. Denke stets da-

Schipperke

ran, daß dieser Hund etwas eigenwillig ist, immer glaubt, er wisse alles am besten.

Das Haarkleid des Schipperke ist doppelt und dick, muß immer sauber und glänzend wirken. Zweimal wöchentlich tüchtiges Ausbürsten sollte ausreichen, mit Ausnahme zu Zeiten des Fellwechsels. Über diese Zeit erhält er einige warme Bäder mit milder Seife, um eine gesunde Haut und gutes neues Haarkleid zu sichern.

Dieser Hund braucht viel Bewegung, man sollte ihn aber nicht vorzeitig frei laufen lassen, denn er ist außerordentlich neugierig und stürzt sich gerne auf alles, was sich schnell bewegt. Der Schipperke ist auch ein begeisterter Jäger, könnte durchaus alle Eichhörnchen, Waschbären und Katzen auf die Bäume jagen - so empfiehlt sich eigentlich immer Halsband und Leine.

ANPASSUNGSFÄHIGKEIT

Klein, leicht zu versorgen, hübsch aussehend, leicht unter dem Arm zu tragen - der Schipperke wurde recht anpassungsfähig gezüchtet, man sollte dieses Erbe nutzen. Er eignet sich gut für Familien, paßt sich sowohl den Bedingungen der Großstadt wie des Lebens auf dem freien Lande an.

RASSEMERKMALE

Schipperkes wiegen bis zu 8 kg, sind aber meist leichter. Die FCI unterscheidet zwei Gruppen, 3-5 kg und 5-8 kg. Widerristhöhe der Rüden 33 cm, Hündinnen 30 cm. Der Schipperke hat ein fuchsartiges Gesicht, Stehohren, kleine dunkelbraune Augen, komplettes Gebiß mit ziemlich großen Zähnen, recht kurzen Hals, kurzen und festen Rücken. Die Rute wird kupiert, entweder ganz oder auf Maximallänge 2,5 cm. Die Läufe haben Knochen, die im richtigen Verhältnis zur Größe des Hundes stehen, seine Pfoten sind klein, rund und geschlossen. Haarkleid üppig, etwas hart, im Bereich Gesicht, Ohren, an den Läufen und unter dem Sprunggelenk von Natur aus kürzer.

In den USA und im Bereich der FCI sind diese Hunde immer schwarz, der englische Standard gestattet aber auch andere Farben - Cremefarben ist sehr populär. Das längere Haarkleid um den Hals beginnt hinter den Ohren, bildet eine Mähne; seine Brustkrause - *Jabot* - beginnt zwischen den Vorderläufen und dehnt sich bis zu den Hinterläufen aus, wo sie in Hosen mündet. In seinem Aussehen ist der Schipperke einmalig, sein Bewegungsablauf ist immer fröhlich und lebhaft.

SCHNAUZER

FCI-Gruppe 2
Ursprungsland: Deutschland
Zucht 1994:
Riesen (FCI-Standard 181): D 1.905, A 34,
CH 80, GB 297, USA 1.065
Schnauzer (FCI-Standard 182): D 1.152, A 39,
CH 70, GB 215, USA 484
Zwerg (FCI-Standard 183): D 1.281, A 31,
CH 57, GB 2.087, USA 33.344

HERKUNFT UND RASSEGESCHICHTE

Die Schnauzerfamilie besteht aus einer Gruppe von drei Rassen, jede zeichnet sich durch Intelligenz, Anpassungsfähigkeit und gutes Wesen aus. Mittel- und Zwergschnauzer sind in erster Linie vorzügliche Familienhunde. Der größte der Rassen - der Riesenschnauzer - verfügt über einen starken angeborenen Schutztrieb, hat sich als sehr vielfältig einsetzbarer Arbeitshund bewährt.

Der Ursprung des ersten Familienmitglieds - des Mittelschnauzers - geht über mehrere Jahrhunderte zurück. Die genauen Wurzeln sind ungewiß, es besteht aber die Auffassung, daß schwarzer Pudel, Wolfspitz und ein rauhhaariger deutscher Hundeschlag alle ihren Beitrag geleistet haben. Diese Rasse kam zuerst in Zentraleuropa, in Süddeutschland und in den Gebirgsregionen Österreichs vor.

Wie viele Rassen geht der Schnauzer auf einfache Verhältnisse zurück, erstmals wird von ihm als Treib- und Wachhund auf Bauernhöfen berichtet. Er wurde aber aufgrund seines Körperbaus, seines Charakters und seines rauhen Aussehens immer anerkannt und viel gelobt - im Vordergrund stand dabei das Lob seiner Intelligenz.

Alle diese Eigenschaften ermöglichten es ihm, im ländlichen Leben über seine Entwicklungsperiode Ende des 19. Jahrhunderts wichtige Aufgaben zu übernehmen. In dieser Zeit verlangte man Vielseitigkeit, stellte dem Hund ein breites Aufgabenfeld. Dabei erwies sich der Schnauzer als ebenso wertvoll wie eine zusätzliche Arbeitskraft. Vorwiegend wurde er zum Hüten, zum Schutz der Herden und als brauchbarer Wachhund eingesetzt. Nicht zuletzt war der Schnauzer aber auch ein vorzüglicher Bekämpfer von Ratten, Mäusen und Raubzeug, vermochte sogar - wenn notwendig - einiges für den Kochtopf zu fangen. Schnauzer begleiteten auch lebendes Vieh zum Markt, auf Reisen, die sich zuweilen über mehrere Tage und Nächte erstreckten, durch rauhes Gelände führten. Dabei dienten die Hunde auch als Schutz für Geld und Wertgegenstände. Zu jener Zeit wurde häufig die Geldbörse der Sicherheit halber am Halsband des Hundes befestigt.

Im Laufe der Zeit änderte sich der Lebensstil, entsprechend stellten die Menschen andere Anforderungen an ihre Hunde. Daraus entstanden auf der einen Seite der Zwergschnauzer mit einer Widerristhöhe von 30-35 cm, etwas später der Riesenschnauzer mit einer Schulterhöhe von 60-70 cm.

Der Zwergschnauzer wurde zum eindeutigen Familienhund, aber durchaus nicht als reiner Schoßhund. Der Riesenschnauzer bewährte sich als großartiger Schutz- und Wachhund, aber bestimmt war er kein törichter, unzuverlässiger Hitzkopf, vielmehr bemühten sich die Schnauzerzüchter aller Größenschläge von Anfang an, ein vernünftig ausbalanciertes Wesen zu schaffen und zu erhalten, wobei die Schnauzer insgesamt sehr viel Bewunderung und Lob erhielten.

Riesenschnauzer, leider noch kupiertes Ohr

Schnauzer, Mittelschlag

In zweifacher Hinsicht sind Schnauzer einmalig. Zum einen durch ihre Pfeffer- und Salzfarbe (in England *Agouti* genannt), wobei jedes Einzelhaar in dunkel/hell/dunkelgrau gebändert ist. Zum zweiten sind die Schnauzer die einzige Rasse, die vielleicht ihren Namen von sich selbst ableitet. Der Name stammt nämlich von einem viel bewunderten Sieger der Klasse der rauhhaarigen Hunde auf der Ausstellung in Hannover im Jahre 1879; dieser trug den Eigennamen *Schnauzer*, eine Anspielung auf die Bartbildung der Rasse. Interessanterweise gibt es noch heute in Stuttgart ein Denkmal *Der Nachtwächter mit seinem Hund*, das auf das Jahr 1620 zurückgeht, eindeutig einen schnauzertypischen Hund zeigt. Wahrscheinlich ist es Zufall, aber die erste Spezialschnauzerausstellung fand im September 1890 in Stuttgart statt. Nach amerikanischem und englischem Rassestandard gibt es beim Zwergschnauzer drei anerkannte Farbmuster. Die Pfeffersalzfarbigen mit etwas aufgelichteten Partien an Bart, Augenbrauen, Brust und Läufen; einfarbig Schwarze; Schwarzsilber, bei einfarbig schwarzem Körper, silbernen Markierungen. Zusätzlich erkennt die Fédération Cynologique Internationale auch den weißen Zwergschnauzer an. Mittelschlagschnauzer und Riesenschnauzer sind nur in pfeffersalz und einfarbig schwarz anerkannt.

Die ersten nach England eingeführten Schnauzer waren Ende der 1920er Jahre Mittelschlagschnauzer, 1932 wurden für sie Challenge Certificates ausgeschrieben, drei Jahre später ein eigener englischer Schnauzerclub gegründet. 1928 kamen Zwergschnauzer über Amerika nach England, erste englische Challenge Certificates wurden 1935 ausgeschrieben. Interessanterweise haben die Amerikaner die Zwergschnauzer in der Terriergruppe klassifiziert, während sie in England mit dem Mittelschlagschnauzer zu der *Utility Group* gehören.

Anfang der 1970er Jahre kamen über Schweden Riesenschnauzer nach England, wurden weitergezüchtet. Championatsstatus erhielten sie

1977, ein eigener Rassezuchtverein entstand 1979. Die Riesenschnauzer gehören in England zur *Working Group.*

WESEN

Schnauzer sind heute in erster Linie Familienhunde. Das Wesen stand über viele Züchtergenerationen bei allen drei Größenschlägen immer an erster Stelle. Die Rasse erweist sich als ein gutartiger, unterordnungsbereiter Familienhund. Sie gewöhnt sich leicht an Umwelt und Lebensstil ihrer Besitzer, verträgt sich auch gut mit anderen Hunden und Haustieren. Riesenschnauzer sind aufgrund ihrer größeren Gestalt und angeborenem Schutzinstinkt im Charakter mutiger, wissen sich sehr gut selbst zu behaupten. Erfolgreich wurden sie für Polizeiarbeit und Sicherheitsaufgaben ausgebildet, sind aber unabhängig davon als Familienhund ebenso angenehm, liebenswert und gutartig wie ihre zwei kleineren Vettern - vorausgesetzt, sie werden vernünftig erzogen.

GESUNDHEIT

Aufgrund ihres korrekten Körperbaus hat die Rasse wenig Gesundheitsprobleme. Bei Zwergschnauzern treten erblich Augenerkrankungen auf, engagierte Züchter überprüfen seit vielen Jahren das gesamte Zuchtmaterial darauf, sorgen dafür, daß sich das Problem bei dieser angenehmen Hunderasse nicht übermäßig bemerkbar macht.

PFLEGE UND ERZIEHUNG

Schnauzer besitzen sehr viel geistige und körperliche Aktivität, lassen sich leicht erziehen. Wählt man ausschließlich eine Ausbildung mit ständigen Wiederholungen, werden die Hunde ihrer schnell überdrüssig.

Über die Jahre haben sich Schnauzer aller Größenschläge bei Unterordnungswettbewerben und Schutzhundeprüfungen außerordentlich bewährt, die Zwergschnauzer hatten bei Agilitywettbewerben besondere Erfolge. Über längere Zeit allein gelassen warten besonders die Zwergschnauzer sehr auf die Rückkehr ihrer Besitzer. Gerade in der Jugend nehmen Mittelschlagschnauzer und noch mehr Riesenschnauzer es nicht gerne hin, längere Zeit allein gelassen zu werden. Das Haarkleid des Schnauzers braucht regelmäßige Pflege, damit er sein elegantes Aussehen behält. Für den Ausstellungsring kann dies zu einer ziemlich zeitraubenden Prozedur werden, während es beim Familienhund ausreicht, zweimal jährlich die Hunde zu trimmen und täglich zusätzlich zu kämmen und bürsten.

ANPASSUNGSFÄHIGKEIT

In Stadt und Land ist der Schnauzer gleichermassen zuhause. Natürlich brauchen die zwei größeren Hundeschläge zumindest zweimal täglich einen längeren und regelmäßigen Spaziergang.

Schnauzer passen sich den meisten Umweltverhältnissen gut an, man sollte aber daran denken, daß auch ihr Verstand beschäftigt sein muß, damit kein Müßiggang - als aller Laster Anfang - aufkommt.

RASSEMERKMALE

In allen drei Rassestandards steht die Arbeitsfähigkeit des Schnauzers im Vordergrund, insbesondere im Hinblick auf Anatomie, Wesen und Haarkleid. Schnauzer haben einen robusten, starkrippigen, tiefen Körper mit leicht hervorragendem Brustbein. Sie verfügen über ein gutes, hartes Deckhaar mit dichter Unterwolle, wobei man wissen muß, daß die Unterwolle für Ausstellungen stark ausgetrimmt werden muß, da zuviel Unterwolle von den klaren, eleganten äußeren Linien abweicht. Alle Rassen müssen gut ausgewogen sein, frei von Übertreibungen, sie haben einen untersetzten, kurzrückigen Körper, gute Knochen und kräftige Läufe.

Zwergschnauzer

Obgleich im Rassestandard nicht eigens erwähnt, sollte das Sprunggelenk kurz und gerade stehen. Die geforderte Kürze des Körperbaus besteht alleine durch eine kurze Lendenpartie.

Der Kopf ist kraftvoll, gut geschnitten, flach, länglich mit gutem, starkem Vorderkopf und breitem Fang. Keine Backenbildung, welche die Qualität des Kopfs beeinträchtigen würde. Besonders wichtig für alle Schnauzerrassen ist der richtige Ausdruck, hierfür spielen Augen wie Ohren eine wichtige Rolle. Die Augen sind dunkel, oval geformt, so eingesetzt, um den Blick »nasenabwärts« zu richten. Die natürlich belassenen Ohren sind mehr seitlich als oben am Kopf angesetzt. Obgleich der Rassestandard verlangt, sie sollten klein und v-förmig sein, müssen sie in richtiger Proportion zum Kopf stehen, seitlich des Kopfes, nicht zentral über die Brauen herabhängen. Von den erfahrenen Züchtern wurde immer darauf geachtet, daß durch eine dunklere Gesichtsmaske der typische Schnauzerausdruck entsteht.

Der Bewegungsablauf ist leicht und raumdeckend, keinesfalls steppend oder paddelnd, mit gutem Schub aus der Hinterhand. Obgleich heute Schnauzer für den Ausstellungsring sehr umfassend vorbereitet werden - insbesondere bei den Zwergschnauzern - sind sie keine »hübschen Hunde« im üblichen Sinn.

Nie sollte man vergessen, daß Schnauzer keine Spielhunde sind, vielmehr entsprechend ihrem Ursprung als Arbeitshunde Charakter und Temperament zeigen sollen.

SCHWEIZER LAUFHUNDE

FCI-Gruppe 6,
Niederlaufhunde Standard Nr. 060
Laufhunde Standard Nr. 059
Ursprungsland: Schweiz
Zucht *Schweiz* 1994:
Berner Laufhund: 22
Berner Niederlaufhund: 24
Juralaufhund: 108
Juraniederlaufhund: 14
Luzerner Laufhund: 48
Luzerner Niederlaufhund: 19
Schwyzer Laufhund: 28
Schwyzer Niederlaufhund 9

Wenn es um alte Herkunft geht, gehören die Schweizer Laufhunde zu den ältesten. Über Jahrhunderte wurden sie eingesetzt, um andere Laufhunderassen zu verbessern. Die westeuropäischen Laufhunde, zu denen die Schweizer gehören, zeichnen sich durch langen Kopf mit schmalem Oberkopf aus, Ohren tief angesetzt und gefaltet. Langer, schmaler Fang, oft mit konvexem Nasenrücken und großen Nasenlöchern. Eleganter Körperbau, Fell ziemlich locker anliegend.

Seit alten Zeiten sind sie als vorzügliche Jagdhunde bekannt, sie jagen mit der Nase auf Hase, Fuchs und Sauen. Heute arbeiten sie nicht mehr in

Schwyzer Laufhund

Juralaufhund (Bruno)

Drahthaariger Berner Niederlaufhund

Meuten, werden aber ausschließlich als Jagdhunde geführt. Ihr freundliches Wesen macht sie aber auch zu angenehmen Familienhunden. Die Schweizer Laufhunde sind in zwei Rassengruppen mit separaten Standards aufgeteilt. Die mittelgrossen Laufhunderassen haben eine Widerristhöhe von 47-59 cm. Sie sind kürzer im Rücken, eleganter in ihrer Körperform als die kleinere Varietät. Die Niederlaufhunde haben eine Widerristhöhe von 33-41 cm, sind im Rücken länger. Alle Varietäten jeder Größengruppe haben noch regionale Unterschiede in den Farben, tragen ihren Namen nach der Region, in der sie vorwiegend auftreten.

Der Berner Laufhund stammt aus der Region rund um die Schweizer Hauptstadt Bern. Farbe Weiß mit großen schwarzen Flecken und lohfarbenen Abzeichen. Die Seiten des Kopfes und die Ohren sollten immer schwarz sein. Haarkleid kurz, in beiden Größen leuchtend. Der kleine Berner Niederlaufhund kommt aber auch drahthaarig vor.

Der Juralaufhund (in der französisch sprechenden Schweiz auch *Bruno* genannt) stammt aus der

Luzerner Laufhund

an Frankreich angrenzenden Juraregion. Die Farbe der Juralaufhunde ist Schwarzlohfarben oder Lohfarben mit schwarzem Sattel. Haarkleid kurz und leuchtend. Niederlaufhunde haben gelegentlich ein groberes Deckhaar bei dichterer Unterwolle. Den Juralaufhund gab es einmal in zwei Varietäten. Außer den bereits beschriebenen gab es den sogenannten *St. Hubert*, der betont schwerer war, einen besonders starkknochigen Kopf mit breitem Oberkopf hatte, dem es allgemein an Eleganz fehlte, insbesondere in der Kopfstruktur. Dieser St. Hubert, den man heute nicht mehr antrifft, soll schwarzlohfarben gefärbt gewesen sein, dabei war das Tan allgemein heller als heute beim Jura, wobei die schwarze Farbe den Körper als Mantel deckte. In wirklich eleganten Juralaufhunden trifft man diese lohfarbenen Markierungen noch heute an. Am verbreitetsten aber ist Lackschwarz mit lohfarbenen Markierungen in einer Verteilung wie beim Rottweiler.

Der Luzerner Laufhund stammt aus der Region Luzern, hat eine sehr spektakuläre Färbung, ähnlich dem alten französischen Laufhund *Grand Bleu de Gascogne*. Er sollte blaugeschimmelt sein, mit feiner schwarzer Tüpfelung bis zu dunkelblauschwarz mit großen schwarzen Flecken, welche Seiten und Ohren des Kopfes bedecken, auch einen Mantel bilden. Der Luzerner Laufhund hat klar festgelegte helle bis leuchtend lohfarbene Abzeichen. Das Fell beider Varietäten ist kurzhaarig und leuchtend.

Die Schwyzer Laufhunde stammen aus dem Nordwesten der Schweiz. Sie sind immer weiß mit großen orangefarbenen Flecken, die auch die Seiten von Kopf und Ohren bedecken. Orangefarbener Mantel, der Rücken und Flanken abdeckt. Das Haarkleid beider Größen ist kurz und leuchtend.

SCHWARZER RUSSISCHER TERRIER

FCI-Gruppe 2, Standard Nr. 327
Tchiorny-Terrier
Ursprungsland: Rußland
Zucht 1994: D 122, A 15, CH 11

Diese Rasse entstand direkt nach dem Zweiten Weltkrieg in Moskau. Man kreuzte Riesenschnauzer, Airedale Terrier, Rottweiler und einen lokalen Hundeschlag namens *Moscow Retriever,* erzielte daraus einen starken, furchtlosen und robusten Arbeitshund. Ziel war ein Gebrauchshund für Militär- und Polizeiarbeit, die Zuchtergebnisse entsprachen den Erwartungen.

Der Schwarze Russische Terrier ist noch selten, tritt aber in kleiner Zahl auf europäischen, insbesondere skandinavischen Hundeausstellungen auf.

Dieser rustikale, robuste schwarze Terrier ähnelt dem Riesenschnauzer, ist aber weniger elegant aufgebaut. Schulterhöhe 64-72 cm. Kopf breit, Ohren meist unkupiert, Rute kurz kupiert.

Haarkleid dick, drahtig, 4-10 cm lang, ungetrimmt. Farbe schwarz oder grauschwarz.

SCOTTISH TERRIER

FCI-Gruppe 3, Standard Nr. 073
Ursprungsland: Great Britain
Zucht 1994: D 317, A 29, CH 12, GB 1.591,
USA 6.091

HERKUNFT UND RASSEGESCHICHTE

Schottland war über viele Jahre die Heimat verschiedener Terrierrassen. In erster Linie waren dies alles kleine, aktive, rauhhaarige Hunde von ausgeprägt starkem Charakter. Aufgrund der geographischen Lage von Schottland entstanden in bestimmten Gebieten unterschiedliche Typen. Dies führte zu planmäßiger Zucht und Entwicklung von fünf eigenen schottischen Hunderassen, die es noch bis zum heutigen Tage gibt. Die Ähnlichkeiten sind aber immer noch vorhanden - kurze Läufe, tiefgestellter Körper, hartes und zottiges Haarkleid.

Der Typ Scottish Terrier war besonders im Bereich Aberdeen beliebt, über viele Jahre trug er den Namen *Aberdeen Terrier*. Bald kam es zu »Exporten« nach England und USA, viele Liebhaber des Scottish Terrier leben in diesen Ländern. Frühe englische Champions - zum Beispiel Ch. Dundee (1882 geboren) und Ch. Alister - waren ursächlich für vielen Championnachwuchs auf beiden Seiten des Atlantiks. Seither haben von England viele Spitzenhunde analoge Reisen unternommen. Der Scottish Terrier ist heute so beliebt wie eh und je.

Die Blütezeit der Rasse lag jedoch in den Jahren direkt nach dem Zweiten Weltkrieg. Clevere Züchter hatten den Kern gesunden Zuchtmaterials über den Krieg gerettet, konnten den hohen Qualitätsstandard aus Zeiten vor dem Kriege fortsetzen. Natürlich ist diese Rasse wie viele andere durch modische Entwicklungen gegangen, aber der Rassetyp wurde dabei gewahrt. Glücklicherweise hat sich die Modeentwicklung in Richtung übertriebener Körperbehaarung (*Furnishings*) - wie viele andere Moden - selbst überlebt. Heute erwartet man im Ausstellungsring wieder eine zweckmäßige Behaarung und vernünftiges Auftreten.

Eine Zeitlang schienen die Vereinigten Staaten einen größeren, leichteren Scottish Terrier zu bevorzugen als das Ursprungsland, aber in jüngerer Zeit sind Typ und Körperbau wieder einheitlicher. Exporte aus Amerika und Kanada konkurrieren heute mit großem Erfolg auf Ausstellungen quer durch die ganze Welt.

Die amerikanische Präsentation ist noch immer etwas anders als der englische Ausstellungsstil. Der Hund wird kürzer und enger getrimmt, wodurch Körperbau und Formen noch unterstrichen werden.

WESEN

Der Originalstandard des Scottish Terrier verlangt einen Hund, der bereit ist, überall hinzugehen, alles zu tun, und daran hält man bis heute wahrlich fest.

Diese Rasse muß kühn, würdevoll und selbstbewußt sein. Sie muß sich behaupten, ohne grundlos aggressiv zu sein. Scottish Terrier fühlen sich mit Erwachsenen wie Kindern gleichermaßen zuhause, viele Scotties haben über die Jahre sowohl Wächter wie Kindermädchen gespielt.

GESUNDHEIT

Normalerweise ist der Scottish Terrier in Wesen wie Anatomie gesund. Vor dem Krieg gab es Probleme mit Hauterkrankungen, die aber inzwischen weitgehend eliminiert wurden. Es gibt aber noch immer das *Scottie Cramp Problem*. Es ähnelt einem leichten Schlag, für einige Augenblicke ist der Scottie unfähig zu gehen. Man sollte Zuchtmaterial nur aus Familien erwerben, wo diese Krankheit nicht aufgetreten ist. Gesunder Appetit und sehr viel Aktivität sorgen dafür, daß man immer einen fröhlichen und zufriedenen Hund besitzt.

PFLEGE UND ERZIEHUNG

Wie die meisten Hunde braucht auch der Scottie von früher Jugend an richtige Erziehung. Ein sich selbst überlassener Hund ist ein unglücklicher Hund, muß um seine Rechte selbst kämpfen. Scotties brauchen Grunderziehung, Frühsozialisierung, um das Beste aus ihrem Charakter zu machen. Zweimal jährlich sollte man Scotties trimmen lassen, um ein gesundes Haarkleid zu erhalten.

ANPASSUNGSFÄHIGKEIT

Scottish Terrier tauchen an den unwahrscheinlichsten Stellen auf. Beispielsweise besaß Präsident Roosevelt einen Scottie namens *Fala* im Weißen Haus, Hitler schenkte seiner Geliebten Eva Braun zwei Scotties, es gibt zahllose andere Berühmtheiten, die dieser Rasse ihre Liebe geschenkt haben. Dies demonstriert die Anpassungsfähigkeit der Scotties.

Sie fühlen sich überall dort zuhause, wo ihre Besitzer zufällig leben, sei es ein Appartement, ein Flugzeug oder ein Haus. Man muß wissen, daß Scotties auf Gefühlsausbrüche zurückhaltend reagieren, sie brauchen Zeit, um selbst zu überlegen. In der Regel wird sich der Scottie zunächst einmal setzen, die Szene betrachten, ehe er sich aktiv engagiert.

Hast Du ihn aber einmal zum Freund gewonnen, ist er ein Freund für das ganze Leben. Loyalität dem Scottie gegenüber ist das Allerwichtigste.

RASSEMERKMALE

Der Scottish Terrier ist ein kompakter, niedriggestellter Hund mit einer Körpergröße, die es ihm erlaubt, auch unter der Erde zu jagen. Wäre er zu groß, könnte er nie in einen Bau eindringen, Fuchs oder Dachs jagen. Deshalb liegt die Widerristhöhe bei etwa 28 cm, sein Gewicht ungefähr bei 9,5 kg.

Der Kopf erscheint vielleicht etwas lang für die Körpergröße, wird immer stolz getragen; es ist typisch, daß dabei die Nasenpartie nach hinten abzufallen scheint. Die beiden Kopfebenen verlaufen parallel zueinander, ein wichtiges Qualitätsmerkmal.

Scottish Terrier

Die Augen sind dunkel, unter etwas herausragenden Augenwülsten tief eingesetzt. Feine, kleine Ohren verlaufen oben spitz zu, werden aufrecht getragen, sie sind beidseits des flachen Oberkopfs hoch angesetzt.

Hals mäßig dick, nicht zu lang und führt in eine weit zurückgelegte Schulterpartie. Vorderhand gut untergestellt, dadurch wird eine gute Vorbrust ermöglicht; die kurzen Läufe sind fest unter den Körper gestellt. Starkknochige Vorderläufe. Die oben aufgewölbten Rippen flachen zu einer tiefen Brust ab.

Eine Daumenregel verlangt bei den Scotties, daß wenn man die Faust eines Mannes aufrecht hält, sie zwischen die Brust des Scotties und den Boden paßt. Weiter, daß der Brustkorb so breit ist, daß die geöffneten Hände des gleichen Mannes ihn mit den Fingern umspannen können.

Der Körper des Scotties ist kurz, stark bemuskelt, Hinterhand mit sehr guter Schubkraft. Die unkupierte Rute wird aufrecht getragen, ist mit soviel Fell bedeckt, daß sie die Form einer Karotte zeigt.

Die Bewegung sollte immer den Eindruck erwecken, daß sie flüssig ist und mit gutem Schub erfolgt.

Farben Schwarz, Gestromt oder Weizenfarben jeder Schattierung. Leider war es auch ein Zugeständnis an die Mode, daß man in England dem schwarzen Haarkleid lange den Vorzug gab. In den Vereinigten Staaten ist Weizenfarben heute sehr populär.

Es bleibt zu hoffen, daß auch im Ursprungsland der Rasse diese außerordentlich attraktive Farbe wieder aufersteht.

S E A L Y H A M   T E R R I E R

FCI-Gruppe 3, Standard Nr. 074
Ursprungsland: Great Britain
Zucht 1994: D 29, CH 5, GB 120, USA 104

HERKUNFT UND RASSEGESCHICHTE

Mitte und Ende des 19. Jahrhunderts erfolgte in verschiedenen Gegenden Englands die Zucht einer Anzahl Hunderassen, die entsprechend den Anforderungen der Jäger für die Jagd unter der Erde dienten. Auch Kapitän Edwardes, der auf seinem Landsitz Sealyham in Pembrokeshire lebte, strebte eine solche Rasse an. Er brauchte einen geschickten, ausdauernden Hund, kraftvoll und doch klein genug, um in den Dachsbau einzuschliefen, den Dachs daran zu hindern, sich wegzugraben, ehe der Jäger ihn auszugraben vermochte. Dieser Hund sollte sowohl nach dem Auge wie nach der Nase jagen; hatte er seine Beute in eine Ecke getrieben - sei es Dachs oder Fuchs - mußte er sie ausdauernd verbellen - *give tongue*. Entscheidend in den Überlegungen von Kapitän Edwardes war noch, daß er erlebt hatte, was braunen Hunden, die plötzlich aus dem Waldboden vor einer Hundemeute auftauchten, geschah, sie endeten in deren Fängen. Deshalb wollte er einen weißen Erdhund züchten.

Um diesen neuen Terrier zu schaffen, kreuzte Edwardes eine Reihe von Rassen. Hierüber gibt es keine Einzelaufzeichnungen, es scheint aber, daß Welsh Corgi, Cheshire Terrier, Dandie Dinmont Terrier, Fox Terrier und West Highland White Terrier alle eine Rolle dabei spielten.

Wenn man diesen Hintergrund betrachtet, sieht man eine große Vielfalt von Typen und Farben über die ersten Jahre. Aber bis zum 20. Jahrhundert war der tiefgestellte, starkköpfige, starkknochige Hund entstanden, wie wir ihn heute kennen. Die Körperfarbe war noch immer wichtig. In der Periode zwischen den Weltkriegen dominierten reinweiße Körper, aber dennoch blieben loh-, zitronen- oder dachsfarbene Kopfabzeichen. Die Vorliebe amerikanischer Käufer für reinweiße Hunde hatten ihre Auswirkungen auf die Rasse. Aber viele Aussteller legen auch heute noch grossen Wert auf entsprechende Kopfabzeichen.

WESEN

Heute gibt es für einen Terrier nicht mehr viel Gelegenheiten, Dachs oder Fuchs festzuhalten. Aber der Sealyham Terrier hat stattdessen, aufgrund all jener Eigenschaften, auf die Kapitän Edwardes bei seiner Zucht Wert legte, bildhaft ausgedrückt auf seine Besitzer einen festen Griff gewonnen.

Sealyham Terrier sind treue und ergebene Familienhunde, dabei gleichzeitig ziemlich selbständige Persönlichkeiten. Sie haben eine ungebrochene Raubzeugschärfe, bleiben gleichzeitig geschworene Feinde von Kaninchen und Mäusen. Darauf gezüchtet, während der Arbeit ruhig zu sein, aber Laut zu geben, wenn die Beute erst einmal gesichtet ist, verhält sich dieser Terrier bei weitem nicht stumm, bellt aber nur, wenn er es für notwendig hält.

GESUNDHEIT

Allgemein ist die Rasse gesund, zeitweise treten Augenprobleme auf. Sealyhams sind auch besonders anfällig für Hautallergien, müssen immer frei von Hautparasiten gehalten werden. Zuweilen tritt in der Rasse Taubheit auf. Man sollte immer nur bei Züchtern von gutem Ruf kaufen, die ihr Zuchtmaterial auf Erbfehler kontrollieren.

PFLEGE UND ERZIEHUNG

Das echte, harte, weiße Haarkleid des Sealyham Terriers braucht regelmäßige Pflege. Tägliches Bürsten ist wichtig, wenn die Hunde gut aussehen sollen.

Von Zeit zu Zeit muß dieser Terrier in den Hundesalon. Die Rasse darf nie am Körper geschoren werden, wird wie alle rauhhaarigen Terrier ausschließlich getrimmt.

ANPASSUNGSFÄHIGKEIT

Der kleine Körper und die große Persönlichkeit machen die Rasse zum Idealhund für den Stadtbewohner, der sich einen großen Hund in kleiner Verpackung wünscht. Als Stadthund gehalten braucht der Sealyham ausgedehnte Spaziergänge an der Leine.

Draußen auf dem Land kann er abgeleint reichlich Auslauf finden, vorausgesetzt er hat zunächst gelernt, auf Anruf unbedingt zu kommen. Er genießt die Bewegung, die für sein Wohlbefinden sehr notwendig ist.

RASSEMERKMALE

Der Sealyham Terrier bildet die Verkörperung von Kraft und Entschlossenheit, vermittelt ein Gefühl von konzentrierter Kraft in kleinem Rahmen. Der Körper ist keinesfalls quadratisch wie bei vielen Terrierrassen, vielmehr länglich. Durchschnittswiderristhöhe 26 cm, Gewicht etwa 10-11 kg sind typisch. Aber der Eindruck von Kraft

Sealyham Terrier

entsteht weniger aus Widerristhöhe oder Gewicht, sondern vorwiegend durch Knochenkraft und Stärke der Kiefer.

Kopf lang, breit, kraftvoll, ohne grob zu wirken. Der lange schlanke Kopf, wie man ihn bei anderen Terrierrassen so schätzt, ist für diese Rasse nicht charakteristisch. Vielmehr sind kraftvolle, quadratische Kiefer in einem ausgefüllten starkknochigen Fang wichtig.

Für den richtigen Ausdruck sind schwarze Nase, dunkle Augen und zumindest etwas Pigment um die Augen wichtig. Die farbigen Abzeichen, die am Kopf zulässig sind, bringen zusätzlichen Charme und Individualität in die Rasse. Körpermarkierungen oder gefleckte Unterwolle sind aber unerwünscht.

Körper kräftig, mit Substanz und guter Muskulatur, ohne dabei grob zu wirken. Dies ist ein Jagdterrier, kräftig und beweglich genug, um seine Arbeit zu leisten.

Gute Läufe und Pfoten sind notwendig, um sicherzustellen, daß die Arbeit, für welche die Rasse gezüchtet ist, erfüllt werden kann. Bewegungsablauf kraftvoll, schnell und frei. Gute Nackenlänge, die etwa zwei Drittel der Widerristhöhe beträgt, wobei sich der Nacken am Widerrist elegant mit den Schultern verbindet. Schultern gut zurückgelegt, genügend breit, um freie Bewegung zu gestatten.

Vorderläufe kurz und gerade, zum Brustkorb passend, der gut dazwischen gelagert ist. Der Sealyham ist ein Arbeitsterrier, sollte immer in der Lage bleiben, seine ursprüngliche Lebensaufgabe auszuführen, auch wenn seine heutige Beute wahrscheinlich eher ein kleines Nagetier als ein Dachs ist.

SEGUGIO ITALIANO

Dieser italienische Laufhund hat all das edle, elegante Aussehen bewahrt, mit dem er auf Gemälden und Jagdszenen schon über Jahrhunderte dargestellt wird. Im allgemeinen jagt der Segugio nicht in Meuten. Er besitzt in der Hasenjagd einen sehr guten Ruf.

Widerristhöhe 50-60 cm. Körperbau nahezu quadratisch, ziemlich tiefe Brust, gut bemuskelt, mit starken Knochen, darf aber nie grob oder schwer wirken. Kopf lang, elegant mit konvexem Nasenrücken. Ohren lang, tief angesetzt und leicht gefaltet. Behaarung entweder kurzhaarig oder drahthaarig, von mittlerer Länge. Alle Farben von Falb, Rot oder Schwarzlohfarben zulässig.

FCI-Gruppe 6, Standard Nr. 337 (kurzhaarig)
Standard Nr. 198 (drahthaarig)
Ursprungsland: Italien

Segugio Italiano

SETTER - ENGLISH SETTER

FCI-Gruppe 7, Standard Nr. 002
Ursprungsland: Great Britain
Zucht 1994: D 107, A 6, CH 67, GB 826, USA 855

HERKUNFT UND RASSEGESCHICHTE

Der English Setter ist eine der ältesten englischen Vorstehhunderassen. In der europäischen Literatur wird er als *Setting Dog* bereits seit dem 14. Jahrhundert erwähnt, ab 1873 wird die Rasse vom Kennel Club in London eingetragen. Allerdings wurde die Rasse schon viele Jahre zuvor fest etabliert. Viele Adelsfamilien in England besaßen für ihre großen Privatjagden ihre eigenen Setterzwinger. Zu den berühmtesten Zwingern gehören die Featherstone's, die Edmond Castle's, Lord Lovat's Zucht, die Zucht von Earl of Southesk, von Earl of Derby und die Welsh oder Llanidloes Setter.

Der erste eindeutig nachgewiesene Züchter von englischen Settern mit von ihm eingeführten, tabellarischen Ahnentafeln, wie sie heute allgemein anerkannt sind, war Mr. Edward Laverack, dessen Ahnentafeln etwa bis auf 1860 zurückreichen.

Seine Zucht begann 17 Jahre ehe der Englische Kennel Club gegründet wurde. Einer der Gründer des Kennel Clubs, später sein Chairman, war der English Setter Liebhaber Mr. S.E. Shirley.

Auf den Blutlinien der großen ersten Züchter aufbauend arbeitete Mr. R. Purcell Llewellin, sein Originalzuchtmaterial kaufte er von Laverack, nahm dann verschiedene Auskreuzungen vor. In den Vereinigten Staaten haben die *Llewellin Setter* ihre eigenen Eintragungen mit eigenem Field Stud Book. Obwohl Laverack wie Llewellin das Ziel verfolgten, ihr Idealbild von englischen Settern für Ausstellungen wie Arbeit kombiniert zu verfolgen, hatte jeder seinen speziellen Weg in Richtung auf dieses Ziel. Laverack praktizierte Inzucht innerhalb der eigenen Linie, während Llewellin mit Kreuzungen experimentierte. Sein Hauptinteresse galt der Jagd, das Aussehen des Hundes war für ihn weniger interessant. Zuchtmaterial und Spezialisierung dieser zwei Züchter führte zur Grundaufteilung der Rasse von heute, nämlich zwischen Ausstellungs- und Arbeitshunden; man muß aber hier daran erinnern, daß beide Typen aus den Laveracks entstanden sind.

Edward Laverack selbst schrieb das erste Buch über die Rasse *The Setter*, es erschien etwa 1875, und der Rassestandard, den er damals für die Rasse aufstellt, ist der gleiche, wie er heute - mit nahezu identischen Worten - noch immer Anwendung findet.

Die Rasse hat sich in leicht unterschiedlichen Richtungen entwickelt. In einigen skandinavischen Ländern favorisieren sie den alten Arbeitssettertyp, einen ziemlich leicht gebauten Hund gegenüber denen, die im Mutterland der Rasse heute im Ausstellungsring populär sind. Englische (Arbeits)-Setter und skandinavische English Setter sehen sich sehr ähnlich. Die Unterschiede berühren in Wirklichkeit nur die Ausstellungshunde, im Ursprungsland der Rasse kann es aber für die Richter zum Problem werden, welchen Hunden sie Championatsqualität bestätigen.

WESEN

Wie heute bei so vielen Hunderassen gibt es auch English Setter, welche nicht mehr das ursprünglich völlig zuverlässige Wesen ihrer Vorfahren zeigen. Verantwortungslose Zucht aus ungeeigneten Hunden hat es mit sich gebracht, daß für die Rasse in ihrer Gesamtheit heute hierin keine Garantie gegeben werden kann. Es gibt Liebhaber, die sich selbst einen hohen Standard auferlegen, die ausschließlich von charakterlich einwandfreien, freundlichen Hunden züchten.

Der English Setter ist ein großer Hund mit viel Temperament, er verdient einen loyalen Besitzer und eine Familie, die sich um ihn kümmert, ihn pflegt. Der ganzen Familie bringt er seine uneingeschränkte Liebe und Ergebenheit entgegen.

GESUNDHEIT

Allgemein betrachtet ist der English Setter eine robuste und gesunde Hunderasse. Wie bei vielen großen Hunden tritt gelegentlich Hüftgelenksdysplasie auf, aber nicht in einem Ausmaß, daß es für die Rasse zu einem wichtigen Problem geworden wäre.

PFLEGE UND ERZIEHUNG

Englische Setter sind besonders liebevolle und sozial ausgerichtete Hunde, gedeihen deshalb am besten als Familienhunde oder gemeinsam mit anderen Hunden in Zwingern, sollten aber nie sich allein überlassen werden. Haltung und Pflege machen keine Schwierigkeiten, solange es genügend Futter guter Qualität gibt. Bei Zwingerhaltung brauchen English Setter ein bequemes Lager, in dem sie sauber, warm und zufrieden gehalten werden. Tägliche Fellpflege mit einem weiten Stahlkamm und einer groben Bürste sind wesentlich, um das Haar in guter Verfassung zu halten. Besonders sollte man dabei darauf achten, die Befederung an Läufen und Rute auszukämmen, damit es nicht zu Verfilzungen kommt.

English Setter

ANPASSUNGSFÄHIGKEIT

Der English Setter fügt sich in die meisten Umgebungen - in der Stadt oder auf dem Land - ein. Im Hause braucht er sein eigenes Lager, wo er weiß, daß er dort seine Ruhe hat.

Für solch einen aktiven Hund sind ausführliche Spaziergänge und freier Auslauf gleichermaßen wichtig - ab drei bis vier Monaten täglich zweimal zehn Minuten reichen anfänglich aus. Man sollte diese Zeit aber bis zum erwachsenen Hund auf jeweils eine Stunde ausdehnen.

RASSEMERKMALE

Eine der Hauptattraktionen der Rasse ist die Vielfalt ihrer Farben. Blaubelton (Schwarz auf weissem Untergrund), Orange- oder Lemonbelton (Orange oder Zitrone auf weißem Untergrund), Bluebelton und Tan (Schwarz, Weiß und Lohfarben oder Dreifarben) und Liverbelton (Leberfarben auf Weiß). Der Ursprung des Wortes *Belton* stammt direkt aus dem Buch von Laverack, der damit eine Tüpfelung oder Schimmelung beschreibt, die zwischen hell und dunkel variiert. Entsprechend gibt es helle oder dunkle Bluebeltons und die anderen Kombinationen dieser »Farbe«. Belton selbst ist der Name einer Stadt in Northumberland, eine der vielen Gegenden, in denen Laverack Jagdgebiete pachtete. Gewöhnlich werden die Welpen weiß geboren, mit Ausnahme jener mit einfarbigen schwarzen, orangefarbenen oder leberfarbenen Flecken, die aber im Ausstellungsring weniger populär sind, obgleich sie aussergewöhnlich attraktiv wirken können.

Der englische Setter Standard ist international mit ganz winzigen Abweichungen anerkannt. Der Kopf sollte lang und ziemlich schlank sein, bei ausgeprägtem Stop. Oberkopf von Ohr zu Ohr ovalförmig. Fang mäßig tief und ziemlich quadratisch. Vom Stop bis zur Nasenspitze gleiche Länge wie von den Augen zum Hinterhauptbein. Nasenlöcher breit, Kiefer von nahezu gleicher Länge; Lefzen nicht zu tief hängend. Der Fang schließt mit einem Scherengebiß. Augen leuchtend, freundlich und intelligent, dunkelbraun oder haselnußfarben, je dunkler, um so besser. Ohren von mäßiger Länge, tief angesetzt und in hübschen Falten eng an den Wangen hängend.

Hals ziemlich lang, gut bemuskelt und schlank, Halsrücken leicht gebogen, keine Wammenbildung, vielmehr schöne und elegante äußere Linie. Körper mäßig lang, Rücken kurz und gerade, gute Rippenwölbung, hintere Rippen weit nach unten reichend. Hinterhand breit, kraftvoll und muskulös, ausgeprägte Unterschenkel. Knie deutlich gewinkelt, Ober- und Unterschenkel lang von Hüfte bis Sprunggelenk. Schultern gut zurückgelegt; Brustkorb richtig zwischen den Schulterblättern eingehängt und tief. Vordermittelfuß kurz, muskulös, rund und gerade, Pfoten kompakt und geschlossen. Rute etwa in gleicher Linie wie der Rücken angesetzt, leicht geschwungen, aber ohne Aufwärtsbiegung. Die Befederung beginnt leicht unter der Rutenwurzel, verstärkt sich dann auf mittlerer Länge, verjüngt sich wieder bis zur Spitze. Haar leicht gewellt, lang und seidig, aber nie gelockt. Hunde ohne große Farbflecken auf dem Körper, mehr gleichmäßig gefleckt werden bevorzugt. Der englische Standard verlangt Schulterhöhe von 63-68,5 cm für Rüden, 60-63 cm für Hündinnen. Der amerikanische Standard wünscht die Rüden etwa bei 63 cm, die Hündinnen bei 60 cm Widerristhöhe.

SETTER - GORDON SETTER

FCI-Gruppe 6, Standard Nr. 006
Ursprungsland: Great Britain
Zucht 1994: D 317, A 7, CH 21, GB 414, USA 1.435

HERKUNFT UND RASSEGESCHICHTE

Es erscheint durchaus möglich, daß es schon lange Zeit vor dem Duke of Gordon in Schottland schwarzlohfarbene Setter gab. Es ist aber eine Tatsache, daß der vierte Duke of Gordon als der erste Züchter gesehen wird, der sich nachhaltig darum bemühte, diese Rasse in ihrem Ursprungsland zu stabilisieren.

Ende 1700 war es, daß die Zwinger des Herzogs - als *Gordon Castle Setter* bekannt - besonders anerkannt wurden.

Ein Jagdschriftsteller aus dieser Zeit beschrieb die Hunde als leicht auszubilden. Von Natur aus stehen sie gut vor, wenn auch nicht sehr schnell, arbeiten sie doch mit großer Ausdauer. Nur sehr selten verweisen sie falsch, und wenn sie anzeigen, kann man sicher sein, daß sie Vögeln vorstehen. Der vierte Duke of Gordon legte größten Wert auf richtige Arbeit, züchtete immer mit Hunden, die sich auf der Jagd besonders auszeichneten. Als seine Kennels etwa 1835 auf den sechsten Duke of Gordon übergingen, bemühte man sich noch mehr um gute Arbeitsqualität, begann auch Aussehen und Typ zu vereinheitlichen.

Bereits 1842 importierten die Amerikaner George Blunt und Daniel Webster die ersten Gordons; sie waren von der jagdlichen Leistung, dem guten Aussehen und der Anatomie der Rasse begeistert.

Später folgten sowohl aus England wie auch aus skandinavischen Ländern weitere Importe nach den Vereinigten Staaten.

Die heutigen amerikanischen Züchter, gestützt von einem leistungsfähigen Zuchtclub, bemühen sich nachhaltig darum, die Arbeitsfähigkeit des Gordon Setter hochzuhalten, ebenso um einheitliche äußere Erscheinung.

Hinsichtlich der angebotenen Größen gibt es einen gewissen Spielraum, einige Anhänger wünschen sich einen größeren, etwas groben Setter gegenüber jenen, die aufgrund Typ und Gestaltung des Jagdgebietes mehr eine mittlere Größe bevorzugen.

WESEN

Die Ergebenheit des Gordon Setters gegenüber Besitzer und Familie ist geradezu Legende. Allerdings befreundet sich der Gordon Setter nicht mit jedem daherkommenden Fremden oder gar unerwünschten Eindringling. Wenn er als Familienmitglied aufgezogen wird, ist er Kindern gegenüber sehr gut, beschützt sie. Seine Veranlagung auf Schutztrieb macht ihn zuweilen anderen Hunden gegenüber aggressiv.

GESUNDHEIT

Zuchthunde sollten immer auf Hüftgelenksdysplasie geröntgt werden, weiterhin empfiehlt sich Augenuntersuchung auf progressive Retinaatrophie. Gelegentlich tritt in der Rasse Epilepsie auf. Beim Kauf sollte man immer auf verantwortungsbewußte Züchter achten, die ihr Zuchtmaterial gründlich auf eventuelle Erkrankungen durchleuchten.

PFLEGE UND ERZIEHUNG

Der Gordon Setter ist ein ziemlich großer Jagdhund. Hierfür über viele Jahre gezüchtet, muß sein

Gordon Setter

Besitzer ihm entsprechend genügend Platz einräumen, wo er im eingezäunten Gelände aufwachsen und sich bewegen kann. Er braucht eine ihn liebende Familie, die er schützen und selbst wieder lieben kann. Unterordnungserziehung richtet alle seine Energien auf das Lernen vernünftiger Aufgaben, bereitet ihn gut vor, gleich ob auf spätere jagdliche Arbeit oder für den Ausstellungsring. Diese Hunde haben ein ziemlich schweres Haarkleid, das viel Aufmerksamkeit braucht. Am besten lernt ein Familienmitglied die entsprechende Haarpflege bei einem Fachmann.

Wöchentlich sollten die Ohren mit einem Stück Watte, das zuvor in etwas Babyöl getaucht wurde - rund um den Finger gewickelt - ausgewischt werden. Bei Ohrgeruch sollte man sofort mit dem Tierarzt sprechen. Wöchentlich muß man die Krallen etwas kürzen, auch seine Zähne bürsten. Ein guter trockener Hundekuchen jeden Tag hält die Zähne sauber und gesund, dennoch sollte man sie auch mit der Bürste pflegen. Die lange Befederung muß wöchentlich einmal gekämmt und gebürstet werden, Baden nur bei besonderen Anlässen.

Wird der Gordon jagdlich eingesetzt, muß bei der Fellpflege alles entfernt werden, was er sich im Feld aufgelesen hat, insbesondere auch die Zecken.

ANPASSUNGSFÄHIGKEIT

Der Gordon Setter gedeiht besonders in Gesellschaft, diese braucht er zusätzlich zu Erziehung, Pflege und bequemem eigenem Lager. Zur Unterbringung dient entweder ein behaglicher Außenzwinger mit Auslauf oder das eigene Lager im Haus, irgendwo in der Küche oder auf einer Decke neben dem Kamin. Der Hund braucht Auslauf, gutes Futter und eine Familie, die ihn betreut.

RASSEMERKMALE

Der Gordon Setter ist der größte und substanzvollste aller Setterarten. Farbe immer Schwarzlohfarben, darunter versteht man eine lackschwarze Grundfarbe mit mahagoniroten Markierungen über den Augen, an Fang, Kehle, Brust, Pfoten, Innenseite der Läufe und unter der Rute. Das Fell an Kopf, Hals, Rücken, Oberkörper und Vorderläufen sollte so getrimmt werden, daß es glatt ist und flach anliegt. Ohren, Brust, Bauch, Hinterläufe und Rute behalten eine Befederung mit längerem Haar.

Rüden wiegen 25-36 kg, Hündinnen 20-31 kg. Widerristhöhe 60-68 cm bei Rüden, 58-66 cm bei Hündinnen. Der englische Standard wünscht für Rüden 66 cm, für Hündinnen 62 cm als Ideal.

Fließende freie Bewegung mit hoch erhobenem Haupt ist typisch. Die Augen sollten dunkel sein, obgleich es auch einige recht wertvolle Exemplare mit etwas helleren Augen gibt. Der Hals ist lang und kraftvoll, Rücken und obere Linie fest, Rute waagerecht getragen. Knochen eher flach als rund. Vorderläufe gerade mit guten Pfoten, Hinterhand gut gewinkelt mit starkem Schub.

Der Gordon Setter ist ein sehr schöner Hund, Zuhause, auf der Ausstellung oder draußen auf der Jagd.

SETTER -
IRISH RED AND WHITE SETTER

FCI-Gruppe 7, Standard Nr. 330
Ursprungsland: Irland
Zucht 1994: D 15, A 9, GB 188

HERKUNFT UND RASSEGESCHICHTE

Der Irish Red and White Setter ist ein eleganter, ins Auge fallender Hund, den man mit seinem engen Verwandten, dem Irish Setter (einfarbig Rot), nicht verwechseln darf. Der rotweiße irländische Setter ist ein substanzvoller mittelgroßer Hund, geht auf den *Land Spaniel* zurück. Die ersten Berichte über diese Rasse stammen aus der Zeit Mitte des 17. Jahrhunderts. Es gibt Gemälde von in Größe, Typ und Farbe ähnlichen Hunden, die sogar ein Jahrhundert früher gemalt wurden.

Als erstmals in Irland Irish Setter in Ausstellungsringen auftraten - kurz nach der Mitte des 19. Jahrhunderts - gab es ziemlich viele Verwirrungen über die korrekte Farbe. Einige Hunde zeigten Anflüge von Schwarz in ihrem Haarkleid, andere weiße Flecken. Auf den frühen irischen Ausstellungen waren gelegentlich getrennte Klassen für Rote Setter und Rotweiße, zu anderer Zeit wurden sie gemeinsam ausgestellt. Aber Ende des 19. Jahrhunderts hatte die außerordentliche Popularität der einfarbig Roten buchstäblich den Rot-

Irish Red and White Setter

weißen nahe an das Aussterben gebracht. Die rot-weißen irländischen Setter wurden eine große Seltenheit, viele hielten sie bereits für ausgestorben.

In den 1920er Jahren bemühte sich Rev. Noble Huston in County Down darum, die Rasse wiederzubeleben. Das verlief außerordentlich erfolgreich und 1944 hatte sich die Rasse soweit stabilisiert, daß die ersten Spezialclubs gegründet wurden. Heute ist der Irish Red and White Setter über ganz Großbritannien eine sehr populäre Rasse. Auf Cruft's Dog Show 1995 waren über hundert Vertreter dieser Rasse gemeldet, bewiesen nachdrücklich, daß sie zum festen Bestandteil der populärsten Jagdhunderassen gehört. Seine attraktive Farbe und hübschen Markierungen haben auch viele Hundefreunde in anderen Ländern angesprochen, es gibt eine laufende Nachfrage von Übersee. In den Vereinigten Staaten haben auch verschiedene Rasseliebhaber gute Zuchthunde übernommen.

WESEN

Der rotweiße irländische Setter ist ein sehr aufmerksamer Hund, intelligent und freundlich, mit vorzüglicher Nasenveranlagung. Dies macht ihn zum idealen Jagdgefährten, aber auch zum angenehmen Familienmitglied.

GESUNDHEIT

Allgemein gesehen ist der Irish Red and White Setter eine bemerkenswert gesunde Hunderasse, unterliegt glücklicherweise bei weitem nicht den Erbkrankheiten, die bei seinem einfarbig roten Vetter auftreten. Trotz dieser Feststellungen sollten die Züchter ein aufmerksames Auge auf ihr Zuchtmaterial haben, insbesondere hinsichtlich jeder Augen- oder Hüftabnormalität.

PFLEGE UND ERZIEHUNG

Der rotweiße irländische Setter muß regelmäßig gekämmt und gebürstet werden, um seine Befederung frei von Knoten und Verfilzungen zu halten. Die Rasse läßt sich leicht sauberhalten, das Fell ist von natürlicher seidiger Struktur, trocknet nach dem Baden sehr schnell.

Die Hunde brauchen menschliche Gesellschaft, fordern, wenn sie einmal ausgewachsen sind, viel regelmäßige Bewegung.

Frühe Erziehung ist ratsam, sollte dann über das ganze Leben fortgesetzt werden. Die besonders stark entwickelte Ansprechbarkeit dieser Hunde über das Ohr macht es empfehlenswert, sie auf Pfeifsignale zu schulen.

ANPASSUNGSFÄHIGKEIT

Der Rotweiße ist wesentlich mehr ein Landbewohner als daß er sich für die Stadt eignet.

Hat er in der Stadt aber regelmäßige ausreichende Bewegung, kann mit seinem Besitzer arbeiten, arrangiert er sich als Familienhund gehalten recht gut.

RASSEMERKMALE

Der rotweiße irländische Setter ist ein gut proportionierter mittelgroßer Hund, kraftvoll, gut bemuskelt, ohne irgendwie grob zu wirken. Diese Rasse ist athletischer, weniger elegant als der einfarbige Rote.

Erwünschte Widerristhöhen Rüden 60-65 cm, Hündinnen 5 cm kleiner. Kopf im Verhältnis zum Körper breit, guter Stop, gut geformter quadratischer Fang. Oberkopf aufgewölbt, aber Hinterhauptbein nicht wie beim einfarbig roten Irish hervortretend.

Augen haselnußfarben oder dunkelbraun, rund, ziemlich voll, ohne sichtbare Bindehaut. Ohren in Augenhöhe weit hinten am Kopf angesetzt, sie liegen flach am Kopf an. Tiefe Brust, gute Rippenwölbung, Rücken muskulös und kräftig. Der Rot-

weiße muß gute Knochen und geschlossene Pfoten haben, Rute von mäßiger Länge, an der Wurzel kräftig, in Rückenhöhe oder etwas niedriger getragen.

Die Krönung der Rasse ist die erlesene Farbe ihres geraden, flach anliegenden Fells. Grundfarbe Perlweiß, darauf klar abgegrenzte rote Farbinseln, beide Farben mit einem Maximum an Lebhaftigkeit und Leuchtkraft.

Gefleckt rund um Gesicht und Pfoten und an den Vorderläufen bis zum Ellbogen, Hinterläufen bis zum Sprunggelenk gestattet, aber keine Schimmelung.

Schimmelung oder Fleckung an irgendwelchen anderen Körperteilen ist unbedingt abzulehnen, sollte auf Ausstellungen schwer beanstandet werden. Idealverhältnis Weiß zu Rot liegt bei 60 % Weiß und 40 % Rot.

SETTER - IRISH SETTER

FCI-Gruppe 7, Standard Nr. 120
Ursprungsland: Irland
Zucht 1994: D 651, A 74, CH 91, GB 1.579
USA: 2.314

HERKUNFT UND RASSEGESCHICHTE

Bereits ab dem 14. Jahrhundert wurden Hunde zum Verweisen von Vögeln eingesetzt. Die sogenannten *Setting Spaniels* waren zweifellos Vorfahren des Irish Setter. Über die dabei vorgenommenen Einkreuzungen gibt es beträchtliche Meinungsverschiedenheiten, die Rede ist von Bloodhound, Pointer, Gordon Setter oder English Setter - oder alle gemeinsam. Wahrscheinlich hat jede Rasse ihren eigenen Beitrag geleistet.

Die früheren irischen Setter waren weiße Hunde mit roten Flecken, aber nach und nach wurden die einfarbig roten Hunde immer beliebter. Bereits 1812 hatte der Earl of Enniskillan in seinem Zwinger nur einfarbige Hunde.

Während des gesamten 19. Jahrhundert ging aber der Streit um die Farbe weiter. Es gab tatsächlich über viele Jahre drei verschiedene Farbschläge in Irland: Im Norden rot, im Süden und Westen weiß mit rot und entlang der Nordwestküste ein *shower of hail*. Ein *shower of hail dog* wurde als einheitlich gefleckt mit etwa 5 mm großen weißen Flecken im Abstand von immer et-

wa 2,5 cm beschrieben.

Aber etwa bis zu den 1870er Jahren hatte der rote Hund gewonnen, von da an war der *Irish Setter* ein einfarbig roter Hund, nur mit kleinen weissen Flecken im Bereich Brust und/oder Zehen, möglichst aber ohne. Die ersten Importe in die Vereinigten Staaten wurden unter verschiedenen Farben registriert, darunter Zitronenfarben, Schwarz oder Schwarzweiß. Der dominanteste Irish Setter in den 1870er Jahren war Champion Palmerston, man sagt, dieser stehe hinter der Ahnentafel nahezu aller heutiger Irish Setter.

Der Irish Setter wurde als hart arbeitender Jagdhund für die Vogeljagd gezüchtet, die ersten Importe nach den Vereinigten Staaten erfolgten von begeisterten Jägern, welche die Arbeit der Rasse in Irland und England bewunderten.

In dramatisch verlaufenden Spitzen-Field Trials hatte der Irish Setter gegenüber dem Pointer und dem Llewelin Setter nicht ganz so gute Karten - im dichten Unterholz war seine Farbe ein Problem. Obwohl er sehr intensiv arbeitet, fehlt ihm der klassische Stil, welcher bei Field Trial Wettbewerben verlangt wird. Dennoch behielt der Irish Setter innerhalb der Jägerschaft seine treuen Anhänger, gewann weitere Liebhaber unter den Hundefreunden, welche die Rasse aufgrund ihrer Schönheit und ihres fröhlichen, unbekümmerten Wesens lieben.

Im Laufe der Jahre jedoch wurde die Schönheit

der Rasse für sie auch zum Problem. Weniger und weniger wurde nach jagdlicher Leistung gezüchtet, viel mehr auf Ausstellungserfolg. Heute gibt es eine kräftige Bewegung, man will unter Beweis stellen, daß der Irish Setter noch unverändert seine alten jagdlichen Fähigkeiten besitzt. Und viele Irish Setter treten heute bei Jagdgebrauchsprüfungen den Beweis an.

WESEN

Der Irish Setter besitzt eine große Unterordnungsbereitschaft, ist liebevoll, ein fröhlicher Familienhund. Allen Familienmitgliedern gegenüber ist er freundlich, auch mit Kindern, zuweilen aber möglicherweise für die ganz Kleinen zu ungestüm.

Diese Rasse eignet sich auch recht gut als Wachhund, bei entsprechender Ausbildung kann sie sogar zum Schutzhund werden.

GESUNDHEIT

Zwei wichtige Gesundheitsprobleme spielen heute beim Irish Setter eine Rolle, zum einen Epilepsie, zum anderen Magenumdrehung. Hier empfiehlt sich insbesondere die Verabreichung kleinerer Mahlzeiten, über den Tag verteilt und das Vermeiden von Sojaprodukten. Progressive Retinaatrophie war lange Zeit für die Rasse ein Problem, wurde durch die neu entwickelten Teste aber jetzt unter Kontrolle gebracht.

PFLEGE UND ERZIEHUNG

Obgleich in der Ausbildung nicht ganz unproblematisch, ist der Irish Setter doch gehorsam und loyal, wird in den Händen des richtigen Besitzers zu einem vorzüglichen Hund für Unterordnungswettbewerbe wie jagdlichen Gebrauch.

Der Irish Setter braucht in angemessenem Umfang Bewegung, insbesondere aber sehr viel menschliche Zuwendung.

ANPASSUNGSFÄHIGKEIT

Der Irish Setter liebt es, im Zentrum der Aufmerksamkeit zu stehen, ist genügend extravagant, um immer diese Stellung einzunehmen, wird dadurch auch zum herausragenden Ausstellungshund. Die Rasse kann ebenso gut in der Stadt wie auf dem Land gehalten werden.

Allerdings ist es immer schwierig, unter städtischen Wohnverhältnissen dem Setter angemessene Bewegung zu geben, denn Spaziergänge an der Leine reichen in der Regel nicht aus, um diesem energiegeladenen, großen Traber ein richtiges Ausarbeiten zu ermöglichen. Selbst im ländlichen Umfeld braucht er *Road Work* auf einer ruhigen

Irish Setter

Straße neben dem Fahrrad, um die notwendige Bewegung zu haben, es sei denn, man besitzt ein genügend großes Grundstück, sicher eingezäunt, in welchem der Hund genügend traben und sich auslaufen kann.

Hat der Setter nicht genügend Auslauf, wird er zuweilen hyperaktiv, frißt nicht mehr richtig oder verfällt ins andere Extrem, wird faul, dick und schwammig. Das Fell des Irish Setter ist ziemlich dicht, braucht regelmäßiges Bürsten, Kämmen, Trimmen und Baden.

Die Hunde lieben es, auf die Vogeljagd zu ziehen. Hat man hierzu die Gelegenheit, sollte der Hund sorgfältig und planmäßig für seine Arbeit ausgebildet werden.

Die meisten Irish Setter haben für die Vogeljagd ein ganz besonders ausgeprägtes Geruchsvermögen, dies muß aber in die richtige Bahnen gelenkt werden. Frühe Unterordnungsausbildung ist für die Jagd eine vorzügliche Vorbereitung.

RASSEMERKMALE

Bei guter Substanz sollte der Irish Setter immer elegant wirken. Ideale Widerristhöhe Rüden 68,5 cm, Hündinnen 63 cm, Gewicht Rüden 31 kg, Hündinnen 27 kg. Allerdings sei darauf hingewiesen, daß Irland als Ursprungsland im Standard keine eindeutigen Größenangaben macht.

Ausgewogenheit ist für die wunderschöne Linienführung des Irish Setter von größter Bedeutung. Leicht abfallende Rückenlinie, gute Winkelung Vor- und Hinterhand, ermöglichen den starken, eleganten und doch raumgreifenden Trab, der für diese einmalige Hundepersönlichkeit so charakteristisch ist.

Der Kopf des Irish Setter muß lang und schlank sein, gut gemeißelt und von langen, tief angesetzten Ohren eingerahmt. Fang mit Scherengebiß, Augen dunkel, weder groß und rund noch klein und tiefliegend. Sie zeigen Intelligenz und viel Humor.

Farbe Mahagoni oder leuchtendes Kastanienrot, ohne Schwarz und möglichst nur ganz wenig Weiß an Brust, Kehle, Zehen, zuweilen ein weißer schmaler Mittelstreifen auf dem Kopf. Ohne Zweifel ist ein guter Irish Setter ein Hund von großer Schönheit, es macht Freude, ihn anzusehen.

S H A R - P E I

FCI-Gruppe 2, Standard Nr. 309
Ursprungsland: China/Hong Kong
Zucht 1994: D 142, A 13, CH 17, GB 671, USA 15.834

HERKUNFT UND RASSEGESCHICHTE

Die Chinesischen Shar-Pei sind eine sehr alte Rasse, völlig einzigartig. Über viele Jahrhunderte gibt es diese Hunde in den südlichen Provinzen von China, recht wahrscheinlich seit der Han Dynastie (202 v.Chr. - 220 n.Chr.). Ein chinesisches Manuskript aus dem 13. Jahrhundert erwähnt einen faltigen Hund mit den Merkmalen des heutigen Shar-Pei.

Ursprünglich wurde die Rasse als Kampfhund verwendet, sie half aber ihren Besitzern auch beim Jagen, Hüten und war ein Schutzhund. Was ihre Qualitäten als Kampfhund angeht, war sie immer ein schwieriger Gegner, denn sie konnte sich praktisch dank ihres lockeren Fells um sich selbst drehen. Ihre winzigen Ohren, tief eingesetzten Augen und hartes Haar machten es schwer, sie zu fassen und zu besiegen.

Die moderne Geschichte des Shar-Peis ist nur sehr skizzenhaft überliefert. Nach der Gründung der Volksrepublik China als kommunistisches Land wurden in China die Hunde nahezu ausgerottet. Nie fand man sie noch in Städten und nur sehr selten auf dem flachen Land. Glücklicherweise wurden einige Shar-Pei in Hong Kong und Taiwan gezüchtet.

Die Rasse wurde 1968 vom Hong Kong Kennel Club anerkannt und seither eingetragen. Der Hong Kong Kennel Club und die Kowloon Kennel Association bauten ein gemeinsames Zuchtbuch auf. Auch heute noch wird die Rasse hier eingetragen, außerdem in Zuchtregistern in Taiwan, Japan, Korea, USA, Kanada, England und einigen europäischen Ländern.

Der Name *Shar-Pei* lautet übersetzt *hartes, sandiges Haar* oder *schmirgelpapierähnliches Haar* - ein Hinweis auf die zwei unterschiedlichen

Haartypen des Shar-Pei, das eine kurz, das andere besonders hart. Der Shar-Pei hat eine blau-schwarze Zunge, ein Merkmal, das es nur noch bei zwei anderen Hunderassen gibt - beim Chow Chow und Thai Ridgeback - wahrscheinlich ein Hinweis auf gemeinsame Vorfahren.

In den USA beginnt die nachgewiesene Rassegeschichte 1966. Zu diesem Zeitpunkt wurden beim Hong Kong Kennel Club eingetragene Hunde importiert. Besonderes Interesse an der Rasse entstand, als Matgo Law von den *Down-Home Kennels*, Hong Kong an die amerikanischen Hundezüchter appellierte, *den Shar-Pei zu retten*.

Amerikanische Hundezüchter folgten diesem Aufruf, im Herbst 1973 wurde eine beschränkte Anzahl von Shar-Pei nach den USA importiert.

Die interessierten Züchter sammelten sich im *Chinese Shar-Pei Club of America, Inc.*, der 1974 sein erstes Treffen abhielt.

Die erste Spezialausstellung im Lande fand 1978 statt, diese *National Specialty* wird seither jedes Jahr veranstaltet. Im Mai 1988 erkannte der American Kennel Club den Shar-Pei an, wies ihn der *Miscellaneous Class* zu. Es gab damals 29.263 eingetragene Hunde. Seit dem 01. Juni 1992 ist die Rasse zum AKC-Stud Book zugelassen, gehört seit dem 01. August 1992 zur *Non-Sporting Group*.

WESEN

Die den Shar-Pei betreuenden Züchter haben hinsichtlich des Wesens ihrer Lieblingsrasse eine großartige Aufgabe erfüllt. Die Shar-Pei sind als Junghunde außerordentlich liebenswert, trotz ihrer früheren Aufgabe als Kampfhunde, wo sie als scharf und recht schwierig galten.

Die heute sehr sorgfältig gezüchteten Shar-Pei zeigen ein ausgewogenes Wesen, sind immer bereit, sich nicht nur ihrem Status als Haus- und Familienhunde entsprechend zu benehmen, sondern unterziehen sich auch mühelos den Anforderungen von Ausstellungen und Unterordnungswettbewerben.

Man sollte die Welpen früh sozialisieren, sorgfältig und gewissenhaft auch mit den Kindern vertraut machen. Shar-Pei sind gute Wachhunde, aber jeder Entwicklung in Richtung Aggression sollte entgegengetreten werden.

GESUNDHEIT

Auch hier haben verantwortungsbewußte Züchter die in der Rasse liegenden Probleme mutig aufgegriffen, hierzu gehört besonders die lockere und faltige Haut, die für Hauterkrankungen anfällig ist. Die früheren Shar-Peis hatten sehr winzige, tiefliegende Augen, die von den schweren Hautfalten über dem Kopf nahezu verdeckt wurden, was zu Augenreizungen führte, auch das Sichtvermögen beeinträchtigte.

Aufgrund sorgfältiger Zuchtwahl konnten die Hautprobleme auf ein Minimum zurückgeführt werden, das gleiche gilt mehr oder weniger auch hinsichtlich der Augen. Allerdings sollten Käufer darauf achten, nur bei Züchtern von gutem Ruf zu kaufen, welche ihr Zuchtmaterial sorgfältig auf Erbdefekte kontrollieren.

PFLEGE UND ERZIEHUNG

Die starke Persönlichkeit des Shar-Pei und sein dominantes Wesen erfordern zielgerechte Erziehung und Sozialisierung. Von allen Rassehunden wird der Shar-Pei am leichtesten stubenrein, was ihn in jedem Haushalt besonders willkommen macht. In Zwingern fühlt sich kein Shar-Pei wohl.

Als Junghund besitzt er die doppelte Hautmenge, die er wirklich braucht, wächst erst nach und nach in seine Haut hinein. Die Haut muß sorgfältig kontrolliert werden, um sicher zu stellen, daß es innerhalb der Hautfalten nicht zu Reizungen kommt.

Die Zähne sollten regelmäßig gereinigt werden, alle zehn Tage auch die Krallen etwas gekürzt werden, um zu verhindern, daß sich die Pfote spreizt. Auch die Ohren müssen auf Sauberkeit kontrolliert sein, obgleich es in der Rasse wenig Ohrenprobleme gibt.

Da diese Hunde recht aktiv und robust sind, ist ausreichende Bewegung sehr wichtig.

ANPASSUNGSFÄHIGKEIT

Grundsätzlich fühlt sich der Shar-Pei besser, wenn er in der Familie als Einzelhund gehalten wird. Er eignet sich ebenso gut für das Leben auf dem Land wie in der Stadt, ist aber bei reiner Zwingerhaltung unglücklich.

RASSEMERKMALE

Die bevorzugte Widerristhöhe des Shar-Pei liegt bei 45-50 cm, sein Gewicht bei 20-25 kg. Der Shar-Pei ist ein munterer, selbstbewußter Hund, kompakt und im Profil ziemlich quadratisch.

Der große Kopf dieser Rasse vermittelt mit den winzigen Hängeohren, dunklen, mandelförmigen und tiefliegenden Augen und großer breiter Nase, den Eindruck von Flußpferdformen.

Die Lefzen und die obere Fangpartie sind gut gepolstert, führen zuweilen auch zu einer leichten Aufwölbung am Nasenansatz. Zunge und Gaumen sind blauschwarz. Zähne kraftvoll, Scherengebiß.

Hals von mittlerer Länge, gut im Körper verankert, mit schweren Falten, lose Haut. Hinter dem Widerrist sollte die obere Linie geringfügig eingesenkt sein, dann sich wieder anheben, bis zur hochangesetzten, dicken Rute, die über oder seitlich des Rückens gerollt getragen wird. Die Läufe sind gesund und kräftig mit guten Pfoten. Hintere Wolfskrallen müssen entfernt werden.

Haarkleid hart und abstehend. Sein »Pferdehaar« ist extrem kurz, sein »Bürstenhaar« sollte nicht länger als 2,5 cm sein. Der Shar-Pei wird immer im natürlichen Fellzustand ausgestellt.

Nur einfarbige Farben sind zulässig, nämlich creme, falb, rot, schwarz, schokoladen, zobelfarben und silber.

Seine Bewegung erfolgt im Trab, flüssige Fortbewegung ist wichtig. Der ausgewachsene Shar-Pei ist ein königlicher, würdiger, wie ein Lord auftretender, etwas mürrisch dreinsehender, gelassener und versnobter Hund.

Shar-Pei

SHETLAND SHEEPDOG

FCI-Gruppe 1, Standard Nr. 088
Ursprungsland: Great Britain
Zucht 1994: D 619, A 46, CH 49, GB 3.179
USA 36.853

HERKUNFT UND RASSEGESCHICHTE

Die berühmte *Hutchinson's Dog Encyclopedia* widmet dem Shetland Sheepdog zehn volle Seiten Text und Fotos. Die Rasse wird als »eine kleinere Spezies eine der allerschönsten englischen Rassen, des Collies aus Schottland« vorgestellt. Über die Anfangszeit gab es eine strittige Debatte, ob man den Shetland Sheepdog als Hütehundtyp oder als Ausstellungstyp eines Miniature Collies sehen sollte. Kleine Schäferhunde von den Shetland Islands kamen bereits vor dem Ersten Weltkrieg auf die englische Hauptinsel. Alles, was wirklich über den Ursprung nachzuweisen war, ist, daß diese kleinen Hunde »soweit man zurückdenken kann« ein wesentlicher Bestandteil dieser Inseln waren.

Ein eigener Shetland Sheepdog Club wurde 1908 in Lerwick, der Hauptstadt der Shetland Islands begründet. Innerhalb eines Jahres erkannte der englische Kennel Club den Ausstellungstyp dieser Hütehunderasse mit einer Widerristhöhe von 30 cm an.

Sofort adoptierte England diesen wunderschönen, eindrucksvollen kleinen Hütehund. Über die erste Hälfte des 20. Jahrhunderts wurde der Typ gefestigt, seine Anpassungsfähigkeit erweitert, die Aufgaben, für welche diese Hunde gezüchtet wurden, im schriftlich niedergelegten Standard verankert.

Nach dem englischen Standard sind Kopf und Ausdruck von allergrößter Bedeutung. Heute, nahezu einhundert Jahre später, ist der Sheltie noch immer die erste Wahl der Menschen, die sich einen kleinen, wunderschönen, gehorsamen Familienhund wünschen. Der Shetland Sheepdog auf den britischen Inseln ist unverändert noch heute ein kleiner Hund mit leichteren Knochen als die amerikanischen Nachzuchten. Züchter in ganz England arbeiten daran, das sanfte, süße dunkle Auge, den schön geformten Kopf, korrekten Stop und das großartige doppelt strukturierte Haar zu erhalten, was für diese Rasse so wichtig ist.

Die Farben variieren heute von Gold bis Mahagonizobel, dreifarbig (Schwarz, Lohfarben und Weiß) bis Bluemerle. Die Farben werden wenig untereinander gemischt.

Nach dem Zweiten Weltkrieg reisten viele Amerikaner nach England, um Hunde zu kaufen, entweder als Familienhunde, Ausstellungshunde oder zur Zucht - häufig war der Shetland Sheepdog ihre erste Wahl. Einige sehr kenntnisreiche Züchter befassen sich seither mit *Shelties*. Zwinger Anahassit von Mrs. Dreer, die Page Hill Shelties von Nate Levine und die Poconos von Betty Whelen, sie alle züchteten begeistert und stellten ihre Hunde aus. Alle arbeiteten hart daran, das Beste dieser wunderschönen robusten Rasse zu erhalten. Seit Ende der 1940er Jahre bis zum heutigen Tage haben sich Shelties sowohl im Ausstellungsring wie bei Unterordnungswettbewerben immer bewährt.

Als sich Scott und Fuller daran machten, für ihr Buch *Genetics and the Social Behavior of the Dog* wissenschaftliche Untersuchungen anzustellen, gehörte der Sheltie zu einer der vier Hunderassen, die hierfür ausgewählt wurden. In langen, ermüdenden Tests fand man heraus, daß der Shetland Sheepdog ein intelligenter Hund ist, leicht zu erziehen, aber manchmal etwas scheu.

Daraus ergab sich, daß von frühester Jugend an menschlicher Kontakt notwendig ist, der über das ganze Leben fortgesetzt werden muß, um die Anlagen dieser Rasse maximal zu fördern. Lob und Aufmunterung haben auf diese Hunde sehr viel positivere Auswirkungen als Futterbelohnungen.

WESEN

Shetland Sheepdog Welpen sind besonders entzückend, haben bereits in frühester Jugend den Wunsch, dem Menschen zu gefallen. Im häuslichen Umfeld kann man Shelties von Anfang an vertrauen.

PFLEGE UND ERZIEHUNG

Wie bei allen langhaarigen Rassen sollte man Shelties auch ab früher Jugend an Fellpflege gewöhnen. Dies hält nicht nur das wunderschöne Haarkleid in Kondition, sondern verstärkt auch die Bindung zum Menschen. Erziehung zur Leinenführigkeit beginnt gleichfalls mit acht Wochen, mehrfach täglich, mit viel Geduld und Aufmunterung. Hat sich der Welpe gut an die Leine gewöhnt, werden kleine Ausflüge nach draußen, Besuche in der Umgebung, das Anfassen von Fa-

Shetland Sheepdog

milienmitgliedern und besuchenden Freunden zur Alltagsroutine. Shetland Sheepdogs lassen sich leicht stubenrein machen. Wie jeder Hund braucht er natürlich seinen eigenen, ungestörten Ruheplatz.

Bei Unterordnungswettbewerben erreichen Shelties außerordentlich hohe Punktzahlen. Die Rasse ist sehr unterordnungsfreudig. Wichtig ist das ererbte richtige Verhalten an der Herde, wobei die Hunde den Schäfer genau beobachten, auf Klang- und Sichtzeichen reagieren, die Einzeltiere der Herde kennen, mit Ausdauer arbeiten. Ihre Beweglichkeit und dies alles führt zu hohen Punktzahlen. Shelties sind eine Hunderasse, die Zusammenarbeit und Motivation fordert.

Die Zuchtvereine in den Vereinigten Staaten bieten den Liebhabern völlig neue Wettbewerbsformen für den Shetland Sheepdog. Hier gibt es

für die Hunde, die oft eigens für solche Wettbewerbe gezüchtet werden, Wettbewerbe mit Border Collies und anderen Hütehunderassen, in denen demonstriert wird, welche spezialisierten Geschicklichkeiten in den Hütehunderassen noch vorhanden sind. Für solche Arbeiten ist Grundlage das Erbgut mit all seinen Veranlagungen, hinzu kommt aber natürlich ein langer Prozeß der Erziehung und Konditionierung (ziemlich ähnlich Sportlern), um sowohl Erfolg wie auch die Sicherheit der in Wettbewerb stehenden Hunde zu gewährleisten.

GESUNDHEIT

Eine langlebige Hunderasse, ein Alter von vierzehn bis sechzehn Jahren ist durchaus nicht ungewöhnlich. Natürlich müssen die Hundebesitzer durch Auslauf, geistige Anregung und Gesundheitskontrolle dafür sorgen, das Beste aus dieser wunderschönen langen Lebensspanne zu machen.

ANPASSUNGSFÄHIGKEIT

Der Sheltie paßt sich auch beengten Wohnverhältnissen an, wenn sein Besitzer für täglich ausreichenden Auslauf sorgt. Spaziergänge in Parks, Jogging oder Mitlaufen am Fahrrad bringen die notwendige Bewegung.

RASSEMERKMALE

In den Vereinigten Staaten ist der American Shetland Sheepdog Club der betreuende Rassezuchtverein. Der Sheltie Standard, nach dem gerichtet wird, ist über viele Jahre entwickelt worden, bietet den Züchtern bei ihrer Suche nach dem perfekten Hund die richtige Anleitung.

Drei Farben werden anerkannt: Zobelfarben, Schwarz und Bluemerle mit verschiedenem Anteil an Weiß und/oder Lohfarben (Tan). Größe in den USA 33-40,5 cm, im Ausstellungsring werden Hunde unter oder über dem Limit disqualifiziert. Derartige Hunde können aber trotzdem bei Unterordnungswettbewerben erfolgreich sein.

Nach dem englischen Standard beträgt die Widerristhöhe Rüden 37 cm, Hündinnen 35,5 cm mit einer Toleranz jeweils von 2,5 cm.

Auf der Bewertungsskala zählen die Kopfproportionen 20 Punkte, im Vordergrund stehen Ausdruck, Augen, Ohren, Oberkopf und Fang. Alle Anforderungen ohne Übertreibungen.

Körper und Läufe zählen auf dieser Skala 55 Punkte, wiederum mit Nachdruck auf fehlende Übertreibung und gute Ausgewogenheit. Da diese Bereiche für die Aufgaben der Rassen am wichtigsten sind, ist es richtig, daß sie im Standard eine so große Rolle spielen, selbst in Anbetracht der Tatsache, daß der Kopf das Merkmal der Rasse ist, ihre Schönheit bestimmt. Aber jeder Bereich - Hals, obere Linie, Körper, Vorderhand und Hinterhand - ist im Standard klar umrissen. Alle Forderungen müssen erfüllt sein, um die Rasse gesund zu halten.

SHIBA INU

| FCI-Gruppe 5, Standard Nr. 257 |
| Ursprungsland: Japan |
| Zucht 1994: D 16, A 2, GB 180, USA 1.253 |

HERKUNFT UND RASSEGESCHICHTE

Der Shiba ist wahrscheinlich eine der ältesten eingeborenen Hunderassen Japans, die zurück bis ins vierte Jahrhundert vor Christi reicht, als er in seiner Heimat als vielseitiger Jagdhund Einsatz fand. Seine traditionellen Spitzmerkmale, das Fehlen jeglicher Übertreibungen sind typisch für alte Hunderassen, die schon über so viele Jahrhunderte bestehen. Zahlenmäßig ging die Zucht über die Jahrhunderte stark zurück, stand nach dem Zweiten Weltkrieg und nach dem Ausbruch einer Staupewelle 1952 unmittelbar vor dem Erlöschen.

Ein neues Zuchtprogramm wurde aufgestellt, das den untersetzten, stärkerknochigen Jagdshiba der Bergregionen mit den eleganteren und hochläufigeren Typen verschmolz, die man in den anderen Teilen Japans antraf. Die Tatsache, daß diese zwei Typen miteinander vereinigt wurden, zeigt sich noch heute. Unter den Welpen gibt es einige Unterschiede.

WESEN

Der Shiba ist kein Hund für die Halbherzigen. Er ist ein großes Tier in kleinem Körper, wunderbar mit Menschen, die er kennt, aber recht aggressiv gegenüber anderen Hunden des gleichen Geschlechts. Nie fühlt er sich durch einen größeren Gegner gehemmt. Wenn notwendig nimmt er es mit der gesamten Welt auf, weicht nie zurück.

Dieser natürliche Instinkt wird von den Japanern zu seinem Vorteil genutzt, sie präsentieren den Shiba im *Terrier Style*. Dabei stehen sich im Kreis zwei Hunde »fixierend« gegenüber, erheben sich auf die Zehenspitzen, lehnen sich nach vorne und verteidigen ihren Boden. Dieses Auftreten wird von japanischen Richtern sehr geschätzt. Bei einer engen Entscheidung zwischen andererseits gleichwertigen Hunden wird der kühnere Hund der Sieger sein.

Der Shiba ist sehr territorial, seinen Besitzern ergeben. Ein vorzüglicher Wachhund, der deutlich anschlägt, wenn etwas nicht stimmt. Ein recht stimmgewaltiger Hund, der - wenn er Aufmerksamkeit erregen will - zu jodeln beginnt, insbesondere vor der Fütterung. Ein Hund, der sich leicht erregt. Kommt sein Besitzer nach einiger Abwe-

Shiba Inu

senheit zurück, zeigt er all seine Freude, indem er hoch auf den Hinterläufen geht, ein schrilles Kreischen ausstößt. Dieses Kreischen dient auch einem Selbstverteidigungsmechanismus, insbesondere wenn der Junghund leinenführig gemacht wird. Tatsächlich könnte der Shiba mit einem Oscar ausgezeichnet werden, aufgrund seiner Darstellung von Überreaktionen!

Seine Philosophie scheint zu sein: »Wenn ich nur laut genug kreische, glauben sie, daß ich mich verletzt habe, hören mit dem Zerren an der Leine auf.« Dieser Lärm läßt das Blut erstarren, häufig zeigt sich anschließend der Hund »wie zum Felsen erstarrt«. Dabei steht der Shiba regungslos, Rute senkrecht ausgestreckt, zeigt eine unvergleichliche Vorstellung von Dickköpfigkeit. Hat man aber erst einmal sein Vertrauen gewonnen, ihn voll leinenführig gemacht, wird er nie mehr versuchen anzuhalten, sondern macht sich neugierig daran, das Leben ringsum zu studieren.

Ein Shiba Rüde verlangt Respekt, er ist einem Samurai Kämpfer ähnlich, kühn, voller Schneid, nie scheu oder nervös. Faszinierend ist die Art, wie ein Shiba Menschen prüft. Hat er sich entschlossen, einen Menschen zu mögen, zeigt er seine ganze Liebe, klettert auf Deine Knie, starrt Dir in die Augen, als versuche er, die Geheimnisse Deiner Seele zu ergründen.

GESUNDHEIT

Im allgemeinen ist der Shiba eine sehr gesunde Hunderasse. In den USA und Europa erfolgt Röntgen auf Hüftgelenksdysplasie und Patellaluxation, was man in England, entsprechend der generellen Haltung bei kleinen Hunderassen, allgemein weniger durchführt.

Ehe man sich einen Welpen kauft, sollte man sich das Wesen der Eltern genau ansehen. Von nervösen Rüden oder Hündinnen darf man nie züchten, denn kein Käufer wünscht sich ein umherkriechendes Wrack, weder als Ausstellungshund noch als Familienmitglied. Angstbeißer jeder Rasse bilden eine Gefahr.

Der Shiba hat für seinen kleinen Fang außerordentlich große Zähne. Brechen die zweiten Zähne durch, bleiben manchmal Milchzähne hängen. Hierauf sollte man sorgfältig achten, denn stehengebliebene Milchzähne könnten die endgültige Zahnreihe stören, den Gebißschluß verändern. Wenn die Milchzähne nicht natürlich ausfallen, müssen sie entfernt werden, so daß sich ein korrektes Scherengebiß entwickeln kann. Hierzu bedarf es in der Regel der Hilfe durch den Tierarzt.

PFLEGE UND ERZIEHUNG

Der Shiba besitzt ein dickes doppeltes Haarkleid, weiche zarte Unterwolle, kräftiges, gerades hartes Deckhaar. Hierdurch entsteht ein dichtes, flauschiges Fell. Der Hund muß wöchentlich einmal mit einer kräftigen Drahtbürste durchgearbeitet werden. Im allgemeinen erfolgt zweimal jährlich Fellwechsel, wobei sich das Haar buchstäblich wie Klumpen vom Körper löst. Über diesen Zeitraum muß das Haar gut durchgekämmt werden, um all die Wolle heraus zu bekommen. Für einen so kleinen Hund entfernt man eine erstaunliche Haarmenge.

Ein Ausstellungshund muß von früh an lernen, auf den Tisch gesetzt und hier auch gepflegt zu werden. Man sollte ihn lehren, ruhig auf dem Trimmtisch zu stehen, er darf sich auch durch einen lauten Fön nicht stören lassen. Einen Tag vor der Ausstellung sollte sein üppiges abstehendes Haarkleid gebadet und tüchtig gepflegt werden.

Der Shiba wird mit einer fettreichen Nahrung ernährt, insbesondere zu Zeiten des Haarwechsels regelmäßig gebadet und trocken gefönt. Je schneller man das abgestorbene Haar heraus bekommt, um so früher bricht das neue Fell durch. Wird der Hund gut gefüttert und regelmäßig gepflegt, erzielt man ein »rotierendes Fell«, wobei das neue Haarkleid zu wachsen beginnt, wenn das alte ausfällt.

Der Shiba braucht sehr viel geistige Anregung; schließt man ihn laufend ein, wird er schnell gelangweilt sein, macht Lärm und versucht auszubrechen. Einige Shibas können einen Maschendraht wie eine Leiter benutzen, überwinden ihn in Sekunden. Die Erziehung des Shibas muß von früher Jugend an erfolgen. Er ist eine Spitzrasse, Gehorsam entsteht nicht von alleine, aber mit Geduld zeigt er sich recht unterordnungswillig.

Als urtümliche Rasse hat sich der Shiba weitgehend seine Jagdleidenschaft erhalten. Er beobachtet sorgfältig sein Umfeld, übersieht keine Gelegenheit, sich »etwas Freiheit« zu verschaffen. Diese Hunde sind außerordentlich schnell und beweglich, sind schon Meilen weg, ehe der Besitzer es entdeckt. Aus diesem Grunde ist die Erziehung des Shibas, auf Kommando heranzukommen, von größter Wichtigkeit. Auch wird eine Ausziehleine immer sehr gute Dienste leisten.

ANPASSUNGSFÄHIGKEIT

In seinen Gewohnheiten ist der Shiba sehr katzenähnlich, außerordentlich sauber, sehr liebevoll und mit Kindern freundlich. Er liebt nichts mehr als ein viel gestreichelter Schoßhund zu sein. Für das Reisen im Auto, Hotelaufenthalt und ähnliches ist ein Käfig von unschätzbarem Wert, zumal wenn der einzelne Shiba ein ausgesprochener Ausbrechkünstler ist.

Dieser Hund braucht einen sicher eingezäunten Garten oder Hof, wo er umhertoben kann, Spielzeug nachjagt. Es sollte Dich nicht überraschen, wenn er stolz herantrabt, einen Vogel im Fang. Er hat gute Voraussetzungen, einen fliegenden Vogel zu fangen, ist ein großartiger Jäger!

RASSEMERKMALE

Der Shiba ist ein recht handfester, kompakter und

robuster Hund. Widerristhöhe Rüden 39,5 cm, Hündinnen 36,5 cm. Körperproportionen Widerristhöhe zur Länge 9 zu 10. Rüden und Hündinnen unterscheiden sich deutlich voneinander; Rüden wirken typisch maskulin, Hündinnen feminin.

Als typisch orientalische Spitzrasse hat der Shiba einen kräftigen Körper, ist stark bemuskelt. Wenn man diesen Hund hochnimmt, fühlt man »rundum Hund«.

Hals kräftig und breit, er mündet in einen ziemlich hohen Widerrist und eine waagerechte obere Linie. Front gerade mit guter Vorbrust. Brusttiefe zumindest 45 % der Widerristhöhe. Lendenpartie breit und kräftig, Bauchlinie leicht aufgezogen.

Hinterhand nur mäßig gewinkelt und gut bemuskelt. Rute kräftig an der Wurzel, wird über den Rücken gerollt getragen. Der überwiegende Teil der Hinterhand des Shibas steht ausgewogen »hinter der Rute«.

Der Kopf ist das wichtigste Rassemerkmal. Ohren klein, gut gepolstert und leicht nach vorn gerichtet. Augen tief eingesetzt, nach oben schräg gestellt, dunkel, mit gut pigmentierten Augenrändern.

Dies alles bewirkt einen orientalischen und doch fuchsähnlichen Ausdruck. Stirnpartie flach mit leichter Furche, die in einen minimal abfallenden Stop mündet. Die vollen Backen des Shibas wirken wie ein »Mondgesicht«, unter dem Kinn gerahmt durch cremefarbene oder weiße Markierung (*ghosting*), die über die Nase oder über den Augen verläuft. Zu starke Markierung bewirkt einen »Clowneffekt«, was als nicht korrekt angesehen wird.

Die Farben des Shibas sind Rot, Sesamfarben und *Aka Goma* (Rot mit schwarzer Überlagerung) und Schwarzlohfarben (technisch Dreifarben).

Weiß, Cremefarben und *Kuro Goma* (Rot mit überwiegend Schwarz) sind Farben, die in Japan nicht als korrekt gesehen, aber in vielen Ländern dennoch akzeptiert werden.

Haarkleid doppelt mit weicher, dichter, grauer oder roter Unterwolle, mit hartem und geradem Deckhaar, das im Hosenbereich und an der Rute am längsten ist.

Das Haar darf aber nie so lang sein, daß es aufgeplustert wirkt. Nie sollte ein langhaariger Shiba zur Zucht eingesetzt werden, denn das korrekte Haarkleid gehört zu den Hauptmerkmalen der Rasse.

SHIKOKU

Diese japanische Spitzrasse ist in erster Linie ein Jagdhund. Sie stammt von der Insel Shikoku, gilt als eine der ältesten unter den japanischen Spitzen.

Man sagt ihr nach, sie sei ein guter Jagdhund voller Selbstvertrauen, auch ein guter Wachhund, Fremden gegenüber recht ablehnend. Außerhalb Japans trifft man sie nur selten an.

Widerristhöhe etwa 43-53 cm. Japan hat sechs einheimische Spitzrassen hervorgebracht, der Hauptunterschied zwischen den einzelnen liegt in ihrer Größe.

Gemeinsames Merkmal ist der keilförmige Kopf mit starken Backen, eindeutig schräggestellten Augen und Stehohren.

Das Haarkleid ist kurz und hart, steht vom Körper ab, ist in den Bereichen Hals, Hosen und Rute etwas länger. Die Farben sind meist Rot oder Gestromt.

Kohchi Ken
FCI-Gruppe 5, Standard Nr. 319,
Ursprungsland: Japan

Shikoku

S H I H   T Z U

FCI-Gruppe 9, Standard Nr. 208
Ursprungsland: Tibet/Great Britain
Zucht 1994: D 655, A 41, CH 77, GB 4.466
USA 37.017

HERKUNFT UND RASSEGESCHICHTE

Der Shih Tzu - sein Name bedeutet *Löwe* - geht zumindest schon bis zum Jahre 624 n.Chr. zurück. In Amerika wurde er vom American Kennel Club erst 1969 anerkannt. Einige behaupten, die Rasse sei durch eine Kreuzung zwischen Tibet Dogge und Pekingese entstanden. Eine andere Theorie vermutet, der Chinesische Hof habe vom König von Vigur während der Tang Dynastie ein paar Hunde als Geschenk erhalten. Wieder eine andere Theorie behauptet, daß Mitte des 17. Jahrhunderts diese Hunde von Tibet nach China eingeführt worden seien. Welche Geschichte auch richtig sein mag, bekannt ist, daß diese Hunde am Kaiserlichen Hof mit sehr großer Sorgfalt gezüchtet wurden, und daß aus diesen Zuchten der Hund stammt, den wir heute unter dem Namen Shih Tzu kennen. Diese frühen Hunde waren klein, intelligent und außerordentlich gelehrig. Die Lieblingshunde der Kaiser wurden von verschiedenen chinesischen Malern portraitiert.

Der erste Rassestandard wurde 1938 aufgestellt, das war vier Jahre nach Gründung des Kennel Clubs in Peking. Madame de Breuil, ein russischer Flüchtling, war maßgebend an der Aufstellung des ersten Standards beteiligt. Das englische Interesse an der Rasse stammt aus dem Kauf von zwei Paaren, eines im Besitz von Madelaine Hutchins, das andere im Besitz von General und Mrs. Douglas Brownrigg. Diese Hunde kamen 1930 nach England (zur gleichen Zeit kamen auch Importe nach Norwegen), und über die ersten Jahre nannte man diese Rasse *Apsos*. Eine Anordnung des English Kennel Clubs änderte dies jedoch. 1935 wurde der Shih Tzu Club of England gegründet. Bald darauf entstand Interesse an der Rasse in Skandinavien, Österreich und in verschiedenen anderen europäischen Ländern. Es dauerte aber bis nach dem Zweiten Weltkrieg, bis in England stationiertes amerikanisches Militär bei seiner Rückkehr in die Heimat die Rasse mit in die Vereinigten Staaten brachte.

Viele Importe folgten, sowohl aus England wie aus skandinavischen Ländern, denn in den USA erwachte sehr großes Interesse an der Rasse. Im März 1969 gewährte der American Kennel Club der Rasse seine Anerkennung. Seit dem 01. September 1969 gehört der Shih Tzu nach den Regeln des American Kennel Clubs zur *Toy Group*.

WESEN

Im Ausstellungsring tritt der Shih Tzu stolz und arrogant auf, ist aber eine außerordentlich verspielte Persönlichkeit, trotz der Robustheit der Rasse in vielerlei Art so freundlich wie eine Katze. Die Rasse eignet sich recht gut dazu, auch rauher Behandlung, der sie von vielen Kindern ausgesetzt ist, Stand zu halten. Der Shih Tzu ist auch ein idealer, loyaler und freundlicher Haushund für ältere Menschen. Diese Rasse hat eine gutmütige und dennoch selbstbewußte Art, die sie für die meisten Menschen recht angenehm macht.

GESUNDHEIT

Es ist bekannt, daß in dieser Rasse Nierenerkrankungen auftreten (familienbedingte Nephropathie), die gleiche Krankheit findet man auch bei Tibet Spaniel, Lhasa Apso, Tibet Terrier und English Cocker Spaniel. Eine immer tödlich verlaufende Erkrankung, ihr Erbgang wird zur Zeit von mehreren amerikanischen Universitäten untersucht. Im übrigen sind über die Rasse keine schwerwiegenden anderen Gesundheitsprobleme bekannt.

PFLEGE UND ERZIEHUNG

Das vom Rassestandard vorgeschriebene traditionelle Haarkleid verlangt beträchtliche tägliche Pflege. Richtige Behandlung des *Topknot* ist erforderlich, um das Haar aus dem Gesicht und den Augen des Hundes zu halten. Viele Züchter halten aber ihre Haushunde und älteren Zuchttiere in Terrierart kurz getrimmt.

Wem die Fellpflege zu zeitraubend scheint, findet in diesem Trimmstil eine attraktive Alternative. Sobald ein Junghund ins Haus kommt, sollte man mit der Grunderziehung beginnen.

ANPASSUNGSFÄHIGKEIT

Der Shih Tzu wurde immer als Familienhund gezüchtet, für nichts anderes. Seine Größe, Gestalt,

Shih Tzu

Temperament, die Tatsache, daß er gerne frißt, ein kräftiger, robuster Hund mit freundlichem Wesen ist, all dies kommt ihm für diese Aufgabe zugute. Diese Rasse paßt sich jeder Familiensituation an, ist uneingeschränkt ein Hund für die Wohnungshaltung, sollte nie Zwingerhaltung ausgesetzt sein.

RASSEMERKMALE

Shih Tzus gehören zu den am wenigsten zerbrechlichen und zarten Mitgliedern der Zwerghundegruppe. Sie werden mit breitem Kopf gezüchtet, haben von der Nase bis zur Rute gute Substanz. Der ideale Shih Tzu ist weder hochläufig noch plump, hat gute Rippenstärke. Widerristhöhe 23-26 cm. In den USA sollte der Shih Tzu nie unter 20 cm oder über 28 cm Schulterhöhe aufweisen. Entfernung vom Widerrist zur Rute etwas größer als Widerristhöhe. Seine hohe Kopfhaltung, gerade obere Linie, flache Kruppe und hoch angesetzte Rute vermitteln das Gesamtbild eines stolzen, aufmerksamen Hundes. Rute hoch angesetzt, fröhlich über den Rücken getragen. Der Bewegungsablauf ist geschmeidig und mühelos, freier Vortritt und starker Schub vermitteln ein wunderschönes Bild, wenn der Shih Tzu sich im Ausstellungsring bewegt.

Das dichte, fließende doppelte Haarkleid, fast frei von Wellen, trägt wesentlich zu der Gesamterscheinung bei. Trimmen in bescheidenem Umfang ist gestattet, um das Fell etwas zu säubern, Haare zwischen den Ballen zu entfernen. Hunde in Spitzenkondition haben ein Haarkleid, das bis zum Boden reicht.

Der Kopf des Shi Tzus gehört zu seinen attraktivsten Merkmalen, breit, mit dunklen runden Augen, die aber nicht hervorstehen. Ausgeprägter Stop, nicht mehr als 2,5 cm Länge von Nasenspitze zum Stop. Faltenbildung nicht erwünscht. Unterkiefer breit, leicht vorbeißend oder Zange. Fehlende Zähne oder Fehlstellungen sind keine schwerwiegenden Fehler.

Shih Tzu sollen in Vor- und Hinterhand gut gewinkelt, schön ausgewogen sein. Sprunggelenke stehen parallel, Ballen der Hinterläufe in der Bewegung des Hundes sichtbar. Alle Haarfarben zulässig. Im Ausstellungsring wird der *Topknot* durch ein Gummiband befestigt, um das Haar aus dem Gesicht zu halten. Dies trägt zum Gesamteindruck und der Attraktivität der Rasse bei.

SIBERIAN HUSKY

FCI-Gruppe 5, Standard Nr. 270
Ursprungsland: USA
Zucht 1994: D 1.149, A 204, CH 124, GB 452
USA 24.804

HERKUNFT UND RASSEGESCHICHTE

Eine echte nordische Hunderasse. Der Siberian Husky wurde von dem *Chukchi* Stamm im Nordosten Asiens vor etwa 3.000 Jahren begründet und weiterentwickelt. Diese halbnomadischen Völker nutzten den Siberian Husky, um über viele Meilen leicht beladene Schlitten zu ziehen.

Dieser Stamm wurde aufgrund seiner Geschicklichkeit bei der Zucht guter Hunde berühmt, seine Hunde waren auf die Anforderungen der Menschen ausgerichtet. Obwohl Nomaden lebten die Chukchis im Landesinneren, jagten aber die Küste entlang. Dabei diente der Siberian Husky dazu, das erlegte Haarwild nach Hause zu ziehen. Die Strecken gingen manchmal über unglaubliche Entfernungen. Die Chukchis hielten ihre Schlittenhunde über das ganze 19. Jahrhundert rasserein, und diese Hunde sind die direkten Vorfahren der Rasse, die heute bestens unter dem Namen Siberian Husky bekannt ist.

Anfang unseres Jahrhunderts hörten die Amerikaner in Alaska von diesen sibirischen Superschlittenhunden, begannen damit, diese berühmte Rasse zu importieren. Ein Schlittenhunderennen, um die Stadt Nome in Alaska mit einem Diphtherieschutzmittel zu versorgen, gewann ein Siberian Husky-Team, und dies konzentrierte die Aufmerksamkeit der Weltöffentlichkeit auf diese wunderbare Rasse. Auch die Antarktisexpeditionen von Byrd waren nur durch den Einsatz des Siberian Husky möglich. Im Jahre 1930 erkannte der American Kennel Club die Rasse an.

WESEN

Der Siberian Husky ist ein freundlicher, arbeitsfreudiger und unternehmungslustiger Hund. Dank dem Chukchistamm, der den Siberian Husky klug und weitsichtig züchtete, wurde er auch zum idealen Haushund. Frauen und Kinder des Chukchi Stamms pflegten die Hunde, zogen die Welpen auf. Die Rasse ist heute allgemein für ihr freundliches Wesen bekannt. Insgesamt eignet sie sich

Siberian Husky

gut für das Leben in der Familie. Rüden sind nicht aggressiv, neigen aber zum Stromern. Deshalb muß man für ausbruchsichere Unterbringung sorgen, ihren Auslauf unbedingt überwachen. Diese Hunde sind sehr menschenorientiert, eignen sich deshalb weniger als Wachhunde.

GESUNDHEIT

Als natürliche Rasse ist der Siberian Husky recht gesund. Bei Zuchttieren muß die Hüfte geröntgt werden, es kommen auch mehrere Augenprobleme vor. Wie bei allen Hundekäufen - nur beim verantwortungsbewußten Züchter erwerben.

PFLEGE UND ERZIEHUNG

Im Grundsatz ist der Siberian Husky ein Arbeitshund, er genießt das Schlittenziehen, liebt auch leichtgewichtige Wagen. Auslauf ist ein absolutes Muß. Haben diese Hunde nichts zu tun, werden sie frustriert und zerstörerisch.

Sie haben ein ungewöhnliches doppeltes Haarkleid, das weich und plüschartig ist. Bei warmem Wetter starker Haarausfall, wöchentliches Durchbürsten unbedingt erforderlich. Zuweilen muß der Hund auch gebadet werden, damit Fell und Haut geruchsfrei sind. Wöchentliche Zahnpflege und Krallenschneiden ratsam.

ANPASSUNGSFÄHIGKEIT

Ein Hund mittlerer Größe. Als Arbeitshund fühlt er sich natürlich auf dem Land am wohlsten, paßt sich aber auch städtischem Leben an, wenn man sich genügend um ihn kümmert. Dann wird er für die gesamte Familie zu einem sehr fröhlichen Haushund.

RASSEMERKMALE

Rüden Widerristhöhe 53-60 cm, Hündinnen 51-56 cm, Körper etwas länger als Widerristhöhe.

Die Hunde haben einen keilförmigen Kopf mit gutem Stop.

Augen mandelförmig mit spöttischem, unternehmungslustigem Glanz. Augenfarbe dunkel oder blau, auf einem oder beiden Augen. Ohren klein und aufrecht getragen.

Die Rasse gibt es in allen Farben und Mustern einschließlich Weißgescheckt mit auffälligen Kopfmarkierungen.

Vor- und Hinterhand mäßig gewinkelt. Lange Rute, in der Art eines Fuchses hängend oder oberhalb der Rückenlinie getragen, aber nicht flach angelegt oder auf dem Rücken gerollt. Haarkleid doppelt und plüschartig.

Der Trab des Siberian Husky ist raumgreifend, dieser Hund darf nie zuviel Gewicht haben.

SKYE TERRIER

FCI-Gruppe 3, Standard Nr. 075
Ursprungsland: Great Britain
Zucht 1994: D 65, GB 93, USA 111

HERKUNFT UND RASSEGESCHICHTE

In dem ersten über Hunde geschriebenen Buch *De Canibus Brittannicis (1570)* beschreibt Dr. Johannes Caius einen der frühen Skyes als »*von barbarischen Grenzen über die im äußersten Norden gelegenen Ländern geholt.... der - aufgrund der Länge seiner Haare weder im Gesicht noch am Körper zu erkennen ist*«. Die Rasse ist nach ihrer alten Heimat - der Insel Skye - die vor der Küste Schottlands liegt, benannt. Dies ist ein rauhes und bedrohlich wirkendes Land, verlangte einen Hund, der sich seiner Umwelt anpaßte.

Ursprünglich unter verschiedenen Namen wie *Clydesdale Terrier, Paisley Terrier, Fancy Skye Terrier, Glasgow Terrier* und *Silky Skye Terrier* bekannt, entwickelte sich die Rasse aus einfachen Anfängen zu einem Hund der Mode und besonderen Stils. Seine elegante Erscheinung, seine stolze Haltung, machten ihn schon früh zum Favoriten der Aristokraten.

Niemand anderes als Queen Victoria selbst war eine Anhängerin des Skye, sie züchtete diese Rasse und hielt sie in ihren königlichen Kennels. Einige dieser Hunde wurden auf den Gemälden von Sir Edwin Landseer unsterblich. Aber der berühmteste Skye ist *Rona II*, von William Nicholson in dem Portrait *Queen Victoria and Skye Terrier* festgehalten.

Das erste Zuchtbuch des English Kennel Clubs enthält Skyes. Sie traten auf der ersten Hundeausstellung, der Birmingham Dog Show des Jahres 1860, in Wettbewerb. Der erste in den Vereinigten Staaten eingetragene Vertreter der Rasse war eine Hündin namens Romach, geboren 1884.

Skye Terrier

WESEN

Eine bewegliche, dabei kräftige Rasse. Die Hunde lieben ihre Familie, schließen Freundschaften, sind aber Fremden gegenüber mißtrauisch und ablehnend. Der Skye Terrier erinnert sich immer an einen Freund, vergißt aber *nie* einen Feind.

GESUNDHEIT

Allgemein ist der Skye eine gesunde Rasse, es scheinen keine erblichen Probleme vorzuliegen.

Die Rasse reift sehr langsam, Junghunde haben, ehe sie erst einmal drei oder vier Jahre alt sind, keinen wirklich robusten, ausgereiften Körper.

Oft hat der Skye Schwierigkeiten richtig zu sehen, weil sein Haar ihm über die Augen fällt. Viele Liebhaber halten das Haar in einer Spange oder mit einem Gummiband zurück.

PFLEGE UND ERZIEHUNG

Da die Vorderläufe des Skyes, die tiefe Brust einrahmend, leicht gebogen sind, muß man hier besonders sorgsam sein. Jungen Skye Terriern darf man niemals erlauben, Treppen auf und ab zu gehen, von Möbeln oder anderen hohen Stellen herabzuspringen, denn dies könnte die noch biegsamen Knochen der Vorderläufe belasten. Es ist immer vernünftig, das lange Haar mit einem Gummiband von den Augen zurückzuhalten, täglich das Fell durchzubürsten. Am besten beginnt man mit der Erziehung des Skyes zur Unterordnung in früher Jugend.

ANPASSUNGSFÄHIGKEIT

Der Skye fügt sich fröhlich in jede Umgebung ein, vorausgesetzt er hat menschliche Gesellschaft, wird nicht in einem Zwinger isoliert. Auch Skye Terrier Junghunde können nicht erfolgreich in einem abgeschlossenen Hundezwinger heranwachsen, müssen von Geburt an immer aufmerksam betreut werden.

Besonderer Fürsorge bedarf er bis zum 49. Tag seines Lebens, in diesem Anfangsstadium bildet sich die enge Bindung Mensch-Hund. Jeder Welpe braucht gezielte menschliche Betreuung in Abwesenheit seiner Wurfgeschwister, damit er sich zu einem erwachsenen Hund entwickelt, der die menschliche Gesellschaft liebt.

RASSEMERKMALE

Die Worte lang, tief gestellt, schlank und gerade, beschreiben die wichtigsten Merkmale der Rasse. Erst bei einer Widerristhöhe von 25-26 cm, einer gegenüber der Schulterhöhe doppelten Körperlänge, zusätzlich einer Rute, die korrekt getragen eine Verlängerung der oberen Linie bildet, sind die erwünschten Grundproportionen dieser einzigartigen Rasse gewährleistet.

Die Ohren des Skyes können aufrecht stehend oder hängend getragen werden, beides wird gleichermaßen akzeptiert.

Das Stehohr ist nicht groß, hoch am Kopf angesetzt, an der Spitze etwas breiter als am Ansatz. Das Ohrleder des Hängeohrs ist größer, liegt dem Kopf flach an, kann nur etwas nach vorne bewegt werden, wenn der Hund aufmerksam ist, ähnelt dabei einem guten Beagleohr.

Der Hund ist vom Kopf bis zu den Pfoten mit einem schweren, wasserabweisenden schützenden Haarkleid bedeckt. Die Vorfahren des Skye Terriers jagten durch die Klippen und Steinwälle ihrer Heimat. Dies erfordert eine entsprechende Behaarung.

Das richtige Haarkleid besteht aus langem, schweren Deckhaar und einer weichen Unterwolldecke.

Die zulässigen Farben der Rasse reichen von Schwarz über Grau bis Silber und Cremefarben. Schwarze Haarspitzen an Ohren, Fang und Rutenspitze sind korrekt, Abschattungen in der gleichen Farbe sind normal, aber keine Fleckung erlaubt.

S L O U G H I

| FCI-Gruppe 10, Standard Nr. 188 |
| Ursprungsland: Marokko |
| Zucht 1994: D 42, A 1, CH 13, GB 7 |

Der Sloughi ist ein enger Verwandter des Salukis und des Azawakh, ein Windhundtyp, den es schon seit Tausenden von Jahren gibt. *Sloughi* bedeutet in der arabischen Sprache *schnell wie der Wind*. Ursprünglich kannte man den Sloughi über den gesamten mittleren Osten, heute wird er aber als nordafrikanische Rasse angesehen, Marokko als sein Ursprungsland. Die Beduinen gebrauchen diesen Windhund für die Jagd.

Seit den 1950er Jahren hat sich der Sloughi auch außerhalb Afrikas als Ausstellungs- und Familienhund etabliert, insbesondere in Frankreich und Deutschland. Er ist noch immer eine seltene Hunderasse. Fremden gegenüber recht zurückhaltend wird er als Einmannhund gesehen.

Widerristhöhe etwa 60-70 cm. Seine allgemeine Erscheinung ist die eines sehr eleganten, kurzrückigen Hundes, mit deutlich abfallender Kruppe und langen Läufen. Unter der sehr dünnen, dicht anliegenden Haut zeichnen sich Muskeln und Bänder deutlich ab.

Kopf lang, leicht gerundeter Oberkopf, der ziemlich breit ist. Ohren hoch angesetzt, im Ansatz breit, eng mit gerundeten Spitzen an den Wangen anliegend.

Haarkleid glatt und fein. Farbe: jede Schattierung von Sandfarben, Rot oder Gestromt.

Sloughi

SLOVENSKÝ CUVAC

FCI-Gruppe 1, Standard Nr. 142
Ursprungsland: Slowakei
Zucht 1994: D 20, A 3, CH 4

Dieser slowakische Hütehund ist mit dem ungarischen Kuvasz und dem polnischen Owczarek Podhalanski eng verwandt, geht möglicherweise auf die gleichen Hunde zurück wie der italienische Maremma.

Seine Aufgabe ist Herden zu bewachen und zu hüten, aber in jüngerer Zeit fand er auch Interesse als Familienhund, ist aber immer noch eine sehr seltene Rasse.

Widerristhöhe etwa 59-70 cm. Körper rechteckig, stark bemuskelt, kräftige Knochen.

Kopf kräftig mit breitem Oberkopf, stark, aber im Fang nicht zu lang. Ohren hoch angesetzt, eng an den Wangen getragen. Rute lang und gut befedert.

Haarkleid dick, etwa 7-15 cm lang, leichte Wellung und dichte Unterwolle.

Farbe Weiß, alle Pigmentierung kohlschwarz.

Slovenský Cuvac

SLOVENSKÝ KOPOV

Im Typ ähnelt dieser slowakische Laufhund sehr den alten osteuropäischen Laufhunden, besonders dem kräftiger gebauten polnischen Ogar Polski. In der früheren Tschechoslowakei ist die Rasse ausserordentlich verbreitet, man trifft sie aber außerhalb ihrer Heimat kaum an. Sie wird ausschließlich als Jagdhund eingesetzt, ihr Einsatz erfolgt meist auf Sauen.

Dies ist eine kräftige, robuste Rasse mit einem Wesen, das seinesgleichen sucht.

Widerristhöhe etwa 40-50 cm. Körper rechteckig, stark bemuskelt, kräftige Knochen. Kopf kräftig, mit breiten, ziemlich hoch angesetzten Hängeohren. Behaarung kurz, glänzend, eng anliegend, von harter Struktur.

Farbe: Schwarzlohfarben - die lohfarbenen Markierungen sollten besonders leuchtend sein.

FCI-Gruppe 6, Standard Nr. 244
Ursprungsland: Slowakei

Slovenský Kopov

SLOWAKISCHER RAUHBART

Dieser slowakische Vorstehhund war im 19. Jahrhundert bekannt, starb aber Anfang dieses Jahrhunderts nahezu aus. Mit Hilfe deutscher Jagdhunderassen, besonders des Deutsch Kurzhaar und des Weimaraners, wurde die Rasse gerettet.

Der Slovenský Hrubosrsty Stavac findet ausschließlich als Jagdhund Einsatz, man sagt ihm vorzügliche Qualitäten auf der Fährte und beim Apportieren nach. Außerhalb der Slowakei trifft man ihn sehr selten an.

Widerristhöhe 57-68 cm. Körper nahezu quadratisch, starke Muskulatur, kräftige Knochen. Rute auf halbe Länge kupiert.

Haarkleid hart und drahtig, ziemlich eng anliegend, ohne Befederung. Charakteristisch sind aber die starken Augenbrauen und seine Bartbildung. In der Farbe ähnelt er dem Weimaraner, ist silbergrau mit einem Anflug von Nougatfarbe.

FCI-Gruppe 7, Standard Nr. 320,
Ursprungsland: Slowakei

Slowakischer Rauhbart

SMÅLANDSSTÖVARE

Dieser schwedische Laufhund geht auf eine Mischung alter osteuropäischer Laufhunde mit örtlichen Bauern- und Jagdhunden zurück. Da die Rasse häufig bereits mit Stummelrute geboren wird, vermutet man, daß auch andere Rassen zu ihren Vorfahren gehören.

Die Rasse wird ausschließlich als Jagdhund verwendet, gilt als ein Allzweckhund, der gleichermaßen tüchtig bei der Jagd auf Hasen, Füchse, Elch und Waldvögel ist. Außerhalb Schwedens trifft man sie sehr selten an.

Widerristhöhe etwa 42-54 cm. Körper nahezu quadratisch, mit starken Knochen, gut bemuskelt. Er darf aber nie grob oder schwer wirken.

Haarkleid kurz, gerade, eng anliegend, von ziemlich harter Struktur. Farbe: Schwarzlohfarben, die lohfarbenen Abzeichen sind klar festgelegt, insbesondere die Fleckung über den Augen.

FCI-Gruppe 6, Standard Nr. 129
Ursprungsland: Schweden

Smålandsstövare

SOFT COATED WHEATEN TERRIER

FCI-Gruppe 3, Standard Nr. 040
Ursprungsland: Irland
Zucht 1994: D 193, A 6, CH 9, GB 217,
USA 1.675

HERKUNFT UND RASSEGESCHICHTE

In Irland, dem Lande ihres Ursprungs, gab es bereits über Jahrhunderte Terrier mit weichem Haar. Genaues ist jedoch über den Ursprung des Soft Coated Wheaten nicht schriftlich überliefert.

Viele sehen im Kerry Blue Terrier den Vorfahren, dies ist aber reine Vermutung. Jedenfalls wurde der Soft Coated Wheaten als eine Hunderasse ohne Übertreibungen gezüchtet.

Er bewachte Haus, Farm und Tiere, jagte das Wild, manchmal apportierte er aus dem Wasser, oft war er einfach nur Familienhund. In ihrer irischen Heimat waren die ersten Wheaten robuste, schneidige Hunde, denn sie lebten in dieser Zeit nach dem Grundsatz, daß nur die leistungsfähigsten Chancen haben.

Der Irish Kennel Club hat Eintragungen und Ausstellungsbeteiligungen ab März 1937 zugelassen.

Um damals ein irischer Champion zu werden, mußte der Soft Coated Wheaten nicht nur im Ausstellungsring, sondern auch bei Field Trials in der Jagd auf Ratten, Kaninchen und Dachs in Wettbewerb treten. Dies wurde dann später abgeschafft. Seit 1943 ist die Rasse vom English Kennel Club anerkannt. Am 24.11.1946 wurden von *Norman J. Colman* die ersten sieben Soft Coated Wheaten Welpen in die Vereinigten Staaten eingeführt. Dabei dürfte es sich um die ersten Importe handeln. Die Rasse interessierte mehrere Züchter, die sich der Neuankömmlinge annahmen.

Es dauerte aber bis zum 03.10.1973, bis der Soft Coated Wheaten in der Terrier Group akzeptiert wurde.

Heute ist die Rasse so populär geworden, daß fast zweihundert Soft Coated Wheatens auf der großen *Montgomery County All Terrier Show*, die jährlich im Oktober in Pennsylvania stattfindet, vorgestellt werden.

WESEN

Der Soft Coated Wheaten, der von sich aus nicht aggressiv ist, kommt praktisch mit allen anderen Haustieren gut zurecht. Wenn er richtig aufgezogen wird, ist er mit Kindern verspielt und zuverlässig, wird für die ganze Familie - gleich welchen Alters - zum angenehmen Hausgenossen. Er ist ein zuverlässiger, aufmerksamer Wachhund.

GESUNDHEIT

In der Rasse gibt es einige erbliche Erkrankungen. Hierzu gehören progressive Retinaatrophie, eine Augenerkrankung, ebenso *Colititis* und eine allergische Hautkrankheit. Am besten kauft man bei einem guten Züchter, der sich um solche Erb-krankheiten kümmert.

PFLEGE UND ERZIEHUNG

Der Soft Coated Wheaten hat ein langes, fließendes Haarkleid, das laufend der Pflege bedarf. Erforderlich ist zumindest zweimal wöchentliches sorgfältiges Ausbürsten, dazu leichtes Trimmen, um Fransen aus den Ohren zu entfernen, die Terrierlinie zu bewahren. Auch die Pfoten müssen an den Rändern beschnitten werden, ebenso langes Haar unter der Rute. Zähne und Ohren sollten wöchentlich einmal kontrolliert werden, auch muß man alle zehn Tage die Krallen kontrollieren, erforderlichenfalls nachschneiden. Wenn notwendig muß man den Soft Coated Wheaten baden und danach unter gleichzeitigem Bürsten fönen.

Soft Coated Wheaten Terrier aus amerikanischer Zucht

ANPASSUNGSFÄHIGKEIT

Soft Coated Wheaten leben glücklich in der Stadt wie auf dem Land. Sie brauchen Gesellschaft, lange Spaziergänge an der Leine und einen sicher eingezäunten Garten, um darin frei umherzutoben. Erziehung zur Unterordnung ist immer wichtig.

Eignet sich der Hund von seiner Qualität her für Ausstellungen, sollte man das korrekte Zurechtmachen mit dem Züchter oder einem ausstellungserfahrenen Pfleger abklären.

RASSEMERKMALE

Aus dem Namen der Rasse ergibt sich bereits, daß diese Hunde ein weiches, fließendes und weizenfarbenes Haarkleid besitzen. Bei der Geburt sind die Welpen ziemlich dunkel apricotfarben, mit dem Heranwachsen hellt sich die Farbe auf. Ein zweijähriger Soft Coated Wheaten sollte eine eindeutig weizengoldene Farbe haben. Ohren und Fang können etwas dunkler sein, aber keinesfalls rein schwarz.

Im Haarkleid des Erwachsenen, einfaches Haar ohne Unterwolle, dürfen keine anderen Farben auftreten. Das Haarkleid muß fließen (nicht gelockt), baumwollartig und leicht gewellt sein.

Die Rasse ist von mittlerer Größe, Widerristhöhe 43-48 cm. Idealgröße Rüden 47 cm, 16-18 kg Gewicht; Hündinnen 45 cm, 13,5-16 kg.

Der Kopf erscheint rechteckig, hat dunkelrotbraune oder braune Augen, die unter den Augenbrauen gut versteckt sind. Nase groß und schwarz, Zähne kräftig und sauber, Scheren- oder Zangengebiß. Ohren klein bis mittlere Größe, falten sich in Höhe des Oberkopfs, fallen nach vorne, wobei die Ohrspitze in Richtung Boden zeigt. Der Soft Coated Wheaten hat eine gute Hals- und Schulterlage, kompakten, gut ineinander gefügten Körper, kupierte Rute, die gut angesetzt und aufrecht getragen wird. Läufe schön aufgebaut, Bewegungsablauf fröhlich und voller Selbstvertrauen. Pfoten rund und fest, Wolfskrallen an den Vorderläufen, nicht aber an den Hinterläufen zulässig.

Ein sorgfältig gepflegter Soft Coated Wheaten ist in jeder Hinsicht ein sehr attraktiver Hund.

*Soft Coated Wheaten Terrier
aus englischer Zucht*

S P A N I E L -
AMERICAN COCKER SPANIEL

FCI-Gruppe 8, Standard Nr. 167
Ursprungsland: USA
Zucht 1994: D 428, A 25, CH 104, GB 389
USA: 60.888

HERKUNFT UND RASSEGESCHICHTE

Trotz seines Namens ist der so überaus populäre American Cocker Spaniel in Wirklichkeit eine Hunderasse, die auf spanische Zuchten zurückgeht. Der *Spanish Spaniel* gilt als der älteste aller bekannten *Landspaniels*. Aus diesen Anfängen fand der Spaniel seinen Weg nach England, wo er sich zu einem harten Arbeitshund entwickelte. Seine Aufgabe ist die Jagd vor der Flinte auf Vögel, vorwiegend Schnepfe, Rebhuhn, Birkhuhn und Fasan. Nach dem Schuß apportiert der Spaniel den Vogel dem Jäger in die Hand, macht sich dann auf die Suche nach dem nächsten. Der Name des Cockers stammt von einem der Jagdtiere dieser Hunde, dem *Woodcock* - der Schnepfe.

1892 wurde der Englische Cocker Spaniel vom Kennel Club anerkannt. Vor dieser Zeit stammten Cocker und Springer häufig aus dem gleichen Wurf - nur die Größe der ausgewachsenen Hunde trennte die Schläge. In den Anfängen der Cockerzucht Englands fanden auch Einkreuzungen englischer Setter statt, dadurch sollten die Hälse länger werden, der Körperbau eleganter. Aus diesen Kreuzungen stammen die Mehrfarbigen und die Schimmelmuster wie man sie oft bei frühen Cockern feststellt.

English Cocker und American Cocker haben den gleichen genetischen Hintergrund. Als Ende der 1870er Jahre der Cocker Spaniel in die Vereinigten Staaten kam, erfolgte die Weiterentwicklung in den USA in andere Richtung. Bis zum Jahre 1946 wurden die zwei Rassen in den USA als getrennte Varietäten gerichtet. Da nur ein Cocker Spaniel in der *Sporting Group* antreten durfte, richtete man den besten American Cocker gegen den besten English Cocker, der Sieger konkurrierte dann in der Gruppe. Im Jahre 1946 wurden aus den zwei Varietäten zwei getrennte Cockerrassen - American Cocker Spaniel und English Cocker Spaniel. Kreuzungen waren nicht länger gestattet, die zwei Rassen konkurrierten von nun an erst in der Sporting Group gegeneinander.

Auch nach der Trennung gab es riesige Meldezahlen auf den Ausstellungen. Es zeigte sich, daß schwarze Cocker praktisch von allen anderen Farben nicht zu schlagen waren. Züchter des American Cocker beantragten daher, die Rasse in der *Sporting Group* in drei verschiedenen Farben ausstellen zu dürfen: Black American Cocker, bunt gefleckte American Cocker und ASCOB (Any Solid Color Other than Black to include those with tan points). In der großen Blütezeit wurde eine riesige Anzahl von Cocker ausgestellt, sie erwiesen sich auch in Konkurrenz mit anderen Rassen als erfolgreich. Ch. My Own Brucie, ein schwarzer Rüde, vorgeführt von Herman Mellenthin, war auf der Westminster Kennel Club Show 1940 Best in Show, wiederholte diese Plazierung 1941, ein einmaliges Cockerfest.

WESEN

Der »merry« Cocker ist so fröhlich, wie allgemein bekannt. Cocker wurden zu den Lieblingen der Show World und eroberten durch ihren Charme viele Familien in den Vereinigten Staaten und quer durch die ganze Welt. Bald wurden sie zur populärsten Hunderasse Amerikas, diese Popularität wurde aber nahezu zum Ruin der Rasse. Der American Cocker wurde recht verantwortungslos den Anforderungen des Marktes entsprechend gezüchtet, man kümmerte sich kaum um die Eigenschaft, die ihn so erfolgreich gemacht hatte, nämlich sein einmaliges Wesen. Hinzu kam, daß zu dieser Zeit wenig über Erbkrankheiten bekannt war. Glücklicherweise widmeten sich intelligente Züchter mit Vorausblick und Verantwortungsbewußtsein der Angelegenheit, gewannen Kontrolle über die Lage. Heute gibt es in der Rasse ein einheitliches Bemühen, nur mit Tieren frei von Erbkrankheiten zu züchten, sich auf die positiven Eigenschaften der Rasse zu konzentrieren. Dabei wird beachtet, daß das Wesen nicht nur eine Frage der Vererbung, sondern auch sorgfältiger Welpenaufzucht und früher Sozialisierung ist.

Im Ausstellungsring wie Zuhause findet man heute vorherrschend das fröhliche Cockerwesen - es wäre nahezu verlorengegangen.

GESUNDHEIT

Sorgfältig gezüchtet ist der American Cocker ein recht robuster Hund, trotzdem gibt es Gesund-

AMERICAN COCKER SPANIEL

American Cocker Spaniel, pale buff

heitsprobleme, teilweise genetisch bedingt, beispielsweise Augenerkrankungen verschiedener Art, Hüftgelenksdysplasie, Knieluxation, Epilepsie. Die wichtigsten Erbkrankheiten sind von den seriösen Züchtern erkannt, alle Zuchttiere werden fachgerecht untersucht. Beim American Cocker Spaniel gibt es auch einige Haut- und Ohrenprobleme, die am besten dadurch in den Griff zu bekommen sind, daß man die Tiere absolut sauber und gepflegt hält, mehrfach wöchentlich die Hunde bürstet und völlig durchkämmt. Wichtig ist auch wöchentliche Krallenkontrolle. Werden die Ohren oben getrimmt gehalten, wöchentlich kontrolliert und gereinigt, wobei man etwas Babyöl auf einen Wattebausch aufträgt, werden die meisten Arten möglicher Ohrprobleme schon vor dem Ausbruch beseitigt. Beim ersten Anzeichen von Geruchsentwicklung innerhalb des Ohres jedoch sollte man den Tierarzt hinzuziehen.

Obwohl der Cocker Spaniel ein robuster Hund ist, sich eigentlich allem Wetter gegenüber als widerstandsfähig erweist, ist er anfällig für Mandelentzündungen. Man sollte deshalb, wenn der Hund durchnäßt nach Hause kommt, ihn sorgfältig trocknen, notfalls auch mit einem Fön, das könnte eine Reise zum Tierarzt ersparen.

Wichtig sind - kaufe nur beim verantwortungsbewußten Züchter, sachgerechte Haltung und Pflege.

PFLEGE UND ERZIEHUNG

Bei dieser Rasse ist es wichtig, Junghunde bereits von Anfang an richtig zu erziehen. Der junge American Cocker muß frühzeitig lernen, sich die Zähne kontrollieren zu lassen, so daß man den Zahnwechsel überwachen kann. Zu dieser frühen Erziehung gehört auch, daß sich der Junghund

435

bürsten läßt, die Zähne säubern, um beim Älter-werden Mundgeruch zu vermeiden.

Der American Cocker hat immer ein schweres Haarkleid, muß deshalb von früh an lernen, sich während der Pflege mit Bürste und Kamm ruhig auf den Trimmtisch zu legen. Die Fellpflege über-läßt man am besten einem älteren Kind oder einem Erwachsenen, sie muß regelmäßig erfolgen. Zuweilen bedarf es einer Pflegekontrolle durch den Spezialisten, selbst wenn der Hund nicht aus-gestellt werden soll, denn sein Fell wächst üppig und laufend weiter. Cocker Spaniels müssen früh-zeitig sorgfältig zur Stubenreinheit erzogen wer-den.

Insbesondere während der Wachstumszeit des Junghundes braucht der American Cocker Spaniel erstklassige Nahrung; nie aber darf man diese Hunde fett werden lassen. Sehr schnell lernen sie am Tisch zu betteln, ihr Blick ist besonders für Kinder unwiderstehlich. Kindern muß man erklä-ren, daß sie nie Cockerwelpen an den Vorder- oder Hinterläufen hochheben dürfen. Analog darf man den Junghunden auch nicht gestatten, von den Möbeln zu springen, andernfalls könnten sie sich die Läufe brechen. Ausgiebige Spaziergänge an der Leine oder freier Lauf in einem einge-zäunten, sicheren Gelände sind Übungen für diese Rasse, um sie fit zu halten.

ANPASSUNGSFÄHIGKEIT

Der American Cocker Spaniel läßt sich den mei-sten Umweltverhältnissen und Lebensstilen anpas-sen. Er braucht ausreichend Bewegung, ist aber auch völlig zufrieden, wenn er in der Stadt spa-zieren geführt wird. Die Rasse ist Kindern gegen-über freundlich, sollte gemeinsam mit Kindern aufwachsen. Dabei muß man die Kinder auch leh-ren, dem Hund gegenüber freundlich und rück-sichtsvoll zu sein.

RASSEMERKMALE

Der American Cocker Spaniel ist das kleinste Mit-glied der *Sporting Group*. Rüden Widerristhöhe nie über 39 cm, Hündinnen nie über 37 cm. Diese Hunde sind fröhlich, aktiv, vermögen durchaus auf der Jagd tüchtige Arbeit zu leisten, wenn man ihr schweres Fell entsprechend schert. Zwar wur-den die Hunde in erster Linie zum Apportieren von Schnepfen oder Fasanen gezüchtet, sie eignen sich aber genauso für die Kaninchenjagd.

Der Kopf ist das Wahrzeichen des American Cocker Spaniels. Leicht gerundeter Oberkopf, stark ausgeprägter Stop, breiter und tiefer Fang.

Der American Cocker Spaniel hat lange, tief an-gesetzte Ohren, große, runde und ausdrucksstarke dunkle Augen. Langer Hals, gut zurückgelagerte Schultern, kurze, feste obere Linie, starke, gerade Läufe und eine kurz kupierte, fröhliche Rute wer-den verlangt.

Es gibt den American Cocker Spaniel in den Farben einfarbig Schwarz oder Schwarz mit loh-farbenen Abzeichen.

Die bunt gefleckte (Parti-colored) Varietät be-sitzt immer zwei oder mehr Farben, Grundfarbe immer Weiß. Es gibt hier zahlreiche Farbkombi-nationen zu Weiß, darunter Schwarz, Rot, Scho-koladenfarben mit oder ohne lohfarbene Abzei-chen, auch Schimmelmuster in all diesen Farben.

Die ASCOB Varietät umfaßt Büffelfarben (Buff), diese variiert vom Setter-Rot bis zum fahlen Silberblond. In dieser Varietät gibt es auch Leberfarben - korrekter Schokoladenfarben ge-nannt, auch diese Farbe mit lohfarbenen Abzei-chen.

Diese lohfarbenen Markierungen können heller oder dunkler sein. Man trifft sie in den Körperbe-reichen: je ein abgegrenzter Flecken über jedem Auge, an den Seiten des Fangs, auf den Wangen, an der Unterseite der Ohren, an allen vier Pfoten und/oder Läufen und unter der Rute. Auch Mar-kierungen auf der Brust sind zulässig.

Der American Cocker Spaniel bietet, wenn er gut gepflegt und gehalten wird, immer ein elegan-tes und attraktives Bild.

Schwarzweißer American Cocker Spaniel

SPANIEL - AMERICAN WATER SPANIEL

In den Geschichtsbüchern findet man sehr wenig, um die Herkunft des American Water Spaniel zu beschreiben. Offensichtlich stammt er von vielen verschiedenen kleinen Spanieltypen, darunter wahrscheinlich auch dem Irish Water Spaniel, der durch Emigranten und Siedler in die Vereinigten Staaten gebracht wurde. Ursprünglich wurde er in Größe, Farbe und Arbeitsleistung als ein Wasserapportierhund gezüchtet, kümmerte man sich wenig darum, den American Water Spaniel als anerkannte Hunderasse durchzuzüchten. Er apportierte Enten und Gänse, die von den Jägern abgeschossen wurden, an Land wie aus den Seen. Er wurde ebenso zum Apportieren von Kaninchen verwendet.

Ende des 19. Jahrhunderts befaßte sich Dr. F.J. Pheifer mit der Rasse, schuf einen schriftlichen Rassestandard und beantragte beim American Kennel Club die Anerkennung. Aber erst 1940 wurde für diese Rasse das Register geöffnet. Man nimmt an, daß er ein Vorfahre des Boykin Spaniels sei.

Zunächst ein reiner Jagdhund wurde der American Water Spaniel bald zum idealen Familienhund, harmoniert hervorragend mit der gesamten Familie einschließlich Kindern. Diese Hunde sind wasserleidenschaftlich, sehen sich auch selbst als Wasserhunde, sind bekannt dafür, daß sie gerne bellen. Ansonsten gewöhnt sich die Rasse bereitwillig an ihre Umwelt, braucht aber menschliche Gesellschaft und regelmäßigen Auslauf.

Der American Water Spaniel will immer etwas tun, das erklärt sich aus seinem Erbe. Die Jagd ist die natürliche Aufgabe der Rasse, sie eignet sich aber auch ideal für Unterordnungsarbeit. Der American Water Spaniel scheint weitgehend frei von allgemeinen Gesundheitsproblemen, aber Haut und Fell müssen immer sauber gehalten, tüchtig durchgebürstet werden.

Ein mittelgroßer Arbeitsrüde wiegt 13-20 kg, die Hündin 11-18 kg. Beide Geschlechter haben eine Widerristhöhe zwischen 38 und 45 cm.

Der American Water Spaniel ist immer dunkelbraun, hat ein eng gelocktes oder gewelltes Haarkleid, im Gesicht und am Rutenende ist das Haar kurz. Kopf breit am Oberkopf, Fang lang genug, um Wild bis zur Größe einer kanadischen Gans zu apportieren. Seine Augen sind haselnußfarben, seine Ohren spanieltypisch. Der American Water Spaniel ist ein sehr muskulöser, kräftig gebauter Hund, mit gesunden Läufen und einem sehr guten Wesen. In den USA wurden 1994 315 Welpen eingetragen.

FCI-Gruppe 8, Standard Nr. 301,
Ursprungsland: USA

American Water Spaniel

SPANIEL - BOYKIN SPANIEL

Dieser kleine leberfarbene oder braune Spaniel hat unter den Jägern im Süden der Vereinigten Staaten eine große Gefolgschaft. Der *Original Boykin*

Boykin Spaniel

war ein Streuner, der sich durch seine vorzügliche Arbeit in der Vogeljagd auszeichnete, im Besitz von Whit Boykin. Von diesem einen Hund geht die gesamte Rasse aus, es erfolgten Kreuzungen mit American Water Spaniel, Springer Spaniel und Chesapeake Bay Retriever. Die Hunde arbeiten als leistungsfähige Retriever von Vögeln sowohl an Land wie aus dem Wasser. Der Boykin Spaniel ist ein intelligenter und loyaler Familienhund.

Eine kleine Rasse, Gewicht 11-18 kg. Dunkelbraunes oder leberbraunes Haarkleid, kupierte Rute, spanieltypischer Kopf.

Haarkleid meist flach oder leicht gelockt, aber auch Glatthaar wird akzeptiert.

Bisher keine Anerkennung der Rasse durch die führenden Hundezuchtorganisationen.

SPANIEL - CLUMBER SPANIEL

FCI-Gruppe 8, Standard Nr. 109
Ursprungsland: Great Britain
Zucht 1994: A 1, GB 223, USA 129

HERKUNFT UND RASSEGESCHICHTE

Der Name stammt von dem *Clumber Estate* des Duke of Newcastle. Man nimmt an, daß der Clumber Spaniel entstand, als der Duc de Noailles auf der Flucht vor der französischen Revolution seinen Zwinger nach England verlagerte. Dies erklärt auch die Unterschiede zwischen dem Clumber und anderen Spaniels und seine Verbindung zu alpinen Jagdhunden.

Das Gemälde von Francis Wheatley R.A. *The Return from Shooting* aus dem Jahre 1778 zeigt den zweiten Duke of Newcastle mit drei Clumber, die den heutigen Hunden bemerkenswert ähnlich sehen.

Bald wurde der Clumber Spaniel als der Jagdhund von im Ruhestand lebenden Gentlemen bekannt, als Begleiter früherer Beamter aus Militär und Zivildienst. In langsamer Gangart und leicht zu führen arbeitet der Clumber besonders gut in kleinen Jagdbezirken, wo es eine Fülle an Wild gab, wodurch man große Schnelligkeit als über-

flüssig, gründliche Arbeit aber als Pluspunkt ansieht. Die Rasse wurde sogar in den Sandringham Kennels von King Edward VII noch modischer, während sein Sohn König George V. später Sussex Spaniels führte.

Der Clumber Spaniel wurde erstmals 1859 in England ausgestellt, auf dem nordamerikanischen Kontinent war er bereits 1844 in Nova Scotia gelandet. 1878 wurden die ersten Clumber in den Vereinigten Staaten in jenen Zuchtbüchern eingetragen, die später 1884 zur Grundlage des American Kennel Clubs wurden.

WESEN

Der Clumber Spaniel ist vor allem und zunächst ein guter Jagdhund. Überläßt man ihn sich selbst, könnte er ziemlich träge werden, aber er hat immer Freude an einem Spaziergang, insbesondere auf dem Weg zur Jagd. Ein ruhiger und verläßlicher Hund, freundlich und würdig, allerdings etwas zurückhaltender als andere Spaniels.

Ein Hund mit einem großen Herzen, stoisch, außerordentlich intelligent mit einer völlig eigenen Lebenshaltung. Der Clumber Spaniel ist ein vorzüglicher Haus- und Familienhund, in eingeschränkten Verhältnissen vielleicht etwas lästig.

GESUNDHEIT

Zu den Gesundheitsproblemen des Clumber Spaniels gehören Hüftgelenksdysplasie und Bandscheibenerkrankungen auch Entropiumfälle sind aufgetreten. Aber hier gibt es in jüngerer Zeit einige Besserung.

PFLEGE UND ERZIEHUNG

Der Clumber Spaniel hat einen großen Körper und schwere Knochen, man muß darauf achten, daß er nicht träge wird. So früh wie möglich sollte man Welpen sozialisieren, leinenführig und stubenrein machen, ihnen beibringen, auf Anruf sofort zu kommen. Körperlich wie geistig wächst und reift der Clumber Spaniel langsam.

ANPASSUNGSFÄHIGKEIT

Diese Rasse ist beim Leben auf dem Land ein idealer Gefährte. Freundlich und liebevoll, manchmal reserviert, niemals furchtsam oder Fremden gegenüber feindlich. Aufgrund seiner Körpergröße braucht er innerhalb des Hauses einigen Raum, zum Auslauf auch einen ziemlich großen Garten.

Man kann den Clumber Spaniel auch in der Stadt halten, möglicherweise ist dabei sein weißes Fell ein Hindernis, weil es schmutzempfindlich ist, zusätzlich Zeit für richtige Pflege fordert.

RASSEMERKMALE

Der Clumber Spaniel ist ein schwerer, solide gebauter Hund. Widerristhöhe Rüden 48-50 cm, Hündinnen 43-48 cm. Idealgewicht Rüden England 36 kg, Hündinnen 29,5 kg. In den USA wiegen Rüden zwischen 32 und 36 kg, Hündinnen 25-32 kg.

Der Clumber Spaniel hat einen langen, schweren Körper, tiefe Brust bei guter Rippenwölbung. Massiv aufgebaut, trotzdem beweglich, wirkt er mit seinem großen, intelligenten Kopf sehr aristokratisch. Kräftige Augenwülste, markierter Stop, leichte Furche am Oberkopf tragen zusätzlich zu seinem würdigen Aussehen bei. Das dichte, gerade Haarkleid ist weich, hat eine gute wetterfeste Struktur. Seine weiße Farbe mit zitronen- oder orangefarbenen Markierungen läßt ihn auf der Jagd leicht erkennen.

Der Clumber Spaniel bewegt sich leicht, guter Vortritt und Schub, wobei der Bewegungsablauf etwas rollend erscheint (eine Folge des langen Körpers bei kurzen Läufen).

Clumber Spaniel

S P A N I E L - E N G L I S H   C O C K E R   S P A N I E L

FCI-Gruppe 8, Standard Nr. 005
Ursprungsland: Great Britain
Zucht 1994: D 2.487, A 149, CH 274, GB 12.808
USA 1.408

HERKUNFT UND RASSEGESCHICHTE

Der heutige English Cocker Spaniel war ursprünglich eines der kleineren Mitglieder der großen arbeitenden Spanielfamilie, die anfänglich gemeinsam in dieser Gruppe eingetragen wurden, weil der Züchter annahm, der Welpe könnte sich für die Jagd eignen. Man verschwendete wenig Gedanken daran, wie die Elternschaft, der genetische Hintergrund sei. Größe und Substanz waren manchmal die einzigen bestimmenden Faktoren, weshalb ein bestimmter Hund für eine »Rasse« klassifiziert wurde.

Schriftliche Dokumente über jagende Spaniels reichen zurück bis ins 12. Jahrhundert. Die Werke von Chaucer und Shakespeare enthalten zahlreiche Hinweise auf Spaniels.

Es dauerte aber bis zur Mitte des 19. Jahrhunderts, ehe Hundeausstellungen populär wurden, es dadurch zu klaren Definitionen innerhalb der Spanielfamilie kam. So wurden Spaniels mit einem Gewicht von mehr als 11 kg als Field Spaniel bezeichnet, die im Gewicht darunter liegenden als Cocker Spaniel. Planmäßige Zucht ab Ende des 19. Jahrhunderts brachte den Cocker, wie wir ihn heute kennen. Ein ganz besonders wichtiger Hund auf beiden Seiten des Atlantiks war der Rüde *Obo* - er wurde zu einem der Stammväter sowohl des Englischen wie des Amerikanischen Cocker Spaniels. Obgleich er damals als Field Spaniel klassifiziert wurde, finden wir diesen Rüden innerhalb der nächsten zwanzig Jahre in England wie den Vereinigten Staaten zumindest in der Hälfte aller Ahnentafeln der zwei Cockerrassen. Sein Einfluß auf die amerikanische Zucht resultiert aus dem Import der Hündin *Chloe II* - die von Obo gedeckt war, außerdem aus einem Rüdennachkommen namens *Obo II*.

In England wurde der Cocker Spaniel ab 1892 vom English Kennel Club als eigene Rasse eingetragen, 1902 wurde der Cocker Spaniel Club gegründet. In den Vereinigten Staaten wurden die Cocker in zwei Typen aufgeteilt, das führte dann 1936 zur Gründung des »English Cocker Spaniel Club of America«. Zehn Jahre später erkannte der American Kennel Club zwei getrennte Rassen an - den English Cocker Spaniel und den American Cocker Spaniel.

Seit der Gründung des Cocker Spaniel Clubs 1902 sind eine Reihe merklicher Veränderungen im Aussehen der Rasse eingetreten. Dies zeigt ein Vergleich mit frühen Fotografien sehr deutlich. Typ und Größe sind heute viel einheitlicher, die äußere Linie ist quadratischer, die Rücken wurden kürzer. Das Haarkleid ist üppiger - wobei dies möglicherweise zuweilen bis zum Exzeß getrieben wurde - besonders bei den Schwarzen. Aufgrund der anhaltenden Popularität sind Qualität und Wettbewerb in der Rasse sehr hoch.

WESEN

Der fröhliche Cocker (The merry Cocker) ist traditionell für die Rasse zum Begriff geworden. Der Cocker hat dies aufgrund seines fröhlichen, aufgeschlossenen Wesens, immer seinem Besitzer ergeben, mit der Rute wedelnd - wirklich verdient. Dieser Hund möchte stets seinem Herrn gefallen, ist neugierig, aber gehorsam. Sein seelenvoller Gesichtsausdruck ist ein eigenes Erlebnis. Der English Cocker Spaniel hat aber auch seine Jagdinstinkte bewahrt, viele lieben noch immer die Jagd. Der English Cocker Spaniel gehört laufend zu den populärsten Hunderassen, weil er nun einmal ein so fröhlicher Hund ist.

Bedauerlicherweise wurden in jüngeren Jahren einige Fälle unerklärlicher Bösartigkeit bei einigen roten Tieren festgestellt, was zu Forschungsarbeiten über das sogenannte *Wutsyndrom der Cockerwut* führte. Diese Fälle sind aber eine kleine Minorität. Alle verantwortungsbewußten Züchter halten sich absolut fern, irgendwelche Hunde in ihrem Zuchtprogramm zu verwenden, deren Wesen verdächtig ist. Das echte Wesen des English Cocker Spaniels ist eine seiner großartigsten Rassemerkmale, von allen hoch geschätzt - es muß unbedingt bewahrt werden.

GESUNDHEIT

Das alte Mythos, alle Spaniel erkrankten an Ohrenentzündung, ist heute dankenswerterweise widerlegt. Regelmäßige Fellpflege und Reinigen der Ohren mit einem der vielfach vorhandenen Präparate halten den Ohrkanal sauber, offen und gesund. Im großen und ganzen ist der Cocker eine

English Cocker Spaniel

gesunde Rasse. Gelegentlich treten allerdings Fälle von erblichem grauen Star, progressive Retinaatrophie und Nierenerkrankungen (Nephropathie) auf, diese sind aber verhältnismäßig selten. Alle verantwortungsbewußten Züchter kontrollieren sorgfältig die Ahnenreihen, vermeiden Tiere aus verdächtigen Blutlinien.

PFLEGE UND ERZIEHUNG

Der English Cocker Spaniel ist eine Jagdhunderasse, aktiv und energiegeladen. Er braucht viel Bewegung und genießt diese. Wie die meisten Hunde gedeiht auch der English Cocker besonders gut in menschlicher Gesellschaft. Man sollte ihn nicht über längere Zeit in Zwinger sperren, als neugieriger und energiegeladener Hund könnte

ihn dies destruktiv machen. Ein gehorsamer, leicht zu erziehender Hund. Das Haarkleid entwickelt üppige Befederung, bedarf regelmäßiger sorgfältiger Pflege. Man sollte dies zur Alltagsroutine machen, dann haben Hund wie Besitzer ihre Freude daran. Je nach eigenem Geschick bedarf es gegebenenfalls auch der Hilfe eines Spezialsalons. Für Ausstellungshunde muß man die erforderliche Haarpflege durchführen, um den Anforderungen des Ausstellungsrings gerecht zu werden.

RASSEMERKMALE

Der English Cocker Spaniel sollte ein quadratisch aufgebauter, gut ausbalancierter Hund sein, frei von irgendwelchen Übertreibungen. Widerristhöhe Rüden 39-41 cm, Hündinnen 38-39 cm. Nach dem amerikanischen Standard sind bei Rüden 43 cm, bei Hündinnen 40,5 cm das obere Limit.

Der wunderschöne Kopf des Cockers ist eines der Hauptmerkmale der Rasse, Oberkopf und Fang sind gut ausgewogen, tief angesetzte Ohren und volle, mittelgroße dunkle Augen, alles trägt zu dem positiven Gesamteffekt bei.

Rücken kurz, gute Rippenwölbung. Läufe mit guten Knochen, Pfoten rund, dick und katzenartig. Hinterhand gut bemuskelt, gute Kniewinkelung, Sprunggelenk tiefstehend. Der Rutenansatz ist eine der wichtigsten und deutlichsten Unterschiede zum American Cocker Spaniel. Die Rute des englischen Cockers ist etwas unterhalb der Rük-kenlinie angesetzt, die Kruppe abgerundet. Die Rute wird unter oder in gleicher Höhe wie der Rücken getragen. Der English Cocker hat einen kraftvollen, ausgreifenden Trab, guten Schub aus der Hinterhand, mit unermüdlich wedelnder Rute.

Grundsätzlich ein Hund ohne Übertreibungen, es gibt ihn in einer Vielfalt von Farben, sowohl einfarbig wie mehrfarbig. Leider gab es einen Trend, man versuchte im Ausstellungsring stärkere Aufmerksamkeit zu erwecken, indem man Hunde mit mehr Hals, mehr Haarkleid, mehr Stromlinienform zeigt. Diese »Modernisierung« der Rasse entfernt sich vom echten Rassetyp, sollte deshalb unbedingt vermieden werden.

SPANIEL - ENGLISH SPRINGER SPANIEL

FCI-Gruppe 8, Standard Nr. 125
Ursprungsland: Great Britain
Zucht 1994: D 96, A 22, CH 71, GB 11.904
USA 17.404

HERKUNFT UND RASSEGESCHICHTE

Der English Springer Spaniel war der erste, dem im Kennel Club Stud Book 1902 ein eigener Platz eingeräumt wurde, der ihn von seinem Welshen Kollegen trennte. Jedoch schon lange Zeit davor hatte sich die Rasse aus der größeren Jagdspanielfamilie entwickelt. Im 19. Jahrhundert war die Rasse allgemein als *Norfolk Spaniel* bekannt, benannt nach den Dukes of Norfolk, welche diesen Schlag züchteten. Dies waren leberfarben/weiße Hunde mit langem Kopf, deren Ruten auf der Jagd ständig in Aktion waren. Sie erhielten ihren Titel *springer*, weil ihre Hauptaufgabe darin lag, das Wild vor der Flinte, dem Netz, dem Falken oder dem Laufhund zum *Abspringen* zu bringen. Aufgrund ihrer Vielseitigkeit auf der Jagd wurde die Rasse bei Jägern außerordentlich populär, sie stöberten, apportierten und gingen auch ins Wasser.

Von allen Landspaniels stehen diese Hunde auf den längsten Läufen und einiges Blut des Springer Spaniels wurde zum Ausgleich von überlangen Rücken und zu tiefer Stellung sinnvoll bei den Fieldspaniels eingekreuzt. Leberfarben/weiß, häufig mit lohfarbenen Markierungen, blieb die populärste Farbe, hinzu kamen aber auch Schwarz-weiße, die mehr Boden gewannen. Im Ursprungsland England blieb der Springer Spaniel ein Ar-beitsspaniel ohne Übertreibungen, auch Ausstellungshunde haben sich auf Field Trials durchaus bewährt. Die Arbeitsfanatiker jedoch favorisieren einen wesentlich leichteren Typ, der im Ausstellungsring weniger Chancen hat.

Es muß betont werden, daß sich die Rasse in Amerika heute wesentlich vom englischen Typ unterscheidet, so stark, daß im Jahre 1993 der English Springer Spaniel Club seinen Wunsch zum Ausdruck brachte, sich von seinem amerikanischen Gegenstück zu trennen. Es besteht der Eindruck, daß es sich heute in jeder Hinsicht um zwei verschiedene Rassen handelt, genauso wie sich früher einmal American Cocker und English Cocker trennen mußten.

Die Debatte hält an, aber die Gründe für die Wünsche des englischen Clubs liegen auf der Hand. Der amerikanische Typ hat einen kürzeren Rücken, eine abfallende Rückenlinie, höher angesetzte Rute, die Rute wird oft über Rückenhöhe getragen - für den englischen Puristen ein echter Verstoß gegen den wahren Glauben! Auch Kopftyp, Auge und Ausdruck sind anders. Der amerikanische Schlag hat eine stärkere Hinterhandwinkelung, einen flüssigeren Bewegungsstil. Sein Haar ist länger, mehr befedert an Läufen wie Körper. In der weißen Grundfarbe treten wenige Ticks auf. Er wurde zu einem modernen, strahlenden, stilisierten Ausstellungshund umgewandelt, in die Form von Kurzrückigkeit mit langen geschwungenen Hälsen gepreßt, die heute im Ausstellungsring der USA so populär ist. Dieser Typ hat viel Ausstellungserfolge erreicht, wurde in viele europäische Länder exportiert, wo er mit dem engli-

English Springer Spaniel in seiner Heimat.

schen Typ in Wettbewerb tritt. Dies hat viele Richter der Rasse in große Schwierigkeiten gebracht.

WESEN

Gehorsam, intelligent, treu und ergeben, dennoch aktiv, energiegeladen, stets arbeitsbereit, bewegungsfreudig, dies alles macht den English Springer zum vorzüglichen Familien- und Arbeitshund. Man kann sein Temperament schon an seinem Ausdruck erkennen, ein Gütezeichen der Rasse. Dies wird besonders eindrucksvoll durch einen Ausstellungsbesucher beschrieben, er betrachtete

eine Springer Hündin in ihrer Box und bemerkte: »Schau dir die an.... sie schaut Dich an, wie ein Mensch!!« Es ist etwas beunruhigend, wenn man hört, daß in einigen amerikanischen Linien des Springers Aggression auftritt, für einen Jagdhund eine Entwicklung, die in keiner Weise akzeptabel ist.

GESUNDHEIT

Der English Springer Spaniel ist als Hunderasse ohne Übertreibungen recht gesund. Ja diese Rasse gehört zu den robustesten, nur sehr wenige ernsthafte Erkrankungen treten häufiger auf. Der eine oder andere Fall von Augenanomalien wurde berichtet, aber im allgemeinen gibt es selten Probleme. Einige amerikanische Züchter zeigen sich beunruhigt über ein immer häufiger in der Rasse auftretendes bösartiges Wesen. Dieser Fehler muß mit großer Ernsthaftigkeit beobachtet werden, er ist bei einer Spanielrasse völlig ungewöhnlich.

PFLEGE UND ERZIEHUNG

Wenn auch der English Springer Spaniel ein angenehmer Familienhund ist, darf man nicht vergessen, daß man einen Jagdhund im Hause hat, der Bewegung braucht und seine Freude daran hat. Die Hunde können dickköpfig sein, sind aber intelligent und können leicht lernen. Ihre Aktivitäten und Energie brauchen Gelegenheit, ausgelebt zu werden. Das Haarkleid verlangt regelmäßige Pflege, gelegentlich müssen Ohren und Pfoten getrimmt werden.

ANPASSUNGSFÄHIGKEIT

Die Rasse paßt sich jeder Situation gerne an, braucht aber menschliche Gesellschaft und die Möglichkeit, sich regelmäßig ohne Leine tüchtig zu bewegen. Spaniel sind arbeitende Jagdhunde, in ihrem Beruf aktiv über den ganzen Tag, deshalb brauchen sie Gelegenheit, Körper und Verstand zu erproben, eignen sich wenig als »Sofarutscher«. Für diese Rasse ist ländliche Umgebung ideal, sie findet sich nicht leicht mit den Einschränkungen ab, die nun einmal ein Appartement oder ein Stadthaus ihnen auferlegen, es sei denn, man garantiert ihnen trotzdem sehr viel Auslauf und Gesellschaft.

RASSEMERKMALE

Der English Springer Spaniel hat eine Widerristhöhe von etwa 51 cm, dabei lange Läufe. Sein Körperbau ist funktional und frei von Übertreibungen. Gute Winkelung vorn wie hinten, mittellanger Rücken, schöne Rippenwölbung und tiefe Brust. Der Kopf kennzeichnet die Rasse durch eine gute Proportion zwischen Oberkopf und Fang, den weichen, freundlichen Ausdruck der dunklen Augen, die tief angesetzten Ohren, sie alle tragen zu dem schönen Gesamtbild bei.

Der English Springer Spaniel ist entweder leberfarben mit weiß oder schwarz mit weiß, oder eine dieser Farben mit lohfarbenen Abzeichen. Guter Bewegungsablauf, guter Vortritt aus der Schulter, gekoppelt mit starkem Schub aus der Hinterhand. Die Rute sollte nie oberhalb der Rückenlinie getragen werden.

Der Springertyp ist stark durch Kopfqualität und funktionalen Körperbau frei von jeglichen Übertreibungen gekennzeichnet.

Nur die Zeit wird klären, ob es zu einer transatlantischen Spaltung in zwei separate Rassen kommt.

SPANIEL - FIELD SPANIEL

HERKUNFT UND RASSEGESCHICHTE

In seiner Einleitung zu dem Buch *Spaniels* von H.W. Carlton schreibt William Arkwright: »Für den Jäger ist der Spaniel außerordentlich nützlich, da er im Ernstfall alle anderen Mitglieder der Jagdhundefamilie, seien es Pointer, Setter oder Retriever im Allzweckgebrauch übertrifft, was keine andere Rasse von sich behaupten kann.« Dies gilt mit Sicherheit für den Field Spaniel, einen der ältesten unter den Landspaniels, die Verkörperung aller Spanielqualitäten.

Nur wenige Hunderassen können sich einer so interessanten und dramatischen Geschichte rühmen wie der Field Spaniel. Eine Zeitlang wurde einmal die gesamte Jagdspanielfamilie lose als *Field Spaniels* klassifiziert - darunter verstand man im Grundsatz alle Spaniels, die für jagdliche Arbeit tauglich waren. Nach 1892 wurde die Familie durch die Gewichtsgrenze 11 kg gespalten, die größeren Hunde wurden als *Field Spaniels* bekannt, die kleineren *Small Fields* zu den späteren Cocker Spaniels. Der große Field Spaniel hat in seiner Blutführung damit Cocker, Sussex und English Water Spaniel-Blut, und war schwarz. Natürlicherweise gab es aus dieser gemischten Herkunft von Zeit zu Zeit immer wieder andersfarbige Exemplare, diese wurden aber ausgemerzt.

Die wiederholte Einkreuzung von Sussex Spaniel-Blut Ende des 19. Jahrhunderts gab der Rasse ihre neue Gestalt, tiefgestellt und länger im Rücken, wie sie eine Zeitlang im Ausstellungsring immer mehr Anhänger fand. Es folgte aber eine Umkehr in Richtung auf den hochläufigeren Typ,

hierzu wurde Irish Water Spaniel-Blut eingekreuzt.

Dr. Spurgin, ein erfolgreicher Züchter einfarbi-
ger Field Spaniels führte eine Kampagne durch,
um seinen eigenen Rüden Alonzo, Farbe Le-
berfarbenschimmel mit lohfarbenen Abzeichen,
durchzusetzen. Man glaubte, hinter so gefärbten
Field Spaniels stehe der Basset Hound. Aber diese
Farben gewannen Anerkennung und Erfolg, obgleich sie zahlenmäßig viel weniger waren als die
Leberfarbenen und Schwarzen. Um die Jahrhundertwende herum war der Field Spaniel zu einer
grotesken Übertreibung seiner früheren Körperformen geworden - übergewichtig, überlang, es
fehlte ihm insbesondere genügend Lauflänge, um
bei der Jagd einsatzfähig zu sein.

In den 1930er Jahren und während des Zweiten Weltkriegs kam es zu einem dramatischen
Niedergang. Nach einer kurzen Wiederbelebung
in den 1950er Jahren war die Rasse Anfang 1960
nahezu ausgestorben. Die meisten unserer heutigen Field Spaniels gehen deshalb auf vier Hunde
zurück - die Wurfbrüder Ronayne Regal und Gor-
mac Teal, und die zwei Hündinnen Colombina of
Teffont und Elmbury Morwena of Rhiwlas. Einen
wichtigen Beitrag zur Erhaltung der Rasse leistete
Mrs. A.M. Jones, M.B.E. mit ihrem Mittina Kennel, ihr Sohn Mr. Roger Hall Jones (Elmbury) und
Mrs. Peggy Grayson (Westacres). Diese Persönlichkeiten und einige weitere treue Anhänger des
Field Spaniels haben die Rasse zu ihrer heutigen
Zahl gebracht, neue Popularität erweckt, so daß
auf Cruft's 1995 über einhundert Hunde einge-
schrieben waren.

Field Spaniel

WESEN

Der Field Spaniel ist ein mittelgroßer Jagdgefährte, vereint Unabhängigkeit und Intelligenz mit großer Anhänglichkeit gegenüber dem Menschen. Er ist ein ergebenes Familienmitglied, Fremden gegenüber allerdings etwas zurückhaltend. Ein erstklassiger Hund für die Vogeljagd, leicht zu erziehen, ein unermüdlicher Arbeiter mit großer Ausdauer und einer vorzüglichen Nase.

Der Rassestandard erwähnt »ungewöhnliche Sanftmut« (*unusual docility*), trotzdem sollte man sich vor Augen halten, daß es sich bei dieser Rasse um einen Jagdspaniel handelt, einen aktiven Hund, der viel Bewegung braucht, zu lange sich selbst überlassen recht schwierig werden kann. Der Field Spaniel ist ein liebevoller und energiegeladener Jagdhund, braucht für beide Eigenschaften Möglichkeiten, sie anzuwenden.

GESUNDHEIT

Im allgemeinen ist der Field Spaniel gesund. Wie bei allen Spaniels brauchen die Ohren regelmäßige Reinigung.

Trotz der häufigen Inzucht, die in dieser Rasse betrieben werden mußte, ist sie bemerkenswert frei von Erbkrankheiten. Die meisten verantwortungsbewußten Züchter überprüfen ihr Zuchtmaterial auf Hüftgelenksdysplasie und Augenprobleme. Einige Fälle von Schilddrüsenproblemen werden berichtet.

PFLEGE UND ERZIEHUNG

Normale Haarpflege mit regelmäßigem Bürsten ist erforderlich. Die Ohren müssen regelmäßig gereinigt werden, um sie gesund zu halten. Der Field Spaniel ist ein intelligenter, gehorsamer Hund, hat alle seine Arbeitsfähigkeiten erhalten, freut sich über jede Arbeitsmöglichkeit bei der Jagd. Trotz seiner Freundlichkeit und seinem süßen Gesichtsausdruck ist der Field Spaniel ein sehr athletischer und energiegeladener Hund. Viele Field Spaniel Besitzer bemühen sich darum, die Arbeitsfähigkeit der Rasse zu erhalten, eine ganze Anzahl von Hunden wird erfolgreich jagdlich geführt.

ANPASSUNGSFÄHIGKEIT

Der Field Spaniel braucht sehr viel Bewegung im Freien, genießt nichts mehr als in den Feldern umherzustöbern - läßt sich dabei weder durch Regen noch Schmutz abhalten. Wenn man bedenkt, daß dieser Hund ein aktives und für einen Jagdhund typisches Leben braucht, ist er möglicherweise für die stolze Hausfrau nicht die ideale Wahl, denn meist bringt er bei der Rückkehr von seinen Spaziergängen ziemlich viel Schmutz und Zweigreste mit nach Hause.

RASSEMERKMALE

Der Field Spaniel ist ein substanzvoller Hund von mäßiger Größe. Er vereint Schönheit mit Brauchbarkeit, sollte keine der Übertreibungen zeigen, die früher einmal Mode waren.

Der Kopf ist das wichtigste Merkmal der Rasse, zeigt Charakter und Adel. Fang lang und schmal, gut entwickelter Oberkopf, ausgeprägtes, abgerundetes Hinterhauptbein, tief angesetzte Ohren. Braune oder haselnußfarbene, mandelförmige Augen, eng anliegende Lider, ohne Nickhaut zu zeigen.

Die Rasse ist etwas länger als ihre Schulterhöhe. Idealwiderristhöhe Rüden 46 cm, Hündinnen 43 cm. Der Field Spaniel ist ein kräftiger Hund mit starkem Körper und mäßig starken Knochen, Brustkorb etwa zwei Drittel der Körperlänge, geschmeidige Muskulatur. Rute in Rückenhöhe angesetzt und getragen, zuweilen etwas niedriger. In der Bewegung zeigt der Hund einen gemächlichen, aber ausgreifenden Trab, der viel Boden deckt. Der Field Spaniel sieht am besten aus, wenn er in dem ihm eigenen, ausdauernden Trab daherkommt, Kopf aufmerksam getragen, Rute nicht oberhalb der Rückenlinie.

Einfaches Haarkleid, in Struktur seidig, leuchtend, flach oder leichte Wellung. Mäßige Befederung erwünscht, aber übertriebenes und wolliges Haarkleid unkorrekt.

Leberfarben (einschließlich Goldleberfarben) ist die verbreitetste Farbe, danach kommt Schwarz, aber auch Schimmelfarben ist gestattet. Lohfarbene Abzeichen bei allen Farben erlaubt. Schwarz Weiß oder Leberfarben Weiß sind als Farben nicht zulässig.

Es kann überhaupt nicht bestritten werden, daß der Field Spaniel eine Rasse für den Spezialisten ist. Alle Richter sollten die wichtigen und entscheidenden Unterschiede zwischen Field Spaniel und Cocker Spaniel kennen. Ganz besonders wichtig und beispielhaft sind die feinen Unterschiede im Kopftyp.

Zuchtzahlen 1994: England 97 Welpen, USA 106 Welpen.

FCI-Gruppe 8, Standard Nr. 123,
Ursprungsland: Great Britain

SPANIEL - IRISH WATER SPANIEL

HERKUNFT UND RASSEGESCHICHTE

Nach übereinstimmender Auffassung ist der Irish Water Spaniel, wie wir ihn heute kennen, der Überlebende von zwei Varietäten der Wasserspaniel, die man zumindest ab Anfang des 19. Jahrhunderts in Irland gezüchtet hat. Der heutige Hund war ursprünglich als *Southern Irish Water Spaniel* bekannt, sein Züchter ist Justin McCarthy.

Im Norden gab es noch eine andere Varietät von Water Spaniel, oft von braunweißer Farbe, mit kurzen Ohren - ähnlich der Rasse, die als English Water Spaniel bekannt wurde. Diese Rasse war aufgrund ihrer Arbeitsleistung hoch respektiert, weniger durch Gleichförmigkeit des Typs oder hübsches Aussehen.

Der *Southern Irish Water Spaniel*, zu dieser Zeit auch als *McCarthy's Breed* bekannt, erwies sich als im Typ bemerkenswert gut durchgezüchtet, wurde aufgrund seiner vorzüglichen Arbeitsleistung - insbesondere im Wasser - bewundert und gehalten. Ab Mitte des 19. Jahrhunderts erweckte er auch die Aufmerksamkeit von Züchtern und Ausstellern in England, erschien bald auf englischen Hundeausstellungen. Auf der Birmingham Show 1862 wurden der Rasse zwei Klassen eingerichtet.

Im *The Sporting Spaniel* schrieb Claude Care 1906: »Bestimmt könnten selbst ihre besten Freunde sie nicht beschuldigen, vom ästhetischen Gesichtspunkt her besonders schön zu sein. Aber es liegt etwas in ihrem aufmerksamen Gesichtsausdruck, in ihrer ganzen Gestalt, das mir immer wieder die Frage aufzwingt - hätten diese Hunde die Fähigkeit der Sprache, würden wir bei ihnen auf den gleichen Witz und Humor treffen, der im allgemeinen nur den menschlichen Bewohnern ihrer heimatlichen Insel zugesprochen wird?« Dies ist eine interessante Darstellung aus zwei Gesichtswinkeln. Der Autor fängt in perfekter Art gerade die Clownerien dieser Rasse ein - aber wer weiß, was würde er heute sagen, sähe er diese Hunde im Ausstellungsring, wo der Trend zur modernen Präsentation - besonders in den Vereinigten Staaten - den Irish Water Spaniel mit soviel Glamour überhäuft, daß seine Einbeziehung in den Gruppenwettbewerb als eine Art Vergewaltigung erscheint.

Trotzdem hat der Irish Water Spaniel auf internationaler Basis eine eigene verschworene Anhängerschaft. Es ist bemerkenswert, wie die Zusammenarbeit der Züchter innerhalb verschiedener Länder zu großen Fortschritten in der Rasse geführt hat, in Großbritannien, in den Vereinigten Staaten wie in Skandinavien. Führende Züchter haben bei der Einführung neuer Blutlinien eng zusammengearbeitet, dadurch das vorhandene Zuchtmaterial mit sehr positiven Ergebnissen ergänzt, international sowohl Zuchthunde wie Samen ausgetauscht. Der Irish Water Spaniel wird nie zu einer kommerziell gezüchteten Rasse werden, er bleibt dem Bereich der Kenner erhalten, in dessen Händen seine sichere Zukunft liegt.

WESEN

Sein großartiger Sinn für Humor und Spaß macht den Irish Water Spaniel zum idealen Allzweckjagdhund wie Familienhund. Die Rasse wird nie zur Belastung, aber wie alle Jagdhunde wollen diese Hunde eine regelmäßige Beschäftigung.

Der Irish Water Spaniel ist ein vorzüglicher »Menschenhund«, braucht aber von früher Jugend an konsequente Erziehung. Besonders Rüden sind, wenn man sie nicht vernünftig erzogen hat, zuweilen ziemlich eigenwillig. Dementsprechend ist diese Rasse möglicherweise nicht der ideale Hund für den Ersthundebesitzer.

GESUNDHEIT

Von Natur aus ist die Rasse robust, aber gemeinsam mit einigen anderen braunen Hunden treten gelegentlich Fell- und Hautprobleme auf, besonders in bestimmten Linien. Regelmäßige Kontrolle kann verhindern, daß sich solche Probleme als besonders schwerwiegend entwickeln. Im übrigen ist die Rasse weitgehend frei von Erbkrankheiten.

PFLEGE UND ERZIEHUNG

Als Jagdhund hat diese Rasse ihre außerordentliche Vielseitigkeit unter Beweis gestellt. Einige Fachleute behaupten sogar, der Irish Water Spaniel sei ein besserer Hund für Stöbern, Vorstehen und Apportieren als andere Spaniel. Die Hunde lieben das Wasser - was ja ihr Name schon besagt, stürzen sich oft in freiem Fall in jedes Gewässer, an das sie herankommen.

Ihr Haarkleid, besonderes Rassemerkmal, bedarf der Pflege. Im Wechsel der Jahreszeiten verliert der Irish Water Spaniel das Haarkleid, wird

Irish Water Spaniel

er nicht regelmäßig gepflegt, kommt es leicht zu Verfilzungen und Mattenbildung.

ANPASSUNGSFÄHIGKEIT

Ob Stadt oder freies Land, der Irish Water Spaniel paßt sich den verschiedenartigen Lebensverhältnissen an. Man muß aber immer daran denken, daß es sich bei ihm um einen aktiven Jagdhund von großer Intelligenz handelt. Entsprechend sollte man ihn beschäftigt halten.

RASSEMERKMALE

Der Irish Water Spaniel ist ein intelligenter, großrahmiger, kräftig gebauter Hund, Widerristhöhe 51-58 cm.

Sein Körper ist quadratisch, verbunden mit guter Rippenwölbung, beides führt zu einem rollenden Bewegungsablauf, der für eine Rasse dieses Typs ziemlich einmalig ist. Oberkopf stark aufgewölbt, mit guter Länge und viel Platz für das Ge-

hirn. Fang lang, kräftig und leicht quadratisch. Augen vergleichsweise klein, dunkelbraun bevorzugt, obwohl das leberfarbene Gen auch mit leicht hellerer Augenfarbe verbunden ist. Der Kopf des Irish Water Spaniels hat einen Haarschopf mit langen, losen Locken, die sich zwischen den Ohren zu einer Art Schopf vereinen.

Qualität und Farbe des Haarkleids sind bei dieser Rasse sehr wichtig. Der ganze Körper sollte mit leuchtend rotbraun oder dunkelbraun gefärbten Haarkleid mit engen, krausen, kleinen Kringeln bedeckt sein, die sich von Natur aus leicht ölig anfühlen. Selbst bei Fellwechsel oder intensiver, längerzeitigen Sonnenbestrahlung darf das Fell nicht wollig wirken, obgleich es dann an Farbe und Struktur verliert.

Zuchtzahlen 1994: England 136 Welpen, USA 97 Welpen.

FCI-Gruppe 8, Standard Nr. 124
Ursprungsland: Irland

SPANIEL - SUSSEX SPANIEL

HERKUNFT UND RASSEGESCHICHTE

Der Sussex Spaniel trägt seinen Namen nach der Grafschaft, in der er ursprünglich entstanden ist. Man kann die Rasse zumindest bis ins 18. Jahrhundert zum Rosehill Park nahe Hastings zurückführen, wo John Smith 1803 über Spaniels in *Sportsmen's Cabinet* schrieb: »Die Größten und Kräftigsten trifft man in den meisten Bereichen von Sussex an - sie werden Sussex Spaniel genannt.«

Siebzehn Jahre später beschreibt das *Sportsmen's Repository* die Spaniel von Sussex als gute Jagdhunde. Der Sussex Spaniel wurde von einer Reihe von Grundbesitzern in der Grafschaft Sussex gezüchtet und entwickelt, er eignete sich ideal für die Arbeit auf dem dortigen schweren Lehmboden, im dichten Unterholz und dicken Hecken über einen ganzen langen, kraftraubenden Arbeitstag. Unter solchen Jagdbedingungen war seine Gewohnheit *zu sprechen (speaking)* besonders nützlich, denn dabei sagte er den Jägern, wann sie im Unterholz die richtige Linie erreicht hatten.

1859 schrieb *Stonehenge* (J.H. Walsh): »Der Sussex unterscheidet sich von den anderen Spaniels durch seinen Jagdlaut, dessen Klang voll und glockenähnlich tönt.« Diese Hunde waren tiefgestellt, hatten gute Rippenwölbung, länger im Rücken als die Cocker Spaniel jener Tage, aber kurz und kraftvoll im Lendenbereich, mit guter Winkelung und kraftvoller Hinterhand. Ihr Haarkleid war dick, dicht, seehundartig wasserfest.

Der kleine Genpol brachte nahe Inzucht mit sich, häufig erwies sich eine Infusion von Field Spaniel-Blut als notwendig. Das leuchtend goldbraune Haarkleid wurde immer als besonderes Merkmal des rassereinen Sussex Spaniels hervorgehoben.

Um die Jahrhundertwende hatte der Sussex Spaniel seine Popularität weitgehend verloren, ohne die Anstrengungen zweier opferbereiter Züchter wäre die Rasse wohl ausgestorben. Voneinander getrennt arbeitend leisteten Moses Woolland und Campbell Newington viel, die Rasse zu retten, ja sogar zu verbessern.

In den 1920er Jahren begann Joy Scholefield (später wurde sie Mrs. Freer) ihre Sussex Zucht - über sechzig Jahre war sie für diese Rasse der gute Hirte und rettete sie. Ohne ihre Anstrengungen wäre während des Zweiten Weltkriegs der Sussex Spaniel ausgestorben.

Ihr Zuchtmaterial ist die Ausgangsbasis der heutigen Sussex Zucht. Im Ausstellungsring hat die Rasse in jüngerer Zeit vermehrte Popularität gefunden, andere Hunde beweisen die erhaltenen jagdlichen Qualitäten in Leistungsprüfungen.

WESEN

Der Sussex ist ein guter Haus- und Familienhund, freundlich und liebevoll betrachtet er seine Umwelt.

Wie alle Jagdhunde muß die Rasse gutes Wesen haben, ebenso gut mit Menschen wie mit anderen Hunden auskommen.

Da die Rasse »einen lockeren Hals« besitzt, erwies sie sich für *Field Trialers* als weniger einsatzfähig, um so mehr für die Jagd in Naturschutzbereichen, in denen der Sussex immer mehr wieder in seine ursprünglichen Aufgaben wächst.

Der kräftige Körperbau und düstere Gesichtsausdruck des Sussex verbirgt zuweilen seine energiegeladenen jagdlichen Fähigkeiten.

GESUNDHEIT

Der extrem kleine Genpol hat zu Schwierigkeiten geführt, bestimmte Gesundheitsprobleme einschließlich Herz und Gelenke zu lösen. Das Auge zeigt eine etwas starke, aber keinesfalls exzessive Bindehaut, hat zu Entropium in der Rasse geführt. Eine schmerzhafte Erkrankung, bei der die Augenwimpern nach innen wachsen.

PFLEGE UND ERZIEHUNG

Ein erstklassiger und begeisterter Jäger von grosser Ausdauer und hoher Intelligenz! Der Sussex Spaniel verfügt über eine vorzügliche Nasenveranlagung, ist zwar etwas massiv und langsam, trotzdem ein lebhafter Arbeitshund mit typischer Spanielrute. Er liebt das Jagen, läßt sich leicht erziehen und ist ein perfekter Vogeljagdhund.

Beim ausgewachsenen Jagdhund hat das Haarkleid eine recht üppige Befederung. Regelmäßige Pflege ist erforderlich, wird aber durch wunderschönen Glanz und seehundartige Fellstruktur dieser einzigartigen Rasse reich belohnt. Viele Sussex Spaniel arbeiten auch heute noch jagdlich, eignen sich sehr gut für Jagdhundeausbildung. Als Familienhunde gehaltene Tiere sollten unbedingt

Sussex Spaniel

eine Grundausbildung in Unterordnung mitmachen.

ANPASSUNGSFÄHIGKEIT

Die Rasse gewöhnt sich sehr gut an das menschliche Familienleben, liebt die Gesellschaft. Wie alle Jagdspaniels steht auch der Sussex Spaniel immer für ausgiebige Bewegung bereit, niemals sollte man gestatten, daß er zuviel Müßiggang er-

lebt, isoliert wird.

RASSEMERKMALE

Über die Jahre wurde der Standard der Rasse mehrfach verändert, meist in Anpassung an die jeweils modern gewordenen Hunde. Unverändert über die ganze Zeit blieb das üppige, flach anliegende Haarkleid mit leuchtend goldbrauner Farbe. Von der ganzen Spanielfamilie steht der Sussex

Spaniel am niedrigsten auf den Läufen. Hiermit verbunden ist die außerordentliche Substanz, ein Körperbau mit guter - aber nicht übertriebener - Länge. Diese Hunde sind rechteckig, lang und wirken etwas massiv. Das ist aber nicht so extrem, um seine aktive, energiesparende Bewegung zu behindern. Diese Hunde bewegen sich flüssig in einem typischen und charakteristischen, rollenden Sussextrab, trotzdem wird dabei der Boden kraftvoll überwunden. Rippenkorb tief, gut aufgewölbt, nie darf der ausgewachsene Hund Bauchansatz zeigen. Der Sussex ist ein ausbalancierter Hund, der Kopf wird nicht zu hoch, sondern gerade oberhalb der Rückenlinie getragen. Gute Nackenlänge, Hals gut in den Körper übergehend. Diese Hunde haben einen feierlichen, ernsthaften Gesichtsausdruck, wirken manchmal, ausgelöst durch die ziemlich starken Augenbrauen, etwas düster. Sein Kopf hat viel Platz für das Gehirn, quadratischer Fang mit kräftigen Lefzen. Der Standard verlangt Scherengebiß, in jüngerer Zeit war dies etwas problematisch, hat sich aber stark verbessert. Läufe kurz und kräftig, Hinterhand nicht zu stark gewinkelt oder setterähnlich. Pfoten groß und rund. Rute tief angesetzt, in Rückenlinie oder leicht darunter getragen. Heute ist der Sussex ein Hund ohne besondere Übertreibungen, Widerristhöhe 38-41 cm nach englischem Standard, in den USA 38-40 cm. Gewicht England etwa 23 kg, USA 15-20 kg. Zuchtzahlen 1994: England 69 Welpen, USA 41 Welpen.

FCI-Gruppe 8, Standard Nr. 262
Ursprungsland: Great Britain

SPANIEL - WELSH SPRINGER SPANIEL

> FCI-Gruppe 8, Standard Nr. 126
> Ursprungsland: Great Britain
> Zucht 1994: D 9, A 1, GB 562, USA 262

HERKUNFT UND RASSEGESCHICHTE

Als Einzelrasse ist der Welsh Springer Spaniel durch den English Kennel Club seit 1902 anerkannt, es gibt aber Berichte über Jagdhunde dieser Rasse, die in Wales schon einige Jahre früher arbeiteten.

In Wales gilt der Welsh Springer Spaniel noch immer als eine *Ausgangsrasse (Starter)*. Die Theorie besagt, daß die Vorfahren der Hunde schon mit den Galliern vor den römischen Zeiten ins Land kamen. Die Ähnlichkeit in vielen Bereichen der Welsh Springer Spaniel mit den Brittany Spaniel gibt dieser Theorie Glaubwürdigkeit.

WESEN

Allgemein betrachtet verfügt der Welsh Springer über ein sehr gutes Wesen, einige Hunde sind gelegentlich Fremden gegenüber ablehnend. Die Welpen der Rasse sind außerordentlich temperamentvoll und gesellig, verlangen unbedingt nach menschlicher Gesellschaft, müssen sehr früh sozialisiert werden. In einem sehr beschäftigten Haushalt sind sie bestimmt nicht die ideale Rasse, denn sie verlangen, daß man sich mit jedem Einzelhund täglich recht intensiv befaßt.

GESUNDHEIT

Allgemein eine gesunde Rasse, es tritt aber Hüftgelenksdysplasie auf. In der Regel werden die Zuchthunde geröntgt, stark befallene Tiere werden aus der Zucht ausgeschlossen. Es gibt einige Hinweise auf Epilepsie. Der Zuchtverein der Rasse in England veröffentlicht eine Liste der Tiere, bei deren Nachkommen Krampfanfälle aufgetreten sind. Die Zucht muß gewissenhaft und recht sorgfältig erfolgen. Man sollte immer den Rat verantwortungsbewußter Züchter suchen.

PFLEGE UND ERZIEHUNG

Der Welsh Springer hat immer ein leuchtend rot-weißes Haarkleid, Behaarung flach, gerade und beim Berühren seidig wirkend. Regelmäßiges Bürsten zur Fellpflege ist empfehlenswert. Die Rasse braucht viel Bewegung. In erster Linie wird sie als zur Haltung auf dem Lande geeignet angesehen. Man trifft sie aber heute immer mehr in der Stadt, wo zwei oder drei lange Spaziergänge täglich ihnen ausreichend erscheinen. Natürlich kann man diese Hunde zur Jagd ausbilden, ihre natürlichen Jagdinstinkte sind noch immer deutlich ausgeprägt.

ANPASSUNGSFÄHIGKEIT

Ursprünglich wurde der Welsh Springer Spaniel als Jagdhund eingesetzt. Er stöberte das Wild auf,

Welsh Springer Spaniel

brachte es vor der Flinte zum Auffliegen. Heute werden die Hunde mehr als Familienmitglieder gehalten. Sie haben ein freundliches Wesen und sind immer nur zu gerne bereit, ihre Besitzer auf langen Spaziergängen zu begleiten.

RASSEMERKMALE

Der allgemeine Eindruck des Welsh Springer Spaniels ist der eines symmetrischen, kompakten Hundes, der offensichtlich für harte Arbeit und Ausdauer gezüchtet wurde. Er ist ein schneller und aktiver Jagdhund, seine kräftige Hinterhand bietet viel Schub. Die Hunde sind freundlich, sollten nie irgendwelche Aggression oder Nervosität zeigen. Fang von mittlerer Länge, Nase mittel- bis dunkelbraun, entsprechend der Augenfarbe, die von Haselnußfarben zu Dunkelbraun variiert. Bindehaut darf nicht sichtbar sein. Die Ohren liegen eng den Wangen an, haben die Form eines Weinblattes, sind viel kleiner als die Behänge des English Springer. Kiefer kraftvoll, Zähne als Scherengebiß angeordnet. Der Hals mündet in schräggestellte Schultern, Vorderläufe gerade, starke Knochen. Kraftvoller muskulöser Körperbau, tiefe Brust, gut gewölbte Rippen. Katzenartige Pfoten, rund mit dicken Ballen. Es ist wichtig, daß der Bewegungsablauf mit viel Schub aus der mächtigen Hinterhand gut den Boden deckt.

Die Farbe gehört zu den Merkmalen, die den Welsh Springer am deutlichsten identifizieren. Allein zulässig ist leuchtend rot mit weiß. Widerristhöhe Rüden 48 cm, Hündinnen 46 cm. Es gibt keine Gewichtsbegrenzungen.

SPINONE ITALIANO

FCI-Gruppe 7, Standard Nr. 165
Ursprungsland: Italien
Zucht 1994: GB 311

HERKUNFT UND RASSEGESCHICHTE

Eine sehr alte Allzweckjagdhunderasse. Besonders bekannt ist der Spinone Italiano aufgrund seines flüchtigen Trabs bei der Arbeit auf dem Feld. Eine rein italienische Rasse, erstmals als eigene Rasse schon vor mehr als 2.000 Jahren erwähnt.

Bis vor kurzer Zeit haben wenige Hunde ihren Weg in Länder außerhalb Italiens gefunden, in Italien sind sie als Ausstellungshunde wie als Jagdhunde sehr populär. Hervorstechend ist ihre Arbeit durch alle Geländeformationen bei jeder Art von Wetter.

Seit ihrer Einführung nach England hat sich die Popularität der Rasse sehr gesteigert. In England hat sie seit 1994 vollen Championat Status, in die-

Spinone Italiano

sem Lande wurden 311 Welpen eingetragen. In den USA gewinnt die Rasse gleichfalls an Boden, insbesondere bei Jägern, aufgrund ihrer hervorragenden Stöberfähigkeiten, verbunden mit sehr sozialem Wesen.

Trotz der bisher noch kurzen Zeit in englischen Ausstellungsringen haben die Richter schnell die besonderen Vorzüge des Spinones zu schätzen gelernt.

Gegenüber seinen Wettbewerbern in der *Gundog Group* zeigt der Spinone beträchtliche Unterschiede.

Auf der Bath Championship Show im Jahre 1994 gewann erstmals ein Spinone die *Gundog Group*, schrieb dadurch Rassegeschichte.

Nicht weniger als achtzig Rassevertreter sah man im Jahre 1994 auf englischen Ausstellungen. Dies ist bemerkenswert, wenn man bedenkt, daß ab diesem Jahr erst Challenge Certificates ausgeschrieben sind. Es bleibt zu hoffen, daß die plötzliche Popularität sich nicht zum Schaden für die Rasse auswirkt.

WESEN

Ein toleranter und freundlicher Hund, äußerst zuverlässig auch im Umgang mit Kindern. Eine recht kontaktfreudige Rasse, ausgereift, freundlich und sensibel. In ihrer Jugend kann ihr ausgeprägter Sinn für Humor in Verbindung mit der hohen Intelligenz zu einem ziemlich übermütigen Verhalten führen.

Eine Warnung: überläßt man diese Hunde sich selbst, könnten sie sich als ziemlich zerstörerisch erweisen.

GESUNDHEIT

Hüftgelenksdysplasie tritt in der Rasse auf, man sollte nur Welpen kaufen, die aus überprüften Elterntieren stammen.

Osteochondrose der Schulter, seltener der Ellenbogen, kommt gleichfalls vor. Mit befallenen Tieren sollte man nicht züchten. Hormonstörungen und Pyometra treten bei den Hündinnen ziemlich verbreitet auf.

Hinzukommt, die Rasse scheint besonders empfänglich für Ohrinfektionen zu sein.

PFLEGE UND ERZIEHUNG

Man muß besonders darauf achten, innerhalb der ersten zwölf Monate Junghunde nicht zu überfüttern oder körperlich zu überfordern. Geistige Ansprache ist außerordentlich wichtig, gelangweilte

Jungtiere fühlen sich vereinsamt, könnten recht zerstörerisch werden.

Ausgewachsene Spinoni unterscheiden sich in ihren Ansprüchen an Auslauf beträchtlich, aber diese Rasse eignet sich mit Sicherheit nicht für Besitzer, die keine ausgedehnten Spaziergänge mögen.

Das korrekte, kurze Haarkleid bedarf wenig Pflege, aber viele Spinoni haben längeres, weiches Haar, das leicht verfilzt, daher wird tägliches Bürsten und regelmäßiges Trimmen verlangt.

ANPASSUNGSFÄHIGKEIT

Vorausgesetzt, sie hat richtigen Familienanschluß, ist die Rasse an alle Situationen und Umweltbedingungen außerordentlich anpassungsfähig.

Der Spinone ist ein vorzüglicher Kinderhund, eignet sich aber bestimmt genauso dazu, für das Abendessen seines Besitzers einen guten Fasan aufzutreiben.

RASSEMERKMALE

Ein ziemlich großer Jagdhund mit kräftigen Knochen, gut bemuskelt, breite und tiefe Brust. Körperbau quadratisch, mit deutlich sichtbarer Einsenkung hinter den Schultern. Rute gewöhnlich kupiert, horizontal oder nach unten getragen.

Widerristhöhe Rüden 63-68 cm, Hündinnen 58-63 cm. Ein besonderes Merkmal der Rasse ist ihre dicke, schweinslederartige Haut.

Der Kopf muß lang gestreckt sein, ovaler Oberkopf und ziemlich große runde Augen.

Besonders bekannt ist der Spinone aufgrund seines bemerkenswert süßen, nahezu »menschlichen« Augenausdrucks.

Das Haarkleid ist dick, leicht drahtig, liegt eng, mit nicht mehr als 5 cm Länge am Körper an. Bei Kopf und Läufen kürzer, keine Befederung. Längerer Haarwuchs an Augenbrauen und Bart vermittelt den typischen Ausdruck eines »gutartigen Naturburschen«.

Zulässige Farben sind reinweiß, weiß mit orangefarbenen Abzeichen, weiß mit Orangesprenkelung (Orangeschimmel), weiß mit braunen Abzeichen, Weiß gesprenkelt mit braun (Braunschimmel) oder Braunschimmel mit braunen Abzeichen.

Pigment von Augenlidern, Nase, Lefzen und Pfoten bei weißen Hunden fleischfarben, bei farbigen Hunden dunkler.

STABYHOUN

Dieser holländische Jagdhund dient vorwiegend als Vorstehhund, kann aber auch Wild apportieren. Dies ist eine alte Hunderasse, dafür bekannt, ein ausgeglichenes und sehr freundliches Wesen zu haben.

Ideale Widerristhöhe Rüden 53 cm, Hündinnen 50 cm. Körper von vorne gesehen ziemlich breit, sonst rechteckig, stark bemuskelt, sehr kräftige Knochen. Kopf kräftig, mit gerundeten, aber nicht hervortretenden Wangen, im Fang nicht zu lang.

Haarkleid weich, lang, am Körper anliegend, meist leicht gewellt. Farbe Weiß mit großen Flekken und Tüpfelung in Schwarz, Braun oder Lohfarben.

FCI-Gruppe 7, Standard Nr. 222,
Ursprungsland: Niederlande

Stabyhoun

STAFFORDSHIRE BULL TERRIER

FCI-Gruppe 3, Standard Nr. 076
Ursprungsland: Great Britain
Zucht 1994: D 184, A 53, CH 1, GB 5.971
USA 361

HERKUNFT UND RASSEGESCHICHTE

Die Geschichte des Staffordshire Bull Terrier ist in ihren Anfangsstadien nicht genau überliefert. Es besteht aber allgemeine Übereinstimmung, daß die Rasse als direktes Ergebnis der Kreuzung von Bulldog und glatthaarigem Terrier auf den britischen Inseln entstand. Die Durchsetzung des *Cruelty to Animals Act* im Jahre 1835, eines Gesetzes, das Tierkämpfe illegal erklärte, schützte nachhaltig bedrohte Bullen und Bären, trug aber wenig dazu bei, auch die Hundekämpfe abzuschaffen. Vielmehr wandten sich gerade die Menschen, die sich zuvor mit den brutalen *Bating Sports* befaßt hatten, jetzt ganz besonders dem Hundekampf in der *Pit* zu. Die von ihnen für diese Aufgaben verlangten Kampfhunde brauchten sehr viel Mut, Beweglichkeit und unbegrenzte Ausdauer. Die Bulldogeigenschaften - Festhalten und Ausdauer, verbunden mit Schnelligkeit und Beiß-

kraft des Terrier - erwiesen sich für den Kampf in der Pit als ideale Mischung.

Die ersten Kreuzungen erfolgten in allen Grössen und Formen, einige Mischlinge waren recht plump, gingen vor allen Dingen auf den Bulldog zurück, andere hatten die leichtere Knochenstruktur des Terriers. Weitere Forschungen in der Herkunft des Staffords brachten eine Reihe von Hinweisen, wonach diese Rasse eine viel längere Rassegeschichte aufweist, als vorstehend zusammengefaßt.

Es gibt durchaus glaubhafte Ansprüche auf eine ziemlich weit zurückgehende Rassegeschichte. Der Bärenkampf war eine von den englischen Herrschern unterstützte, außerordentlich populäre Freizeitbeschäftigung. Die *Calendar of State Papers*, datiert 30. Mai 1559, berichten davon, daß Königin Elizabeth I große und kleine Mastiffs verschenkte. Zweifelsohne wäre auch für den Bärenkampf ein kleiner, beweglicher Typ eines kämpfenden Mastiffs ideal gewesen, der dem Staffordshire Bull Terrier recht ähnlich sein mochte. Erasmus berichtet im Jahre 1506, daß in England viele Bärengruppen nur für diese Kämpfe unterhalten wurden. Stiche und Illustrationen von Bärenkämpfen 1825 zeigen Hunde, deren körper-

Staffordshire Terrier

liche Merkmale dem heutigen Stafford Bull Terrier ziemlich ähnlich waren.

Die Kampfhunde Mitte des 18. Jahrhunderts wurden mit einer Vielfalt von Rassenamen beschrieben: *Pit Bulldog, Pit Dog, Pit Bull, Staffordshire Bull, Patched Pit Dog* und *Bulldog Terrier*.

Schließlich siegte die öffentliche Meinung, der Tierschutz, machte Hundekampf und damit verbundene *Sportarten* zu unakzeptablen Freizeitbe-

schäftigungen. Nach und nach verschwand in vielen Teilen Englands der Kampfhund, die Grafschaft Staffordshire bildete hier eine erwähnenswerte Ausnahme. In dieser Grafschaft gab es noch über viele Jahre Hundekämpfe, ja, sie war geradezu einer Fundgrube von Kampfhunderassen.

In den 1850er Jahren importierte die *American Dog Fighting Fancy* eine große Anzahl von Kampfhunden aus den Midlands. In den 1880er

Jahren zeigte sich selbst in London verbreitet der Wunsch, diese »altmodischen Kampfhunde« wieder einzuführen. Es wurden auf ein oder zwei Ausstellungen Ausstellungsklassen für »Bull Terriers other than white« eingerichtet. Die dabei vorgestellten Hunde waren aber kein einheitlicher Typ, deshalb wurde dieses Experiment als Fehlschlag wieder aufgegeben. Erst in den 1920er Jahren begannen die Züchter aus Staffordshire ihre Hunde nur noch als *Staffordshire Bull Terrier* anzukündigen. In den 1930er Jahren stieg das Interesse an der Rasse immer mehr - nach und nach wurde der alte Kampfhund zum Ausstellungshund umgewandelt. 1935 wurde der Staffordshire Bull Terrier Club gegründet, noch im gleichen Jahr erkannte der English Kennel Club den Staffordshire Bull Terrier als eigene Hunderasse an.

WESEN

Der Staffordshire Bull Terrier verfügt über einmalige Qualitäten. Sein Ruf alleine als rauher Bursche ist irreführend, denn im Hause wird er zum großartigen Kindermädchen. Im allgemeinen toleriert er jeden Grad von kleinen Quälereien, spielt unermüdlich, erwartet mit viel Geduld und ununterbrochenem Rutenwedeln immer die nächste Bewegung eines Kindes.

Heute ist diese Rasse für Ausstellungen wie auch als Familienhund eine vortreffliche Wahl. Dieser Hund ist auch ein vorzüglicher Sporthund, eignet sich zur Ausbildung nahezu für jede Aufgabe. Er mag ein ziemlich roher Diamant sein, aber trotzdem ist er ein echter Diamant - eine wundervolle Bereicherung für jeden Haushalt.

GESUNDHEIT

Eine Rasse von natürlicher Gesundheit. Der historische Hintergrund der Rasse hat viel dazu beigetragen, daß moderne Hunde sich so wohl fühlen. Verletzungen heilen schnell, in aller Regel läßt sich dieser Hund problemlos behandeln - Tierarztbesuche sind auf ein Minimum reduziert.

PFLEGE UND ERZIEHUNG

Als Ausstellungshund ist der Staffordshire Bull Terrier schnell zurechtgemacht. Ein kurzes Bürsten des Fells, ein Abreiben mit einem Chamoisleder stärken den natürlichen Fellglanz. Aufgeputzt mit den traditionellen Messingdekorationen, die das Lederhalsband schmücken - und fertig ist der Hund für die Ausstellung.

Der Stafford Bull Terrier ist sehr intelligent, akzeptiert jede Art von Unterordnungserziehung. Ihr entschlossenes Wesen macht die Rasse für jeden Wettbewerb ideal. Der Staffordshire Bull Terrier eignet sich auch als Wachhund, ist bereit, seine Menschen und Eigentum gegen alle Gefahren zu verteidigen. Im Grundsatz ist die Rasse nicht streitsüchtig, allerdings muß jedes Auftreten von Aggressionsverhalten gegenüber anderen Hunden unterbunden werden - dabei könnten im Verborgenen schlafende Eigenarten geweckt werden, die unter heutigen Lebensverhältnissen besser weiter schlummern. Dementsprechend empfiehlt sich eine eindeutige Erziehung.

ANPASSUNGSFÄHIGKEIT

Der Staffordshire Bull Terrier ist ein Hund für jedermann. Für ihn ist die ganze Umwelt, so lange er von seinem Besitzer die notwendige Zuwendung erfährt, von untergeordneter Bedeutung. Bei seiner hohen Intelligenz und seiner Liebe zur Gesellschaft wäre es unklug, den Stafford über längere Perioden sich selbst zu überlassen.

So stabil ist der Charakter des Staffordshire Bull Terrier als Familienhund - sei es mit Erwachsenen oder Kindern - daß er wirklich für Tausende von Liebhabern zum *besten Menschenhund* wurde, die sich ein Leben mit irgendeiner anderen Hunderasse gar nicht vorstellen können.

Man findet Stafford-Liebhaber in allen Gesellschaftsklassen, Einkommenschichten, alle teilen die Liebe zur Rasse - die manchmal sogar an Besessenheit grenzt. Der Stafford paßt sich jeder Umwelt an, vorausgesetzt, er hat die Gesellschaft seiner Menschen.

Im Hinblick auf seine Vergangenheit als Kampfhund ist er bestimmt kein idealer Zwingerhund, läßt sich schlecht in größerer Anzahl halten. Bestimmt ist es kein Zufall, daß auf allen großen Championatsausstellungen die große Mehrheit der Staffordaussteller gerade Besitzer von einem oder zwei Hunden sind.

Wenn man sich vor Augen hält, welchen besonderen Platz sich der Staffordshire Bull Terrier in die Herzen der Engländer gegraben hat, ist es eine tragische Ironie, daß die Rasse zuweilen zum Opfer von falsch geleiteter, irreführenden Publizität wird. Der größte Teil davon ist ungenau und unverdient. Häufig wird die Rasse mit dem *Pit Bull Terrier* verwechselt, die Aufmerksamkeit der Öffentlichkeit ist deshalb heute auf den Stafford gerichtet.

Viele englische Staffordbesitzer sind von Ignoranten belästigt worden, die von der irrigen Annahme ausgehen, es handle sich um einen Hund, der durch den so unsinnigen *Dangerous Dogs Act* verboten sei. Stafford Clubs und Staffordbesitzer arbeiten zur Zeit sehr hart daran, das echte Bild der Rasse zu erhalten. Es ist außerordentlich traurig, daß sich diese Rasse heute mit solchem unfairen *Teeren und Federn* auseinandersetzen muß. In Wahrheit kann der Mensch keinen vielseitigeren und loyaleren Freund als den Staffordshire Bull Terrier finden.

RASSEMERKMALE

Der Staffordshire ist mittelgroß, gut bemuskelt, hat kurzes, glattes Fell. 1948 bestätigte der English Kennel Club einen neuen Rassestandard, der die Originalversion, geschaffen 1935, ersetzte. Die wichtigste Veränderung war die erwünschte Widerristhöhe, die bei dieser Gelegenheit von etwa 38-46 cm auf 35,5-40,5 cm reduziert wurde. Interessanterweise wurde bei gleicher Gelegenheit das Gewicht - Rüden 12,7-17 kg, Hündinnen 11-15,4 kg unverändert gelassen. Die Auffassung war, die ursprünglich größere Widerristhöhe würde im Verhältnis zum Gewicht zuviel terriertypische Merkmale bringen. Der moderne Hund sollte einen Gesamteindruck von Ausgewogenheit und Kraft für die Größe, ohne irgendwelche anatomische Übertreibungen vermitteln.

Der Kopf des Staffordshire Bull Terrier ist breit, tief, mit ausgeprägtem Stop. Starke Backenmuskulatur, kräftiger Fang, eng anliegende Lefzen und Scherengebiß. Die Ohren sind klein, hübsch und werden als Rosenohr gefaltet getragen. Augen von mittlerer Größe, rund und dunkel. Bei offenem Fang wirkt der Hund lächelnd, etwas fröhlich und komisch.

Hals muskulös, kurz bis mittellang, gerade obere Linie, Rute an der Wurzel kräftig, sich verschmälernd und etwa bis zum Sprunggelenk herabreichend.

Starke Rippenwölbung, kurz im Lendenbereich. Vorderläufe gerade, kräftige Knochen, aufrechter Vordermittelfuß, viel Breite der Vorbrust. Hinterläufe kräftig bemuskelt, gute Winkelung. Pfoten mittelgroß, dicke Ballen. Pigment ringsum schwarz.

Farben Gestromt, Blau, Rot, Falb, Weiß und Gescheckt. Das Geheimnis des Spitzenstaffords liegt darin, daß er eine ausgewogene Mischung von *Bull* und *Terrier* bildet.

STUMPY TAIL CATTLE DOG

Ein Treiber im australischen New South Wales namens Timmins kreuzte einen Dingo mit schwarzweißen, stummelrutigen Treiberhunden, mit *Smithfield Cattle Dogs*. Diese Hunde trugen ihren Namen, weil sie in London nahe dem Fleischmarkt in Smithfield Rinder hüteten. Aus dieser Paarung entstammten rote, stummelrutige Hunde, die als *Timmins' Biters* bekannt wurden, denn sie waren recht eigenwillig und zeichneten sich durch ernsthaftes, hartes Zubeißen aus.

Die Züchter machten sich daran, aus diesen Hunden das bösartige Beißen herauszuzüchten, so daß sie Rinder besser zu treiben vermochten. Hierfür kreuzte man aus Schottland importierte Collies ein, es entstanden rote, blaue und blaugeschimmelte, stummelrutige Hunde. Durch planmäßige Paarung von Stummelrute x Stummelrute, wurde die kurze Rute genetisch fixiert. Heute werden die Welpen mit winzigen Stummelruten geboren, die beim Ausgewachsenen nach dem Rassestandard nicht länger als 10 cm sein dürfen. Die Rasse verfügt über eine natürliche Begabung zur Arbeit an Rindern, ist außerdem sehr loyal und schneidig.

Auf den ersten Blick ähneln die Stumpy Tail Cattle Dogs ziemlich ihrem Vetter - dem *Australian Cattle Dog*, aber bei näherem Hinschauen sieht man, daß die neue Rasse quadratischer aufgebaut ist, keine lohfarbene Markierungen hat, ein Beweis, daß der schwarzlohfarbene Kelpie bei der Entstehung nicht mit dabei war. Die Widerristhöhe bei Rüden beträgt 46-51 cm, Hündinnen 43-48 cm. Obgleich die Rasse heute nur sehr selten gesehen wird, hat sie vor einigen Jahren der Australian National Kennel Council anerkannt.

Keine Anerkennung FCI, AKC, KC
Ursprungsland: Australien

Stumpy Tail Cattle Dog

SÜDRUSSISCHER OWTCHARKA

Dieser Hütehund aus Südrußland dient vorwiegend dem Schutz und der Betreuung der Schafherden. Er ist voller Selbstvertrauen, zäh, hart, Frem-

Südrussicher Owtcharka

den gegenüber mißtrauisch. Im Typ ähnelt er dem Bearded Collie, und die beiden Rassen scheinen auf gleiche Vorfahren zurückzugehen.

Widerristhöhe bei Rüden über 65 cm, bei Hündinnen über 62 cm. Meist sind beide Geschlechter größer, nach oben gibt es kein Limit. Körper rechteckig, stark bemuskelt, kräftige Knochen. Lang gezogener Kopf mit breitem Oberkopf. Ohren klein, dicht an den Wangen getragen. Rute lang, oft mit einem Haken an der Spitze.

Haarkleid üppig, lang, etwa 15 cm, vermitteln dem Hund ein zottiges Aussehen. Haarstruktur grob. Farbe der Rasse in der Regel Weiß oder Cremefarben, blasse Zitronenfarbe oder grau schattiert. Weiße Abzeichen erlaubt, aber nicht erforderlich. Alle Pigmentierung muß schwarz sein.

FCI-Gruppe 1, Standard Nr. 326,
Ursprungsland: GUS

THAI RIDGEBACK DOG

Erst vor kurzem wurde der Thai Ridgeback Dog durch die Fédération Cynologique Internationale anerkannt. Auf ihrem Rücken hat diese Rasse einen *Ridge*, der durch in entgegengesetzte Richtung wachsendes Haar bestimmt ist, wobei sich auch *Whirls* und *Circles* bilden. Manchmal hat dieser *Ridge* auch die Form einer Gitarre.

Erstmals wurde über die Rasse vor 360 Jahren berichtet. Sie lebte auf der Insel Dao Phu Quoc an der Grenze zwischen Kambodscha und Vietnam. Man trifft sie auch im Osten von Thailand an. Man nimmt an, daß die Rasse vor vierhundert Jahren durch Händler von Afrika nach Asien gebracht wurde, daß sie ein Nachkomme des heute ausgestorbenen *Hottentot Dog* ist, bei dem man auch davon ausgeht, daß der Rhodesian Ridge-

back auf ihn zurückgeht. Der Thai Ridgeback Dog wurde schon immer als Schutz- und Wachhund eingesetzt, dient auch heute noch als guter Wachhund, obwohl er vorwiegend als Familienhund gehalten wird. Außerhalb ihres Ursprungslandes ist die Rasse sehr selten.

Widerristhöhe etwa 58-66 cm. Körperbau rechteckig, gut bemuskelt, schöne Stehohren. Die Zunge sollte blau oder blaugrau sein. Haarkleid glatt, fein und leuchtend, Haut am Körper ziemlich lose anliegend, dies fällt insbesondere bei Welpen auf. Farben Schwarz, Grau, Blau oder alle Nuancen von einfarbig Rot.

FCI-Gruppe 5, Standard Nr. 338,
Ursprungsland: Thailand (Nihon)

Thai Ridgeback Dog

TIBET DOGGE / DO-KHYI

FCI-Gruppe 2, Standard Nr. 230
Ursprungsland: Tibet (FCI)
Zucht 1994: D 36, A 7, CH 8, GB 15

Die Tibet Dogge wird von vielen kynologischen Historikern als Ursprungsrasse der meisten Mastiffs, Berghunde und großen Herdenschutzhunde angesehen. Sie war einmal ein angriffsfreudiger Herdenschutzhund, wurde nach dem Import nach Europa im letzten Jahrhundert in zoologischen Gärten gehalten. Tibetanische Herdenschutzhunde werden bereits in chinesischen Dokumenten erwähnt, die auf das Jahr 1121 v.Chr. zurückgehen. Eine detailliertere Beschreibung dieses Tibet Hundes finden wir von dem griechischen Historiker Megasthenes aus dem Jahre 327 n.Chr.

Dies ist eine der ältesten und ausgeprägtesten Hunderassen, die ihren Typ buchstäblich über Tausende von Jahren erhalten hat. Dieser schwarze Wachhund mit seinem furchterregenden Bellen wurde von nomadischen, tibetanischen Stämmen gehalten, von vielen Forschern über die Jahrhunderte immer wieder erwähnt. In moderneren Zeiten waren sie nur wenigen bekannt, bis in den 1970er Jahren die Rasse nach Deutschland, Schweiz und in die Vereinigten Staaten importiert wurde. Das Wesen des Hundes ist heute kein Problem, ganz natürlich schützt der Hund seine Familie und sein Haus, ist Fremden gegenüber ablehnend. Obwohl dieser Tibetaner auch »Mastiff« genannt wird, sollte er im Körperbau nicht ebenso schwer und breit sein wie viele der anderen traditionellen Mastiffrassen. Vielmehr vermittelt die Tibet Dogge den Eindruck, für ein Leben hoch in Gebirgsregionen die notwendige Kraft und Ausdauer zu besitzen. Widerristhöhe bei Rüden über 66 cm, bei Hündinnen über 61 cm. Brust ziemlich tief, Körper nahezu rechteckig, stark bemuskelt, kräftige Knochen. Massiver Kopf mit ausgeprägtem Stop, kraftvoll, aber im Fang nicht zu lang. Ohren ziemlich hoch angesetzt, eng an den Wangen anliegend getragen; die Rute wird in einem lockeren Bogen über dem Rücken getragen.

Haarkleid von mittlerer Länge mit dicker Unterwolle. Besonders Rüden sollten um den Hals längeres Haar haben, das dort eine Mähne bildet. Anerkannte Farben sind Schwarz, Braun, Blaugrau, mit oder ohne lohfarbene Markierungen. Auch Rot oder Golden sind gestattet.

Tibet Dogge

TIBETAN SPANIEL

FCI-Gruppe 9, Standard Nr. 231
Ursprungsland: Tibet (Great Britain)
Zucht 1994: D 5, CH 9, GB 415, USA 327

HERKUNFT UND RASSEGESCHICHTE

Diese alte Hunderasse wurzelt in isolierten Klöstern des Himalajagebirges und in tibetanischen Dörfern, wo diese Hunde von buddhistischen Mönchen gezüchtet wurden. Sie wurden als Familien- und Wachhunde gehalten, waren hochgeschätzt und wurden nur äußerst selten abgegeben.

Am liebsten halten sie von einem hohen Ausblick Wache. Weil die Klöster ziemlich isoliert lagen, saßen sie meist auf den Mauern und warnten bellend vor sich nähernden Fremden. Die ersten Tibet Spaniels kamen in den 1890er Jahren nach England, die Rasse wurde aber erst nach 1950 populär. Im Jahre 1984 erkannte der American Kennel Club die Rasse an.

WESEN

Der Tibetan Spaniel ist hoch intelligent, Fremden gegenüber leicht zurückhaltend, der Familie und Freunden gegenüber aber außerordentlich liebevoll. Er ist ein guter Familienhund, empfindsam und auf Launen und Gefühle seiner Besitzer eingeht. Ein munterer, glücklicher kleiner Hund, der das Leben genießt, aber durchaus seinen eigenen Willen hat. Diese Hunderasse ist besonders rein-

Tibetan Spaniel

lich, zu ihrer Gewohnheit gehört es, daß sie Stunden damit verbringt, sich selbst zu pflegen - nahezu wie eine Katze.

GESUNDHEIT

Eine sehr gesunde Rasse, Lebenserwartungen von 15 bis 16 Jahren sind durchaus normal.

Leider tritt vermehrt progressive Retinaatrophie auf - befallene Tiere werden nach und nach blind - aus diesem Grunde sollten alle Zuchttiere darauf überprüft werden. Es gibt in den verschiedenen Ländern eigene Testsysteme, die sich recht gut bewährt haben.

Es werden auch einige Fälle jugendlicher Nierenprobleme bekannt.

PFLEGE UND ERZIEHUNG

Tibet Spaniels haben doppeltes Haarkleid, dies erfordert regelmäßige Pflege, besonders wenn die Unterwolle gewechselt wird. Von Jugend an daran gewöhnt, akzeptieren sie es schnell.

Auch gute Manieren im Haus und allgemeine Erziehung sollten bereits beim Welpen beginnen. Die Hunde lernen gut, zeigen aber nicht immer sofortigen Gehorsam.

ANPASSUNGSFÄHIGKEIT

Während sich viele Rassen sowohl an Zwinger wie Wohnung gewöhnen, ist der Tibetan Spaniel eindeutig eine Rasse, die als Lebewesen Komfort braucht, kein guter Zwingerhund sein kann.

Angenehme Umwelt und ständige Gesellschaft vorausgesetzt, blüht diese Rasse auf, gleich ob auf einem Landsitz oder in einem Großstadtappartement. Diese kleinen Hunde sollten immer als Familienmitglieder leben. Sie sind davon überzeugt, daß sie Dein Haus schmücken, wenn sie ein Teil davon sind!

Sie gedeihen immer nur in Gesellschaft - ob mit Menschen oder Hunden - fühlen sich überhaupt nicht wohl, wenn man sie über längere Zeit sich selbst überläßt.

RASSEMERKMALE

Der Tibetan Spaniel hat ein sehr natürliches Aussehen, ausgezeichnete Qualität, ringsum ausgewogen, ein munterer Hund, ohne Übertreibungen.

Widerristhöhe etwa 25 cm, Gewicht 4-7 kg. Im Verhältnis zur Gesamtgröße sollte der Kopf ziemlich schmal erscheinen, leicht aufgewölbter Oberkopf. Ohren hängend getragen, aber ziemlich hoch angesetzt, vom Oberkopf noch etwas angehoben. Augen oval in gutem Abstand zueinander eingesetzt, nach vorne schauend, Augenfarbe dunkelbraun. Der mittellange Fang ist ziemlich stumpf, frei von Falten, aber leicht gepolstert.

Gebißstellung vorbeißend, dennoch darf bei geschlossenem Fang kein Zahn sichtbar sein. Komplettes Gebiß erwünscht.

Der Körper des Tibetan Spaniels ist etwas länger als die Widerristhöhe, unter der Bauchlinie sollte das Tageslicht in Form eines Rechtecks sichtbar sein. Rute gut befedert, gerollt über den Rücken getragen, nach einer Seite fallend. Hasenpfoten, wobei sich die Befederung bis auf die Zehen erstreckt. Schneller Bewegungsablauf, gerade und ausgreifend.

Haarkleid doppelt, Seidenstruktur, ziemlich flach am Körper anliegend. Im Mähnenbereich Körperhaar länger, gute Befederung der Ohren, Pfoten, Rute und Hosen. Die Rasse sollte nicht zu stark behaart sein, alle Farben und Farbmischungen zulässig.

Die Zeit liegt noch gar nicht lange zurück, daß Tibetan Spaniel Besitzer, wenn sie ihren Hund ausführten, verdächtigt wurden, einen Pekingesen ziemlich bescheidener Qualität auszuführen. Glücklicherweise sind diese Zeiten vergangen, man sollte aber immer daran denken, daß die zwei Rassen einige Ähnlichkeiten haben.

Aus diesem Grunde muß man den individuellen Rassemerkmalen stets Priorität einräumen, jedes Merkmal an einem Tibetan Spaniel, das sein Aussehen in Richtung Pekingese-Typ verändert, sollte vermieden werden.

Es gibt mehrere Bereiche, in denen die Tibetaner in Richtung Pekingese-Typ leicht abweichen: zu langer Körper, begleitet von ungenügender Lauflänge; Auge zu voll und zu rund; zu tief angesetzte und schwere Ohren; zu kurzer Fang und Faltenbildung, dies alles sind gute Beispiele dafür.

Es ist besonders wichtig, daß alle, welche diese Rasse richten, den Tibetan Spaniel als völlig eigenständige Rasse ansehen, nicht als entfernten Verwandten des Pekingesen.

Der echte Rassetyp läßt sich nur erreichen, wenn die korrekten Proportionen von Widerristhöhe und Länge gewahrt sind, wobei der ideale Hund nur etwas länger als seine Widerristhöhe ist.

Kopf und Ausdruck sind außerordentlich wichtig - der Kopf des Pekingesen ist massiv, der Kopf des Tibetaners verhältnismäßig klein.

Würde ein Tibetan Spaniel in seinem Bewegungsablauf so sein, daß er für den Pekingesen akzeptabel wäre, wäre er mit Sicherheit für einen Tibetan Spaniel absolut untypisch.

TIBETAN TERRIER

FCI-Gruppe 9, Standard Nr. 209
Ursprungsland: Tibet (Great Britain)
Zucht 1994: D 764, A 19, CH 153, GB 864,
USA 699

HERKUNFT UND RASSEGESCHICHTE

Hitzestarrende Wüste, steile Gebirgshänge, Hochebenen, die im Sommer mit Gras, im Winter von tiefem Schnee bedeckt sind, dies alles ist die natürliche Umwelt des Tibetan Terrier. Aus den abgeschiedenen Bereichen des Himalaja kommend, ist dieser Hund in seiner heutigen Form das Ergebnis von Tausenden und mehr Jahren natürlicher Anpassung an das härteste, unterschiedlichste Klima und die verschiedenartigsten Landschaften der ganzen Welt. Das tibetische Volk hat eigentlich nie planmäßig Hunde gezüchtet, deshalb ist es ganz einfach eine - für das reine Überleben - notwendige Entwicklung gewesen, welche die Merkmale dieser Rasse geschaffen hat. Beispielsweise die kompakte Größe, Ausgewogenheit von Substanz und Beweglichkeit, doppeltes Haarkleid und die ganz den Aufgaben angepaßten Pfoten.

Der Tibetan Terrier paßt in die englische Kate-

Tibetan Terrier

464

gorie der *Utility Dogs* besonders gut, denn diese Hunde wurden weder in Form noch in Funktion je verkünstelt. In langer Tradition dienen diese Hunde auf verschiedenste Art ihrem Herrn, als Gefährte, als Begleiter der Karawanen, als Hüter und Wächter der Herde, gelegentlich auch als Apportierhund. Sie waren Teilnehmer der Alltagsroutine des Klosters, des bäuerlichen Dorfes oder des Nomadencamps. Diese Rasse ist in jeder Hinsicht von Größe, Körperbau, Bewegungsablauf und Wesen solide, vernünftig ausgewogen. Dank ihres Charakters ist sie in der Lage, Hunger zu ertragen, Entbehrungen, noch da zu gedeihen, wo massivere, zartere oder spezialisierte Rassen es nicht mehr aushalten. Das Maßhalten des Tibetan Terrier in allen Bereichen, sein Freisein von Übertreibungen erklärt am besten, warum diese alte Hunderasse die erfolgreiche Verpflanzung aus dem isolierten alten Tibet in unsere heutige Umwelt so vorzüglich bestanden hat. In England hatte man ursprünglich Tibetan Terrier und Lhasa Apso als ein und die gleiche Rasse klassifiziert - nämlich als *Lhasa Terrier*.

WESEN

Der Tibetan Terrier hat ein sehr angenehmes Wesen, ist ein guter Familien- und Wachhund, weder hyperaktiv noch zerstörerisch, vor allem auch kein überflüssiger Kläffer. Die Wesensveranlagung der Rasse reicht vom Übermut des Junghundes bis zur angenehmen Reserviertheit des ausgewachsenen Hundes. Der Tibetan Terrier bevorzugt eindeutig gegenüber allem anderen im Leben die menschliche Gesellschaft. Er ist ein charmanter, im allgemeinen sensibler, selbstbewußter Hund.

GESUNDHEIT

Tibetan Terrier sind ziemlich langlebig, verfügen insgesamt über einen guten Gesundheitszustand. Gelegentlich tritt Hüftgelenksdysplasie auf, es ist aber selten, daß diese Erkrankung so stark in Erscheinung tritt, um das befallene Tier ernsthaft zu beeinträchtigen. Es wird auch über erbliche Augenerkrankungen berichtet, einschließlich progressiver Retinaatrophie, Linsenluxation und jugendlichen grauen Star.

PFLEGE UND ERZIEHUNG

Das schwere doppelte Haarkleid des Tibetan Terriers bedarf besonderer Pflege. Keinesfalls sollte das Haar getrimmt werden, aber zweimal kräftiges Durchbürsten jede Woche ist wichtig. Durch Baden mit einem milden Shampoo, kräftiges Durchspülen und anschließendes Trocknen des Felles mit einem Fön bis auf die Haut ist das Haarkleid sehr viel leichter zu behandeln. Man muß die Hängeohren der Hunde sauber halten. Außer diesen Pflegeerfordernissen ist der Tibetan Terrier leicht zu halten, bleibt gesund und aktiv bis zum Durchschnitt von 13 oder 14 Jahren.

ANPASSUNGSFÄHIGKEIT

Der Tibetan Terrier ist im Körperbau wie Charakter überhaupt kein Terrier, trotz der falschen Namensgebung dieser Rasse, die in den 1920er Jahren aufgrund seiner Größe erfolgte. Der junge Hund braucht täglichen Auslauf und alle - jung wie alt - sehnen sich nach Betreuung durch ihre Besitzer mehrmals täglich. Angeborene Neugierde und große Schnelligkeit im Verhältnis zur Größe machen den Tibetan Terrier bei uneingezäuntem Garten zum Risiko. Sowohl für den körperlichen Auslauf wie auch zur persönlichen Verbindung Mensch-Hund empfehlen sich viele gemeinsame Stunden der Erziehung zur Unterordnung, für Agility und ähnliche Aktivitäten. Die Freude des Hundes daran ist ebenso durch die Zusammenarbeit mit seinem Herrn wie auch aus seiner Liebe zum Sport zu erklären.

Ein richtig erzogener Tibetan Terrier ist ein sensibler, aufnahmefähiger Therapiebesucher bei Körperbehinderten, die Hunde lieben diese Arbeit wirklich. Diese Rasse paßt sich allen Arten von Umwelt und Lebensstilen elastisch an.

RASSEMERKMALE

Widerristhöhe Rüden 35,6-40,6 cm, Hündinnen etwas kleiner. Im Körperbau sind die Hunde etwas länger als ihre Widerristhöhe. Der Kopf teilt sich in zwei gleiche Partien auf, von der Nase bis zum Stop und vom Stop bis zum Hinterhauptbein. Stolze Kopfhaltung, Hängeohren, leuchtende dunkle Augen, schwarzes Pigment. Gerade obere Linie, lange, geringelt über dem Rücken getragene Rute, die nach einer Seite fällt. Kräftige Läufe, Pfoten ziemlich groß und gespreizt.

Haarkleid luxuriös, lang und doppelt, es teilt sich natürlich entlang der Wirbelsäule. Diese Hunde gibt es in vielen Farben und Farbmustern - sowohl einfarbig wie mehrfarbig; es gibt keine bevorzugten Farben oder Farbkombinationen. Die Nase muß immer schwarz sein, Augenlider möglichst schwarz. Der Tibetan Terrier ist ein attraktiver Familienhund, Ausstellungshund und Wettbewerber auf Unterordnungsprüfungen.

TOSA INU

Der japanische Kampfhund Tosa Inu ist eine alte Hunderasse, es erfolgten aber verschiedene Einkreuzungen anderer Rassen. Nach dem Zweiten

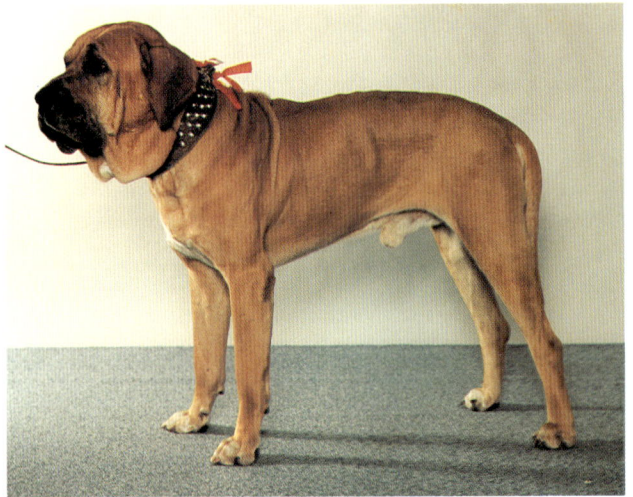

Tosa Inu

Weltkrieg waren nur wenige Hunde übriggeblieben. Noch immer selten hat man dennoch die Rasse Dank Einkreuzungen von Mastiffs, Bulldogs und verschiedenen anderen Rassen wieder stabilisiert. Der Tosa ist nach dem *Dangerous Dogs Act 1991* in England verboten, man trifft ihn außerhalb Japans nur selten an.

Widerristhöhe Rüden über 60 cm, Hündinnen über 54 cm. Körper rechteckig, stark bemuskelt, sehr kräftige Knochen. Kopf massiv, mit starker Belefzung und Wammenbildung. Die Ohren werden eng an den Wangen hängend getragen, die Rute bleibt unkupiert. Haarkleid kurz, eng anliegend, von harter Struktur. Farbe leuchtend Rot, mit oder ohne schwarze Maske. Geringfügige weiße Abzeichen gestattet. Diese Rasse wird auch vereinzelt in Deutschland gehalten.

FCI-Gruppe 2, Standard Nr. 260, Ursprungsland: Japan

TOY MANCHESTER TERRIER

HERKUNFT UND RASSEGESCHICHTE

Ein *Black and Tan Terrar* wurde etwa 1570 bereits einmal beschrieben, wahrscheinlich handelte es sich dabei aber um einen rauhhaarigen, kurzläufigen Hund. Der heutige *English Toy Terrier* entstand während der 1880er Jahre. Schlechte sanitäre Verhältnisse herrschten in England, der »Sport des Rattentötens« war in dieser Zeit außerordentlich populär, wurde in öffentlichen *Pits* ausgetragen.

Ein Gemälde aus dem Jahr 1850 zeigt einen solchen Zwerg *Tiny the Wonder*. Von ihm wird berichtet, er habe in weniger als einer Stunde zweihundert Ratten getötet. Auf der Jagd transportierte man solche kleine Terrier in einem Lederbeutel auf dem Pferderücken, benutzte sie, um den Fuchs herauszujagen, wenn er sich in einer Höhle versteckt hatte.

Im Jahre 1938 wurde diese Rasse durch den Kennel Club als der *Miniature Black and Tan Terrier* anerkannt. 1960 änderte man den Namen in *English Toy Terrier (Black and Tan)*, dabei wur-

den Größe und Typ noch genauer beschrieben. In den USA wurde die Rasse 1926 erstmals anerkannt, 1934 in *Toy Manchester* umgewandelt. Die FCI führt die Rasse unter *Toy Terrier*.

WESEN

Im wesentlichen ist diese Rasse ein Kleinhund, der aber eindeutige Terriermerkmale besitzt. Er ist ein angenehmer Haushund, seinem Besitzer gegenüber völlig treu ergeben, akzeptiert aber Fremde nur langsam. Seine Rattentötungsinstinkte sind unverändert gut erhalten.

GESUNDHEIT

In aller Regel fit und aktiv, sind einige Toy Terrier recht futtergierig, andere wiederum futtermäklig - keinesfalls sollte man die Rasse überfüttern. Besondere Erbkrankheiten sind nicht bekannt. Läßt man die Rasse bei starkem Sonnenschein über längere Perioden im Freien, können auf dem Rücken Hitzepocken auftreten.

Toy Manchester Terrier. Diese Rasse trägt in England den Namen English Toy Terrier.

PFLEGE UND ERZIEHUNG

Dieser englische Zwerghund hat ein dünnes Haarkleid, braucht immer ein warmes Lager, eignet sich sehr wenig als Zwingerhund. Gute Ernährung ist für ein leuchtend glänzendes Fell wichtig. Dünnes Haar, Juckreiz und Farbveränderungen sowohl im Schwarz wie in der Lohfarbe können durch schlechte Fütterung ausgelöst sein.

Im allgemeinen braucht jedoch das Fell wenig Pflege, es gibt keinen bestimmten Haarwechselzyklus. Zähne und Krallen sollten wöchentlich überprüft werden.

Die Rasse mag einen täglichen guten Spaziergang, kann aber auch ohne diesen auskommen. Ein sehr gehorsamer, dennoch unabhängiger Hund, der zu lernen liebt, Agility und Unterordnungswettbewerbe mag.

ANPASSUNGSFÄHIGKEIT

Seine kleine Größe und das kurze Fell bedeuten, daß der Toy Terrier fröhlich überall leben kann, wenig Pflege braucht. Er paßt sich praktisch jedem Lebensstil an, vom Appartement bis zum Landsitz, aber er braucht immer Menschen um sich.

Besonders für ältere Hundefreunde wird er zum idealen Lebensgefährten.

RASSEMERKMALE

Ideale Widerristhöhe 25-30 cm, Gewicht 2,7-3,6 kg in England. In den USA und Kanada liegt das oberste Gewicht bei 5 kg. Der Kopf ähnelt einem langgestreckten Keil. Die »kerzenflammenähnlichen« Ohren sind hoch angesetzt, Augen klein, dunkel, leuchtend und mandelförmig.

Pfoten kompakt, dabei sind die mittleren Zehen der Vorderläufe länger als die anderen. Die schmale Rute läuft spitz aus, ist tief angesetzt und sollte nicht oberhalb der Rückenlinie getragen werden. Haarkleid kurz, leuchtend, dicht, schwarz wie Ebenholz, mit klar abgegrenzter kastanienbrauner Lohfarbe. Fang lohfarben, ebensolche Flecken über den Augen, an den Wangen und Rosetten beidseits der Brust. Vorderläufe knieabwärts lohfarben, auf jeder Pfote schwarze Strichelung und in der Mitte des Vordermittelfußes der typische schwarze Daumenabdruck.

Zucht 1994 in England - 50 Welpen.

FCI-Gruppe 3, Standard Nr. 013,
Ursprungsland: Great Britain

VÄSTGÖTASPETS

Die Herkunft des Västgötaspets war über viele Jahre recht umstritten. Die Frage lautet, ob die Wikinger bei ihren Plünderungsexpeditionen bereits ihre kleinen Bauernhunde mit auf die britischen Inseln gebracht haben, dadurch diese Hunde zur Ausgangsrasse für den Corgi wurden - oder ob sie im Gegenteil den Corgi mit in ihr Land nahmen, dieser damit zur Ausgangsform des Västgötaspets geworden ist. Diese Frage wird nie zufriedenstellend zu beantworten sein, aber es gibt eine interessante Entdeckung. An der irischen Küste wurden Bugteile von Wikingerschiffen gefunden, die Ornamente in Form des Västgötaspets - Swedish Vallhund - Westgotenspitz aufweisen.

Über hunderte von Jahren lebte der Västgötaspets sein Leben auf Bauernhöfen im Westen Schwedens. Sie wurden und werden noch heute zum Hüten von Rindern und anderen Farmtieren eingesetzt; außerdem sind sie recht brauchbare Wachhunde. Wie bei vielen anderen Rassen waren sie so verbreitet und bekannt, daß niemand eigentlich viel über sie nachdachte. Aber in den 1940er Jahren wurden sie so selten, daß ihre Abwesenheit auffiel. Maßnahmen wurden ergriffen, welche die Rasse vor dem Aussterben retteten.

1943 erkannte der Swedish Kennel Club die Rasse an, heute ist sie als Familienhund nicht nur in Skandinavien, sondern auch in England gut vertreten.

Noch immer gibt es zwei Typen des Västgötaspets. Der eine Typ ist schwerer, meist mit leicht abstehendem Haar, das um den Hals herum länger ist, aber nicht so lang, daß es zur Mähnenbildung führt. Der andere Typ ist schlanker, eleganter, mit längerem Hals, mit einem Haarkleid, das dem Körper enger anliegt.

Widerristhöhe 31-35 cm. Körper rechteckig, stark bemuskelt, gute Knochen. Kopf keilförmig, mit langem Fang, der nicht zu lang oder zugespitzt sein darf. Stehohren, aufrecht getragen. Rute entweder natürliche Stummelrute, kurz kupiert, wenn lang belassen über den Rücken gerollt. Haarkleid kurz, eng am Körper anliegend, mit harter Struktur und weicher dicker Unterwolle. Farbe: Wolfsfarben mit hellen Wolfsmarkierungen.

Swedish Vallhund, Westgotenspitz
FCI-Gruppe 5, Standard Nr. 014
Ursprungsland: Schweden

Västgötaspets

VIZSLAS

FCI-Gruppe 7
Ursprungsland: Ungarn
Drotzörü Magyar Viszla, Standard Nr. 239
Drahthaariger Ungarischer Vorstehhund
Rövidszörü Magyar Viszla, Standard Nr. 057
Kurzhaariger Ungarischer Vorstehhund
Zucht 1994: D 81, A 79, CH 56, GB 406,
USA 2.423

HERKUNFT UND RASSEGESCHICHTE

Der Vizsla oder Ungarischer Vorstehhund wurde ab 1960 in den USA zur Eintragung zugelassen, in England bereits einige Zeit früher.

Ihren Ursprung führt die Rasse bis auf die Magyaren zurück, die aus dem Osten nach Ungarn eindrangen. Zeichnungen, die auf das 10. Jahrhundert zurückgehen, zeigen einen Jäger mit Falken, begleitet von einem Hund, der etwas dem heutigen Vizsla ähnelt. Mit großem Erfolg wurde die Rasse früher für die Jagd auf Vögel und Hasen in den ungarischen Tiefebenen eingesetzt. Der Vizsla sucht nicht weitflächig, sondern dicht vor der Flinte; trotz seiner Schnelligkeit ist er sehr vorsichtig, so daß er das Wild nicht zu früh aufschreckt.

Ungaren, die während der zwei Weltkriege aus ihrem Land flohen, nahmen ihre beliebten Vizslas mit, brachten sie in alle Welt. Als Arbeitshund, auch als Ausstellungs- und Familienhund, ist der Vizsla sehr populär geworden, wo immer er hinkam.

WESEN

Der Name *Vizsla* bedeutet in ungarischer Sprache munter und gehorsam. Die Rasse ist robust, aber nicht groß, ein williger Jagdhund und Familienhund. Mit Gewalt oder harten Maßnahmen läßt sich die Rasse nicht gut ausbilden. Welpen sollte man in frühem Alter bereits gut sozialisieren. Das normale Wesen der Welpen ist munter und unterordnungsfreudig, niemals scheu oder aggressiv.

Kurzhaariger Ungarischer Vorstehhund

GESUNDHEIT

Alles Zuchtmaterial sollte auf Hüftgelenksdysplasie geröntgt werden. In der Rasse gibt es einige Hautprobleme. Man sollte immer nur mit Hunden aus Blutlinien züchten, die frei von Epilepsie sind.

PFLEGE UND ERZIEHUNG

Wie alle Jagdhunde ist der Vizsla am glücklichsten, wenn er etwas zu tun hat. Unterordnungserziehung ist ideal, auch alle Ausbildung für die Vogeljagd einschließlich Apportieren aus dem Wasser. Bei der Pflege müssen die Zähne wöchentlich gereinigt werden, ein harter Hundekuchen täglich ist eine wichtige Hilfe. Auch die Nägel sollten stets kontrolliert werden. Das Fell ist glatt, kurz und läßt sich leicht pflegen. Welpen sollten immer mit Kindern großgezogen werden, dann ist gewährleistet, daß der ausgewachsene Hund sie toleriert und akzeptiert.

ANPASSUNGSFÄHIGKEIT

Bei städtischen Wohnverhältnissen braucht der Vizsla täglich längere Spaziergänge. Da sein Haarkleid dünn ist, fühlt sich der Hund im Zwinger ohne angemessenen Schutz gegen kalte Witterung unwohl. Menschliche Gesellschaft ist für ihn unbedingt erforderlich.

RASSEMERKMALE

Beim Vizsla wird größter Wert auf die richtige Farbe gelegt. Verlangt wird eine Schattierung von leuchtendem Rotgold bis zu dunklem, sandigem Gelb. Nase, Lefzen und Augenlider braun, niemals schwarz. Die Augenfarbe muß mit der Fellfarbe harmonieren. Je dunkler desto besser, immer besonders ausdrucksvoll. Widerristhöhe Rüden 57-64 cm, Hündinnen 53-60 cm. Gewicht der Hunde 20-30 kg.

Kopf schlank, Fang von guter Länge, Ohren dünn, tief herunterhängend. Scherengebiß. Hals stark, Rücken kurz, Läufe kräftig, mit mittelstarken Knochen und festen Pfoten. Rute häufig auf ein Drittel der Gesamtlänge kupiert. Die Rute wird fröhlich getragen, entweder in Rückenhöhe oder etwas darüber. Bewegungsablauf flüssig, leichtfüßig und frei, wobei mit wenigen Schritten viel Boden überwunden wird.

Es gibt den Drahthaarigen Vizsla (Drotzörü), der mit Ausnahme des drahthaarigen Fells über den gesamten Körper im Standard weitgehend dem Kurzhaarigen (Rövidszörü) gleicht. In den USA ist der Drahthaarige Vizsla nicht anerkannt.

VOLPINO ITALIANO

Dieser kleine italienische Spitz - Volpino bedeutet *kleiner Fuchs* - wird als eine sehr alte und ursprüngliche italienische Hunderasse angesehen. Sie ähnelt dem deutschen Spitz, hat möglicherweise die gleichen Vorfahren, ist aber kein direkter Abkömmling der deutschen Spitze.

Widerristhöhe etwa 25-30 cm. Quadratischer Körperbau, Kopf keilförmig mit ziemlich spitz zulaufendem Fang und Stehohren.

Haarkleid üppig, lang und vom Körper abstehend. Es sollte um den Hals herum eine Mähne bilden.

Der Volpino Italiano muß immer rein weiß sein, Cremefarben ist weniger erwünscht, wird aber anerkannt. Pigmentation immer kohlschwarz.

*FCI-Gruppe 5, Standard Nr. 195,
Ursprungsland: Italien*

Volpino Italiano

WEIMARANER

FCI-Gruppe 7, Standard Nr. 099
Ursprungsland: Deutschland
Zucht 1994: D 251, A 35, CH 3, GB 2.046
USA: 5.678

HERKUNFT UND RASSEGESCHICHTE

Seinen ersten Auftritt hatte der Weimaraner vor etwa 125 Jahren am Hof von Weimar, der Hauptstadt von Thüringen in Deutschland. Diese Rasse war teilweise aus den alten roten Schweißhunden gezüchtet, einer Rasse, die hinter vielen deutschen Jagdhunden steht. Hinzu kamen wahrscheinlich Kreuzungen mit dem Deutsch Kurzhaar und verschiedenen anderen einheimischen deutschen Jagdhunderassen. Der Weimaraner wurde zur Jagd auf Hirsche gezüchtet, auch zur Nachsuche und Jagd auf Bären und Sauen.

1897 wurde in Erfurt, Thüringen, der Deutsche Weimaraner Club gegründet. Im Laufe der Zeit gab es in Deutschland weniger großes Wild zu jagen. Zu diesem Zeitpunkt züchtete man den Weimaraner als »perfekten Allzweckjagdhund« um. Er zeigte hervorragende Veranlagung für die Vogeljagd, insbesondere aufgrund seiner vorzüglichen Nasenveranlagung. Einige Amateurjäger hatten den Deutschen Weimaraner Club gegründet, sie züchteten ihren Hund in erster Linie für die Jagd, nicht um des Geldes Willen. An niemanden durfte ein Weimaraner verkauft werden, es sei denn, er wäre zuerst dem Club beigetreten. Von diesen Jägern wurde die Rasse sehr sorgfältig weiter entwickelt.

1929 wurde der amerikanische Jäger Howard Knight aus Providence, Rhode Island Mitglied dieser exklusiven Organisation. Howard Knight jagte in Deutschland gemeinsam mit Weimaraner Besitzern. So trat er dem deutschen Club bei, man gestattete ihm, zwei Weimaraner mit nach Hause zu nehmen, schließlich gründete er den *Weimaraner Club of America*. Dieser amerikanische Club hat versucht, dem Vorbild des deutschen Vereins zu folgen, betreut den Weimaraner sorgfältig heute in den USA. Der *Gray Ghost*, wie man diese Rasse stolz nennt, hat sich auch hier in erster Linie als großartiger Allzweckjagdgefährte bewährt, weniger als Wettbewerber in den formalen *Field Trials*. 1943 wurde die Rasse vom American Kennel Club anerkannt.

Weimaraner, kurzhaarig

WESEN

Der Weimaraner verlangt einiges von seinem Herrn, fordert regelmäßig ausreichend Auslauf und Erziehung zur Unterordnung. Auch braucht er menschliche Gesellschaft, besteht darauf, Familienmitglied zu sein.

GESUNDHEIT

Zuchttiere müssen auf Hüftgelenksdysplasie geröntgt werden. Zuweilen tritt in der Rasse Magenumdrehung auf. Bei einigen Hunden kommt es zu Tumoren, auch gibt es zuweilen Veranlagung zu Bluterkrankungen. Aus diesem Grunde sollte man immer nur bei einem Züchter von gutem Ruf kaufen.

PFLEGE UND ERZIEHUNG

Das glatte Haarkleid des Weimaraners ist leicht zu pflegen. Wichtig ist ein Futter von guter Qualität, weil der Energiebedarf dieser Hunde recht hoch liegt. Dadurch erhält man auch ein einwandfreies Haarkleid.

ANPASSUNGSFÄHIGKEIT

Als Zwingerhund fühlt sich der Weimaraner nicht wohl. Am besten hält man ihn in ländlicher Umgebung, wo er genügend Freiheit hat, um sich zu bewegen und zu arbeiten.

RASSEMERKMALE

Der Weimaraner ist ein großer, aristokratischer, intelligent aussehender Jagdhund. Sein wichtigstes Merkmal ist seine vornehme Farbe, eine Graufärbung von Mausgrau bis Silber. Dunkelblaue und schwarze Farbe sind beim Weimaraner nicht zugelassen.

Das Gewicht der Rüden beläuft sich bis auf 38 kg, bei einer Widerristhöhe von 68 cm. Hündinnen erreichen etwa 32 kg, bei einer Widerristhöhe von 63 cm. Die Rasse hat einen lang gestreckten Kopf, hoch angesetzte lange Hängeohren, einen kräftigen Hals und eine feste Rückenlinie.

Die Rute wird auf etwa 15 cm kupiert, in gleicher Höhe wie der Rücken getragen. Der Bewegungsablauf des Weimaraners ist leicht und flüssig. Seine Augen sind sehr ausdrucksstark, von heller Bernsteinfarbe, grau oder blaugrau.

Der langhaarige Weimaraner hat längeres, seidiges Haar, das besonders an Ohren, hinter den Läufen und unter dem Körper dichter ist. Langhaar Weimaraner sind in allen Ländern mit Ausnahme der USA als gleichwertig anerkannt.

Der langhaarige Weimaraner ist eine interessante Variation, in allen Ländern mit Ausnahme der USA anerkannt.

WELSH CORGI-
CARDIGAN WELSH CORGI

FCI-Gruppe 1, Standard Nr. 038
Ursprungsland: Great Britain
Zucht 1994: D 22, A 6, CH 1, GB 107, USA 590

HERKUNFT UND RASSEGESCHICHTE

Die Herkunft des Cardigan Welsh Corgi ist unklar. Bekannt ist aber, daß es in der Walisischen Weidewirtschaft über viele Hunderte von Jahren solche Hunde gab. Man nannte sie *Yard Long Dog* oder in (der Landessprache) Walisisch *Ci Llathaid*, was bedeutet, »einen Yard lang«. Der Welsh Yard umfaßte 40 Inches, entsprechend betrug die Länge dieser Hunde von der Nasenspitze bis zur Rutenspitze 40 Inches, ein wenig über einen Meter.

Die Auffassung ist ziemlich populär, daß der Cardigan zumindest zum Teil auf frühe Dachshunde zurückgeht. Man nimmt an, daß die Farmer in Cardiganshire in den 1880er Jahren den Cardigan mit dem alten *Welsh Collie* gekreuzt haben, worauf viele die Einkreuzung der Bluemerle Gene zurückführen. Ab Beginn der Ausstellung von Welsh Corgis 1925 bis zum Jahr 1934 wurden Cardigan und Pembroke als eine gemeinsame Rasse gezeigt, auch als solche beim English Kennel Club eingetragen. Hierdurch kam es zu laufendem Blutaustausch, wodurch Merkmale der einen Rasse auch in die andere übernommen wurden. Man sagt, daß diese völlig unbefriedigende Situation dazu führte, die Forderung, wonach Pembroke Welpen rutenlos geboren sein mußten, zu mindern. Zuvor hatte man sich außerordentlich darum bemüht, ausschließlich Würfe mit rutenlosen Welpen zu züchten. Aber diese Veränderung führte dazu, daß verbreitet mit Ruten geborene Welpen kupiert wurden. Nicht alle stimmten dieser Maßnahme zu, energische Widerstände führten dazu, daß 1931 der English Kennel Club das Kupieren von Pembrokes verbot. Dieser Bann dauerte aber nur drei Jahre, noch heute ist dies politisch ein sehr heißes Thema.

Erste Ausstellungsteilnahme von Corgis in England wird aus dem Jahr 1925 berichtet. Passend erfolgte dies bei der *South Wales Kennel Association Show* in Cardiff, wo Mr. J.M. Symmons als Richter die ersten Challenge Certificates an Fairmay Fondo und seine Wurfschwester Shan Fach vergab. Die Mutter dieser beiden war eine nicht eingetragene Hündin. Der Vater Bowhit Pepper gewann an diesem Tag die *Open Dog Class*. Seine Großeltern väterlicherseits waren nicht eingetragen, seine Mutter lief unter *Pedigree unknown*. Erst ab 1934 konkurrierten Cardigans und Pembrokes, jede Rasse für sich, um Championatsanwartschaften, merkwürdigerweise wurden im gleichen Jahr siebenmal Challenge Certificates an *Any Variety Welsh Corgi* verliehen. Aber zumindest zwei Ausstellungen des Jahren hatten für Cardigans und Pembrokes separate CCs. Interessanterweise wurde auf der Cruft's Ausstellung 1934 die offene Klasse von *Glantowy* (einem Cardigan) gewonnen, während *Rozavel Red Dragon* (Pembroke) auf den zweiten Platz kam. Später im gleichen Jahr wurden diese beiden Hunde die ersten CC-Gewinner ihrer eigenen Rasse.

WESEN

Der Cardigan ist ein vorzüglicher Familienhund, außerordentlich intelligent, loyal, liebevoll und Kindern gegenüber freundlich. Selten sucht er Streit, kann aber über den Besitz seines Herrn sehr nachhaltig wachen. Häufig ist er Fremden gegenüber mißtrauisch, deshalb sollte man ihn fest unter Kontrolle haben.

GESUNDHEIT

Die Rasse ist allgemein recht gesund, das Hauptproblem der Cardiganbesitzer liegt in der Gefahr, daß ihre Hunde dickleibig werden. Man muß eine ausgewogene Balance zwischen Ernährung und Auslauf halten, dadurch läßt sich das Problem kontrollieren.

PFLEGE UND ERZIEHUNG

Sein natürlicher Wunsch, seinem Herrn zu gefallen, gekoppelt mit fester, aber freundlicher Erziehung, schenken dem Besitzer des Cardigans eine lebenslängliche Freundschaft, basierend auf Vertrauen, Loyalität und Ergebenheit. Die Hüteinstinkte des Cardigans bleiben stark entwickelt, man kann ihn leicht dazu erziehen, seine ursprüngliche Aufgabe auszuüben, aber ebenso bewährt er sich bei Unterordnungsprüfungen. Der Cardigan erfordert wenig mehr als Bürsten und Kämmen. Man sollte regelmäßig die Krallen kon-

Cardigan Welsh Corgis

trollieren, sie dürfen nicht zu lang wachsen. Aber angemessene Spaziergänge werden sie auf richtiger Länge halten.

ANPASSUNGSFÄHIGKEIT

Der Cardigan ist außerordentlich vielseitig. Man muß sich immer vor Augen halten, daß die Rasse auf Arbeitsleistung gezüchtet wurde, noch immer viel Ausdauer und Beweglichkeit besitzt. Nichts macht den Hunden mehr Freude als die Arbeit. Am Ende des Tages sind sie dann aber mehr als glücklich, wenn sie ihren Platz in der menschlichen Familie am Kamin einnehmen dürfen.

RASSEMERKMALE

Robust und beweglich strafen die Fähigkeiten des Cardigans sein Aussehen. Dies ist eine aktive, muntere Rasse, von sehr ausgeglichenem Wesen. Widerristhöhe so nah wie möglich bei 30 cm, Ge-

wicht in richtiger Proportion zur Größe. Der Kopf wirkt fuchsähnlich, seine Augen sind aber freundlich, munter und wachsam. Die Ohren sind meist etwas breiter angesetzt als beim Pembroke, auch hat der Cardigan größere und mehr gerundete Ohren. Beim Cardigan trifft man auch im allgemeinen auf eine leichte, aber doch sichtbare Krümmung der starkknochigen Vorderläufe, seine Pfoten sind recht groß und rund - während beim Pembroke die Pfoten kleiner und mehr ovalförmig sind. Brustkorb mäßig breit, Körper ziemlich lang, die Rute ähnelt einer Fuchslunte. Das Haarkleid ist kurz oder mittellang, recht wetterfest, jede Farbe zulässig, mit oder ohne weiße Markierung.

Dies steht übrigens in starkem Kontrast zum Pembroke, bei dem die Anforderungen an die Farbe genauer sind, kann geradezu als Bestätigung dienen, daß die Rasse eine buntere Abstammung aufweist. Beim Cardigan ist die Bluemerlefärbung außerordentlich populär, Hunde dieser Farbe dürfen auch zwei blaßblaue Augen aufweisen.

WELSH CORGI- PEMBROKE WELSH CORGI

FCI-Gruppe 1, Standard Nr. 039
Ursprungsland: Great Britain
Zucht 1994: D 14, A 8, CH 14, GB 1.036,
USA 6.554

HERKUNFT UND RASSEGESCHICHTE

Ursprünglich im Südwesten von Wales zu Hause, glaubt man heute verbreitet, daß die Vorfahren des Pembrokes von flämischen Webern um 1100, der Regierungszeit von Henry I, nach Großbritannien kamen. Heute wird anerkannt, daß der Ursprung der Rasse beim Spitz liegt. Im Gegensatz zum Original Cardigan, der als Nachkomme der Dachshunde gilt - geht man davon aus, daß die Vorfahren des Pembroke eine Kombination primitiver Spitztypen waren, die gleichen, die auch Vorfahren von Keeshond, Pomeranian, Schipperke und dem Schwedischen Vallhund sind.

Wann genau die Waliser den Pembroke als Arbeitshund annahmen, ist unklar. Zweifel bestehen aber nicht daran, daß über lange, lange Jahre diese Rasse für die walisischen Treiber ein hochgeschätzter Bundesgenosse war. In vielen Ländern arbeitet die Rasse noch heute als Treiberhund für Schafe wie Rinder. Ihrem Instinkt nach will die Rasse hüten - praktisch alles! So hat der Name *Corgi* in Zusammenhang mit dem Pembroke eine etwas abweichende Bedeutung. Sie bedeutet *Cur Dog - Cur mehr gedacht als Arbeitshund als in abwertendem Sinn* - oder *Dwarf Dog (Zwerghund)*. Es wird vermutet, daß früher einmal alle Arbeitshunde in Wales als *Corgi* bezeichnet wurden. Vom Gesichtspunkt der Logik spricht einiges für diese Vermutung, wird durch die Stellung von Cardigan und Pembroke bestätigt - beides kleine walisische Hunde, ursprünglich ohne Beziehung zueinander, aber dennoch beide *Corgis*. Seit diese zwei Rassen als getrennt anerkannt wurden, blieben sie rasserein, ihr eigener Rassetyp wurde wesentlich klarer umschrieben.

Weltweit hat der Pembroke als Hunderasse sich heute auf einen sehr hohen Qualitätsstandard fortentwickelt. Wahrscheinlich war es sein großartigster Weg zum Ruhm, gleichzeitig aber auch kein Hindernis, den heutigen hohen Stand an Popularität zu erreichen - daß er Favorit der britischen königlichen Familie war. Im Jahre 1933 erhielt der damalige Duke of York für seine Töchter einen

Pembroke Welpen - *Rozavel Golden Eagle,* der im Herzen von Princess Elizabeth - der späteren Königin Elizabeth II - einen ganz besonderen Platz einnahm. Bis zum heutigen Tag ist der Welsh Corgi königlicher Favorit.

WESEN

Der Welsh Corgi ist durch sein Bellen besonders bekannt, was schlimmer wirkt als sein Beißen - ein kleiner Hund, der glaubt, er sei groß. Von Natur aus ist er bestimmt kein zanklustiger Hund, vielmehr ein außerordentlich selbstbewußter kleiner Hund, von vielen Hunden, die wesentlich größer als er sind, wohl respektiert. Ein selbstbewußter Hund bis zu dem Punkt, daß er sogar etwas aufdringlich wird, aber nie lästig, und niemals scheu oder aggressiv.

Dieser Hund ist intelligent genug, um Dir zu gestatten, zu glauben, Du seist sein Boß. Es gibt aber immer wieder Zeiten, in denen Du feststellst, daß er Dich überlistet hat. Diese Intelligenz, verbunden mit seinem eingefleischten Sinn für Humor, läßt den Pembroke Besitzer manchmal nachdenken, ob sein Hund mit ihm oder über ihn lacht!

GESUNDHEIT

Wie manche Menschen braucht der Pembroke eigentlich lebenslänglich eine Mitgliedschaft in einem Club zum Abmagern! Er fühlt sich mehr als glücklich, wenn er seine ganze Mahlzeit aufgefuttert hat, Dir dann noch behilflich sein darf.

Seine Neigung zur Dickleibigkeit kann zu Wirbelsäulenproblemen führen. Deshalb muß man seine Futteraufnahme kontrollieren, ihn fit halten. In allen anderen Punkten ist der Pembroke bemerkenswert gesund.

PFLEGE UND ERZIEHUNG

Der Pembroke wird Dich, wenn Du nicht aufpaßt, mit Leichtigkeit zu seiner Art des Denkens und Handelns erziehen. Aber er fügt sich fröhlich in jeden Teil Deiner Alltagsroutine ein. Mit Leichtigkeit läßt er sich zu Gehorsam erziehen. Man weiß von einigen Pembrokes, daß sie bei Unterordnungswettbewerben und Agilitykonkurrenzen recht gut abgeschnitten haben. Wenn man ihm nur die Gelegenheit bietet, das zu tun, wofür er ge-

Pembroke Welsh Corgi

züchtet wurde, hütet der Pembroke Tiere, fühlt sich dabei wohl wie die Ente im Wasser. Über den Großteil des Jahres sind die Pflegeanforderungen minimal. Aber der sensationelle Haarwechsel bedeutet auch im Leben des Pembrokeliebhabers immer wieder einen Einschnitt. Das Pembrokehaar findet seinen Weg in jeden Teppich, in jedes Gewebe, und leistet dickköpfigsten Widerstand gegen alle Mühen, es wieder zu entfernen.

ANPASSUNGSFÄHIGKEIT

Als Stadtbewohner braucht der Pembroke Gesellschaft. Wenn man ihm diese verweigert, entwikkelt er recht unerwünschte Methoden, Aufmerksamkeit zu wecken. Bei seinem aktiven Verstand und Körper ist es immer das Beste, wenn man ihn als Einzelhund beschäftigt hält. Es gibt nur wenige andere Hunderassen, die ihm an Anpassungsfähigkeit gleich kommen, sowohl für die Aufgaben, wofür die Rasse gezüchtet wurde, als in der Rolle, die er als Familienmitglied einzunehmen vermag.

RASSEMERKMALE

Der Pembroke ist ein tiefgestellter Hund, verkörpert Substanz und Ausdauer in kleinem Rahmen. Sein Temperament ist kaum zu zügeln. Der Pembrokekopf ist fuchsähnlich, nicht aber sein Gesichtsausdruck. Dieser ist munter und intelligent. Sein rundes Auge und der kurze Fang, der sich nur leicht verschmälert, schließt jede Ähnlichkeit zum Fuchs aus. Der Oberkopf ist ziemlich breit und zwischen den Stehohren flach. Ein mäßiger Stop trennt den Fang vom Oberkopf. Im Verhältnis zum Körper braucht der Pembroke einen ziemlich langen Hals, der sich in einer geraden oberen Linie fortsetzt.

Der Körper sollte nur mittlere Länge haben,

dadurch wird der Hund beweglich und geschmeidig, ist es ihm möglich, den Hufen ausschlagender Rinder auszuweichen, für die er ursprünglich als Hüter gezüchtet wurde. Seine Widerristhöhe von 25-30 cm ermöglicht es ihm, Rinder auf die Art zu kontrollieren, daß er sie in die Fersen beißt, sich dann auf den Boden fallen läßt. Wäre er größer, würde er zu leicht mit einem ausfeuernden Huf Bekanntschaft machen. Als weiterer Beitrag zu seiner Beweglichkeit besitzt er seine ovalen Pfoten, kräftige Ballen und gut aufgeknöchelte Zehen.

Pembroke Corgis haben eine dichte Unterwolle, die sie warm hält. Das Deckhaar liegt gerade und flach an.

Um die Aufgaben, die man von ihm erwartet zu erfüllen, muß sich der Pembroke gut bewegen. Sein flüssiger Bewegungsablauf umfaßt einen guten Vortritt und gleich starken Schub aus der Hinterhand. Für einen Hund dieser Größe überwindet er mit einem einzigen Schritt viel Boden.

Die verbreitete Farbe Rot (mit oder ohne weiße Markierungen) rangiert von hellem honigfarbenem Gold bis zum tiefen Mahagonirot. Das Rot kann auch schwarze Haarspitzen aufweisen, dieses Farbmuster nennt man Zobelfarben (sable). Es gibt auch Pembrokes in sehr attraktivem Tricolor mit Schwarz, Rot und Weiß.

WELSH TERRIER

FCI-Gruppe 3, Standard Nr. 078
Zucht 1994: D 792, A 26, CH 30, GB 329, USA 660

HERKUNFT UND RASSEGESCHICHTE

Es wäre vielleicht etwas zu einfach, wenn man schlicht feststellen würde, der Welsh Terrier sei in Wales entstanden. Es gibt allerdings keine Meinungsverschiedenheiten, daß das Land Wales eine wichtige Rolle in der Entwicklung der Rasse gespielt hat. Tatsächlich gab es im 19. Jahrhundert einen rauhhaarigen Terrier von recht ähnlichem Typ und Farbe wie ein primitiver Welsh Terrier, der in verschiedenen Gegenden des United Kingdom auftrat, aber vorwiegend in North Wales und im Norden Englands. Solche Terrier arbeiteten auf Füchse, meist zusammen mit einer Hound-Meute. Besondere Bedeutung in der Rassegeschichte gewann die Familie Jones, die über viele Jahre im bergigen North Wales lebte, dort schwarzlohfarbene Terrier züchtete, die gemeinsam mit den Meuten der Otterhounds jagten.

Die Familie Jones selbst züchtete überhaupt nicht für Ausstellungen, aber nach und nach fanden einzelne Exemplare ihrer Zucht den Weg auf die ersten Hundeausstellungen. 1885 begründeten örtliche Liebhaber der Rasse den Welsh Terrier Club, der in diesem Jahre in Pwllheli seine erste Ausstellung abhielt.

Inzwischen war im Norden Englands eine ähnliche Terrierrasse gezüchtet und unter dem Namen *Old English Broken-Haired Terrier* bekannt geworden. Als man um die Anerkennung durch den English Kennel Club ersuchte, wurden beide Typen anfänglich gemeinsam als *Welsh Terrier or Old English Wire-Haired Terrier* klassifiziert. Diese Lösung gefiel aber keiner der Parteien, und schließlich überzeugte der Welsh Terrier Club den English Kennel Club, daß seine Rasse unabhängig von ihrer Herkunft als Welsh Terrier eingetragen werden sollte.

Heute hat sich die Rasse beträchtlich vom ziemlich groben Original weiter entwickelt. Die frühen Züchter und Aussteller waren offensichtlich bemüht, einen »modischeren Hundetyp« zu züchten. Ohne Zweifel wurde der Drahthaar Fox Terrier eingekreuzt, um einen eleganteren Hund mit edlerem Kopf zu züchten. Noch bis zum heutigen Tag werden Welpen mit kleinen weißen Abzeichen geboren.

Auf viele Art erinnert die Rasse heute an einen *Miniature Airedale*, zeigt auch für den Uneingeweihten verblüffende Ähnlichkeiten zum Lakeland Terrier. Nur die Fachleute vermögen die Typenunterschiede klar zu erkennen.

WESEN

Im Herzen unverändert ein Terrier, ist der Welsh dennoch nicht ebenso hitzköpfig wie einige andere Rassen dieser Gruppe. Im Grundsatz gehorsam, sich leicht und liebevoll unterordnend, besitzt er dennoch den typischen Terrierschneid. Aber sein offenes Wesen und seine Unterordnungsbereitschaft machen ihn zum idealen Familienhund. Der Welsh Terrier ist bei weitem nicht so streitlustig wie einige andere Terrier, sollte sich mit anderen Hunden recht gut vertragen.

GESUNDHEIT

Die Rasse ist in erster Linie aufgrund ihres guten Körperbaus und fehlender Übertreibungen frei von wichtigen erblichen Gesundheitsschäden. Hinzu kommt, daß die Welsh Terrier nie eine »kommerziellisierte Rasse« waren.

PFLEGE UND ERZIEHUNG

Ein Welsh Terrier braucht nicht mehr als eine gewisse Grunderziehung, um zum idealen Familienhund zu werden. Um ihn hübsch und adrett zu halten, sollte sein Haarkleid regelmäßig getrimmt werden, nach Möglichkeit von kundiger Hand, um wirklich optimal auszusehen.

ANPASSUNGSFÄHIGKEIT

Welsh Terrier sind sehr anpassungsfähige Hunde. Glücklich genießt er es als Einfamilienhund im Mittelpunkt zu stehen, gleichzeitig verträgt er sich aber auch fröhlich mit anderen Hunden. Er braucht regelmäßige, aber keine übertriebene Bewegung, ist ein bescheidener Hund, der sich ebenso in der Stadt wie auf dem Land zu Hause fühlt.

RASSEMERKMALE

Welsh Terrier sind immer schwarzlohfarben oder schwarzgrizzle mit tan. Widerristhöhe nicht über 39 cm. Oberkopf zwischen den Ohren breiter als beim Drahthaar Fox Terrier, dabei flach. Der Kopf des Welsh Terrier erscheint eher *blockig* als der ziemlich stromliniengeformte Kopf des Fox Terriers. Augen klein, dunkel, aufmerksam und ausdrucksstark. Die kleinen v-förmigen Ohren kippen nach vorn, werden eng an den Wangen getragen. Hals mäßig lang und dick, dabei elegant gebogen. Rücken kurz, gute Rippenwölbung. Hinterhand kräftig, Pfoten klein, rund und fest. Rute hoch angesetzt, aber nicht überzogen getragen. Haarkleid hart, drahtig, üppig und sehr dicht. Dünnes offenes Haarkleid ist sehr untypisch.

Welsh Terrier

WEST HIGHLAND WHITE TERRIER

FCI-Gruppe 3, Standard Nr. 085
Ursprungsland: Great Britain
Zucht 1994: D 2.631, A 120, CH 213, GB 14.057,
USA 8.441

HERKUNFT UND RASSEGESCHICHTE

Weder die Distelpflanze noch die Kilts oder etwa die Dudelsäcke sind mehr schottisch als diese wunderbare Terrierrasse. Sie entstand hoch in den Bergen im Westen Schottlands aus einer Mischung einer Anzahl von Vorfahren anderer Rassen, die sich gleichfalls bis heute gut fortentwickelt haben. Der gemeinsame Vorfahre war der alte *Scotch Terrier*, ein drahthaariger Hund, schneidig und entschlossen genug, um auch gegen das gefährlichste Raubzeug zu kämpfen. Diese Hunde fand man in vielen Farben von Schwarz bis Weiß einschließlich Lohfarben, Braun und selbst als gefleckte Hunde.

Die schottische Bevölkerung liebte Terrier besonders, benutzte sie zur Jagd auf Fuchs, Dachs und Otter. Andere Schotten liebten sie wegen ihrer Fähigkeit, schnell und bereitwillig Ratten und Mäuse zu vernichten, ebenso alles andere Raubzeug, das ihre Bahnen kreuzte. Diese Hunde wurden planmäßig zum Jagen und Rattentöten gezüchtet. In den verschiedenen Ländern, Regionen, Städten und sogar verschiedenen Gütern gab es klare Unterschiede. Am wichtigsten war immer die Tapferkeit, und alle Nachzuchten wurden hier hart geprüft. Zu diesen Tests gehörte häufig, daß man einen Hund in ein Faß warf, in dem ein junger Dachs oder ein anderer Gegner gleicher Gefährlichkeit auf ihn wartete. Darin sah man einen schnellen Weg, um festzustellen, ob der Hund »Herz besaß«. Hunde, welche diesen Test mit Kraft und Schneid bestanden, waren die Stammväter neuer Generationen, die anderen wurden nicht vermißt.

Cairn Terrier, Scottish Terrier, Dandie Dinmont Terrier und Skye Terrier, sie alle sind mit dem *Westie* aus jenen frühen Tagen verbunden. Es gab Kreuzungen zwischen Cairns, Scotties und Westies. Da ihre Gemeinsamkeiten sehr stark waren, gab es keine große Typenvielfalt. Häufig fand man deshalb Hunde von einfarbig schwarz bis einfarbig weiß plus allen Schattierungen dazwischen und Schecken im gleichen Wurf. Es wird berichtet, daß Kreuzungen von West Highland White Terrier und Cairn Terrier bis etwa 1917 fortgesetzt wurden. In diesem Jahr erließ der American Kennel Club eine Regel, daß kein Cairn mehr eingetragen wurde, der innerhalb der ersten drei Generationen Westieblut führte. Der English Kennel Club nahm eine ähnliche Haltung ein, so daß die Kreuzung der zwei Rassen tatsächlich zu Ende ging. Die Ergebnisse jedoch findet man noch heute in Cairn Terrier Würfen, sie zeigen sich durch weiße Flecken an Brust, Pfoten, unter der Rute und am Kopf.

Es gibt klare Hinweise darauf, die Rasse als Teil der schottischen Geschichte zu sehen. Die Erben von Colonel E.D. Malcolm, der Mitte des 19. Jahrhunderts lebte, betonen, daß Hunde dieses Typs über ein Jahrhundert in ihrer Familie hoch geschätzt und viel gezüchtet wurden. Tatsächlich zählen Colonel Malcolm und der Duke of Argyll zu den bedeutendsten ersten Züchtern.

Der viktorianische Maler Sir Edwin Landseer malte etwa 1831 *The Breakfast Party*, portraitierte dabei einen Burschen, der seinen Hound gemeinsam mit mehreren Highland Terriern verschiedener Typen fütterte. Viel berühmter wurde das Gemälde *Dignity and Impudence* aus dem Jahre 1839, ein klares Portrait eines frühen Westie. Sir Edwin Landseer's Liebe zu dieser Region ist allgemein bekannt. Er besuchte sie häufig, daraus erklärt sich sein Fähigkeit, wahrheitsgetreu sowohl Haltung wie Anatomie dieser Hunde zu portraitieren. Alleine dieses Gemälde ist bereits ein starker Beweis für die Existenz des Westies als klar unterscheidbare Rasse im Jahre 1839.

Von Anfang an war die Rasse unter verschiedenen Namen bekannt, etwa als *Highlander, White and Lemon Terrier, Pittenweem Terrier, Roseneath Terrier, Poltalloch Terrier* und *West Highlander*. Den ersten Gebrauch des heutigen Namens findet man in dem Buch von L.C.R. Cameron *Otters and Otter Hunting*, 1908 in London herausgegeben. In diesem Buch lesen wir: »Col. Malcolm of Poltalloch besitzt einen Kennel dieser Terrier, in dem seine Familie diese Rasse über Generationen gezüchtet hat, und der er seit kurzem den Namen *West Highland White Terrier* gibt.« Es ist bekannt, daß Colonel Malcolm weiße Hunde deshalb bevorzugte, weil er selbst eines Tages bei der Hasenjagd seinen Lieblingshund anschoß und tötete, einen rotbraunen Terrier, den er im Unterholz mit einem Hasen verwechselt hatte. Von diesem Tag an verlangte er, daß in seinem

West Highland White Terrier

Zwinger für die Jagd ausschließlich weiße Terrier gezüchtet wurden.

In den Vereinigten Staaten wurde die Rasse zunächst auf der Westminster Kennel Club Show 1906 als *Roseneath Terrier* ausgestellt. Die erste Hundeausstellung mit eigenen Klassen für die Rasse unter ihrem heutigen Namen war Cruft's im Jahre 1907. Ab 1908 öffnete der American Kennel Club unter diesem Namen das Register. Heute findet man weltweit auf allen Hundeausstellungen *Westies*, und auf vielen Ausstellungen sind sie mit der höchsten Meldezahl vertreten.

WESEN

Die Popularität des West Highland White Terrier ist leicht verständlich. Ein Hund, der Spaß liebt,

innerhalb und außerhalb des Hauses mit seiner Familie spielt, begeistert auf die nächste Autofahrt wartet. Es macht ihm Freude, die Blumen zu beschnüffeln, auf der Couch zu liegen oder die höchste Schneewehe zu erklettern.

Der Westie ist erfreulich ruhig, es fehlt ihm die störrische Grundhaltung einiger seiner nicht hundlichen Landsleute. Seine fröhliche Selbstsicherheit, seine Intelligenz und seine Freude am Leben verschaffen ihm tagtäglich neue Freunde.

GESUNDHEIT

Im allgemeinen ist der Westie gesund und recht robust. Es gibt aber Probleme mit Hautallergien, oft durch Flöhe ausgelöst. Auch Patellaluxation, Nabelbruch, Legg-Perthes Erkrankung und *lion* jaw (exessive Knochendichte am Kieferknochen), eine schmerzhafte, aber nur zeitweilige Entzündung der Kieferknochen bei Junghunden, treten auf. Bei der Erbkrankheit *lion jaw* führt Mißbildung des Kiefers dazu, daß der Junghund den Fang nicht schließen, entsprechend nicht richtig fressen kann. Wird diese Erkrankung früh entdeckt, ist eine Behandlung mit Steroiden unter strikter tierärztlicher Überwachung möglich.

PFLEGE UND ERZIEHUNG

Der Westie hat gute Manieren und kann sich richtig benehmen. Eine intelligente Rasse, die schnell lernt, immer einen anschaut, als verstehe sie genau, was man ihr sagt. Dies ist ein Hund, der sich gerne saubermachen läßt, wenn er bei schmutzigem Wetter draußen war.

Aufgrund des weißen Fells brauchen diese Hunde - gleich wo sie leben - immer etwas zusätzliche Zeit und Mühe, damit sie gut aussehen. Das harte Haar muß getrimmt (nie geschoren) werden, insbesondere Kopf und Ohren werden so zurecht gemacht, daß sie den einzigartigen rassetypischen Ausdruck gewinnen.

ANPASSUNGSFÄHIGKEIT

In seiner Größe paßt der Westie perfekt in ein Appartement, in ein Haus auf dem Land oder in ein Schloß. Die Hunde mögen menschliche Gesellschaft jeden Alters.

RASSEMERKMALE

Das Haarkleid ist reinweiß, keine andere Farbe zulässig. Doppeltes Haarkleid, hart, gerade, drahtiges Deckhaar, weiche warme Unterwolle, die sich eng dem Körper anschmiegt. In Ausstellungsform ist das Körperhaar etwa 5 cm lang, wobei längeres Haar unmerklich an den Läufen, Brust, Seiten und Hinterteil mit dem anderen verschmilzt. Auch nur ein Anflug von Weichheit oder Seidenähnlichkeit des Deckhaars ist verpönt, denn es verliert dabei die erwünschte Eigenschaft zu schützen und leicht gepflegt zu werden. Das Kopfhaar steht ab, bildet einen chrysanthemenartigen Rahmen, was den erwünschten Ausdruck vermittelt.

Ein Hund von mäßiger Körpergröße, Widerristhöhe ungefähr 28 cm. Kompakter Körper, gerader Rücken, Rippen gut gewölbt und tief, Brust tief, bis zu den Ellenbogen reichend. Oberkopf leicht aufgewölbt, ziemlich breit, gut ausgeprägter Stop. Fang kraftvoll, etwas kürzer als der Oberkopf. Kiefer mächtig, Scherengebiß, Zähne für die Größe des Hundes sehr groß. Ohren aufrecht getragen, breit angesetzt, nie kupiert. Die Augen des Westies sind dunkel und breit voneinander eingesetzt.

Das Kopfhaar des West Highland White Terrier ist abstehend, formt den rassetypischen runden Chrysanthemen Kopf.

WESTFÄLISCHE DACHSBRACKE

Diese niederläufige Bracke aus Westfalen ist mit der Deutschen Bracke verwandt. Sie ist die Rasse, aus welcher der Schwedische Drever gezüchtet wurde. Die Westfälische Dachsbracke wird ausschließlich zur Jagd auf Hasen, Füchse, Hirsche und Sauen eingesetzt. Außerhalb von Deutschland ist sie außerordentlich selten.

Widerristhöhe 30-38 cm. Körper lang gestreckt, gut bemuskelt, mit kräftigen Knochen. Kopf keilförmig, Ohren an den Wangen anliegend. Haarkleid kurz, eng anliegend, von harter Struktur.

Farbe Rot mit schwarzem Mantel und weißen symmetrischen Abzeichen, in den sogenannten »Houndfarben«. 1994 wurden in Deutschland 23 Welpen gezüchtet.

FCI-Gruppe 6, Standard Nr. 100,
Ursprungsland: Deutschland

Westfälische Dachsbracke

WETTERHOUN

Wetterhoun

Dieser holländische Wasserhund ist bereits seit dem Mittelalter bekannt, insbesondere in Friesland, wo mit diesem Hund häufig Wasserjagd betrieben wurde.

Der Wetterhoun ist auch als guter Schutz- und Wachhund anerkannt, außerhalb der Niederlande trifft man ihn nur selten an.

Widerristhöhe Rüden etwa 55 cm, Hündinnen etwas kleiner. Körper kompakt, tief, fast rechteckig, gut bemuskelt, mit starken Knochen. Oberkopf und Fang von etwa gleicher Länge, kräftig. Ohren eng am Kopf anliegend getragen. Rute nicht zu hoch angesetzt, über den Rücken gerollt getragen. Haarkleid dick, gelockt, von öliger Struktur.

Farbe Weiß mit sehr feiner brauner oder leberfarbenen Sprenkelung, die einen grauen, blauen oder braunen Farbton auslöst; mit schwarzen oder braunen großen Flecken an den Seiten des Kopfs und an den Ohren, ebenso auf dem Körper.

FCI-Gruppe 8, Standard Nr. 221,
Ursprungsland: Niederlande

WHIPPET

FCI-Gruppe 10, Standard Nr. 162
Ursprungsland: Great Britain
Zucht 1994: D 240, A 22, CH 51, GB 1.481,
USA 1.941

HERKUNFT UND RASSEGESCHICHTE

Der Whippet ist ein mittelgroßer, kurzhaariger Windhund, ähnelt im Körperbau dem Greyhound. Über die Herkunft des Greyhounds, den es schon über Tausende von Jahren gibt, besteht allgemeine Übereinstimmung, die Herkunft des Whippets ist umstritten. Einige Autoren versuchen aus frühen Gemälden und Töpfereien zu beweisen, daß es schon seit dem 5. Jahrhundert Whippets als erkennbare Rasse gibt. Andere Fachleute erklären ebenso kategorisch, daß diese Rasse erst im 19. Jahrhundert entstand, als man kleine Greyhounds mit verschiedenen Terrierrassen kreuzte, um einen schnellen, kleinen Hund für die Kaninchenjagd, später für Hunderennen zu züchten.

Zu Ende des 18. Jahrhunderts machte sich ein mittelgroßer, schnell laufender Hund seinen eigenen Namen - der *Whippet* oder *Snap Dog* - war im Norden Englands in der Arbeiterklasse sehr populär. Diese Hunde wurden ursprünglich zum *Kaninchencoursing* eingesetzt, man erwartete von ihnen, daß sie an einem Tag 25 oder 30 mal starteten. Um mehr Kraft und Ausdauer zu erzielen, wurden Bull Terrier oder Manchester Terrier eingekreuzt. Nachdem *Kaninchencoursing* in Mißkredit geraten war, wurde der Windhundesport auf der Rennbahn populär. Damals wie heute gab es bei dem Whippetrennen ein Handicapsystem, basierend auf Gewicht, wobei der kleinere Hund mit leichteren Knochen Vorteile hat. Das beliebteste Gewicht für einen Rennwhippet betrug 7-8 kg, während beim *Rabbitcoursing* ein Whippet etwa 11 kg wog.

Bald wurden die Whippets als »des armen Mannes Greyhound« bekannt, er war ein hochgeschätzter persönlicher Besitz, rollte sich abends neben seinem Herrn am Kamin gemütlich zusammen. Man berichtet, daß die Hunde häufig besser als die zweibeinigen Familienmitglieder gefüttert wurden. Von Whippets erwartete man, daß sie sich auf Windhunderennen ihren eigenen Lebensunterhalt verdienten. Bei diesen Windhunderennen wurde hoch gewettet, Hunde ohne große Schnelligkeit galten als wertlos. Man züchtete nur mit den besten Hündinnen und den schnellsten Rüden, so dominierte schnell der Greyhoundtyp innerhalb der Rasse. Im Jahre 1890 war der Whippet als Ausstellungshund genügend populär geworden, daß er vom English Kennel Club offiziell anerkannt wurde. 1896 begann der Wettbewerb um die ersten Challenge Certificates.

Obgleich der moderne Whippet in England entstand, war der erste Whippet, der je von einem Kennel Club eingetragen wurde, ein Rüde namens Jack Dempsey, beim American Kennel Club 1888 in der *Miscellaneous Category* registriert.

Obgleich ein reinrassiger Whippet in jedem Land, wo er gezüchtet wird, immer ein Whippet ist, gibt es in jedem Land leichte Typunterschiede, und diese Vorlieben und Unterschiede lassen sich in Änderungen des Rassestandards nachvollziehen, die von den jeweiligen Kennel Clubs niedergelegt werden.

Trotz dieser subtilen Unterschiede der Whippets von Land zu Land haben die Züchter insgesamt ein ziemlich internationales, gemeinsames Aussehen der Rasse erreicht, und die echten Liebhaber sind sorgfältig bemüht, neue Blutlinien zu erforschen, wenn sie das Gefühl haben, sie könnten ihr Zuchtmaterial verbessern.

Unverändert werden regelmäßig englische Whippets nach den Vereinigten Staaten, Europa und Skandinavien, Südafrika und Australien exportiert. Vernünftig in ein vorhandenes Zuchtprogramm eingegliedert haben Whippets aus dem Ursprungsland der Rasse sehr viel zu bieten.

Im Jahre 1992 gewann erstmals ein Whippet auf Crufts Dog Show, Englands berühmtester Hundeausstellung, den Titel *Best in Show*. Dieser Sieger war Ch. Pencloe Dutch Gold im Besitz von Morag Bolton. Interessanterweise war die Richterin, die in diesem Jahr den Titel *Best in Show* vergab, Ann Argyle, selbst Whippet Züchterin und Besitzerin des berühmten Zwingers Harque. Nach diesem großen Sieg wurde Dutch Gold vom aktiven Wettbewerb zurückgezogen, erwies sich aber als hervorragender Vererber, und seine Nachkommen sind in vielen Ländern lebhaft begehrt.

Tatsächlich gewann im Jahre 1995 in Australien eine Tochter von Dutch Gold namens Ch. Silkstone Jewel in the Crown die prestigeträchtige Sydney Royal Show. Sie wurde *Best in Show* im Besitz von Frank und Lee Pieterse, welche die Weitsicht hatten, diese Hündin von ihrer Züchterin Roma Wright Smith zu importieren.

Whippet

WESEN

Der Kennel Club Standard im United Kingdom beschreibt den Whippet als freundlich, liebevoll und im Wesen ausgeglichen. Seine mittlere Größe und elegante Gestalt erschreckt bestimmt keine kleinen Kinder. Die Länge seiner Läufe und das kurze Haarkleid machen den Whippet zu einem sehr sauberen, in der Wohnung leicht zu haltenden Hund.

Whippets sind sehr ruhige und in keiner Weise aggressive Hunde, trotzdem bellen sie warnend, wenn Fremde oder Autos sich dem Haus nähern. Whippets sind wirklich sehr liebevolle Hunde, möchten immer besonders gerne bei ihren Menschen sein. Deshalb ist auch der einzeln gehaltene Whippet im Hause der glücklichste Hund, ob-

gleich auch mehrere Whippets gemeinsam in einem warmen, gut vor Kälte geschützten Zwinger zufrieden sind, solange sie ausreichend Bewegung und menschliche Gesellschaft genießen.

GESUNDHEIT

Der Whippet Standard wurde ursprünglich vom Whippet Club in dem festen Glauben aufgestellt, daß für einen Windhund jeder Fehler, der die Arbeitsfähigkeit des Hundes beeinträchtigt, bestraft werden sollte, daß insbesondere alle Arten von Übertreibungen vermieden werden müssen. Dies hat es mit sich gebracht, daß diese Hunde weitgehend frei von Erbfehlern geblieben sind, die andere Rassen befallen haben.

Die meisten Besuche beim Tierarzt - abgesehen

von Wiederholungsimpfungen - sind Folge irgendeiner Art von Verletzung, welche die Hunde in voller Jagd hinter den Kaninchen oder Eichhörnchen erleiden, nicht aber Folge einer Erkrankung.

PFLEGE UND ERZIEHUNG

Whippets, obwohl sehr robuste Hunde, sind kälteempfindlich, brauchen einen warmen, zugfreien Schlafplatz. Viele Whippetbesitzer legen bei Spaziergängen bei sehr kaltem Wetter ihren Hunden sogar einen windfesten Mantel an.

Besitzer von Whippets sollten sich immer darüber im klaren sein, daß sie einen Windhund haben, daß der Instinkt zu rennen immer vorhanden ist. Während der einzelne Whippet durch Ruf zum Kommen veranlaßt werden kann, werden zwei oder mehr Whippets die Versuchung zu jagen weitgehend unwiderstehlich finden. Deshalb ist es unbedingt erforderlich, daß man bereits dem Welpen beibringt, auf Ruf unbedingt zu kommen.

Die Jagdinstinkte eines Whippets kann man fördern, indem man an das Ende einer Stange ein Stück Fell oder einen Lumpen bindet, es umherschwingt (derartiges Spiel muß man streng von der formalen Windhundeausbildung trennen).

Im Wettbewerb sollte man Whippets, ehe sie zumindest ein Jahr alt sind, nie laufen lassen, obgleich man sie an Bahnen und die Startkästen bereits mit neun Monaten gewöhnen kann.

Da Whippets ihrer Natur nach jagen, besteht die Hauptschwierigkeit für ihren Besitzer darin, ihnen beizubringen, zwischen erlaubter Beute und anderen Lebewesen, die ihnen streng verboten sind, zu differenzieren.

ANPASSUNGSFÄHIGKEIT

Es gibt wenige Hunderassen, die so vielseitig sind. Ein eleganter Ausstellungshund wird einen durchaus fröhlichen Tag haben, wenn er auf der Rennbahn laufen darf oder auch unter winterlichen Konditionen am Coursing teilnimmt.

RASSEMERKMALE

Der amerikanische Standard unterscheidet sich von dem englischen in mehrerer Hinsicht. Die Hauptunterschiede liegen in der Widerristhöhe, Front und Schulterkonstruktion, außerdem in der Augenfarbe und im Pigment.

Der amerikanische Standard sieht eine Widerristhöhe von 48-56 cm für Rüden, von 46-53 cm für Hündinnen vor, disqualifiziert jeden Hund, der

um 2 cm ober- oder unterhalb dieser Limits liegt. Der englische Standard sieht eine ideale Widerristhöhe für Rüden von 46-50 cm, für Hündinnen von 43-46 cm vor. Hier gibt es gar keine Disqualifikationsklauseln, die Entscheidungen liegen einzig und allein beim Richter.

Der amerikanische Standard verlangt ein dunkles Auge mit kompletter Pigmentierung rings ums Auge, sieht Stehohren als unkorrekt an, was streng zu bestrafen sei. Der englische Standard verlangt leuchtende, oval geformte Augen mit munterem Ausdruck; die Ohren sollen klein, von feiner Struktur und als Rosenohr geformt sein.

Da dieser Windhund zur Jagd auf kleines Wild gezüchtet wurde, sind alle Merkmale, die zur Schnelligkeit, Ausdauer und Beweglichkeit beitragen, besonders wichtig. Der Whippet sollte Kraft und Eleganz vereinen, im Körperbau sehr ausgewogen sein, ohne irgendwelche Übertreibungen.

Der Kopf ist schlank, leichter Stop, kleine feine Ohren, gefaltet eng am Kopf nach hinten getragen. In der Erregung fallen die Ohren nach vorne.

Der amerikanische Standard befaßt sich noch eingehender mit dem Kopf. Aufrecht getragene Ohren werden schwer bestraft, Augenfarbe und Pigment müssen dunkel sein. Dank dieser Betonung von dunkler Pigmentierung gibt es in den Vereinigten Staaten weniger blasse Farben als in Europa, wo jede Farbe oder Farbmischung erlaubt ist.

Der Hals muß lang und kräftig genug sein, um im vollen Lauf die Beute aufzunehmen. Die Schulter sollte gut zurückgelagert sein, damit sich der Hund in vollem Galopp strecken kann. Die Vorderläufe sind gerade, mit guten, flachen Knochen, gut aufgeknöchelten Pfoten und dicken Ballen. Eine leichte Federung im Vordermittelfuß ist wichtig, um beim Rennen Verletzungen zu verhindern.

Der Körper muß einen tiefen Brustkorb haben. Fester Rücken, lang genug, aber ohne Übertreibung. Die kräftige Lendenpartie ist leicht aufgewölbt, die lange Rute sollte unter das Sprunggelenk reichen, wenn sie gerade nach unten gezogen wird. In der Bewegung wird die Rute in einer eleganten Biegung getragen, aber nie über dem Rücken. Hinterhand kraftvoll und muskulös, mit kräftigem Unterschenkel und tief stehendem Sprunggelenk. Gute Kniewinkelung, ohne Übertreibung.

Der Bewegungsablauf des Whippets zeigt mühelose Schubkraft, die Vorhand greift gut aus, wird nie hochgezogen. Die Hinterläufe fassen kräftig unter den Körper und schnellen diesen vorwärts.

YORKSHIRE TERRIER

FCI-Gruppe 3, Standard Nr. 086
Ursprungsland: Great Britain
Zucht 1994: D 1.986, A 121, CH 554, GB 12.343, USA 38.626

HERKUNFT UND RASSEGESCHICHTE

Diese bezaubernde Hunderasse - heute als *Yorkshire Terrier* bekannt, ist eine großartige menschliche Schöpfung, wobei die genauen Zutaten, aus denen sie entstand, etwas ungewiß bleiben. Es ist wahrscheinlich, daß der heute ausgestorbene *Paisley Terrier* bei der Zucht dieser Rasse die wichtigste Rolle spielte. Der *Paisley* war dem Skye Terrier ziemlich ähnlich, aber kürzer im Rücken und wog etwa 7 kg. Dokumente über den Ursprung sind selten, aber aus dem Jahre 1861 gibt es Hinweise auf die Rasse unter den Bezeichnungen *Halifax, Blue Fawn* oder *Broken-Haired Terrier*. In den 1860er Jahren heiratete Mary Ann Foster, eine selbstbewußte und eigenständige Brauereibesitzerin, einen *Yorkshireman*. Sie machte den Yorkshire Terrier über ganz Großbritannien und Irland bekannt, einer ihrer Hunde war der berühmte *Huddersfield Ben*. Noch heute gilt dieser Rüde als Stammvater der Rasse.

Durch planmäßige Zucht wurde der Typ stabilisiert. Bald gewann die Rasse zahlreiche Anhänger, denn sie besaß zwei Vorteile - unbestrittenen Terriercharakter und war dabei klein und handlich. Von Anfang an gehörte das Haarkleid zu den wichtigsten Merkmalen der Rasse, und zwar in solchem Umfang, daß ihre Züchter über viele Generationen diesem Aspekt allererste Aufmerksamkeit widmeten, wobei korrekte Farbe und Struktur besonders hervorgehoben wurden. Die Tatsache, daß in Great Britain traditionell Yorkshire Terrier noch heute auf ihren Einzelboxen stehend gerichtet werden, steht damit in Zusammenhang, daß nur dadurch die ungebrochene Haarlänge von den Richtern richtig beurteilt werden kann, da sie sich so am besten zeigt.

Der Yorkshire Terrier machte sich daran, sich auf internationaler Ebene unter den Familienhunden eine Favoritenstellung aufzubauen und zu erhalten, aber im allgemeinen sind jene Hunde, die nur als Familienhunde gehalten werden, ein wenig größer als die Ausstellungstiere. In den europäischen Ländern - im gesamten FCI-Raum - gehört der Yorkshire heute nicht zur Kleinhundegruppe, sondern zur Terriergruppe. Er mag zwar aufgrund seiner Kleinheit hier etwas deplaziert wirken, aber in seinem Charakter steht er seinen Mann, auch gegenüber größeren Hunderassen.

In vielen Kleinhunderassen kann man feststellen, daß häufig die Züchter zwei verschiedene Hündinnentypen anstreben: Die größeren, etwas kräftigeren Exemplare werden ausschließlich als *Zuchthündinnen* gehalten, ihre kleineren - und im allgemeinen zarteren Schwestern sind die *Ausstellungsexemplare*. Der wirklich der Rasse ergebene und vernünftige Kleinhundezüchter strebt dagegen Hündinnen an, die sowohl Spitzenausstellungssiege erringen können als auch allein gebären. Dies ist keine leichte Aufgabe, denn gerade die größeren Exemplare, die im Hintergrund der Ahnen lauern, verursachen gelegentliche »Rückschläge« in Form eines ziemlich großen Welpen.

Jeder Yorkshire Terrier Züchter bemüht sich darum, eine Linie aufzubauen, welche laufend bei Hündinnen wie Rüden den gleichen Typ und hohe Qualität bringt, die Größen dabei so wenig wie möglich schwanken. Ein hervorzuhebendes Beispiel eines Yorkshire Terrier Züchters, der dieses Ziel erreicht hat, ist Osman Sameja, dessen *Ozmilion Kennel* in Battersea, London, England in der heutigen Yorkiegeschichte zu einer Art Legende wurde.

Über einen langen Zeitraum intensiver Linienzucht hat Sameja Generationen von Champions hervorgebracht, sein Grundsatz war immer, nur von den allerbesten Hündinnen zu züchten.

Ende der 1980er Jahre wurde der Yorkshire Terrier Rüde Ch. Ozmilion Dedication aus der Zucht von Osman Sameja zum *Dog of the Year All Breeds in Great Britain*. Er gewann im darauffolgenden Jahr auf Cruft's die *Toy Group*, gleichzeitig ist er Rekordhalter in der Yorkie Szene, hat mehr Challenge Certificates gewonnen als irgendein anderer.

1995 gewann Sameja auf Crufts mit Ch. Ozmilion Mystification die *Toy Group*, ein Nachkomme von Dedication, dessen Ahnentafel ein reines Kunstwerk darstellt. Mystification ist nicht nur die vierzehnte Generation selbstgezüchteter Rüdenchampions in direkter Linie - in sich alleine bereits ein unglaublicher Erfolg - sondern seine Championmutter stammt aus fünf Generationen eigen gezüchteter Championhündinnen.

Diese lange Erfolgsserie des Zuchtprogramms von Osman Sameja ist der positive Beweis, daß es

Yorkshire Terrier

durchaus möglich ist, daß man eine außerordentlich erfolgreiche Linie von Hündinnen selbst in der kleinsten Hunderasse aufbauen kann, die sowohl auf Ausstellungen wie in der Zucht Spitzentiere sind.

WESEN

Trotz seiner winzigen Größe ist der Yorkie unverändert seinem Charakter nach ein Terrier, tapfer bis zum Äußersten. Bis zum heutigen Tage amüsiert die Rasse unaufhörlich ihre Besitzer durch ihre Geschicklichkeit bei der Jagd auf Mäuse und kleines Raubzeug.

Tapfer und temperamentvoll muß der Yorkie immer ein recht ausgeglichenes Wesen haben, wodurch die Rasse zum idealen Familienhund wird. Yorkies sind mit anderen Hunden nicht streitsüchtig, vertragen sich häufig bestens auch mit anderen Hunderassen.

GESUNDHEIT

Wie seine größeren Terrierverwandten ist der Yorkie ein robuster und gesunder Hund geblieben, allerdings mit einigen gesundheitlichen Problemen. Patellaluxation tritt verhältnismäßig häufig auf, die Zähne bedürfen laufender Überwachung, zuweilen erkranken sie vorzeitig und lösen auch im Alter Probleme aus.

PFLEGE UND ERZIEHUNG

In der Gehorsamsroutine läßt sich jeder Yorkie leicht ausbilden, von einigen Yorkies ist sogar bekannt geworden, daß sie als Agilitywettbewerber ihre Leistungsfähigkeit unter Beweis gestellt haben.

Eines der Hauptmerkmale der Rasse ist ihr volles und fließendes Haarkleid, deshalb ist dies keine Rasse für Hundebesitzer, die es sich bequem machen wollen. Jeden Tag muß das Fell gepflegt werden, immer eine zeitraubende Aufgabe.

Bei Ausstellungsyorkies wird das Haarkleid zusammen gebunden, lange Haarbündel werden auf »Papierkrackern« aufgerollt, decken den ganzen Körper mit kleinen Rollen. Diese Kracker werden täglich erneuert, häufig verwendet man Spezialöle, die die Haarstruktur verbessern und das Wachstum anregen. Familienyorkies brauchen natürlich keine solche detaillierte Pflege, sollen sie aber rassetypisch aussehen, sauber und ordentlich, muß ihr Haarkleid täglich tüchtig gebürstet und ausgekämmt werden. Üblicherweise wird das Haar am Vorderkopf mit einem Gummiband oder einer Spange zusammengefaßt, wodurch das Haar aus den Augen gehalten wird.

Es erschiene ziemlich unsinnig, sich einen Yorkie mit der Absicht zu kaufen, ihm das Fell zu scheren, ihm seine krönende Schönheit zu nehmen - wird aber der Hund nicht ausgestellt, ist es oft durchaus praktisch und ratsam, das Haarkleid etwas kürzer als bis zur Bodenlänge zu halten, indem man vorsichtig etwas mit der Schere arbeitet. Allerdings würde unachtsames Schneiden das wunderschöne Haarkleid der Rasse zerstören.

ANPASSUNGSFÄHIGKEIT

Yorkshire Terrier lieben geradezu ein robustes Leben im Freien analog ihren Terrierahnen. Auf der anderen Seite genießen sie auch ihr Leben als verwöhnter Schoßhund. Vorausgesetzt, man gewährt ihnen genügend Aufmerksamkeit und Gesellschaft, passen sie sich eigentlich überall an.

RASSEMERKMALE

Der Kopf des Yorkies ist ziemlich klein, im Oberkopf nicht zu aufgewölbt, Fang nicht zu lang, schwarzer Nasenspiegel. Augen mittelgroß, dunkel und leuchtend, mit dunklen Augenlidern. Sie haben einen intelligenten und mutigen Blick, sind so eingesetzt, daß sie direkt nach vorne schauen. Die Ohren sind klein, v-förmige Stehohren, nicht zu weit auseinander angesetzt.

Die Rasse hat einen langen Hals, gerade obere Linie, kompakten Körper mit normaler Rippenwölbung und gerade Vorderläufe. Die Pfoten sind rund mit schwarzen Krallen, Hinterhand sollte mäßige Kniewinkelung aufweisen. Die Rute wird etwas höher als die Rückenlinie getragen.

Das Haarkleid ist für den Gesamtrassetyp das wichtigste Merkmal, Farbe und Struktur sind von äußerster Wichtigkeit.

Das Körperhaar ist lang, völlig gerade, fein und seidig. Am Kopf fällt das Haar lang, von leuchtend goldener Lohfarbe, die an den Seiten des Kopfes dunkler ist, ebenso am Ohransatz und am Fang, wo das Haar sehr lang sein muß. Die Lohfarbe des Kopfes sollte sich weder in die Halspartie fortsetzen, noch dürfen in der Lohfarbe dunklere Haare auftreten.

Das dunkle Stahlblau, das nicht mit Silberblau oder Schwarzblau verwechselt werden darf, verläuft beim erwachsenen Yorkshire Terrier vom Hinterhauptbein bis zur Rutenwurzel, muß frei von falben, bronzefarbenen oder dunklen Haaren sein.

Das Haar auf der Brust ist üppig, leuchtend Lohfarben. Alle lohfarbenen Haare müssen an der Wurzel dunkler als in der Mitte sein, verblassen bis zu den Haarspitzen noch etwas.

Yorkshire Terrier verändern meist laufend ihre Farbe bis zum Alter von zwei Jahren, deshalb sind die Richter hinsichtlich dunkleren Farben von Junghunden meist etwas toleranter, weil diese noch ausreifen. Im Idealfall wiegt der Yorkshire Terrier nicht mehr als 3 kg. In keinem Rassestandard ist die Widerristhöhe festgelegt, aber gut proportionierte Yorkies messen am Widerrist etwa 18 cm.

ZWERGPINSCHER

FCI-Gruppe 2, Standard Nr. 185
Miniature Pinscher
Ursprungsland: Deutschland
Zucht 1994: D 196, A 4, CH 11, GB 145,
USA 16.538

HERKUNFT UND RASSEGESCHICHTE

Der Zwergpinscher ist deutschen Ursprungs, sehr viel älter als der ihm anatomisch - wenn auch in viel größerem Format - ähnelnde Dobermann. Diese beiden Hunde sind in Wirklichkeit wenig oder überhaupt nicht miteinander verwandt. Der Zwergpinscher geht vielmehr zurück auf den Deutschen Pinscher, hat gemeinsame Ahnen mit dem Schnauzer in allen seinen Variationen.

Viele Hundeliebhaber glauben, der Zwergpinscher ähnele etwas dem Reh, wie man es in deutschen Wäldern antrifft.

Die Züchter in den USA brauchten eigentlich nur wenig Zeit, um den winzigen, attraktiven Zwerghund zu züchten, wie er heute international, insbesondere aber in den USA im Ausstellungsring steht.

Zwergpinscher kamen Anfang des Jahrhunderts in die Vereinigten Staaten, möglicherweise benutzten die Amerikaner Italienische Windspiele zur »Verfeinerung«.

Heute steht der *Miniature Pinscher* in der Amerikanischen *Toy Group* mit kurzem Haar. Farben: schwarzlohfarben, leuchtend rot, schokoladen- oder rostfarben mit natürlich aufrecht getragenen Ohren, kupierter kurzer Rute. Sie schauen auf Richter und Zuschauer mit einem Blick: »Schau mich an und ich werde dich ansehen!« Der Zwergpinscher wurde zum Inbegriff eines guten Ausstellungshundes.

WESEN

Obwohl sehr munter und immer auf dem Sprung, eignet sich der Zwergpinscher auch durchaus als Spielkamerad eines Kindes, wird zum Allround-Haushund.

Am wohlsten fühlt er sich als Wachhund, kläffen gehört zu seinen Lieblingsbeschäftigungen in und außerhalb des Hauses.

Dieser Hund braucht sehr viel Aufmerksamkeit seines Besitzers, möchte immer mit dem Menschen kommunizieren.

PFLEGE UND ERZIEHUNG

Aufgrund des sehr kurzen Haarkleids ist es besonders in England und USA Mode geworden, ihm auf Spaziergängen bei kaltem Wetter einen kleinen Mantel überzulegen. Dabei braucht die Rasse recht viel Auslauf, denn es sind recht lebhafte, kleine Hunde. Erziehung zur Stubenreinheit kann bei Rüden etwas schwieriger werden. Sie sind ganz außergewöhnlich im *Beinchenheben* - aber früh und konsequent erzogen klappt nicht nur die Stubenreinheit, sondern auch die Unterordnung.

GESUNDHEIT

Eine recht robuste, leicht zu haltende Rasse. Aber wie bei vielen anderen Zwerghunderassen kommt auch beim Zwergpinscher die Patellaluxation vor. Dabei rutscht die das Gelenk bedeckende Kniescheibe an der Hinterhand seitlich ab, dadurch lahmt der Hund. Die Krankheit ist erblich, kann aber auch durch einen Unfall ausgelöst werden. Deshalb sollte man diese Hunde nie von hohen Polstermöbeln springen lassen oder in und aus dem Auto. Ebenso wenig darf man sie an den Läufen festhalten. Wenn die Patella sich verschiebt, kann das Knie durch den Tierarzt oder einen anderen Fachmann wieder an die richtige Stelle geschoben werden. Zuweilen ist aber auch eine Operation notwendig. In den USA sind operierte Hunde vom Ausstellungsgeschehen ausgeschlossen.

Regelmäßige Zahnkontrolle, insbesondere während der Zahnung (4-6 Monate) ist erforderlich. Insbesondere sollte man darauf achten, daß die Milchzähne korrekt ausfüllen. Beim Erwachsenen werden Zähne wie Krallen wöchentlich kontrolliert, bei Zahnsteinbefall empfiehlt sich wöchentliche Zahnpflege mit Spezialzahncreme. Das Haarkleid wird durch Abreiben mit einem feuchten Tuch sauber und glänzend gehalten, Baden ist in aller Regel überflüssig.

ANPASSUNGSFÄHIGKEIT

Zwergpinscher sind fröhliche Hunde, lieben Spaß, sind aufgeschlossen. Ihr angeborenes Ausstellungstalent, gepaart mit Selbstvertrauen, macht sie zu Spitzenwettbewerbern. Klein, robust und tragbar, diese Hunde kann man überall mit hinnehmen, wo Hunde nun einmal willkommen sind. Ein möglicher Nachteil ist die Tatsache, daß diese Hunde gerne kläffen, hierdurch könnten Nachbarschaftsprobleme ausgelöst werden. Zwergpinscher sind gute Spielkameraden für ein älteres Kind, das weiß, daß die Läufe zart sind, brechen könnten. Der Zwergpinscher kann ebenso aktiv wie das Kind sein, möchte gestreichelt und gehätschelt werden, braucht aber auch seine Ruhe.

RASSEMERKMALE

Zwergpinscher haben eine Widerristhöhe zwischen 25 und 30 cm, quadratischen, aufrechten Körperbau, stolz getragenen Kopf und Hals, sehr kurze, kupierte, aufrecht stehende Rute.

Die Hunde müssen gute Läufe und Pfoten haben. Die aufrecht getragenen Ohren werden zuweilen noch kupiert, aber es gibt diese Hunde auch mit natürlichen Stehohren.

Am eindrucksvollsten wirkt der Zwergpinscher in der Bewegung. Gut gewinkelte Hinterhand mit viel Schub, hohe, gesunde, hackneyähnliche Vorderhandaktion, nicht zu vergessen seine Aufforderung: »Schau mich an!«. Erwähnt werden muß noch, daß nach dem FCI-Standard die *Hackneyaktion der Vorhand* nicht vorgesehen ist, hier handelt es sich mehr um eine *gravierende Ausstellungsmode*.

Zwergpinscher

ANMERKUNGEN ZU DIESEM BUCH

The International Encyclopedia of Dogs erscheint in ihrer Erstauflage gleichzeitig in USA, England und Deutschland. Die Herausgeber Anne Rogers Clark und Andrew H. Brace erfreuen sich weltweit als Hundekenner eines vorzüglichen Rufes. Sie haben über die Jahre 1994 und 1995 unter Mithilfe zahlreicher Rasseexperten das heutige Wissen um den Rassehund übersichtlich zusammengestellt.

Hervorzuheben ist, daß dieses Werk in entscheidendem Maße durch die erstklassige Qualität der Fotos bestimmt ist. Die Herausgeber haben nicht nur die international führende Hundefotografin Sally Anne Thompson für dieses Buch gewinnen können, sondern zahlreiche Fotografen, die vorzüglichen Fotos vieler seltener Hunderassen beisteuerten. Ihnen allen ein besonderes Dankeschön!

Dieses Buch stellt alle bis zum Jahre 1994 von FCI, English und American Kennel Club anerkannten Rassehunde in Wort und Bild vor, zusätzlich noch eine stattliche Anzahl von Rassen, die auch ohne offizielle Anerkennung für den Hundefreund von Interesse sind. Es ergab sich ganz zwangsläufig, daß die einzelnen Rassen aus räumlichen Gründen nicht alle über mehrere Seiten vorgestellt werden konnten. Natürlich befassen sich die Herausgeber mit den weltweit besonders populären Rassen ausführlicher, haben sich aber gleichzeitig nachhaltig darum bemüht, auch seltenere Hunderassen angemessen zu berücksichtigen. Der Umfang der Einzeleintragung ist durch die jeweilige Popularität bestimmt.

Gegenüber der englischen wurde die deutschsprachige Ausgabe in einigen Punkten erweitert und ergänzt, dies ergab sich bereits zwangsläufig durch die FCI-Terminologie. Wir sahen es als wünschenswert an, bei im deutschen Sprachraum gezüchteten Rassen die Zuchtzahlen des Jahres 1994 in Deutschland (D), Österreich (A), Schweiz (CH), England (GB) und Vereinigte Staaten (USA) aufzuführen und bedanken uns sehr bei den zuchtbuchführenden Clubs für die Übermittlung der Zuchtzahlen. Weiterhin tragen in der deutschen Ausgabe alle von der FCI anerkannten Rassen die FCI-Standardnummer. Dadurch sind die Rassen eindeutig gekennzeichnet, haben die Leser Gelegenheit, den ausführlichen Rassestandard, wenn sie sich dafür interessieren, direkt bei der nationalen Hundezuchtorganisation anzufordern.

Bewußt haben wir als deutschen Titel »*KYNOS HUNDEFÜHRER*« gewählt. Damit möchten wir zum Ausdruck bringen, daß dieses Werk ein umfassender und sachkundiger Führer durch die einzelnen Hunderassen ist. Der Anspruch an eine Enzyklopädie ist wesentlich weiter gespannt. Zwar verfügt dieses Buch in seinen ersten sechs Kapiteln über einen hochinteressanten allgemeinen Teil, der sehr lesenswert ist, viel aktuelles Wissen vermittelt. Nach den Ansprüchen unseres Verlages bedürfte es für eine echte Enzyklopädie aber zumindest des dreifachen Volumens - eine Enzyklopädie sollte alles Wissen rund um den Hund spiegeln.

Mit diesem Werk präsentieren wir den deutschsprachigen Hundefreunden *die Rassehunde der Welt* in ihrer ganzen Vielfalt, vollständig und aktuell, in vorzüglichen Fotos und sachkundigem Text. Ganz besonders wichtig erschien es Herausgebern und Verlag, die Hunde nicht nur in ihrer äußeren Form, sondern ganz besonders in ihrem Charakter mit allen rassetypischen Eigenheiten zu zeigen. Wer Text und Fotos genau studiert, gewinnt ein recht klares Bild, ob sich die einzelne Rasse als sein Familienmitglied und Lebensgefährte eignet.

Mürlenbach, im September 1995

Dr. Dieter Fleig

Danksagung

Verlag und Herausgeber bedanken sich herzlich bei nachstehend aufgeführten Damen und Herren für sachkundige Beiträge:

The American Kennel Club, Australian National Kennel Council, Margaret Barnes, Pam Blay, Damara Bolte, Thomas H. Bradley III, Roberta Brennan, Vi Buchanan, Michael B. Camac, The Canadian Kennel Club, Lesley Chalmers, Delbert Dahl, Dr. Samuel Draper, Liz Dunhill, Peter Eva, Mrs. Bernard Freeman, Stanley Gonic, Beryl Grounds, Meriel E. Hathaway, Dr. and Mrs. Samuel Hodesson, Mike Homan, Jeff Horswell, Muriel Iles, Jean Jackson, Frank Jones, Frank Kane, The Kennel Club of Great Britain, Jenny Kennish, Ruth Kitson, Constance Stuart Larabee, Peter Larkin, Dorothy M. Macdonald, Edna K. H. Martin, Kenneth M. McDormott, Desmond J. Murphy, Peter Newman, Stuart Plane, Gina Pointing, Shirley Rawlings, Mrs. Curtis Read, James G. Reynolds, John David Savage, John Sellers, Lorraine Smart, Lawrence Stanbridge, Gael Stenton, R. William Taylor, Christopher Thomas, Elizabeth Tyson, Seymour Weiss, Dorothy Welsh, Malcolm Willis.

Ein besonderer Dank geht an Renee Sporre-Willes für ihre Textbeiträge, Fotosuche und Kontrolle in allen FCI-Angelegenheiten, an Sean Frawley für die Idee zu diesem Buch.

FOTOVERZEICHNIS

REGISTER